Holzfrei

Nr. 32 1954
S. 7107—7334 11. August

Chemisches Zentralblatt

Vollständiges Repertorium für alle Zweige der reinen und angewandten Chemie

1830 gegründet. 1897—1945 von der Deutschen Chemischen Gesellschaft fortgeführt.
Im Auftrage der Deutschen Akademie der Wissenschaften zu Berlin, der Chemischen Gesellschaft in der Deutschen Demokratischen Republik, der Akademie der Wissenschaften zu Göttingen und der Gesellschaft Deutscher Chemiker

herausgegeben von Prof. Dr. **Maximilian Pflücke**

125. Jahrgang

1954

Chefredakteure: Dr. Eugen Klever und Prof. Dr. Maximilian Pflücke

Akademie-Verlag GmbH., Berlin — Verlag Chemie, GmbH., Weinheim/Bergstr.

Inhalt

Namenregister

Chemisches Zentralblatt

1954 Nr. 32 11. August

A. Allgemeine und physikalische Chemie.

A_1. Kernphysik und Kernchemie.

G. Stephenson, *Diracs Elektrodynamik und Einsteins einheitliche Feldtheorie.* Vf. zeigt, daß sich durch Aufnahme verschied. Bedingungen in die EINSTEINsche einheitliche Feldtheorie verschied. elektromagnet. Theorien ergeben. So wird u. a. die Formulierung der Verallgemeinerung der DIRACschen Elektrodynamik ermöglicht. In einer Approximation bei schwachem Feld ist die Theorie der anschaulichen Formulierung der DIRAC-Theorie im RIEMANNschen Raum äquivalent. (Nuovo Cimento [9] **10.** 1595—96. 1/11. 1953. London, Univ. Coll., Dep. of Phys.)
GERHARD SCHMIDT. 80

S. F. Edwards, *Eine Nichtstörungsnäherung an die Quantenelektrodynamik.* Die Gleichungen für die Wechselwrkg. eines Elektrons mit den elektromagnet. Feldern werden in der von SCHWINGER angegebenen Form benutzt, um eine lineare Integralgleichung für die Γ-Funktion abzuleiten. Die sich ergebende Integralgleichung wird ohne Zuhilfenahme der Störungstheorie gelöst. (Physic. Rev. [2] **90.** 284—91. 15/4. 1953. Cambridge, Mass., Harvard Univ.) GERHARD SCHMIDT. 80

B. Ferretti, *Über die Diagonalisierung des Hamiltonschen Operators in der Theorie der Wellenfelder.* 2. Mitt. (1. vgl. C. **1952.** 4562.) Unter Verwendung der l. c. dargelegten Annahmen wird eine Renormalisierungsmeth. für die Quantenelektrodynamik entwickelt, die in keiner Stufe von der Störungstheorie Gebrauch macht. Sie behandelt die Ladung als kontinuierlich variablen Parameter. Dadurch wird es möglich, die FEYNMANsche Darst. unter Vermeidung der aus den Ladungsschwankungen stammenden Abweichungen zu konstruieren. (Nuovo Cimento [9] **10.** 1079—1125. 1/8. 1953. Roma, Univ., Ist. die Fis., Ist. Naz. di Fis. Nucl.) R. K. MÜLLER. 80

Robb M. Thomson und **Peter G. Bergmann,** *Spin und Statistik eines allgemeinrelativistischen Dirac-Feldes.* (Sitzungsbericht.) Wird von der Annahme der Übertragung von Ladungskonjugation auf allg.-relativist. Theorien ausgegangen, so zeigt sich, daß auch in solchen Theorien die Felder mit dem Spin 1/2 der FERMI-DIRAC-Statistik gehorchen. (Physic. Rev. [2] **90.** 357. 15/4. 1953. Syracuse Univ.)
GERHARD SCHMIDT. 80

Bryce S. DeWitt, *Paarerzeugung durch eine gekrümmte Metrik.* (Sitzungsbericht.) Vf. betrachtet ein skalares Feld in einer willkürlichen Raum-Zeit-Mannigfaltigkeit u. untersucht die Relation der Metrikänderung zur Paarbildung. Es zeigt sich, daß hier ähnliche Verhältnisse wie beim Vakuumpolarisationseffekt der Elektrodynamik herrschen. (Physic. Rev. [2] **90.** 357. 15/4. 1953. Livermore, Calif., Univ. of California.)
GERHARD SCHMIDT. 80

M. Ceccarelli und **M. Merlin,** *Zertrümmerung eines schweren Teilchens in Bewegung.* Auf einer ILFORD G5-Platte von 600 μ, die der Höhenstrahlung bei 34° nördlicher Breite u. einer Höhe von 26000 m ausgesetzt war, wird ein Stern gefunden, der als Zertrümmerung eines in Bewegung befindlichen geladenen schweren Teilchens gedeutet wird. Die dabei aufgewandte Energie beträgt nur ~300 MeV. Es scheint sich um ein instabiles Teilchen von größerer M. als K-Mesonen zu handeln. Bei Annahme einer Rk. $\Omega^{\pm} \rightarrow \pi^{\pm} + N^0 + Q$ ergibt sich für die Zertrümmerungsenergie Q der Wert 131 $\pm$ 24 MeV. (Nuovo Cimento [9] **10.** 1207—09. 1/8. 1953. Padova, Univ., Ist. di Fis., Ist. Naz. di Fis. Nucl.) R. K. MÜLLER. 85

M. Grilli und **B. Vitale,** *Rückstoßbahnspuren in Kernzertrümmerungssternen aus der Höhenstrahlung.* Für die Rückstoßspuren von Sternen geringer u. mittlerer Energie (<1000 MeV) wird die Längen- u. Winkelverteilung untersucht u. mit den Zacken der Sterne in Beziehung gebracht. Unter der Annahme, daß die Rückstoßspur aus dem Restkern der Zertrümmerung stammt, der durch Impulse während der direkten Emission u. der darauffolgenden Verdampfung in Bewegung gesetzt wird, wird nach der Monte-Carlo-Meth. eine statist. Analyse der Bldg. eines sichtbaren Rückstoßes in einem Kernzertrümmerungsstern durchgeführt. Die Übereinstimmung mit den experimentellen Daten ist genügend, einzelne Abweichungen lassen sich mit lokaler

Verdampfung erklären. Ein Modell berücksichtigt Schwankungen im Verlauf der Kernkaskade u. der Verdampfung, die neben der Verursachung von sichtbarem Rückstoß auch andere, im Vers. bestätigte Eigentümlichkeiten der Sterne bedingen. (Nuovo Cimento [9] **10.** 1047—78. 1/8. 1953. Padova, Univ., Ist. die Fis., Ist. Naz. di Fis. Nucl.) R. K. MÜLLER. 85

M. Galli, *Erzeugung von Neutronen niedriger Energie aus der Höhenstrahlung.* Aus einer Unters. der Theorie der Neutronenstreuung in der Atmosphäre ergibt sich, daß zur Erklärung für die Ergebnisse von YUAN (C. **1952.** 1943) bzgl. der bei 4 MeV erzeugten Neutronen mit einer Gesamtzahl an erzeugten Neutronen von 22 ± 4 $cm^{-2}\cdot sec^{-1}$ zu rechnen ist. Für die in der Höhenlage p ($g \cdot cm^{-2}$) erzeugten Neutronen ergibt sich 0,218 (exp [— p/157] — 0,8 exp [— p/70]) $sec^{-1}\cdot g^{-1}$. Die Zahl der aus der Atmosphäre entweichenden Neutronen erreicht nicht 10% der Gesamtzahl der erzeugten Neutronen. (Nuovo Cimento [9] **10.** 1187—95. 1/8. 1953. Bologna, Univ., Ist. di Fis.) R. K. MÜLLER. 85

Georg Pfotzer, *Eine Nebelkammerstudie der Ultrastrahlungsschauer unter Blei in der Umgebung des zweiten Maximums der Auslösekurve.* Mit einer zählrohrgesteuerten Nebelkammer, in der 5 × 0,5 cm Pb-Platten eingeschaltet waren, wurden hinter 15 cm Pb die Schauer untersucht, die das zweite Maximum der ROSSI-Kurve hervorrufen sollen. Dabei konnten außer n. Elektronenschauern oder μ-Mesonen in Begleitung ihrer Stoßelektronen keine Schauer besonderer Art nachgewiesen werden, deren Häufigkeit die Form der Auslösekurve beeinflussen kann. Die Natur der spezif. Maximumschauer wird diskutiert. (Z. Naturforsch. **8a.** 353—60. Juni 1953. Weißenau, Max-Planck-Inst. für Physik der Stratosphäre.) POLLERMANN. 85

E. P. George, J. L. Redding und **P. T. Trent,** *Nebelkammerbeobachtungen der Höhenstrahlung unter der Erde.* In einer Tiefe von 60 m Wasseräquivalent wurde der Durchgang schneller geladener Teilchen durch eine mit zwei Bleiplatten versehene Nebelkammer untersucht. Dabei wurden gekoppelte Paare von durchdringenden Teilchen beobachtet. Werden diese Erscheinungen als Erzeugung von Sekundärteilchen durch μ-Mesonen u. als anomale Streuung von μ-Mesonen in Pb aufgefaßt, ergeben sich die Kernwirkungsquerschnitte $4 \cdot 10^{-29}$ cm^2 für die Erzeugung durchdringender Sekundärteilchen u. $2 \cdot 10^{-28}$ cm^2 für die Streuung um anomal große Winkel. (Proc. physic. Soc., Sect. A **66.** 533—40. 1/6. 1953. London, Univ., Birkbeck Coll.) POLLERMANN. 85

Walter Thirring, *Photoerzeugung von Mesonen in Atomkernen.* Vf. versucht, aus den Daten über Photoerzeugung Aussagen über die Impulsverteilung der Nucleonen zu gewinnen. Es zeigt sich, daß sich das empir. Material durch eine GAUSSsche Impulsverteilung wiedergeben läßt. Aus theoret. Betrachtungen u. dem Vgl. mit der Erfahrung läßt sich zeigen, daß man die Photoerzeugung von Mesonen in Kernen mit den experimentellen Daten über Erzeugung an H u. der aus den Absorptionsquerschnitten folgenden Reabsorptionswahrscheinlichkeit im allg. befriedigend in Einklang bringen kann. — Ausführliches Literaturverzeichnis. (Helv. physica Acta **26.** 465—88. 15/9. 1953. Bern, Univ., Physikal. Inst.) GERHARD SCHMIDT. 90

M. F. Crouch und **D. E. Diller,** *Eine Methode zur absoluten Eichung von Neutronenquellen.* (Sitzungsbericht.) Die beim Beschuß von Be mit α-Teilchen hervorgerufenen Neutronen sind nur von 4,4 MeV-γ-Strahlen begleitet. Unter der Annahme, daß ein Teil b ($\sim$1) der Neutronen von einem einzelnen Quant begleitet ist, kann die Neutronenemissionsgröße **N** aus den Ausschlagsgrößen N, G u. γ:n von Detektoren der Neutronen, γ-Strahlen u. verzögerten Koinzidenzen bestimmt werden. Bei Verwendung von NaJ(Tl)- u. ^{10}B-Detektoren überschreitet das berechnete **N** für eine $\sim$200 sec^{-1} (b = 1)-Quelle das bekannte **N** um 7%. (Physic. Rev. [2] **90.** 361—62. 15/4. 1953. Case Inst. of Technol.) GERHARD SCHMIDT. 90

P. Huber und **E. Baumgartner,** *Nachweis von polarisierten Neutronen aus der (d,d)-Reaktion.* (Sitzungsbericht.) Berechnung des Polarisationsgrades der Neutronen (vgl. C. **1953.** 3991). (Helv. physica Acta **26.** 420—22. 15/6. 1953. Basel.) WEIGEL. 90

R. Ricamo, *Polarisation der (d, d)-Neutronen und Spinbahnkopplung in ^{12}C.* (Sitzungsbericht.) Es wird die Winkelverteilung von an ^{12}C gestreuten Neutronen in Abhängigkeit vom Azimut φ bei $\varphi = 90°$ u. $\varphi = 270°$ gemessen u. das Vorhandensein einer Polarisation der Primärneutronen nachgewiesen. Ein Ausdruck für die Winkelabhängigkeit des differentiellen Querschnitts wird angegeben. Die bei einer Neutronenenergie von 3,50 MeV (Laboratoriumswinkel zum Primärdeuteronenstrahl α = 30°) u. 3,32 MeV ($\alpha = 45°$) durchgeführten Messungen gestatten, den Polarisationsgrad zu P $\gg$ 25% abzuschätzen. Damit ergit sich gleichzeitig der Nachw. des Auftretens einer Spin-Bahn-Kopplung bei der Neutronenstreuung. Die verwendeten

Neutronen wurden durch Deuteronenbeschuß eines D_2O-Targets erzeugt. (Helv. physica Acta 26. 423—24. 15/6. 1953. Zürich, ETH.) WEIGEL. 90

R. Meier und **R. Ricamo,** *Winkelverteilung gestreuter Neutronen an Beryllium.* (Sitzungsbericht.) Vff. beschreiben eine Anordnung zur Best. des differentiellen Streuquerschnittes elast. gestreuter Neutronen. Die Neutronen werden in einem D_2O-Eistarget durch Deuteronenbeschuß erzeugt u. treten unter einem Laboratoriumswinkel α zum Primärdeuteronenbündel in einen Kollimator ein, der aus einem Eisenrohr von 25 mm Durchmesser besteht. Der zylindr. Streukörper befindet sich vor der Austrittsöffnung des Kollimators u. wird durch Pb-Platten abgeschirmt. Zum Nachw. der Streuteilchen dient ein um den Streukörper schwenkbarer Anthracendetektor. Zur Vermeidung eines störenden Untergrundes wird das D_2O-Target u. das Kollimatorrohr von einer dicken Schicht einer Bremssubstanz (Mischung von 12% Borsäure in Paraffin) umgeben. Vorläufige Messungen über Streuung an Be werden mitgeteilt, die σ-Kurve im Bereich von 2,30—3,66 MeV Neutronenenergie wird gemessen, die Winkelverteilungen für E_n = 2,30, 2,60, 2,90, 3,32 u. 3,66 MeV bestimmt. (Helv. physica Acta 26. 430—33. 15/6. 1953. Zürich, ETH.) WEIGEL. 90

W. C. Koehler, E. O. Wollan und **C. G. Shull,** *Die kohärenten Neutronenstreuquerschnitte von Ni und seinen Isotopen.* (Vgl. C. **1951**. II. 483 u. **1952**. 5.) Es wird die Neutronenbeugung an natürlichem NiO (I) sowie an solchen Präpp., die an ^{58}Ni (**II**), ^{60}Ni (**III**) u. ^{62}Ni (**IV**) angereichert waren, mit Hilfe eines Kristallspektrometers gemessen. Ein Vgl. der Interferenzen (1 1 1) u. (2 0 0) zeigt starke Unterschiede bei den Einzelpräpp., **II** zeigt mittelstarke (1 1 1)- u. sehr starke (2 0 0)-Intensität, bei **III** sind die Intensitäten beide schwach; bei **IV** fehlt (2 0 0), (1 1 1) ist stark. Das deutet mit Ausnahme von ^{62}Ni auf eine Streuung mit positiver Phase; ^{62}Ni streut mit negativer Phase. Folgende σ-Werte in barn u. Streuamplituden in 10^{-12} cm werden gefunden: **I** 13,3, 1,03; **II** 27,6, 1,48; **III** 0,97, 0,28 u. **IV** 9,1, —0,85. Außer den Kerninterferenzen werden in allen Präpp. die auf Grund der magnet. Eigg. zu erwartenden antiferromagnet. Interferenzen mit bei allen Präpp. innerhalb der Meßfehler gleicher Intensität beobachtet. Alle gemessenen Streuquerschnitte weichen stark ab von dem für Ni beobachteten potentiellen Streuquerschnitt (4,4 barn). Dies läßt sich durch den Einfl. von Resonanzeffekten deuten, vor allem scheint die 3600 eV-Ni-Resonanz eine Rolle zu spielen. (Physic. Rev. [2] **79**. 395. 15/7. 1950. Oak Ridge, Tenn., O. R. N. L.) WEIGEL. 90

Edward Melkonian, *Neue Entwicklungen in den Analysenmethoden für Durchlässigkeitswerte langsamer Neutronen in der Nähe von Kernenergieniveaus.* (Sitzungsbericht.) Nach den bisherigen Methoden lassen sich σ_0 u. Γ für ein bestimmtes Niveau erhalten, wenn partiell aufgelöste Durchlässigkeitsmessungen mit einer dicken ($n\,\sigma_0 \gg 1$) u. einer dünnen ($n\,\sigma_0 \ll 1$)-Probe zur Verfügung stehen. Die Flächen oberhalb der Durchlässigkeitskurven liefern $\sigma_0\,\Gamma^2$ bzw. $\sigma_0\,\Gamma$. Vf. erweitert die bisherigen Methoden, wobei jedoch extreme Begrenzungen auf die Probendicke nicht mehr erforderlich sind. (Physic. Rev. [2] **90**. 362. 15/4. 1953. Columbia Univ.)
GERHARD SCHMIDT. 90

Mario Verde, *Neutronen-Deuteronen-Zusammenstoß bei niedrigen Energien.* Vf. führt die Reihenentw. der beim Stoß zwischen Nucleonen auftretenden Phasenkonstanten δ_0 nach Potenzen der Wellenzahl k für den Fall des Stoßes Neutron–Deuteron u. Proton–Deuteron durch, indem er das Problem als Dreikörperproblem behandelt. Vf. gibt für die Fälle Gesamtspin 3/2 u. 1/2 Ausdrücke für die effektiven Wirkungsquerschnitte. (Atti Accad. naz. Lincei, Rend., Cl. Sci. fisiche, mat., natur. [8] **8**. 228—32. März 1950. Bologna, Univ., Ist. di Fis. „A. Righi".) NIEHRS. 90

L. C. Biedenharn und **John M. Blatt,** *Ein Variationsprinzip für Neutron–Proton-Streuung mit Tensorkräften.* (Sitzungsbericht.) Vervollständigung der SCHWINGERschen Variationsprinzipien für die Phasenverschiebungen der beiden Eigenzustände der Streuung u. Anwendung der Ergebnisse auf die n-p-Streuung niedriger Energie. (Physic. Rev. [2] **90**. 365. 15/4. 1953. Yale Univ.; Univ. of Illinois.)
GERHARD SCHMIDT. 90

Geoffrey F. Chew, *Elastische Proton–Deuteron-Streuung bei hohen Energien.* (Vgl. C. **1951**. I. 2994.) Im Anschluß an die Ergebnisse über n-p- u. p-p-Streuung bei hohen Energien wird die vom Vf. aufgestellte Impulsapproximation auf die Analyse des Dreikörperproblems angewandt. Eine Theorie der Großwinkelstreuung erfordert jedoch die Lösung eines wirklichen Dreikörperproblems, da diese Nucleonenzusammenstöße keine Analogie zu Zweikörperproblemen besitzen. (Physic. Rev. [2] **84**. 1057—58. 1/12. 1951. Urbana, Ill., Univ. of Illinois, Dep. of Phys.) GERHARD SCHMIDT. 90

N. Austern und **S. T. Butler,** *Coulomb-Wirkungen beim Deuteron-Abstreifprozeß.* (Sitzungsbericht.) Vff. entwickeln eine Meth. für die Einbeziehung des COULOMB-

Feldes in die Berechnungen der Winkelverteilungen beim Deuteron-Abstreifprozeß. Die Wellenfunktion für die einfallenden Deuteronen wird in adiabat. Approximation erhalten, die Bewegung des Massenmittelpunktes des Deuterons wird durch eine gewöhnliche COULOMB-Funktion dargestellt, u. die Polarisation des Deuterons nach der Störungstheorie hinzugefügt. (Physic. Rev. [2] **90.** 365. 15/4. 1953. Cornell Univ.)
GERHARD SCHMIDT. 90

B. J. Malenka, U. E. Kruse und **N. F. Ramsey,** *Polarisierbarkeit der Deuteronen.* (Sitzungsbericht.) Vff. berechnen die Polarisierbarkeit des Deuterons in einem äußeren adiabat. angewandten elektr. Feld mittels einer Störungsrechnung zweiter Ordnung. Eine erste Annäherung an die GREENsche Funktion des Deuterons, die der gleichen Funktion des freien Teilchens entspricht, kann durch Betrachtung der Integralgleichung, die sich auf die beiden GREENschen Funktionen erstreckt, erhalten werden. Aus dem Wert für die Polarisierbarkeit läßt sich die Abweichung von dem COULOMBschen Streuquerschnitt in einem Bereich ableiten, in dem die klass. Streutheorie angenähert gilt. (Physic. Rev. [2] **90.** 365. 15/4. 1953. Harvard Univ.)
GERHARD SCHMIDT. 90

N. F. Ramsey, B. J. Malenka und **U. E. Kruse,** *Polarisierbarkeit des Deuterons.* (Vgl. vorst. Ref.) In Ergänzung der l. c. angeführten Berechnungen werden die HULTHÉNschen Wellenfunktionen für das Deuteron angewandt. (Physic. Rev. [2] **91.** 1162—64. 1/9. 1953.) GERHARD SCHMIDT. 90

B. J. Malenka, U. E. Kruse und **N. F. Ramsey,** *Die elektrische Streuung des polarisierbaren Deuterons.* (Vgl. vorst. Reff.) Vff. behandeln die Wrkg. der elektr. Polarisierbarkeit des Deuterons auf seine elektr. Streuung für solche Fälle, in denen $Ze^2/\hbar v \gg 1$ ist; die Wirkungen der direkten Kernwechselwrkg. werden dabei als vernachlässigbar klein angesehen. Unter diesen Umständen rührt die Hauptabweichung von der RUTHERFORDschen Streuformel von der Polarisierbarkeit des Deuterons her. Der entsprechende Beitrag zur Rückwärtsstreuung wird zu 3 bzw. 4% für an *Bi* u. *U* gestreute 8- u. 10 MeV-Deuteronen angegeben. (Physic. Rev. [2] **91.** 1165—67. 1/9. 1953.)
GERHARD SCHMIDT. 90

W. Lakin und **L. Wolfenstein,** *Theorie von Kernreaktionen mit Einschluß polarisierter Deuteronen.* (Sitzungsbericht.) Wird das polarisierte Deuteron bei einer einfachen Rk. in der Weise erzeugt, daß die Anfangs- u. Endzustände je einen Impuls definieren, so erfordern die Invarianzbedingungen, daß die Normale zur Reaktionsebene die Spinrichtung ist. Vff. berechnen die möglichen Polarisationszustände von Deuteronen, die bei der Rk. $p + p \rightarrow \pi^+ + d$ erzeugt worden sind. (Physic. Rev. [2] **90.** 365. 15/4. 1953. Carnegie Inst. of Technol.) GERHARD SCHMIDT. 90

P. Budini und **C. Villi,** *Nichtlokale Theorie der Wechselwirkung zwischen Fermi-Teilchen.* Auf Grund einer nichtlokalen relativist. Theorie der direkten Wechselwrkg. zwischen FERMI-Teilchen werden unter Anwendung der Meth. von YANG u. FELDMAN (C. **1951.** II. 3405) die beiden ersten Elemente der S-Matrix gegeben. Die Theorie wird auf den Kerneinfang des μ^--Mesons angewandt. (Nuovo Cimento [9] **10.** 1172—86. 1/8. 1953. Trieste, Univ., Ist. di Fis., Ist. Naz. di Fis. Nucl.) R. K. MÜLLER. 90

Roger E. Clapp, *Struktur der Elementarteilchen.* (Sitzungsbericht.) Die Auffassungen über Atome, Kerne u. Elementarteilchen können zu der Annahme eines einfachen ursprünglichen Wellenfeldes führen, aus dem alle Elementarteilchen abgeleitet werden können. Unter der Annahme, daß ein solches Feld die Ruhmasse Null u. einen Spin 1/2 hat, können die Gleichungen Systeme von 2 oder mehreren Grundwellen beschreiben, die nur über das Ausschlußprinzip in Wechselwrkg. treten. (Physic. Rev. [2] **90.** 356. 15/4. 1953. Cambridge, Mass.) GERHARD SCHMIDT. 90

V. F. Weisskopf, *Schalenmodell und Kernstruktur.* Allg. theoret. Betrachtungen führen unter Berücksichtigung von Modifikationen, die sich aus den verschied. Wechselwirkungsarten ergeben, zu einem Schalenmodell, das viele Eigg. der Kerne in ihren niedrigsten Zuständen erklären kann. (Physica **18.** 1083—90. Dez. 1952. Cambridge, Mass., M. I. T.) GERHARD SCHMIDT. 95

Ingram Bloch und **Yü-Chang Hsieh,** *Kernschalenstruktur als ein Mehrkörperphänomen.* (Sitzungsbericht.) Eine Kern-HAMILTONsche, die paarweise Wechselwirkungen zwischen den Nucleonen gemäß dem HOOKEschen Gesetz enthält, liefert eine erste Annäherung zu der Mehrkörperkerntheorie. Die n. Oscillatoren gehorchen einem einschränkenderen Ausschlußprinzip als dem, welches auf einzelne Nucleonen paßt. Die Grundzustandsenergie einer Reihe von Oscillatoren hängt von der Anzahl der vorhandenen Neutronen ab, während die einer anderen Reihe von der Anzahl der vorhandenen Protonen abhängt. (Physic. Rev. [2] **91.** 240—41. 1/7. 1953. Vanderbilt Univ.) GOTTFRIED. 95

W. M. Kletschkowski, *Zur Formulierung der Auffüllregeln des Elektronenniveaus.* (Vgl. C. **1953.** 644.) In Übereinstimmung mit IWANENKO u. LARIN (C. **1953.** 8271) schlägt Vf. an Stelle der die Austauschkorrektur noch nicht berücksichtigenden Formel von THOMAS-FERMI $Z_l = 0{,}155\,(2l + 1)^3$ unter Berücksichtigung dieser Korrektur $Z_l = 0{,}167\,(2l)\,(2l + 1)\,(2l + 2) + 1$ vor. Hierbei bedeutet Z_l die Atomnummer des Elementes, in dessen Elektronenschale erstmalig das s-, p-, d- bzw. f-Elektron auftritt. (Доклады Академии Наук СССР [Ber. Akad. Wiss. UdSSR] [N. S.] **92.** 923—26. 11/10. 1953.) AMBERGER. 95

G. Wilse Robinson und C. D. Cornwell, *Die Wechselwirkung mit der molekularen Rotation der elektrischen Kernquadrupolmomente von zwei Kernen mit den Spins 3/2.* Die Theorie der Effekte eines elektr. Kernquadrupolmomentes in Moll. wird auf den speziellen Fall angewendet, daß das Mol. zwei Kerne, jeder mit dem Spin 3/2, enthält. Die Matrixelemente der HAMILTON-Funktion erster Ordnung für die Wechselwrkg. zwischen den elektr. Kernquadrupolmomenten u. dem mol. Rotationsdrehmoment werden bestimmt. In einem speziellen Fall können die Säkulargleichungen explizit für die Energieniveaus in einer Reihe nach J gelöst werden, ihre allg. Lsgg. u. ihre numer. Werte für $J \leq 12$ werden gegeben. In den anderen Fällen müssen Säkulargleichungen höherer Ordnungen gelöst werden. Zur Erleichterung wurden die Koeffizienten einer entwickelten Säkulardeterminante berechnet. Die Meth., relative Linienstärke für Übergänge zu erhalten, wird beschrieben, numer. Werte hierfür werden für einige Übergänge gegeben. Anwendungen für die Analyse von Rotationsspektren werden besprochen. (J. chem. Physics **21.** 1436—42. Sept. 1953. Iowa City, Io., State Univ., Dep. of Chem. and chem. Engng.) v. HARLEM. 95

M. F. Crawford, A. L. Schawlow, F. M. Kelly und W. M. Gray, *Eine Atomstrahlquelle und ein Spektrograph für Hyperfeinstrukturuntersuchungen. Kernmomente von Silber.* Beschreibung einer Atomstrahllichtquelle u. eines lichtstarken Spektrographen, bei welchem ein Quarz–Fluorit-Achromat als Kollimatorobjektiv, ein rückseitig verspiegeltes 30°-Prisma u. ein Parabolspiegel als Kameraobjektiv in Verbindung mit einem FABRY-PÉROT-Interferometer verwendet werden. Eingehende Darst. der Justierung dieses Instrumentes, welches nur 1 cm beidseitig von dem geometr. Fokus eine gute Definition liefert. Aufnahmen mit einem 2,1, 4 u. 5,5 cm-Etalon erlaubten die Trennung bei den $^2S_{1/2} - {}^2P_{1/2,\,3/2}$-Übergängen in je 2 Komponenten von ^{107}Ag u. ^{109}Ag u. deren Zuordnung auf Grund von Intensitätsmessungen u. des bekannten Isotopenverhältnisses. Angabe eines Verf. zur Berechnung der Selbstabsorption der Resonanzlinien aus deren gemessenem u. theoret. Intensitätsverhältnis der Hyperfeinstrukturkomponenten. Die sich ergebenden Kernmomente betragen $I = 1/2$ für beide Isotope u. $\mu^{107}Ag = -0{,}087$ u. $\mu^{109}Ag = -0{,}160$ Kernmagnetonen bei einer Isotopieverschiebung in beiden Resonanzlinien von 0,004 cm^{-1}. (Canad. J. Res., Sect. A **28.** 558—73. Nov. 1950. Toronto, Can., Univ., McLennan Labor.) EICHHOFF. 95

G. Puppi, V. De Sabbata und E. Manaresi, *Erregung von Kernen durch Adsorption von π^--Mesonen.* 1. Mitt. *Allgemeine Bemerkungen.* Das Problem der Erregung eines mittelschweren Kerns ($A = 100$, $Z = 43$) durch Einfang eines in der tiefsten Bahn gebundenen π^--Mesons wird an einem Modell erörtert, bei dem das π^--Meson durch ein zu einem FERMI-Gas von der Temp. 0 gehörenden Nucleonenpaar absorbiert wird. Hierbei werden 2 Phasen unterschieden: eine erste, fast momentane Phase findet zwischen der Absorption u. dem Augenblick statt, in dem die zwei am Absorptionspunkt entstehenden Lawinen die Kernoberfläche erreichen, u. eine zweite, in der die nicht sofort ausgelösten Teilchen den Kern erhitzen, der unter Verdampfung einen Teil der Erregung verliert. Von der absorbierten Gesamtenergie werden $^2/_3$ sofort in Form von Neutronen u. Protonen (1,75 bzw. 0,56 je Einfang) frei, ca. $^1/_3$ wird verdampft (52 MeV). In Form ionisierender Teilchen wird eine Energie von ca. 40 MeV sichtbar. Das Spektr. der Neutronen ist sehr reich im Bereich sehr geringer Energien (unter 10 MeV), das Spektr. der Protonen ist dagegen weniger reich an Teilchen hoher Energie, als nach der Impulsverteilung zu erwarten wäre. (Nuovo Cimento [9] **9.** 726—33. 1/8. 1952. Bologna, Univ., Ist. di Fis.) R. K. MÜLLER. 95

Henry Brysk, *Das extreme Einteilchenmodell und der β-Zerfall.* (Sitzungsbericht.) Für den β-Zerfall von Kernen mit ungeradem A wird eine vereinfachte Darst. betrachtet, bei der das sich umwandelnde Nucleon nur mit einem effektiven stat. Potential in Wechselwrkg. tritt, das die verbleibenden gepaarten Teilchen darstellt. Für Kerne mit geradem A zeigt ein noch extremeres Schema die beiden ungepaarten Nucleonen als nicht miteinander in Wechselwrkg. tretende, j—j-gekoppelte Teilchen in einem Potentialwall. Die Matrixelemente werden in Termen für den ungeraden-A-Fall angegeben. (Physic. Rev. [2] **90.** 365—66. 15/4. 1953. Nat. Bur. of Stand.) GERHARD SCHMIDT. 103

Bernard Hamermesh und **Virginia Hummel**, *Neutroneneinfang-γ-Strahlenspektren von den Elementen mit Z = 17—30 und Z = 45—57.* Mit Hilfe eines NaJ(Tl)-Scintillationszählers u. 5819-Photomultipliers in Verbindung mit einem sehr genau arbeitenden 20-Kanal-Impulsanalysator werden die γ-Spektren beim Einfang therm. Neutronen untersucht. Erfaßt wurden der Energiebereich von 20 keV bis 10 MeV u. die Elemente mit Z = 17—30 u. Z = 45—57 mit Ausnahme der Edelgase. Für *Cl* wurden 4 Linien unterhalb 2,1 MeV gefunden, die den ersten 4 Anregungszuständen von ^{36}Cl zugeordnet werden. Aus diesen Linien u. Paarspektrometerdaten für Linien hoher Energie ergibt sich für ^{36}Cl eine Neutronenbindungsenergie von 8,57 ±0,03 MeV. (Physic. Rev. [2] **88.** 916—19. 15/11. 1952. Chicago, Ill., Argonne Nat. Labor.) WEIGEL. 103

Peter Hillman und **R. H. Stahl**, *Gesamtwirkungsquerschnitt von Helium für energiereiche Neutronen.* (Sitzungsbericht.) Neutronenzähler (Terphenyl in Xylol) hohen Wirkungsgrades u. Targets für verflüssigte Gase ermöglichen die Messung des Gesamtwirkungsquerschnittes von He für energiereiche Neutronen. Für He wird ein vorläufiger Querschnitt (σ_t) von 188 ±20 mbarn bei 84 ±4 MeV Neutronenenergie gefunden. (Physic. Rev. [2] **90.** 362. 15/4. 1953. Harvard Univ.) GERHARD SCHMIDT. 103

Pierre Cüer, Jean-Jacques Jung und **Roland Bilwes**, *Über die Bestimmung der Zustände von ^{8}Be durch die Reaktion ^{10}B (d, α) ^{8}Be.* (Vgl. C. **1954.** 6417.) Aus der Analyse von 10—16000 Bahnen der Winkelverteilung der Rk. ^{10}B (d, α) ^{8}Be* nach der photograph. Meth. geht eindeutig die Existenz der Niveaus von ^{8}Be bei 4,9 u. 7,2 MeV hervor. Das Niveau bei ~4 MeV ist wahrscheinlich, von dem Niveau bei 2,9 MeV wird angenommen, daß es zusammengesetzt ist. Die Ggw. u. Überlagerung von α-Kontinua verhindert die Identifizierung weiterer Niveaus nach dieser Methode. (C. R. hebd. Séances Acad. Sci. **238.** 1405—07. 29/3. 1954.) GERHARD SCHMIDT. 103

A. J. Hartzler und **R. T. Siegel**, *Messungen mit 390 MeV-Neutronen.* (Sitzungsbericht.) 425 MeV-Cyclotron-Protonen treffen auf ein 1 cm dickes Be-Target, um ein energiereiches Neutronenbündel zu erzeugen. Nach der Bündelung wird das Energiespektr. der Neutronen aus der Reichweite der in einem Paraffinstrahler erzeugten Rückstoßprotonen erhalten. Der Protonendetektor besteht aus einem Zweikristall-Scintillationsteleskop. Das Spektr. zeigt ein scharfes Maximum bei 385—390 MeV u. fällt auf weniger als 10% des Spitzenwertes bei 415 MeV bei einem Neutronenfluß von $2 \cdot 10^4$ (>300 MeV) am Austrittsfenster in der Abschirmung. Für *C* beträgt der vorläufige Wert des Wirkungsquerschnitts für 390 MeV-Neutronen (0,278 ±0,009) barn. (Physic. Rev. [2] **90.** 362. 15/4. 1953. Carnegie Inst. of Technol.) GERHARD SCHMIDT. 103

R. M. Kiehn, Clark Goodman und **K. F. Hansen**, *Totale Neutronenwirkungsquerschnitte von Chlor und Kohlenstoff.* (Sitzungsbericht.) Mit CCl_4, ^{7}Li (p, n)-Neutronen u. einem Druck-Propan-Zähler wurde σ_t (Cl) nach der Durchlässigkeitsmeth. von 0,4—1,0 MeV in 30 keV-Intervallen u. von 0,45—0,75 MeV in 2 keV-Intervallen mit 1 keV-Intervallen für eng benachbarte Resonanzen untersucht. Die Targetdicken von 1—3 keV ließen für jede Resonanz Breiten von ca. > 2—4 keV beobachten. Korrekturen für C wurden durch gleichzeitige Messung von σ_t (C) bei Verwendung von Graphit angebracht. Aus dem Verlauf der beobachteten Spitzen gehen weder die Spinzuordnungen zu den einzelnen Niveaus noch das Isotop (^{37}Cl oder ^{35}Cl) hervor, das für eine vorgegebene Resonanzspitze verantwortlich ist. (Physic. Rev. [2] **90.** 362. 15/4. 1953. M. I. T.) GERHARD SCHMIDT. 103

Yves Ayant, *Theorie der Breite der quadrupolen Kernresonanzstrahlen von ^{35}Cl.* Nach zwei verschied. Methoden wird eine Verbreiterung der Kernresonanzstrahlen vom Quadrupoltyp erreicht, u. zwar durch die Schwankungen des mit dem Kern gekoppelten inhomogenen elektr. Feldes u. mit der Spin–Spin-Wechselwirkung. Vf. stellt für den zweiten Effekt eine Theorie auf u. vergleicht die theoret. Voraussagen mit den für ^{35}Cl erhaltenen experimentellen Ergebnissen. (C. R. hebd. Séances Acad. Sci. **233.** 949—51. 22/10. 1951.) GERHARD SCHMIDT. 103

Maurice Buyle-Bodin, *Versuchsanordnung zum Auffinden der elektrischen Quadrupolresonanz.* Vf. beschreibt eine Versuchsanordnung zum Auffinden der Resonanzschwingung eines elektr. Quadrupols u. zeigt an Hand eines experimentellen Beispiels des *p*-$C_6H_4Cl_2$ die gute Übereinstimmung des Ergebnisses mit dem von AYANT theoret. berechneten (vgl. vorst. Ref.). (C. R. hebd. Séances Acad. Sci. **235.** 292—94. 28/7. 1952.) NIEMITZ. 103

F. Brown, J. L. Wolfson und **L. Yaffe**, *Meilerneutronen-Einfangquerschnitte von ^{60}Co* (10,5 Minuten) und ^{60}Co (5,25 Jahre).* Bei starkem Meilerneutronenbeschuß in ^{59}Co-Proben stellen Vff. eine Aktivität von ca. 105 Min. Halbwertszeit fest. Die

Aktivität wurde mit einem Anthracen-Scintillationsspektrometer, das mit einer ^{137}Cs-Quelle geeicht war, in Verbindung mit einem Einkanal-Impulshöhenanalysator nachgewiesen. Durch Unters. der Ausbeute als eine Funktion des Neutronenflusses u. der Bestrahlungszeit konnte festgestellt werden, daß diese Aktivität von ^{61}Co (105 Min.) herrührt, die durch Neutroneneinfang in ^{60}Co gebildet wurde. Die entsprechenden Einfangquerschnitte ergeben sich zu 95 $\pm$45 bzw. 6,0 $\pm$1,4 barn für die ^{60}Co* (10,5 Min.)- u. ^{60}Co (5,25 Jahre)-Isomere. (Canad. J. Physics **31.** 903—10. Sept. 1953. Chalk River, Ontario, A. E. of Canada Ltd., Phys. and Chem. Branch.) GERHARD SCHMIDT. 103

Michel Langevin und **Pierre Radvanyi,** *Untersuchung einer schwachen Verzweigung in der Radioaktivität von ^{79}Kr.* Vff. untersuchen mit einem Proportionalzähler die 44 keV-γ-Strahlung, die bei K-Konversion von ^{79}Kr entsteht u. stellen dabei eine Verzweigung in drei Linien fest, die bei 34, 46 u. 60 keV liegen. Gedeutet wird der Befund durch Emission von AUGER-Elektronen u. K_α-Photonen. Die mittlere Lebensdauer des 44 keV-Zustandes wird zu $< 3 \cdot 10^{-6}$ Sek. angenommen. (C. R. hebd. Séances Acad. Sci. **238.** 232—33. 11/1. 1954.) VOITLÄNDER. 103

Christiane Lévi und **Lili Papineau,** *Über den Zerfall von ^{105}Rh.* Zur Prüfung der sich widersprechenden Aussagen über das Zerfallsschema von ^{105}Rh untersuchen Vff. dieses Schema mit einem NaJ(Tl)-Kristall u. einem Photomultiplier in Verbindung mit einem Zehnkanal-Amplitudenanalysator. Die Ansprechlinearität der Anordnung wird experimentell zwischen 25 keV u. 1 MeV sichergestellt. Mit einer chem. reinen Probe konnte die Existenz eines γ-Strahls von 320 $\pm$20 keV in Rh, das mit einer Halbwertszeit von 36 Std. in Koinzidenz mit einer Elektronenstrahlung von 210 $\pm$ 15 keV maximaler Energie emittiert wird, bestätigt werden. Durch Vgl. mit ^{198}Au wird das Verzweigungsverhältnis zu 4% angegeben. Die beiden β-Übergänge mit dem gleichen Wert von log *ft* ~ 5,5 sind erlaubt; das angeregte Niveau bei 320 keV hat die gleiche Parität wie der Grundzustand, dessen Spin experimentell zu 5/2 bestimmt worden ist. Für den Koeff. der K-Konversion wurde eine obere Grenze von 0,05 bestimmt. Diese Grenze schließt die Möglichkeit von E 3- u. M 3-Übergängen aus. Der untersuchte Übergang scheint E 2 oder M 1 oder eine Mischung vorst. Übergänge zu sein. (C. R. hebd. Séances Acad. Sci. **238.** 1407—09. 29/3. 1954.) GERHARD SCHMIDT. 103

George I. Mulholland und **Truman P. Kohman,** *Mögliche natürliche Radioaktivität von Neodym.* Mit einer hochempfindlichen Zählrohranordnung wird nach einer natürlichen Radioaktivität von Nd gesucht. Die minimale Halbwertszeit für eine mögliche β-Aktivität ergibt sich zu $2 \cdot 10^{15}$ Jahren für ^{150}Nd. Trotz der negativen Resultate wird eine β-Aktivität von ^{150}Nd mit sehr langer Halbwertszeit für möglich gehalten. Für eine eventuelle α-Aktivität ergibt sich aus den Messungen eine obere Grenze von 0,02 Zerfällen pro Sek. u. Gramm. (Physic. Rev. [2] **85.** 144—45. 1/1. 1952. Pittsburgh, Pa., Carnegie Inst. of Technol., Dep. of Chem.) EICHHOFF. 103

George I. Mulholland und **Truman P. Kohman,** *Natürliche Radioaktivität von Lanthan 138.* Unterss. mit einem großen Proportionalzähler (vgl. vorst. Ref.) ergaben eine spezif. Aktivität von 1,0 *Ba*-K-Strahlen/sec·g La aus dem Zerfall des Isotops ^{138}La durch K-Einfang zu ^{138}Ba. Die restliche spezif. Aktivität von 0,07 Teilchen/sec·g La deutet auf eine energiereiche β-Strahlung hin, deren Maximalenergie durch Vgl. mit ^{204}*Tl* zu 1,0 $\pm$0,2 MeV bestimmt wird. Für den Einfangprozeß bzw. den β-Zerfall wird eine Halbwertszeit von $7 \cdot 10^{10}$ bzw. $1,2 \cdot 10^{12}$ Jahren berechnet. Der log *ft* für den β^--Übergang ist 21,3, was für einen vierfach verbotenen Übergang von ^{138}La in eine $g_{7/2}$—$d_{3/2}$-Konfiguration mit dem Spin 5 u. gerader Parität spricht. (Physic. Rev. [2] **87.** 681—82. 15/8. 1952.) EICHHOFF. 103

H. L. Foote jr., V. L. Sailor und **H. H. Landon,** *Resonanzquerschnitte von Neutronen niedriger Energie für Holmium, Erbium, Cassiopeium und Thulium.* (Sitzungsbericht.) Mit einem Kristallspektrometer wurde über den Bereich von 0,1—30 eV der Neutronenresonanzquerschnitt für Ho, Er, Cp u. Tm untersucht. Ho zeigt Resonanzen bei 3,96 u. 12,8 eV, Er bei 0,5, 6,10, 9,55, 16,0, 21,2 u. 27,5 eV, Tm bei 4,0, 15,0 u. 18,0 eV u. Cp bei 1,57, 2,62, 4,80, 5,30, 11,4, 14,4 u. 24,0 eV. Die Messungen wurden mit monochromat. Be- u. NaCl-Kristallen durchgeführt. (Physic. Rev. [2] **90.** 362—63. 15/4. 1953. Brookhaven Nat. Labor.) GERHARD SCHMIDT. 103

H. H. Landon, V. L. Sailor und **H. L. Foote jr.,** *Neutronenresonanzenergiemessungen mit dem Kristallspektrometer von Brookhaven.* (Vgl. vorst. Ref.) (Sitzungsbericht.) Mit einem Kristallspektrometer wurden die tiefsten Neutronenresonanzen in *Ir* zu 0,654 $\pm$0,003 eV, in *Rh* zu 1,260 $\pm$0,004 eV, in *In* zu 1,458 $\pm$0,005 eV, in *Re* zu 2,16 $\pm$0,01 eV, in *Au* zu 4,93 $\pm$0,03 eV u. in *Ag* zu 5,235 $\pm$0,035 eV bestimmt. Als

Monochromator wurde ein Be-Kristall verwendet. Die Ergebnisse wurden mit denjenigen der Flugzeit–Energiemessungen verglichen. (Physic. Rev. [2] **90**. 363. 15/4. 1953.) Gerhard Schmidt. 103

B. Margolis, *Neutroneneinfangquerschnitte.* (Vgl. C. **1952**. 1442.) Vf. leitet mit Hilfe der statist. Theorie Formeln für den Neutroneneinfangquerschnitt mittlerer u. schwererer Kerne im Energiebereich von 1 keV bis zu einigen MeV ab. Die Formeln zeigen keine Resonanzen, sondern geben vielmehr den Mittelwert von σ in solchen Bereichen, in denen Resonanzen auftreten. Es wird der Spezialfall behandelt, in welchem die Niveaus des Restkerns gut voneinander getrennt sind. Im betrachteten Energiebereich treten als Konkurrenzprozesse lediglich elast. u. unelast. Streuung auf. Die Energieabhängigkeit der Strahlungsbreiten wird abgeschätzt. Das Verhältnis von Niveauabstand zu Strahlungsbreite bei der Dissoziationsenergie des Neutrons geht als Parameter in die σ-Formeln ein. Wird der Niveauabstand bei gegebenem Spin u. gegebener Parität bei der Dissoziationsenergie eines Neutrons zu 25 eV angenommen, so berechnen sich die Strahlungsbreiten für ^{108}*Ag* u. ^{116}*In* zu 0,08 eV für ^{110}Ag zu 0,10 eV u. für ^{198}*Au* zu 0,20 eV. (Physic. Rev. [2] **88**. 327—31. 15/10. 1952 Cambridge, Mass., M. I. T., Phys. Dep. u. Labor. for Nucl. Sci. and Engng.) Weigel. 103

C. T. Hibdon und **C. O. Muehlhause,** *Innere Konversion von Neutroneneinfang-γ-Strahlen.* (Vgl. C. **1952**. 2958; **1953**. 7998.) Vff. führen die Unterss. der Konversion von Neutroneneinfang-γ-Strahlen an folgenden angereicherten Präpp. durch: ^{113}*Cd* (Metall, auf dünner Al-Folie), ^{149}*Sm* (als angereichertes $^{149}Sm_2O_3$), *Gd* (Metall, auf Al aufgedampft), ^{164}*Dy* (als $^{164}Dy_2O_3$ auf Al haftend), ^{199}*Hg*, mit Au amalgamiert. Die Dicke der Filme betrug ca. $5 \cdot 10^3$ Å, was 1—2% Elektronenabsorption zur Folge hatte. Die Bestrahlung erfolgte mit einem aus einer Meileröffnung austretenden Neutronenbündel derart, daß während der Bestrahlungszeit das Konversionsspektr. mit einem 180°-β-Spektrographen mit konstantem Magnetfeld photograph. aufgenommen werden konnte. Jedes Element, ausgenommen Hg, zeigt 2 stark konvertierende γ-Strahlungen, die von einem Einzelisotop herrühren. (Physic. Rev. [2] **88**. 943—44. 15/11. 1952. Chicago, Ill., Argonne Nat. Labor.) Weigel. 103

J. Halpern, R. Nathans und **A. K. Mann,** *Photonenabsorptionsquerschnitte in Wismut und Tantal.* Mit Hilfe der Nachweismeth. für verzögerte Neutronen (Sher u. Mitarbeiter, C. **1952**. 5363) wird die Anregungsfunktion für die Neutronenausbeute aus Bi (434 mg/cm^2) u. Ta (468 mg/cm^2) gemessen. Die (γ, n)- u. (γ, 2 n)-Komponenten werden getrennt. Die l. c. verwendete App. wird dahingehend geändert, daß der Wirkungsgrad von der Neutronenenergie unabhängig wird. Die Neutronenausbeutekurven werden im Bereich von Betatronenergien von 0—25 MeV angegeben, die Anregungsfunktion für Ta mitgeteilt. Die totalen Querschnittskurven werden aufgestellt u. daraus die integralen Querschnitte zu 2,8 MeV-barn (Ta) u. 3,0 MeV-barn (Bi) bestimmt, wobei der (γ, 2 n)-Anteil zu ca. 15% abgeschätzt wird. Die Ergebnisse werden mit theoret. Voraussagen verglichen. (Physic. Rev. [2] **88**. 679—80. 1/11. 1952. Philadelphia, Pa., Univ. of Pennsylvania.) Weigel. 103

D. J. Hughes, F. G. P. Seidl, H. Palevsky und **J. S. Levin,** *Neutronenresonanzmessungen mit dem Schnellschopper (Zerhacker) von Brookhaven.* (Sitzungsbericht.) Der Schnellschopper gestattet Neutronenresonanzmessungen mit einer Auflösung von 0,05 μsec/m u. bei einer Eigengeschwindigkeit von 6000 U/Minute. Die Auflösung wurde experimentell durch Messung scharfer Resonanzen mit 0,1 μsec/m bestimmt. Der Hauptbeitrag in dem untersuchten Bereich niedriger Energie zur Auflösungszeit ist die Flugzeit der Neutronen im Detektor, der aus einer Reihe von BF_3-Proportionalzählern besteht. Die App. arbeitet vollständig unter automat. Kontrolle. (Physic. Rev. [2] **90**. 363. 15/4. 1953. Brookhaven Nat. Labor.) Gerhard Schmidt. 103

J. S. Levin, W. Y. Kato, N. G. Sjostrand und **D. J. Hughes,** *Neutronenresonanzen in Ag, Th und Mn.* (Vgl. vorst. Ref.) (Sitzungsbericht.) Messungen mit dem Schnellschopper hoher Auflösung ergaben selbst bei niedriger Energie eine kompliziertere Resonanzstruktur als bisher angenommen wurde. Die Messungen der Vff. erstreckten sich daher hauptsächlich auf einen Bereich von 10—200 eV. Oberhalb 200 eV gingen die Resonanzen in schweren Elementen sogar mit der 0,1 μsec/Min.-Auflösung des Schoppers unter. In Ag wurden zwischen 10 u. 100 eV wenigstens 6 Resonanzen festgestellt. Die Zahl der Resonanzen in Th nahm ebenfalls zu, so konnte z. B. die 26 eV-Resonanz in zwei Resonanzen mit 1,5 eV Abstand aufgelöst werden. In Mn lag die Spitze der 300 eV-Resonanz höher als bisher beobachtet. Neben den beiden Resonanzen bei 300 u. 2000 eV wurde ein weiteres Resonanzniveau beobachtet. Die experimentell festgestellten Niveaus sind mit dem statist. Modell in Einklang. (Physic. Rev. [2] **90**. 363. 15/4. 1953.) Gerhard Schmidt. 103

Christopher Hinton, *Kernreaktoren und Energieerzeugung.* 2. Mitt. (1. vgl. C. **1954.** 5683.) Im Zusammenhang mit dem Aufbau der Windscale-Meiler werden spezielle Probleme, wie z. B. Temperaturbegrenzung, Dimensionen, ^{235}U-Anreicherung, Wärmeabgabe, Sicherheitsmaßnahmen, für die Anordnung eines Kernreaktors für Energieerzeugung besprochen. (Atomics **5.** 147—51. Mai 1954. Risley.)
GERHARD SCHMIDT. 110

B. Wolfe, J. DeWire und **A. Silverman,** *Teilchenselektion bei Verwendung eines Kristallteleskops.* (Sitzungsbericht.) Vff. entwickeln ein elektron. Verf. zur Unterscheidung nichtrelativist. Teilchen verschied. M. u./oder Ladung. Die Meth. schließt eine Messung von E u. d E/d x des Teilchens u. eine Prüfung des Prod. EdE/dx ein. Dieses Prod. ist proportional $Z^2 \cdot M^{0,8}$. Die Vorteile dieses neuen Syst. sind 1. größere Trennung verschied. Teilchen für ein vorgegebenes Masse- oder Ladungsverhältnis u. 2. der gleichzeitige Nachw. eines großen Energiebereichs ohne wesentlichen Auflösungsverlust. Für die Verss. wird ein Dreikristallteleskop benutzt, wobei der dritte Kristall in Antikoinzidenzanordnung ist. d E/d x wird im ersten (dünnen) Kristall gemessen, E im zweiten. Das Energiespektr. eines besonderen Teilchens wird durch Beobachtung des Ausschlages im zweiten Kristall nach Identifizierung durch den verstärkten Impuls erhalten. (Physic. Rev. [2] **91.** 446. 15/7. 1953. Cornell Univ.)
GERHARD SCHMIDT. 112

Joseph Seiden, *Die durch Nichtlinearitäten hervorgerufene Instabilität der Bahnen im Cosmotron.* Vf. untersucht die Betatronschwingungen, die durch nichtlineare Glieder in den Bewegungsgleichungen der beschleunigten Teilchen entstehen. Für die Oscillationen in der Vertikalen u. der Horizontalen wird je eine Gleichung aufgestellt. Bei der Integration dieser Gleichungen ergeben sich Resonanzglieder zweiter Ordnung. Die radialen u. vertikalen Resonanzen sind gekoppelt. (C. R. hebd. Séances Acad. Sci. **238.** 230—32. 11/1. 1954.) VOITLÄNDER. 112

M. L. Yeater, E. R. Gaerttner und **G. C. Baldwin,** *Neutronenflugzeitspektrometer mit Betatronquelle.* (Sitzungsbericht.) Zur Unters. der Neutronenquerschnitte nach der Flugzeitmeth. wird das 100 MeV-Betatron von Schenectady benutzt, wobei angenähert 10^{10} Neutronen pro Sek. in einem dicken natürlichen U-Target erzeugt werden. Mit einer BF_3-Ionisationskammer wird der Untergrund zu ~1% der Intensität des offenen Bündels bestimmt. Die Zeitmessung besteht aus einem Verzögerer u. einem 64-Kanalanalysator. Die Auflösung bei einem Flugweg von 7 m ist angenähert 0,1 µsec/m bei 1000 eV. (Physic. Rev. [2] **91.** 451. 15/7. 1953. Knolls Atomic Power Labor.; General Electr. Res. Labor.) GERHARD SCHMIDT. 112

A. Ward, *Flugzeit von 14,1 MeV-Neutronen.* Zur Energiemessung schneller Neutronen aus der Rk. ^3H (d, n) ^4He nach der Flugzeitmeth. wird ein mit hoher Geschwindigkeit gesteuertes Oscilloskop benutzt, dessen optimale Auflösung zu weniger als 10 m/µsec angegeben wird. (Nature [London] **173.** 771—72. 24/4. 1954. Glasgow, Univ., Phys. Dep.) GERHARD SCHMIDT. 112

A. A. Smirnow, *Zur Methodik der Aktivitätsmessung des Phosphorisotops ^{32}P.* Zur Technik der Aktivitätsmessung wird empfohlen, an Stelle des gläsernen Zählers „AMM-7" den metall. Zähler „B-2 M" zu verwenden, der 5 mal höhere Werte liefert; ferner die Prüflsgg. nicht mehr in Cellophanschälchen einzudampfen u. auf Filtrierpapier überzuführen, sondern die Verdampfung auf Glasplatten (110×50 mm) durchzuführen, in welche Rillen (90×18, 2,75 mm tief) eingeschliffen worden sind. Die Verdampfung (im Thermostaten bei 50—60°) von 10 Proben erfordert nur 20 Min., die zeitraubende Überführung auf Papier erübrigt sich. Die Messung ergab dann bei den direkt eingesetzten Verdampfungsplatten nur einen Verlust von 30—35% Aktivität, die bei Verminderung der Rillentiefe (auf 1,3—1,4 mm) nur 20% Verlust zeigte: es liegt nur an der Entfernung der Schicht vom Zähler. Salzgeh. der Probe (bis 20 mg Sulfat/Probe, beim Eindampfen: Vaselin gegen Kriechen) beeinträchtigten die Messung nicht. Sorgfältiges Waschen der Platten nach der Messung (Wasserstrahl, Seifenwasser, HCl + Na_2HPO_4) beseitigt allen ^{32}P. (Биохимия [Biochemie] **18.** 223—26. März/April 1953. Leningrad, Pawlow-Inst. für Physiol. der Akad. der Wiss. der UdSSR.) v. WILPERT. 112

L. Argiero, *Bestimmung der Kurven der Empfindlichkeit photographischer Emulsionen gegenüber γ-Strahlen.* Für 14 Typen von photograph. FERRANIA-Emulsionen wird der Empfindlichkeitsbereich gegenüber Röntgenstrahlen ermittelt (Werte von 1—3 bis 30—500), zugleich mit den relativen mittleren Fehlern (Tabellen). (Nuovo Cimento [9] **10.** 1035—39. 1/8. 1953. Livorno, Accad. Navale.) R. K. MÜLLER. 112

Emilio Segrè, I nuovi elementi chimica. Chimica nucleare alle alte energie. Conferenze tenute negli Istituti chimica delle Università di Roma e Milano. Roma: Ed. Accademia Naz. dei Lincei. 1953. (119 S. mit Abb.) L 1000.—.

A_2. Optisches Verhalten der Materie.

Maurice Dufay, *Untersuchung der Emission des ionisierten Stickstoffmoleküls und des neutralen Stickstoffatoms im Dämmerungsleuchten.* (Vgl. C. **1954**. 706.) Über mehrere Jahre ausgedehnte Messungen der Emissionsbanden des ersten negativen Syst. des N_2^+ (im Gebiet ca. 3800—4700 Å) u. der Linie 5199 Å des neutralen N-Atoms. Die prakt. alltägliche Erscheinung der N_2^+-Emission zeigt merkliche Intensitätsschwankungen ohne systemat. Unterschiede zwischen Morgen- u. Abendemissionen. Dagegen werden engere Zusammenhänge mit dem Auftreten magnet. Stürme festgestellt. Die scheinbare Höhe der Emission ist 90—125 km, die wahre Höhe dürfte in der E-Schicht liegen. Möglicher Anregungsmechanismus: Ionisation des N_2 durch UV einer Wellenlänge kleiner als 910 Å oder durch Röntgenstrahlung aus der Sonnencorona sowie opt. Resonanzanregung der Ionen nach $N_2^+X^2\Sigma + h\nu \rightarrow N_2^+B^2\Sigma$. Aus einer längeren Beobachtungsserie folgt, daß die Emission des N-Dubletts $^4S \rightarrow {}^2D$ regelmäßig, jedoch unterschiedlich intensiv, während der Abenddämmerung bes. in den Sommermonaten, weniger morgens u. im Winter auftritt. Die Emission schwächt sich nach der Dämmerung ab u. verschwindet fast immer in der Nacht. Ein photometr. Vgl. der Linie 5199 Å mit der O I-Linie 5577 Å führt zu ca. $1{,}5 \cdot 10^7$ Photonen pro Sek. u. pro Säule vom Querschnitt 1 cm^2. Eine mögliche Erklärung der Emission wird in einem Fluorescenzeffekt gesehen: Anregung von Elektronen der N-Atome zum ^2P-Niveau durch Absorption der Sonnenstrahlung von 3466 Å, schneller Übergang zum ^2D-Niveau (mit langer Lebensdauer von 7—10 Std.) u. von dort Rückkehr in den Grundzustand unter 5199 Å-Emission. Entsprechend der Wahrscheinlichkeit strahlungsloser Übergänge infolge Stoß wäre anzunehmen, daß der N in Höhen über 120—160 km völlig in atomarem Zustand vorhanden ist. (Ann. Physique [12] **8**. 813—62. Nov./Dez. 1953. Lyon, Observ., u. l'Observ. de Haute Provence.) RUDOLPH. 113

Frank Matossi, *Schwingungsemissionsspektren in Glimmentladungen.* (Sitzungsbericht.) Die in Glimmentladungen beobachtbaren Molekülemissionsspektren werden auf Molekülanregungen durch langsame Ionen oder durch im elektr. Feld beschleunigte Elektronen zurückgeführt. Um die kinet. Energie E_k der geladenen Teilchen zu beschränken, ist ein krit. Druck erforderlich, der von Temp. u. Schwingungsfrequenz E_ν abhängt. Es wird angenommen, daß nur die Differenz zwischen E_ν u. der therm. Energie durch die im Feld gewonnene Energie aufgewogen werden muß. (Physic. Rev. [2] **90**. 359. 15/4. 1953. N. S. Naval Ordnance Labor.) RUDOLPH. 114

Herbert B. Rosenstock und **Gordon F. Newell,** *Schwingungen eines einfachen kubischen Gitters.* 1. Mitt. Vff. berechneten die Verteilung der Schwingungsfrequenzen eines einfachen einatomigen kub. Gitters ohne zentrale Kräfte nur zwischen den nächsten Nachbarn. (J. chem. Physics **21**. 1607—08. Sept. 1953. Washington, D. C., Naval Res. Labor.; College Park, Md., Univ., Inst. for Fluid Dynamics and Appl. Math.) GOTTFRIED. 114

Herbert B. Rosenstock und **Hilda M. Rosenstock,** *Schwingungen eines einfachen kubischen Gitters.* 2. Mitt. (1. vgl. vorst. Ref.) Vff. legen ihren Berechnungen wieder ein einfaches einatomiges kub. Gitter zugrunde, nehmen jedoch an, daß die Kräfte zentral u. bis zu den drittnächsten Nachbarn nicht vernachlässigbar sind. (J. chem. Physics **21**. 1608. Sept. 1953. Washington, D. C., Naval Res. Labor.) GOTTFRIED. 114

Jesse Young, Edgar P. Brightwell und **Joseph W. Straley,** *Intensitätsverteilung im zweiten positiven Bandensystem von N_2.* (Sitzungsbericht.) Mit Hilfe eines HILGER-Spektrographen wird die Intensitätsverteilung des zweiten positiven Bandensyst. des N_2 aufgenommen u. mit der aus der Literatur bekannten u. der aus dem FRANK-CONDON-Prinzip folgenden Intensitätsverteilung verglichen. Keine näheren Angaben. (Physic. Rev. [2] **83**. 486. 15/7. 1951. Univ. of North Carolina.) RUDOLPH. 118

S. S. Penner und **D. Weber,** *Strahlungsemission zweiatomiger Gase.* 2. Mitt. *Experimentelle Bestimmung der effektiven mittleren Absorptionskoeffizienten des CO.* (1. vgl. C. **1953**. 6814.) Die Näherungsmeth. zur Berechnung des Emissionsvermögens zweiatomiger Mol.-Gase bei erhöhten Drucken beruht u. a. auf der Annahme, daß ein mittlerer Absorptionskoeff. $\bar{P}$ benutzt werden kann, der gleich dem Verhältnis von — über die ganze Rotations–Schwingungs-Bande — integrierter Absorption α zu effektiver Bandbreite $\Delta\,\nu$ ist. An Hand der experimentellen Daten für CO bei Raumtemp. u. erhöhten Drucken wird die Eignung dieses Verf. zur Abschätzung von P_ν diskutiert. Die Näherung $P = \alpha/\Delta\,\nu$ scheint für eine gegebene Rotations–Schwingungs-Bande die Emission um so besser zu beschreiben, je geringer die opt. Dichte bei einem gegebenen Gesamtdruck ist. (J. appl. Physics **22**. 1164—67. Sept. 1951. Pasadena, Calif., Inst. of Technol., Jet Propulsion Labor.) RUDOLPH. 118

R. F. Barrow und **A. D. Caunt**, *Das ultraviolette Spektrum eines zweiatomigen Hydrids, angeregt in Fluorwasserstoff–Kaliumfluorid-Hohlkathodenentladungen.* In einer Quarzröhre wurde mit Hilfe einer mit KF u. KHF_2 gefüllten Hohlkathode bei Ggw. von H_2 von 1—5 Torr Druck eine Entladung von 0,2—0,5 A erzeugt u. deren linienreiches Spektr. im Gebiet von $\lambda = 2200$—2600 Å mit einem Quarzspektrographen aufgenommen. Die Rotationsanalyse ergibt Σ—Σ-Übergänge mit $v' =$ const. Der Ursprung der Emission konnte nicht identifiziert werden; es handelt sich wahrscheinlich um Hydride von Verunreinigungen. (Proc. physic. Soc., Sect. A **67**. 68—73. 1/1. 1954. Oxford, Univ., Phys. Chem. Labor.) HEINSOHN. 118

S. J. Q. Robinson und **R. F. Barrow**, *Das E–X-Bandensystem von SiS in Emission und die Dissoziationsenergie von SiS.* Das von früheren Autoren in Absorption gefundene E—X-Bandensyst. von SiS im Gebiet von $\lambda = 2100$—2500 Å wurde in Emission in einer elektrodenlosen hochfrequenten Entladung von $SiCl_4$ mit geringem Anteil von CS_2 mit einem Quarzspektrographen aufgenommen u. analysiert. Die Schwingungstermwerte des $x^1\Sigma^+$-Zustandes unter Annahme von $v'' = 0$ werden angegeben. Die Dissoziationsenergie von SiS wird zu 147,4 $\pm$3,0 kcal in guter Übereinstimmung mit früheren Werten berechnet. (Proc. physic. Soc., Sect. A **67**. 95—96. 1/1. 1954. Oxford, Univ., Phys. Chem. Labor.) HEINSOHN. 118

K. Watanabe, Edward C. Y. Inn und **Murray Zelikoff**, *Absorptionskoeffizienten von O_2 im Vakuumultraviolett.* (Sitzungsbericht.) Mit Hilfe von H_2-Kontinuum, Monochromator u. Multiplier mit Leuchtstoffschirm werden zwischen 1050 u. 1900 Å in O_2 bei Drucken von 0,1—500 Torr ein Absorptionskoeff. $k = 380$ cm^{-1} im Maximum bei 1420 Å u. ein ziemlich asymm., nach kurzen Wellen steiler abfallendes u. von 3 diffusen Banden überlagertes Kontinuum gefunden. Auch für die Gebiete 1050—1330 u. 1670—1850 Å werden die k-Werte bestimmt. Absorptionsmessungen an H_2 u. N_2 zwischen 1050 u. 1500 Å zeigten LYMAN- u. verbotene BIRGE-HOPFIELD-Banden, aber kein Kontinuum selbst bis zu Drucken von 500 Torr. (Physic. Rev. [2] **90**. 359. 15/4. 1953. Geophys. Res. Directorate.) RUDOLPH. 118

Murray Zelikoff, Edward C. Y. Inn und **K. Watanabe**, *Absorptionskoeffizienten von N_2O und CO_2 im Vakuumultraviolett.* (Vgl. vorst. Ref.) (Sitzungsbericht.) Mit der gleichen Anordnung wie im vorst. Bericht werden zwischen 1050 u. 2000 Å die Absorptionskoeffizienten k von N_2O u. CO_2 gemessen. Bei N_2O werden 4 Kontinua mit den Maxima 1820, 1448, 1284 u. ca. 1000 Å beobachtet; die k-Werte sind 3,9, 140, 2400 bzw. 1000 cm^{-1}. Eine Reihe diffuser Banden überlagern die Kontinua. CO_2 besitzt 3, möglicherweise 4 Kontinua mit — gegenüber früheren Messungen — erheblich kleineren k-Werten im Gebiet 1440—1670 Å. Unter 1200 Å erreicht k 4400 cm^{-1}. Wieder sind zahlreiche diffuse Banden überlagert. (Physic. Rev. [2] **90**. 359. 15/4. 1953. Geophys. Res. Directorate.) RUDOLPH. 118

N. K. Bridge und **H. G. Howell**, *Das Absorptionsspektrum von Wismutoxyd.* Das Absorptionsspektr. von bis zu 1500° erhitztem Wismutdampf wurde mit Xe-Höchstdrucklampe u. Quarzspektrograph im Bereich von 2400—3800 Å aufgenommen, analysiert u. dem BiO zugeordnet. Es erscheinen 4 Bandengruppen, eine 5. scheint zu existieren. Die Schwingungskonstanten für diese Systeme werden angegeben. Als Grundzustand wird die niedrigere Komponente des $a^2\Pi$-Zustandes, wahrscheinlich mit ω–ω-Kopplung angenommen u. die Dublettaufspaltung zwischen 8000 u. 13500 cm^{-1} geschätzt. Die Beziehungen zwischen Absorptions- u. Emissionsspektr. werden diskutiert, u. es wird versucht, die Energieniveaus in den Termen der Elektronenkonfiguration zu berechnen. (Proc. physic. Soc., Sect. A **67**. 44—51. 1/1. 1954. Urmston, Nr. Manchester, Brit. Rayon Res. Ass.) HEINSOHN. 118

R. Ritschl und **R. Müller**, *Die Spektren des Rubins.* Die mit Hilfe einer GISOLF-Kugel an pulverförmigen Mischkristallen Al_2O_3–Cr_2O_3 mit Cr-Konzz. C von 0—100% gemessene kontinuierliche Absorption verschiebt sich von 2400 Å mit wachsendem C bis 5300 Å bei $C = 100\%$; die bei einigen Mol-% Cr auftretende kontinuierliche Absorptionsbande im Sichtbaren (um 5400 Å) bleibt bis ca. 8,4% Cr in ihrer Lage konstant, verschiebt sich dann mit wachsendem C langwellig bis 6000 Å. Gleichzeitig gemessene relative Fluorescenzhelligkeiten J der R_2-Linie des Rubins als Funktion von C ergeben einen steilen Abfall von J bei 6 bis auf nahezu Null bei $C \approx 8\%$. Die Diskussion der Änderung der opt. Eigg. des Rubins mit der Cr-Konz. führt u. a. zu der Annahme einer opt. Anregung von Elektronen im Al_2O_3 in ein unter dem leeren Al^{3+}-Band liegendes Exciton-Band, das sehr genau mit der Lage des tieferen der angeregten Cr^{3+}-Terme der Linie R_1, R_2 übereinstimmt. Auf den Zusammenhang des opt. Verh. mit der von THILO angenommenen Ausbldg. größerer Cr-Komplexe mit Cr–Cr-Nachbarschaften wird hingewiesen. (Z. Physik **133**. 237—43. 1952. Berlin, Humboldt-Univ., I. Physikal. Inst.) RUDOLPH. 118

H. Maier, *Einfluß der linearen Ionendichte auf die Anregung von ultravioletten und sichtbaren Fluorescenzstrahlen durch γ- und Röntgenstrahlen.* W. zeigt bei Bestrahlung mit β- u. γ-Strahlen des Ra eine kontinuierliche Fluorescenz im Gebiet von 220 bis über 500 mμ. Diese Fluorescenz des W. tritt nicht bei Einstrahlung von Röntgenkontaktstrahlen vergleichbarer Intensität u. Dosis auf. Dieses Verh. wird darauf zurückgeführt, daß infolge der hohen Ionendichte längs der Bahnen von Photo- u. COMPTON-Elektronen den gebildeten, für die Fluorescenz verantwortlichen angeregten H-Atomen die Anregungsenergie durch Stöße 2. Art mit den Ionen entzogen wird. Der mittlere Abstand der prim. Ionenpaare beträgt bei β- u. γ-Strahlanregung ca. das 1400—1700fache des Wassermoleküldurchmessers, bei Röntgenstrahlen dagegen nur ca. das 120fache. Da die mittlere Ionendichte bei Röntgenstrahlen von 50 bis 180 kV prakt. gleich ist, dürfte bei den üblichen Röntgentherapieformen keine Fluorescenz des W. auftreten. Die biol. Bedeutung des Unterschiedes im Wirkungsmechanismus von γ-Strahlen u. Röntgenstrahlen wird diskutiert. (Strahlentherapie **91.** 566—75. 1953. Wien, Radiumtechn. Versuchsanst. u. Krankenhaus Lainz, Sonderabt. für Strahlentherap.) RUDOLPH. 118

Michael Hacskaylo, Dumas Otterson und **Philip Schwed,** *Über die Gegenwart von freiem Chlor in Natriumchloridkristallen mit Farbzentren und Vorstufen von Farbzentren.* (Vgl. C. **1954.** 1879.) Es wurde der Geh. an freiem atomarem Cl von NaCl-Kristallen bestimmt, die einer Röntgenbestrahlung ausgesetzt waren. Der Cl-Geh. wurde durch die Farb-Rk. mit o-Tolidin bestimmt. Die Kristalle wurden in folgenden Zuständen untersucht: Bestrahlt im Normalzustand; bestrahlt u. unbestrahlt im metastabilen Zustand; bestrahlt u. unbestrahlt nach Anfärbung durch Elektrolyse. Während im unbestrahlten NaCl-Kristall kein freies Cl gefunden wird, sind in bestrahlten Kristallen 0,1—0,6 freie Cl-Atome pro Leerstellenpaar enthalten. Es wird angenommen, daß pro F-Zentrum ein freies Cl-Atom entsteht. (J. chem. Physics **21.** 1434—35. Sept. 1953. Cleveland, O., Nat. Advis. Comm. for Aeronautics, Lewis Flight Propulsion Labor.) H. C. WOLF. 119

Henry F. Ivey, *Durch Elektrolyse hervorgerufene Farbzentren in Natriumchlorid.* Hinweis auf die wahrscheinliche Identität zweier von HACSKAYLO u. GROETZINGER (C. **1953.** **4645**) beobachteten Absorptionsbanden an einer Elektrolyse unterworfenen NaCl-Kristallen bei 2260 u. 2850 Å mit einer durch Bestrahlung von NaCl-Kristallen mit Röntgenstrahlen hervorgerufenen V_2-Bande bei 2226 Å u. einer K-Bande bei 2900—2950 Å an durch Elektrolyse verfärbten NaCl-Kristallen. (Physic. Rev. [2] **88.** 1434. 15/12. 1952. New York, Skiatron Electron. and Television Corp.) EICHHOFF. 119

A. Battaglia, A. Gozzini und **E. Polacco,** *Magnetische Doppelbrechung paramagnetischer Substanzen unter Resonanzbedingungen.* Wenn ein paramagnet. Salz sich zwischen den Enden eines Elektromagneten befindet u. der elektr. Vektor u. die Transversalkomponente des magnet. Vektors der Welle mit dem äußeren Magnetfeld einen Winkel von 45° bilden, wird die Transversalkomponente des Magnetfelds der einfallenden Welle am Dielektrikum in eine parallele u. eine n. Komponente zerlegt, von denen nur die letztere paramagnet. Resonanz erleidet u. gegenüber der parallelen Komponente schwächer u. phasenverschoben aus dem Dielektrikum austritt. Wenn das äußere Feld Resonanzwert erreicht, wird die Phasendifferenz Null, die aus dem Dielektrikum austretende Strahlung ist dann ellipt. polarisiert. Als Beispiel werden (graph.) Unterss. an $MnSO_4 \cdot H_2O$ bei einer Frequenz von 9345 MHz mitgeteilt. (Nuovo Cimento [9] **10.** 1205—06. 1/8. 1953. Pisa, Univ., Ist. di Fis.) R. K. MÜLLER. 119

Henri Benoit, *Untersuchung der Relaxationszeit des Kerr-Effektes mit Wechselstrom.* Vf. berichtet über Messungen des KERR-Effektes an wss. Lsgg. des *Tabakmosaikvirus* im Konzentrationsbereich 5—100 mg/cm³ bei Verwendung von Wechselstrom. Die Ergebnisse sind in sehr guter Übereinstimmung mit den theoret. Erwartungen. (J. Physique Radium **13.** 57 S—58 S. Juli/Sept. 1952.) V. HARLEM. 119

G. Déjardin, J. Janin und **M. Peyron,** *Über das Rotations-Schwingungs-Bandensystem des OH im nahen Infrarot.* (Sitzungsbericht.) Die OH-Rotations–Schwingungs-Banden (zwischen 7500 u. 9500 Å) erscheinen im Spektr. der O_2–C_2H_2-Flamme, bes. bei geringem O_2-Überschuß. Die Rotationsstruktur der Banden 4—0, 5—1 u. 6—2 werden in die P-, Q- u. R-Zweige aufgelöst. Es besteht Übereinstimmung mit den Werten nach der Formel von HILL u. VAN VLECK, wenn die Rotationskonstanten von DIEKE u. CROSSWHITE u. die oberen Schwingungsterme $B_4 = 15,729$, $B_5 = 15,050$, $B_6 = 14,378$ u. $D_{4,5,6} = 0,00182$ eingesetzt werden. Die Spin–Dublett-Aufspaltung für die Terme v = 4, 5 u. 6 sind mit der Theorie im Einklang. Die Λ-Typaufspaltung wird auch an den P_1-Linien ($^2\Pi_{3/2}$-Term) entsprechend den hohen Rotationsquantenzahlen beobachtet; die Termaufspaltung wird durch $\Delta F = q K (K + 1)$ mit $q = 0{,}032$ für $v = 4$ u. 0,029 für $v = 5$ im Einklang mit der Theorie wiedergegeben. (Physic. Rev. [2] **90.** 359. 15/4. 1953. Lyon, Univ.) RUDOLPH. 120

Claude Fréjaques, *Über das ultrarote Schwingungsspektrum der Salpetersäure.* Es wird das ultrarote Absorptionsspektr. von gasförmiger u. fl. HNO_3 neu vermessen, ausgedeutet u. eine Zuordnung zu den Grundschwingungen vorgenommen. (C. R. hebd. Séances Acad. Sci. **234.** 1769—70. 28/4. 1952.) GOUBEAU. 120

D. Weber und **S. S. Penner,** *Rotationslinienbreiten-Messungen an NO, HCl und HBr.* Die Halbwertsbreite der Rotationslinien der zweiatomigen Gase NO, HCl u. HBr werden aus früheren Messungen bestimmt. Berechnet werden sie unter der Voraussetzung, daß die Rotationslinien durch die LORENTZsche Stoßformel beschreibbar sind, u. daß für eine Rotations-Schwingungs-Bande die Halbwertsbreiten die gleichen sind. Bei *CO* u. NO scheinen diese Voraussetzungen zuzutreffen, bei HCl u. HBr weniger gut. Aus den Messungen wurden weiter die opt. Stoßdurchmesser bestimmt. Sie stimmen nur teilweise mit den kinet. überein. (J. chem. Physics **21.** 1503—06. Sept. 1953. Pasadena, Calif., California Inst. of Technol., Jet Propulsion Labor.) H. C. WOLF. 120

Lucienne Couture-Mathieu, Henri Poulet und **Jean-Paul Mathieu,** *Unregelmäßigkeiten in den Streuspektren piezoelektrischer Kristalle.* 1. Mitt. *Nachweis von longitudinalen und transversalen elastischen Wellen in kubischen Kristallen.* Aus überzähligen u. anomal polarisierten Linien im RAMAN-Spektr. der kub. Kristalle von *Natriumchlorat* u. *-bromat* wird gefolgert, daß die dreifach entarteten Schwingungen in eine einfache longitudinale u. eine doppelte transversale Schwingung zerfallen, entsprechend der Richtung der durch die Schwingung hervorgerufenen Dipolmomente u. der Fortpflanzungsrichtung der Wellen. (C. R. hebd. Séances Acad. Sci. **234.** 1761—63. 28/4. 1952.) GOUBEAU. 120

Rose Aynard, *Neue Beobachtungen am Raman-Spektrum des Calcits.* Es werden auf Grund neuer Messungen einige Unregelmäßigkeiten in den RAMAN-Spektren eines Einkristalls von Calcit bei verschied. Kristallorientierung beobachtet, die den Polarisationszustand u. die Winkelabhängigkeit der Intensitäten betreffen. (C. R. hebd. Séances Acad. Sci. **234.** 2352—54. 9/6. 1952.) GOUBEAU. 120

I. Sandeman, *Der Komplex aus Methylsulfonsäure-Schwefeltrioxyd; Ramanspektroskopischer Nachweis.* Es werden die RAMAN-Spektren u. EE. der Lsgg. verschied. Konzz. von SO_3 in *Methylsulfonsäure* (**I**) vermessen. Zu Vergleichszwecken werden noch die RAMAN-Spektren von konz. H_2SO_4, reiner **I** u. *Pyroschwefelsäure* aufgenommen. Beide Untersuchungsmethoden sprechen für die Bldg. folgenden Komplexes: $CH_3 \cdot SO_2 \cdot O \cdot SO_2 \cdot OH \cdot 2\, CH_3 \cdot SO_3H$. (J. chem. Soc. [London] **1953.** 1135 bis 1138. April. Manchester, Imp. Chem. Ind. Ltd., Res. Labor.) GOUBEAU. 120

P. Kusch, *Dimerisierung in NaF.* In Fortsetzung früherer Unterss. von OCHS, COTÉ u. Vf. (vgl. C. **1954.** 2112), bei denen festgestellt worden war, daß die Alkalihalogenide in der Gasphase nicht nur aus zweiatomigen, sondern auch aus Polymeren von zweiatomigen Moll. bestehen, teilt Vf. mit, daß nach Beobachtungen an dem Spektr. von NaF nach der molekularstrahlmagnet. Resonanzmeth. bei niedrigen magnet. Feldern 3 Linien auftreten, wobei unter einer Linie die Umhüllung eines nicht aufgelösten Spektr. verstanden wird. Die ^{19}F-Linie ist in ihrer Form symm. mit einer Halbwertsbreite von 130 kHz bei Feldern von 50—400 Gauß; diese Breite ist mit einer bei hohen Feldern gemessenen Breite von 94 kHz im Einklang, wo die Radiofrequenzamplitude auf einen Wert eingestellt war, der eine große Übergangswahrscheinlichkeit bei der natürlichen Halbwertsbreite gibt. Die zweite Linie hat eine Frequenz von $2\, g_I\,(\mathrm{Na})\, \mu_0\, H/h = 2\, \nu\,(\mathrm{Na})$. Sie hat die charakterist. Form für Resonanz in zweiatomigen Moll. mit einem Kernspin 3/2 u. rührt von einem Übergang zwischen den Niveaus $J + \frac{1}{2}$ u. $J - \frac{1}{2}$ her bei Feldern, welche so schwach sind, daß die Wechselwirkungsenergie des kernmagnet. Moments mit dem angelegten Feld kleiner als die innere Quadrupolwechselwirkungsenergie ist. Die dritte Linie hat eine Frequenz $g_I\,(\mathrm{Na})\, \mu_0\, H/h = \nu\,(\mathrm{Na})$ u. kann nur einer Polymeren des Mol. NaF zugeschrieben werden. Rohe Schätzungen der relativen Intensitäten der Linien mit den Frequenzen $2\, \nu$ (Na) u. ν (Na) ergeben, daß die maximale Intensität in der Linie des Monomeren etwa doppelt so groß ist wie in der Linie des Polymeren. Die integrale Intensität der Linie des Polymeren beträgt jedoch nur ca. 40% der in der Linie des Monomeren unter ident. experimentellen Bedingungen. Von den Zuständen des Monomeren kann nur die Hälfte zu der Intensität des Spektr. der Linie mit der Frequenz $2\, \nu$ (Na) einen Beitrag leisten, während alle Zustände des Dimeren ihren Beitrag zu der Intensität in der Linie mit der Frequenz ν (Na) leisten können, wenn die inneren Wechselwirkungen genügend klein sind. Infolgedessen ergibt eine Abschätzung des Anteils des Totalstrahls, der aus Dimeren oder höheren Polymeren besteht, 10%. (J. chem. Physics **21**. 1424. Aug. 1953. New York, N. Y., Columbia Univ.) GOTTFRIED. 121

L. C. Jones, A. V. Bushkovitch, C. A. Potter und **A. G. Rouse,** *Änderung der gegenseitigen Stoßdurchmesser mit dem Mischungsverhältnis in binären Gemischen in der Mikrowellendruckverbreiterung.* (Sitzungsbericht.) Inhaltlich ident. mit der C. **1953.** 2552 referierten Arbeit. (Physic. Rev. [2] **89**. 895—96. 15/2. 1953. Saint Louis, Univ.) GOTTFRIED. 121

K. Przibram, *Zur Entdeckungsgeschichte der infrarotempfindlichen Phosphore.* Vf. teilt mit, daß die Priorität der Entdeckung der infrarotempfindlichen, mit zwei Seltenen Erden (Sm, Eu) aktivierten Sulfidphosphore URBACH zukommt, obwohl dessen Veröffentlichung (J. opt. Soc. America **36**. [1946.] 372) später als die von BRAUER (C. **1947**. I. 5) erschienen ist. (Naturwissenschaften **39**. 425. Sept. 1952. Wien.) RUDOLPH. 125

Joseph Janin und **Roger Bernard,** *Untersuchungen am luminescierenden Antimonoxyd.* Durch Erhitzen eines Gemisches von 10 Teilen amorphen Sb_2O_3, 2 Teilen NaCl (gegebenenfalls mit 2 Teilen $MnCl_2$ oder $KMnO_4$), das nach Anfeuchten mit etwas zweifach dest. W. auf einer feuerfesten, mit $CaCO_3$ bedeckten Unterlage abgeschieden wurde, erhält man nach 15 Min. bei 1200° Sb_2O_3-Kristalle. Bei 400—600° bildet sich amorphes Tetroxyd, das bei 950° sublimiert u. vermutlich oberhalb 1100° unter Abscheidung von kristallinem Sb_2O_3 dissoziiert. Das so erhaltene Material zeigt bei Ggw. von *Mn* eine grüne Fluorescenz zwischen 4900 u. 5500 Å mit einem Maximum bei 5200 Å u. eine schwache Emission um 6800 Å (Anregungsbanden 2340 u. 2800 Å), bei Abwesenheit von Mn dagegen eine breitere Phosphorescenzbande zwischen 3800 u. 5500 Å (Maximum 4400 Å) bei nur einer Anregungsbande um 2340 Å. Die langwellige Anregungsbande wird dem Mn, die kurzwellige Störniveaus des Sb_2O_3 zugeschrieben. (C. R. hebd. Séances Acad. Sci. **237**. 798—800. 12/10. 1953.) RUDOLPH. 125

H. Haberlandt und **E. Schroll,** *Färbung und Fluorescenz des Wulfenits im Zusammenhang mit dem Gehalt an Chrom und anderen Spurenelementen.* Wulfenite von mehreren Fundorten u. mit den verschiedensten Färbungen wurden spektralanalyt. u. chem.-colorimetr. auf ihren Geh. an Cr u. V untersucht. Hierbei ergab sich, daß der Cr-Geh. im wesentlichen mit der Färbung parallel läuft, während ein Gleiches für den V-Geh. nicht gilt. Auch der Pleochroismus u. die Lichtbrechung scheinen im Zusammenhang mit dem Cr-Geh. zu stehen. Bei einem rotgefärbten Wulfenit von Arizona wurde spektroskop. ein Geh. an Nd u. Pr festgestellt; bei den anderen untersuchten Proben treten Seltene Erden nicht auf. Synthet. hergestellte Wulfenite aus $PbCl_2$, Na_2MO_4 mit NaCl als Schmelzmittel u. verschied. Zusätzen von K_2CrO_4 zeigten ebenfalls eine Abhängigkeit der Färbung vom Cr-Gehalt. In UV-Licht wurde an Wulfeniten bei n. Temp. im unbehandelten Zustand nur eine geringfügige Fluorescenz in gelblichen bis rötlichen Farbtönen beobachtet; nach Glühen tritt dagegen eine deutliche Fluorescenz in Erscheinung. Auch hier ist ein Zusammenhang zwischen Färbung, Cr-Geh. u. Fluorescenz unverkennbar. Eine bei tiefsten Tempp. auffallend grüne Fluorescenz konnte unabhängig vom Cr-Geh. bei allen Wulfenitproben, auch bei den synthet., beobachtet werden. Im Gitter ist das Cr wahrscheinlich als sechswertiges Cr eingebaut u. vertritt das sechswertige Mo. (Experientia [Basel] **6**. 89—91. 15/3. 1950. Wien, Univ., Mineralog. Inst.) GOTTFRIED. 125

H. Haberlandt und **E. Schroll,** *Luminescierende Anwachszonen in der Zinkblende von Bleiberg-Kreuth* (*Kärnten, Österreich*). Bei einer gefilterten im UV-Licht durchgeführten fluorescenzmkr. Unters. von Erzanschliffen mit Zinkblende, Bleiglanz, blauem Anhydrit, Kalkspat u. Fluorit aus dem Antoni-Schacht in Kreuth wurde in bestimmten Anwachszonen der krist., hellgelb gefärbten Zinkblende eine vielfarbige Luminescenz beobachtet. Die Leuchtzonen verlaufen parallel zu den Kristallflächen des positiven u. negativen Tetraeders (1 1 1) u. zeigen sehr häufig eine rhythm. Wiederholung innerhalb der betreffenden Anwachspyramiden. Einzelne in bestimmter Farbe luminescierende Körner u. Partien wurden isoliert u. spektralanalyt. untersucht. In allen Proben wurde bei Ggw. von Cd in der Größenordnung von 0,1—1% ein sehr kleiner Geh. an Ag (10^{-4}%) u. in den rötlich u. gelb fluorescierenden Partien auch Fe u. Mn festgestellt. Die vorliegende Unters. zusammen mit den zahlreichen synthet. Verss. von anderen Seiten deuten darauf hin, daß die blaue Luminescenz auf Spuren von Ag, die gelbe u. rötliche auf eine solche von Mn u. Fe zurückzuführen ist. Bei synthet. Unterss. wurde eine orangegelbe Luminescenz bei einer Zinkblende mit 0,01% Mn beobachtet. Ein Zusatz von 0,001% erwies sich nicht mehr als aktivierend. (Experientia [Basel] **6**. 91—92. 15/3. 1950.) GOTTFRIED. 125

J. S. Prener, R. E. Hanson und **F. E. Williams** *Atomares Quecksilber als Leuchtstoffaktivator.* Das in bezug auf das Tl^+-Ion isoelektr. Hg-Atom wird beim Erhitzen (auf 400°) von natürlichen (bei 500°) entwässerten *Zeolithen* in Hg-Dampf aufgenommen u. erzeugt dann im Zeolith eine mit Licht einer Hg-Niederdrucklampe erregbare Luminescenz (breite Doppelbande von ca. 3000–5000 Å mit Maxima um 3700 u. 4000 Å bei 25°). Die Anregungsbande mit Maximum bei 2550 Å entspricht einem Übergang $^1S \rightarrow {}^3P_1{}^0$ des Hg. Die beiden Emissionsbanden, deren Lage für merkliche Polarisationsenergie u. starke Bindungsenergie zwischen dem $^3P_1{}^0$-Hg u. dem Gitter spricht, stammen offenbar aus den im therm. Gleichgewicht befindlichen $^3P_1{}^0$- u. $^1P_1{}^0$-Emissionsniveaus ähnlich der Luminescenz von KCl·Tl. Die im Vakuum mit Hg gesätt. Zeolithkristalle (1,8%) färben sich an Luft oder in Berührung mit W. schnell unter Hg-Abscheidung schwarz. (J. chem. Physics **21**. 759–60. April 1953. Schenectady, N. Y., General Electric Res. Labor.) RUDOLPH. 125

A$_3$. Elektrizität. Magnetismus. Elektrochemie.

Elias Snitzer, *Ladungszustände eines Heliumstrahles in Wasserstoff, Helium, Luft und Argon.* Vf. bestimmte die Anteile eines Heliumstromes, die den Ladungszustand He^0, He^+ u. He^{2+} aufweisen, im Energieintervall von 100–480 keV beim Durchgang des Strahls durch H_2, He, Luft u. Ar. Der ungeladene u. einfach geladene Anteil entsprach einer He-Energie von 148 keV in H_2, 145 keV in He, 98 keV in Luft u. 115 keV in Ar. Für das Verhältnis der Wirkungsquerschnitte der Elektronenabgabe u. des Elektroneneinfangs beim Übergang zwischen He^+ u. He^{2+} wurde eine Proportionalität zu V^m gefunden (V: Geschwindigkeit des He im Strahl), wobei $m =$ 6,1 für H_2, 5,1 für He, 5,2 für Luft u. 6,3 für Ar. Beim Übergang zwischen He^0 u. He^+ variierten die Exponenten m von 2,6, 2,0, 2,8 u. 3,4 bei 100 keV bis 4,0, 4,0, 4,3 u. 5,1 bei 450 keV. (Physic. Rev. [2] **89**. 1237–44. 15/3. 1953. Chicago, Ill., Univ. of Chicago, Dep. of Phys., u. Inst. for Nucl. Stud.) WASSERROTH. 131

Natalija Dogramadži, *Die Messung der Deuteriumkonzentrationen mit dem Massenspektrometer.* Zur massenspektrometr. Best. der D-Konz. in W. wird der Wasserstoff des W. über CH_3MgJ in Methan eingeführt. Die D-Konz. wird aus dem Verhältnis der mit einem Massenspektrometer vom NIERschen Typ gemessenen Intensitäten der Massen 17:18 ($= {}^{12}CH_4 : {}^{12}CH_3D$) bestimmt. Die Korrektur bzgl. ^{13}C wird rechner., die bzgl. einer OH-Verunreinigung durch Vgl. mit der Linie 18 (OH_2) vorgenommen. Die Messungen erstrecken sich über einen Konzentrationsbereich zwischen 0,054 u. 0,274 Mol-% D. Bei 0,274 Mol-% beträgt die Genauigkeit 2% des gemessenen Wertes. (Recueil Trav. Inst. Rech. Structure Matière **2**. 17–20. Jan. 1953. Belgrad, Inst. de Rech. sur la Struct. de la Matière, Labor. de Chim.-Phys.) CONRAD. 131

Natalija Dogramadži, *Bemerkung über die relative Intensität der bei der Ionisierung des Methans im Massenspektrometer gebildeten Ionen.* (Vgl. vorst. Ref.) Im Laufe der massenspektrometr. Messungen der D-Konzz. sind Unterschiede in den von verschied. Autoren gemessenen Ionenintensitäten im Massenspektr. des CH_4 festgestellt worden. Diese Unterschiede sind tabellar., nach den verwendeten Instrumenttypen geordnet, zusammengestellt. Bei der experimentellen Unters. der verschied., die Ionenintensität beeinflussenden Faktoren wird gefunden, daß geringe Verschiebungen des Magneten der Ionenquelle aus seiner Achse die größten Abweichungen hervorrufen. (Recueil Trav. Inst. Rech. Structure Matière **2**. 21–22. Jan. 1953.) CONRAD. 131

S. N. Foner und **R. L. Hudson,** *Nachweis des HO_2-Radikals mit Hilfe der Massenspektrometrie.* Mit Hilfe der massenspektrometr. Meth. gelang der Nachw. von HO_2-Radikalen (I) bei der Rk. zwischen O_2-Moll. u. H-Atomen (**II**), die in einer WOODschen Entladung erzeugt waren. Ein Zusammenhang zwischen Einschalten der WOODschen Entladung u. Intensitätsanstieg der M. 33 um im Mittel $9{,}2 \pm 2{,}1$%, während die Massen 32 u. 34 unbeeinflußt bleiben, wird graph. demonstriert. Schätzungsweise 1% der erzeugten **II** erreicht die Eintrittsöffnung des Massenspektrometers als I. Fehlerquellen werden diskutiert. (J. chem. Physics **21**. 1608–09. Sept. 1953. Silver Spring, Md., Johns Hopkins Univ., Appl. Phys. Labor.) CONRAD. 131

W. H. Johnston und **J. R. Arnold,** *Die Existenz mehrfach geladener Molekülionen von HBr, HCl und DCl.* Vff. haben mit einem modifizierten CONSOLIDATED-NIER-Massenspektrometer, Modell 21–201, nach mehrfach geladenen Ionen von HBr, HCl u. DCl bei Spannungen der ionisierenden Elektronen zwischen 83 u. 153 V u. verschied. Magneteinstellungen gesucht. Während die ein- u. zweifach geladenen Molekülionen bei allen Verbb. auftraten u. auch Cl^{3+}, Br^{3+} u. Ar^{3+} deutlich nachzuweisen waren, konnten Molekülionen mit einer mehr als zweifachen Ladung nicht entdeckt werden.

Die entsprechenden Ionen sind also instabil oder metastabil mit Lebensdauern unterhalb $3 \cdot 10^{-7}$ Sekunden. (J. chem. Physics **21**. 1499—1502. Sept. 1953. Lafayette, Ind., Purdue Univ., Dep. of Chem., u. Chicago, Ill., Univ. of Chicago, Inst. for Nucl. Studies u. Dep. of Chem.) CONRAD. 131

W. L. Harries und **A. von Engel**, *Ein neuer Elektronenvervielfachungsprozeß.* In elektr. Hochfrequenzfeldern kann bei niedrigen Gasdrucken (*Ne, Ar*) die Elektronenzahl auch dann lawinenartig zunehmen, wenn das Verhältnis Feldstärke/Druck so niedrige Werte annimmt, daß eine Elektronenvervielfachung durch Stoß (TOWNSEND-Lawine) nicht zustandekommen kann. Es wird angenommen, daß in diesem Fall die Elektronenvervielfachung dadurch zustandekommt, daß die Elektronen zunächst die Gasatome anregen u. daß die Strahlung dieser angeregten Gasatome ihrerseits durch photoelektr. Emission an den Röhrenwänden neue Elektronen auslöst. Schließlich kann es auch über die Zwischenstufe metastabiler Anregungszustände zu einer stufenweisen Ionisation des Gases kommen. (Nature [London] **171**. 517. 21/3. 1953. Oxford, Clarendon Labor.) LENZ. 131

D. S. Clifford, R. L. Fortescue und **J. Roberts**, *Das Versagen der Vakuumisolierung bei kleinen Feldstärken.* Bei vakuumisolierten Systemen beobachtet man mitunter Vorentladungen bei so kleinen Feldstärken, daß Feldemission nicht in Frage kommen kann. Der Strom verlischt nach Übergang einer ganz bestimmten Ladungsmenge. Die Ursachen sind noch unbekannt. (Nature [London] **170**. 503. 20/9. 1952. London, Queen Mary Coll., u. Didcot, Harwell, Berks., Atomic Energy Res. Establ.) PIEPLOW. 131

Herbert Glazer und **Howard Reiss**, *Benutzung des Fermi-Thomas-Modells zur Berechnung des Dipolmoments von Jodchlorid.* (Sitzungsbericht.). Die für N_2 angewandte Meth. von HUND zur Lösung der nichtlinearen FERMI-THOMAS-Gleichung (unter Benutzung der RITZschen Variationsmeth.) wird auf das stark polare Mol. JCl mit bekanntem Dipolmoment (0,57 D) angewandt. Die numer. Best. ergibt ein Moment von 0,3 Debye. (Physic. Rev. [2] **90**. 360. 15/4. 1953. Boston, Univ.) RUDOLPH. 132

Aubrey P. Altshuller, *Dipolmomente von gasförmigen Thalliumhalogeniden.* Mit Hilfe einer von RITTNER angegebenen Gleichung u. einer daraus folgenden vereinfachten Form werden die Dipolmomente der Thalliumhalogenide berechnet u. mit den experimentellen Werten verglichen. Eine aus diesem Vgl. gezogene Korrektur der Polarisierbarkeit des Tl^+-Ions ermöglicht eine noch genauere Berechnung. (J. chem. Physics **21**. 2074. Nov. 1953. Cleveland, O.) K. L. WOLF. 132

Aubrey P. Altshuller, *Polarisierbarkeit des Hydridions und die Dipolmomente und Bindungsenergien der Alkalimetallhydride.* (Vgl. vorst. Ref.) Es wird gezeigt, daß die Berechnung des Dipolmoments der Metallhydride nach RITTNER (C. **1952**. 5537) bei Verwendung der richtigen Polarisierbarkeit von H^- nicht befriedigt, weil die Formel von RITTNER wegen der großen Polarisierbarkeit nicht anwendbar ist. Da die Bindungsenergie richtig erhalten wird, vermutet Vf. eine zufällige Kompensation von Fehlern. (J. chem. Physics **21**. 2074—75. Nov. 1953.) K. L. WOLF. 132

John A. Rider, *Polarisation in Flüssigkeiten mit mittlerer Leitfähigkeit.* (Sitzungsbericht.) Vf. untersucht die Anwendbarkeit der JAFFÉschen Theorie der Leitfähigkeit in polarisierbaren Medien auf Fll. mit Leitfähigkeiten zwischen 10^{-6} $Ohm^{-1} \cdot cm^{-1}$ u. 10^{-17} $Ohm^{-1} \cdot cm^{-1}$. Messungen wurden an *Hexan, Isopropyläther* u. *Dibrombenzol* bei verschied. Reinheitsgraden durchgeführt. (Physic. Rev. [2] **91**. 214. 1/7. 1953. Louisiana State Univ.) REUSSE. 132

André Galy, *Dielektrizitätskonstanten der Einkristalle von Hydraten: $BeSO_4 \cdot 4\,H_2O$ und $MnCl_2 \cdot 4\,H_2O$.* Zur Erklärung der RAMAN-Banden bei 3000 cm^{-1} in den Spektren von Salzhydraten wird die Temperaturabhängigkeit der DK. (von 100° K bis zum Zersetzungspunkt) in den verschied. Richtungen der Einkristalle von *$BeSO_4 \cdot 4\,H_2O$* (I) u. $MnCl_2 \cdot 4\,H_2O$ vermessen. Bei I steigen die DK.-Werte im Augenblick der Entwässerung sehr stark an, um nachher ebenso stark wieder abzufallen. (C. R. hebd. Séances Acad. Sci. **234**. 2274—76. 4/6. 1952.) GOUBEAU. 132

Jean Savornin und **Georges Couchet**, *Über die Thermokraft von Aluminium in sehr dünnen Schichten.* Vff. bestimmten die Thermokraft zwischen 0° u. Tempp. bis 300° (kalte Lötstelle stets 0°) von sehr dünnen Al-Schichten, die im Vakuum auf Glas aufgedampft waren, gegen Cu (in Drahtform). Die Reinheit des Al betrug 99,995%. Es wurden verschied. Proben benutzt; die Ergebnisse stimmen miteinander überein u. zeigen, daß die EMK. zwischen 10 mμ u. 1 μ dickenunabhängig ist. Es wurden 4,00

$\pm 0{,}10 \cdot 10^{-6}$ V/Grad bei 0° als differentielle EMK. gemessen. (C. R. hebd. Séances Acad. Sci. **234.** 1608—10. 16/4. 1952.) v. HARLEM. 135

Jean Savornin und **France Savornin,** *Untersuchung von Thermoelementen Kupfer gegen Aluminiumlegierungen.* Es werden Werte für die integrale Thermokraft von Cu gegen verschieden reines Al im Temperaturbereich 0—300° (kalte Lötstelle auf 0°) mitgeteilt. Untersucht wurden Al 99,99% rein, Al 99,5% rein, Al mit 3% *Mg,* 5% Mg, Al mit 10% *Si,* Al mit 0,6% Si u. 0,7% Mg, *Duralumin* (ca. 4% Cu, 0,7% Mg) u. Al mit 1—2% *Mn.* Für die Mehrzahl der untersuchten Legierungen ist die Thermo-EMK. sehr nahe der des reinen Al, nur Mg u. Mn bewirken eine merkliche Änderung. Zusatz von 5% Mg gibt eine gleiche Änderung — wenn auch im entgegengesetzten Sinn, wie der Zusatz von 1,5% Mn. (J. Physique Radium **13.** 61 S—62 S. Juli/Sept. 1952.) v. HARLEM. 135

Frauke Cirkler, *Die Anisotropie der absoluten Thermospannung von Zinn zwischen 0 und 280°.* Die integrale Thermospannung zwischen 0 u. 280° wird an 8 bes. reinen Sn-Einkristallstäben (Restwiderstandsverhältnisse $[4-11] \cdot 10^{-4}$) verschied. Kristallorientierung sowie an polykristallinem Sn gegen Pt 10% Rh gemessen. Die erhaltenen Werte werden in die von BORELIUS definierten absol. differentiellen Thermospannungen e_{Sn} als Funktion der Kristallorientierung umgerechnet. Die prozentuale Anisotropie beträgt am F. des Sn nur 4% u. ist um 2 Größenordnungen geringer als bei Bi u. Zn. Die Änderung von e_{Sn} am F. liegt bei 1,6 μV/Grad. Die Diskussion der SOMMERFELD-BETHEschen u. KOHLERschen Theorie der Abhängigkeit der Thermospannung von Kristallorientierung u. Reinheitsgrad zeigt, daß die Meßergebnisse entgegen der Theorie stärker vom $\cos^2$-Gesetz abweichen. Der Einfl. der durch die Versuchsbedingungen gegebenen Isothermenflächen am Kristallende auf die Temperaturverteilung im Kristallinnern sowie die Wrkg. mechan. Spannungen u. Verunreinigungen wird diskutiert. (Z. Naturforsch. **8a.** 646—59. Okt. 1953. Braunschweig, TH, Inst. für techn. Phys.) RUDOLPH. 135

K. Teegarden und **R. J. Maurer,** *Photoleitfähigkeit und V-Zentren.* (Sitzungsbericht.) Die durch Röntgenbestrahlung bei —185° erzeugte V_1-Bande in *KCl* (3600 Å) u. in *KBr* (4100 Å) ist bei höheren Tempp. therm. nicht stabil. Therm. Entfärbung der Bande erzeugt quasifreie Ladungen im Kristall. Opt. Entfärbung bei Temp. des fl. N_2 führt bei —185° nur zu vernachlässigbarer Photoleitung. KBr zeigt Photoleitung bei Lichteinstrahlung im Gebiet 2500 u. 3200 Å, in dem die V_2-, V_4- u. V_7-Banden liegen. KCl verhält sich ähnlich. (Physic. Rev. [2] **91.** 219. 1/7. 1953. Univ. of Illinois.) RUDOLPH. 135

William C. Dash, *Optische Absorption und Photoleitung in Einkristallen von BaO im Sichtbaren und nahen Infrarot.* In Einkristallen von BaO wird durch Einw. von Röntgen- u. UV-Strahlen (Hg-Bogen) bei —160° eine Absorptionsbande bei 1,4 eV u. eine schwache bei 0,8 eV erzeugt. Vorheriges Abschrecken des Kristalls von 1600° erhöht die Verfärbbarkeit im Infrarot. Im Sichtbaren erfolgt keine Verfärbung. Durch Erhitzen in Ba-Dampf (1000°) werden die Kristalle blau verfärbt (Absorptionsbandenmaximum bei 2,0 eV). Die gleiche additive Verfärbung ruft Erhitzen in Mg-, Al- oder Ca-Dampf hervor. Photoleitfähigkeitsmessungen ergeben Energieniveaus außer bei 0,8 u. 1,4 auch bei 2,0 u. 2,6 eV. Intensive Röntgenbestrahlung erhöht die 2,0 eV-Photoleitfähigkeit gegenüber den anderen Banden. Für die 2 eV-Absorptionsbande bei additiver Verfärbung sind offenbar Elektronen in Ba oder O-Leerstellen verantwortlich. (Physic. Rev. [2] **92.** 68—76. 1/10. 1953. Ithaka, N. Y., Cornell Univ.) RUDOLPH. 135

William W. Piper, *Einige elektrische und optische Eigenschaften synthetischer Zinksulfideinkristalle.* Ausführliche Mitt. über die C. **1953.** 4328 referierte Arbeit von PIPER u. WILLIAMS. Folgende Meßdaten unterscheiden sich jedoch geringfügig von den l. c. gemachten Angaben: Der Grundgitterabsorptionskoeff. des ZnS ist 1 mm^{-1} bei $3{,}58 \pm 0{,}02$ eV; der aus der Leitfähigkeitsgeraden folgende therm. Bandabstand ist $3{,}77 \pm 0{,}1$ eV. (Physic. Rev. [2] **92.** 23—27. 1/10. 1953. Schenectady, N. Y., General Electric Res. Labor.) RUDOLPH. 135

Georges Blet, *Versuch einer elektronischen Deutung der Trägheitsphänomene von Photozellen.* Die Trägheit von Photozellen wird hauptsächlich durch 2 Effekte bedingt, nämlich durch die innere Kapazität u. durch den inneren Widerstand, die selbst wieder von der Belichtung u. vom Polarisationswert der betreffenden Zellen abhängen. Zur Deutung dieser Tatsachen stellt Vf. folgendes fest: 1. Die emittierten Photoelektronen gehorchen sowohl dem LAMBERTschen Gesetz, als auch einem skalaren Geschwindigkeitsverteilungsgesetz. 2. Die Leitfähigkeit der Sperrschicht ist eine zunehmende Funktion der Zahl der freien Elektronen pro Volumeneinheit u. folgt der Beziehung $\sigma = K(n_0 + n)$, wo K ein Proportionalitätsfaktor, n_0 = Zahl der freien Elektronen bei

Dunkelheit u. n = Zahl der freien Elektronen bei Belichtung ist. Weiterhin zeigt Vf. an experimentell ermittelten Kurven, daß die Zeitkonstante einer Photozelle eine Größe darstellt, die für die Beschaffenheit der Sperrschicht charakterist. ist, sich aber von der geometr. Beschaffenheit der Oberfläche u. von der Lichtwellenlänge als unabhängig erweist. (C. R. hebd. Séances Acad. Sci. **238**. 1704—05. 26/4. 1954.)
SURAWSKI. 135

A. Lempicki, *Die elektrische Leitfähigkeit von MgO-Einkristallen bei hohen Temperaturen.* Vf. berichtet über Messungen der elektr. Leitfähigkeit von MgO-Einkristallen in Abhängigkeit von der Temp. im Gebiet zwischen 300 u. 1500° K. Zur Erreichung reproduzierbarer Ergebnisse ist vorhergehende Temperung erforderlich. Die gemessenen spezif. Leitfähigkeiten betragen bei getemperten Proben ca. 10^{-11} Ω^{-1}cm^{-1} bei 1000° K u. ca. 10^{-7} Ω^{-1}cm^{-1} bei 1500_0 K, bei ungetemperten Proben 10^{-8} bis 10^{-9} Ω^{-1}cm^{-1} bei 300° u. 10^{-7} Ω^{-1}cm^{-1} bei 700° K. Unter der Annahme einer elektron. Eigenhalbleitung ergibt sich der Abstand zwischen Grundband u. Leitungsband zu 4,6 eV. (Proc. physic. Soc., Sect. B **66**. 281—83. 1/4. 1953. High Wycombe, Electronic Tubes Ltd.)
R. STEIN. 135

M. Perrot und **A. Sator,** *Untersuchungsmethode der Ionenleitfähigkeit von Bleichlorid bei gewöhnlicher Temperatur und im Vakuum.* Messungen an sehr sorgfältig hergestelltem $PbCl_2$ im Vakuum, 15 Min. nach Beendigung des Aufdampfens, ergaben, daß $PbCl_2$ ein Leiter ist. Der Widerstand der Folie, period. während sehr kurzer Zeit gemessen, nahm stetig in den ersten Std. nach dem Aufdampfen zu u. erreichte einen Endwert. Weitere Unterss. ergaben, daß die Leitfähigkeit ion. Ursprungs ist, beide Ionenarten, Cl^- u. Pb^{2+} beteiligen sich am Stromtransport. (J. Physique Radium **13**. 62 S—63 S. Juli/Sept. 1952.) v. HARLEM. 135

C. A. Coulson und **R. Taylor,** *Untersuchungen an Graphit und verwandten Verbindungen.* 1. Mitt. *Elektronenbänderstruktur in Graphit.* (Vgl. Nature [London] **159**. [1947.] 265.) Vff. berechnen mit Hilfe der BLOCHschen Näherung die mittlere Energie pro Atom u. die Atomabstände in Graphit in guter Übereinstimmung mit experimentellen Werten. Es werden gewisse Integrale für das Übergangsgebiet zwischen besetztem u. unbesetztem Band eingeführt. Ferner wird die Rechnung für eine Anzahl paralleler Netzebenen an Stelle einer einzigen Schicht durchgeführt. Die Form des π-Elektronenbandes wird berechnet u. das experimentell gefundene Röntgenemissionsspektr. von Graphit interpretiert. Vff. schließen aus ihren Berechnungen, daß die Bedeutung der σ-Elektronen größer ist, als meist angenommen wird. (Proc. physic. Soc., Sect. A **65**. 815—25. 1/10. 1952. London, King's Coll., Wheatstone Phys. Dep.)
R. STEIN. 135

W. E. Duncanson und **C. A. Coulson,** *Untersuchungen an Graphit und verwandten Verbindungen.* 2. Mitt. *Impulsverteilung in Graphit.* (1. vgl. vorst. Ref.) Die räumlichen Wellenfunktionen für die π-Elektronen in einer Graphitschicht werden für Impulskoordinaten transformiert u. die radiale Verteilungsfunktion für σ- u. π-Elektronen berechnet. Unter Benutzung der Theorie von JAUNCEY u. DUMOND (Rev. mod. Physics **5**. [1933.] 1) wird die Form des COMPTON-Profils bei der Röntgenstreuung vorhergesagt. Die berechneten Funktionen stimmen in beiden Fällen ausgezeichnet mit den experimentellen Ergebnissen überein. Die Einführung eines plausiblen skalaren Faktors in die Atomwellenfunktionen würde die Übereinstimmung fast vollständig machen. (Proc. physic. Soc., Sect. A **65**. 825—33. 1/10. 1952.) R. STEIN. 135

R. Taylor und **C. A. Coulson,** *Untersuchungen an Graphit und verwandten Verbindungen.* 3. Mitt. *Elektronenbänderstruktur in Bornitrid.* (2. vgl. vorst. Ref.) Vff. analysieren die Verteilung der π-Elektronen im BN-Kristall. Der isolierende Charakter dieser Substanz zeigt sich in der Tatsache, daß diese Elektronen vollständig ein ca. 2,4 eV breites Band besetzen, das vom nächst höheren Band ca. 4,6 V entfernt ist. Für eine einzelne Schicht wird die Besetzung genau berechnet, für den dreidimensionalen Kristall wird eine Näherung angegeben. Weitere Fortschritte setzen nach Ansicht der Vff. eine genauere Kenntnis der Energie der σ-Elektronen voraus. (Proc. physic. Soc., Sect. A **65**. 834—38. 1/10. 1952.) R. STEIN. 135

R. O. Grisdale, *Die Eigenschaften von Kohlekontakten.* Mikrophonkohle wurde hergestellt durch Erzeugung pyrolyt. Kohlenfilme auf der Oberfläche kleiner Kügelchen aus SiO_2. Die Kontakteigg. dieser Kügelchen sind abhängig von der Struktur u. Geometrie der Kohlenoberfläche, wie auf Grund von Elektronenbeugungsbildern u. mkr. Unterss. festgestellt wurde. Die graphitähnlichen Kristallite in pyrolyt. Kohlenoberflächen haben eine mehr oder minder große Vorzugsrichtung mit der Grundebene parallel zur Oberfläche, u. die Kontakteigg. hängen systemat. vom Orientierungsgrad ab. Eine Erklärung hierfür wird gegeben. Der Kontaktwiderstand, sein Temperaturkoeff. u. die „Zündspannung" für Kohlenkontakte sind danach auch erklärbar. Die Mikrophonempfindlichkeit der Kohlenkontakte jedoch ist unabhängig von der Oberflächenstruktur u. hängt nur von der Oberflächengeometrie ab. (J. appl. Physics **24**. 1288—96. Okt. 1953. Murray Hill, N. J., Bell Telephone Labor. Inc.) v. HARLEM. 135

B. T. Matthias und **J. K. Hulm**, *Supraleitungseigenschaften von Kobaltdisilicid.* (Vgl. C. **1954**. 16.) Die früher (vgl. l. c.) nicht nachweisbare Supraleitung in $CoSi_2$ tritt tatsächlich bei 1,22° K auf, wenn die Substanz als Pulver vorliegt. Bei festen Stäben erfolgt der Übergang bei ca. 1,4° K. Am Übergangspunkt beträgt der krit. Feldgradient 146 Gauß/Grad; der spezif. Widerstand bei 0° beträgt 13,9 $\mu\Omega \cdot$cm, während sich für den Restwiderstand 16% dieses Wertes ergibt. $CoSi_2$, das im CaF_2-Gitter krist. u. trotzdem keine Ionenverb. ist, ist bisher die einzige Verb. dieses Typs, bei der Supraleitung beobachtet wurde. (Physic. Rev. [2] **89**. 439—41. 15/1. 1953. Murray Hill, N. J., Bell Telephone Labors.) KIRSCHSTEIN. 136

H. Haken, *Eine modellmäßige Behandlung der Wechselwirkung zwischen einem Elektron und einem Gitteroscillator.* Die Arbeit bringt eine theoret. Behandlung des Verh. eines Elektrons in einem Metallgitter mit elast. Schwingungen bei Zugrundelegung eines Modells, das in einer Dimension ein Elektron in Wechselwrkg. mit einer einzigen harmon. Gitterschwingung enthält. Die Rechnung wird nach Behandlung der allg. Eigg. der Lösung für einige spezielle Schwingungszustände des Gitters durchgeführt. Es ergibt sich eine Art Bänderstruktur wobei — wie die Diskussion zeigt — die Bänder zum Unterschied vom einfachen Energieband des Elektrons im ruhenden Gitter durch die Schwingung in einzelne Energiebereiche aufgespalten werden. Der Begriff der strahlungslosen Übergänge läßt sich mit Hilfe des Modells quantenmechan. präzisieren. Die Ergebnisse der Störungsrechnung werden mit der hier angewandten Rechnung verglichen, aus der im übrigen die Aussage folgt, daß es auch bei Berücksichtigung der Wechselwrkg. mit Oscillatoren im Einelektronenmodell keine stabilen oder metastabilen Zustände gibt, die mit einem Stromtransport verbunden sind. (Z. Physik **135**. 408—30. 1953. Erlangen, Inst. für theoret. Phys.) RUDOLPH. 136

Adolphe Pacault, Bernard Lemanceau und **Jacques Joussot-Dubien**, *Neue Methode zur Messung der magnetischen Susceptibilität.* Es wird der Aufbau einer Anordnung zur Messung magnet. Susceptibilitäten aus der Änderung der Selbstinduktion einer Spule beschrieben, die eine Meßgenauigkeit von $\pm 1\%$ gestattet. Die an *Bzl.*, CS_2, *Äthylenacetat, Toluol, Hexan, Cyclohexan*, CCl_4, *Chlf.*, *Naphthalin* u. *NaCl* gemessenen Werte sind in sehr guter Übereinstimmung mit den Werten der Literatur. (C. R. hebd. Séances Acad. Sci. **237**. 1156—58. 9/11. 1953.) v. HARLEM. 137

Paul Pascal, *Bemerkung zu der vorstehenden Notiz: Neue Methode zur Messung der paramagnetischen Susceptibilität von Adolphe Pacault, Bernard Lemanceau und Jacques Joussot-Dubien.* Die Bedeutung der neuen Meth. für magnet. Messungen wird unterstrichen. (C. R. hebd. Séances Acad. Sci. **237**. 1158. 9/11. 1953.) v. HARLEM. 137

Gabriel Foëx, Triphon Karantassis und **Nicolas Perakis**, *Über den anomalen Magnetismus von Kupferacetat-Monohydrat.* Es wird die Beobachtung von GUHA (Proc. Roy. Soc. [London] Ser. A **206**. [1951.] 353) bestätigt, daß der Paramagnetismus von $Cu(CH_3COO)_2H_2O$ abweichend vom Gesetz von WEISS (bei 265° K) durch ein Maximum geht. Aus den Messungen folgt, daß der Paramagnetismus bei 75° K Null wird. (C. R. hebd. Séances Acad. Sci. **237**. 982—83. 28/10. 1953.) K. L. WOLF. 137

A. Eckardt und **B. Elschner**, *Elektronenmikroskopische Untersuchungen ferromagnetischer Elementarbezirke.* Das von WILLIAMS u. Mitarbeitern (Physic. Rev. [2] **75**. [1949.] 155) angegebene Verf. zur Sichtbarmachung der Struktur ferromagnet. Elementarbezirke auf der Oberfläche von *Fe–Si*-Einkristallen, bei dem sich Fe_3O_4-Teilchen einer koll. Fe_3O_4-Suspension auf den Trennwänden zwischen den Gebieten einheitlicher Magnetisierung ansammeln, wird für die Unters. mit dem Elektronenmikroskop modifiziert. Die Fe_3O_4-Suspension wird auf der Oberfläche der grobkristallinen Fe–Si-Probe eingetrocknet, wobei die Bezirksmuster gut erhalten bleiben. Der in üblicher Weise hergestellte Kollodiumabzug der Metalloberfläche wird nach Herauslösen der Fe_3O_4-Teilchen u. Bedampfen mit Pt im Elektronenmikroskop beobachtet. (Naturwissenschaften **39**. 566—67. Dez. 1952. Jena, Univ., Techn.-Physikal. Inst. u. Physikal. Inst.) CONRAD. 137

G. S. Sanyal und **J. S. Chatterjee**, *Messung der ferromagnetischen Permeabilität bei Mikrowellenfrequenzen.* Die relativen scheinbaren Permeabilitäten von *Weicheisen* u. *Ni* (in Form dicker Platten) wurden bei einer Wellenlänge von ca. 3,2 cm gemessen. Die Meßmeth. (Verwendung eines zylindr. Hohlraumresonators) wird beschrieben. Formeln zur Best. von μ_R aus den Parametern des Hohlraums u. der Resonanzfrequenz werden abgeleitet. Näherungsbeziehungen, aus denen μ_R leicht bestimmt werden kann, werden gegeben. Die so erhaltenen Werte für μ_R sind bis auf einige Prozente genau. Es wird ferner der Einfl. einer Ungenauigkeit in der Bearbeitung einer der Endflächen des Hohlraumes auf die Messung der Hochfrequenzpermeabilität diskutiert. Folgende Werte für μ_R wurden gefunden (in Klammern die Meßfrequenzen): Ni: 4,75 (9385,45 MHz), Fe: 36 (9384,55). (Indian J. Physics Proc. Indian Assoc. Cultivat. Sci. **27/36**. 328—39. Juni 1953. Calcutta, Univ., Inst. for Radio Phys. and Electronics.) v. HARLEM. 137

Walther Gerlach, *Koerzitivkraft und Kristallenergie.* Die Messung der Temperaturabhängigkeit der Koerzitivkraft H_C von *Ni*-Stäben, die bei 1000° in H_2 oder im Vakuum gesintert wurden, zeigt einen der Wurzel der Kristallenergie proportionalen Anstieg von H_C mit abnehmender Temp. T entsprechend der KERSTENschen Formel. Ebenso zeigen *Carbonylnickel*-Drähte nach längerem Tempern bei mittlerer Temp. ein starkes Anwachsen von H_C mit abnehmendem T. Verss. mit Fe eignen sich nicht zur Prüfung der KERSTENschen Theorie über den Zusammenhang von H_C u. Kristallenergie; für Messungen an Co sind quantitative Vgll. noch nicht möglich. (Z. Physik **133**. 286—90. 1952. München, Univ., Physikal. Inst.) RUDOLPH. 137

Franz Bader, *Magnetismus und Atomabstand.* In Ergänzung früherer Arbeiten wird gezeigt, wie das Vorzeichen der Druckabhängigkeit der CURIE-Temp. Θ bei *Fe* u. *Ni* aus der vom Vf. entwickelten Theorie (Z. Naturforsch. **8a**. [1953.] 334. 498) verständlich gemacht werden kann. Die angenommene Änderung der Sättigungsmagnetisierung durch Druck ist experimentell für Ni bei höheren Tempp. u. vor allem bei Fe bestätigt, während bei Ni für tiefere Tempp. sich widersprechende Ausdeutungen der Messungen vorliegen. (Z. Naturforsch. **8a**. 675—76. Okt. 1953. Stuttgart, TH, Inst. für theoret. u. angew. Physik, u. Max-Planck-Inst. für Metallforsch., Abt. Prof. U. Dehlinger.) R. STEIN. 137

G. O. Jones und **F. F. Roberts,** *Die spontane Magnetisierung von Magnesiumferrit und von Magnesiumferrit-Aluminat-Pulvern bei tiefen Temperaturen.* Nach röntgenograph. Unters. soll $MgFe_2O_4$ (**I**) ein inverser Spinell sein, der aber entgegen den magnet. Sättigungsmessungen unmagnet. sein müßte. Vf. zeigt, daß das gefundene magnet. Moment dadurch zustande kommt, daß **I** kein reiner inverser Spinell ist, daß Teile offenbar als n. Spinell kristallisieren u. daß auch die Verteilung der Mg^{2+}- u. Fe^{3+}-Ionen auf inverse u. n. Gitterplätze von der Temp. abhängt. Der Beweis wird durch die Messung der Temperaturabhängigkeit des magnet. Momentes von **I**- u. $MgAl_2O_4$-Mischkörpern erbracht, da man weiß, daß $MgAl_2O_4$ eine n. Spinellstruktur besitzt. (Proc. physic. Soc., Sect. B **65**. 390—91. 1/5. 1952. London, Univ., Queen Mary Coll., u. Dollis Hill, Post Office Engng. Dep., Res. Stat.) FAHLENBRACH. 137

W. Six, *Einige Anwendungen von Ferroxcube.* Vf. beschreibt eine Reihe von prakt. Verwendungszwecken von weichmagnet. Ferriten, die unter den Namen Ferroxcube, Hyperox usw. hergestellt werden. Diese ferromagnet. Doppeloxyde sind gesinterte Mischferrite, u. zwar Ni–Zn- oder Mn–Zn-Ferrite. Solche Ferrite werden in der Elektroindustrie mit Erfolg für die folgenden Anwendungen eingesetzt: Kernmaterial in Filterspulen für die Trägerfrequenztelephonie, Kernmaterial für Pupinspulen u. Hochfrequenztransformatoren mit hoher Bandbreite, Zwischenfrequenzbandfilter u. „Pallisaden"-Abschirmung in der Rundfunktechnik, für Hochspannungsgeneratoren beim Fernsehen u. zur Hochfrequenzerhitzung. Diese weichmagnet. Ferrite besitzen bei einer hohen magnet. Permeabilität gleichzeitig sehr geringe Eisenverluste bes. bei der Magnetisierung mit Hochfrequenzmagnetfeldern. (Philips' techn. Rdsch. **13**. 293—304. April 1952. Eindhoven, N. V. Philips Gloeilampenfabrieken, Labor.) FAHLENBRACH. 137

Robert D. Brown, W. B. Bunger, William L. Marshall und **C. H. Secoy,** *Die elektrische Leitfähigkeit von Uranylfluorid in wässeriger Lösung.* Messungen der elektr. Leitfähigkeit von wss. UO_2F_2-Lsgg. (0,0001—6,0 Äquivalent/Liter) bei 0, 25, 50 u. 90° zeigen, daß UO_2F_2 ein sehr schwacher Elektrolyt ist u. den Strom viel weniger leitet als eine äquivalente Lsg. von UO_2SO_4. Die Ionisierung scheint mit steigender Temp. nicht oder nur geringfügig zuzunehmen. Die Werte der Dissoziationskonstanten wurden für die verschied. Konzz. berechnet. (J. Amer. chem. Soc. **76**. 1580—81. 20/3. 1954. Oak Ridge, Tenn., Oak Ridge Nat. Labor.) FORCHE. 138

L. G. Gindin, *Über die elektrische Leitfähigkeit der Kohlenwasserstofflösungen des Jods.* Die elektr. Leitfähigkeit von 0,0078 n Lsgg. des Jods in *Isooctan* u. *Bzl.* bei Feldstärken zwischen 300 u. 4000 V/cm wurden untersucht. Die spezif. elektr. Leitfähigkeit σ bei 7500 V/cm in 0,0078 n Benzollsg. von Jod ist ca. 1,27·

$10^{-11}\ \Omega^{-1}cm^{-1}$, in reinster Benzollsg. $1{,}28 \cdot 10^{-14}\ \Omega^{-1}cm^{-1}$; in Isooctanlsg. $8{,}57 \cdot 10^{-15}\ \Omega^{-1}cm^{-1}$. σ wächst exponentiell mit Erhöhung der Feldstärke E entsprechend der FRENKELschen Gleichung, wonach eine geradlinige Abhängigkeit zwischen $\ln \sigma$ u. $\sqrt{E}$ besteht. (Журнал Общей Химии [J. allg. Chem.] **22** (**84**). 1762—67. Okt. 1952.) A. KUNZE. 138

Jacob Sedlet und **Thomas De Vries**, *Elektrodenpotentiale in flüssigem Ammoniak. 1. Mitt. Aktivitäten von Kalium- und Natriumchlorid.* Aus EMK.-Messungen an Ketten des Typus K(Hg) / KCl(m), $ZnCl_2 \cdot 6\ NH_3(\delta)$ / Zn(Hg) u. Na(Hg) / NaCl(m), $ZnCl_2 \cdot 6\ NH_3(\delta)$ / Zn(Hg) u. mit Hilfe der NERNSTschen u. der DEBYE-HÜCKELschen Beziehungen ermitteln die Vff. die Aktivitätskoeffizienten von KCl u. NaCl in fl. NH_3 bei -36^0. Für die DK. des NH_3 erhalten sie bei 3 Messungen die Werte 23,6, 23,8, 23,8. Die Vff. schätzten nach der Meth. von STOKES u. ROBINSON (C. **1949**. I. 662) den engsten Abstand der Ionen für NaCl auf a = 3,53 ± 0,02 Å u. für KCl auf a = 3,3 ± 0,1 Å gegenüber von STOKES u. ROBINSON in wss. Lsgg. gefundenen Werten von a = 3,97 Å für NaCl u. a = 3,63 Å für KCl. Nach der gleichen Meth. bestimmten die Vff. den Solvatationsgrad des NaCl zu n = 2,5 ± 0,2 gegenüber n = 3,5 in W. von STOKES u. ROBINSON. (J. Amer. chem. Soc. **73**. 5808—10. Dez. 1951. Lafayette, Ind., Univ., Dep. of Chem.) BARTSCH. 140

D. C. Grahame, M. A. Poth und **J. I. Cummings**, *Die Differentialkapazität der elektrischen Doppelschicht. Die Rolle des Anions.* Die Differentialkapazität der elektr. Doppelschicht an der Grenzfläche Hg gegen Lsg. wurde bei 25⁰ mit einer bereits früher von GRAHAME (C. **1950**. II. 738) veröffentlichten Meth. für 0,1 n Lsgg. von $KClO_4$, KNO_3, *KF*, K_2SO_4, *K-Acetat*, $KHCO_3$, *KCl*, K_2CO_3, *KOH*, *KCNS*, *KBr* u. *KJ* gemessen. Die Vff. fanden zwischen der Löslichkeit des entsprechenden Hg(I)-Salzes u. der Form der Kapazitätskurve einen Zusammenhang. Anionenpaare von gleichen allg. Löslichkeitsverhältnissen (z. B. NO_3^-—ClO_4^-; CO_3^{2-}—OH^-) lassen auch ähnliche Kapazitätskurven erkennen. Aus den Ergebnissen berechneten die Vff. die Oberflächenladungsdichte der elektr. Doppelschicht. (J. Amer. chem. Soc. **74**. 4422—25. 5/9. 1952. Amherst, Mass., Amherst Coll., Moore Labor. of Chem.) BARTSCH. 142

Heinz Gerischer und **Klaus J. Vetter**, *Konzentrationspolarisation bei vorgelagerter chemischer Reaktion im Elektrolyten und ihr Anteil am stationären Polarisationswiderstand beim Gleichgewichtspotential.* Unter Benutzung eines Geschwindigkeitsansatzes für eine homogene Rk. im Elektrolyten u. des 2. FICKschen Gesetzes leiten die Vff. die Konzentrationsverteilung für die potentialbestimmende Komponente S in der NERNSTschen adhärierenden Diffusionsschicht in Abhängigkeit von der Stromdichte bei kleinen Konzentrationsänderungen (kleinen Stromdichten) näherungsweise ab. Für eine einfache vorgelagerte Rk. $\nu S + \nu_1 S_1 \underset{v_2}{\overset{v_1}{\rightleftharpoons}} \nu_2 S_2$ erhalten sie eine Beziehung für die Stelle x in der Diffusionsschicht u. verallgemeinern auf eine Rk., bei der sich mehr als zwei Reaktionspartner in ihrer Konz. relativ stärker ändern. Für einen der von den Vff. diskutierten Sonderfälle, wenn nämlich die Konz. der potentialbestimmenden Komponente klein ist gegenüber den Konzz. der übrigen Reaktionspartner u. wenn die Durchtrittspolarisation vernachlässigbar ist, berechnen die Vff. die vollständige Strom–Spannungskurve u. die Reaktionsgrenzstromdichte. Ferner berechnen Vff. den Wert von $(d\eta/di)_{i=0}$, dem „stationären Polarisationswiderstand". (Z. physik. Chem. **197**. 92—104. April 1951. Göttingen, MPI für physik. Chem., u. Berlin-Dahlem, KWI für physik. Chem. u. Elektrochem.) BARTSCH. 142

A. L. Markman und **Ja. I. Turjan**, *Polarographische Charakteristik von Cadmium, Blei und Thallium in wässerig-alkoholischen Lösungen verschiedener indifferenter Elektrolyte.* Die polarograph. Charakteristik von Cd, Pb u. Tl wurde in wss.-alkoh. Lsgg. (A.) von KNO_3, NH_4NO_3, NH_4Cl u. KJ durchgeführt. In allen Fällen, unabhängig von der Beimischung von A. wurde eine Umkehrbarkeit des Reduktionsprozesses von Cd, Pb u. Tl an der Hg-Tropfelektrode bemerkt. Es wurde eine Verringerung der Konstante der Diffusionsströme von Cd, Pb u. Tl entsprechend der Vergrößerung der Beimischung von A. in der Lsg. festgestellt, was mit der Verringerung der Viscosität zusammenhängt. Die Zweckmäßigkeit der Anwendung einer wss.-alkoh. Lsg. von NH_4Cl zur polarograph. Unters. geringer Konzz. von Cd bei Überschuß von Pb u. Tl wurde gezeigt. (Журнал Общей Химии [J. allg. Chem.] **22** (**84**). 1715—25. Okt. 1952. Mittelasiat. Polytechn. Inst.) A. KUNZE. 142

A. L. Markman und **Ja. I. Turjan**, *Polarographische Untersuchung der Jodidkomplexe des Cadmiums im Wasser–Alkohol-Lösungsmittel.* Ausgehend von früheren Ergebnissen der Vff. (vgl. vorst. Ref.), wonach als Folge der Abnahme der Dissoziationskonstante (K) des komplexen Cd-Iones das Potential der Halbwelle mit steigendem

A.-Geh. der wss. Lsg. nach den negativen Werten verschoben wird, erfolgte die polarograph. Best. der Zus. der Cd-Komplexe u. der K in $1\cdot 10^{-4}$ mol. $Cd(NO_3)_2$ u. 0,1 bis 0,9 mol. KJ in Ggw. von 20,45 u. 65 Vol.-% A., wobei zur Unterdrückung von Maxima 0,01% Gelatine zugesetzt wurde. Bei 20, 45 u. 65% A. ergab sich eine Koordinationszahl von 4,30 bzw. 4,15 bzw. 3,93 u. damit der Komplex $[CdJ_4]^{2-}$. Die K nahm mit zunehmendem A.-Geh. sehr stark zu u. betrug in Ggw. von 65% A. etwa das 20000fache des Wertes in der wss. Lösung. (Журнал Общей Химии [J. allg. Chem.] 22 (**84**). 1926 bis 1929. Nov. 1952. Mittelasiat. Polytechn. Inst.) LEBTAG. 142

Carl A. Streuli und **W. Donald Cooke,** *Quecksilbersumpfpolarographie. Ion-Amalgam-Reduktionen, welche an der Oberfläche eines großen ruhenden Quecksilbersumpfes stattfinden.* Stromspannungskurven der Red. von 10^{-6} bis 10^{-4} mol. Tl^+, Pb^{2+}, Cu^{2+}, Cd^{2+}, Zn^{2+}, Bi^{3+} u. In^{3+} an einer 2,86 cm^2 großen ruhenden Quecksilberkathode werden aufgenommen. Allen Kurven ist charakterist. ein konzentrationsproportionales, durch Gelatine unterdrückbares Maximum zu Beginn des Grenzstromes. Das entsprechende „Halbmaximapotential" ist konzentrationsunabhängig u. differiert höchstens um 0,05 V vom üblichen Halbstufenpotential. Im Vgl. zur Tropfelektrode ist der Ladungsstrom kleiner, jedoch die Wrkg. von Verunreinigungen stärker. Trotz letzterem ist die Nachweisempfindlichkeit wegen der 75 mal so großen Fläche beträchtlich höher. Reproduzierbarkeit ist geringer als bei der Tropfelektrode aus Gründen der höheren Empfindlichkeit (Nachw. der Maxima in bis zu $5\cdot 10^{-7}$ mol. Lsgg. möglich). Die Ähnlichkeit der erhaltenen Polarogramme mit denen, die nach der oscillograph. Technik gewonnen werden, führen Vff. dazu, theoret. Vgll. anzustellen u. für ihre Auswertungen die Gleichung für den Maximalstrom nach SEVCIK (Coll. czechoslov. Chem. Commun. **13.** [1948.] 349) zu verwenden. (Analytic. Chem. **25.** 1691—96. Nov. 1953. Ithaca, N. Y., Cornell Univ., Baker Labor.) BERG. 142

A₄. Thermodynamik. Thermochemie.

Syû Ono, *Clusterintegrale und die Thiele-Halbinvarianten.* Ausgehend von der GIBBS-Gleichung in der Form $\exp.[pV/kT] = \sum_{n=0}^{\infty} \lambda^n Qn/n!$, in der λ die absol. Aktivität u. $Qn/n!$ die Verteilungsfunktion eines Syst. mit n Moll. im Vol. V bedeuten, erhält Vf. unter Anwendung der klass. Mechanik u. Definition der Hilfsfunktionen nach MAYER u. MONTROLL einen Ausdruck für das CLUSTER-Integral, der unter der Annahme, daß die gesamte Potentialenergie des Syst. durch die Summe der Potentiale zwischen den Teilchenpaaren u(i, j) dargestellt werden kann, in $b_s = (1/Vs!)\int\int_V \cdots \int \sum_{s\geq i > j\geq 1} \Pi f(i,j) d\{s\}$ mit $f(i,j) = \exp[-u(i,j)/kT] - 1$ übergeht. Auch die von KAHN u. UHLENBECK (Physica **5.** 399 [1938.]) durch Anwendung der Quantenstatistik abgeleitete Gleichung für den Druck kann auf diesem Wege erhalten werden. (J. chem. Physics **19.** 504—05. April 1951. Fakuoka, Japan, Kyushu Univ., Fac. of Engng., Inst. of Appl. Sci.) WOELK. 146

W. G. Strunk und **W. H. Wingate,** *Die Dichte von flüssigem Bromwasserstoff.* Vff. bestimmten die D. von fl. HBr zwischen —75 u. +60°. Die nach einer Laboratoriumsmeth. (Pyknometer) sowie nach einer Betriebsmeth. (Gewichtsbest. in einem Zylinder bekannten Inhalts) erhaltenen Werte stimmen gut überein, sind aber merklich höher als die älteren Literaturwerte. Die D. von HBr unter einer HBr-Gasatmosphäre kann dargestellt werden durch $D. = 2{,}757 - 1{,}238\ 10^{-3}\ T - 7{,}01\ 10^{-6}\ T^2$. (J. Amer. chem. Soc. **76.** 1025—27. 20/2. 1954. South Charleston, W. Va., Food Machinery and Chem. Corp., Westvaco Chem. Div.) KARUTZ. 148

Dwight A. Hutchison, *Die Dichten und die thermischen Ausdehnungskoeffizienten von Kobaltchloridhexahydrat und Äthyljodid.* Vf. bestimmte nach einer schon früher beschriebenen Suspensionsmeth. (JOHNSTON u. HUTCHISON, Physic. Rev. **62.** [1942.] 32; u. HUTCHISON, Physic. Rev. **66.** [1944.] 144) die D. von $CoCl_2\cdot 6\,H_2O$. Die Reinigung u. Züchtung der Kristalle wird beschrieben. Als Suspensions-Fll. wurden für das Temperaturintervall 19—20° eine Mischung aus 90 ml *Äthylendibromid*, 14,8 ml *n-Pentylalkohol* u. 14,8 ml *n-Hexylalkohol*, für 25—26° reines Äthyljodid u. für 27—28° die gleiche Mischung wie für 19—20° mit der Zus. 90 ml/12,1 ml/12,1 ml verwendet. Für $CoCl_2\cdot 6\,H_2O$ ergab sich der kub. Ausdehnungskoeff. zu $\alpha = 1{,}647 \pm 5\cdot 10^{-4}\ {}^0C^{-1}$ im Temperaturbereich 19,9—27,2° u. die D. zu $p_{25,000^0} = 1{,}91009 \pm 0{,}00034\ g\cdot cm^{-3}$. Die analogen Werte für Äthyljodid sind $\alpha = 1{,}1686 \pm 0{,}0001\cdot 10^{-3}\ {}^0C^{-1}$ im Temperaturbereich 23,0—26,5° u. $p_{25,000^0} = 1{,}91133 \pm 0{,}00003\ g\cdot cm^{-3}$. (J. Amer. chem. Soc. **76.** 1022—24. 20/2. 1954. Lemont, Ill., Argonne Nat. Labor., Chem. Div.) KARUTZ. 148

J. G. M. Bremner, *Die thermischen Akkomodationskoeffizienten von Gasen.* 1. Mitt. *Eine Untersuchung des Glüheffektes.* Die Hitzdrahtmeth. von KNUDSEN (1911) zur Best. der Akkomodationskoeffizienten von Gasen wurde verschiedentlich abgeändert. Nach dieser Meth. wurde das Erhitzen eines Drahtes in Gasen oder im Vakuum gemessen, bevor Wärmeverlustmessungen begonnen wurden. Diese Behandlung wurde zuerst von ROBERTS eingeführt u. sollte durch Entfernung adsorbierter Gasschichten eine saubere Drahtoberfläche ergeben. Der Wärmeverlust des Drahtes wurde durch kurzes Glühen oder Aufblitzen (flashing) des Drahtes vermindert u. dieses wurde einer Verminderung des Akkomodationskoeff. a zugeschrieben. a ist definiert als $a = (\Delta H_g - \Delta H_v)/\Delta H_c$. — ΔH_g = abgeführte Wärme in Gas; ΔH_v = abgeführte Wärme im Vakuum; $\Delta H_c = 0{,}001255$ pl $(T_2' - T_1)$ cal·sec^{-1}. Hierbei ist die Drahtlänge l (Wolfram) in cm; p (Gasdruck von He) in cm Hg; T_1 (Versuchsbedingung) 303° K. Die vom Vf. beschriebene App. arbeitet im Prinzip wie folgt: Ein W-Draht (0,006 cm) wird in einem Pyrexgefäß befestigt u. dieses in einen Thermostaten eingetaucht (n. 30°). Die Temperaturmessung im Thermostaten erfolgt mit einem Hg-Thermometer, Gasfüllung des Gefäßes mit He. Der Drahtwiderstand wird vor u. nach dem Glühen gemessen. Das kurze Glühen erfolgt durch Anlegen einer Spannung von 105 V. Der oben beschriebene Abfall im Wärmeverlust nach dem Glühen wird vom Vf. als reell festgestellt. Aber er ist nicht auf eine Verminderung von a des Gases zurückzuführen, sondern auf ein Andauern der therm. Wrkg. des Glühens. So wird der Glüheffekt (therm. Nachwrkg.) durch Arbeiten mit innen versilberten oder platinierten Gefäßen vermehrt. Er ist auch nach dem Glühen eines benachbarten Drahtes reproduzierbar u. erscheint bes., wenn im Vakuum gearbeitet wird. Anomale Temperatursprünge können auch beobachtet werden, wenn Pipettenmethoden benutzt werden, um das Gas in das evakuierte Gefäß einzuführen (MANN & NEWELL, RAINES, ROLF). Die in gleichen Verss. erhaltenen Ergebnisse zeigen, daß diese hauptsächlich auf die Trägheit des Diffusionsprozesses zurückzuführen sind. (Proc. Roy. Soc. [London], Ser. A. **201.** 305—20. 26/4. 1950. Oxford, Jesus Coll.) KLEFFNER. 149

J. G. M. Bremner, *Die thermischen Akkomodationskoeffizienten von Gasen.* 2. Mitt. *Bestimmungen bei Raumtemperaturen und der Temperatur des flüssigen Sauerstoffs.* (1. vgl. vorst. Ref.) In der 1. Mitt. wurde gezeigt, daß die Akkomodationskoeffizienten, welche bald nach dem Glühen des Drahtes gemessen wurden zu klein waren, da noch eine therm. Nachwrkg. stattfand. Deshalb wurden die Messungen von ROBERTS (Proc. Roy. Soc. [London] Ser. A. **129.** [1930.] 146) über die Wärmeverluste eines W-Drahtes in He u. Ne wiederholt. Dabei wurden die Verss. sowohl bei Raumtemp. als auch bei der Temp. von fl. O_2 ausgeführt u. auf die Gase Ar u. die beiden 2-atomigen Gase H_2 u. O_2 ausgedehnt. Der Akkomodationskoeff. a von *He*, *Ne*, *Ar*, H_2 u. O_2 sind bei fl. O_2 geringer (He 0,043; Ne 0,087; Ar 0,21; H_2 0,09; O_2 0,21) als bei Raumtemp. (He 0,16; Ne 0,33; Ar 0,64; H_2 0,26; O_2 0,72). Die Koeff. der inerten Gase variieren bei beiden Tempp. mit der Quadratwurzel aus dem At.-Gew. $\sqrt{m}/a$ bei Raumtemp.: He 12,5; Ne 13,5; Ar 10,1. $\sqrt{m}/a$ bei der Temp. des fl. O_2: He 49; Ne 55; Ar 40. Demnach ist $a = \alpha T^{1,3} \sqrt{m}$. Das Anwachsen des Koeff. von He mit der Warmbearbeitung des Drahtes, wie es von ROBERTS gefunden wurde, konnte bei Erhitzungszeiten über 30 Std. nicht bestätigt werden. (Proc. Roy. Soc. [London], Ser. A **201.** 321—29. 26/4. 1950.) KLEFFNER. 149

Louis Goldstein, *Einige Punkte der Theorie des flüssigen Heliums II.* Vf. erörtert einige Mängel der hydrodynam. Theorie von LANDAU, bes. hinsichtlich der Rotonen-Statistik. Abschließend wird auf eine mögliche Ergänzung der Zustandsgleichung u. auf den Temperaturbereich unterhalb 0,6° K (prakt. reine Phononenanregung) hingewiesen, in dem möglicherweise die Gleichgewichtseigg. von He II allmählich wieder in den n. Zustand übergehen. (Physic. Rev. [2] **89.** 597—602. 1/2. 1953. Los Alamos, N. Mex., Scient. Labor.) KIRSCHSTEIN. 149

David White, O. D. Gonzales und **H. L. Johnston,** *Wärmeleitung der Grenzschicht in flüssigem Helium II.* Bei Messungen an fl. He II zwischen 1,294 u. 2,155° K zeigte sich, daß unabhängig von der Wärmezufuhr eine schlecht leitende, ca. 10^{-4} cm dicke Schicht direkt an der Wärmequelle die Wärmeleitfähigkeit herabsetzte. Vermutlich wird dieser Effekt durch die mit endlicher Geschwindigkeit verlaufende Umwandlung der superfluiden in die n. Komponente bedingt. (Physic. Rev. [2] **89.** 593—94. 1/2. 1953. Columbus, O., Univ., Dep. of Chem.) KIRSCHSTEIN. 149

Aaron Wexler, *Verdampfungsgeschwindigkeit von flüssigem Helium.* 1. Mitt. Es werden zunächst die Grundlagen für die Konstruktion von Behältern für fl. He erörtert, wobei bes. auf die Notwendigkeit hingewiesen wird, für einen guten Wärmeaustausch zwischen dem ausströmenden Gas u. dem Zuleitungsrohr zu sorgen. Die Behälter bestanden aus 2 konz. Hohlkugeln, zwischen denen Hochvakuum hergestellt wurde, u. wurden außen mit fl. N_2 gekühlt; das Vol. der inneren Kugeln, die in den beiden beschriebenen Fällen aus Cu bestanden, betrug 9,25 Liter, das der äußeren, die einmal aus Cu u. das andere Mal aus Monel bestand, 12,5 Liter; für das Zuleitungsrohr wurde hart gezogenes Inconel verwendet. Die Verdampfungsgeschwindigkeit betrug bei beiden Gefäßen ca. 1% pro Tag; die Verdampfungswärme ergab sich zu 4,93 cal/g bei 4,228° K. Die hieraus zu berechnenden Strahlungsverluste lassen auf ein Emissionsvermögen von Cu schließen, das bei 77,1° K 0,69% u. bei 297,1° K 1,29% desjenigen des schwarzen Körpers beträgt. (J. appl. Physics **22.** 1463—70. Dez. 1951. East Pittsburgh, Pa., Westinghouse Res. Labors.) KIRSCHSTEIN. 149

C. A. Swenson, *Die Methode der blockierten Capillare zur Bestimmung von Schmelzdrucken: Die Schmelzkurve von Helium von 1,5 bis 4° K.* Die Genauigkeit der hier angewendeten Meth. wurde zuerst an N_2 zwischen 5 u. 140 at u. dann an He zwischen 2,5 u. 4° K geprüft, wobei die Abweichungen gegenüber der früher (vgl. C. **1953.** 4650) verwendeten Meth. vernachlässigbar gering waren. Somit konnte der Tripelpunkt bei 29,64 ±0,03 at u. 1,764 ±0,003° K festgestellt werden. Die Schmelzkurve verläuft am λ-Punkt stetig; vermutlich bleiben die Unstetigkeiten der spezif. Wärme u. der therm. Ausdehnung am λ-Punkt endlich. Die Ergebnisse bestätigen die Annahme, daß der λ-Übergang von 2. Ordnung ist. (Physic. Rev. [2] **89.** 538—44. 1/2. 1953. Cambridge, Mass., Harvard Univ., Jefferson Phys. Labor.) KIRSCHSTEIN. 149

G. A. Geach und **M. E. Harper,** *Lichtbogenschmelzen nichtmetallischer Materialien und eine Neubestimmung des Systems Berylliumoxyd–Thoriumoxyd.* Der Ofen besteht aus einem wassergekühlten Cu-Herd, in dem die Probe mit einer beweglichen W-Elektrode in einer Ar-Atmosphäre von 20 cm Hg geschmolzen wird. Beschrieben werden Verss. mit *Si*, *Al_2O_3*, *BeO*, *CaO*, *Cr_2O_3*, *Fe_2O_3*, *MgO*, *SiO_2*, *Ta_2O_5*, *ThO_2*, *TiO_2*, *V_2O_5*, *Glas*, *Porzellan*, *CaF_2* u. *NaF*. Die Überprüfung des Syst. BeO–ThO_2 zeigt bei 15% BeO ein Eutektikum von 2200°. (Metallurgia [Manchester] **47.** 269—71. Mai 1953. Aldermasten, Berksh., Assoc. Electr. Ind. Res. Labor.) K. STEIN. 150

R. Stratton, *Ein Oberflächenbeitrag zu der Debyeschen spezifischen Wärme.* In einer rein theoret. Arbeit berechnet Vf. die Oberflächenbeiträge zur DEBYE-Temp. u. spezif. Wärme u. zur freien Energie der Gitterschwingungen. Hierbei werden die Gitterschwingungen als Schwingungen eines elast. Mediums mit spannungsfreien Oberflächen behandelt. (Philos. Mag. [7] **44.** 519—32. Mai 1953. Manchester, Univ.) WASSERROTH. 151

C. B. Satterthwaite, R. S. Craig und **W. E. Wallace,** *Magnesium-Cadmiumlegierungen.* 5. Mitt. *Wärmekapazitäten bei niedrigen Temperaturen und eine Prüfung des 3.Hauptsatzes der Thermodynamik für die MgCd-Überstruktur.* (4. vgl. EDWARDS, C. **1954.** 3878.) Vff. beschreiben Calorimeter u. experimentelle Einzelheiten zur Best. der Wärmekapazitäten von Legierungen zwischen 12 u. 300°K. Als Untersuchungsobjekt diente eine MgCd-Legierung mit 50,52 At.-% Cd. Aus den erhaltenen Werten (Genauigkeit 0,02—0,8%) werden die Entropieänderungen zwischen 0°K u. 25° ermittelt. Oberhalb 12°K ergibt sich für ΔS ein Wert von 9,80 Entropieeinheiten/g-Atom. Unterhalb 12°K folgt aus dem T^3-Gesetz 0,03 für ΔS u. damit $S_{25^\circ C} - S_{0^\circ K} = 9{,}83$ Entropieeinheiten/g-Atom. Die Wärmekapazitäten bei Legierungsbldg. zeigen größere Abweichungen von der Regel von KOPP-NEUMANN. Die oberhalb 230°K auftretenden positiven Abweichungen können auf den Beginn des Übergangs Ordnung → Unordnung zurückgeführt werden, der bei 528°K vollständig ist. Ausgenommen bei den niedrigsten Tempp. setzen sich die Wärmekapazitäten der Legierung additiv aus denen der Komponenten zusammen. Die absol. Entropie der MgCd-Legierung bei 25° ergibt sich aus den Entropien der Komponenten (vgl. nachst. Ref.) zu $S_{MgCd\,25^\circ} = \Delta S_{25} + (S_{Mg} + S_{Cd})/2 = 9{,}95$, mit $\Delta S_{25} = -0{,}13$. (J. Amer. chem. Soc. **76.** 232—38. 5/1. 1954. Pittsburgh, Pa., Univ., Dep. of Chem.) WOELK. 151

R. S. Craig, C. A. Krier, L. W. Coffer, E. A. Bates und **W. E. Wallace,** *Magnesium-Cadmiumlegierungen.* 6. Mitt. *Wärmekapazitäten von Magnesium und Cadmium zwischen 12 und 320° K und die Entropie bei 25°.* (5. vgl. vorst. Ref.) Die Wärmekapazitäten von Mg u. Cd bei konstantem Druck wurden zwischen 12 u. 320°K bestimmt. Aus den erhaltenen Werten werden die Entropien zwischen 0°K u. 25° durch graph. Integration u. Anwendung des T^3-Gesetzes ermittelt. Bei 25° sind diese Werte 7,78 ± 0,01 u. 12,37 ± 0,01 Entropieeinheiten/g-Atom. Die Genauigkeit der Wärmekapazitätsbestimmungen schwankt im untersuchten Temperaturbereich zwischen 0,03 u. 0,6 bzw. 0,02 u. 0,1%. Die Wärmekapazitäten bei konstantem Vol. sowie die DEBYE-Tempp. werden für den gleichen Temperaturbereich berechnet. (J. Amer. chem. Soc. **76.** 238—40. 5/1. 1954.) WOELK. 151

L. W. Coffer, R. S. Craig, C. A. Krier und **W. E. Wallace,** *Magnesium-Cadmium-Legierungen. 7. Mitt. Wärmekapazitäten von $MgCd_3$ und Mg_3Cd bei niedrigen Temperaturen und eine Prüfung des 3. Hauptsatzes der Thermodynamik für die $MgCd_3$-Überstruktur.* (6. vgl. vorst. Ref.) Die Wärmekapazitäten der Mg–Cd-Legierungen mit 24,98 u. 74,98 At.-% Cd wurden zwischen 12 u. 320° K bestimmt. Die Messungen u. ihre Auswertung erfolgten unter Berücksichtigung der Tatsache, daß die Übergangspunkte von $MgCd_3$ u. Mg_3Cd wesentlich tiefer als der von MgCd liegen, die Umwandlungen aber die Wärmekapazitäten beeinflussen. Die Δc_p-Werte (Differenz der c_p-Werte für die Legierung u. die äquivalente Mischung) zeigen, wie beim MgCd, größere Abweichungen von der Regel von KOPP-NEUMANN. Für $S_{0°K}$ erhalten Vff. den Wert 0,21 Entropieeinheiten/g-Atom (für $MgCd_3$). Dieser Wert wird auf Grund der SCHOTTKY-Defekte (bei 25° 1,7%) gedeutet. (J. Amer. chem. Soc. **76.** 241—44. 5/1. 1954.) WOELK. 151

Leo Brewer und **Richard F. Porter,** *Die Sublimationswärme von Zinn und die Dissoziationsenergie von SnO.* Die Sublimationswärme von Sn wurde nach der Meth. von KNUDSEN zu 70 ± 2 kcal/Mol bestimmt. Wird dieser Wert mit der Bildungswärme von gasförmigem SnO kombiniert, so ergibt sich Übereinstimmung mit der linearen BIRGE-SPONER-Extrapolation zu den Atomen des Grundzustandes. (J. chem. Physics **21.** 2012—13. Nov. 1953. Berkeley, Calif., Univ., Dep. of Chem. and Chem. Engng. and Radiation Labor.) HEINSOHN. 155

Harvey Dale Mulder und **Frederic C. Schmidt,** *Lösungs- und Reaktionswärmen in flüssigem Ammoniak.* 8. Mitt. (7. vgl. C. **1948.** I. 1085.) Die Lösungswärmen von *Guanidin-* u. *Hydroxylamin*salzen in fl. NH_3 werden bestimmt. Die Lösungswärmen von NH_4SCN, $KSCN$, KJ u. KNH_2 werden ebenfalls ermittelt u. weiterhin für die Neutralisationswärme von KNH_2 mit NH_4J, NH_4NO_3, NH_4SCN u. NH_4Br in fl. NH_3 gegenüber Messungen von KRAUS ein etwas abweichender Wert ($\Delta H = 26{,}1$ im Mittel) gefunden. Für die Rk. $2\ Na + Se \rightarrow Na_2Se$ in fl. NH_3 wird die Bildungswärme zu 82,0 kcal bestimmt. (J. Amer. chem. Soc. **73.** 5575—77. Dez. 1951. Bloomington, Ind., Univ., Chem. Labor.) HECHT. 156

Werner Schulze, *Verdünnungswärmen eines Polyelektrolyten in Wasser bei kleinen Konzentrationen.* Vf. mißt die intermediären Verdünnungswärmen in W. bei 25° von einem *Polyvinyl-N-butylpyridiniumbromid* im Konzentrationsbereich $0{,}0246 \cdot 10^{-4}$ bis $40{,}75 \cdot 10^{-4}$ Bausteinmole/Liter (1 Baustein = $-CH_2-CH-C_5H_5N-C_4H_9Br$) u. von einem entsprechenden Monosalz *N-Butylpyridiniumbromid* im Konzentrationsbereich $1{,}047 \cdot 10^{-4}$ bis $330 \cdot 10^{-4}$ Mol/Liter. Es wurde ein Differentialcalorimeter nach LANGE u. MONHEIM (Z. physik. Chem. Abt. A **149.** [1930.] 51) verwendet. Das Monosalz hat positive Verdünnungswärmen, die zuerst proportional $\sqrt{c}$ mit einer Steigung von ca. 350 ansteigen u. dann wieder abfallen bis zu negativen Werten. Beim Polysalz wurden stark negative Verdünnungswärmen festgestellt, die bis $c = 10^{-4}$ steil abfallen u. dann etwas waagerecht verlaufen. Vf. nimmt als Ursache Abdissoziation von Br^--Ionen u. damit verbunden Kettenstreckung des Polykations an. Eine Extrapolation der Verdünnungswärme des Polysalzes auf $c = 0$ ist wegen des steilen Kurvenanstiegs nicht möglich. Es wurde bei den Messungen ein Einfl. der Oberfläche der benutzten Gefäße (Glas oder Paraffin) auf die Verdünnungswärmen des Polysalzes beobachtet. (Z. Elektrochem., Ber. Bunsenges. physik. Chem. **58.** 165—68. 1954. Erlangen, Univ., Inst. für Phys. Chem.) KARUTZ. 156

G. H. Markstein und **L. M. Somers,** *Eine Nutenbrennermethode zur Untersuchung der Instabilität von Verbrennungswellen.* Die quantitativen Unterss. der Instabilität von Verbrennungswellen werden entweder an vielflächigen Diffusionsflammen (vgl. BEHRENS, C. **1953.** 6824; GARSIDE u. JACKSON, C. **1952.** 5049), sogenannten Polyederflammen, oder an Zellularflammen, die in weiten Rohren brennen (MARKSTEIN, J. Aeronaut. Sci. **18.** [1951.] 199) durchgeführt. Die Mängel, die diesen Methoden anhaften, werden durch die Nutenbrenner vermieden. Hier tritt das vorgemischte Gas durch einen Spalt regulierbarer Breite. Durch einen parallel dazu laufenden zweiten Spalt tritt N_2 aus, der das Festsetzen der Flamme auf einer Seite der Brenneröffnung vermeidet. Bei stabilen Flammen entsteht so eine Brennebene. Bei Instabilität entstehen an der Flammenbasis Störungen, die sich aufwärts in der Flammenfläche fortpflanzen u. wegen des quasi zweidimensionalen Gasstromes einander parallel laufen, so daß leicht die interessierenden Stellen an den Flammen örtlich bestimmt werden können. Seltsamerweise wurden stabile Flammen, unabhängig von der Gaszus. oder Strömungsgeschwindigkeit, erhalten, wenn die Verbrennungsprodd. durch einen mit W. gekühlten Absaugespalt weggeführt wurden. (J. chem. Physics **21.** 941. Mai 1953. Buffalo, N. Y., Cornell Aeronautical Labor. Inc.) ROEDER. 157

R. L. Abbey, *Die Schallgeschwindigkeit in Gasen bei niedrigen Drucken.* Vf. berichtet über die Messung der Schallgeschwindigkeit in Luft in Abhängigkeit vom

Druck im Bereich 2—30 cm Hg bei verschied. Frequenzen (2000, 4500 u. 500 Hz), wobei eine Frequenzdispersion beobachtet wurde. Diese Frequenzdispersion gibt eine mögliche Erklärung für die Unterschiede zwischen den Meßergebnissen von MAULARD (C. R. hebd. Séances Acad. Sci. **229**. [1949.] 25) u. dem Vf. u. BARLOW (Austral. J. sci. Res., Ser. A **1**. 1948.] 175.) (Austral. J. sci. Res., Ser. A **5**. 223—25. März 1952. Univ. of Melbourne, Phys. Dep.) V. HARLEM. 159

A. K. Dutta, *Molekulare Bewegung in Flüssigkeiten und innere Dispersion und Absorption elastischer und optischer Wellen.* Es wird auf der Grundlage der mol. Bewegung eine Theorie der Absorption u. inneren Dispersion akust. u. opt. Wellen entwickelt. Es werden Beziehungen für die elast. Wellengeschwindigkeit u. den Absorptionskoeff. auf ähnlichem Wege wie in der Optik auf der Grundlage der Elektronenbewegung erhalten. Durch Ultraschallmessungen bekannte Daten können erklärt werden. Es ergibt sich ferner eine allg. Verbreiterung der Linien in Beugungsspektren als Folge der Wrkg. des Wellenfeldgitters. Experimentell mit ebenen Beugungsgittern festgestellte Verbreiterung von Spektrallinien werden der Wrkg. der Molekularbewegung in den Fll. zugeschrieben. (Indian J. Physics Proc. Indian Assoc. Cultivat. Sci. **26**. 142—53. März 1952. Cuttack, Utkal Univ., Dep. of Phys.) RUDOLPH. 159

S. K. Mukherjee, *Experimente über die innere Dispersion optischer Wellen.* Bei Durchgang monochromat. Lichtes durch ebene Strichgitter (250 Striche pro cm), die sich in den verschied. Fll. *Castoröl, W., Aceton, CCl_4* u. *CS_2* befinden, wird entsprechend der theoret. Erwartung (vgl. DUTTA, vorst. Ref.) eine Linienverbreiterung beobachtet, die um so stärker ist, je größer der Unterschied M zwischen der für Absorption elast. Wellen geltenden STOKESschen Konstanten α/ν^2 (α = Absorptionskoeff., ν = Frequenz) u. dem entsprechenden Meßwert ist. Linienverbreiterung ist auf die Wrkg. der Molekularbewegung der Fl. zurückzuführen. Der Anteil dieser inneren Dispersion durch Molekularbewegung wird abgeschätzt u. ergibt für die Fll. in der angegebenen Reihenfolge Werte von 0, 0,8, 2,3, 4,0 u. 8,0‰. (Indian J. Physics Proc. Indian Assoc. Cultivat. Sci. **26**. 154—58. März 1952. Calcutta, Presidency Coll., Dep. of Phys.) RUDOLPH. 159

A₅. Kolloidchemie. Grenzschichtforschung.

Anne-Marie Biget, *Untersuchung eines chemisch indifferenten Gels.* Durch langsames Eindiffundieren von W. in eine Lsg. von *Celluloseacetat* in konz. *$Mg(ClO_4)_2$*-Lsg. (sowie in Lsgg. anderer Perchlorate) u. gründliches Auswaschen erhält man Celluloseacetatgele von beliebiger Konz. von 2% aufwärts, die in feuchtem Zustand oberhalb 30° W. abgeben u. bei 120° völlig entwässert sind. Derartige Gele sind innerhalb eines p_H-Bereiches von 0—9 sowohl gegen Neutralsalze als auch gegen verschied. organ. Stoffe wie *Milchsäure, Chloressigsäure, A., Chloralhydrat, Eugenol, Acetamid,* beständig, während eine auffallende Empfindlichkeit gegenüber den Polyphenolen *Resorcin, Hydrochinon* u. *Pyrogallol* besteht. Mit Hilfe der Auftriebmeth. u. unter Benutzung einer Torsionswaage wird die weitgehend reversible zeitliche Diffusion von *KBr, $CuSO_4$, K-Tartrat, Na_2SO_4, NaCl, lösl. Stärke* u. *Dextrin* in den Gelproben verfolgt u. gezeigt, daß man aus dem Wert für Halbsättigung in der Absorptionskurve die Diffusionsgeschwindigkeit in einfacher u. hinreichend genauer Weise bestimmen kann. Mit Hilfe dieses Verf. läßt sich auch zeigen, daß das Verhältnis der Konzz. innerhalb u. außerhalb des Gels mit Ausnahme von *Tannin* u. den großen nichtpermeablen Moll. wie Stärke u. *Kupferferrocyanid* annähernd gleich 1 ist, wobei die Konz. im Gel immer etwas niedriger ist. Auf Grund des Vers. von HATSCHEK (Trans. Faraday Soc. **32**. [1936.] 787) ist der an das Gel gebundene Wassergeh. ziemlich gering u. beträgt für ein Gel mit 6% Trockensubstanz ca. 20%. Infolge der weitgehenden Unempfindlichkeit gegenüber p_H-Änderungen ist eine Best. des isoelektr. Punktes des Celluloseacetatgels nicht möglich. Wegen der günstigen Diffusionsverhältnisse lassen sich derartige Gelstücke auch zur einfachen osmot. Trennung u. Reinigung u. zur Schnelldialyse benutzen. An in ähnlicher Weise hergestellten Membranen wurden Verss. zur Ultrafiltration ausgeführt u. aus der Durchlaufgeschwindigkeit von W. ein mittlerer Porendurchmesser von 0,023—0,190 μ berechnet. Brechungsindex u. D. zeigen für wasserhaltiges u. wasserfreies Gel keine großen Unterschiede (Ann. Chimie [12] **5**. 66—105. Jan./Febr. 1950.) HENTSCHEL. 162

S. P. Mitra, *Der Einfluß des Wasserstoffions auf die Koagulation von Kolophoniumsolen durch Elektrolyte.* In Ggw. von Säuren (HCl) sind zur Koagulation von Harzsolen weit kleinere Mengen von Elektrolyten (KCl, NaCl, KBr, KJ, KNO_3, LiCl, NH_4Cl, $BaCl_2$, $CaCl_2$, $Al(NO_3)_3$, CH_3COONa) erforderlich. Dies kann auf eine schwache Hydrolyse des Harzes in eine Anzahl isomerer Säuren der allg. Formel $C_{20}H_{30}O_2$ u. bevorzugte

Adsorption der Anionen dieser Harzsäuren durch das Sol zurückgeführt werden. Die dadurch eintretende Stabilisierung wird durch eine Zurückdrängung der Hydrolyse durch Säurezusatz wieder aufgehoben. Ionen gleicher Ladung können adsorbiert werden u. dadurch das ungewöhnliche Verh. des Sols bei Zugabe von Elektrolytmischungen wie $BaCl_2$ u. KCl verursachen. Die Unterschiede in den Fällungswerten verschied. Elektrolyte schreibt Vf. der verschied. starken Adsorption von Anionen u. der teilweisen Hydrolyse der leichter hydrolysierbaren Salze zu. (Kolloid-Z. **124**. 23—25. Okt. 1951. Allahabad, Univ., Sheila Dhar Inst. für Bodenkunde.)
WOELK. 163

S. P. Mitra, *Ionenantagonismus bei der Koagulation von Harzsolen durch Mischungen verschieden valenter Elektrolyte.* Bei der Fällung von Harzsolen durch eine Mischung 1-wertiger Ionen tritt nur geringer Ionenantagonismus auf. Wird die Fällung mit einer Mischung 1- u. 2- oder 1- u. 3- oder 2- u. 3-wertiger Elektrolyte vorgenommen, kann beträchtlicher Ionenantagonismus beobachtet werden. Die Verss. des Vf. mit verschied. Elektrolytgemischen u. einem Harzsol mit 7,76 g Harz/Liter zeigen, daß dies Verh. auf Grund der Adsorption ähnlich geladener Ionen aus dem zugesetzten Elektrolyten, der Veränderung des Dissoziationsgrades der Elektrolyte durch die Mischung u. von Hydrolysenvorgängen erklärt werden kann. (Kolloid-Z. **124**. 26—30. Okt. 1951.)
WOELK. 163

G. F. Dasher, *Oberflächenaktivität natürlich vorkommender Emulgatoren.* Auf Grund von Messungen der Erniedrigung der Grenzflächenspannung zwischen *Baumwollsamenöl* u. *W.* durch eine Anzahl synthet. u. natürlicher oberflächenakt. Stoffe (Tropfengewichtsmeth.) ergibt sich, daß die wirksamsten Stoffe zur Gruppe der synthet. Netzmittel (*Alkylbenzolsulfonate, Alkylsulfate, Dimethylbenzylalkylammoniumchloride*) gehören. Ihnen folgen die Na-Salze der *Gallensäuren* u. schließlich die *Fettsäuremonoglyceride.* Zur Nachahmung der Verhältnisse bei der Fettverdauung im Darm wird die Erniedrigung der Grenzflächenspannung durch *1-Monoolein* (I) in einer aus Baumwollöl u. Citratpufferlsg. bestehenden Emulsion mit u. ohne Anwesenheit von gallensauren Salzen bei p_H 6 gemessen; auch hier zeigt sich der starke Einfl. der Gallensäure. Mit steigendem p_H-Wert in der wss. Phase nimmt die Grenzflächenspannung ab. Komplexbldg. zwischen Fettsäure u. gallensauren Salzen zeigt sich auch durch ein Maximum in der p_H-Grenzflächenspannungskurve an. An definierten Verbb. wurden untersucht: *1-* u. *2-Monopalmitin,* I-, *Na-Cholat* u. *-Glykolcholat* u. *Na-Laurat.* (Science [Washington] **116**. 660—63. 12/12. 1952. Cincinnati, O., Procter & Gamble Co.)
HENTSCHEL. 166

Harvey Brooks, *Kohäsionsenergie von Alkalimetallen.* Es werden eine Reihe von Vereinfachungen der Rechenmeth. von KUHN u. VAN VLECK (Physic. Rev. [2] **79**. [1950.] 382) beschrieben, deren Anwendung nicht nur die Rechenarbeit erheblich vereinfacht, sondern auch bessere Werte für die FERMI-Energie u. vernünftige theoret. Voraussagen über die Kohäsionsenergie der Alkalimetalle ergibt, wobei nur die Eigg. der Spektren der freien Atome benutzt werden. Die noch bestehen bleibenden Unsicherheiten in der Berechnung beruhen auf der Austausch- u. Korrelationsenergie. (Physic. Rev. [2] **91**. 1027—28. 15/8. 1953. Cambridge, Mass., Harvard Univ., Div. of Appl. Sci.)
v. HARLEM. 166

H. Markovitz, P. M. Yavorsky, R. C. Harper jr., L. J. Zapas und **T. W. De Witt,** *Gerät zur Messung von dynamischen Viscositäten und Rigiditäten.* (Vgl. C. **1952**. 3541.) Ein von GOLDBERG u. SANDVIK für Fll. entwickeltes Gerät wird für die Messung von Kunststoffen gestaltet u. verwendet. Das Gerät besteht aus einem konzentr. Zylinderpaar, von dem der äußere motor. über einen Exzenter zu Drehschwingungen angetrieben wird. Der innere u. der äußere Zylinder sind jeder mit einer Drehspule starr verbunden, die sich in einem Magnetfeld (1800 Gauss) justieren lassen. Bei Fll. wird die Reibungskraft durch den Zylinderspalt, wie beim COUETTE-App., u. bei Festkörpern über einen Stab übertragen, der zwischen den axial verschobenen Zylindern angebracht wird. Die von den Spulen abgegebenen Spannungen sind sinusförmig, werden mittels Röhrenvoltmeter gemessen u. sind proportional der Amplitude; die Phase ist die gleiche wie beim mechan. Schwinger (starre Verbindung). Der Starrheitsmodul nimmt mit der Frequenz zu, die Viscosität ab. Die Eichkurve ist linear u. geht durch den Nullpunkt. Streubereich $\pm 0,7\%$. Frequenzbereich 3—10 Hz. (Rev. sci. Instruments **23**. 430—37. Aug. 1952. Pittsburgh, Pa., Mellon Inst.)
DEUTSCH. 172

Ali A. K. Ibrahim, *Über die Beziehung zwischen dynamischer Viscosität und Rigidität.* An Hand der Ergebnisse von Viscositäts- u. Schubelastizitätsmessungen von MARKOVITZ u. Mitarbeitern (vgl. vorst. Ref.) an einer 12,8%ig. Lsg. von *Vitanex*

B-140 in *Tetralin* u. an festem mit Kohleschwarz gemischten Vitanex leitet Vf. eine Beziehung zwischen der dynam. Viscosität η u. der dynam. Schubelastizität N für feste Stoffe u. viscoselast. Fll., die einer harmon. Oscillation der Frequenz n cps unterworfen sind, ab. Es wird gezeigt, daß sich die untersuchte Fl. in einem Frequenzbereich von 0—60 cps. wie eine viscoelast. Fl. verhält; die Gleichung ist: $N/\eta = mn$ (m = eine von der Natur der Fl. abhängige Konstante). Bei Frequenzen oberhalb 60 cps. verhält sich die Fl. wie ein fester Körper; Gleichung: $N/\eta = m(n-C)$ (m u. C = von der Natur der Fl. abhängige Konstanten). (J. chem. Physics **21**. 1422. Aug. 1953. Alexandria, Ägypt., Univ., Phys. Dep.) G. HEINRICH. 172

R. A. Bentley, J. Cartwright und **R. L. Gordon,** *Eine photographische Methode zur Beobachtung der angenäherten Größe von durch einen Zerstäuber erzeugten Flüssigkeitstropfen.* Eine Unters. der Größe der von einem Zerstäuber erzeugten Flüssigkeitstropfen wurde zuerst Methylenblau auf ein Objektglas zerstäubt u. hierauf mkr. die Teilchengröße gemessen. Da sich diese Meth. als nicht genügend genau erwies, wurde eine neue Meth. entwickelt. Hierbei wird auf eine vorher belichtete photograph. Platte ein Hochkontrastentwickler aufgestäubt u. hierauf in n. Art fixiert. (Brit. J. appl. Physics **4**. 316. Okt. 1953. Sheffield, Safety in Mines Res. Establ.) GOTTFRIED. 175

J. K. Donoghue und **C. Mack,** *Die Abnahme in der scheinbaren Teilchenkonzentration bei vielfachen Hüben des Owensschen Düsenstaubzählers.* Eine Unters. der Wirkungsweise des OWENSschen Düsenstaubzählers ergab, daß bei allen Teilchengrößen bis zu ca. 4 μ die Konz. der Teilchen mit zunehmender Zahl der Hübe deutlich abnahm. (Brit. J. appl. Physics **4**. 316—17. Okt. 1953. Manchester, Shirley Inst.) GOTTFRIED. 175

B. A. Pethica, *Die Adsorption oberflächenaktiver Elektrolyte an der Grenzfläche Luft/Wasser.* Vff. zeigen, daß die Adsorption oberflächenakt. Elektrolyte an der Grenzfläche Luft/W. nicht aus Oberflächenspannungsdaten unter Anwendung der GIBBSschen Adsorptionsisotherme berechnet werden kann; dies ist nur dann möglich, wenn ein Überschuß an Neutralsalz in der Netzmittellsg. vorhanden ist. Die Anwendung bestimmter nicht-thermodynam. Voraussetzungen erlaubt jedoch die Best. der Adsorption aus einfachen wss. oberflächenakt. Elektrolyten auch dann, wenn kein Überschuß an Neutralsalz in der Lsg. enthalten ist. In Ggw. von überschüssigen Elektrolyten ist die einfache Form der Gleichung $d\pi = kT\Gamma\, d \log c$ für bin. Elektrolytnetzmittel gültig. Die Theorie wird zur Berechnung des Salzeffektes auf die Kraft/Flächen-Charakteristika von *Na-Dodecylsulfat* an der Grenzfläche Luft/W. angewandt. Aus den Unterss. geht hervor, daß die gespreitete u. die adsorbierte Schicht des Na-Dodecylsulfates denselben Charakter haben. Zustandsgleichungen (Näherungsgleichungen) werden abschließend aus der elektrostat. Theorie abgeleitet. (Trans. Faraday Soc. **50**. 413—21. April 1954. Birmingham, Med. School, Dep. of Pharm.) G. HEINRICH. 176

A. D. Crowell und **D. M. Young,** *Die Adsorption von Argon an Graphit.* Vff. bestimmten die Adsorptionsisothermen für Ar an Graphit (weniger als 1% Asche) zwischen 80 u. 90°K im Druckbereich zwischen 0,1—50 mm u. berechneten die Adsorptionswärmen. Außerdem wurde die Adsorptionswärme eines isolierten Ar-Atoms bei 0°K annähernd durch numer. Summierung berechnet. Aus den Ergebnissen geht hervor, daß die adsorbierte Ar-Schicht außer bei sehr niedriger Oberflächenbelegung nicht lokalisiert ist. (Trans. Faraday Soc. **49**. 1080—85. Sept. 1953. Amherst, Mass., Coll., Depts. of Chem. and Phys.) G. HEINRICH. 176

G. L. Bridger und **R. D. Sinner,** *Adsorption von Ammoniak an Fullererde und Gaskohle.* Wie aus dem Verlauf der zwischen der Kondensationstemp. u. 60° aufgenomenen Adsorptionsisobaren für NH_3 hervorgeht, erfolgt für Fullererde (Attaclay SF) bei Erreichung der Kondensationstemp. ein steiler Anstieg, während sich für eine akt. Gaskohle die Kurve einem konstanten Wert nähert. (Ind. Engng. Chem. **45**. 581—82. März 1953. Ames, Iowa State Coll., Dep. Chem. Min. Engng.) HENTSCHEL. 176

Robert Klement, *Neue chemische Arbeitsverfahren durch Anwendung von Harzaustauschern.* Nach einem kurzen Überblick über die neuen synthet. Austauschstoffe in Form von Kunstharzen (Wofatite, Amberlite, Dowexite) u. ihre Wirkungsweise wird auf ihre Anwendung in der anorgan., analyt., organ. u. biol. Chemie eingegangen. (Naturwiss. Rdsch. **4**. 124—28. März 1951. München.) JÄGER. 177

Ralph A. James und **William P. Bryan,** *Die Anwendung von Thenoyltrifluoraceton bei Ionenaustauschtrennungen.* Vff. zeigen, daß *Thenoyltrifluoraceton* (I) in *Dioxan-W.*-Gemischen ein geeignetes Elutionsmittel zur vollständigen Trennung von an NH_4-

Dowex 50 adsorbiertem *Y* u. *Eu* ist. Eu wird vor dem Y eluiert. Geeignete Elutionslsgg. bestehen aus 5 g **I**, 45 cm^3 Dioxan u. 50 cm^3 W. oder 2 g **I**, 38 cm^3 Dioxan u. 60 cm^3 Wasser. Im Gegensatz zu dem üblichen Citratverf. erfordert die Meth. mit I nur sehr kurze Kolonnen. (J. Amer. chem. Soc. **76**. 1982—84. 5/4. 1954. Los Angeles, Calif., Univ. of California, Dep. of Chem.) FORCHE. 177

—, Kolloidchemisches Taschenbuch. Unter Mitw. zahlr. Fachgenossen hrsg. von **Alfred Kuhn**. 4. erw. Aufl. Leipzig: Geest & Portig. 1953. (XV + 519 S. m. 143 Abb.) DM-Ost 24.—.

A_6. Strukturforschung.

F. R. Ahmed und **D. W. J. Cruickshank**, *Kristallographische Rechnungen mit der elektronischen Ziffernrechenmaschine der Universität Manchester* (*Mark II*). Beschreibung des Gebrauchs der obigen Rechenmaschine bei Strukturuntersuchungen. (Acta crystallogr. [Copenhagen] **6**. 765—69. 10/10. 1953. Leeds, Univ., Chem. Dep.) GOTTFRIED. 181

S. W. Mayer und **K. N. Trueblood**, *Dreidimensionale Fourier-Summationen mit einer Ziffernrechenmaschine hoher Geschwindigkeit.* Vff. beschreiben die Verwendung der von HUSKEY (vgl. Math. Tab. Wash. **4**. [1950.] 103) beschriebenen automat. Rechenmaschine zur dreidimensionalen FOURIER-Summierung. (Acta crystallogr. [Copenhagen] **6**. 427. 10/5. 1953. Los Angeles, Calif., Univ., Dep. of Chem.) GOTTFRIED. 181

J. M. Bennett und **J. C. Kendrew**, *Die Berechnung von Fourier-Synthesen mit einer elektronischen Ziffernrechenmaschine.* Vff. beschreiben die Verwendung des Cambridge Electronic Delay Storage Automatic Calculators, welcher nur die beiden Ziffern 0 u. 1 benutzt, zur Berechnung von PATTERSON- u. FOURIER-Synthesen in 2 u. 3 Dimensionen. (Acta crystallogr. [Copenhagen] **5**. 109—16. Jan. 1952. Cambridge, Mathemat. Labor. and Cavendish Labor.) GOTTFRIED. 181

E. F. Bertaut, *Über die Korrektur der Fourier-Transformation einer Debye-Scherrer-Interferenz bei der Messung der Kristalldimensionen.* In Fortsetzung früherer Unterss. des Vf. (vgl. C. **1950**. II. 17) wird nach einer kurzen Beschreibung der Meth. von STOKES (vgl. Proc. physic. Soc. **61**. [1948.] 382) eine absol. Korrekturmeth. beschrieben u. auf die Wichtigkeit des Einfl. endlicher Summation hingewiesen. (Acta crystallogr. [Copenhagen] **5**. 117—21. Jan. 1952. Grenoble, Inst. Fourier, Labor. d'Electrostatique et de la Phys. du Métal.) GOTTFRIED. 181

F. Donald Bloss, *Schnelle Bestimmung von Netzebenenabständen in trimetrischen Kristallen.* Es wird eine schnelle u. genaue Meth. zur Best. von Netzebenenabständen von trimetr. Kristallen beschrieben, welche als Grundlage die von PEACOCK (vgl. Z. Kristallogr., Mineralog. Petrogr., Abt. A **100**. [1938.] 93) beschriebene graph. Meth. benutzt. Eine Anwendung der Meth. auf die Best. der Netzebenenabstände des Chalkanthits ergab eine gute Übereinstimmung zwischen gemessenen u. berechneten Werten. (Amer. Mineralogist **37**. 588—99. Juli/Aug. 1952. Chicago, Ill., Univ.) GOTTFRIED. 181

B. E. Warren, *Durch die Temperatur bedingte diffuse Streuung von kubischen Pulverdiagrammen.* Es wurden Formeln entwickelt zur Korrektur der durch die Temp. bedingten diffusen Streuung bei der Messung der auf Pulverdiagrammen auftretenden, durch den Ordnungszustand auf kurze Entfernung bedingten diffusen Streuung. Als Beispiel wird ein flächenzentriert kub. Gitter behandelt. (Acta crystallogr. [Copenhagen] **6**. 803. 10/10. 1953. Cambridge, Mass., Inst. of Technol.) GOTTFRIED. 181

Jacques Despujols und **Pierre Lucasson**, *Über eine komplexe Struktur der Laue-Interferenzen von dicken Kristallen.* Es wurden LAUE-Diagramme von 3—12 mm dicken *Quarz*kristallen hergestellt, wobei der einfallende Röntgenstrahl die Form einer Ellipse mit den Achsen 0,2 u. 0,5 mm hatte. Die erhaltenen Interferenzen zeigten verschied. Streifen, deren Anzahl bei den dünnsten Kristallen 2—3, bei den dicken Kristallen 8—10 betrug. Die Entstehung dieser Streifen läßt sich entweder durch das Auftreten schwacher Desorientierungen in gewissen Teilen des Kristalls oder durch eine Änderung des Reflexionsvermögens von einem Punkt zum anderen im Kristall erklären. Unters. der gleichen Kristalle nach 2 anderen Methoden ergab einwandfrei, daß es sich nicht um Gitterdesorientierungen handeln kann. Ätzt man den Quarz mit HF, so zeigt die Oberfläche leichte Streifung. Mkr. erkennt man Banden wechselnder Breite, die von Korrosionsfiguren bedeckt sind. Bei Bestrahlung mit Röntgenlicht oder beim Beschießen mit Elektronen schwärzen sich die Kristalle mehr oder weniger schnell. Ihre Oberflächen zeigen dann Banden gleicher Schwärzung, die sich in die Tiefe erstrecken. Fallen diese Gebiete mit den durch den HF erzeugten

Banden zusammen, dann werden sie von den Flächen des hexagonalen Prismas oder der Pyramide begrenzt. LAUE-Aufnahmen mit vertikal stehenden Banden lieferten Interferenzen mit vertikaler Streifung. Bindende Schlußfolgerungen können aus den Beobachtungen noch nicht gezogen werden. (C. R. hebd. Séances Acad. Sci. **237**. 1021–23. 28/10. 1953.) GOTTFRIED. 181

G. J. Bullen, *Die Vielfachfilmtechnik: der Einfluß des Einfallswinkels auf den Bezugsfaktor.* Bei der visuellen Intensitätsbest. nach der von ROBERTSON (vgl. J. sci. Instruments **20**. [1943.] 175) beschriebenen Vielfachfilmtechnik sind die Intensitäten auf dem zweiten u. den folgenden Filmen in Bezug auf die auf dem ersten Film durch einen Bezugsfaktor verknüpft, für den ROBERTSON für CuK_α-Strahlung bei n. Einfall einen Wert von ca. 2 angibt. Vf. führt aus, daß dieser Faktor von dem Einfallwinkel des abgebeugten Strahls auf den Film abhängt u. nicht für alle Reflexionen den gleichen Wert hat. Die Änderung des Faktors für Schwenkaufnahmen, die auf einen zylindr. Film mit der Achse des Zylinders als Drehachse des Kristalls erhalten werden, wird ausführlich diskutiert. Hierbei wurde festgestellt, daß der Faktor für alle Interferenzen auf der gleichen Schichtlinie konstant ist. Zur Verwendung von Interferenzen auf allen Schichtlinien wird ein Mittelungsprozeß zur Best. des Faktors für jede Schichtlinie vorgeschlagen. Die Meth. ist auch für solche Fälle anwendbar, bei denen bei Verwendung von MoK-Strahlung zwischen den einzelnen Filmen Metallfolien eingelegt sind. (Acta crystallogr. [Copenhagen] **6**. 825–26. 10/11. 1953. London, Univ. Coll., Dep. of Chem. Crystallography.) GOTTFRIED. 181

—, *Automatischer Apparat zur Verarbeitung von Röntgenfilmen.* Beschreibung einer Vorr. zur automat. Entw. u. Fixierung von Röntgenfilmen. (Metallurgia [Manchester] **48**. 99–100. Aug. 1953.) K. STEIN. 181

P. G. Owston, *Die Lage der Wasserstoffatome im Eis.* Unter Bezugnahme auf die Berechnungen von BJERRUM (vgl. C. **1952**. 5857) über die Wechselwirkungsenergie der Wassermoll. im Eis schätzte der Vf. die relativen Stabilitäten der verschied. Anordnungen der H-Atome im Gitter des Eises ab. Er kam zu dem Ergebnis, daß das Stabilitätsmaximum des Kristalls dann erreicht wird, wenn die H-Atome benachbarter Moll. soweit wie möglich voneinander entfernt sind. In diesem Falle liegt dem Gitter des Eises eine monokline Zelle mit den Dimensionen $a = 4{,}51$ Å; $b = a\sqrt{3} = 7{,}81$ Å; $c = 7{,}35$ Å; $\beta = 90^0$ mit der Raumgruppe Pc u. Z = 8 zugrunde, in der die H-Atome feste Punktlagen besetzen. In dieser Anordnung sind die H-Atome nicht symm. in Paaren um das Zentrum angeordnet. Der Kristall müßte demnach polare elektr. Eigg. zeigen, was aber bis jetzt noch nicht einwandfrei nachgewiesen worden ist, obwohl ROSSMANN (vgl. Experientia [Basel] **6**. [1950.] 182) über einen an Eis beobachteten piezoelektr. Effekt berichtet hat. Die erhaltenen Neutronen- u. Röntgenbeugungsaufnahmen sprechen weder für noch gegen die obige Raumgruppe ohne Symmetriezentrum. Aus einer Best. der elektron. Dichteverteilung im Eis bei -10^0 kann geschlossen werden, daß sich bei jedem O-Atom 4 Maxima der Elektronendichte befinden, die in Lage u. Stärke denen entsprechen, die man bei einer „statist." Struktur erwarten sollte, die 1 O-Atom u. 4 halbe H-Atome enthält. Eine genaue Analyse ist bei dieser Temp. wegen der sehr großen Amplitude der Wärmeschwingungen nicht möglich. (J. Chim. physique Physico-Chim. biol. **50**. C 13–C 18. Juli/Aug. 1953. London, Univ. Coll.) GOTTFRIED. 182

Donald G. Burkhard, *Behinderte Rotation von Molekülen mit zwei asymmetrischen Gruppen.* Mathemat. Ableitungen. Beispiele für Moll. mit 2 asymm. Gruppen sind Hydroxylamin u. 1.1-disubstituierte Äthylene. (J. chem. Physics **21**. 1541–49. Sept. 1953. Boulder, Colo., Univ. of Colorado.) GOTTFRIED. 182

Brigitte Krause und **M. Renninger,** *Elektrische Aufladungserscheinungen bei Kristallisation und Lösung.* Vff. untersuchen die bei Kristallisationsverss. mit *Pentaerythrit* von einem von ihnen gefundene regelmäßige Anordnung der Kriställchen auf der Lösungsoberfläche u. kommen zu folgenden Ergebnissen: Die zwischen den Teilchen herrschenden abstoßenden Kräfte sind elektrostat. Natur, da die Kriställchen von negativen Elektroden abgestoßen, von positiven angezogen werden. Das Ladungsvorzeichen kehrt sich um, wenn durch Temperaturerhöhung das Wachstum in Auflösung übergeht. Die Potentialdifferenz der Teilchen gegen die Lsg. ist proportional ihrer Linearausdehnung u. von der Größenordnung 10^1-10^3 V. Trotz des quadrat. Habitus der Kriställchen ist das abstoßende Feld kreissymm., wie sich aus den kreisförmigen Höfen ergibt, die größere Kristalle um sich bilden. Die Kriställchen haben trotz der Gittersymmetrie ihrer Anordnung auf der Lösungsoberfläche nur geringe Tendenz zur gegenseitigen Parallelstellung, solange ihre Größe klein gegenüber ihrem Abstand ist. Die Erscheinungen werden diskutiert. (Naturwissenschaften **40**. 52–53. Jan. 1953. Marburg/Lahn, Univ., Kristallograph. Inst.) R. LEVI. 190

Edward L. Simons, *Spiralmorphologie von Borteilchen.* Beim Erhitzen von Dekaboran in geschlossenen Pd-Kapseln auf 900° erhält man als Glührückstand ein 0,5 At.-% Pd enthaltendes Bor in Form harter u. schwarzglänzender Kügelchen. Das Röntgendiagramm bestand aus 3 diffusen Ringen. Mkr. ließen eine Reihe der Körner ein spiralartiges Wachstum erkennen, jedoch fehlten die bei den gewöhnlichen Wachstumsspiralen auftretenden Stufenhöhen. Eine Erklärung für den Wachstumsmechanismus konnte noch nicht gegeben werden. Eine Pyrolyse von Anthracen unter den gleichen Bedingungen lieferte einen nicht kristallinen *C*-Rückstand ohne eine reguläre äußere Struktur. (Nature [London] **172.** 724. 17/10. 1953. Schenectady, N. Y., General Electric Co., Res. Labor.) GOTTFRIED. 190

S. Amelinckx und **E. Votava**, *Beziehung zwischen den Frankschen Spiralen und Spiralgrübchen in Kristallen.* Vff. hatten früher an einigen Substanzen spiralartige Grübchen auf den Kristalloberflächen beobachtet, von denen sie angenommen hatten, daß sie ihren Ausgangspunkt in Schraubenversetzungen haben. Weiter war vermutet worden, daß bei Auftreten eines Spiralgrübchens auf einer Kristalloberfläche auf der Unterseite eine FRANKsche Spirale auftreten müßte, wenn sich die Versetzungslinie durch den ganzen Kristall erstreckt. Diese Vermutungen konnten durch die vorliegenden interferometr. u. mkr. Unterss. an *Kaliumferrocyanid* sicher nachgewiesen werden. Untersucht wurden Kriställchen, während ihres Wachstums auf einer wss. Lsg. der Substanz. FRANKsche Spiralen u. Spiralgrübchen haben also einen gemeinsamen Ursprung, nämlich eine Versetzung. Darüber hinaus wird festgestellt, daß es sich bei den sogenannten Vizinalhügeln stets um FRANKsche Spiralen handelt. (Nature [London] **172.** 538. 19/9. 1953. Ghent, Univ., Geolog. Inst., Crystallographic Labor.) GOTTFRIED. 190

Georg Lundgren, *Die Kristallstruktur von $CeOSO_4H_2O$.* Vf. berichtet über die Strukturbest. eines neuen Oxysulfats des Ce der Zus. $CeOSO_4H_2O$, hergestellt durch Erhitzen von 50 ml einer Lsg. von 25 g $Ce(SO_4)_2$ in 200 ml 1 mol. H_2SO_4 in einer dickwandigen Glasampulle auf 200°. Nach 1 Woche werden die gelben, schwerlösl. Kristalle abfiltriert. Nebenbei bilden sich häufig sehr kleine Kristalle einer mit dem $U_6O_4(OH)_4 \cdot (SO_4)_6$ (vgl. Ark. Kemi **5.** [1953.] 349) isomorphen Substanz. Drehkristall- u. WEISSENBERG-Aufnahmen ergaben für $CeOSO_4H_2O$ eine orthorhomb. Elementarzelle mit den Dimensionen $a = 11{,}98_3 \pm 0{,}01$, $b = 8{,}26_7 \pm 0{,}01$, $c = 4{,}33_2 \pm 0{,}01$ Å, die 4 Formeleinheiten enthält. Raumgruppe $D_2^4 - P2_12_12_1$. Die Lage der Ce- u. S-Atome wurde durch FOURIER-Synth. bestimmt. Die Parameter der O-Atome wurden teils aus Projektionen der Elektronendichte, teils aus geometr. Überlegungen mit Hilfe von Atomabständen aus bekannten Strukturen ermittelt. Die Ce-Atome sind in Zickzackketten parallel zur c-Achse angeordnet, Abstand Ce—Ce = 3,58 Å. In den Ketten sind sie mit O^{2-}-Ionen verbunden, von denen jedes mit drei Ce-Atomen in Verb. steht. Die resultierenden einzelnen $(CeO^{2+})_n$-Bänder werden durch SO_4-Gruppen u. Wassermoll. zusammengehalten, so daß eine Koordination Ce—8 O entsteht. Die mittlere D. der Substanz wurde zu $4{,}2_1$ gefunden, berechnet wurde 4,18. (Ark. Kemi **6.** Nr. 6. 59—75. 1953. Stockholm, Res. Inst. of Nat. Defence, Dep. 1; Univ., Dep. of Inorg. and Phys. Chem.; Royal Inst. of Technol., Dep. of Inorg. Chem.) R. STEIN. 195

B. T. M. Willis und **H. P. Rooksby**, *Änderung der Struktur von Eisen(II)-oxyd bei tiefer Temperatur. FeO* (**I**) wurde durch therm. Zers. von Eisen(II)-oxalat bei 800° im N_2-Strom erhalten. Das erhaltene Röntgendiagramm zeigte nur die Interferenzen des **I**. **I** wurde hierauf mit einem geringen Überschuß von Fe (Gemisch **II**) bzw. Fe_3O_4 (Gemisch **III**) gemischt u. in einzelnen Proben im Vakuum auf Tempp. von 600—1200° erhitzt u. in kaltem W. abgeschreckt. Hierauf wurden bei Zimmertemp. die Parameter von **II** u. **III** in Abhängigkeit von der Abschrecktemp. bestimmt. In Übereinstimmung mit JETTE u. FOOTE (vgl. Trans. Amer. Inst. Mining metallurg. Engr. **105.** [1933.] 276), aber im Gegensatz zu BÉNARD (Ann. Chimie [11] **12.** [1939.] 5) nimmt für **III** der Parameter mit steigender Abschrecktemp. stark ab. Der Gitterparameter für FeO mit dem höchsten Fe-Geh. ergab sich zu a = 4,3088 Å, der mit dem geringsten Fe-Geh. zu a = 4,2800 Å. Eine Strukturänderung zu rhomboedr. Symmetrie tritt bei FeO beim Abkühlen unter ca. 200° K auf. Es wurden nun die Gitterparameter der rhomboedr. Zelle bei 90° K für **II** u. **III** mit verschied. Fe-Geh. bestimmt. Für die Proben mit dem höchsten Fe-Geh. ist a = 3,0550 Å; $\alpha = 59°23{,}0'$, mit dem niedrigsten Fe-Geh. a = 3,0210 Å; $\alpha = 59°59{,}5'$. Die Umwandlung kub. → rhomboedr. kann man sich durch Ausdehnung der kub. Zelle entlang einer der dreizähligen Achsen entstanden denken; sie ist eine Umwandlung zweiter Ordnung u. scheint direkt mit dem Übergang vom paramagnet. zum antiferromagnet. Zustand beim Abkühlen unter 198° K zusammenzuhängen. (Acta crystallogr. [Copenhagen] **6.** 827—31. 10/11. 1953. Wembley, General Electric Co. Ltd., Res. Labor.) GOTTFRIED. 195

Aaron Wold und **Roland Ward**, *Oxyde im Perowskit-Typ von Kobalt, Chrom und Vanadium mit einigen Elementen der Seltenen Erden.* Durch Tempern von Gemischen aus Oxyden der Seltenen Erden mit $CoCO_3$ bzw. Cr_2O_3 bei 900° in Luft u. mit V_2O_3 bei 1200° im Vakuum stellten Vff. tern. Oxyde des Perowskit-Typs her, um den Einfl. der Größenverhältnisse der Übergangsmetallionen zu den Ionen der Seltenen Erden auf die Beständigkeit der Perowskit-Struktur u., vor allem bei den Co-Verbb., die eintretenden rhomboedr. Gitterverzerrungen zu untersuchen. Folgende Verbb. wurden gefunden: *$LaCoO_3$* a = 3,82 ±0,01 Å, *$PrCoO_3$* 3,78 ±0,01, *$NdCoO_3$* 3,77 ±0,01, *$SmCoO_3$* 3,75 ±0,01, *$LaVO_3$* 3,91 ±0,01, *$SmCrO_3$* 3,86 ±0,03, *$CeVO_3$* u. *$LaCrO_3$* 3,90 ±0,03; *$PrVO_3$*, *$NdVO_3$*, *$SmVO_3$*, *$CeCrO_3$*, *$PrCrO_3$* u. *$NdCrO_3$* 3,89 ±0,03. Es zeigt sich, daß die rhomboedr. Verzerrung des kub. Perowskit-Gitters bei den untersuchten Co-Verbb. mit fallender Größe des Kations der Seltenen Erden geringer wird, die Sm-Verb. ist rein kubisch. Der Toleranzfaktor t in der Gleichung $R_A + R_B = t\sqrt{2}\,(R_B + R_0)$ liegt bei 0,895—0,94 für die Co- u. Cr-Verbb. u. bei 0,88—0,925 für die V-Verbindungen. (J. Amer. chem. Soc. **76**. 1029—30. 20/2. 1954. Storr, Conn., Univ. of Connecticut, Chem. Labor.) SIEWERT. 195

F. H. Ellinger und **W. H. Zachariasen**, *Die Kristallstruktur von metallischem Samarium und von Samariummonoxyd.* Röntgenaufnahmen eines kleinen Splitters von metall. Sm sowie eines Splitters, der 15 Min. in evakuierten Röhrchen auf 625° erhitzt worden war, ergaben ident. Diagramme, die auf eine rhomboedr. Zelle mit a = 8,982 ±0,04 Å u. α = 23,31 ±0,02° führten. Die entsprechende hexagonale Zelle hat a = 3,629 ±0,002 Å; c = 26,20 ±0,01 Å. In der rhomboedr. Zelle ist Z = 3, Raumgruppe D_{3d}^5—$R\bar{3}m$. In dem Gitter liegt 1 Sm_1 in 000 u. 2 Sm_2 in ±(xxx) mit x = 2/9 oder 0,222 ±0,003. Die Struktur besteht aus dichtest gepackten hexagonalen Schichten senkrecht zu der dreizähligen Achse. Mit x = 2/9 sind diese Schichten gleich weit voneinander entfernt. Jedes Sm-Atom hat 6 Nachbarn in derselben Schicht in einem Abstand von 3,629 Å u. 6 weitere Nachbarn in 3,587 Å Abstand, u. zwar 3 in der darüber- u. 3 in der darunterliegenden Schicht. Diese letzteren 6 Nachbarn bilden ein trigonales Antiprisma um Sm_1 u. ein trigonales Prisma um Sm_2. Der Radius des Sm beträgt 1,804 Å. — Auf den Diagrammen der wärmebehandelten Probe treten noch zusätzliche Interferenzen auf, die einem flächenzentriert kub. Gitter mit 5,026 ±0,002 Å zugeordnet werden konnten, die vermutlich von *SmO* herrühren. Dies konnte durch weitere Aufnahmen bestätigt werden. Der Parameter wechselt von Probe zu Probe zwischen a = 5,015 ± 0,002 Å u. 5,050 ± 0,002 Å. SmO krist. im NaCl-Typ; der Atomabstand Sm—6 O beträgt 2,52 Å. (J. Amer. chem. Soc. **75**. 5650—52. 20/11. 1953. Los Alamos, N. Mex., Sci. Labor.; Chicago, Ill., Univ.) GOTTFRIED. 197

A. R. Harding und **G. V. Raynor**, *Der Aufbau von Aluminium–Chrom–Zink-Legierungen mit niedrigen Chromgehalten.* Tern. Verbb. wurden bei der metallograph. u. röntgenograph. Unters. nicht gefunden. Die Oberflächen der prim. Ausscheidung enthalten die Kristallisation der Al-reichen festen α-Lsg., die Zn-reiche feste β-Lsg., $CrAl_7$, Cr_2Al_{11}, $CrAl_4$, Cr sowie die bin. (Zn—Cr) ϑ-Zwischenverbindung. Das prim. $CrAl_4$-Feld ist ausgedehnt, u. diese Phase krist. aus der Schmelze bei Zn-Gehh. über 99%. Die prim. α- u. prim. $CrAl_7$-Felder werden eingeschnürt u. sind über 50% Zn sehr schmal. Beide bestehen bis zu Zn-Gehh. von 95—95,5%, u. die α-Phase u. $CrAl_7$ krist. zusammen mit der β-Phase zu einem tern. Eutektikum, das 95% Zn u. nicht mehr als 0,01% Cr enthält. Gleichgewichtsbeziehungen über 95% Zn sind komplex, u. die prim. Cr-, ϑ(Zn—Cr)- u. β-Felder treten in diesem Gebiet auf. Durch Glühverss. wurde eine Isotherme bei 371° aufgestellt, in welcher ein großes Dreiphasendreieck ($\alpha + CrAl_7 + \beta$) auftritt. Die β-Phase tritt somit in Gleichgewicht mit $CrAl_7$. Andere Gleichgewichte konnten nicht aufgestellt werden. Der Aufbau der festen Legierungen oberhalb von 95% Zn wird durch den Kristallisationsvorgang beherrscht. Komplexe zusammengesetzte Kristalle einer intermetall. Verb. werden als Ergebnis von aufeinanderfolgenden peritekt. Rkk. gebildet. Analysen von Kristallen aus langsam abgekühlten Legierungen ergaben, daß $CrAl_7$ bis zu maximal 14,7 Gew.-% Zn auflöst. (J. Inst. Metals **80**. 435—48. April 1952. Birmingham, Univ.) HOCHSTEIN. 197

J. N. Pratt und **G. V. Raynor**, *Die aluminiumreichen Legierungen des Systems Aluminium–Chrom–Eisen.* Metallograph., röntgenograph. u. durch chem. Analyse der Primärkristalle von langsam abgekühlten Al-reichen Al–Cr–Fe-Legierungen wurde festgestellt, daß im festen Zustand nur $CrAl_7$ mit Fe in Lsg. u. $FeAl_3$ mit Cr in Lsg. im Gleichgewicht mit der prim. festen Lsg. tritt. Eine tern. Verb. wurde nicht gebildet. In langsam abgekühlten Legierungen jedoch tritt die Cr_2Al_{11}-Phase auf. Obschon ihre Ggw. mkr. häufig unerkennbar ist, ist die Kristallform dieses Bestandteils in den aus-

gezogenen Rückständen verschied. von denen der $CrAl_7$-Kristalle. Es besteht eine strenge Analogie zwischen den Al-reichen Legierungen dieses Syst. u. denen des Syst. Al–Cr–Mn. Es werden die in den beiden Systemen auftretenden Analogien im einzelnen erörtert. (J. Inst. Metals **80**. 449–58. April 1952. Birmingham, Univ.)
HOCHSTEIN. 197

J. O. Betterton und **William Hume-Rothery**, *Das Gleichgewichtsdiagramm des Systems Kupfer–Gallium im Gebiet von 30–100 Atom-% Gallium.* Das Gleichgewichtsdiagramm des Syst. Cu–Ga wurde im Gebiet 30–40% Ga untersucht, u. hieraus wurden Informationen für den Aufbau der Ga-reichen Legierungen gezogen. Eine mit δ bezeichnete Phase, die ein γ-Messing-artiges Gitter besitzt, existiert bei niedrigen Tempp. im Gebiete von 30–40% Ga, u. bei hohen Tempp. tritt eine Umwandlung zur γ-Phase ein. Diese Umwandlung ist eine Ordnung–Unordnung-Veränderung, u. die Hochtemp.-γ-Phase hat eine typ. γ-Messing-Struktur. Bei niedrigen Tempp. besteht die δ-Phase nach WEIBKE aus drei verschied. Modifikationen des γ-Messing-Gitters, die mit γ_1–γ_3 bezeichnet werden u. sich röntgenograph. unterscheiden. Messungen der D. u. der Gitterbereiche zeigen, daß die γ_1-Phase die volle Zahl von 52 Atomen pro Elementarzelle an ihrer Cu-reichen Grenze enthält. Ein zunehmender Ga-Geh. jedoch bedingt eine schwache Abnahme in der Atomenzahl pro Zelle. Beim Übergang zu den γ_2- u. γ_3-Feldern tritt eine starke Abnahme der Atomanzahl pro Elementarzelle auf. Ein Nachweis für das Auftreten der ε- oder ε'-Phasen wird nicht erbracht, u. die ϑ-Phase, die nach WEIBKE bei 56% Ga liegt, entspricht fast genau der Formel $CuGa_2$. (J. Inst. Metals **80**. 459–68. April 1952. Oxford, Univ.) HOCHSTEIN. 197

J. Reynolds, W. A. Wiseman und **W. Hume-Rothery**, *Das Gleichgewichtsdiagramm des Systems Kupfer–Indium im Gebiet von 25–35 Atom-% Indium.* Therm., mkr. u. Röntgen-Unterss. wurden zur Best. des Gleichgewichtsdiagramms des Syst. Cu–In im Bereich von 25–35 Atom-% In ausgeführt. In diesem Gebiet tritt eine Phase mit einer α-Messingstruktur auf, deren Liquiduskurve zu einem Maximum bei 29,6 Atom-% In auf 682° ansteigt. Auf der Cu-reichen Seite fällt die Liquidus-Kurve zu einem Eutektikum mit der raumzentrierten kub. β-Phase ab, u. auf der In-reichen Seite besteht eine peritekt. Horizontale, bei welcher eine η-Phase mit einer NiAs-Struktur durch Rk. zwischen der γ-Phase u. der Fl. gebildet wird. Die von WEIBKE u. EGGERS beobachtete Existenz der ε-Phase wurde nicht festgestellt. Die γ-Phase ist nur bei hohen Tempp. stabil, u. bei der Abkühlung unterliegt sie einer Umwandlung bei ca. 630° zu einer Phase, die mit δ bezeichnet wird u. auf Grund einer Röntgen-Pulverunters. eine tetragonale Zelle mit $a = 8,97$, $c = 9,14$ kX u. $c/a = 1,020$ aufweist. (J. Inst. Metals **80**. 637–40. Aug. 1952. Oxford, Univ.) HOCHSTEIN. 197

C. B. Walker, *Röntgenstrahlmessung der Ordnung in CuPt.* Die Gitterkonstanten des CuPt wurden an abgeschreckten Proben gemessen; die rhomboedr. Verzerrung der schichtartig geordneten Struktur nimmt mit steigender Temp. ab u. verschwindet plötzlich bei 815°. Aus Intensitätsmessungen wird entnommen, daß die Fernordnung bis 0,77 abnimmt u. plötzlich verschwindet. Bei Kaltbearbeitung verschwinden Ordnung u. Verzerrung nahezu vollständig. Aus diffusen Reflexen oberhalb der krit. Temp. wird entnommen, daß eine schichtartige Ordnung weiterbesteht, wobei nur die Schichtnormalen statist. werden. (J. appl. Physics **23**. 118–23. Jan. 1952. Cambridge, Mass., Massachusetts Inst. of Technol.) K. SCHUBERT. 197

A. H. Geisler und **D. L. Martin**, *Ein neues Überstrukturgitter in Co–Pt-Legierungen.* Bei $CoPt_3$ wird eine Überstrukturphase vom Cu_3Au-Typ aufgefunden. Die Gitterkonstanten des geordneten bzw. ungeordneten Typs unterscheiden sich wenig, so daß die Abwesenheit sonstiger mikrostruktureller Erscheinungen verständlich wird. (J. appl. Physics **23**. 375. März 1952. Schenectady, N. Y., General Electric Res. Labor.)
K. SCHUBERT. 197

A. A. Popow und **W. D. Ssadowski**, *Zur Theorie des Zerfalls von unterkühltem Austenit.* Polem. Ausführungen gegen die von SAWJALOW in seiner Arbeit (vgl. C. **1952**. 6022) vertretenen Ansichten. Seine Auslegung des Fe–C-Diagramms hierzu wird als willkürlich u. den bisherigen Erkenntnissen widersprechend abgelehnt. (Журнал Технической Физики [J. techn. Physik] **22**. 1885–94. Nov. 1952.) EHMCKE. 197

G. V. Smith, E. J. Dulis und **H. S. Link**, *Einfluß der Vorbehandlung auf die Ausscheidung der σ-Phase.* Der Einfl. einer Erwärmung im Gebiete 1700–2300° F nach einer Kaltverformung sowie der Abkühlungsgeschwindigkeit hiervon auf die Bldg. der σ-Phase in austenit. niobhaltigen *Cr–Ni*-Stählen mit 18 (%) Cr u. 8 Ni sowie mit 25 Cr u. 20 Ni während des nachfolgenden Haltens bei 1300° F für eine Dauer bis zu 7500 Std. wird untersucht. Die Unters. ergab, daß beide Stähle bei Tempp. von 1700° F u. höher vollständig rekristallisierten. Der Stahl mit 25 Cr u. 20 Ni enthielt nach der Abkühlung von 1700° F ca. 10% σ-Phase, die mit steigender Glühtemp. abnahm. Im

18—8-Stahl wurde nach Erhitzung auf 1700—2300° F keine σ-Phase festgestellt. Mit steigender Temp. jedoch gingen in beiden Stählen die Carbide in steigendem Maße in Lsg., die beim Abschrecken in Lsg. gehalten wurden, sich aber bei Luft- oder Ofenabkühlung vorzugsweise an den Korngrenzen ausschieden. Unabhängig von der Vorbehandlung wurde in beiden Stählen während der Nachbehandlung bei 1300° F σ-Phase entwickelt. (Welding J. **30**. Welding Res. Council Engng. Foundat. 385s—96s. Aug. 1951.) HOCHSTEIN. 197

K. W. Andrews und **P. E. Brookes,** *Die χ-Phase in legierten Stählen. Ihre Beziehungen zur σ-Phase.* Bei der Röntgen-Unters. der nach der Elektrolyse in Ferrichloridlsg. oder verd. HCl erhaltenen Rückstände von rostfreien u. hitzebeständigen Stählen mit 7,6—15,4% Ni, 15,12—23,04% Cr, 0,87—5,04% Mo wird bei einer Anzahl Legierungen die Ggw. einer neuen, als χ-Phase bezeichneten Konstituenten beschrieben. Das Vork. dieser Phase scheint an die Ggw. von Mo gebunden zu sein. Die Pulverdiagramme sind denen des α-Mn sehr ähnlich mit einem Gitterparameter von ca. 8,860 kX; mkr. konnte die χ-Phase nicht von der σ-Phase unterschieden werden. Die χ-Phase ist jedoch keine einfache Hoch- oder Tieftemperaturmodifikation der σ-Phase, obwohl sie zueinander in Beziehung stehen u. ähnliche Eigg. besitzen. Diskussion der sich aus dem Vork. der χ-Phase für die σ-Phase ergebenden Folgerungen u. Vers. der Festlegung ihres Auftretens im Diagramm mit qualitativem Schema zur Angabe des Einfl. der einzelnen Legierungselemente von Stählen auf die Bldg. von Carbid, σ-Phase, Austenit u. Ferrit. (Metal Treatment Drop Forging **18**. 301—11. Juli 1951. United Steel Companies Ltd., Res. and Developm. Labor.) RUMPF. 197

B. M. Rowinski und **L. M. Rybakowa,** *Störung des Kristallverbandes und Entwicklung einer Mikrospannung im Metall bei der plastischen Verformung.* Untersucht wird die Art der Vorgänge, die in einem Metall bei plast. Verformung auftreten. Hierbei wird u. a. festgestellt, daß bei einfacher Zugbeanspruchung einer Stahlprobe mit n. Verformungsgeschwindigkeit der kristalline Verband im *Stahl* gestört wird. Dieser Prozeß ist im Anfangsstadium bes. intensiv, wird dann langsamer u. hört bei ca. 12% bleibender Verformung auf. Diese Störung des Kristallverbandes hat die Ausbldg. von Mikrospannungen u. Spannungen zweiter Art zur Folge. Bei 12% bleibender Verformung jedoch hört die Entw. der Mikrospannungen nicht auf. (Известия Академии Наук СССР, Отделение Технических Наук [Nachr. Akad. Wiss. UdSSR, Abt. techn. Wiss.] **1952**. 1483—88. Okt.) HOCHSTEIN. 200

John J. Gilman und **T. A. Read,** *Erscheinungen von Biegeflächen bei der Verformung von Zink-Einkristallen.* Aus Unterss. wird u. a. geschlossen, daß Zug-Knick-Streifen sich im Zn bilden, wenn die Probe ein Gebiet einer verhinderten Gleitung besitzt. Die Verzögerung der verhinderten Gleitflächen verursacht bei der Rückorientierung Biegemomente auf jeder Seite der verhinderten Flächen. Es werden zwei neue Arten von Biegeflächen-Erscheinungen beschrieben. (J. Metals **5**. 49—55. Jan. 1953. New York, N. Y., Columbia Univ.) HOCHSTEIN. 200

H. Cole und **B. E. Warren,** *Angenähertes elastisches Spektrum von β-Messing aus der Röntgenbeugung.* An einem β-Messing-Einkristall wurde bei Zimmertemp. die diffuse Streuung von Röntgenstrahlen gemessen. Die benutzte CuKα-Strahlung wurde kristall-monochromasiert u. mit einem GEIGER-Zähler gemessen. Bei den Messungen, die sich über große Teile des Wellenzahlraums erstreckten, wurde besondere Aufmerksamkeit der (hk0)-Ebene geschenkt. Die Ergebnisse waren in ausgezeichneter qualitativer Übereinstimmung mit der Theorie von LAVAL u. JAMES, in welcher die Temperaturschwingungen auf elast. Wellen zurückgeführt werden. Es werden Dispersionskurven erhalten für Wellen in Richtung von [100], [110] u. [111]. Ein angenähertes Frequenzspektr. wird aus diesen Kurven berechnet. (J. appl. Physics **23**. 335—40. März 1952. Cambridge, Mass., Massachusetts Inst. of Technol.) K. SCHUBERT. 200

Robert Crispin Evans, Einführung in die Kristallchemie. Leipzig: Barth. 1954. (VIII + 307 S. mit 113 Abb.) DM 14.—. Mit Literaturverzeichnis (S. 291—301).

A₇. Gleichgewichte. Kinetik.

Henri Mauras, *Tafeln für die direkte Berechnung der Gleichgewichtskonstanten chemischer Systeme.* Es wird eine Zahlentafel beschrieben, die an Hand bekannter thermodynam. Daten wie Entropie, Bildungswärme u. spezif. Wärme berechnet worden ist. Dadurch ist es möglich, schnell die Gleichgewichtskonstanten gasförmiger Systeme, die im betrachteten Temperaturintervall aber keine Zustandsänderung erfahren dürfen, zu bestimmen. An Hand von Beispielen (z. B. CO_2-Gleichgewicht bei 1000° K) erläutert Vf. die Anwendung u. den Gebrauch seiner Tabellen u. weist darauf hin, daß fehlende

Zahlen für die Zwischentempp. leicht durch einfache graph. Interpolation der Werte zu erhalten sind. (Bull. Soc. chim. France, Mém. [5] **20.** 1067—71. Nov./Dez. 1953. Toulouse, Fac. des Sci.) SURAWSKI. 221

Jack Fischer, Robert K. Steunenberg und **Richard C. Vogel,** *Phasengleichgewichte in dem kondensierten System Brom–Bromtrifluorid.* Die Unters. der Fl.–Fl.- u. Fest–Flüssigkeit-Gleichgewichte des Syst. Br_2–BrF_3 zeigte eine Mischungslücke in dem fl. System. Der Maximumpunkt (consolute point) liegt bei 55,5° u. ca. 61 Mol-% Br_2. In der festen Phase lassen sich nur Br_2 u. BrF_3 feststellen, aber nicht BrF (vgl. RUFF u. BRAIDA, Z. anorg. allg. Chem. **214.** [1933.] 81.) (J. Amer. chem. Soc. **76.** 1497—98. 20/3. 1954. Lemont, Ill., Argonne Nat. Labor., Chem. Engng. Div.) FORCHE. 221

Alexander Lehrman und **Donald Schweitzer,** *Die Liquiduskurve des binären Systems Cadmiumacetat–Kaliumacetat.* Vff. bestimmen die Liquiduskurve des Syst. KCH_3COO (I)—$Cd(CH_3COO)_2$ (II) durch therm. Analyse. Es wurden die Doppelsalze mit Mol-Verhältnissen I/II wie 2:1, F. 202°, 4:3, F. 221°, u. 1:1, F. 210°, gefunden. Zwischen dem 2:1-Salz u. I liegt ein Eutektikum bei 183° u. ca. 28 Mol-% II, zwischen dem 2:1- u. 4:3-Salz ein Eutektikum bei ca. 27 Mol-% u. 188°, zwischen dem 4:3- u. 1:1-Salz ein Eutektikum bei ca. 46 Mol-% II u. 201° u. zwischen dem 1:1-Salz u. II ein Eutektikum bei 59% II u. 187°. Der F. des reinen I wurde zu 292° bestimmt. (J. physic. Chem. **58.** 383—84. April 1954. New York, N. Y., City Coll., Dep. of Chem.) SIEWERT. 221

C. Heitner und **M. Bobtelsky,** *Citronensäurekomplexe des Urans; ihre Zusammensetzung und Stabilität.* Es werden die sich in schwach saurer u. alkal. Lsg. bildenden Komplexe des UO_2^{2+} mit der Citronensäure (H_3Ci) spektroskop., potentiometr. u. konduktometr. untersucht u. die Existenz zweier Komplexe, nämlich von UO_2/Ci (I) u. von 2 UO_2/3 Ci (II), festgestellt. I ist in einem p_H-Bereich von 4—7 beständig. Da sich bereits aber bei p_H 6 eine deutliche Verschiebung des Absorptionsmaximums zu den längeren Wellen hin bemerkbar macht, ist anzunehmen, daß bei diesem p_H ein Gleichgewicht nach dem Schema $(UO_2Ci)^- \rightleftharpoons (UO_2Ci)^{2-} + H^+$ herrscht. Zwischen p_H 7 u. 9 entsteht Komplex II, der bei höheren p_H-Werten als 9 in $UO_2(OH)_2$ zerfällt. Für die Bildungskonstanten dieser Komplexe sind die folgenden Werte berechnet worden: für I pK = 3,03 u. für II pK = 6,16. (Bull. Soc. chim. France, Mém. [5] **21.** 356—59. März 1954. Jérusalem, Univ. Hébraïque, Dép. de Chim. inorg. et analyt.) SURAWSKI. 223

Eric Berne und **Ido Leden,** *Die Löslichkeit von Silberchlorid und die Bildung von Komplexen zwischen Silber- und Chlor-Ionen.* Vff. führten Unterss. über die Löslichkeit (l) von AgCl in NaCl-Lsgg. bei 25° u. Ionenstärke $\mu = 0{,}2$—5 ($NaClO_4$) durch. Danach gilt für die Löslichkeit $l = \sum_{n=-1}^{3} K_n[Cl^-]^n$. Die verschied. K_n-Werte sind tabell. zusammengestellt. Mehrkernkomplexe mit den Ladungen + 1, — 2 u. — 3 liegen in den untersuchten Lsgg. prakt. nicht vor. Das in Lsgg. vorliegende Gleichgewicht $Ag^+ + nCl^- \rightleftharpoons AgCl_n^{1-n}$ $1 \leq n \leq 4$) wird diskutiert u. die entsprechenden Gleichgewichtskonstanten k_n bei $\mu = 0$ errechnet. In wss. $AgNO_3$-Lsgg. wird AgCl nach $mAgCl_{(gel.)} + n\,Ag^+ \rightleftharpoons Ag_{m+n}\,Cl_m^{n+}$ gelöst. Die Beständigkeit der dabei gebildeten Komplexe ist von der gleichen Größenordnung wie die der $AgCl_n^{1-n}$-Komplexe. Bei $[Ag^+] < 0{,}3$ herrschen die Kombinationen Ag^+, AgCl u. Ag_2Cl^+ in Lsg. vor. (Svensk kem. Tidskr. **65.** 88—97. 1953. Gothenburg, Chalmer's Inst. of Techn., Labor. for Inorgan. and Nucl. Chem.) PLUST. 224

Ralph E. Weston jr., *Die Löslichkeit von Phosphin in wässerigen Lösungen.* Die Löslichkeit von Phosphin in W. u. verschied. wss. Lsgg. wurde bestimmt. Die verwendete Meth. wird beschrieben. Es ergaben sich folgende Werte für den OSTWALDschen Löslichkeitskoeff. β bei 297,5° K: W. 0,201 ± 0,005; 0,275 mol. *NaCl* 0,192; 0,550 mol. NaCl 0,176; 0,825 mol. NaCl 0,169; 1,100 mol. NaCl 0,151; 1 n *NaOH* 0,115; 0,2 mol. H_2SO_4 0,202; 2,0 mol. H_2SO_4 0,183. Aus der Temperaturabhängigkeit der Löslichkeit in W. ergab sich eine Lösungswärme von — 2950 ± 100 cal/Mol. (J. Amer. chem. Soc. **76.** 1027—28. 20/2. 1954. Upton, Long Island, N. Y., Brookhaven Nat. Labor., Dep. of Chem.) KARUTZ. 224

Karin Ekelin und **Lars Gunnar Sillén,** *Untersuchungen über Ionenlösungen in Diäthyläther.* 4. Mitt. *Eigenschaften von $LiClO_4$-Äther-Lösungen.* (3. vgl. ÅLIN u. Mitarbeiter, C. **1954.** 5027.) Um das Verh. äther. $LiClO_4$ (I)-Lsgg. besser verstehen zu können, führten Vff. Dampfdruck-, Leitfähigkeits- u. Viscositätsmessungen bei 23,5° u. bei Konzz. bis zum Molenbruch $\mu = 0{,}35$ durch. Die Untersuchungsbefunde stehen in guter Übereinstimmung mit denen ähnlicher Unterss. von JOHNSON (Dissertation, Univ. of Michigan 1948) u. CHU (Dissertation, Univ. of Michigan **1949**). Dampfdruckunterss.

nach liegen in den untersuchten Lsgg. außer Assoziaten $(LiClO_4)_m$ bzw. Li^+ u. $(LiClO_4)_n \cdot ClO_4^-$ (m bzw. n = 3 u. 4) eine Reihe von Ae.–I-Komplexen vor. Für diese ist der Quotient Ae./I sicher über 1 u. wahrscheinlich unter 2. Mit steigender I-Konz. steigt auch die Leitfähigkeit u. die Viscosität stark an. Diskussion des Leitfähigkeitsmechanismus in den genannten Lsgg. führt für diesen zur Auffassung, daß er durch einzelne Ionen innerhalb der vernetzten Komplexe in der Art des „Protonensprung"-Mechanismus stattfindet. (Acta chem. scand. **7**. 987–1000. 1953. Stockholm, Univ., Dep. of Inorg. and Phys. Chem.; Roy. Inst. of Techn., Dep. of Inorg. Chem.) PLUST. 224

M. M. T. Anous, R. S. Bradley und **J. Colvin,** *Die Geschwindigkeit der Entwässerung von Chromalaun.* Die Aktivierungsenergie der Entwässerung von Kalium–Chromalaun im Vakuum wurde von COOPER u. GARNER (Proc. Roy. Soc. [London] Ser. A **174**. [1940.] 487) mit 31 kcal/Mol wesentlich größer als die Dissoziationswärme mit 10 kcal/Mol gefunden. Um diese Diskrepanz zu klären, wurde die Rk. von Vff. unter genauer Kontrolle der Selbstabkühlung des Kristalls, die dabei auftritt, bei 15–35° u. bei Tempp. unter 0°, bei denen gegebenenfalls eine Abkühlung zu vernachlässigen ist, neu untersucht. Für die Verss. wurden große Einkristalle von ca. 1 g verwendet. Bei den höheren Tempp. ergab sich eine Aktivierungsenergie von ca. 23 kcal/Mol, bei tiefen Tempp. wurde mit ca. 30 kcal/Mol der gleiche Wert wie von COOPER u. GARNER gefunden. Die Zersetzungswärme für die Rk. $K_2SO_4 \cdot Cr(SO_4)_3 \cdot 24\ H_2O \rightarrow K_2SO_4 \cdot Cr_2(SO_4)_3 \cdot 12\ H_2O + 12\ H_2O$ wurde bei 25° zu $\Delta H_{298} = 12{,}79$ kcal/Mol H_2O bestimmt. — Vff. schließen aus den erhaltenen Ergebnissen, daß entweder ihre Meth. den wahren Wert bei höheren Tempp. ergibt oder daß, da die Kristalltemp. bei höheren Tempp. nicht exakt bekannt ist, die Messung bei niedrigen Tempp. die richtige Aktivierungsenergie bei allen Tempp. ergibt. (J. chem. Soc. [London] **1951**. 3348–54. Dez. Leeds, Univ., Dep. of Inorg. and Phys. Chem.) SIEWERT. 224

A. H. W. Aten jr., H. Steinberg, D. Heymann und **A. Fontijn,** *Abwesenheit eines Chromaustausches in festem Chromichromat.* (Kurze Mitt.) Chromichromat wurde in annähernd neutraler Lsg. aus mit ^{51}Cr markiertem Cr^{3+} u. einem Überschuß von CrO_4^{2-} dargestellt u. das Verhältnis von Cr^{3+} u. Cr im CrO_4^{2-} zu annähernd 2 gefunden. Nach der Analyse wurde ein Austausch von weniger als 1% festgestellt. (Recueil Trav. chim. Pays-Bas **72**. 94. Jan. 1953. Amsterdam, Inst. voor Kernphys. Onderzoek.) BRAASCH. 225

W. A. Roiter, *Über einige Probleme der Theorie der Katalyse.* An Stelle der OSTWALDschen Definition des Katalysators, die u. a. auch W. als Lösungsm. umfassen würde, wird vorgeschlagen: Ein Katalysator ist ein Stoff oder Körper, der eine chem. Rk. beschleunigt, indem er an dem einen oder anderen elementaren Stadium derselben teilnimmt, jedoch mehrfach aus solcher Umsetzung unverändert hervorgeht. Den Theorien der katalyt. Wrkg. gemeinsam ist die Beteiligung von Valenzkräften, chem. Affinität des Katalysators zu den Reaktionsteilnehmern (jedoch geringer als die Affinität zwischen diesen) u. größere Leichtigkeit der Rk. auf dem Umweg über den Katalysator als direkt. Am Beispiel der Hydrierungs- u. Dehydrierungs-Rkk. ($C_2H_4 + H_2 \rightleftharpoons C_2H_6$) wird die Anwendung der Multiplettheorie auf den Mechanismus der katalyt. Rkk. erläutert. In der ARRHENIUSschen Gleichung $k = k_0 \cdot e^{-E/RT}$ ist für die heterogene Katalyse vor allem die Größenordnung von k_0 von Bedeutung, die nach der Multiplettheorie einige Zehnerpotenzen unter 10^{13} liegen muß. Schwierigkeiten bieten der Theorie der Katalyse der Einfl. der Makrofaktoren, die Berücksichtigung dynam. Gesetzmäßigkeiten, die Änderungen von Zus. u. Eigg. des Katalysators bei Änderung der Zus. des Gasgemischs usw. (Украинский Химический Журнал [Ukrain. chem. J.] **19**. 119–27. 1953. Pissarshewski-Inst. für physikal. Chemie der Akad. der Wiss. der UkrSSR.) R. K. MÜLLER. 227

B. Anorganische Chemie.

Leo Brewer und **Russell K. Edwards,** *Die Beständigkeit von SiO, fest und gasförmig.* Zur Klärung der Eigg. des festen SiO u. seiner thermodynam. Stabilität betrachten Vff. krit. die vorliegenden Literaturangaben u. untersuchen die Kristallstruktur des SiO in einer Heizkammer; ferner wurden F.-Bestimmungen u. zur Best. der Beständigkeitsgrenze Leitfähigkeitsmessungen in Abhängigkeit von der Temp. durchgeführt. Die erhaltenen Ergebnisse zeigen, daß sich aus einer Mischung aus Si u. SiO_2 SiO-Dampf bildet, mit $\Delta H^0_{298} = -21411 \pm 570$ cal oder einer Dissoziationsenergie von 169300 ± 3100 cal. Bei der Verdampfung von SiO_2 entsteht gasförmiges SiO u. O_2. Durch Kondensation von SiO-Gas an einer kalten Fläche kann SiO in amorpher oder unvollkommen krist. Form erhalten werden; ein Elektronen- oder Röntgenbeugungsring entsprechend einem Netzebenenabstand $d = 3{,}60 \pm 0{,}05$ Å wurde gefunden. SiO ist opt. isotrop, in den besser

krist. Präpp. wurde kub. Symmetrie festgestellt. Es ist lösl. in HF u. hat bei 338° K eine spezif. Wärme bei konstantem Druck von 9,19 ±0,16 cal/Grad u. Mol. Die Verb. disproportioniert in Si u. SiO_2 mit meßbarer Geschwindigkeit bei 400—700°, sie ist metastabil bei Tempp. unter 1450° K, der F. liegt über 1975° K. (J. physic. Chem. **58.** 351—58. April 1954. Berkeley, Calif., Univ., Dep. of Chem. and Radiation Labor.)
SIEWERT. 261

Léone Walter-Lévy und **Irène Soleilhavoup,** *Über ein basisches Magnesiumacetat.* Vff. ist es gelungen, ein bas. Mg-Acetat, das charakterist. Röntgenlinien zeigt, präparativ darzustellen. Die Analysenergebnisse lassen eindeutig erkennen, daß es bei Trocknung zwischen 50 u. 200° die konstante Zus. $4\,Mg(CH_3 \cdot COO)_2 \cdot Mg(OH)_2$ hat. Oberhalb 225° zers. sich die Verb. in MgO. Die D. dieser Verb. wurde zu 1,253 bestimmt. Aus der tetragonal zentrierten Elementarzelle mit a = 23,15 Å u. c = 12,38 Å ergibt sich bei Z = 8 eine D. von 1,257. (C. R. hebd. Séances Acad. Sci. **238.** 1421—23. 29/3. 1954.)
SURAWSKI. 282

D. Ss. Lessnych und **A. G. Bergman,** *Irreversibel-reziprokes System mit Entmischung aus den Sulfaten und Chloriden des Lithiums und Cadmiums.* Visuell-polytherm. wurde das zu den irreversibel-reziproken Systemen mit Entmischung in der Schmelze gehörende tern. Syst. aus $CdCl_2$ (I), $CdSO_4$ (II), Li_2Cl_2 (II) u. Li_2SO_4 (III) untersucht. Im Einklang mit dem therm. Effekt von 7,99 kcal je Äquivalent u. mit der begrenzten Löslichkeit der geschmolzenen Salze war die Austausch-Rk. nach I u. II gerichtet. Die große Achse der Entmischungslinse fiel mit der der höchsten Entmischungstemp. entsprechenden Konnode zusammen. Diese verlief fast parallel zum stabilen Diagonalabschnitt u. war um ca. 2,5% nach dem tern. Syst. I–III–II verschoben. Die Versuchsergebnisse bestätigen, daß die Entmischung in der Schmelze in den meisten Fällen als Folge der Strukturverschiedenheiten der äußeren Elektronenhüllen u. der dad. bedingten starken Unterschiede bei den Polarisationskennzahlen u. bei den physikal.-chem. Eigg. der Komponenten des stabilen Paares eintritt. (Журнал Общей Химии [J. allg. Chem.] **23** (**85**). 537—44. April 1953. Rostow a. Don, Molotow-Univ.)
LEBTAG. 289

Alfred H. Zeltmann und **George C. Fitzgibbon,** *Einige physikalische Eigenschaften der Deuterogermane.* Vff. berichten über die Darst. der Verbb. GeD_4 (I), Ge_2D_6 (II) u. Ge_3D_8 (III) aus Mg_2Ge u. DCl. An physikal. Eigg. sind angegeben: F.: I —166,2°, II —107,9°, III —100,3°; Kp.: I —89,2°, II + 28,4°, III + 110,5°; $D._4$: I 1,684 bei —160,5°, II 2,184 bei —106,4°, III 2,618 bei —99,9°; Verdampfungswärme: I 3744, II 6483, III 7876 cal/Mol. (J. Amer. chem. Soc. **76.** 2021—22. 5/4. 1954. Los Alamos, N. Mex., Los Alamos Sci. Labor.)
R. STEIN. 326

L. B. Asprey, *Neue Verbindungen des vierwertigen Americiums, AmF_4 und $KAmF_5$.* Die Fluorierung von AmF_3 oder AmO_2 mit elementarem Fluor im Ni-Rohr bei 500° liefert AmF_4. Die braune, mikrokrist. Verb. ist monoklin mit a_0 = 12,47, b_0 = 10,45, c_0 = 8,18, β = 126 ±1° u. isomorph mit UF_4, NpF_4 u. PuF_4. — Aus einer nicht näher bezeichneten Am(V)-Verb. wurde durch Fluorierung mit elementarem Fluor die Verb. $KAmF_5$ dargestellt. Sie ist rhomboedr. mit a_0 = 9,27, α = 107° 35′ u. isomorph mit $KPuF_5$. (J. Amer. chem. Soc. **76.** 2019—20. 5/4. 1954. Los Alamos, N. Mex., Univ. of California, Los Alamos Sci. Labor.)
FORCHE. 344

J. A. Allen, *Die Fällung von Nickeloxalat.* Vf. untersuchte den Reaktionsverlauf der Nickeloxalatfällung mit Hilfe nephelometr. u. dilatometr. Methoden. Die Fällung des Nickeloxalates verläuft nicht über eine n. doppelte Umsetzung, sondern über zwei Stufen. Nach Ansicht des Vf. bildet sich zuerst ein lösl. Komplex nach $2\,NiSO_4(aq) + 2\,H_2C_2O_4(aq) \rightleftarrows [Ni(C_2O_4)_2]^{2-}Ni^{2+}(aq) + 2\,H_2SO_4(aq)$ (Induktionsperiode). Anschließend erfolgt die Fällung des Nickeloxalates nach $[Ni(C_2O_4)_2]^{2-}Ni^{2+}(aq) \rightarrow 2\,Ni \cdot C_2O_4 \cdot 2\,H_2O(s)$. Der Zusammenhang zwischen der Bldg. des Nd. u. der Konz. des Nickelsulfates u. der Oxalsäure wird durch Gleichungen wiedergegeben. (J. physic. Chem. **57.** 715—16. Okt. 1953. Hobart, Tasmania, Australien, Univ., Dep. of Chem.)
K. HACKSTEIN. 356

J. Robin, *Untersuchung der Metalloxalate als Ausgangssubstanz für die Darstellung fester Lösungen von Metalloxyden.* Es werden die dihydratisierten, wie auch die durch Entwässerung gewonnenen wasserfreien Oxalate der folgenden Kationen dargestellt: *Mg, Mn, Fe, Co, Ni* u. *Zn.* Die Röntgenaufnahmen dieser Verbb., deren Struktur nicht bekannt ist, zeigen, daß die wasserfreien Oxalate befähigt sind, sich wieder zu rehydratisieren u. die ursprüngliche Kristallstruktur der Dihydrate wieder anzunehmen. Vf. diskutiert die wichtigsten Eigg. der erhaltenen Entwässerungs- bzw. Zersetzungskurven dieser Oxalate, die durch schrittweisen therm. Abbau erhalten wurden, sowie die Beschaffenheit der hierbei gebildeten Oxyde. Da diese Kurven nur eine Resultierende aus Zers. u. Oxydation, die in bestimmten Fällen eintritt, darstellen, wird ver-

sucht, einen allg. gültigen Mechanismus der Oxalatzers. zu finden. Es wird festgestellt, daß die Oxalate des Mg, Fe, Mn u. Zn bei ihrem Zerfall zunächst Protoxyde geben, die sich dann später wieder oxydieren, wie es analog auch MnO u. FeO tun. Dagegen zers. sich die Co- u. Ni-Oxalate erst in die Metalle, bevor sie sich gleichfalls oxydieren. Ferner wurden Mischoxalate des Fe u. Co dargestellt u. ihre Zers. bis 300° untersucht. Es zeigt sich, daß hierbei eine Reihe fester Lsgg. vom Typ des Spinells ohne Mischungslücken entstehen. (Bull. Soc. chim. France, Mém. [5] **20**. 1078—84. Nov./Dez. 1953.)
SURAWSKI. 356

Jean Amiel, Jean Ploquin und **Jacques A. Dixmier,** *Über die Fettsäuresalze des Kupfers und des Nickels.* An Hand von Messungen des Paramagnetismus der Fettsäuresalze des Ni zeigen Vff., daß Ni im Gegensatz zum Verh. des Cu, das nach früheren Messungen (AMIEL, C. R. hebd. Séances Acad. Sci. **207**. [1938.] 1907) durch innere Komplexbldg. zum Teil maskiert wird, wodurch der Paramagnetismus erniedrigt wird, echte Salze mit den Fettsäuren bildet mit einem mittleren Wert für $10^3\chi$ Ni von 4,4, der prakt. gleich dem mittleren Wert für das Ni^{2+}-Ion in den Salzen starker Säuren ist. Das unterschiedliche Verh. wird mit dem Zusammenhang zwischen dem pK_A der Säure u. dem p_H der Fällung der entsprechenden Hydroxyde (Cu 5,6 u. Ni 6,8) erklärt, nach dem bei großer positiver Differenz von $p_H - pK_A$ die Bldg. echter Salze bevorzugt wird; beim Cu ist diese Differenz nur im Fall des Formiats genügend groß, so daß nur hier das Cu so gut wie gar nicht maskiert ist. (C. R. hebd. Séances Acad. Sci. **232**. 2097—99. 4/6. 1951.)
NIEMITZ. 358

Leopold Gmelins Handbuch der anorganischen Chemie. Hrsg. vom Gmelin-Institut in Clausthal-Zellerfeld. Hauptred. **Erich Pietsch**. 8. Aufl. Unveränd. photomechan. Nachdr. System Nr. 38, Lfg. 1—3. Weinheim/Bergstr. u. Berlin: Verl. Chemie. 1953. 38. Thallium. 1. Geschichtliches. Vorkommen. Darstellung. Physikalische Eigenschaften. Elektrochemisches Verhalten. Chemisches Verhalten. Nachweis. (V + 186 S.) DM 31.—, 2. Legierungen. Verbindungen bis Thallium und Jod. (XI S., S. 187—338) DM 26,50, 3. Verbindungen bis Thallium und Indium. Radioaktive Isotope. (XX, XVIII S., S. 339—527) DM 36.—.

C. Mineralogische und geologische Chemie.

J. J. Trillat und **L. Tertian,** *Radiographie mit reflektierten Elektronen, kombiniert mit Autoradiographie — Anwendung auf die Untersuchung radioaktiver Mineralien.* Polierte Oberflächen von radioakt. Mineralien werden mit einem für Röntgenstrahlung wenig empfindlichen Film bedeckt u. 1—2 Min. mit einer gefilterten Röntgenstrahlung (3 mm Cu + 5 mm Al; Abstand vom Brennpunkt 25 cm) von 200 kV exponiert. Die reflektierten Sekundärelektronen rufen eine Schwärzung hervor, welche es gestattet, die Verteilung von Elementen verschied. Ordnungszahl zu ermitteln. Eine entsprechende Autoradiographie ergibt die Verteilung der Aktivität. — Beschreibung einer Vorr. zur Halterung von Probe u. Film bei der Exposition u. Wiedergabe von Versuchsresultaten. (J. Chim. physique Physico-Chim. biol. **50**. 215—17. April 1953. Sorbonne u. E. S. I. C. N. Bellevue, Seine-et-Oise, Labor. de Rayons X du C. N. R. S.)
EICHHOFF. 370

A. Je. Karjakin, *Über die Entstehung von Kristallnestern.* Auf Grund von Unterss. nimmt Vf. für die Bldg. der kristallhaltigen *Quarz*-Adern 2 Stadien an: Bldg. von Quarzadern aus jenen Lsgg., durch die der Quarz aus dem Magmaherd abtransportiert wurde (hydrothermales Stadium); Bldg. der Kristallnester aus den aus dem Einschlußgestein u. den Quarzadern durch hydrothermale Lsgg. ausgelaugten Komponenten (metamorphes Stadium nach einer intermineralisierenden Unterbrechung). (Доклады Академии Наук СССР [Ber. Akad. Wiss. UdSSR] [N. S.] **92**. 1023—25. 11/10. 1953.)
LEBTAG. 372

Harold M. Mooney und **Rodney Bleifuss,** *Magnetische Susceptibilitätsmessungen in Minnesota.* 2. Mitt. *Analyse der Feldergebnisse.* (1. vgl. Geophysics **17**. [1952.] 531.) 75 Proben von 7 Gesteinsarten wurden auf ihren *Magnetit* (I)-Geh. durch magnet. Ausscheidung u. chem. Analyse untersucht, unter Abzug von Fe in Form von Ilmenit, Hämatit u. Silicaten. Die magnet. Susceptibilität zeigt eine klare Abhängigkeit vom I-Geh., die Streuung ist aber so groß, daß keine Voraussagen von der einen Probe auf die andere gemacht werden können. Für kleinen I-Geh. V (Vol.-%) beträgt die mittlere Susceptibilität in roher Näherung $k = 3000 \cdot 10^{-6}$ V cgs. Aus 200 Proben von 11 Gesteinsarten ergaben sich folgende Werte für die mittlere Susceptibilität: *Basalt* u. *Diabas* $2500 \cdot 10^{-6}$, *Rhyolith* u. *Gabbro* $1000 \cdot 10^{-6}$, *saure Intrusivgesteine* einschließlich *Granit* $400 \cdot 10^{-6}$, *Grünstein* 100^{-6}, *Schiefer* $50 \cdot 10^{-6}$. Die Schwankungen sind groß für saure Intrusivgesteine, mittelmäßig für Basalt, Rhyolith, Grünstein u. klein für Diabas, Gabbro u. Schiefer. (Geophysics **18**. 383—93. April 1953. Univ. of Minnesota and Oliver Iron Mining Co.)
V. HARLEM. 378

D. H. Griffiths, *Remanenter Magnetismus von Bändertonen aus Schweden.* Vf. berichtet über die Richtung der remanenten Magnetisierung von Bändertonen, die in den Jahren 0—1000 p. C. u. 500 a. C. bis 500 p. C. in Prästmon u. Undrom (Ångermanland, Schweden, Abstand ca. 5 Meilen) abgesetzt wurden. Berücksichtigt man die inzwischen eingetretene versch. Neigung der Landschaft, so ist die Übereinstimmung der Magnetisierungsrichtung gleichaltriger Tone sehr gut. Innerhalb der durch die Säkularvariation bedingten Grenzen ist die Richtung der Magnetisierung in Übereinstimmung mit der Richtung des heutigen Erdfeldes. (Nature [London] **172.** 539—40. 19/9. 1953. Univ. of Birmingham, Dep. of Geology.) v. HARLEM. 378

Felix Chayes, *Vergesellschaftung von Mikroklinperthit und deformiertem Quarz.* Vf. weist darauf hin, daß seine frühere Feststellung (C. **1953.** 4502) schon vorher von HARKER gemacht worden ist. (Amer. J. Sci. **252.** 59. Jan. 1954. Washington, D. C., Carnegie Inst., Geophysic. Labor.) HILLER. 380

—, *Thorotungstit — eine Fehlbenennung.* Da Y als Hauptbestandteil der Seltenen Erden gefunden wurde, Th aber nicht nachgewiesen werden kann, wird der Name *Yttrotungstit* vorgeschlagen. (Colonial Geol. Mineral. Resourc. **1.** 50—51. 1950.) GEHLEN-KELLER. 380

H. R. Hose, *Die Geologie und die mineralischen Rohstoffe von Jamaika.* Übersicht. (Colonial Geol. Mineral Resourc. **1.** 11—36. 1950. Aluminium Labor. Ltd.) GEHLEN-KELLER. 382

W. P. Florenski und **T. A. Lapinskaja,** *Über die Zusammensetzung der schweren Fraktionen der präkambrischen Gesteine des östlichen Teiles der russischen Plattform.* Unterss. über die mineral. Zus. der nach D. verschied. Fraktionen von präkambr. Gesteinen aus West-Baschkirien, wobei die Haupt- u. accessor. Mineralien der *Plagioklas-Granitgneise, Migmatite, Mikroklingranite* u. feinkörnigen *Biotit-Granatgneise* angeführt werden, ergaben, daß jedes der Gesteine, trotz der ähnlichen chem. Zus., einen spezif. Mineralkomplex der Schwerfraktion enthält, der bestimmte typomorphe Besonderheiten aufweist. (Доклады Академии Наук СССР [Ber. Akad. Wiss. UdSSR] [N. S.] **92.** 663—66. 21/9. 1953. Moskau, Gubkin-Erdölinst.) LEBTAG. 385

J. D. Pollett und **H. J. Broughton,** *Die Lignitvorkommen von Sierra Leone.* 1. Mitt. *Vorkommen.* 2. Mitt. *Verwertung.* (Colonial Geol. Mineral Resourc. **1.** 37—50. 1950.) GEHLEN-KELLER. 390

D. Organische Chemie.

D_1. Allgemeine und theoretische organische Chemie.

V. Gold, *Einige Molekülbahnberechnungen der Systeme o- und p-$C_6H_4X_2$.* Mittels der Molekülbahntheorie berechnet Vf. die π-Elektronenenergien von Verbb. des Typus o- u. p-$C_6H_4X_2$ (X gleich =O, =NH u. =CH_2) unter Benutzung einer Reihe von verschied. Werten der COULOMB-Integrale von X u. der Resonanzintegrale der Bindung C=X. Vf. weist darauf hin, daß die so erhaltenen „Heteroparameter" für die Sauerstoffbindung O=C nur qualitative Berechnungen zulassen; die gefundenen Werte ermöglichen aber, die Differenz im Reduktionspotential zwischen o- u. p-chinoiden Systemen quantitativ zu berechnen. Dies geschieht unter der alleinigen Verwendung der bekannten π-Elektronenenergien. (Trans. Faraday Soc. **46.** 109—14. Febr. 1950. London, King's Coll., Dep. of Chem.) ZIMMER. D 10

T. A. Wiggins, E. R. Shull, Jean M. Bennett und **D. H. Rank,** *K-Feinstruktur der $2\nu_1$-Bande des CHD_3.* Mit einem Gitterspektrographen (Auflösungsvermögen 140000 bei 6000 cm^{-1}) wurden die P- u. R-Zweige der $2\nu_1$-Bande aufgelöst u. folgende Molekularkonstanten bestimmt: $\nu_0 = 5865{,}02$; $B'' = 3{,}2777$; $B' = 3{,}2386$; $A'-A'' = -0{,}0181$; $D_J = 3{,}9 \cdot 10^{-5}$; u. $D_{JK} = -4 \cdot 10^{-5}\,cm^{-1}$. Der Q-Zweig wurde mit berechneten Frequenzen u. Intensitäten u. der experimentell bestimmten Linienbreite konstruiert u. gute Übereinstimmung mit der gemessenen Kurve bei kleinen J-Werten gefunden. (J. chem. Physics **21.** 1940—42. Nov. 1953. Pennsylvania State Coll., Phys. Dep.) NELKOWSKI. D 118

Prabhat K. Sen Gupta, *Eine Diskussion über den spektroskopischen Zustand von vierwertigem Kohlenstoff in den halogensubstituierten Derivaten des Methans an Hand der Absorptionsspektren.* Die aus der langwelligen Grenze des Absorptionskontinuums folgenden Werte für die Bindungsenergie C—X (X = Halogen) in den Verbb. CH_3X, CH_2X_2, CHX_3 u. CX_4 mit X = Cl, Br, J werden bestimmt u. mit den mit Hilfe thermochem. Daten berechneten Bindungsenergien verglichen. Die beste Übereinstimmung wird erzielt, wenn für den vierwertigen Kohlenstoff in den Halogenderivv.

des Methans die Elektrokonfiguration $1s^2\ 2s^2\ 2p^2$ ($^3P\ ^1D\ ^1S$) angenommen wird. Bei thermochem. Rechnungen wurde die latente Sublimationswärme des Graphits nach Vf. (118,7 kcal) benutzt. (Indian J. Physics Proc. Indian Assoc. Cultivat. Sci. **27**. 149–54. März 1953. New Delhi, Safdarjang Air Port, Meteorol. Office.)

RUDOLPH. D 118

John L. Margrave und **Karl Wieland**, *Gleichgewichte mit den CF(g)- und CF_2(g)-Radikalen bei hohen Temperaturen.* Wenn CF_4 oder Teflon erhitzt werden, treten bei ca. 2400° K die Spektralbanden des Radikals CF (2240–2025 Å) u. bei ca. 1900° K die Banden des Radikals CF_2 (2580–2399 Å) auf. Die Banden erscheinen in reinen oder verrußten Quarzrohren bei Tempp. zwischen 300 u. 1500° K nicht. (J. chem. Physics **21**. 1552–54. Sept. 1953. Berkeley, Calif., Univ., Dep. of Chem. and Phys.)

FORCHE. D 118

Ferdinand Bohlmann, *Konstitution und Lichtabsorption.* 3. Mitt. *Polyacetylenverbindungen.* (Zugleich 2. Mitt. *über Polyacetylene.*) (2. vgl. Chem. Ber. **84**. [1951.] 545.; 1. vgl. C. **1951**. II. 3302.) Vf. stellt eine Anzahl von Polyacetylenverbb. mit bis zu 6 konjugierten –C≡C-Gruppen dar, höhere Polyine dürften nach seiner Ansicht infolge ihres großen Energieinhalts kaum noch faßbar sein. Es werden bestimmte Gesetzmäßigkeiten bei den Spektren der Polyine gefunden. Die Hauptabsorption liegt hier wesentlich kurzwelliger als bei den entsprechenden Polyenen; es gilt auch hier die bei den Polyenacetylen- u. -diacetylen-KW-stoffen gefundene Verschiebung ins Kurzwellige um 10–20 mμ für jede an Stelle einer C:C-Bindung tretende C≡C-Bindung. Bei den Polyinen ist die Verschiebung ins Langwellige durch neu hinzukommende ungesätt. Bindungen geringer als bei den Polyenen. Die Spektren der untersuchten Verbb. zeigen sehr hohe Extinktion, da durch die hohe π-Elektronendichte offenbar eine wesentlich erhöhte Übergangswahrscheinlichkeit in den angeregten Zustand gegeben ist.

Versuche: *1.6-Dichlorhexadiin-(2.4)* (I), $Kp._{0,01}$ 55°, aus Hexadiin-(2.4)-diol-(1.6) u. $SOCl_2$, Öl, krist. bei –15°; zieht Blasen auf der Haut, explodiert leicht bei der Dest. u. wird vorher am besten in Bzl. durch Al_2O_3 filtriert; gibt im Licht einen roten, unlösl. Lack. — *Bis-[1-oxycyclohexyl-(1)]-triacetylen* (II), $C_{18}H_{22}O_2$, F. 164° (PAe.-Bzl.), durch 3 std. Rühren von I mit Cyclohexanon (III) u. NaOH in absol. Ae. bei 20° u. Versetzen mit Eis + CH_3COOH, oder beim Einrühren der äther. Lsg. von I in eine Lsg. von $NaNH_2$ u. fl. NH_3, Versetzen mit III in Ae. nach 5 Min., nach weiteren 10 Min. Zers. mit NH_4Cl. — *Triacetylen*, durch langsames Versetzen von gepulvertem NaOH mit I in Ae. im Vakuum u. Auffangen in mit fl. Luft gekühlter Vorlage; gibt mit ammoniakal. $AgNO_3$-Lsg. gelbes *Ag-Salz*; mit C_2H_5MgBr wird eine GRIGNARD-Verb. erhalten, die mit III zu II umgesetzt wird. — *Bis-[cyclohexen-(1)-yl-(1)]-triacetylen*, $C_{18}H_{18}$, F. 71°, durch 30 Min. Kochen von II mit Toluolsulfonsäure in Toluol, Versetzen mit PAe., Chromatographie von Al_2O_3 u. Eluieren mit PAe., Blättchen aus A. + Petroläther. — *1.1.8.8-Tetraphenyloctatriin-(2.4.6)-diol-(1.8)*, $C_{32}H_{22}O_2$, F. 159°, beim Versetzen von $NaNH_2$ in fl. NH_3 mit I in Ae. u. anschließend mit Benzophenon in Ae., mehrstd. Stehen u. Zers. mit NH_4Cl, Nadeln aus Benzol. — *Diphenyltriacetylen*, $C_{18}H_{10}$, F. 91–92°, bei 2 std. Erwärmen von Diphenylhexadiin-(2.4)-diol-(1.6) mit $SOCl_2$ auf 50°, Abdampfen des überschüssigen $SOCl_2$ im Vakuum, Lösen in Ae., Eintropfen in eine Lsg. von $NaNH_2$ in fl. NH_3, Zers. mit NH_4Cl nach 30 Min., Chromatographie aus Bzl. an Al_2O_3, Eluieren mit PAe. u. Anreiben mit CH_3OH, Nadeln aus CH_3OH. — *[1-Oxycyclohexyl-(1)]-diacetylen* (IV), $Kp._{0,01}$ 55°, durch Zutropfen von Dichlorbutin (V) in Ae. zu $NaNH_2$ in fl. NH_3 unter Rühren, nach 3 Min. Versetzen mit III in Ae., Zers. mit NH_4Cl nach 30 Min., krist. im Eisschrank; gibt im Licht rotvioletten Lack; daneben *Bis-[1-oxycyclohexyl-(1)]-diacetylen.* — *Bis-[1-oxycyclohexyl-(1)]-tetraacetylen*, $C_{20}H_{22}O_2$, F. 151° (Bzl. + PAe.), beim Versetzen von CuCl, NH_4Cl u. Salzsäure in W. mit IV in A., 3 std. Durchsaugen von Luft bei 65° u. anschließend 2 Std. bei 20°. — *Bis-[cyclohexen-(1)-yl-(1)]-tetraacetylen*, $C_{20}H_{18}$, F. 127° (CH_3OH), bei 5 Min. Kochen der vorst. Verb. mit Toluolsulfonsäure in Toluol, sehr lichtempfindlich. — *Pentadiin-(2.4)-ol-(1)*, beim Eintropfen von äther. V in eine Lsg. von $NaNH_2$ in fl. NH_3, 9 std. Rühren mit Paraformaldehyd bei –70°, Zers. u. Aufarbeiten wie bei der Darst. von IV, sublimiert bei 1 Torr u. 75° Badtemp.; ist bei 20° flüssig. — *Bis-[oxymethyl]-tetraacetylen*, $C_{10}H_6O_2$, beim Versetzen von CuCl, NH_4Cl u. konz. HCl in W. mit vorst. Verb. in A., 8 std. Durchsaugen von Luft bei 60° unter Lichtausschluß, silbern glänzende Blättchen aus Aceton + PAe., die bei 50–115° verpuffen; werden im Licht blau u. unlösl. in allen Lösungsmitteln. — *[1-Oxycyclohexyl-(1)]-triacetylen*, beim Zutropfen einer Lsg. von $NaNH_2$ in fl. NH_3 zu I in Ae., Versetzen mit III u. Ae. nach 10 Min., Digerieren mit Bzl., Abtrennen von II, Chromatographie aus Ae. + PAe.

(1:1) an Al_2O_3 u. Eluieren mit dem gleichen Gemisch; bildet im Licht unlösl. schwarzen Lack. — *Bis-[1-oxycyclohexyl-(1)]-hexaacetylen*, beim Versetzen einer Lsg. von CuCl, NH_4Cl u. Salzsäure in W. u. A. mit der Lsg. des vorst. Carbinols u. 2 std. Durchleiten von Luft bei 20°; beim Eindampfen entsteht unlösl. schwarzer Lack. (Chem. Ber. **84**. 785—94. 1951. Braunschweig, TH, Organ.-chem. Inst.) REISNER. D 118

Ferdinand Bohlmann, *Konstitution und Lichtabsorption.* 4. Mitt. *Dicarbonylderivate.* (3. vgl. vorst. Ref.) Während bei Dicarbonylverbb. selbst sich prakt. nur eine CO-Gruppe auf die Lage des Maximums auswirkt, tritt bei Dicarbonylderivv. wesentlich langwelligere Absorption auf. Vf. zeigt dies am Beispiel von *Diacetylmono-* u. *-disemicarbazon*, *-osazon*, *-bis-dinitrophenylhydrazon*, *Dibutyryl-bis-[p-nitrophenylhydrazon]*, *Octadien-(3.5)-dion-(2.7)-disemicarbazon* u. *-bis-phenylsemicarbazon* im Vgl. mit *Acetonsemicarbazon*, *-dinitrophenylhydrazon*, *-p-nitrophenylhydrazon* sowie *Crotylidenacetonsemicarbazon* u. *-phenylsemicarbazon*. Vf. erklärt diesen Effekt mit der geringeren Anregungswahrscheinlichkeit von polaren Anregungszuständen unter Beteiligung beider CO-Gruppen bei den Dicarbonylverbb. im Vgl. zu ihren Derivaten. Als Spezialfall der Derivv. werden in methanol. Lsg. die UV-Spektren folgender Chinoxaline u. verwandter Verbb. aufgenommen: *Chinoxalin*, *2.3-Dimethylchinoxalin*, *2-Phenylchinoxalin*, *2.3-Diphenylchinoxalin*, *3-Methyl-2-styrylchinoxalin*, *2.3-Distyrylchinoxalin* (**I**), *3-Methyl-2-[ω-phenylbutadienyl]-chinoxalin* (**II**), *2.3-Bis-[ω-phenylbutadienyl]-chinoxalin* (**III**), *3-Methyl-2-[ω-phenylhexatrienyl]-chinoxalin* (**IV**), *2.3-Bis-[ω-phenylhexatrienyl]-chinoxalin*, *Benzalanilin*, *Cinnamalanilin*, *Benzal-p-phenylendiamin*, *Cinnamal-o-phenylendiamin*, *o-Phenylendiamin* (**VII**) u. *2-Styrylchinolin*. Alle Chinoxaline zeigen mehrere Maxima. Substitution durch KW-stoffreste an $C_{(2)}$ u. $C_{(3)}$ bedingt eine Verschiebung ins Langwellige, das 2. Maximum wird mit steigender Zahl konjugierter Doppelbindungen immer intensiver. **I**, **II**, **III** u. **IV** fluorescieren in Lsg., bes. unter der Analysenquarzlampe; sie werden in Lsg. beim Belichten auch unter N_2 zerstört, wobei die Fluorescenz verloren geht u. die UV-Maxima abgebaut werden.

Versuche: *[3-Phenylpropen-(2)-yliden]-diacetyl*, F. 107° (wss. Methanol), aus Diacetyl (**V**) u. Zimtaldehyd (**VI**) in A. mit wenig Piperidin u. Eisessig. — *3-Methyl-2-[ω-phenylbutadienyl]-chinoxalin* (**II**), $C_{19}H_{16}N_2$, F. 138° (CH_3OH), bei 2std. Kochen des vorst. Diketons in Bzl. mit einer Lsg. von o-Phenylendiamin (**VII**) in A. u. wenig Eisessig. — *Cinnamal-o-phenylendiamin*, $C_{15}H_{14}N_2$, F. 138—140° (A.), aus äquimol, Mengen **VII** u. **VI** bei 20° in A., braungelb. — *[ω-Phenylpentadienyliden]-diacetyl*, F. 120—121° (Bzl.-PAe.), aus **V** u. Phenylpentadienal in A. in Ggw. von wenig Piperidin u. Eisessig. — *3-Methyl-2-[ω-phenylhexatrienyl]-chinoxalin* (**IV**), $C_{21}H_{18}N_2$, F. 154 bis 155° (A.), bei 2std. Kochen des vorst. Diketons in Bzl. mit **VII** in A. u. wenig Eisessig. (Chem. Ber. **84**. 860—65. 1951.) REISNER. D 118

Eugène Darmois, *Über die Spaltung racemischer Gemische durch symmetrische Reagentien.* Vf. gibt Einzelheiten zu länger zurückliegenden [1927] Verss. an, bei denen er rac. Adrenalin (**I**; erhalten durch Red. von Adrenalon) unter Verwendung von nur inakt. Reagentien wie folgt gespalten hat: **I** wurde in der doppelten Menge W. suspendiert, HCl (D. 1,17) zugesetzt, nach Filtration mit W. verd., mit 15,6%ig. Na_2SO_3-Lsg. u. dann sofort u. sehr schnell mit wasserfreiem Pyridin versetzt, worauf langsam ca. 15% des eingesetzten **I** ausfiel (**A**); mit NH_3 konnten aus dem Filtrat weitere 78% gewonnen werden (**B**). **A** u. **B** sind opt.-akt., wobei das Vorzeichen der Drehung bei den einzelnen Verss. wechselt. Durch mehrfache Wiederholung der Prozedur konnte (+)-**I** ($[\alpha]_{\text{gelbes Hg-Dublett}}$ + 56,4°) erhalten werden. Vf. führt die Trennung nach READ (C. **1954**. 3656) auf Bldg. von Keimen zurück, in denen ein Antipode zufällig angereichert vorliegt. Die Verss. wurden unter Bedingungen ausgeführt, die das Eindringen von opt.-akt. Verunreinigungen aus der Laboratoriumsluft ausschließen. (C. R. hebd. Séances Acad. Sci. **237**. 124—26. 15/7. 1953.) J. ROTHE. D 119

R. Van Riet und **M. De Hemptinne,** *Raman-Spektren und Ultrarotabsorptionsspektren der Deuteroäthane.* Von den Deuteroäthanen CH_3-CH_2D, CH_2D-CH_2D, CHD_2-CHD_2 u. CD_3-CHD_2 werden die RAMAN-Spektren (fl. u. gasförmig) mit Depolarisationsfaktoren u. die Ultrarotspektren von 500—3500 cm^{-1} (gasförmig) mitgeteilt. Eine vorläufige Zuordnung der Frequenzen zu den Grundschwingungen wird versucht. (Bull. Cl. Sci., Acad. roy. Belgique [5] **39**. 273—84. 1953. Louvain, Univ., Labor. Phys. nucl. et molée., u. Bruxelles, Inst. St. Louis.) GOUBEAU. D 120

H. Primas und **Hs. H. Günthard,** *Die Infrarotspektren von Kettenmolekeln der Formel $R'CO(CH_2CH_2)_nCOR''$.* 2. Mitt. *Die Normalschwingungen des Symmetrietypus B_u.* (1. vgl. C. **1954**. 4353.) In Fortsetzung der ersten Arbeit werden unter ähnlichen Annahmen u. Vereinfachungen die asymm. Schwingungen (Gerüst- u. CH_2-

Deformationsschwingungen) von Moll. des Typus $X(CH_2CH_2)_nX$ (mit $n \lesseqgtr 5$) unter Berücksichtigung von Wechselwirkungskräften berechnet. Diese Berechnungen, die ausführlich wiedergegeben sind, stehen in guter Übereinstimmung mit experimentellen Ergebnissen von BROWN, SHEPPARD u. SIMPSON (Discuss. Faraday Soc. Nr. **9.** [1950.] 261) an Paraffinen u. erlauben die Frequenzen zwischen 1200 u. 1320 cm^{-1} in Verbb. des Typus $XCO(CH_2CH_2)_nCOX$ als CH_2-Wedelschwingungen (wagging) zu deuten. (Helv. chim. Acta **36.** 1791–1803. 1/12. 1953. Zürich, ETH, Organ.-chem. Labor.) GOUBEAU. D 120

Hiromu Murata, *Das Raman-Spektrum von Vinyl- und Dichlorvinyltrichlorsilan.* Zur Entscheidung der Struktur des *Dichlorvinyltrichlorsilans* von AGRE (I, vgl. C. **1950.** I. 1345, u. WAGNER u. PINES, C. **1950.** II. 758) wurde das RAMAN-Spektr. mit geschätzten Intensitäten dieser Substanz u. von *Vinyltrichlorsilan* aufgenommen. Das Spektr. beweist das Vorhandensein von nur einem Isomeren, aus Elektronenbeugungsverss. wird auf die Konst. *trans-α.β-Dichlorvinyltrichlorsilan* für I geschlossen. (J. chem. Physics **21.** 181–82. Jan. 1953. Osaka, Munic. Techn. Res. Inst.) GOUBEAU. D 120

Monique Harrand, *Intensitäten von Raman-Spektren und chemische Struktur.* Im ersten Teil werden die RAMAN-Spektren von Kristallpulvern besprochen, die mit Hilfe einer neuen Versuchsanordnung ermittelt wurden u. die bes. gute Ergebnisse lieferten, wenn die Absorptionsbande der untersuchten Substanz der anregenden Linie nahekommt. Dies gilt für Nitroverbb., von denen folgende untersucht wurden: *2.4-, 2.5-, 3.4-Dichlornitrobenzol, 2.4-, 2.5-, 2.6-, 3.4-, 3.5-Dibromnitrobenzol, 1.2.4-, 1.3.4-, 1.3.5-, 1.5.6-Dinitrochlorbenzol, 1.3.4-Dinitrobrombenzol, 1.3.4-Dinitrojodbenzol* u. *1-Nitro-2-jod-3-chlorbenzol.* Da bei den *Zimtsäuren* (*α-trans, β-trans, cis-42°, cis-58°, cis-68°*) u. *Chalkon* (trans-*57°*) an Stelle der 3 zu erwartenden Linien im Doppelbindungsbereich nur 2 Linien auftraten, wurden zum Vgl. aufgenommen: *Phenylpropionsäure, Benzalmalonsäure, Phenylpropiolsäure, Benzoylpropionsäure, 1.3-Diphenylpropanon-(1), Benzoylphenylacetylen, Benzalacetophenonoxim.* Mit Hilfe dieser Spektren gelingt eine Ausdeutung der Unregelmäßigkeiten. All diese Ergebnisse beweisen, daß die Intensitäten der RAMAN-Spektren sehr stark von der chem. Struktur abhängig sind. Aus den Spektren von *Äthylbenzol, Styrol, Phenylacetylen, Propyl-, Allyl-, Propenylbenzol, α-tert.-Butylstyrol, Butyr-, Croton-, Phenylpropyl-, Zimt-, Phenylpropiolaldehyd,* den *Äthylestern* der *Phenylpropion-, Zimt-, Phenylpropiol-, α-, β-Methyl-, α.β-Dimethyl-, α-, β-Brom-, α-, β-Chlor-, α.β-Dichlorzimtsäure* werden folgende Gesetzmäßigkeiten für die Intensitäten von RAMAN-Spektren abgeleitet: Intensitätssteigerungen sind mit der Ggw. von konjugierten Mehrfachbindungen verknüpft, sie erstrecken sich auf die absol. Intensitäten der RAMAN-Linien u. der RAYLEIGH-Linien u. auf die relativen Intensitäten der Schwingungen von C_6H_5, C=C, C=O u. C≡C, der steigernde Effekt einer Doppelbindung ist größer als der einer Dreifachbindung, er wächst mit der Zahl der konjugierten Bindungen u. wird durch Zwischenschaltung eines gesätt. Radikals gestört. Weiterhin werden für die Schwingungen des Benzolringes Zuordnungen vorgenommen. Zum Schluß wird ein Verf. beschrieben zur Berechnung der Mol.-Polarisierbarkeiten für nichtkonjugierte u. konjugierte Doppelbindungen. Die Rechnungen bestätigen die experimentellen Ergebnisse. (Ann. Physique [12] **8.** 126–68. Jan./Febr. 1953. Sorbonne, Labor. des Rech. phys.) GOUBEAU. D 120

W. M. Sesjulinski, *Intramolekulare Wechselwirkung von Pyrrol mit anderen Verbindungen auf Grund der Absorptionsspektren der Lösungen im nahen Infrarot.* Durch Messungen im Infrarot wird nachgewiesen, daß zwischen den Moll. des *Pyrrols* (**I**) u. jenen des *Acetons* (**II**), *Acetylacetons* (**III**), *Acetessigesters* (**IV**) u. *Pyridins* (**V**) H-Bindungen vom Typus $>$NH···OC$<$ vorhanden sind. Gegenüber dem Absorptionsmaximum (1,46 μ) der NH-Gruppe ist dieses in den Lsgg. von **I** in **II**, **III** oder **IV** um den gleichen Wert verschoben (1,49 μ). Die Verschiebung bei der Bldg. einer derartigen H-Bindung ist vom mol. Verhältnis der reagierenden Verbb. unabhängig. Wird eine Lsg. von **I** in CCl_4 mit steigenden Mengen **II** versetzt, so tritt diese Verschiebung nicht ein, doch verringert sich die Absorptionsintensität bis zu fast völliger Vernichtung; dies zeigt die akt. Rolle eines so „neutralen Lösungsm." wie CCl_4. Die gleiche, aber raschere Vernichtung wird im tern. Syst. **I** + **V** + CCl_4 festgestellt. Geht man von Lsgg. von **I** in CCl_4 zu **I** selbst über, so verschiebt sich das Maximum bei 1,46 nach 1,49 μ. Dies spricht für eine Assoziation der **I**-Moll. im lösungsmittelfreien Zustand, die durch die NH-Gruppen verursacht wird. Bei der Unters. von Lsgg. von **I** + *Phenol* + CCl_4 wurde die Bldg. von H-Bindungen gefunden, an der nur die H-Atome der OH-Gruppe des Phenols beteiligt sind; diese bestehen jedoch nur in Ggw. geringerer Mengen CCl_4 u. werden beim Verdünnen gelöst; hierbei erscheint sowohl das Maximum der NH- als auch dasjenige der OH-Gruppe wieder. (Журнал Физической Химии [J. physik. Chem.] **24.** 1442—49. Dez. 1950. Moskau, Bach-Inst. für Biochem. der Akad. der Wiss. der UdSSR.) v. WILPERT. D 120

E. L. Eliel, *Der Ursprung der sterischen Hinderung bei Cyclohexanderivaten.* Aus der Veresterungsgeschwindigkeit der stereoisomeren Menthole mit p-Nitrobenzoylchlorid (vgl. READ u. GRUBB, J. chem. Soc. [London] **1934.** 1779) konnte geschlossen werden, daß diese Moll. in derjenigen Konstellation reagieren, in der die Oxygruppe eine äquatoriale Stellung besitzt. In starren Moll., z. B. den *trans-Dekalolen,* bei denen die Verschiebung einer Oxy- oder Estergruppe von der polaren in die äquatoriale Stellung nicht möglich ist, wurden bes. große Unterschiede in der Verseifungsgeschwindigkeit von epimeren Estern gefunden. Der Unterschied in der Verseifungsgeschwindigkeit von Estern der epimeren *cis-α-Dekalole,* die beide die Oxygruppe in der äquatorialen Stellung haben, ließ sich durch verschied. ster. Hinderung durch eins der H-Atome in der peri-Stellung erklären. (Experientia [Basel] **9.** 91—93. 15/3. 1953. Notre Dame, Ind., Univ., Dep. of Chem.) L. FISCHER. D 123

Vera Daniel und **Clara Turner,** *Keimbildung in einem Dielektrikum.* (Vgl. C. **1954.** 505.) Vff. berichten über die Unters. der Keimbldg. aus fester Lsg. mit Hilfe dielektr. Messungen an einem kristallinen Gemisch „äquivalenter" Ketone der Zus. $C_mH_{2m}\cdot CO\cdot C_{17-m}H_{35-2m}$. Während der verschied. Stadien der Keimbldg. in einer derartigen instabilen festen Lsg. steigen DK. u. Verlustwinkel an u. gehen durch Maxima. Frühe Stadien der Keimbldg. stellen Nahordnungszustände dar u. sind strukturunempfindlich, während spätere Stadien Ordnungszustände größerer Ausdehnung darstellen u. verhältnismäßig strukturempfindlich sind. (Philos. Mag. [7] **44.** 1371—91. Dez. 1953. British Electric. Res. Assoc.) R. STEIN. D 132

Ernst Fischer, *Elektrische Momente und intermolekulare Wasserstoffbindungen von cyclischen Amiden und Oxazolidonen: Eine Korrektur.* In einer früheren Arbeit (C. **1953.** 5311) war ein die Lage des N–H-Moments bestimmender Winkelwert irrtümlich. Die durch Verwendung des richtigen Winkelwertes bedingten Änderungen werden angegeben. (J. chem. Soc. [London] **1953.** 2836. Sept.) K. L. WOLF. D 132

Frank E. Critchfield, John A. Gibson jr. und **James L. Hall,** *Dielektrizitätskonstanten für das Dioxan–Wasser-System von 20 bis 35°.* Es werden Messungen der DK. an dem Syst. Dioxan–W. angegeben für die Tempp. 20, 25, 30 u. 35° u. Gewichtsprozente Dioxan von 0—100. Die Genauigkeit beträgt ½% —½‰. — Eine verbesserte Meßvorr. wird beschrieben. (J. Amer. chem. Soc. **75.** 1991—92. 20/4. 1953. Rehovoth, Israel, Weizmann Inst. of Sci., u. Morgantown, W. Va., Univ., Dep. of Chem.) K. L. WOLF. D 132

Frank E. Critchfield, John A. Gibson jr. und **James L. Hall,** *Dielektrizitätskonstante und Brechungsindex von 20 bis 35° und Dichte bei 25° für das System Tetrahydrofuran–Wasser.* (Vgl. vorst. Ref.) Es werden Messungen der DK. u. des Brechungsindices für das Syst. Tetrahydrofuran–W. bei Gewichtsprozenten von 0—100 u. Tempp. zwischen 20 u. 35°, sowie der D. bei 25° mitgeteilt. Für die DK.-Messungen wurde im wesentlichen eine früher angegebene App., für die des Brechungsindex ein ABBÉ-Refraktometer verwendet; die D. wurde nach der üblichen Meth. (Pyknometer) gemessen. (J. Amer. chem. Soc. **75.** 6044—45. 5/12. 1953.) K. L. WOLF. D 132

J. Koryta und **P. Zuman,** *Polarographie der Derivate der Barbitursäure.* 1. Mitt. *Die Barbitursäure.* Aus polarograph. Unterss. der *Barbitursäure* (**I**) im p_H-Bereich 3,5—13 ergibt sich die Existenz einer anod. Stufe, deren Halbstufenpotential gegen die Normal-Kalomelelektrode bei einem p_H von 3,5 + 0,23 V u. beim p_H 9,24 —0,08 V beträgt. Die Stufenhöhe ist bei niedrigeren Konzz. der Konz. proportional, bei höheren Konzz. bleibt sie konstant. Der Strom ist anfangs durch die Diffusion der **I** zur Oberfläche der Elektrode begrenzt, die mit dem Hg derselben entstandene Verb. wird jedoch an der Oberfläche der Elektrode adsorbiert u. bewirkt eine Veränderung ihrer Kapazität. Bei Besetzung der Elektrodenoberfläche (bei höheren Konzz., gegebenenfalls bei längeren Tropfdauern) besitzt die Stufe einen Adsorptionscharakter. Im p_H-Bereich von 3,5—6,5 tritt eine schlecht ablesbare positivere Stufe auf. Der Bereich, in welchem die Hauptstufe der Konz. proportional ist, wird durch Verwendung der strömenden Elektrode bedeutend erweitert. (Collect. czechoslov. chem. Commun. **18.** 197—205. April 1953. Prag, Polarograph. Zentralinst.) NIEMITZ. D 142

F. Kohler, *Zur Thermodynamik des Systems Wasser–Triäthylamin.* Es werden die Totaldruckkurven mit einem Hg-Öl-Übersetzungsmanometer bestimmt. Daraus werden die Partialdrucke nach der DUHEM-MARGULESschen Gleichung mit Hilfe numer. Integrationsmeth. errechnet. Die Werte für die freie Mischungsenthalpie u. die Differenz gegen den Idealwert (Zusatzenthalpie) sowie Mischungsenthalpie

u. Zusatzentropie werden berechnet u. tabellar. aufgeführt. Mit Hilfe von Viscositäts- u. Dichtemessungen berechnete Werte der freien Aktivierungsenergie des viscosen Fließens werden mit der additiv aus den Komponenten erhaltenen verglichen u. die Beziehung von EYRING geprüft, nach der bei nichtidealen Mischungen Abweichungen um den Faktor $-{}^{1}/_{2,45}\,\Delta F_{Zusatz}$ zu erwarten sind. Es wird eine Vorzeichendiskrepanz festgestellt. (Mh. Chem. **82.** 913—25. 1951. Wien, Univ., I. chem. Labor.)
W. KAUFMANN. D 146

C. Paquot und **L. Durrenberger,** *Untersuchung ternärer Fettsäuremischungen.* 5. Mitt. *Erstarrungspunkte von Gemischen aus Palmitin-, Stearin- und Ölsäure.* (4. vgl. C. **1951.** II. 1679.) In Fortsetzung der früheren Arbeiten werden nach der dort mitgeteilten Bestimmungsmeth. die EE. des Syst. *Palmitin* (**I**)-, *Stearin* (**II**)- u. *Ölsäure* (**III**) in bin. u. tern. Mischungen untersucht. — Die verwendeten Säuren werden bes. gereinigt u. die EE. in 2 Tabellen (**I** u. **III**, **II** u. **III** in 20 verschied. Mischungsverhältnissen zwischen 0—100%) u. 4 Diagrammen wiedergegeben. — *Palmitinsäure* (**I**), F. 62,6°, E. 61,9°. — *Stearinsäure* (**II**), F. 69,2°, E. 68,7°, durch Dest. einer C_{18}-Fraktion, Hydrierung in Ggw. von Ni–Cu, Filtration aus Acetonlsg. u. wiederholte Kristallisation daraus. — *Ölsäure* (**III**), F. 13,4°, E. 12,3°, nach WHEELER u. RIEMENSCHNEIDER (Oil and Soap **16.** [1939.] 207) aus Olein über den Methylester u. dessen fraktionierte Kristallisation aus Aceton bei —37°, dann bei —60°, Verseifung u. Rekristallisation aus Aceton bei —40°. — Das tern. Gemisch **I-II-III** zeigt bei 10,3 ±0,1% ein Eutektikum der Zus. (±0,2%): 4,2% **I**, 0,8% **II**, 95% **III**. (Bull. Soc. chim. France, Mém. [5] **18.** 350—53. Mai/Juni 1951. Bellevue, C. N. R. S., Labor. des Corps gras.)
ROTTER. D 150

C. Paquot und **J. Mercier,** *Untersuchung ternärer Fettsäuremischungen.* **6.** Mitt. *Erstarrungspunkte von Gemischen aus Stearin-, Öl- und Linolsäure.* (5. vgl. vorst. Ref.) In gleicher Weise wie vorher werden die Gemisch-EE. von *Öl-* (**I**) u. *Linol-* (**II**), sowie von *Stearinsäure* (**III**) u. **II** festgestellt (2 Tabellen für 24 Mischungsverhältnisse zwischen 0 u. 100%). **I** u. **II** besitzen bei —12,3° ein Eutektikum mit 25,9 Gew.-% **I**, **II** u. **III** eines bei —7,1° mit 1,1% **III**. — Die tern. Gemische zeigten kein Eutektikum; überschreitet der **II**-Geh. 10%, dann ist der E. fast nur noch vom **III**-Geh. abhängig, eine Änderung im **I-II**-Verhältnis bringt kaum Schwankungen der EE. mit sich. — 5 Diagramme. (Bull. Soc. chim. France, Mém. [5] **18.** 353—55. Mai/Juni 1951.)
ROTTER. D 150

Stanley Tannenbaum, *Die Si–C-Bindungsenergie in Alkylsilanen.* (Vgl. HUGGINS, C. **1954.** 486.) Vf. berechnet die Bildungswärme verschied. Alkylsilane u. die Si–C-Bindungsenergie in diesen Verbb. aus Verbrennungswärmen (TANNENBAUM u. Mitarbeiter, C. **1954.** 4830) u. den Dissoziationsenergien in Atomen a) für C = 170 kcal/Mol ($\Delta H_{Bldg.}$ C_2H_4 (g) = —12,5 kcal/Mol, C—H-Energie 98,1 kcal/Mol; GILMAN u. DUNN, Chem. Reviews **52.** [1953.] 77) u. b) für Si = 88,0 kcal ($\Delta H_{Bldg.}$ SiH_4 (g) = —14,8 kcal/Mol; THOMPSON, J. chem. Soc. [London] **1953.** 1908). Die Abhängigkeit der Si–C-Bindungsenergie von der an Si gebundenen Alkylgruppe wird diskutiert. — $(CH_3)_2SiH_2$, $\Delta H_{Bldg.}$ (fl.) = —47 kcal/Mol, $\Delta H_{Bldg.}$ (g) = —42 kcal/Mol, Si—C-Bindungsenergie, (kcal/Mol) berechnet nach a) 76, nach b) 72. — (Für alle folgenden Verbb. in gleicher Anordnung): $(CH_3)_3SiH$ —66, —60, 76, 74. — $(CH_3)_4Si$ —75, —69, 74, 72. — $C_2H_5 \cdot SiH_3$ —26, —21, 64, 61. — $(C_2H_5)_2SiH_2$ —43, —36, 66, 65. — $(C_2H_5)_3SiH$, —47, —39, 62, 63. — $(C_2H_5)_4Si$ —47, —37, 59, 60. — *Iso*-$C_4H_9SiH_3$ —31, —24, 52, 56. — *n*-$C_4H_9 \cdot SiH_3$, —32, —14, 52, 56. — $CH_2{=}CHSiH_3$ +1, +6, 71, 63. — $(CH_3)_2Si(n\text{-}C_3H_7)_2$, —50, —41, 60, 61. (J. Amer. chem. Soc. **76.** 1027. 20/2. 1954. Cleveland, O., Nat. Advisory Comm. for Aeronautics, Lewis Flight Propulsion Labor.) G. WINKLER. D 155

Heinrich Hock und **Gerhard Knauel,** *Autoxydation von Kohlenwasserstoffen.* 14. Mitt. *über die energetische Stellung organischer Hydroperoxyde.* (13. vgl. C. **1953.** 9468.) Vff. bestimmen die Verbrennungswärme V (in kcal/Mol) folgender Verbb. in einer BERTHELOT-MAHLERschen Bombe: *Tetralin* V 1334,1, *Tetralinhydroperoxyd* (**I**), V 1319,3, *α-Tetralol,* V 1292,7, *α-Tetralon,* V 1232,0, *ac-1-Methyltetralin,* V. 1496,6, *ac-1-Methyltetralinhydroperoxyd-(1)* (**II**), V 1475,2, u. *ac-1-Methyltetralol-(1),* V 1454,4. Da die V der Hydroperoxyde zwischen denen des KW-stoffes u. des Alkohols liegt, sind sie energet. als prim. Oxydationsprodd. der KW-stoffe aufzufassen, die unter O-Abgabe in exothermer Rk. in die energieärmeren Alkohole übergehen, wobei im allg. ein O-Acceptor vorhanden sein muß, da eine O_2-Abspaltung ROOH → ROH + ½ O_2 in größerem Umfang nur dann stattfindet, wenn die energet. bevorzugte Bldg. einer C=O-Gruppe konstitutionell ausscheidet. Mit Hilfe einiger aus der Literatur bekannter Energiewerte wird die Bindungs- bzw. Trennungsenergie ROOH → R + OOH für **I** zu —72,8 kcal u. für **II** zu —77,4 kcal berechnet. Der Vers., V aus der

Mol.-Refr. nach V/Mol.-Refr. = Qu (Qu = konstant) zu berechnen, mißlingt. (Chem. Ber. **84**. 1—4. 1951. Clausthal, Bergakademie, Inst. für Brennstoffchemie.) REISNER. D 156

D. A. Posspechow, *Über die Viscosität von metameren Verbindungen.* Die auf Grund von Literaturdaten für die Viscosität (η) aufgenommenen Kurven log η als Funktion von 1/T für verschied. Äther u. Ester sind Geraden, deren Verlängerungen in das Gebiet höherer Tempp. sich prakt. in einem Punkt schneiden. Dieser liegt weit jenseits der krit. Tempp. der einzelnen Verbb., bei den Äthern bei 950° u. bei den Estern bei 725°; einen physikal. Sinn haben diese Punkte nicht. Sowohl bei den Äthern als auch bei den Estern einer homologen Reihe bewirkt die Metamerie (z. B. *Diäthyläther* u. *Methylpropyläther oder Methylacetat* u. *Äthylformiat*) keine Abweichung von diesem allg. Verhalten. Auch bei den angezogenen Alkoholen werden Geraden erhalten; diese schneiden sich aber nicht in einem Punkt. — Außer den vorst. angegebenen Verbb. werden behandelt: *Dipropyl-, Äthylpropyl-, Methylisobutyl-, Äthylisobutyl-, Di-n-butyl-, Diisobutyl-* u. *Di-n-amyläther; Methylformiat, Methylpropionat, Methyl-n-butyrat, Äthylacetat, n-Propylacetat, Methylisobutyrat* u. *Äthylpropionat; Isoamylalkohol, 2-Methylbutanol-(1)* u. *Dimethyläthylcarbinol.* (Журнал Прикладной Химии [J. angew. Chem.] **23**. 285—87. März 1950. Kiew, Inst. für Forstwirtschaft.) LEBTAG. D 172

Per Andersen und **O. Hassel,** *Kristallstruktur von 1x.3x.5-Triaminocyclohexandihydrat und dem Dihydrat und Diammoniakat von α-Phloroglucit.* Einkristalle von *1x.3x.5-Triaminocyclohexandihydrat* (I; Hydrat gibt bei 65° Kristallwasser ab, F. des Amins 148°) wurden röntgenograph. untersucht. Die Struktur entspricht der von *α-Phloroglucitdihydrat.* Gitterkonstanten aus WEISSENBERG- u. Drehkristallaufnahmen: a = 12,40 Å, b = 8,91 Å, c = 8,62 Å. Raumgruppe R3c. Der Abstand zwischen 2 Wassermoll., die durch eine Wasserstoffbindung miteinander verbunden sind, ist in beiden Verbb. derselbe (2,76 Å). In **I**-Verb. ist der N—H—O-Wasserstoffbindungsabstand 2,93 Å. Ein Modell des **I**-Mol. ergibt genau tetraedr. Valenzwinkel, einen C—C-Abstand von 1,54 Å u. einen C—N-Abstand von 1,47 Å. Strukturparameter wurden aus WEISSENBERG-Aufnahmen berechnet. Der Diskrepanzfaktor betrug 0,19. *α-Phlorogluci diammoniakat* liefert bei der röntgenograph. Unters. zu geringe Intensitäten zur genauen Strukturbestimmung. (Acta chem. scand. **5**. 1349—55. 1951. Oslo, Univ., Chem. Inst.) DORNBERGER. D 195

B. S. Basak und **D. R. Dasgupta,** *Eine röntgenographische Untersuchung von kristallinem Andrographis.* Goniometr. u. röntgenograph. wurde *Andrographis,* ein kristallines Bitterprinzip von Andrographis Paniculata (Kalomegh) der Zus. $C_{20}H_{30}O_5$ untersucht. Goniometr. wurde monokline Symmetrie festgestellt. Dreh- u. WEISSENBERG-Aufnahmen ergaben die Zelldimensionen a = 6,530 Å; b = 8,036 Å; c = 19,53 Å; β = 97°10′; Z = 2. Mögliche Raumgruppen sind $C_2^2 - P2_1$ oder $C_{2h}^2 - P2_1/m$, von denen die letztere auf Grund ster. u. chem. Betrachtungen ausgeschlossen werden konnte. (Indian J. Physics Proc. Indian Assoc. Cultivat. Sci. **26**. 539—42. Nov. 1952. Calcutta, Indian Assoc. for Cultivat. of Sci., Dep. of X-Rays and Magnetism.) GOTTFRIED. D 195

G. B. Kistiakowsky und **A. Gordon Nickle,** *Äthan–Äthylen- und Propan–Propylen-Gleichgewichte.* Vff. bestimmen die Gleichgewichtskonstanten der Rkk. a) $C_2H_6 \rightleftharpoons C_2H_4 + H_2$ u. b) $C_3H_8 \rightleftharpoons C_3H_6 + H_2$ über einem red. Chromhydroxydkatalysator unter Anbringen von Korrekturen für Neben-Rkk. zu: a) $5{,}13 \pm 0{,}13 \cdot 10^{-4}$ at bei 723,2° K, $4{,}04 \pm 0{,}17 \cdot 10^{-5}$ at bei 653,2° K; b) $5{,}17 \pm 0{,}15 \cdot 10^{-4}$ at bei 648,2° K, $3{,}67 \pm 0{,}17 \cdot 10^{-5}$ at bei 583,2° K. Die mit statist. Methoden aus Mol.-Konstanten u. den calorimetr. Reaktionswärmen berechneten Gleichgewichtskonstanten sind für a) in ausgezeichneter, für b) in weniger guter Übereinstimmung mit vorst. Werten. — Als beste Werte für die Hydrierwärmen von C_2H_4 u. C_3H_6 bei 298° K werden von Vff. angenommen: $\Delta H_{C_2H_4} = -32600 \pm 50$ cal, $\Delta H_{C_3H_6} = -29850 \pm 50$ cal. — Die experimentelle Durchführung der Unters. wird ausführlich beschrieben; die bisherigen Ergebnisse anderer Autoren werden krit. beleuchtet u. vorst. Daten gegenübergestellt. — Diskussion. (Discuss. Faraday Soc. Nr. **10**. 175—87. 1951. Cambridge, Mass., Harvard Univ., Dep. of Chem.; Gibbs Chem. Labor.) G. WINKLER. D 221

J. I. De Jong, J. De Jonge und **H. A. K. Eden,** *Bildung von Trimethylolharnstoff.* In konz. wss. Lsgg. in Ggw. eines Überschusses an Formaldehyd (I) werden mehr als 2 Methylgruppen an das Harnstoffmol. (II) angelagert. Die Gleichgewichtskonstante der Bldg. von Trimethylolharnstoff (III) wurde berechnet. Nach der von Vff. (Recueil Trav. chim. Pays-Bas **71**. [1952.] 840 u. früher) beschriebenen Meth. wurden die Konstanten bei Anwesenheit von 2 Mol II u. 6—8 Mol I gemessen. Für 35°

u. p_H 7 (Phosphatpuffer) werden als Gleichgewichtskonstante des 3. Teilschnittes, der Bldg. von **III** aus Dimethylolharnstoff, 1,2 Mol/Liter u. als Geschwindigkeitskonstante der Hin-Rk. $\sim 0{,}1 \cdot 10^{-5}$ Liter/Mol·Sek. abgeschätzt. Das Verhältnis der Reaktionsgeschwindigkeiten für den Eintritt der ersten, zweiten u. dritten Methylolgruppen in das Harnstoffmol. ist ca. $1 : {}^1/_3 : {}^1/_9$. (Recueil Trav. chim. Pays-Bas **72**. 88—90. Jan. 1953. Erratum: **73**. 118. Febr. 1954. Eindhoven, Holland, N. V. Philips' Gloeilampenfabrieken, Philips Res. Labor. and Philite Works.) QUAST. D 221

W. Schlenk, *Die Struktur der Harnstoffadditionsverbindungen.* Unter Bezugnahme auf eine gleichnamige Arbeit von SMITH (vgl. Acta crystallogr. [Copenhagen] **5**. [1952]. 224) stellt Vf. fest, daß die Entdeckung der Harnstoffaddition geradkettiger Verbb. bereits 1939 von BENGEN erfolgt ist, u. daß zusammenfassend über die späteren Untersuchungsergebnisse von BENGEN u. SCHLENK (vgl. Experientia [Basel] **5**. [1949.] 200) berichtet worden ist. (Acta crystallogr. [Copenhagen] **6**. 670. 10/7. 1953. Ludwigshafen/Rh., Bad. Anilin- u. Soda-Fabrik.) GOTTFRIED. D 223

Per Ekwall und **Kaapo Passinen,** *Untersuchungen über die Wechselwirkung paraffinkettiger Alkohole und assoziierter Kolloide.* 1. Mitt. *Die Löslichkeit von Decanol-(1) in Natriumoleat- und Natriummyristinsulfatlösungen oberhalb der kritischen Micellkonzentration.* Die Zunahme der Löslichkeit von *Decanol-(1)* (**I**) durch Na-Oleat- u. Na-Myristinsulfatlsgg. verschied. Konz. wird untersucht. Die Löslichkeit steigt proportional der Seifenkonz. an bis auf einen Konzentrationsbereich von 0,12 bis 0,18 mol., in dem der Anstieg steiler ist. Der Alkohol bildet wahrscheinlich mit der Seife eine Micelle, bei der die Randschichten hauptsächlich vom Alkohol aufgebaut sind, so daß die Micellenoberfläche weniger hydrophil ist. Die Löslichkeit von **I** ist bei einer Sulfatendgruppe größer als bei einer Carboxylendgruppe. Sie nimmt mit abnehmender Länge der Paraffinkette des Assoziationskoll. (vgl. C. **1952**. 3304) zu. (Acta chem. scand. **7**. 1098—1104. 1953. Abo, Akademi, Inst. of Phys. Chem.) v. SCHIESZL. D 224

R. D. Anderson, S. Davison und **M. Burton,** *Die Reaktion von Methylradikalen mit Wasserstoff.* Vff. diskutieren die in der älteren Literatur (1930—1938) angegebenen Werte der Aktivierungsenergie für die Rk. $CH_3\cdot + H_2 \rightarrow CH_4 + H$ u. weisen auf die Fehlermöglichkeiten hin, die den einzelnen Messungen anhaften. Neuere, noch nicht veröffentlichte Unterss. von ANDERSON u. TAYLOR [Photolyse von $Cd(CH_3)_2$ in Ggw. von H_2] u. DAVISON u. BURTON (Hochtemperaturphotolyse von Acetaldehyd in Ggw. von D_2 u. von Aceton mit D_2 u. H_2/D_2) führen bei Ausschaltung von Einflüssen durch Reaktionsordnung, heiße Radikale, Oberflächeneffekte u. Unsicherheiten in bezug auf Elementar-Rkk. zu Werten von $E \cong 13$ **kcal** u. einem ster. Faktor $S \cong 10^{-2}$. Ersterer Wert ist in Übereinstimmung mit den aus den besten Werten für die Aktivierungsenergie der umgekehrten Rk. $H + CH_4 \rightarrow CH_3\cdot + H_2$, u. den entsprechenden Bindungsdissoziationsenergien berechneten Daten. — Diskussion. (Discuss. Faraday Soc. Nr. **10**. 136—43. 1951. Notre Dame, USA, Univ.. Dep. of Chem.) G. WINKLER. D 225

M. Szwarc, *Die thermische Stabilität und Reaktivität von Kohlenwasserstoffradikalen.* Vf. berechnet die Bindungsdissoziationsenergien der nachst. KW-stoffradikale u. diskutiert die Abhängigkeit dieser Werte von der Radikalstruktur: $D(\cdot CH_2{-}CH_2{-}H = 38$ kcal/Mol), $D[\cdot CH_2{-}CH(CH_3){-}H = 39]$, $D[\cdot CH_2{-}CH(C_2H_5){-}H = 40]$ $D(CH_3{-}\dot{C}H{-}CH_2{-}H = 45)$, $D[\cdot CH_3{-}\dot{C}(CH_3){-}CH_2{-}H = 46)$, $D(\cdot CH_2{-}CH_2{-}CH_3 = 25)$, $D(\cdot CH_2{-}CH_2{-}C_2H_5 = 26)$, $D[\cdot CH_2{-}C(=CH_2){-}H = 68)$ u. $D[\cdot CH_2{-}C(=CH_2){-}CH_3 = 57]$. Die therm. Stabilität von KW-stoffradikalen ist proportional der entsprechenden Bindungsdissoziationsenergie, sie nimmt zu, wenn das Radikal durch Resonanz stabilisiert wird, oder wenn die Zers. der Radikale nicht zur Bldg. einer Doppelbindung führen kann; eine große therm. Stabilität wäre nach Vff. zu erwarten für folgende Radikale: $C_6H_5\cdot$, $(C_6H_5)_2CH\cdot$, $(C_6H_5)_3C\cdot$, **I**, β-Naphthylmethyl, $CH{\equiv}C{-}CH_2^{\bullet}$. — Verschied. Reaktionstypen von Radikal-Rkk. werden behandelt (Dimerisation, Disproportionierung u. Rk. mit Moll.), besondere Beachtung wird dem Problem der Abstoßungskräfte bei „metathet." Rkk. der Art $R + XR^* \rightarrow RX + R^*$ gewidmet. Vf. zeigt, daß aus dem Verlauf der verschied. Abstoßungspotentialkurven die Aktivierungsenergie der Rkk. berechnet werden kann. — Das Problem der temperaturunabhängigen Faktoren wird untersucht. Es wird festgestellt, daß die experimentellen Ergebnisse gut durch die Übergangszustandstheorie erklärt werden können (experimentelle PZ-Werte für die Rk. $RH + CH_3^{\bullet} \rightarrow R^{\bullet} + CH_4$ $1{,}6 \cdot 10^{11}$ bis $6{,}4 \cdot 10^{12}$, berechnet $\sim 10^{11}{-}10^{12}$). — Diskussion. (Discuss. Faraday Soc. Nr. **10**. 143—54. 1951. Manchester, Univ., Chem. Dep.) G. WINKLER. D 225

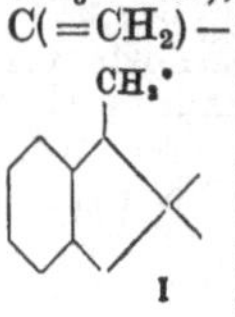

I

Melvin S. Newman, *Einige Beobachtungen über sterische Faktoren.* Vf. stellt eine empir. Regel auf, mit deren Hilfe es gelingt, den Grad der ster. Hinderung bei Additionen an Doppelbindungen abzuschätzen. Die Regel besagt, daß bei Anlagerungen an eine Doppelbindung die ster. Hinderung um so größer sein wird, je größer die Anzahl der Atome in **6**-Stellung (Numerierung s. nebenst. Formel **II**) ist. Vf. nennt seine Regel die Sechserregel (rule of six) u. die Anzahl der Atome in **6**-Stellung die Sechserzahl (six number). Als Diskussionsgrundlage wählt er die durch Säuren katalysierte Veresterung von Carbonsäuren mit Methanol. Bei Essig- u. Propionsäure ist die Veresterungsgeschwindigkeit prakt. gleich. Bei Buttersäure (I) fällt sie deutlich ab, um dann bei höheren n. Fettsäuren konstant gleich der von I zu bleiben. Induktive oder Hyperkonjugationseffekte können daher keine wesentliche Rolle spielen, sondern nur sterische. Unter Annahme einer aufgerollten Struktur von **I** (vgl. SMITH u. MCREYNOLDS, J. Amer. chem. Soc. **61.** [1939.] 1963) zeigt sich, daß die H-Atome der endständigen Methylgruppe in die Nähe der Carboxylgruppe kommen u. in dieser Stellung die Annäherung des Alkohols in einer Richtung hindern können. Die Verzweigung am α-C-Atom spielt natürlich eine wesentliche Rolle, doch treten weit größere Effekte in Säuren auf, die in **6**-Stellung 9 oder mehr Atome enthalten. So verestert die tri-α-substituierte Trimethylessigsäure (Sechserzahl 0) 30 mal langsamer als Essigsäure, während die disubstituierte Diäthylessigsäure (Sechserzahl 6) über 100 mal langsamer reagiert. Bei der Diisopropylessigsäure (Sechserzahl 12), deren Veresterungsgeschwindigkeit zwar noch nicht gemessen ist, muß sie aber nach der hierbei auftretenden Schwierigkeiten (v. BRAUN u. FISCHER, Ber. dtsch. chem. Ges. **66.** [1933.] 101) extrem niedrig sein. Auch auf die Verseifung der Ester ist die Sechserregel unter Einbeziehung des Alkohols anwendbar. Vf. macht bes. darauf aufmerksam, daß die Konst. des zur Veresterung benutzten Alkohols eine wesentliche Rolle auf die Reaktionsgeschwindigkeit ausübt. Der Effekt kann sogar größer sein, als eine Verzweigung in α-Stellung bei der Säure. So ist die Verseifungsgeschwindigkeit von Methylbenzoat (Sechserzahl 0) 680 mal größer als die von tert.-Butylbenzoat u. 1840 mal größer als die von tert.-Amylbenzoat. Es besteht allerdings die Möglichkeit, daß die beobachteten Effekte nicht allein durch ster. Faktoren bedingt sind. In der aromat. Reihe vermag die Sechserregel die vorliegenden Tatsachen nur ungenügend erklären (vgl. KADESCH, C. **1945.** II. 769). Vf. zeigt weiterhin, daß auch die Schwierigkeiten bei der Oxydation des asymm. Dineopentyläthylens (Sechserzahl 18) u. die verschieden große Reaktionsfähigkeit der Doppelbindung zwischen den C-Atomen 22 u. 23 u. der zwischen $C_{(5)}$ u. $C_{(6)}$ im Stigmasterin durch die Sechserregel zu erklären sind. (J. Amer. chem. Soc. **72.** 4783—86. Okt. 1950. Columbus, O., State Univ., Chem. Labor.) GRALHEER. D 225

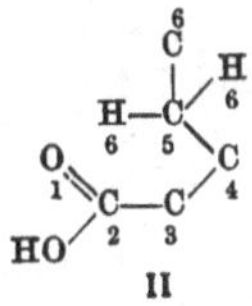

II

Kurt L. Loening, A. B. Garrett und **Melvin S. Newman,** *Sterische Effekte.* 2. Mitt. *Säurekatalysierte Veresterung.* (1. vgl. vorst. Ref.) Vff. messen die Veresterungsgeschwindigkeit verzweigter aliphat. Carbonsäuren, um zu einer Verfeinerung der Sechserregel (vgl. vorst. Ref.) zu kommen. Sie zeigen, daß Verzweigung in der β-Stellung (hier ändert sich die Sechserzahl) die größte ster. Hinderung hervorruft. Geringeren Einfl. haben Verzweigungen in der α- u. einen noch kleineren solche in der γ-Stellung. Sie zeigen ferner, wie bei gleichbleibender Sechserzahl sich Verzweigungen in der α- u. γ-Stellung bemerkbar machen. Erreicht die Zahl der Atome in **6**-Stellung schließlich die Zahl 12, so resultieren Säuren, deren Veresterungsgeschwindigkeit so gering ist, daß man sie bei 40° nicht mehr messen kann.

Versuche [Zahlen in ( ) bedeuten das Verhältnis der Veresterungsgeschwindigkeit von Essigsäure zu der der betreffenden Säure bei 40°]: *tert.-Butylessigsäure,* $Kp._{26}$ 95—96°, aus Methylneopentylketon mit Na-Hypobromit (42,7). — *Äthylisopropylessigsäure,* Kp. 202,5—203,5°, durch Malonestersynth. (1692). — *tert.-Butylmethylessigsäure,* F. 51—52° (W.-Methanol), aus 4.4-Dimethyl-3-brompentanon-(2) mit alkoholfreiem Na-Methylat (1616). — *tert.-Butyldimethylessigsäure,* F. 197 bis 198° (PAe.), nach GRIGNARD aus 2.3.3-Trimethylbutylchlorid-(2) mit CO_2; 7,2% (7765). — *Neopentylessigsäure,* $Kp._{150}$ 159°, aus tert.-Butylessigsäure nach ARNDT-EISTERT (2,16). — Ferner wurden untersucht: *tert.-Butyläthylessigsäure,* F. 76—77°, aus Aceton (nicht meßbar). — *γ-Äthyl-δ.δ-dimethylhexansäure,* $Kp._{10}$ 142° (9,85). — *Methylneopentylessigsäure,* $Kp._{730}$ 217° (65,0). — *Dimethylneopentylessigsäure,* F. 44 bis 45° (W.-Methanol) (303). — *Dineopentylessigsäure,* F. 88—91° (W.-Methanol) (1150). — *tert.-Butylmethylneopentylessigsäure,* F. 123—127° (W.-Methanol) (nicht meßbar). (J. Amer. chem. Soc. **74.** 3929—31. 5/8. 1952.) GRALHEER. D 225

B. B. Corson, Julian Dorsky, J. E. Nickels, W. M. Kutz und **H. I. Thayer,** *Dimerisation von Styrol in Gegenwart und Abwesenheit eines Lösungsmittels.* Vff. untersuchten bei n. Druck die Dimerisation von *Styrol* (**I**), a) bei 200° am SiO_2-Katalysator im Dampfstrom, b) 8 Std. am Rückfluß unter Rühren mit 56%ig. H_2SO_4, c) in n-Heptan als Lösungsm. mit 71%ig. H_2SO_4 14 Std. wie b), d) in Bzl., sonst wie c), e) in Äthylbenzol, sonst wie c), f) wie e), aber mit H_3PO_4-Aktivkohle bei 140°. Gesätt. u. ungesätt. Prodd. wurden durch Dest. getrennt. Neben ungesätt. Verbb. [*1.3-Diphenylbuten-(1)*] wurden in Übereinstimmung mit SPOERRI u. ROSEN (C. **1951**. II. 518) *cis-* u. *trans-rac.-1-Methyl-3-phenylindan* vom F. 9,5° (**IIa**) bzw. F. 25,5° (**IIb**) gefunden. Bei d) entstand außerdem durch Alkylierung *1.1-Diphenyläthan*, bei e) u. f) *1-[p-Äthylphenyl]-1-phenyläthan* (**III**). Die Konst. von **IIa** u. **IIb** sowie von **III** wurde durch Oxydation zu o-Acetylbenzophenon u. o-Benzoylbenzoesäure (aus **II**) bzw. p-Benzoylbenzoesäure (aus **III**) sowie durch ihre Infrarotspektren erhärtet, zur analyt. Best. eigneten sich die Unterschiede der Spektren von **IIa** u. **IIb** bei 13,64 μ. Nur **IIb** wurde direkt aus dem Reaktionsprod. durch Ausfrieren mit Trockeneis aus PAe. in 10% Ausbeute u. 95% Reinheit erhalten; **IIa** wurde aus Zimtsäure über $\beta.\beta$-Diphenylpropionsäure, 3-Phenylindanon-(1) u. 1-Methyl-3-phenylinden synthetisiert. **IIa** konnte mit $AlCl_3$ (71 Std. bei n. Temp.) in eine Mischung aus **IIa** u. **IIb** übergeführt werden. Es wird vermutet, daß in Äthylbenzol sich auch etwas *1-[o-Äthylphenyl]-1-phenyläthan* (**IV**) gebildet hatte. — Die Infrarotspektren von **IIa, IIb, III** u. **IV** sind angegeben.

Versuche (FF. korr.): *1.1-Diphenyläthan*, Kp.$_{20}$ 146°, aus Acetophenon u. C_6H_5MgBr über 1.1-Diphenyläthanol, Dehydratisierung u. Hydrierung; n_D^{20} 1,5725; $D.^{20}_4$ 0,9993; 70% (Ausbeute). — *1-Methyl-3-phenylinden*, $C_{16}H_{14}$, F. 63—64° (Methylcellosolve), aus Zimtsäure u. Bzl. mit $AlCl_3$) → 87% *β.β-Diphenylpropionsäure*, F. 153,5—154,5°, → *Säurechlorid*) Cyclisierung mit $AlCl_3$ (→ 74% *3-Phenylindanon*, gelbe Kristalle aus Methanol, F. 76,5—77,5°), dann Einw. von CH_3MgJ u. Dehydratisierung; 80%; *Monobromderiv.*, $C_{16}H_{13}Br$, F. 94—95° (Methanol). — *1-Methyl-3-phenylindan* (**IIa**), $C_{16}H_{16}$, F. 9,5°, Kp.$_{12}$ 157°, Kp.$_{20}$ 172,5°, aus vorst. Verb. durch Hydrierung bei 55° u. 100 at H_2 mit Ni; n_D^{20} 1,5809; $D.^{20}_4$ 1,0230; 90% in 95%ig. Reinheit (Schmelzkurve). — *1-[p-Äthylphenyl]-1-phenyläthan* (**III**), $C_{16}H_{18}$, Kp.$_{20}$170°, aus p-Äthylacetophenon u. C_6H_5MgBr (→ *1-[p-Äthylphenyl]-1-phenyläthanol*), Dehydratisierung mit A.-HCl (→ 72% *1-[p-Äthylphenyl]-1-phenyläthylen* [Kp.$_{20}$ 177°; n_D^{20} 1,5921; $D.^{20}_4$ 0,9955]), Hydrierung in Cyclohexan bei 55° u. 100 at H_2 mit Ni; n_D^{20} 1,5605; $D.^{20}_4$ 0,9746; 67%. — *1-[o-Äthylphenyl]-1-phenyläthan* (**IV**), $C_{16}H_{18}$, Kp.$_{20}$ 165°, aus Acetophenon u. o-Äthylphenyl-MgJ über *1-[o-Äthylphenyl]-1-phenyläthanol* u. Dehydratisierung zu *1-[o-Äthylphenyl]-1-phenyläthylen* [Kp.$_{20}$ 162,5°; n_D^{20} 1,5861; $D.^{20}_4$ 0,9977; 24%] u. Hydrierung; n_D^{20} 1,5650; $D.^{20}_4$ 0,9856; 13%. — *o-Benzoylbenzoesäure*, F. 129—130° (Bzl.-Cyclohexan), aus **IIa** oder **IIb** durch Chromsäureoxydation; daneben *o-Acetylbenzophenon*, $C_{15}H_{12}O_2$, F. 99—100° (n-Hexan). — *p-Benzoylbenzoesäure*, F. 198,5—199,5° (Toluol), durch Oxydation von **III** mit wss. Chromsäure; 87%; bzw. mit Chromsäure-Eisessig 17%, dabei 85% (?) *p-Methylbenzophenon*, $C_{14}H_{12}O$, F. 85,5—86,5° (n-Hexan). — *Verb.* $C_{16}H_{16}O_2$ (vermutlich ein Indandiol), F. 154—155° (Cyclohexan), entstand neben anderen Prodd. bei der $KMnO_4$-Oxydation der Prodd. aus e). (J. org. Chemistry **19**. 17—26. Jan. 1954. Pittsburgh, Pa., Koppers Co., Inc.) GNAUCK. D 225

E. Cerutti und **J. Martinet**, *Die quadratischen Nickelkomplexe und die Synthese des Cyclooctatetraens.* Theoret. Betrachtung zur Entstehung von *Cyclooctatetraen* durch Tetramerisierung von Acetylen in Ggw. von Ni-Komplexkatalysatoren. — Diese Ni-Komplexe besitzen quadrat. Struktur. Am Beispiel des $Ni(CN)_4$ erläutern Vff. diese Abweichung von der n. tetraedr. Form. *$Ni(CN)_4$* kann, um Kryptonstruktur anzunehmen, ein Cyanion in der Form $-\overset{|}{\underset{|}{Ni}}=C=N^+$ binden, in welchem das N-Atom nur von 6 Elektronen umgeben ist, also eine Elektronenlücke aufweist. Da jedoch diese eine Doppelbindung zum Ni neben den anderen einfachen Bindungen nicht bestehen wird, kann angenommen werden, daß Resonanz besteht, die mit einer Abflachung des Mol. verbunden ist. Das Ni(CN)-Mol. wird daher nicht in tetraedr., sondern quadrat. Form vorliegen. — Die Analogie zwischen $-C{\equiv}N$ u. $-C{\equiv}CH$ läßt erwarten, daß die erste Gruppe im Ni-Komplex durch die zweite ersetzt werden kann. Durch Anwendung eines epoxyd. Katalysators, wie z. B. des Tetrahydrofurans (**I**), wird dies erleichtert. Bei der quadrat. Besetzung des Ni-Atoms mit 4 $-C{\equiv}CH$-Gruppen sind diese in reakt. Zustand u. können sich leicht miteinander zu einem oktagonalen Mol vereinigen. Das **I** hat dabei außer seiner Rolle, die Elektronenlücke zu füllen, noch dank der Basizität seines Epoxysauerstoffs die Fähigkeit, die H-Ionen des Acetylens zu binden, um die Bldg. der $-C{\equiv}CH$-Ionen zu begünstigen. Dieses H^+ wird jedoch wiederum leicht an den C-Komplex zur Bldg. des Cyclooctatetraens abgegeben. (Bull. Soc. chim. France, Mem. [5] **17**. 1134. Nov./Dez. 1950.) ROTTER. D 225

Max Mousseron, François Winternitz und **Georges Rouzier,** *Beitrag zur Untersuchung der Orientierungsregel von Alder.* Für den bei einer Diensynth. entstehenden %-Satz T_1 des Isomeren **I** (z. B. *exo-cis-*) gilt, wie Vff. empir. fanden: $T_1 = 757\ D_2/(D_1 + D_2) - 328$, wo D_1 bzw. D_2 die bei der Bldg. der Isomeren **I** bzw. **II** (z. B. *endo-cis-*) auftretenden Summen der Entfernungen zwischen Doppelbindungen bedeuten. Nach dieser Regel kann man größenordnungsmäßig die Verhältnisse der bei Dien-Rkk. entstehenden Isomeren abschätzen. — Einw. von Br_2 in Chlf. auf das Säuregemisch, das aus Cyclopentadien u. Phenylmaleinsäureanhydrid entsteht, liefert eine *dibromierte Disäure* u. ein *saures Bromlacton* (F. 173—176°; 30% Ausbeute),

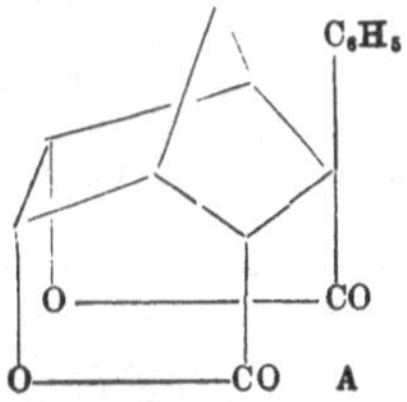

A

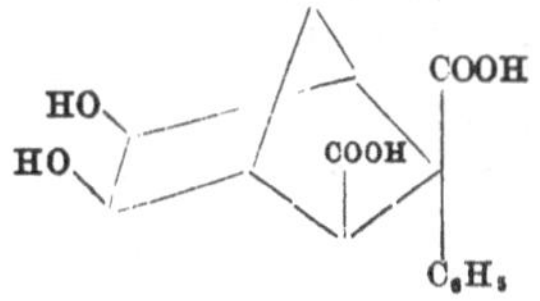

B

das nach Hydrolyse mit 25% alkoh. KOH in ein *Dilacton* **A** (F. 224—225°) übergeht, welches der *endo-cis*-Form entspricht. Das *exo-cis*-Isomere liefert eine *Dioxydisäure* **B**. (C. R. hebd. Séances Acad. Sci. **238**. 1661—63. 21/4. 1954.) J. ROTHE. D 225

K. P. Lawrowski, A. M. Brodski und **G. A. Garunow,** *Cracken von flüssigen Kohlenwasserstoffen mit großer Geschwindigkeit.* Das Cracken mit großer Geschwindigkeit stellt einen Prozeß der Zerlegung von KW-stoffen unter den Bedingungen eines äußeren Wärmeaustausches von großer Geschwindigkeit bei kurzen Reaktionszeiten u. bei hoher Temp. dar. Die Bldg. von unerwünschten hochkondensierten Prodd. (Koks) kann als Folge-Rk. angesehen werden, während die erwünschten gesätt. u. ungesätt. Spaltungsprodd. mit kürzerer KW-stoffkette die Rolle von Zwischenprodd. spielen. Es wurde festgestellt, daß die Koksbildungs-Rkk. langsamer verlaufen als die Spaltungs-Rkk., u. daß bei Erhöhung der Temp. die Geschwindigkeit der Koksbldg. verhältnismäßig langsam zunimmt. Unter Anwendung hinlänglich kleiner Reaktionszeiten u. der Kreislaufführung der nicht umgesetzten Ausgangsstoffe läßt sich bei starker Geschwindigkeitserhöhung des therm. Crackens die Temp. erhöhen ohne Vermehrung der Koksbildung. Die sehr schnelle Überführung bedeutender Wärmemengen in die Reaktionszone geschieht mittels eines entsprechend vorerhitzten Wärmeträgers in unmittelbarer Berührung mit dem zu crackenden Stoff. Eine Formel für die notwendige minimale Erhitzungsdauer wird abgeleitet. Es ergibt sich, daß die Erhitzungsdauer nur durch Teilchendurchmesser u. Strömungsgeschwindigkeit bestimmt wird u. fast gar nicht von den Eigg. des erhitzten Stoffs abhängt. Nach den Verss. der Vff. erhält man die besten Resultate bei Tempp. um 700° u. Berührungszeiten von 0,1 Sek., wenn der Ausgangsstoff mit gasförmigen KW-stoffen oder Wasserdampf verd. u. für eine sehr schnelle Erhitzung des Ausgangsstoffs u. ebensolche Abkühlung der Crackprodd. gesorgt wird. (Доклады Академии Наук СССР [Ber. Akad. Wiss. UdSSR] [N. S.] **92**. 967—70. 11/10. 1953. Naphtha-Inst. der Akad. der Wiss. der UdSSR.) BERNDT. D 225

F. J. Stubbs und **C. N. Hinshelwood,** *Die thermische Zersetzung von Kohlenwasserstoffen.* Vff. geben einen allg. Überblick über die therm. Zersetzungs-Rkk. n. Paraffine (höheres Paraffin → niederes Paraffin + Olefin). Es werden diskutiert a) die Art der Radikalketten-Rkk., b) die Wahrscheinlichkeit dafür, daß die bei der Unterdrückung der Zers. mit NO verbleibende Rk. eine Molekular-Rk. ist, c) das Geschwindigkeits–Druck-Gesetz, welches auf einen komplizierten Reaktionsmechanismus schließen läßt, d) die Veränderung der Aktivierungsenergie für die Molekular-Rk. mit dem Druck [von *n-Butan* (**I**) aufwärts; **I**, niedrigste Drucke E 69 kcal, hohe Drucke E 58 kcal; *n-Pentan* (**II**), 93 u. 63; *n-Heptan* (**III**), 88 u. 59] u. e) die relative Wahrscheinlichkeit für das Aufbrechen der Kohlenstoffkette an verschied. Punkten [**I**, C_{1-2} 1,0, C_{2-3} 1,0, C_{3-4} —; (alle folgenden Verbb. in gleicher Anordnung) **II**, 1,0, 0,78, —; *n-Hexan*, 1,0, 0,5, 0,25; **III**, 1,0, 0,64, 0,35; *n-Octan*, 1,0, 1,0, 0,10]. Ferner werden von Vff. in Zusammenhang mit vorst. Tatsachen Fragen über Energie–Entropie-Beziehungen in unimol. Rkk. diskutiert u. die Geschwindigkeiten der therm. Zers. von n-Paraffinen u. Olefinen mit gleicher Anzahl C-Atomen verglichen [Aktivierungsenergie für die prim. Spaltung: *Propylen* 57 kcal, *Hexen-(1)* 53 kcal]. — Diskussion. (Discuss. Faraday Soc. Nr. **10**. 129—36. 1951. Oxford, Univ., Phys. Chem. Labor.) G. WINKLER. D 225

Rolf Huisgen und **Josef Reinertshofer,** *Nitrosoacylamine und Diazoester.* 7. Mitt. *Nitrosocaprolactam und seine Reaktionen.* (6. vgl. HUISGEN u. KRAUSE, Liebigs Ann. Chem. **574.** [1951.] 157.) Vff. untersuchen den Zerfall von *Nitrosocaprolactam* (**I**) bei Tempp. >25° azotometr. in Bzl., Methanol, A. u. Eisessig. Bei der Rk. entstehen N_2 u. Polyester (**II**). Es ergibt sich eine Rk. 1. Ordnung. Vff. nehmen alsgeschwindigkeitsbestimmend die Rk. $ON-\overline{N-(CH_2)_5C}=O \rightarrow \overline{N=N-(CH_2)_5COO}$ (**III**) an, da die LIEBERMANNsche Nitroso-Rk. bis zum Ende der N_2-Entw. positiv bleibt, die Halbwertszeiten lösungsmittelunabhängig sind (lediglich in Eisessig sind sie kleiner) u. weil auch bei den Nitrosoacylarylaminen diese Rk. geschwindigkeitsbestimmend ist. In Eisessig tritt teilweise Entnitrosierung ein. Die titrimetr. Best. des freien u. Estercarboxyls ergibt in Bzl., Chlf. u. Ae. Polymerisationsgrade von 3–4. Kettenabbruch wird durch W., Bldg. von cycl. Polymeren u. durch Protonenübergang, wie ein Olefingeh. des Reaktionsprod. beweist, herbeigeführt (S_N1-Rk.). Während bei Rk. in inertem Lösungsm. **II** einziges Reaktionsprod. ist, werden in Methanol u. A. gefunden: Penten-(1)-carbonsäure-(5) (**VI**), ε-Alkoxycapronsäure, ε-Oxycapronsäurepolyester, Penten-(1)-carbonsäure-(5)-alkylester, ε-Alkoxycapronsäurealkylester u. ε-Oxycapronsäurealkylester. Das Auftreten der sauren Bestandteile erklären Vff. durch Rk. des Diazoniumbetains, $N\equiv N^+-(CH_2)_5COO^-$, das der Ester durch Alkoholyse des cycl. Diazoesters **III**. Die auch mögliche Alkoholyse von **I** wurde ausgeschieden, da die Zerfallsgeschwindigkeiten in A. u. Bzl. gleich groß waren. Der Zerfall von **I** in W. ergibt **VI**, ε-Oxycapronsäure u. deren Polyester, der in Eisessig neben 35%ig. Entnitrosierung ε-Acetoxycapronsäure, Polyester u. **VI**. Während **I** im neutralen u. sauren Medium in der Kälte stabil ist, bewirken Basen eine heftige N_2-Entw., die zur quantitativen Best. von **I** verwendet werden kann. Auf die Rk. hat die Art der Base (K_2CO_3, KCN, KOH) keinen Einfl., wohl aber das Lösungsmittel. In Methanol entstehen: ε-Methoxycapronsäuremethylester, ε-Oxycapronsäuremethylester u. Penten-(1)-carbonsäure-(5)-methylester. Vff. deuten die Rk. nach: **I** + $CH_3O^- \xrightarrow{a} O=N-\overline{N-(CH_2)_5-C}(OCH_3)-O^- \xrightarrow{b} O^--N=N-(CH_2)_5-COOCH_3 \xrightarrow[c]{+CH_3OH} HO-N=N-(CH_2)_5COOCH_3 + CH_3O^- \xrightarrow{d} HO^- + CH_2^+-(CH_2)_4COOCH_3$. Bei Schritt a ist nur das Methylation katalyt. wirksam, denn selbst bei Verss. in Methanol–W.-Gemischen entstehen keine oder nur untergeordnete Mengen an sauren Prodd., die bei Angriff von OH^- überwiegend entstehen müßten. Beim Zerfall des Diazohydroxydes entstehen ε-Oxy- u. ε-Methoxyverbb. nebeneinander. Hier greift neben dem Methylation auch das Hydroxylion ein. Die alkal. Zers. in Isopropylalkohol verläuft langsamer. Es treten Säuren u. eine Esterfraktion auf. Die Bldg. eines ε-Diazocapronsäureesters konnte selbst mit starker alkoh. KOH nicht erzwungen werden. Die Rk. von **I** mit Anilin führte zum ε-Anilinocapronsäureanilid, die mit Phenol Penten-(1)-carbonsäure-(5)-phenylester, ε-Phenoxycapronsäurephenylester, ε-[o-Oxyphenyl]-capronsäurephenylester (**IV**) u. ε-Oxycapronsäurephenyelster ergab. Beim Zerfall eines aliphat. Diazohydroxyds kann also, wie das Auftreten von **IV** beweist, auch eine elektrophile Substitution des aromat. Kerns eintreten. Im Gegensatz zu den Verhältnissen bei den Nitrosoarylacylaminen, bei denen die Zers. im allg. nach einem Radikalmechanismus erfolgt, liegt bei **I** ein Ionenmechanismus vor, wie durch Polymerisationsverss. bewiesen wurde.

Versuche: *Nitrosocaprolactam* (**I**), hellgelbe Kristalle aus Ae. + Leichtbenzin, F. 12,8–14°, durch Einleiten von nitrosen Gasen in eine Eisessiglsg. von Caprolactam, bis Lsg. dunkelgrün, Rohprod. enthält ~70% **I**. — *ε-Oxycapronsäurehydrazid*, $C_6H_{14}O_2N_2$, F. 116,5–117,5°, aus **I**-Lsg., 24 Std. in Bzl. bei 45° Erhitzen u. Kochen des entstandenen Polyesters mit 85%ig. Hydrazinhydrat. — *Penten-(1)-carbonsäure-(5)-methylester*, $C_7H_{12}O_2$, $Kp._{12}$ 48°, n_D^{23} 1,4199. — *Penten-(1)-carbonsäure-(5)-hydrazid*, $C_6H_{12}ON_2$, F. 46,5–47,5° u. F. 73° (Ae.). — *1.2-Dibrompentancarbonsäure-(5)-äthylester*, $Kp._6$ 143–146°. *ε-Methoxycapronsäuremethylester* (**V**) $C_8H_{16}O_3$, $Kp._{10}$ 88,2–88,7°, n_D^{20} 1,4200. — *ε-Methoxycapronsäurehydrazid*, $C_7H_{16}O_2N_2$, F. 57 bis 58°. — *ε-Bromcapronsäure*, F. 34–36°, $Kp._{15}$ 155–160°, aus **V** mit 48%ig. HBr + konz. H_2SO_4, 2 Std. am Rückfluß. — *ε-Oxycapronsäuremethylester*, $C_7H_{14}O_3$, $Kp._{12}$ 123°, n_D^{25} 1,4344, verwandelt sich bei Dest. unter CH_3OH-Abspaltung teilweise in Polyester. — *Penten-(1)-carbonsäure-(5)* (**VI**), $Kp._7$ 95–99°. — *ε-Methoxycapronsäure*, $C_7H_{14}O_3$, $Kp._{12}$ 141–142°, n_D^{24} 1,4325. — *Penten-(1)-carbonsäure-(5)-äthylester*, $Kp._9$ 60°. — *ε-Äthoxycapronsäure*, $Kp._{10}$ 143–146° (*Hydrazid*, $C_8H_{18}O_2N_2$, F. 64 bis 65°); *p-Toluidid*, F. 66–68°. — *ε-Acetoxycapronsäure*, $C_8H_{14}O_4$, $Kp._{0,002}$ 100 bis 101°, n_D^{20} 1,4421. — *ε-Äthoxycapronsäureäthylester*, $C_{10}H_{20}O_3$, $Kp._{12}$ 101–102°, n_D^{24} 1,4193. — *ε-Oxycapronsäureäthylester*, $Kp._{12}$ 127–127,5°, n_D^{24} 1,4275. — *ε-Iso-*

propoxycapronsäuremethylester, Kp.$_7$ 97,5—98°. — *Penten-(1)-carbonsäure-(5)-phenylester*, $C_{12}H_{14}O_2$, Kp.$_{10}$ 125—128°. — *ε-Oxycapronsäurephenylester*, $C_{12}H_{16}O_3$, Kp.$_{0,08}$ 127°; — *ε-Phenoxycapronsäurephenylester*, $C_{18}H_{20}O_3$, F. 48—49°, Kp.$_{0,003}$ 108°; (*Hydrazid*, $C_{12}H_{18}O_2N_2$, F. 79,5—81°). — *ε-Phenoxycapronsäure*, F. 68—72°. — *ε-[o-Oxyphenyl]-capronsäurehydrazid*, $C_{12}H_{18}O_2N_2$, F. 152,5—154,5 — *ε-[o-Oxyphenyl]-capronsäure*, $C_{12}H_{16}O_3$, F. 90,5—91,5°. — *ε-Anilinocapronsäureanilid*, $C_{18}H_{22}ON_2$, F. 83,5—84,5°, Kp.$_{0,13}$ 200—220. (Liebigs Ann. Chem. **575**. 174—97. 6/2. 1952. Tübingen, Univ., Chem. Inst). LIEBIG. D 225

Rolf Huisgen und **Josef Reinertshofer,** *Nitrosoacylamine und Diazoester*. 8. Mitt. *Aliphatische Nitrosolactame und cyclische Diazoester*. (7. vgl. vorst. Ref.) In der Arbeit synthetisieren Vff. cycl. Nitrosolactame mit 5—11 Ringgliedern u. messen die Reaktionsgeschwindigkeit ihrer Umlagerung in cycl. Diazoester. Die Lactame werden aus den Cyclanonoximen durch BECKMANNsche Umlagerung, Cycloheptanon u. Cyclooctanon (**I**) durch Ringerweiterung des Cyclohexanons mit Diazomethan u. Cyclodecanon aus dem Sebacinsäureester über das Acyloin dargestellt. Die Rk. von **I** mit Diazomethan führt zu gleichen Mengen Cyclodecanon u. Cyclononanon. Daraus folgt, daß ein Reaktionsgeschwindigkeitsminimum beim Cyclooctanon vorliegt. Die Lactame sind mit zunehmender Ringgröße schwerer nitrosierbar, Cyclodecanonisoxim nur noch in Eisessig–Kaliumacetat-Lsg. mit NOCl. Die gelben Nitrosolactame reizen die Schleimhäute u. geben mit Ausnahme des Nitrosocyclodecanonisoxims eine positive LIEBERMANN-Reaktion. Im Hochvakuum sind nur die 5- u. 6-gliedrigen destillierbar. Die Verbb. zerfallen in inerten Lösungsmitteln über die cycl. Diazoester zu ε-Oxycarbonsäurepolyestern, die als monomere Hydrazide identifiziert wurden. Während Nitrosocaprolactam in der Kälte stabil ist, zerfällt *Nitrosocyclooctanonisoxim* in Bzl. schon bei 0°. *Nitrosopiperidon* zers. sich erst bei Tempp. > 100° u. liefert durch inter- u. intramol. Stabilisierung des Betains $^+CH_2(CH_2)_3COO^-$ Polyester u. δ-Valerolacton. *Nitrosopyrrolidon* (**III**) ist im Hochvakuum destillierbar, Zerfall erst über 140° unter N_2 u. NO-Entwicklung. Unter den Reaktionsprodd. tritt γ-Butyrolacton auf. Die NO-Entw. wird durch Homolyse der Nitrosoverb. erklärt. Dipyrrolidonyl wurde nicht gefunden, dafür trat wahrscheinlich ein durch zwei Pyrrolidonylradikale substituiertes Trimethylbenzol (bzw. ein entsprechendes Cumaronderiv.) auf. Die azotometr. Messung der Zerfallsgeschwindigkeit der Nitrosolactame ergab ein Gesetz 1. Ordnung. Die Reaktionsgeschwindigkeitskonstanten umfassen einen Bereich von 9 Zehnerpotenzen. Die Aktivierungsenergien zeigen einen inversen Gang zur Ringgröße, die Aktionskonstanten lassen keine einfache Beziehung zur Ringgröße erkennen. Ungewöhnlich große Geschwindigkeit zeigen nur die 7—9-gliedrigen Nitrosolactame. Die große Reaktionsträgheit des 5-gliedrigen Ringes findet sich auch beim *Nitrosophthalimidin* (F. 156°, Kp.$_{11}$ 200°). — Das *3-Oxo-1.2.3.4-tetrahydroisochinolin* (aus β-Indanon mit HN_3 u. H_2SO_4) zers. sich bei 135° in Xylol. — Zur Erklärung nehmen Vff. die Bldg. eines cycl. Diazoesters **A** an. Zur Ausbldg. des 4-Ringes ist ein bestimmter Betrag an Aktivierungsenergie notwendig, außer dieser muß beim eben gebauten **III**-Ring die Bindungsebene der Carbonylgruppe zugunsten einer tetraedr. Anordnung umklappen. Bei größeren Ringen wirkt sich dies kaum aus, die Umlagerung wird also mit abnehmender Ringgröße immer schwerer. Andererseits ist im Grundzustand durch die Beteiligung polarer Formen mit partiellen Doppelbindungscharakter der C—N-Bindung zu rechnen, wodurch die freie Drehbarkeit eingeschränkt wird u. eine cis–trans-Stellung der Carbonyl- zur Nitrosogruppe möglich wird. Während bei großen Ringen die energieärmere trans-Stellung vorherrscht, wird bei kleineren Ringen die für die **A**-Bldg. günstigere cis-Stellung erzwungen. Dadurch erklärt sich das Auftreten eines steilen Reaktionsgeschwindigkeitsmaximums beim 9-gliedrigen Ring. Um die trans-Konfiguration offenkettiger Nitrosoalkylamine zu beweisen, vergleichen Vff. Nitrosobutyramid (**II**) mit **III**. Für cis-Stellung bei **III** spricht der höhere Kp., die tiefere Farbe, die große Wasser-, aber kleine Cyclohexanlöslichkeit u. vor allem das hohe Dipolmoment (4,58 D). (**II** hat 0,92 D, kleine Wasser-, relativ große Cyclohexanlöslichkeit.) Die Absorptionsmaxima von **III** sind gegen die von **II** rotverschoben.

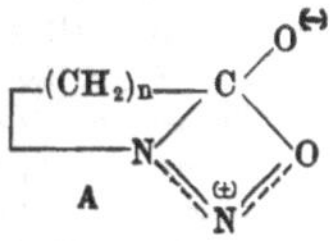

A

V e r s u c h e: *Nitrosopyrrolidon* (**III**), $C_4H_6O_2N_2$, Kp.$_{0,3}$ 86°, F. —26°, aus in 4nHCl gelöstem Pyrrolidon mit $NaNO_2$-Lsg., rotgelbes Öl, n_D^{25} 1,4965, D.$^{25}_4$ 1,225; 90% (Ausbeute). Spuren Alkali, gegebenenfalls schon Glasalkali, zers. unter N_2-Entwicklung. — *γ-Methoxybuttersäuremethylester*, $C_6H_{12}O_3$, Kp.$_{12}$ 58°, aus 20 g vorst. Verb. durch Zers. in K_2CO_3–Methanol; 7,5 g (im Waschwasser 5,2 g Butyrolacton). *γ-Methoxy-n-butyramid*, F. 57—58°. — *Nitroso-α-piperidon*, $C_5H_8O_2N_2$, F. 45,5—47°, Kp.$_{0,1}$ 84—87°, aus 5 g α-Piperidon (Kp.$_{14}$ 140°) mit nitrosen Gasen, explodiert gegebenenfalls schon bei der Hochvakuumdest., Zerfall in Toluol liefert N_2, NO, δ-Valerolacton (Kp.$_{14}$ 107—114°) u. δ-Oxyvaleriansäurepolyester (*δ-Oxy-n-valeriansäurehydrazid*, F. 104—107°), in Eisessig findet ausschließlich Entnitrosierung statt; 4,7 g. — *Nitrosocycloheptanonisoxim*, aus Cycloheptanonisoxim (F. 26—27°), durch Einleiten nitroser Gase, unreine Prodd. verpuffen schon bei Zimmertemp., nach Zers. in Bzl. wird mit Hydrazinhydrat *ω-Oxyönanthsäurehydrazid*, $C_7H_{16}O_2N_2$, F. 124—124,5°, isoliert. — *Nitrosocyclooctanonisoxim*, wie vorst., nicht isolierbar, nach Zers. in Bzl. wurde wie oben *ω-Oxycaprylsäurehydrazid*, $C_8H_{18}O_2N_2$, F. 129,5—130,5°, isoliert. — *Cyclononanon*, aus 193 g Cyclooctanon in K_2CO_3–Methanol bei 0° in 3 Tagen mit 360 g Nitrosomethylurethan, Reinigung über die Semicarbazone; 9,2 g, daneben 8,3 g Cyclodecanon u. 70 g Cyclooctanon. — *Cyclononanonisoxim*, F. 141,5—142°. — *Nitrosocyclononanonisoxim*, aus vorst. Verb. mit nitrosen Gasen in Eisessig–Essigsäureanhydrid-Lsg.; 69%. Zers. in Bzl. gibt Polyester. — *ω-Oxypelargonsäurehydrazid*, $C_9H_{20}O_2N_2$, F. 132—134°. — *Cyclodecanonisoxim*, F. 161,5—163°, durch BECKMANNsche Umlagerung; 97%. — *Nitrosocyclodecanonisoxim*, aus vorst. Verb., wasserfreiem Kaliumacetat in Acetanhydrid–Eisessig-Lsg. mit P_2O_5 u. NOCl unter Eiskühlung, 64%. Zerfall in Bzl. liefert Polyester. — *ω-Oxycaprinsäurehydrazid*, $C_{10}H_{22}O_2N_2$, F. 135—137°. — *β-Indanonisoxim*, C_9H_9ON, F. 149,5—150,5°, aus 10,8 g β-Indanon mit HN_3 in Chlf. mit konz. H_2SO_4; 4,6 g. — *Nitroso-β-indanonisoxim*, $C_9H_8O_2N_2$, F. 113—115° (Zers.), aus vorst. Verb. in Eisessig–Acetanhydrid-Lsg. mit nitrosen Gasen, goldgelbe Plättchen. — *Nitrosomethyl-n-butyramid*, $C_5H_{10}O_2N_2$, Kp.$_{14}$ 59—60°, aus 15 g N-Methylbutyramid mit Salpetrigsäureanhydrid in Ae., verpufft beim Erhitzen, n_D^{25} 1,4448, $D.^{25}_4$ 1,0161; 15,8 g. (Liebigs Ann. Chem. **575**. 197—216. 6/2. 1952.) LIEBIG. D 225

Günther Nischk und **Erwin Müller**, *Bemerkungen zu den Arbeiten von R. Huisgen und J. Reinertshofer: Nitrosoacylamine und Diazoester, 7. u. 8. Mitt.* (Vgl. vorst. Reff.) Die Nitrosierung von *Caprolactam* u. seiner niederen Homologen in halogenwasserstoffsaurer Lsg. ergibt neben endständig ungesätt. Carbonsäuren ω-Halogencarbonsäuren. Die Zers. äther. *Nitrosocaprolactam* (I)-Lsgg. mit wss. $Ba(OH)_2$-Lsg. führt in guter Ausbeute zum Ba-Salz der *ε-Oxycapronsäure*. Durch Eintropfen fast äquivalenter Mengen HCl in eisgekühlte wss. Caprolactam–Natriumnitrit-Lsg. läßt sich I in fast theoret. Ausbeute isolieren, I zerfällt schon bei etwas höheren Tempp. explosionsartig. Durch Zers. von I in Essigsäureanhydrid läßt sich das von HUISGEN u. REINERTSHOFER vermutete Caprolactam in 40%ig. Ausbeute isolieren. Reines Caprolactam ist im Gegensatz zu Angaben bei HUISGEN mindestens 15 Monate beständig. Die Spaltung von *Nitrosophthalimidin* u. Analogen in salzsaurer Lsg. ist nicht möglich, da Rückbldg. des cycl. Säureamids eintritt.

Versuche: *ε-Chlorcapronsäure*, Kp.$_{1,3}$ 116—117°, aus Caprolactam in W. bei 0° durch Zugabe von konz. HCl, dann von $NaNO_2$, Temp. auf 60° erhöhen; 47% (Ausbeute), daneben *Penten-(4)-carbonsäure*, Kp.$_2$ 78—79°. — *δ-Chlorvaleriansäure*, Kp.$_2$ 102°, aus Piperon wie vorst. (Nebenprod. *Buten-(3)-carbonsäure*, Kp.$_2$ 58°); 40,5%. — *γ-Chlorbuttersäure*, Kp.$_3$ 84—85°, aus 170 g Pyrrolidon wie vorst. (Nebenprod. *Vinylessigsäure*, Kp.$_1$ 34°); 107 g, ferner durch Eintropfen von Nitrosopyrrolidon in konz. HCl bei 60°; 45%. — *ε-Fluorcapronsäure*, Kp.$_{0,6}$ 67—68°, aus 113 g Caprolactam in 40%ig. HF bei 0° mit $NaNO_2$; 35 g. (Liebigs Ann. Chem. **576**. 232—34. 19/6. 1952. Leverkusen, Farbenfabriken Bayer, Wiss. Hauptlabor.) LIEBIG. D 225

Herbert R. Anderson jr., Harold A. Scheraga und **Ervin R. Van Artsdalen**, *Bromierung von Kohlenwasserstoffen. 6. Mitt. Photochemische und thermische Bromierung von Toluol. Bindungsdissoziationsenergien.* (5. vgl. C. **1952**. 5229.) Vff. untersuchen die Kinetik der a) photochem. u. b) therm. Bromierung von Toluol (homogene Gas-Rkk.). Mittels Infrarotanalyse wird gezeigt, daß die Rk. überwiegend als Seitenkettensubstitution unter Bldg. von Benzylbromid u. HBr verläuft. Rk. a) (zwischen 82 bis 132° untersucht) wird stark gehemmt durch HBr, Rk. b) wird bei 166° in Abwesenheit von HBr untersucht. Außer der Dissoziation der Br_2-Moll. zeigen die Rkk. a) u. b) beide die gleiche Art von Atom- u. Radikalketten, wie sie bereits bei der Bromierung einfacher Alkane gefunden wurde. Die Aktivierungsenergie der Gesamt-Rk. wird bestimmt zu 7,2 ± 0,6 kcal/Mol u. wird dem geschwindigkeitsbestimmenden Schritt $Br + RH \rightleftharpoons R + HBr$ zugeschrieben. Aus der Temperaturabhängigkeit der HBr-Hemmung ergibt sich für die rückläufige Rk. eine Aktivierungsenergie von 5,0 ± 1,2 kcal/Mol. Für die Bildungswärme (ΔH_f) des Benzylradikals u. die Bindungsdissoziationsenergie $D(C_6H_5CH_2{-}H)$ bei verschied. Tempp. ergibt sich daraus: T = 0° K, ΔH_f 53,9 ± 1,4, D 88,1 ± 1,4; 298° K, ΔH_f 49,4 ± 1,4, D 89,5 ± 1,4; 381° K, ΔH_f 48,4 ± 1,4, D 89,9 ± 1,4 (in kcal/Mol). — Die Diskrepanz zwischen den von Vff. gefundenen Werten für D u. den von Szwarc (C. **1948**. II. 1165) aus Pyrolyseunterss. erhaltenen Daten kann nach Vff. zur Zeit nicht erklärt werden. — Die Wirksamkeit von Toluol als „3. Körper" bei der homogenen Rekombination von Br-Atomen u. ster. Probleme bei vorliegenden Atom- u. Radikal-Rkk. werden diskutiert. (J. chem. Physics **21**. 1258—67. Juli 1953. Ithaca, N. Y., Cornell Univ., Dep. of Chem.) G. Winkler. D 226

Melvin J. Astle und **Joel A. Zaslowsky**, *Reaktionen, katalysiert durch Anionenaustauschharze. Knoevenagelsche Kondensation.* Anionenaustauschharze sind befähigt, als Katalysatoren bei der Knoevenagelschen Kondensation zwischen Aldehyden u. Estern, wie Cyanessigsäureäthylester (**I**), Acetessigester (**II**) u. Diäthylmalonester (**III**), zu dienen. Kondensationen mit **III** müssen in sd. Benzollsg. durchgeführt werden, solche mit **I** u. **II** erfolgen auch bei Zimmertemperatur. Schwach bas. Harze werden in der OH- oder Acetatform verwendet. Sie sind wirkungsvoller als die stark bas. Harze, die in der Cl-Form angewendet wurden. Außerdem werden jene nicht so schnell inakt. wie die stark bas. Harze. — Es wurden folgende Kondensationsprodd. hergestellt: *Butylidenacetessigester*, 50% (bei Zimmertemp.), $Kp._{23}$ 124—128°; — *Propylidenacetessigester*, 37%, $Kp._{11}$ 103—106°, n_D^{25} 1,4500. — *Isobutylidenacetessigester*, 55 u. 60% (in sd. Bzl.), $Kp._{12}$ 113—117°; — *Hexylidenacetessigester*, 50 u. 60%, $Kp._{10}$ 130—132°, n_D^{25} 1,4571; — *2-Äthylbutylidenacetessigester*, 57 u. 64%, $Kp._{11}$ 122 bis 123°; — *Benzylidenacetessigester*, 40%, $Kp._{10}$164—167°; — *Heptylidenacetessigester*, 51%, $Kp._{8}$ 133—136°; — *Äthylidenacetessigester*, 51%, $Kp._{23}$ 106—110°; — *2-Äthylhexylidenacetessigester*, 52 u. 58%, $Kp._{14}$ 124—128°; — *Hexylidenmalonsäurediäthylester*, 33% (in sd. Bzl.), $Kp._{10}$ 146—148°; — *Heptylidencyanessigsäureäthylester*, 62% (bei Zimmertemp.), $Kp._{7}$ 140—143°; — *Hexylidencyanessigsäureäthylester*, 54%, $Kp._{13}$ 142 bis 144°, n_D^{26} 1,4535; — *2-Äthylhexylidencyanessigsäureäthylester*, 70%, $Kp._{9}$ 140 bis 141°, n_D^{26} 1,4522; — *2-Äthylbutylidencyanessigsäureäthylester*, 83%, $Kp._{9}$ 118 bis 123°, n_D^{23} 1,4541; — *Furfurylidenacetessigester*, 42%, $Kp._{9}$ 155—159°. (Ind. Engng. Chem. **44**. 2867—69. Dez. 1952. Cleveland, O., Case Inst. of Technol.) Gabriele Günther. D 227

Melvin J. Astle und **Robert W. Etherington**, *Reaktionen, katalysiert durch Anionenaustauschharze. Cyanäthylierung von Alkoholen.* Die Anlagerung von Alkoholen an die Doppelbindung des *Acrylnitrils*, die zu Alkoxypropionitrilen führt, wird durch stark bas. Anionenaustauschharze beschleunigt. So konnten umgesetzt werden: *Methyl-*, *Äthyl-*, *Isopropyl-*, *n-Butyl-*, *Allylalkohol*, *Methylcellosolve*, *Furfuryl-* u. *Benzylalkohol* sowie *Äthylenglykol*. Die Ausbeuten liegen bei 60—90%. Unterschiede zwischen der Wirksamkeit von Amberlit IRA-400, Dowex 1 u. Permutit S sind kaum zu erkennen. Nach wiederholter Benutzung nimmt die Wirksamkeit der Harze ab. (Ind. Engng. Chem. **44**. 2871—72. Dez. 1952.) Gabriele Günther. D 227

D_2. Präparative organische Chemie. Naturstoffe.

A. I. Titow und **N. W. Schtschitow**, *Der Nitrierungsmechanismus der Paraffine und Cycloparaffine mittels Salpetersäureanhydrids.* N_2O_5 wirkt auf Paraffine u. Cycloparaffine schon unter 0° unter Bldg. von 60—65% *Alkylnitrat*, 10—15% *Nitroalkan* (**I**) u. 10—15% *Carbonsäure*, ein. Dem Reaktionsmechanismus (vgl. Журнал Общей Химии [J. allg. Chem.] **16** (**78**). [1946.] 1896; **18** (**80**). [1948.] 465. 473. 534) liegt als prim. Vorgang die Bldg. eines Alkylradikals zugrunde: $N_2O_5 \rightleftharpoons \cdot NO_2 + NO_3\cdot$; $R-H + NO_3\cdot \rightarrow R\cdot + HNO_3$; dieses unterliegt den weiteren Umwandlungen, deren wahrscheinlichste sich durch nachst. Schema ausdrücken lassen: $R\cdot + N_2O_5 \rightarrow RONO_2 + NO_2$; $R\cdot + NO_2 \rightarrow RNO_2$ bzw. $RONO$; $R\cdot + N_2O_4 \rightarrow RONO + NO_2$ bzw. $RONO_2 + NO$; $RONO + N_2O_5 \rightarrow RONO_2 + N_2O_4$ bzw. $R'COOH$. Da $NO_3\cdot$ stärker elektrophil als $\cdot NO_2$ ist, das als alkylbildendes Agens bei der Nitrierung von Paraffinen mit HNO_3 mäßiger Konz. angenommen werden muß, resultiert eine Verminderung der Aktivierungsenergie um 15—20 kcal u. eine Erhöhung der Reaktionsgeschwindigkeit. Lösungsmittel, die die Dissoziation von N_2O_5 begünstigen, wirken erhöhend, NO_2 bzw. N_2O_4, die der Dissoziation entgegenwirken, erniedrigend auf die Geschwindigkeit. Die Rk. ist annähernd bimolekular. Das Verhältnis der gebildeten Mengen Nitroverbb. u. Oxydationsprodd. wird von dem Quotienten $[NO_2]/([N_2O_5] + [N_2O_4])$ u. der Wirksamkeit der Komponenten bestimmt; Bedingungen, die die Einw. von $\cdot NO_2$ auf die Alkylradikale begünstigen (erhöhte Temp., langsames Zugeben des N_2O_5), erhöhen die **I**-Ausbeute. Die Wrkg. von $\cdot NO_2$ als Radikalbildner kann, wenn N_2O_5 angewendet wird, vernachlässigt werden. Vff. weisen auf die inzwischen von Ogg (vgl. C. **1950**. II. 2274; **1951**. I. 834) mit Hilfe der Isotopenmeth. erfolgte Bestätigung der Gleichgewichts-Rk. $N_2O_5 \rightleftharpoons NO_2 + NO_3$ hin.

Versuche: **A.** Aus 21,6 g N_2O_5 u. 8,4 g Cyclohexan in 100 ml CCl_4 werden durch Einw. über Nacht bei 0° 1,2 g *Adipinsäure* (**II**), 1,2 g *Nitrocyclohexan* (**III**) u. 6,5 g *Cyclohexylnitrat* (**IV**), $Kp._{40}$ 95—96°; $D.^{20}_4$ 1,035; n_D^{20} 1,4578; Mol.-Refr. 36,60, erhalten. Das **IV**-Präp. gibt bei der Red. mit Zn + CH_3CO_2H *Cyclohexylacetat* u. dieses beim Verseifen *Cyclohexanol* (**V**) (Kp. 158—160°). Vergleichspräpp. von **IV** werden aus Cyclohexylnitrit + N_2O_5 u. durch Verestern von **V** mit N_2O_5 hergestellt. **B.** In sd. CCl_4 werden aus Cyclohexan mit N_2O_5 39% **III**, 41% **IV** u. wenig **II** gebildet. **C.** Die Nitrierung mit wasserfreier HNO_3 in Ggw. von P_2O_5 unter den Bedingungen von **A** u. **B** verläuft mit ähnlichen Ergebnissen. — Die Nitrierung von n-Heptan nach **A** ergab ca. 1,9 g *sek.-Nitroheptane* ($D.^{20}_4$ 0,931; n_D^{20} 1,4230) u. 8,4 g *n-Heptyl-*(*x*)-*nitrat* [das Isomere mit x = 2 vorherrschend (?); $Kp._{40}$ 98—100°; $D.^{20}_4$ 0,9621; n_D^{20} 1,4220], das über *n-Heptyl-*(*x*)*-acetat* in *n-Heptanol-*(*x*) (Kp. 158—161°) übergeführt wurde; aus diesem wurde *n-Heptanon-*(*2*) (*Semicarbazon*, F. 122—124°) rein gewonnen. — Die Nitrierung von n-Octan nach **A** ergab 1,7 g *Nitro-n-octan*, vorherrschend die *2-Nitroverb.*, u. 9 g vorherrschend *n-Octyl-*(*2*)*-nitrat* ($Kp._{40}$ 109—110°; $D.^{20}_4$ 0,9548; n_D^{20} 1,4260), das über *n-Octyl-*(*2*)*-acetat* (Kp. 185—190°) u. *n-Octanol-*(*2*) (Kp. 175 bis 177°) in *Octanon-*(*2*) (*Semicarbazon*, F. 120°) umgewandelt wurde. (Доклады Академии Наук СССР [Ber. Akad. Wiss. UdSSR] [N. S.] **81.** 1085—88. 21/12. 1951.)

Queck. 460

E. Halfpenny und **P. L. Robinson,** *Die Nitrierung und Hydroxylierung von aromatischen Verbindungen durch persalpetrige Säure.* Bzl., Toluol, Nitrobenzol, Dimethylanilin, Phenol, Anisol u. Chlorbenzol wurden mit persalpetriger Säure behandelt. Dabei tritt im allg. Hydroxylierung in o- u. p-Stellung zum Substituenten, Nitrierung in m-Stellung ein. Bei gleichzeitiger Hydroxylierung u. Nitrierung tritt die Nitrogruppe stets in Nachbarstellung zur OH-Gruppe. Die Reaktionsprodd. deuten darauf hin, daß die Rk. durch homolyt. Spaltung der persalpetrigen Säure in OH- u. NO_2-Radikale beginnt. Nach Eintritt des OH-Radikals in den aromat. Ring wird ein Radikal erhalten, dessen unpaares Elektronenpaar in Nachbarstellung zur OH-Gruppe lokalisiert ist. Das Auftreten von chinoiden Strukturen ist aber ebenfalls möglich. Durch Anlagerung von NO_2^+ an das Arylradikal werden unstabile Verbb. erhalten, die W., HNO_2 oder H_2 abspalten können. Der Verlauf dieser Abspaltung ist von dem ursprünglich vorhandenen Substituenten abhängig. Für die Bldg. von *Diphenyl* aus Bzl. werden verschied. Reaktionswege angegeben. Aus Anisol wurde *o-Nitrophenol* (II) erhalten, das durch Abspaltung von CH_3OH aus dem NO_2-Additionsprod. entsteht. Es gelang nicht, bei der Rk. mit Bzl. durch Zugabe von J_2 die Arylradikale abzufangen. Entsprechende Zugabe von NO führte zu *Nitrosophenol*. Durch die Beständigkeit dieser Verb. wurde bewiesen, daß die Bldg. der Nitroverbb. nicht über die Nitrosoverbb. geht.

Versuche: Die Umsetzung der aromat. Verbb. mit persalpetriger Säure erfolgte durch Zutropfen von 5%ig. $NaNO_2$ zur aromat. Verb., 5%ig. H_2O_2, 3n HCl u. W. unter Rühren. — Die durch Behandlung von Toluol mit persalpetriger Säure erhaltene organ. Schicht wurde mit verd. NaOH u. mit $NaHSO_3$ extrahiert, das Toluol im Vakuum verdampft u. der Rückstand bei 5 mm dest.; durch Infrarotanalyse wurden im Destillat *Nitrotoluol, Halogenverb.* (*Benzylchlorid*), *Benzaldehyd* (I) u. *Nitrokresol* nachgewiesen. Aus der $NaHSO_3$-Lsg. wurde nach Zugabe von Soda u. Extraktion mit Ae. I (*Phenylhydrazon,* F. 156—158°; *2.4-Dinitrophenylhydrazon,* F. 236°) erhalten. *2-Methyl-6-nitrophenol,* F. 69° (wss. A.), durch Ansäuern des alkal. Extraktes, Extraktion mit Ae. u. Wasserdampfdest. des äther. Rückstandes. *Acetat,* F. 41,5°. *4-Methyl-2-nitrophenol, Benzoat,* F. 98—99° (A.) aus dem bei der Wasserdampfdest. erhaltenen Öl; Nadeln. *2-Methyl-4-nitrophenol,* F. 95°, aus dem Wasserdampfdestillationsrückstand. — *m-Dinitrobenzol,* durch Extraktion der aus Nitrobenzol erhaltenen organ. Schicht mit NaOH, Vakuumdest. u. Wasserdampfdest. des Rückstandes. *3.3'-Dinitrodiphenyl,* F. 198—199° (A.), durch Erhitzen des Rückstandes der Wasserdampfdest. im Vakuum. *o-Nitrophenol* (**II**), F. 45° (wss. A.), durch Aufarbeitung des alkal. Extraktes wie vorst. beschrieben. *m-Nitrophenol,* F. 96—97°, durch Zugabe von konz. NaOH zu dem Rückstand der Wasserdampfdest. u. Kristallisation der Na-Salze aus verd. HCl. *Benzoat,* F. 93—95°. Daneben *p-Nitrophenol,* F. 112—114° (*Benzoat,* F. 142°). *4-Oxy-3.4'-dinitrodiphenyl,* F. 171—172°, durch Ansäuern der Na-Salz-Mutterlauge, Aufnehmen in A. u. Eindampfen. — *Dimethyl-o-nitranilinhydrochlorid,* F. 172—173° (Zers.) durch Ausziehen der aus Dimethylanilin erhaltenen organ. Lsg. mit verd. NaOH, Dest., Dest. des Rückstandes ($Kp._{22}$ 125°), Entfernung von **III** aus dem Destillat durch Wasserdampfdest. u. Extraktion der leicht sauren Lsg. mit Äther. *Dimethyl-p-nitranilin* (**III**), F. 163,5°, durch Extraktion des Destillationsrückstandes der o-Verb. mit A., Aufnehmen des alkoh. Rückstandes in HCl u. Fällen mit Alkali. Daneben *Tetramethylbenzidin*, F. 189—191°. Aus dem alkal. Extrakt wurde eine nichtidentifizierte *Verb. vom F. 210°* (Zers.; Aceton) erhalten. — Extraktion der aus Anisol erhaltenen organ. Lsg. mit NaOH, Ansäuern, Extraktion mit Ae. u. Dest. des Ätherrückstandes im Vakuum lieferte *Phenol*, F. 41° (*Benzoat*, F. 68°), II u. *4-Methoxy-2-nitrophenol*, F. 80° (*Benzoat*, F. 89—90°). *6-Methoxy-2-nitrophenol*, F. 55—60°, aus der Mutterlauge. — *m-Chlornitrobenzol*, F. 44—45° (wss. A.), durch Zutropfen von wss. 50%ig. $NaNO_2$-Lsg. zu Chlorbenzol, 2,5%ig. H_2O_2 u. 2,5nHCl, Extraktion der organ. Schicht mit NaOH, Entfernung des Ausgangsmaterials u. Vakuumdest.; daneben wenig *p-Chlornitrobenzol*, F. 83°. *o-Chlorphenol*, aus dem alkal. Extrakt durch Destillation. *4-Chlor-2-nitrophenol*, F. 86—87°, aus dem Destillationsrückstand, aus Bzl. gelbe Kristalle. *Acetat*, F. 48°. — Der Einfl. der H-Ionen-, H_2O_2- u. $NaNO_2$-Konz., der Temp., von Luft, H_2 u. N_2 u. der Reihenfolge der Zugabe der Komponenten auf die Ausbeuten wurde bestimmt. (J. chem. Soc. [London] **1952**. 939—46. März. Newcastle-on-Tyne, King's Coll.) HORST BAGANZ. 460

Cheves Walling und **Sheldon A. Buckler**, *Eine Synthese von Hydroperoxyden aus Grignard-Verbindungen.* Bei langsamem Zufügen von GRIGNARD-Verbb. zu mit O_2 gesätt. Ae. bei —75° entstehen in guter Ausbeute Verbb. des Typs *ROOMgX*. Verss. mit tert.-Butyl-MgCl zeigen, daß die Ausbeute mit fallender Reaktionstemp. zunimmt. Bei 40 Min. währender Rk. bei —71° wurden nachst. Hydroperoxyde aus RMgCl dargestellt: *tert.-Butyl-*; 85,7% (Ausbeute). — *tert.-Amyl-*; 91,9%. — *Octyl-(2)-*, $Kp._{0,5}$ 58—59°, n_D^{25} 1,4269; $D.^{20}_4$ 0,868; 91,4%. — *Cyclohexyl-*; 66,2% (bzw. 30% aus dem Bromid). — *Äthyl-*; 57% (bzw. 28,2% aus dem Bromid). — *Benzyl-*, $Kp._{0,09}$ 53,5°, n_D^{25} 1,5352, $D.^{20}_4$ 1,120; 30%. — Die Meth. läßt sich auch im größeren Maßstab ausführen. Behandlung von $(CH_3)_3COOMgCl$ mit Acylchloriden oder Alkylhaliden liefert Perester bzw. Peroxyde. (J. Amer. chem. Soc. **75**. 4372—73. 5/9. 1953. New York, N. Y., Columbia Univ., Chandler Labor.) LEHWALD. 460

Homer Adkins und **Jack L. R. Williams**, *Hydroformylierung konjugierter Diene.* Vff. lassen auf verschied. Diene mit konjugierten Doppelbindungen äquimol. Mengen CO u. H_2 einwirken. Sie benutzen als Katalysator für die stattfindende Hydroformylierung Dikobaltoktacarbonyl (**V**). Neben anderen Prodd. entstehen Monoaldehyde.

Versuche: *3.4-Dimethylvaleraldehyd* (**I**), $C_7H_{14}O$, Kp. 145—146°, $Kp._5$ 64 bis 66,5°, aus 2.3-Dimethylbutadien-(1.3) u. **V** in Ae., CO u. H_2 durch 4std. Erhitzen auf 175° bei einem Anfangsdruck von 5600 lbs./sq.in. u. Wasserdampfdest.; n_D^{25} 1,4150, $D.^{25}_4$ 0,8226; 45,4% (Ausbeute); *2.4-Dinitrophenylhydrazon*, $C_{13}H_{18}O_4N_4$, F. 91° (A.); *Semicarbazon*, $C_8H_{17}ON_3$, F. 139—140° (A.-W.). — *3.4-Dimethylvaleriansäure*, $C_7H_{14}O_2$, $Kp._2$ 81,5°, durch Oxydation von **I** mit $AgNO_3$ + NaOH; n_D^{25} 1,4255, $D.^{25}_4$ 0,9267; 49%; *Amid*, $C_7H_{15}ON$, F. 138—138,5°. — *3.4-Dimethylpentanol-(1)*, Kp. 163—170°, durch Hydrierung von **I** in Ggw. von Pt-Oxyd in Methylcyclohexan bei 50 lbs./sq.in.; n_D^{25} 1,4281; 44%. — *Dimethylisopropylcarbinol*, aus Methylisopropylketon u. MethylMgJ; 49%. — *2.3-Dimethylbuten-(1)* (**II**) u. *2.3-Dimethylbuten-(2)* im Verhältnis 62:38, durch Dehydratisierung von 45 g vorst. Verb. bei 400° an Al_2O_3 u. fraktionierte Dest.; 36 g Gesamtausbeute. — **I**, auch durch Hydroformylierung von **II** wie oben bei 135°; 45%. — *n-Valeraldehyd* (**III**), u. *α-Methylbutyraldehyd* (**IV**) im Verhältnis 1:1, aus Butadien-(1.3) in Bzl., CO u. H_2 in Ggw. von **V** bei 150—175° u. 3000 lbs./sq.in., darauffolgende Wasserdampfdest. u. fraktionierte Dest. neben anderen Prodd.; Trennung von **III** u. **IV** durch Chromatographie ihrer 2.4-Dinitrophenylhydrazone; *2.4-Dinitrophenylhydrazon* von **III**, F. 104—107°; von **IV**, F. 115. Bei einigen Verss. wurde bei direkter Dest. *Di-n-butylketon* neben anderen Prodd. erhalten u. keine Aldehyde; *Semicarbazon*, F. 88°. Bei Anwendung der direkten Dest. statt der Wasserdampfdest. wurden allg. mehr höhersd. u. stärker polymerisierte Prodd. erhalten. — *Isomere Hexaldehyde*, $Kp._{47}$ 40—43,5°, neben anderen Prodd. aus Isopren, **V** in Bzl., H_2 u. CO bei 160° u. 4000 lbs./sq.in.; n_D^{25} 1,4019—1,4060; *2.4-Dinitrophenylhydrazongemisch*, $C_{12}H_{16}O_4N_4$, F. 89—91°. Chromatograph. Trennung gelang nicht; die Anwesenheit von *Isopropylmethylacetaldehyd* wird angenommen. — *Isomere C_7-Aldehyde*, $C_7H_{14}O$, $Kp._{25}$ 52,5°, aus 3-Methylpentadien-(1.3) u. **V** in Ae. u. CO u. H_2 bei 145° u. 4500 lbs./sq.in.; n_D^{25} 1,4140; 33%; *2.4-Dinitrophenylhydrazon*, $C_{13}H_{18}O_4N_4$, F. 58—63°; 90%; chromatograph. Trennung lieferte folgende Fraktionen: F. 74—75°, 16%; F. 72—75°, 25%; F. 72—74°, 24%; F. 71—74°, 24%; *Semicarbazon*, $C_8H_{17}ON_3$, F. 106—107° (A.-W.). — *α-Methylcapronsäure*, Kp. 72°, durch Oxydation vorst. Aldehydgemisches mit $AgNO_3$+NaOH; n_D^{25} 1,423; 345%; *Amid*, F. 97,5—98°. — *Cyclopentadien*, durch therm. Depolymerisation von Dicyclopentadien. — *Formylcyclopentan*, $Kp._{32}$ 49—50°, aus vorst. Verb. in Ae. durch 50 Min. Behandeln mit äquimol. Mengen CO u. H_2 in Ggw. von **V** bei 145—155° u. 3700 lbs./sq.in. u. Wasserdampfdest.; n_D^{25} 1,4410—1,4425; 37%; *p-Nitrophenylhydrazon*, F. 125—127°; *Semicarbazon*, F. 140—141°. — *n-Butylbenzol*, Kp.$_{45}$ 91—95°, neben harzigen Prodd. durch 1std. Behandeln von 32,5 g 1-Phenylbutadien-(1.3) u. **V** in Ae. mit äquimol. Mengen CO u. H_2 bei 145—150° u. 3000 lbs./sq.in u. Wasserdampfdest.; n_D^{25} 1,4887; 3 g; keine Aldehyde. (J. org. Chemistry **17**. 980 bis 987. Juli 1952. Madison, Wis., Univ., Labor. of Organ. Chem.) J. MATTNER. 460

K. Kratzl und **G. Billek**, *Die Synthese des mit ^{14}C markierten Coniferins.* Zur Klärung der Frage, ob eine Pflanze über die Wurzel oder mittels Gewebekulturen zur Verfügung gestelltes *Coniferin* (**I**) zum Aufbau von Lignin benutzen kann, wurden die Möglichkeiten für die Darst. von in der Seitenkette an $C_{(2)}$ markiertem **I** aus $^{14}C_{(2)}$-Malonsäurediäthylester ($^{14}C_{(2)}$-**II**) zunächst mit inakt. Material geprüft. Der zuerst eingeschlagene Weg, Verseifung von **II** zur Säure (**IIa**), Kondensation mit Vanillin zu *Ferulasäure* (**VII**), Acetylierung zu *Acetylferulasäure* (**III**), Umsetzung mit $SOCl_2$ zu *Acetylferulasäurechlorid* (**IV**), Veresterung zu **III**-*Äthylester*, Red. mit $LiAlH_4$ zu *Coniferylalkohol* unter Entacetylierung, Umsetzung mit Acetobromglucose u. Entacetylierung ist mit seinen 8 Stufen sehr lang; er konnte durch die direkte Darst. von **III** aus **IIa** u. Acetylvanillin (**VIII**) u. durch die Darst. von **III**-Methylester aus **III** u. CH_2N_2 ohne Darst. von **IV** oder durch Red. von **IV** mit $LiAlH_4$ auf 6 Stufen verkürzt werden, doch war die Gesamtausbeute an **I** gering. Schließlich wurde **IIa** mit Tetraacetylglucovanillin zu *Tetraacetylglucoferulasäure* (**V**) kondensiert, diese mit $SOCl_2$ in das *Säurechlorid* (**VI**) übergeführt, das mit $LiAlH_4$ red. u. zu **I** verseift wurde. Aus $^{14}C_{(2)}$-**IIa** wurde so akt. **I** mit 15% Ausbeute (bezogen auf $^{14}C_{(2)}$-**II**) mit einer spezif. Aktivität von 75500 Zerfällen/Min. mg erhalten.

Versuche: *Tetraacetylglucoferulasäurechlorid* (**VI**), $C_{24}H_{27}O_{12}Cl$, F. 176—177°, aus **V** (nach HANN, J. Amer. chem. Soc. **56**. [1934.] 1631) u. $SOCl_2$ in Bzl. (2 Std. bei 75°); Blättchen aus Bzl.; 84% (Ausbeute). — *Coniferinacetat*, durch Zutropfen von $LiAlH_4$ in Ae. zu einer auf —15° gekühlten, turbinierten Lsg. von 2,7 g **VI** in absol. Dioxan + Ae. unter N_2 (Temp. nicht über —10°), Rühren, Stehen, Aufnehmen des abgesaugten Nd. in mit Bzl. überschichteter Borsäurelsg., Zufügen von 10%ig. H_2SO_4 zur entstehenden Suspension u. Vakuumeindampfen der benzol. Lsg.; gelbes Öl; 1,6 g. — *Coniferin* (**I**), F. 183—185°, aus vorst. Verb. in absol. Chlf. u. Na in CH_3OH bei —15°, nach 20 Min. mit Eiswasser verdünnen, mit verd. Essigsäure neutralisieren u. Einengen, Blättchen aus W.; 40%. — $^{14}C_{(2)}$-*Ca-Malonat*, durch 24std. Stehen einer Mischung aus 83 mg radioakt. **II** u. 747 mg inakt. **II** in A. mit wss. KOH u. Zufügen von 610 mg $CaCl_2$ in W.; 770 mg. — $^{14}C_{(2)}$-**IIa**, aus vorst. Salz in Ae. u. konz. HCl unter Kühlung u. 12std. Ausäthern; 87%. — ^{14}C-*Tetraacetylglucoferulasäure* (^{14}C-**V**), F. 185—200°, durch Lösen von $^{14}C_{(2)}$-**IIa** u. Tetraacetylglucovanillin in Pyridin in der Wärme, Zufügen von Piperidin, 1½std. Erwärmen auf 100°, Zufügen von W. u. Kühlen; hellgelbes Pulver; 82,5%. Daraus wie oben ^{14}C-**VI**, F. 162—174°; 71%; ^{14}C-**I**-*Acetat* u. ^{14}C-**I**, F. 180—185°; 35%. — *Acetylferulasäure* (**III**), F. 196—197°, a) aus **VII** mit Pyridin + Acetanhydrid; 95%; b) aus **VIII** u. **IIa** in Pyridin u. etwas Anilin durch 8std. Erwärmen auf 60° u. Gießen in konz. HCl u. W.; 71%. *Methylester*, $C_{13}H_{14}O_5$, F. 122—123° (A.), mit CH_2N_2 in Dioxan; 84%. *Äthylester*, F. 122—123° (A.), a) aus **VII**-Äthylester durch Acetylierung, F. 122—123° (A.), a) aus **VII**-Äthylester durch Acetylierung wie oben; 73%; b) aus **VIII** u. **IIa**-Monoäthylester in Pyridin u. Piperidin wie oben; 50%. — **V**-*Methylester*, F. 144°, analog vorst. Veresterung; 80%. **V**-*Äthylester*, $C_{26}H_{32}O_{13}$, F. 139° (A.); 87%. — *Coniferylalkohol*, F. 72—73° (Chlf. + PAe.), aus **IV** in Bzl. u. Ae. durch Red. mit $LiAlH_4$ unter N_2, Stehen, Eintragen des abgesaugten Nd. in $(NH_4)_2CO_3$-Lsg. u. erschöpfende Extraktion mit Ae.; 78%. (Mh. Chem. **84**. 406—14. 1953. Wien, Univ., I. Chem. Labor.) LEHWALD. 480

Charles Heidelberger und **Helga Straube Rieke**, *Die Synthese von $^{14}C_{(5)}$-3.4-Benzpyren und von $^{14}C_{(9)}$-2-Acetylaminofluoren.* Vff. beschreiben die Synth. zweier radioakt. carcinogener Stoffe: $^{14}C_{(5)}$-*3.4-Benzpyren* nach dem Verf. von FIESER u. HERSHBERG (C. **1938**. II. 4058) u. $^{14}C_{(9)}$-*2-Acetylaminofluoren* nach dem Verf. von RAY u. GEISER (Cancer Res. **10**. [1950.] **616**) wie folgt: $^{14}C_{(COOH)}$-*Benzoesäure*, F. 119 bis 121°, aus C_6H_5MgBr in absol. Ae. u. $BaCO_3$ (**I**), das 7 mC Radioaktivität enthält; 94% (Ausbeute). — $^{14}C_{(COCl)}$-*Benzoylchlorid* (**II**), aus vorst. Verb. in Bzl. mit $SOCl_2$; 87%. — *Perinaphthan*, F. 68,5—69,0°, aus Perinaphthanon-(7) in CH_3COOH durch 2std. Hydrieren in einer PARR-App. in Ggw. von 30%ig. Pd-Kohle u. wenig 70%ig. $HClO_4$, Kp.$_{0,1}$ 80—85°, Blättchen aus verd. CH_3OH; 46%. *Pikrat*, F. 150—151°, orangerote Nadeln aus CH_3OH; *Trinitrobenzolat*, F. 158—159°, gelbe Nadeln aus CH_3·OH; daneben entsteht etwas *Perinaphthanol-(7)*, das auch neben Harzen bei der Red. nach WOLFF-KISCHNER u. nach CLEMMENSEN erhalten wird. — $^{14}C_{(CO)}$-*3-Benzoylperinaphthan*, F. 62—63°, durch Versetzen der in CS_2 gelösten Schmelze von **II** +

$AlCl_3$ mit vorst. Verb. in CS_2, ½std. Kochen u. Zers. mit Eis u. W., $Kp._{0,01}$ 160—180° Kristalle aus PAe.; 89%. — *$^{14}C_{(5)}$-3.4-Benzpyren*, F. 177—178°, durch Erhitzen der vorst. Verb. mit einer Schmelze von $AlCl_3$ u. NaCl, Zers. mit Eis u. verd. HCl, Versetzen des Nd. mit Zn-Staub, 20 Min. Dest. bei >600°, Lösen in wenig Bzl., mehrfache Chromatographie aus Bzl.-Skellysolve B (1:1) an Al_2O_3 im Dunkeln; Eluieren mit A. u. Fällen mit W., spezif. Radioaktivität 2,8 μC/mg; 70%; Gesamtausbeute (berechnet auf I) 22%. — *$^{14}C_{(COOH)}$-Diphenyl-2-carbonsäure*, F. 104—107°, durch Carbonisieren der aus o-Joddiphenyl u. Mg in absol. Ae. bereiteten GRIGNARD-Verb. in absol. Bzl. bei 0° mit I, das 5 mC Radioaktivität enthält, spezif. Aktivität 5,1 μC /mg; 85%. — *$^{14}C_{(9)}$-Fluorenon*, durch Erhitzen von 80%ig. H_2SO_4 + vorst. Verb. auf 85° u. Gießen in Eis u. W., grünlich gelbes Prod.; 99%. — *$^{14}C_{(9)}$-Fluoren*, bei 3std. Kochen der vorst. Verb. mit KOH, Diäthylenglykol u. 85%ig. $N_2H_4 \cdot H_2O$ u. Gießen in W.; 92%. — *$^{14}C_{(9)}$-2-Nitrofluoren*, F. 156—158°, durch Nitrieren der vorst. Verb. nach RAY u. GEISER (l. c.); 71%. — *$^{14}C_{(9)}$-2-Aminofluoren*, F. 125—127°, durch Red. der vorst. Verb. nach RAY u. GEISER (l. c.), Kristalle aus W.; 94%. — *$^{14}C_{(9)}$-2-Acetylaminofluoren*, F. 193—194°, durch Acetylieren der vorst. Verb. nach RAY u. GEISER (l. c.), spezif. Aktivität 4,55 μC/mg (97%); Gesamtausbeute (berechnet auf I) 50%. (Cancer Res. **11.** 640—43. Aug. 1951. Madison, Wis., Univ. of Wisconsin; Med. School, McArdle Labor.) REISNER. 480

A. W. Toptschijew, B. A. Krenzel, Ja. M. Pauschkin und **I. M. Toltschinski**, *Über die destruktive Hochtemperaturalkylierung von Pentan in Gegenwart von oxydischen Katalysatoren.* Bei der Hochtemperaturumwandlung von Pentan unter den früher angegebenen Bedingungen (vgl. C. **1953.** 1788), jedoch in Ggw. verschied. Katalysatoren, waren aromatisierende Katalysatoren (Aluminiumchromoxyd, Aluminiummolybdänoxyd) ohne wesentlichen Einfluß. In Ggw. von Al-Silicat war die optimale Reaktionstemp. wie beim rein therm. Prozeß, 450°; dagegen war die D. der Benzinfraktion erniedrigt u. die Ausbeute an niedrigsd. KW-stoffen erhöht. Die Erhöhung der Reaktionstemp. auf 500° wirkte sich in starker Erhöhung des Anteils an *Propan*, *n-Butan* u. *Isobutan* u. Erniedrigung des Anteils an *CH_4* aus. Bei 450—460° war die Zus. des Gases aus dem thermokatalyt. Prozeß nicht von der Zus. des Gases aus dem rein therm. Prozeß verschieden. Der Benzinanteil hatte die Bromzahl 19,5 u. Octanzahl 69,2 (Motormeth.). Mittels des RAMAN-Spektr. wurden nachst. Verbb. identifiziert: *Cyclopentan, n-Pentan, 2.2-* u. *2.3-Dimethylbutan, 2-* u. *3-Methylpentan, n-Hexan, Methylcyclopentan, Bzl., 2.2-, 2.3-, 2.4-* u. *3.3-Dimethylpentan, 2-* u. *3-Methylhexan, n-Heptan, 3-Äthylpentan, 1.2-Dimethylcyclopentan, Toluol, 2.4-* u. *3.4-Dimethylhexan, 2-* u. *4-Methylheptan, 1.2-Dimethylcyclohexan, n-Octan, m-* u. *p-Xylol, Äthylbenzol.* Al-Silicat begünstigt also die Bldg. von verzweigten KW-stoffen, die Cyclisierung u. Aromatisierung. (Доклады Академии Наук СССР [Ber. Akad. Wiss. UdSSR] [N. S.] **86.** 741—43. 1/10. 1952. Erdölinst. der Akad. der Wiss. der UdSSR.) WÖRFFEL. 510

Charles D. Hurd und **Leon L. Gershbein**, *Reaktionen von 1-Methylvinylacetat.* Während Vinylacetat mit Acetaldehyd, der mit Na vorbehandelt wurde, 4-Acetoxy-2.6-dimethyl-1.3-dioxan gibt (vgl. MARVEL, HARMON u. RIDDLE, J. org. Chemistry **4.** [1939.] 252), konnten Vff. *1-Methylvinylacetat* (I; Kp. 96—98°) nicht mit Acetaldehyd zur Rk. bringen. Es entstand nur *Aldol* ($Kp._{33}$ 94,5—95°, $Kp._{20}$ 80.5°, n_D^{20} 1,4532, $D._{20}^{20}$ 1,090). Bei der Rk. von I mit Bzl. in Ggw. von $AlCl_3$ wurde als Hauptprod. *Acetophenon* (II) erhalten, $Kp._{25}$ 97—98°, identifiziert als *Semicarbazon*, F. 203,5—204°. Wurde diese Rk. zunächst ca. 30 Min. bei Zimmertemp., dann unter 2std. Kochen ausgeführt, so wurde neben II ein grünes Öl isoliert, $Kp._{30}$ 117—137°, n_D^{20} 1,5515, während 15std. Rk. am Rückfluß ein bernsteinfarbenes Öl vom $Kp._4$ 134—167° als Nebenprod. gab. (J. Amer. chem. Soc. **74.** 3185. 20/6. 1952. Evanston, Ill., Northwest. Univ., Dep. of Chem.) LINDENBERG. 810

O. Hromatka, O. Kraupp und **C. Skopalik**, *Über einige Acylcholamine.* Zur Unters. auf ihre physiol. Wirksamkeit synthetisieren Vff. einige *N-β-Dimethylaminoäthylcarbonsäureamide* u. deren *quartäre Salze* entweder aus den Na-Verbb. von Carbonsäureamiden mit β-Dimethylaminoäthylchlorid (I) (Rk. **A**) oder aus asymm.-Dimethyläthylendiamin (**VIII**) mit Säureanhydriden (Rk. **B**) u. Quaternisierung. Rk. **B** verlief in allen Fällen ohne Schwierigkeiten. Die für das Gelingen von Rk. **A** erforderliche Aktivierung des Cl-Atoms in I ist durch die β-Dimethylaminogruppe gegeben. Die Darst. der Na-Acylamide erfolgte aus dem Säureamid + $NaNH_2$ in Bzl., sie mußten vor der Alkylierung isoliert werden. Zur Ermittlung des zweckmäßigen Reaktionsmediums wurde an einer Anzahl üblicher Lösungsmittel festgestellt, wieviel NaCl bei der Umsetzung von Na-Acetamid (II) u. n-Butylchlorid in der Fl. bei Siedehitze in 1½ Std. gebildet wurde. Neben Toluol u. Xylol erwies sich Bzl. als günstig, da die Unpolarität die Neben-Rk. von I zu *N.N.N'.N'-Tetramethylpiperazinium-*

dichlorid (**VI**) verzögert. — Die Synth. von N-[β-Dimethylaminoäthyl]-formamid nach Rk. **A** gelang nicht. Da die Ausbeuten bei der Rk. **A** 37% nicht überschritten, wurden an der Rk. von **II** mit **I** die Neben-Rkk. untersucht. Die Trennung des Reaktionsgemisches gelang durch fraktionierte Dest. u. anschließende fraktionierte Kristallisation der Pikrate. Die bei 30—50°/10 mm sd. Anteile, die keine Pikrate bildeten, wurden als *Jodmethylate* getrennt u. identifiziert. Neben 23% [*β-Dimethylaminoäthyl*]*-acetamid* entstanden 5% *Tetramethyläthylendiamin* (**IV**), 8,3% *β-Dimethylaminoäthanol* (**V**), 5% *Bis-*[*β-dimethylaminoäthyl*]*-äther* (**III**), 12,5% *Essigsäure-β-dimethylaminoäthylester* (**VII**), ferner 2 nichtidentifizierte Verbb. $C_4H_9O_2N$ (2,3%) u. C_4H_9ON (Spuren). Bei der Vergleichssynth. von **III** aus β.β'-Dichlordiäthyläther u. Dimethylamin entstand **III** nur zu 7%, Hauptprod. war *N-Methylmorpholin* (40%), dessen Bldg. nur über eine quartäre Zwischenstufe möglich ist u. somit ein weiteres Beispiel für die früher (Mh. Chem. **82**. [1951.] 880) beschriebene Ringschluß-Rk. durch BRAUNsche Umalkylierung darstellt. Das Auftreten von **IV** u. **V** im Reaktionsgemisch beweist, daß die Bldg. von **VI** bis zu einem gewissen Grade stattgefunden hat, da der HOFMANNsche Abbau von **VI** in alkal. Lsg. zu **IV**, **V** u. Acetaldehyd führt. Der Bildungsmechanismus von **VII** ließ sich nicht eindeutig ermitteln. — Von den dargestellten *Jodäthylaten* konnten nur die beiden niederen Glieder krist. gefaßt werden.

Versuche: *N.N-Dimethyläthylendiamin* (**VIII**), Kp. 105—108°, durch 5std. Erwärmen von β-Chloräthylaminhydrochlorid mit CH_3OH u. Dimethylamin auf 70°, Eindampfen, Versetzen mit KOH u. Ae.-Extraktion; 55,1% (Ausbeute). — *N-β-Dimethylaminoäthylacetamid*, $Kp._{11}$ 117—118°. Rk. **A**: **I** in Bzl. wurde zur Suspension von **II** in Bzl. (durch Kochen hergestellt) zugetropft, nach weiterem 10—20std. Kochen wurde fraktioniert u. das Prod. aus der 3. Fraktion ($Kp._{10}$ 114—119°) erhalten; 23%. Rk. **B**: **VIII** in Bzl. wurde mit Acetanhydrid versetzt (Selbsterwärmung), das Gemisch nach 12std. Stehen mit gesätt. Pottaschelsg. geschüttelt u. die Benzolschicht fraktioniert; 65%. *Pikrat*, $C_6H_{14}ON_2 \cdot C_6H_3O_7N_3$, F. 115° (nach vorherigem Sintern), aus Ae.-Aceton u. absol. A. feine gelbe Nadeln. *Jodmethylat*, $C_6H_{14}ON_2 \cdot CH_3J$, F. 137—138° (Aceton); 80,8%. *Jodäthylat*, $C_6H_{14}ON_2 \cdot C_2H_5J$, F. 95—97°; 82,3%. — Die Aufarbeitung der übrigen Fraktionen bei vorst. Rk. **A** ergab: *Tetramethyläthylendiamin* (**IV**)-*Pikrat* [F. 283° (Zers.; W.)]; *Verb.* $C_4H_9O_2N$, *Pikrat* [$C_4H_9O_2N \cdot C_6H_3O_7N_3$, F. 131° ($CH_3OH$)]; *β-Dimethylaminoäthanol* (**V**)-*Pikrat* [$C_4H_{11}ON \cdot C_6H_3O_7N_3$, F. 96° (Aceton–Ae.)]; *Essigsäure-β-dimethylaminoäthylester* (**VII**), *Jodmethylat* [$C_7H_{16}O_2NJ$, F. 165—166° (CH_3OH)], *Jodäthylat* [$C_8H_{18}O_2NJ$, F. 82° (Aceton)]; *Bis-*[*β-dimethylaminoäthyl*]*-äther* (**III**), *Dijodäthylat* [$C_{12}H_{30}ON_2J_2$, Zers. bei 277—278° (A.)], *Dipikrat* [$C_8H_{20}ON_2 \cdot 2\,C_6H_3O_7N_3$, F. 143,5° (A.)]; *Verb.* C_4H_9ON, *Pikrat* [$C_4H_9ON \cdot C_6H_3O_7N_3$, F. 145—146° (Aceton)]. — **III**, Kp. 164—168°, durch 1std. Erhitzen von β.β'-Dichlordiäthyläther u. Dimethylamin in etwas Bzl. im Einschlußrohr auf 60°, dann 15 Std. auf 140°, Aufnehmen in HCl, Abtrennen des Bzl., Alkalisieren mit NaOH u. Ausäthern; 7%. Daneben *N-Methylmorpholin*, Kp. 114°; 40%; *Pikrat*, $C_5H_{11}ON \cdot C_6H_3O_7N_3$, F. 227°. — *N-*[*β-Dimethylaminoäthyl*]*-propionamid*, $Kp._{11}$ 124—125°, nach **A** aus Propionamid-Na + **I**; 37,2%; daneben **III**; 16,1%; nach **B** aus **VIII** u. Propionsäureanhydrid; 50%. *Pikrat*, $C_7H_{16}ON_2 \cdot C_6H_3O_7N_3$, F. 117,5° (Aceton + Ae.). *Jodmethylat*, $C_7H_{16}ON_2 \cdot CH_3J$, F. 101 bis 102° (A.); 82,5%. — *N-*[*β-Dimethylaminoäthyl*]*-n-butyramid*, $Kp._{13}$ 135—136°, nach **A** durch 30std. Rk. von Butyramid-Na + **I**; 23,7%; nach **B** aus **VIII** u. Buttersäureanhydrid; 49,6%. *Pikrat*, $C_8H_{18}ON_2 \cdot C_6H_3O_7N_3$, F. 91° (Aceton–Ae.). *Jodmethylat*, $C_8H_{18}ON_2 \cdot CH_3J$, F. 83—84°; 90%. — *N-*[*β-Dimethylaminoäthyl*]*-isovaleramid*, $Kp._{11-12}$ 141—144,5°, nach **A** durch 10std. Rk. von Isovaleramid-Na u. **I**; 21,1%; nach **B** aus **VIII** u. Isovaleriansäureanhydrid; 44%. *Pikrat*, $C_9H_{20}ON_2 \cdot C_6H_3O_7N_3$, F. 88° (Ae.-Aceton). *Jodmethylat*, $C_9H_{20}ON_2 \cdot CH_3J$, F. 123—124° (absol. A.); 91,2%. — *N-β-Dimethylaminoäthylformamid*, $Kp._{19}$ 130—132°; 47,6%. *Pikrat*, F. 93°. *Jodmethylat*, $C_5H_{12}ON_2 \cdot CH_3J$, F. 215—217°; 89%. *Jodäthylat*, $C_5H_{12}ON_2 \cdot C_2H_5J$, F. 101° (Aceton); 89,3%. (Mh. Chem. **84**. 349—64. 1953. Wien, Univ., I. Chem. Labor.) LEHWALD. 810

R. Delaby, A. Sekera, P. Chabrier und **P. Piganiol,** *Beitrag zur Untersuchung der β-Oxyalkylurethane.* 2. Mitt. *p-Nitro- und p-Aminobenzoesäureester von β-Oxyäthylurethanen.* (1. vgl. C. **1952**. 2490.) Die aus β-Oxyäthylurethanen (**I**) u. p-Nitrobenzoylchlorid entstehenden O–p-Nitrobenzoate von **I** lassen sich leicht katalyt. zu den *O–p-Aminobenzoaten* reduzieren. Die Hydrierungsgeschwindigkeit (Kurven vgl. Original) hängt von der Substitution am Carbamin-N ab (Vgl. mit der des p-Nitrobenzoesäureäthyl- u. -benzylesters).

Versuche: *β-*[*p-Nitrobenzoyloxy*]*-äthylurethan* (**II**), $C_{10}H_{10}O_6N_2$, F. 123—124° (A.), aus β-Oxyäthylurethan u. p-Nitrobenzoylchlorid durch Erhitzen auf 100° (½ Std.) u. 48std. Stehenlassen des gepulverten Reaktionsprod. mit Na_2CO_3-Lsg. bei 20°; 65% (Ausbeute). Analog werden nachst. *Derivv.* von **II** dargestellt: *N-Methyl-*, F. 98°;

74%. — *N-Äthyl-*, F. 72°; 53%. — *N-Propyl-*, F. 62,5°; 74%. — *N.N-Diäthyl-*, F. 50°; 66%. — *N.N-Pentamethylen-*, F. 68,5°; 86%. — *p-Nitrobenzoesäureäthylester*, F. 57,5°; 95%. — *p-Nitrobenzoesäurebenzylester*, F. 85°; 82%. — *β-[p-Aminobenzoyloxy]-äthylurethan*, F. 134°, durch Hydrierung von **II** mit RANEY-Ni/H_2 in absol. A. oder Xylol bei 20°; 80%. Analog: *N-Methyl-*, F. 130°; 99%. — *N-Äthyl-*, F. 119°; 95%. — *N-Propyl-*, F. 95°; 94%. — *N.N-Diäthyl-*, F. 74,5°; 91%. — *N.N-Pentamethylen-*, F. 95°; 96%. — *p-Aminobenzoesäureäthylester*, F. 91°; 94%. — *p-Aminobenzoesäurebenzylester*, F. 94°; 97%. (Bull. Soc. chim. France, Mém. [5] **20**. 273—75. März 1953.) K. FABER. 880

Ronald A. Henry, Sol Skolnik und G. B. L. Smith, *Die Hydrazinolyse von Nitroguanidin in alkoholischen Systemen. Darstellung und Reaktionen von 1.6-Dinitrobiguanidin.* Die Hydrazinolyse von Nitroguanidin (**III**) führt in methanol. oder äthanol. Lsg. zu *Aminoguanidin* (**VI**; 60—70%); Nitroaminoguanidin (**VII**), das Hauptprod. der Hydrazinolyse in wss. Medium, wird hierbei nur in kleinen Mengen (10%) als Nebenprod. gebildet. Ferner entstehen in kleinen Mengen das bisher unbekannte *1.6-Dinitrobiguanidin* (**I**) u. *1.6-Dinitro-2-[aminoguanyl]-biguanidin* (**II**). **I** konnte in bessererAusbeute aus **VII** u. 1-Methyl-1-nitroso-3-nitroguanidin oder noch besser durch Red. von Azo-bis-[nitroformamidin] (**VIII**) mit H_2S erhalten werden. **II** kann diazotiert werden, wobei unter Eliminierung von *5-Aminotetrazol* Ringschluß zu *3.5-Bis-[nitroamino]-1.2.4-triazol* eintritt. Röntgenspektren der Verbb. s. Original.

V e r s u c h e: Die Rk. von 80%ig. Hydrazinhydrat u. **III** (je 1 Mol) in absol. Methanol durch 80 Min. Kochen führt zu dem in Methanol unlösl. *1.6-Dinitrobiguanidin-bis-[aminoguanidinium]-salz* (**IV**), $C_2H_6O_4N_8 \cdot 2\ CH_6N_4$, F. 166—167° (Zers.) u. *1.6-Dinitro-2-[aminoguanyl]-biguanidin-bis-[aminoguanidinium]-salz* (**V**) $C_3H_9O_4N_{11} \cdot 2\ CH_6N_4$, F. 147—148° (Zers.), das in Methanol lösl. ist. Durch Erhitzen in absol. Methanol (3,5 Std.) kann **V** in **IV** umgewandelt werden. — **IV** entsteht auch beim Erhitzen von Aminoguanidin (**VI**) u. Nitroaminoguanidin (**VII**) in absol. A. (2 Std.). — *1.6-Dinitrobiguanidin* (**I**), $C_2H_6O_4N_8$, F. 193—195° (Zers.), aus **IV** mit verd. HNO_3, oder durch Stehenlassen von **VII** u. 1-Methyl-1-nitroso-3-nitroguanidin (je 1 Mol) in 50%ig. A. bei 20° (2 Monate) (diese Rk. kann auch in Pyridin durchgeführt werden), oder durch Einleiten von H_2S in eine wss. Suspension von nachst. **VIII** bei 30° bis zum Verschwinden der orangegelben Farbe u. anschließendes Erhitzen auf 90°. — *Azo-bis-[nitroformamidin]* (**VIII**), $C_2H_4O_4N_8$, F. 171—172° (Zers.; orangefarbene Platten aus Nitromethan), aus **I** u. $Ca(MnO_4)_2$ in 3,2nHNO₃ oder nach WRIGHT (C. **1952**. 7492). — *1.6-Dinitro-2-[benzalaminoguanyl]-biguanidin*, $C_{10}H_{13}O_4N_{11}$, F. 180—181°, F. 181—183° (beim Eintauchen in ein Bad von 165—170°) (Nadelrosetten aus W.), aus nachst. **X** u. HNO_3 bei 50° [daneben entsteht *Benzalaminoguanidiniumnitrat* (**IX**), F. 168—169° (W.), das durch Extraktion mit A. abgetrennt wird]; oder aus **II**-Nitrat u. C_6H_5CHO durch Schütteln mit verd. HNO_3; pKa ≅ 6,3 u. ≅ 8,6. *Benzalaminoguanidiniumsalz* (**X**), $C_{18}H_{23}O_4N_{15}$, F. 193° (Zers.; aus viel Methanol oder W. + A., 1 : 1), durch Erhitzen von **IV** mit Benzaldehyd in CH_3OH (2 Std.) oder durch Erhitzen von **I** mit Benzalaminoguanidin (**XI**) in CH_3OH (8½ Std.); **X** entsteht auch beim Erhitzen von *Bis-[benzalaminoguanidinium]-1.6-dinitrobiguanidin* (**VII**) in Methanol + wenig W. (2 Std.). — **II**-*Ammoniumsalz*, $C_3H_9O_6N_{11} \cdot NH_3 \cdot H_2O$, F. 178—179° (Zers.), aus **IV** durch Erhitzen mit wss. NH_4Cl-Lsg. (10 Min.) oder ebenso aus **V**. — *1.6-Dinitrobiguanidinmonobenzylammoniumsalz*, $C_9H_{15}O_4N_9$, F. 166—167° (Zers.; Rosetten oder Prismen aus absol. Methanol), aus **I** u. Benzylamin in absol. Methanol in einigen Tagen bei 20°. — *1.6-Bis-[benzalamino]-biguanidin* (**XIII**), $C_{16}H_{18}N_8$, F. 212° (Zers.; Nadeln aus Bzl. + absol. A., 53 : 47 Volumenteile), aus **I** durch Red. mit Zn + Essigsäure bei 20—25° (1 Std.) u. dann bei 45—50° (1 Std.), Entfernen von Zn^{2+} als Sulfid, Schütteln des mit HCl angesäuerten Reaktionsprod. mit C_6H_5CHO u. Zers. des zunächst erhaltenen rohen *Hydrochlorids* (F. 220—230°) mit 0,5nNaOH. Beim Erhitzen mit Pikrinsäure in A. entsteht das *Pikrat der Dibenzalverb. von $H_2N \cdot NHCONH \cdot NHC(=NH)NHNH_2$*, $C_{22}H_{20}O_8N_{10} \cdot 3\ H_2O$, F. 214—215° (Zers.; aus A.), mit Pikrolonsäure das entsprechende *Pikrolonat*, $C_{26}H_{25}O_6N_{11}$, F. 248—249° (Zers.). — *Azo-bis-[benzalaminoformamidin]*, $C_{16}H_{16}N_8$, F. 176—177° (Zers.; rote Nadeln), beim Abkühlen heißer, gesätt. Lsgg. von **XIII** an der Luft. — Die Rk. von äquivalenten Mengen (je 0,4 Mol) Hydrazinhydrat u. **III** in absol. A. (75 Min. Rückfluß) gibt 6,5—8,4 g **V**. Aus den Mutterlaugen von **V** wurde **VI** als *Bicarbonat*, *Nitrat* oder *Bisulfat* oder nach Rk. mit C_6H_5CHO als *Bis-[benzalamino]-guanidiniumnitrat* (F. 195°, Nadeln aus A.) isoliert. — Rk. von **V** mit C_6H_5CHO in verd. HNO_3 gibt **IX**, F. 169 bis 169,5°. — Bei der Rk. von **V** mit Glyoxal in verd. HNO_3 zunächst bei 0°, dann

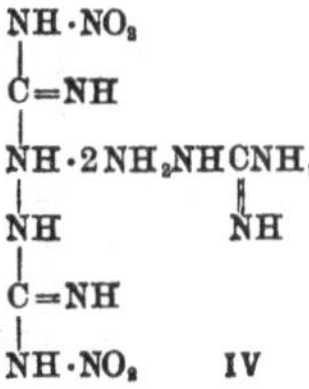

IV

bei 60°, entsteht *Glyoxal-bis-[guanylhydrazon]-dinitrat*, $C_4H_{10}N_8 \cdot 2\ HNO_3$, orangegelbe Platten, Zers. gegen 290° (W. + HNO_3); *freie Base*, $C_4H_{10}N_8$, F. 233—234° (Nadeln oder Platten aus W.). — Bei der Hydrolyse von **V** durch Erhitzen mit wss. NH_4Cl entsteht das *Ammoniumsalz von* **II**, $C_3H_9O_6N_{11} \cdot NH_3 \cdot H_2O$, Zers. 180—181° (Sphärolite aus W.). — Beim Verrühren von **V** mit verd. HNO_3 (p_H ~2,0) bei 0° entsteht **II**-*Nitrat*, $C_3H_9O_6N_{11} \cdot HNO_3$, F. 115—115,5° (Zers.); zers. sich beim Umlösen aus W. zu **I** u. **II**. — *Bis-[benzalaminoguanidinium]-1.6-dinitrobiguanidin* (**XII**), $C_2H_6O_4N_8 \cdot 2\ C_8H_{10}N_4$, F. 176—177° (orangefarbene Platten aus viel A.), durch Schütteln von **V** u. C_6H_5CHO in wss. A. (2 Std.). Entsteht auch aus **I** u. **XI** durch Schütteln in absol. A. (1 Std.) u. anschließendes Stehenlassen (44 Std.) bei 20°. Zers. sich mit verd. HNO_3 in **I** u. **XI**-Nitrat. — *1.6-Dinitro-2-[aminoguanyl]-biguanidin* (**II**), $C_3H_9O_4N_{11}$, F. 182° (Nadelrosetten aus W.), aus **II**-Ammoniumsalz durch Neutralisieren mit HNO_3. — *3.5-Bis-[nitramino]-1.2.4-triazol, Mono-K-Salz* (**XIV**), $C_2H_2O_4N_7K$, F. 199—200° (Zers. aus W.), aus **II** u. KNO_2 in 1,8nHCl bei 3—7° u. Zufügen von K_2CO_3. *Monoguanidiniumsalz*, $C_3H_8O_4N_{10}$, F. 186—187° (Zers.; aus W.), aus **II** mit $NaNO_2$ + HCl wie vorst., Erhitzen des entstandenen Nd. mit Methanol auf 65° u. Einleiten von H_2S in die auf 0° abgekühlte Lsg.; pKa 4,8. *Monoammoniumsalz* (**XV**), $C_2H_6O_4N_8$, F. 128 bis 184° (Nadelrosetten aus W.), aus diazotiertem **II** u. konz. NH_3. *Monoaminoguanidiniumsalz*, $C_3H_9O_4N_{11}$, F. 180° (Nadelrosetten aus W.), aus vorst. Ammoniumsalz u. **VI**-Bicarbonat in sd. W. bis zum Ende der NH_3-Entwicklung. *Bis-[benzalaminoguanidinium]-salz*, $C_{18}H_{23}O_4N_{15}$, F. 183—184° (absol. Methanol), aus dem Ammoniumsalz u. **XI** in absol. Methanol in 3 Tagen bei 20°. — Bei der Red. von **XIV** mit Zn-Staub + Eisessig bei 50° entsteht *Dibenzal-3-amino-5-hydrazino-1.2.-triazol* (**XVI**), $C_{16}H_{14}N_6$, F. 230—231° (A.). Aus den Mutterlaugen *Dibenzal-3.5-dihydrazino-1.2.4-triazol*, $C_{16}H_{15}N_7$, F. 263—265° (gelbe Platten aus 60%ig. A.). — Beim Erhitzen von **XVI** mit alkoh. Pikrinsäure entsteht *Monobenzal-3-amino-5-hydrazino-1.2.4-triazol, Pikrat*, $C_{15}H_{13}O_7N_9$, Zers. bei 242—243° (orangefarbene Nadeln aus A.). — Durch Hydrieren von **XV** mit PtO_2/H_2 in 50%ig. CH_3COOH entsteht *3.5-Diamino-1.2.4-triazol*, das als *Pikrat*, F. 249—251° (Zers.; gelbe Nadeln), isoliert wird. (J. Amer. chem. Soc. **75**. 955—62. 20/2. 1953. Inyokern, China Lake, Calif., U. S.-Naval Ordnance Test Station, Res. Dep., Chem. Div., Inorgan. Chem. Branch.)

K. FABER. 880

Gennady M. Kosolapoff, *Die Chemie aliphatischer Phosphonsäuren*. 1. Mitt. *Alkylierung von Methandiphosphonsäuren*. Es zeigte sich, daß sich *Tetraalkylmethandiphosphonate* $(RO)_2P(O)CH_2P(O)(OR)_2$, ebenso wie Malonate an der Methylengruppe alkylieren lassen. Wegen der zu hohen Kpp. der höheren Vertreter u. der zu leichten Hydrolysierbarkeit des Tetramethylesters beschränkt Vf. die Unters. dieser neuen Rk. zunächst auf das *Tetraäthylmethandiphosphonat* (**I**). Dieses bildet in inerten Lösungsmitteln leicht eine K-Verb., welche sich mit n-Butylbromid zu *Tetraäthylpentandiphosphonat-(1.1)* umsetzt. Dialkylierungs-Rkk. wurden wegen der unbefriedigenden Ausbeute an monoalkyliertem Diphosphonat nicht untersucht. Für das Gelingen der beschriebenen Alkylierungs-Rk. diskutiert Vf. zwei Gründe: 1. kann die Aktivität der Methylengruppe durch den induktiven Effekt der beiden $PO(OR)_2$-Gruppen hervorgerufen sein, u. 2. kann der teilweise Doppelbindungscharakter der P(O)-Bindung Anlaß zu einer Enolatbldg. sein. Die leichte Bldg. des K-Deriv. spricht mehr für die 2. Erklärung.

Versuche: *Tetraäthylmethandiphosphonat* (**I**), $Kp._{0,4}$ 135—137°, wurde erhalten, indem eine Mischung aus 103 g Methylenjodid ($Kp._{35}$ 85—86°) u. 200 g Triäthylphosphit schnell auf 160—170° erhitzt wurde; dabei färbte sich die Mischung braun, u. kurz danach setzte eine heftige Rk. unter Abspaltung von *Äthyljodid* (72,5% [Ausbeute]) ein, das durch eine Kolonne abdest. wurde; nach 20 Min. wurde der Rückstand im Hochvakuum fraktioniert dest., es wurden erhalten: *Diäthyläthanphosphonat*, $Kp._{30}$ 98—100° (89 g), *Diäthyljodmethanphosphonat* (**II**), $Kp._{0,5}$ 100° (59%) u. zuletzt **I**; 18%. Verss., die Ausbeute an **I** zu erhöhen, indem das bei vorst. Rk. erhaltene **II** mit Triäthylphosphit umgesetzt wurde, schlugen fehl, weil Zers. eintrat. — *Tetraäthylpentandiphosphonat-(1.1)* („*Diäthylpentan-1.1-diphosphonat*"), viscose Fl., $Kp._{0,3}$ 147—149°, n_D^{20} 1,4428, wurde erhalten, indem 20 g **I** in Xylol zu einer Suspension von K in Xylol zugegeben wurden; nach einer heftigen Initial-Rk. wurde 2 Std. zum Sieden erhitzt, danach n-Butylbromid zugegeben, 3 Std. gerührt, weitere 3 Std. zum Sieden erhitzt, wobei allmählich KBr ausfiel, u. nach dem Filtrieren fraktioniert dest.; 5 g. — *Pentandiphosphonsäure-(1.1)*, Nadeln, F. 163—165° (W.), durch Verseifen vorst. Esters mit konz. HCl; sehr hygroskopisch. (J. Amer. chem. Soc. **75**. 1500—01. 20/3. 1953. Auburn, Ala., Polytechn. Inst., Res. Chem. Labor.)

ZIMMER. 980

Robert H. Williams und **Lyle A. Hamilton,** *Di-n-alkylphosphinoxyde.* 1. Mitt. *Synthese.* Es werden einige höhere *Di-n-alkylphosphinoxyde,* $R_2P(O)H$, durch Rk. der entsprechenden GRIGNARD-Verb. mit Di-n-butylphosphit oder anderen Dialkylphosphiten hergestellt. *Dimethyl-* u. *Diphenylphosphinoxyd* konnten auf diesem Wege nicht gewonnen werden. *Di-n-octylphosphinoxyd* (I) wurde auch aus Di-n-octylphosphinylchlorid mit $LiAlH_4$ erhalten. Die hergestellten Di-n-alkylphosphinoxyde sind farblose, stabile u. neutrale feste Stoffe; aus ihrem chem. Verh. geht hervor, daß sie Oxyde u. nicht Phosphinigsäuren, R_2POH, sind. Zum Strukturbeweis wurde I zum Phosphinylchlorid chloriert u. dieses zur entsprechenden Phosphinsäure hydrolysiert; diese erwies sich als ident. mit dem Reaktionsprod. aus n-Octen-(1) u. Hypophosphorsäure u. mit dem mit H_2O_2 erhaltenen Oxydationsprod. von I.

Versuche: *Di-n-hexylphosphinoxyd* (II), $C_{12}H_{27}OP$, F. 76,5° (n-Hexan). Zu einer äther. n-Hexyl–MgJ-Lsg. wurde langsam Di-n-butylphosphit zugetropft (Temp. 15°), danach wurde kurz zum Sieden erhitzt, nach dem Zersetzen u. Trocknen wurde der Ae. abdest.; 29% (Ausbeute). — *Di-n-octylphosphinoxyd* (I), $C_{16}H_{35}OP$, F. 85° (n-Hexan); 70%. — *Di-n-octadecylphosphinoxyd* (III), $C_{36}H_{75}OP$, F. 107° (Bzl.–Hexan, 1 : 1), wurde analog aus n-Octadecylbromid hergestellt; wegen der Unlöslichkeit von III in Ae. wurde das gesamte Reaktionsgemisch mit heißem Bzl. extrahiert, worin III lösl. ist; 26%. — I wurde auch durch Red. von aus Di-n-octylphosphinsäure u. PCl_5 in Bzl. gewonnenem Di-n-octylphosphinylchlorid mittels $LiAlH_4$ in Ae. unter N_2 erhalten (Temp. —2°); 53,9%. — *Di-n-octylphosphinsäure,* $C_{16}H_{35}O_2P$, F. 85° (n-Hexan), I wurde in CCl_4 bei ca. 5° mit Cl_2 chloriert, die so erhaltene Phosphinylchloridlsg. mit wss. K_2CO_3-Lsg. behandelt u. die Säure mit H_2SO_4 ausgefällt; 86,6%. Dieses Prod. gibt mit einem I–H_2O_2-Oxydationsprod. (Reaktionstemp. 60—70°) keine F.-Depression, mit I aber eine Depression von 6°. — *Di-n-hexylphosphinsäure,* $C_{12}H_{27}O_2P$, F. 77—78,5°, aus II u. H_2O_2 bei 60—70° erhalten. — *Di-n-octadecylphosphinsäure,* $C_{36}H_{75}O_2P$, F. 105—105,5° (Bzl.), wurde erhalten, indem III mit PCl_5 behandelt u. das Reaktionsprod. hydrolysiert wurde. (J. Amer. chem. Soc. **74**. 5418—20. 5/11. 1952. Paulsboro, N. J., Temple Univ., Chem. Labor.) ZIMMER. 980

Gilm Kamai und **E. Sch. Basstanow,** *Einige neue Phosphoncarbonsäureester und ihre Derivate.* Die durch Einw. von α-Brompropion- (I) u. α-Bromisobuttersäureäthylester (II) auf Trialkylphosphite erhaltenen *α-Dialkylphosphonpropion-* bzw. *α-Dialkylphosphonisobuttersäureäthylester,* $(RO)_2P(:O)CH(CH_3)CO_2C_2H_5$ bzw. $(RO)_2P(:O)C(CH_3)_2CO_2C_2H_5$, reagieren beim Erhitzen mit Anilin (III) oder p-Toluidin unter Bldg. der entsprechenden *Anilide* bzw. *p-Toluidide.* Analog reagieren die Ester der Diisopropyl- u. Diisobutylphosphonmalonsäure. Beim Erhitzen mit alkoh. NH_3 im zugeschmolzenen Rohr auf 100° wird α-Diisopropylphosphonpropionsäureäthylester nicht verändert, während aus Diisopropylphosphonmalonsäurediäthylester unter Sprengung der C—P-Bindung *Malonsäurediamid* entsteht.

Versuche: *α-Diisopropylphosphonpropionsäure. Äthylester,* $C_{11}H_{23}O_5P$, Kp.$_{10}$ 134,5—135,5°, aus 17 g Triisopropylphosphit (IV) u. 15 g I durch Erhitzen auf 140 bis 190° u. Vakuumdest.; D.$^{15}_0$ 1,0440; n_D^{15} 1,4238; Mol.-Refr. ([MR]$_D$) 64,98; 8,8 g (Ausbeute). *Anilid,* $C_{15}H_{24}O_4NP$, F. 213—214°, aus 4 g vorst. Verb. u. 1,4 g III, 20 Min. im Ölbad; 1,1 g. *p-Toluidid,* $C_{16}H_{26}O_4NP$, F. 172°, aus Bzl. Kristalle. — *α-Diisobutylphosphonpropionsäure. Äthylester,* $C_{13}H_{27}O_5P$, Kp.$_{10}$ 161,5—162,5°. aus Triisobutylphosphit (V), 2 Std. bei 190°; D.$^{15}_0$ 1,0228; n_D^{15} 1,4351. *Anilid,* $C_{17}H_{28}O_4NP$, F. 217 bis 218°. *p-Toluidid,* $C_{18}H_{30}O_4NP$, F. 178°. — *α-Diisopropylphosphonisobuttersäureäthylester,* $C_{12}H_{25}O_5P$, Kp.$_9$ 134—135°, aus IV u. II bei 210°; D.$^{15}_0$ 1,0197; n_D^{15} 1,4258. — *α-Diisobutylphosphonisobuttersäureäthylester,* $C_{14}H_{29}O_5P$, Kp.$_9$ 160—161°, aus V u. II 2 Std. bei 200—210°; D.$^{15}_0$ 1,0095; n_D^{15} 1,4332. — *Diisopropylphosponmalonsäure. Diäthylester,* $C_{13}H_{25}O_7P$, aus 10 g IV u. Brommalonsäurediäthylester, zuerst unter Kühlung, dann $^1/_2$ Std. auf sd. Wasserbad; nicht destillierbar, beim Erhitzen auf 162°/4 mm erfolgt Zers.; D.$^{15}_0$ 1,1208; n_D^{15} 1,4421; [MR]$_D$ 76,50. *Dianilid,* $C_{21}H_{27}O_5N_2P$, F. 168°, aus vorst. Verb. u. III. *Di-p-toluidid,* $C_{23}H_{31}O_5N_2P$, F. 173—174°. — *Diisobutylphosphonmalonsäure. Diäthylester,* $C_{15}H_{29}O_7P$, D.$^{15}_0$ 1,0897; n_D^{15} 1,4448; nicht rein erhalten. *Dianilid,* $C_{23}H_{31}O_5N_2P$, F. 108°, aus vorst. Verb. u. III bei 150—180°. *Di-p-toluidid,* $C_{25}H_{35}O_5N_2P$, F. 117—118°. (Журнал Общей Химии [J. allg. Chem.] **21** (**83**). 2188—93. Dez. 1951. Kasan, Chem.-Technolog. Kirow-Inst., Labor. für technolog.-organ. Synthese.) QUECK. 980

Vera Evdokimoff und **Maria Adelaide Chibbaro,** *Untersuchungen über die Oxydation der Nitrophenole mit Permanganat.* o- (I) u. p-Nitrophenol (II) werden durch alkal. $KMnO_4$-Lsg. bei Raumtemp. zum größeren Teil vollständig oxydiert (Oxalsäure neben Alkalicarbonaten u. -nitraten); daneben entsteht aus I *3-Nitrosalicylsäure* u. aus II

5-Nitrosalicylsäure, deren Identität durch Vgl. mit synthet. Präpp. nachgewiesen wird. Wahrscheinlich verläuft die Bldg. dieser Prodd. über die entsprechenden Dinitrodioxydiphenyle (Vereinigung der Benzolkerne in beiden Fällen in o-Stellung zum OH). Zum Beweis hierfür läßt sich die Bldg. von 3.3'-Dinitro-2.2'-dioxydiphenyl (F. 184°) bei der Oxydation von o-Nitrophenol nach GOLDSTEIN [1874] heranziehen, das mit dem von DIELS u. BIBERGEIL [1902] durch Nitrieren von 2.2'-Dioxydiphenyl erhaltenen Prod. ident. sein dürfte.

Versuche: Oxydation des o-Nitrophenols (I) in alkal. Lsg. mit 5%ig. $KMnO_4$-Lsg. (bei Raumtemp. tropfenweise zugesetzt); aus dem Ae.-Auszug der nach Einengen angesäuerten Reaktions-Fl. neben Kristallen von *Oxalsäure* zunächst als amorphe M. *3-Nitrosalicylsäure*, F. 129°, gelbe Nadeln, aus W.; *Methylester*, $C_8H_7O_5N$, F. 132°, aus A. schwachgelbe Kristalle. — Analog aus p-Nitrophenol (II) *5-Nitrosalicylsäure*, F. 226°, aus W. Nadeln; gibt mit $FeCl_3$ eine blutrote Färbung. (Ann. Chimica **42**. 69—74. Jan. 1952. Rom, Istit. Superiore di Sanità, Labor. di Chimica.)

v. DECHEND. 1060

Grant Gill Smith, *Darstellung von Ketonen und ihren Enolestern durch basenkatalysierte Kondensation von Säuren und Säurederivaten mit Anhydriden.* Die Kondensation von Phenylessigsäure (I) oder ihren Derivv. mit aliphat. Säureanhydriden in Ggw. von Pyridin liefert *Benzylketone* (**A**) u. deren *Enolester* (**B**). Die **A** werden durch Derivv., die **B** durch vergleichende Analyse der Infrarotspektren identifiziert. Die Doppelbindung der **B** liegt wahrscheinlich konjugiert zum aromat. Ring. Es werden folgende Kondensationen durchgeführt: **I** bzw. deren Chlorid (**II**) mit Essigsäureanhydrid (**III**), Propionsäurenanhydrid, Buttersäureanhydrid u. Phenylessigsäureanhydrid (**IV**); p-Nitrophenylessigsäure (**V**), o-Chlorphenoxyessigsäure (**VI**) u. **IV** mit **III**. Aus **V** u. **III** konnte nur der Enolester isoliert werden. Diphenylessigsäure u. **III** reagieren zwar, es wurde aber keine definierte Verb. gefunden. Phenylessigsäureäthylester u. Zimtsäure reagieren nicht mit **III**, ebenso Benzoesäureanhydrid u. p-Nitrobenzoesäureanhydrid nicht mit **I** oder **II**. — Durch Umkristallisieren einiger Semicarbazone von **A** aus wss. A. sinken die FF.; diese Beobachtung wird durch Tautomerie u. Isomerie der Verbb. erklärt. — Die **B** werden durch Alkali leicht in die **A** übergeführt.

Versuche: *1-Phenylpropanon-(2)* (**VII**), F. 27°, $Kp._{0,8}$ 60—62°, aus 0,3 Mol **I**, 1,5 Mol Pyridin u. 2,85 Mol **III** durch **67** std. Erhitzen auf 120°, wobei 75% der Theorie CO_2 entweichen; 28% (Ausbeute). *Semicarbazon*, F_1. 185°, F_2. 178°, F_3. 177°. Daneben das *Enolacetat*, $C_{11}H_{12}O_2$, $Kp._{0,8}$ 67—69°, n_D^{25} 1,5320; 33%. — Analog: *1-Phenylbutanon-(2)*, $Kp._1$ 66—69°, aus I u. Propionsäureanhydrid, 42 Std., 74% CO_2; n_D^{25} 1,5096; 50%. *Semicarbazon*, F_1. 148°, F_2. 135°, F_3. 118°. *Enolpropionat*, $C_{13}H_{16}O_2$, $Kp._1$ 82—84°, n_D^{25} 1,5212; 16%. — *1-Phenylpentanon-(2)*, $Kp._1$ 77—79°, aus **I** u. Buttersäureanhydrid, 31 Std., 65% CO_2, n_D^{25} 1,5028; 38%. *Semicarbazon*, F_1. 120°, F_2. 108°, $F._3$ 87°. *Enolbutyrat*, $C_{15}H_{20}O_2$, $Kp._1$ 105—110°, n_D^{20} 1,5130; 18%. — **VII** ferner aus **III** u. **IV**, 1½ Std. bei 133°, 73% CO_2, n_D^{25} 1,5140; 64%; daneben wenig *Dibenzylketon* (**VIII**), $Kp._{0,6}$ 110—119°; *Semicarbazon*, F. 123—124°; *2.4-Dinitrophenylhydrazon*, F. 108°. — **VII** ebenso aus **III** u. **II** mit nachfolgender alkal. Hydrolyse; 40%; daneben wenig **VIII**. — **VIII**, auch aus **IV** u. **II** mit anschließender alkal. Wasserdampfdest.; 35%. — *p-Nitrophenylpropanon-(2)-enolacetat*, $C_{11}H_{11}O_4N$, F. 99,5—100°, $Kp._1$ 145—150°, aus **V** u. **III**, 64% CO_2; 48%; daraus durch Hydrolyse das *Keton*, F. 63°; *2.4-Dinitrophenylhydrazon*, F. 176—178°. — *o-Chlorphenoxypropanon-(2)*, $Kp._{1,6}$ 90—92°, aus **VI** u. **III**, 47% CO_2 in 50 Std.; n_D^{25} 1,5388; 17%. *Semicarbazon*, $C_{10}H_{12}O_2N_3Cl$. (J. Amer. chem. Soc. **75**. 1134—36. 5/3. 1953. Pullman, Wash., State Coll., Fulmer Labor., Dep. of Chem.)

MACHOLDT. 1160

Erik B. Bengtsson, *Darstellung aromatischer Carbonsäuren durch Seitenkettenoxydation mit verdünnter Salpetersäure bei hoher Temperatur unter Druck.* Vf. beschreibt ein Verf. zur Darst. aromat. Carbonsäuren, die durch Oxydation der aliphat. Seitenketten aromat. Verbb. mit 15—30%ig. HNO_3 bei 30—50 kg/cm² Druck in guten Ausbeuten u. nahezu rein erhalten werden. Etwas verunreinigt sind sie lediglich mit nitrierten Verbindungen. Für die Oxydation von o-Xylol (**I**), p-Xylol (**II**), p-Cymol (**III**), p-Toluylaldehyd (**IV**), p.p'-Ditolylsulfon (**V**), p-Chlortoluol (**VI**) u. 2-Chlor-4-nitrotoluol (**VII**) werden die bei verschied. HNO_3-Konzz. u. Drücken erhaltenen Ausbeuten tabellar. mitgeteilt. Die Oxydationen verlaufen in der Weise, daß für jeden KW-stoff eine bestimmte Anfangstemp. von ca. 170° erreicht werden muß, damit die weitere Oxydation exotherm verläuft. Bei einzelnen KW-stoffen, z. B. **III**, ist die Oxydation so heftig, daß mit kleinen Ansätzen oder portionsweise gearbeitet werden muß.

Versuche: *Phthalsäure*, aus **I** u. 30%ig. HNO_3 (in 30%ig. Überschuß) bei 172° u. 42 kg/cm² (Druck); 80% (Ausbeute). Als Nebenprod. aus der Mutterlauge eine Nitrosäure, vermutlich *Mononitrotoluylsäure*. — *Terephthalsäure*, a) aus **II** mit 25% ig. HNO_3 bei 37 kg/cm²; 86%; b) aus **III** (D. 0,858) mit 15% ig. HNO_3; 80—85%; c) aus einem Gemisch von 30% m-Cymol u. 70% **III** mit 30% ig. HNO_3 bei 200°/30 kg/m²; 75%; d) aus **IV** ($D.^{20}_4$ 1,024, n_D^{20} 1,5453) u. 15% ig. HNO_3 (30% Überschuß) bei 200°/31—34 kg/cm²; 84,2%. — Oxydation von **V** mit HNO_3 (20% Überschuß) liefert $HOOCC_6H_4SO_2C_6H_4COOH$; 93—100%. — *o-Chlorbenzoesäure*, F. 138—139,5°, aus o-Chlortoluol mit 15% ig. HNO_3 (10—30% Überschuß) bei 180—200°/25—40 kg/cm²; 75—80%. — *m-Chlorbenzoesäure*, F. 144—148°, aus m-Chlortoluol u. 15% ig. HNO_3 (10% Überschuß) bei 200°/37 kg/cm²; 80%. — *p-Chlorbenzoesäure*, aus **VI**; 80—90%. — *3.4-Dichlorbenzoesäure*, aus 3.4-Dichlortoluol u. 15% ig. HNO_3 (30% Überschuß) bei 190°/18 kg/cm²; 76%. — *2-Chlor-4-nitrobenzoesäure*, aus **VII** (F. 62,4—62,6°) mit 30% ig. HNO_3 (20% Überschuß) bei 180°/38 kg/cm²; 87—88%. (Acta chem. scand. 7. 774—80. 1953. Bofors, Schweden, AB Bofors, Nobelkrut.) W. LORENZ. 1200

Alfred Dornow und **Erich Schumacher**, *Über die Umsetzung des p-Nitrophenyl-β-propiolactons mit Aminen. β-Oxy-β-[4-nitrophenyl]-propionsäure-β-lacton* (**I**) wurde aus β-Brom-β-[4-nitrophenyl]-propionsäureäthylester (**III**) durch Verseifung u. Abspaltung von HBr mit Na_2CO_3 dargestellt. Die Gewinnung von **I** durch Ketenanlagerung an p-Nitrobenzaldehyd gelang nicht, vielmehr bildeten sich, ebenso wie bei den Rkk. mit Benzaldehyd oder o-Nitrobenzaldehyd in Ggw. von $SnCl_2$, $AlCl_3$, H_3BO_3 oder anderen Katalysatoren vorwiegend Polymerisationsprodd., die beim Erwärmen mit Na_2CO_3-Lsg. oder NaOH neben *p-Nitrozimtsäure* (**II**) wenig *β-Oxy-β-[4-nitrophenyl]-propionsäure* lieferten. Bei Rkk. von **I** mit NH_3, prim. oder sek. Aminen wurde die Bldg. von Carbonsäureamiden gegenüber der von β-Aminosäuren bevorzugt, bei Verwendung von Cyclohexylamin oder Benzylamin waren letztere jedoch Hauptprod. (vgl. dagegen BASLER [1884]). Da die β-Aminosäuren nicht aus **I** u. NH_3 oder Aminen entstanden sein konnten, erfolgte ihre Bldg. wahrscheinlich durch Aminolyse unter Aufspaltung der alkoh. CO-Bindung. Die Ausbeute an Aminosäuren wurde durch Verwendung von Nitromethan oder Acetonitril als Lösungsm. sowie durch Arbeiten in stark verd. Lsgg. begünstigt, die Oxycarbonsäureamidbldg. hingegen in W. oder Ae. als Lösungsm. u. bei schneller Rk. in konz. Lactonlösung. Die Trennung der Aminosäuren von den Säureamiden erfolgte durch Extraktion mit schwacher Lauge, die Identifizierung der Aminosäuren nach Veresterung mit CH_2N_2 durch Analyse der Hydrochloride. Einige Säureamide entstanden auch durch Umsatz von Aminen mit **III**; β-Aminosäuren fielen hierbei nicht an. Letztere wirken in größerer Verdünnung (ca. 1 : 50000) auf obergärige Hefen als Wuchsstoffe, in größerer Konz. sind sie dagegen hemmend. Die Methylesterhydrochloride u. Säureamide besitzen keine Wirksamkeit.

Versuche: Verf. **A**: Durch Zutropfen von Amin in CH_3CN zu verd. Lsg. von **I** in CH_3CN unter Rühren u. Kühlen, 5tägiges Stehen, Abfiltrieren, Abdampfen des CH_3CN im Vakuum, Abfiltrieren, Ausziehen der vereinigten Ndd. u. Filtrate mit n/2 KOH, Ansäuern u. Rekristallisation aus 50% ig. CH_3OH. — Verf. **B**: Wie **A** in umgekehrter Reihenfolge. — Verf. **C**: Durch schnelles Umsetzen von **I** in CH_3CN mit unverd. Amin. — Nachst. Verbb. wurden dargestellt: *β-Amino-β-[4-nitrophenyl]-propionsäure*, F. 216—221° (Zers.), aus **I** u. NH_3 bei 0—5° nach **A**; Spuren (Ausbeute). — *β-Oxy-β-[4-nitrophenyl]-propionsäure, Amid*, F. 166—167°, a) bei vorst. Rk. 63%; bei vorst. Rk., jedoch 40—45°, 57%. *Äthylamid*, $C_{11}H_{14}O_4N_2$, F. 140—141°, aus **I** u. $C_2H_5NH_2$ nach **A** bei 0—5°; 58%; in Ae. als Lösungsm. 52%. *Dimethylamid*, $C_{11}H_{14}O_4N_2$, F. 152—153°, aus **I** u. $(CH_3)_2NH$ in CH_3CN nach **A** bei 0—5° 52%; bei 40—45° 38%. — *β-Oxyäthylamino-β-[4-nitrophenyl]-propionsäure*, $C_{11}H_{14}O_5N_2$, F. 195—199° (Zers.), aus **I** u. Äthanolamin in CH_3CN bzw. CH_3NO_2 bei 0—5°; 7 bzw. 5%; in CH_3CN bei 40—45° 5%. *β'-Oxyäthylamid*, $C_{13}H_{19}O_5N_3$, F. 103—105° (Zers.), als Zwischenprod. bei vorst. Umsetzungen; liefert bei Rekristallisation nachst. Verbindung. — *β-Oxy-β-[4-nitrophenyl]-propionsäure-β'-oxyäthylamid*, $C_{11}H_{14}O_5N_2$, F. 134 bis 136°, als Hauptprod. neben vorvorst. Verb. in 15, 24 bzw. 20%; bei Rk. von **I** mit Äthanolamin bei 0—5° nach **B** 23%, nach **C** 31%. Als weiteres Nebenprod. erhebliche Mengen **II**. — *β-Benzylamino-β-[4-nitrophenyl]-propionsäure*, $C_{16}H_{16}O_4N_2$, F. 199—201° (Zers.), aus **I** u. Benzylamin bei 0—5° nach **A** in CH_3CN 27%, in CH_3NO_2 31%, in Ae. 17%, in W. Spuren, nach **B** u. **C** in Acetonitril ebenfalls nur Spuren. *Methylesterhydrochlorid*, $C_{17}H_{19}O_4N_2Cl$, F. 223—226° (Zers.), aus vorst. Verb. mit CH_2N_2 in Ae. unter Kühlung (8 Std.), Vakuumabdampfen des Ae., Aufnehmen in Ae. u. Einleiten von HCl. Als Hauptprod. bei den Rkk. zu vorvorst. Verb. *β-Oxy-β-[4-nitrophenyl]-propionsäurebenzylamid*, $C_{16}H_{16}O_4N_2$, F. 119°; 37, 32, 35, 46, 44 bzw. 49%. — *β-Cyclohexylamino-β-[4-nitrophenyl]-propionsäure*, $C_{15}H_{20}O_4N_2$, F. 201—203° (Zers.), aus **I** u. Cyclohexylamin bei 0—5° nach **A** in CH_3CN, Ae. bzw. CH_3NO_2; 56,

38 bzw. 55%. *Methylesterhydrochlorid*, $C_{16}H_{23}O_4N_2Cl$, F. 216–218° (Zers.), aus vorst. Verb. wie oben. — *β-Oxy-β-[4-nitrophenyl]-propionsäurecyclohexylamid*, $C_{15}H_{20}O_4N_2$, F. 159–160°, bei vorst. 3 Rkk.; 10, 31 bzw. 7%. — *β-Piperidino-β-[4-nitrophenyl]-propionsäure*, $C_{14}H_{18}O_4N_2$, F. 188–192° (Zers.), aus **I** u. Piperidin in CH_3CN nach **A** bei 0–5°; 4%. — *β-Oxy-β-[4-nitrophenyl]-propionsäurepiperidid*, $C_{14}H_{18}O_4N_2$, F. 125 bis 126°, bei vorst. Rk.; 23%, bei 40–45° in Ae. 41%. — *β-Anilino-β-[4-nitrophenyl]-propionsäuremethylesterhydrochlorid*, $C_{16}H_{17}O_4N_2Cl$, F. 233–238° (Zers.), aus **I** u. Anilin in CH_3CN nach **A** bei 0–5° u. Rk. mit CH_2N_2 wie oben; 27%. — *β-Oxy-β-[4-nitrophenyl]-propionsäureanilid*, F. 171–173°, wie vorst. bei 0–5° 27%, bei 40–45° 22%. (Arch. Pharmaz. Ber. dtsch. pharmaz. Ges. **286/58**. 205–11. 1953. Hannover, TH, Inst. für organ. Chem.) LEHWALD. 1250

A. F. McKay, W. G. Hatton und **G. W. Taylor,** *N-[β-Nitraminoäthyl]-N′-aryl-N″-nitroguanidine.* Arylamine reagieren leicht mit 1-Nitro-2-nitramino-Δ^2-imidazolin in wss. A. zu den entsprechenden *N-[β-Nitraminoäthyl]-N′-aryl-N″-nitroguanidinen* ($O_2N\cdot NHCH_2CH_2NH\cdot C(=NR)NHNO_2$; R = Aryl). N-[β-Nitraminoäthyl]-N′-[p-anisyl (p-methoxyphenyl)]-N″-nitroguanidin bildet beim Behandeln mit Acetylchlorid ein Gemisch von *1-Nitro-2-[p-anisylamino]-Δ^2-imidazoliniumchlorid* (**I**) u. *N-[β-Chloräthyl]-N′-[p-anisyl]-harnstoff* (**V**), der aus **I** durch Hydrolyse entstanden ist. In völlig wasserfreiem Medium tritt eine solche Hydrolyse nicht ein, wie an 1-Nitro-2-[p-acetamidophenylamino]-Δ^2-imidazolin gezeigt wird.

V e r s u c h e: *N-[β-Nitraminoäthyl]-N′-aryl-N″-nitroguanidine*, aus 0,029 Mol 1-Nitro-2-nitramino-Δ^2-imidazolinen durch Erhitzen mit der 1,5–2fach äquimol. Menge der Arylamine in wss. A. (15–120 Min.): *Aryl(R) = Phenyl* (**II**), $C_9H_{12}O_4N_6$, F. 139,5–140,5° (Zers.); 96% (Ausbeute). — *R = p-Tolyl*, $C_{10}H_{14}O_4N_6$, F. 163,5 bis 164° (Zers.); 89,6%. — *R = o-Tolyl*, $C_{10}H_{14}O_4N_6$, F. 108–109° (Zers.); 51,2%. — *R = p-sek.-Amylphenyl*, $C_{14}H_{22}O_4N_6$, F. 137–138° (Zers.); 85,3%. — *R = p-Oxyphenyl*, $C_9H_{12}O_5N_6$, F. 172–173° (Zers.); 88,4%. — *R = p-Anisyl* (**III**), $C_{10}H_{14}O_5N_6$, F. 176,5–177° (Zers.); 100%. — *R = o-Anisyl*, $C_{10}H_{14}O_5N_6$, F. 124–125° (Zers.); 65,5%. — *R = p-Phenetyl*, $C_{11}H_{16}O_5N_6$, F. 134–135,5° (Zers.); 85%. — *R = m-Phenetyl*, $C_{11}H_{16}O_5N_6$, F. 135–136,5° (Zers.); 90,7%. — *R = p-Acetamidophenyl* (**IV**), $C_{11}H_{15}O_5N_7$, F. 185,5° (Zers.); 99,5%. — *R = p-Chlorphenyl*, $C_9H_{11}O_4N_6Cl$, F. 155 bis 156° (Zers.); 80%. — *R = m-Chlorphenyl*, $C_9H_{11}O_4N_6Cl$, F. 124–125° (Zers.); 77,9%. — *R = p-Bromphenyl*, $C_9H_{11}O_4N_6Br$, F. 153–153,5° (Zers.); 89,7%. — *R = Benzyl*, $C_{10}H_{14}O_4N_6$, F. 112,5–113° (Zers.); 95,9%. — *1-Nitro-2-phenylamino-Δ^2-imidazolinhydrochlorid*, F. 169–169,6° (Zers.), aus **II** u. Acetylchlorid in Eisessig + Acetanhydrid bei 52–55° (2 Std.); 47,2%. *Pikrat*, $C_{15}H_{13}O_9N_7$, F. 155,5° (Zers.; aus A.). *Styphnat*, $C_{15}H_{13}O_{10}N_7$ (159°, Zers.). Beim Auflösen des Hydrochlorides in 10%ig. wss. NaOH u. 10 Min. Stehenlassen bei Raumtemp. entsteht *N′-[β-Nitraminoäthyl]-N′-phenylharnstoff*, $C_9H_{12}O_3$, F. 159° (Zers.; aus A.). — Bei der Rk. von **III** mit Acetylchlorid in Eisessig + Acetanhydrid bei 40° (1 Std.) entstehen *1-Nitro-2-[p-anisylamino]-Δ^2-imidazolin* (*Pikrat*, $C_{16}H_{15}O_{10}N_7$, F. 150°, Zers., aus Äthanol. *Styphnat*, $C_{16}H_{15}O_{11}N_7$, F. 161°, Zers.), das mit absol. Methanol der zur Trockne eingedampften Reaktionsmasse entzogen wird, u. [nach Behandeln des Extraktionsrückstands mit 10%ig. wss. NaOH (6 Std.) bei 20°] *N-[β-Chloräthyl]-N′-[p-anisyl]-harnstoff* (**V**), $C_{10}H_{13}O_2N_2Cl$, F. 162° (A.; 46,7%), der mit alkoh. KOH (10 Min., 80°) zu *1-[p-Anisyl]-imidazolidon-(2)* (F. 213–213,5°) cyclisiert wird. **V** wird auch durch Rk. von β-Chloräthylamin u. p-Anisylisocyanat in Bzl. erhalten; 98,2%. — Bei der Rk. von **IV** mit Acetylchlorid in Eisessig + Acetanhydrid bei 41° (1 Std.) entsteht *1-Nitro-2-[p-acetamidophenylamino]-Δ^2-imidazoliniumchlorid*, F. 189° (Zers.), das als *Pikrat*, $C_{17}H_{16}O_{10}N_8$, F. 178° (Zers.), charakterisiert wird. Hieraus mit 10%ig. wss. NaOH (15 Min., 20°) *N-[β-Nitraminoäthyl]-N′-[p-acetamidophenyl]-harnstoff*, F. 204° (Zers.). (J. Amer. chem. Soc. **75**. 1120–22. 5/3. 1953. Ottawa, Canada, Defense Res. Chem. Labor.) K. FABER. 1280

V. Petrow und **O. Stephenson,** *Aryloxypropanderivate.* 1. Mitt. *Die Synthese von 1-[p-Nitrophenoxy]-3-dichloracetamidopropanol-(2).* Glycid-p-chlorphenyläther (**I**; R = p-Cl) wurde mit NH_3 zu *3-Amino-1-[p-chlorphenoxy]-propanol-(2)* (**II**; R = p-Cl) umgesetzt. Daneben bildete sich *Bis-[3-p-chlorphenoxy-2-oxypropyl]-amin* (**III**; R = p-Cl). **II**-Hydrochlorid (R = p-Cl) ergab mit Natriumcyanat *3-[p-Chlorphenoxy]-2-oxypropylharnstoff* (**IV**; R = p-Cl), wodurch die Konst. von **II** (R = p-Cl) gesichert war. Bei der Rk. von **II** (R = p-Cl) mit Methyldichloracetat entstand dann das gewünschte *1-[p-Chlorphenoxy]-3-dichloracetamidopropanol-(2)* (**V**; R = p-Cl). In gleicher Weise wurden **V** (R = o-Cl, R = o-, m- u. p-NO_2, R = p-CN, R = o-CH_3, u. R = H) dargestellt. Bei der Einw. von NH_3 auf **I** (R = o- bzw. p-NO_2) entstanden Verbb.

VI bzw. **VII**, die sich nicht in **IV** (R = o- bzw. p-NO_2) oder **V** (R = o- bzw. p-NO_2) umwandeln ließen. Hingegen bildete **I** (R = m-NO_2) glatt mit NH_3 **II** (R = m-NO_2). Aus **I** (R = p-NO_2) u. 1 Mol NH_3 entstand zu 50% **III** (R = p-NO_2). Durch Erhitzen von **I** (R = p-NO_2) mit Phthalimid in alkoh. Lsg. in Ggw. von Pyridin konnte *2-Oxy-1-[p-nitrophenoxy]-3-phthalimidopropan* gewonnen werden, das über das Hydrazid durch saure Verseifung in das gewünschte **II**-Hydrochlorid (R = p-NO_2) umgewandelt werden konnte. Eine bessere Meth. zur Darst. von **II** (R = p-NO_2) ergab sich durch Rk. von **I** (R = p-NO_2) mit Succinimid zu *1-[p-Nitrophenoxy]-2-oxy-3-succinimidopropan* (**VIII**; R = p-NO_2) u. nachfolgende saure Verseifung. Da dieses Verf. allg. Anwendung fähig ist, wurden weitere Derivv. von **VIII** dargestellt u. zersetzt. Die Verseifung von **VIII** (R = p-NO_2) konnte auch über das Hydrazid als Zwischenprod. vorgenommen werden. Bei der sauren Zers. traten jedoch Schwierigkeiten in der Trennung der entstandenen Prodd. auf, so daß dieser Weg für die Darst. von **II** (R = p-NO_2) weniger in Betracht kam. **II**-Hydrochlorid (R = p-NO_2) lieferte mit NaCNO **IV** (R = p-NO_2), mit Anisaldehyd *p-Methoxybenzyliden-2-oxy-3-[p-nitrophenoxy]-propylamin*. Aus **II** (R = p-NO_2) konnte wie gewöhnlich **V** (R = p-NO_2) dargestellt werden. Die Synth. von **V** (R = o-NO_2) verlief analog über **VIII** u. **II** (R = o-NO_2). — Die Konst. von **VI** u. **VII** war die von *o-* u. *p-Nitro-[2.3-dioxypropyl]-anilin*, was sich durch Vgl. mit Literaturdaten, durch Darst. dieser Verbb. aus Glycid u. o- bzw. p-Nitroanilin u. durch Vgl. der UV-Absorptionsspektren mit denen von o- u. p-Nitroanilin ergab. **VII** reagierte mit CH_2O zu *4-[p-Nitroanilinomethyl]-1.3-dioxolan*. Die Entstehung von **VI** u. **VII** aus **I** (R = o- bzw. p-NO_2) wird durch eine SMILES-Umlagerung des zuerst entstandenen **II** (R = o- bzw. p-NO_2) erklärt, wobei Alkali katalyt. wirkt. Wird **I** (R = p-NO_2) jedoch mit Methyl-, Äthyl- oder n-Butylamin umgesetzt, so entstehen auf Grund des stabilisierenden + -I-Effektes in n. Rk. die entsprechenden N-alkylsubstituierten **II** (R = p-NO_2). Durch Alkali werden auch diese Verbb. in *p-Nitro-[2.3-dioxypropyl]-alkylanilin* umgelagert.

V e r s u c h e : (UV-Absorptionsspektren in Isopropanol). Die Darst. der Glycidaryläther geschah durch Zugeben von 1,5 Mol Epichlorhydrin zur Lsg. von 1 Mol Phenol u. 1,2 Mol NaOH in W. bei <20° u. Rühren (10—20 Std. bei Zimmertemp.), Umkristallisieren aus Leichtbenzin oder Ae.-Leichtbenzin. Folgende *Glycidphenyläther*, $\overbrace{CH_2-CH}^{O}-CH_2-O-C_6H_4R$ (**I**): *R = p-Cl*, $C_9H_9O_2Cl$, F. 32°. *R = o-Cl*, $C_9H_9 \cdot O_2Cl$, $Kp._1$ 118°. *R = p-Br*, $C_9H_9O_2Br$, F. 51—52°. *R = p-J*, $C_9H_9O_2J$, F. 72—73°. *R = p-CN*, $C_{10}H_9O_2N$, F. 67°. *R = m-NO₂*, $C_9H_9O_4N$, F. 62°. *R = p-NHCOCH₃*, $C_{11}H_{13}O_3N$, F. 122°. — *3-Amino-1-[p-bromphenoxy]-propanol-(2)* (**II**; R = p-Br), *Hydrochlorid*, $C_9H_{13}O_2NClBr$, F. ≈185° (Methanol–Äthylacetat), **I** (R = p-Br) in A. u. NH_3-Lsg. auf dem Dampfbad 1$^1/_2$ Std. erhitzen u. nach Abkühlen mit HCl versetzen, daneben aus der ersten Kristallfraktion vor dem Ansäuern durch Umkristallisieren aus wss. A. die sek. Base **III**. — Analog wurden die weiteren Derivv. von **II**-*Hydrochlorid* dargestellt: *R = o-Cl*, $C_9H_{13}O_2NCl_2$, F. 225°. *R = p-J*, $C_9H_{13}O_2NClJ$, F. ≈250° (Zers.). *R = o-OCH₃*, $C_{10}H_{16}O_3NCl$, F. 173—175°. *R = m-NO₂*, $C_9H_{13}O_4N_2Cl$, F. 212 bis 213°. *R = o-NO₂*, $C_9H_{13}O_4N_2Cl$, F. 157—158°, (λ_{max}) 258 mμ ($[\varepsilon^{1\%ig.}_{1\,cm}]$ 139), 320 mμ (94,5). *R = p-NO₂*, $C_9H_{13}O_4N_2Cl$, F. 125°, 224 mμ (367), 304 mμ (503). *R = p-Cl*, $C_9H_{13}O_2NCl_2$, F. ≈182°. Daneben wurden die folgenden substituierten *Bis-[3-phenoxy-2-oxypropyl]-amine* (**III**) der Zus. $[R \cdot C_6H_4OCH_2 \cdot CHOH \cdot CH_2]_2NH$ isoliert: *R = p-NO₂*, $C_{18}H_{21}O_8N_3$, F. 133—137°, 225 mμ (362), 305 mμ (551). *R = o-OCH₃*, $C_{20}H_{27}O_6N$, F. 114°. *R = p-J*, $C_{18}H_{21}O_4NJ_2$, F. 168—174°. *R = p-Br*, $C_{18}H_{21}O_4NBr_2$, F. 127°. *R = p-Cl*, $C_{18}H_{21}O_4NCl_2$, F. 133°. *R = o-Cl*, $C_{18}H_{21}O_4NCl_2$, F. 92°. — Die nachst. substituierten Derivv. von *1-Phenoxy-3-dichloracetamidopropanol-(2)* (**V**) wurden durch 5std. Kochen von **II**-Hydrochlorid mit wasserfreiem Na-Acetat u. Äthyldichloracetat in A. gewonnen. Die Umkristallisation erfolgte aus wss. Methanol: *R = m-NO₂*, $C_{11}H_{12}O_5N_2Cl_2$, F. 134—135°. *R = o-Cl*, $C_{11}H_{12}O_3NCl_3$, F. 102—104°. *R = o-CH₃*, $C_{12}H_{15}O_3NCl_2$, F. 88°. *R = H*, $C_{11}H_{13}O_3NCl_2$, F. 106°. *R = p-CN*, $C_{12}H_{12} \cdot O_3N_2Cl_2$, F. 123—125°. *R = o-NO₂*, $C_{11}H_{12}O_5N_2Cl_2$, F. 106—107°. *R = p-NO₂*, $C_{11}H_{12} \cdot O_5N_2Cl_2$, F. 110—111°. *R = p-Cl*, $C_{11}H_{12}O_3NCl_3$, F. 115°. — Die substituierten *1-Phenoxy-2-oxypropylsuccinimide* (**VIII**) wurden durch 3—4std. Kochen von **I** u. Succinimid in A. in Ggw. von wenig Pyridin am Rückfluß u. Umkristallisation aus Äthylacetat–Leichtbenzin erhalten: *R = m-NO₂*, $C_{13}H_{14}O_6N_2$, F. 114—116°. *R = p-NHCOCH₃*, $C_{15}H_{18}O_5N_2$, F. 166—167°. *R = H*, $C_{13}H_{15}O_4N$, F. 130°. *R = o-NO₂*, $C_{13}H_{14}O_6N_2$, F. 120°. *R = p-NO₂*, $C_{13}H_{14}O_6N_2$, F. 132—133°. *R = p-Cl*, $C_{13}H_{14}O_4NCl$, F. 115—116°. *R = o-CH₃*, $C_{14}H_{17}O_4N$, F. 99°. — Die Hydrolyse von **VIII** geschah durch Lösen in heißer konz. HCl, Zugeben von A. bis zur Auflösung, 6std. Kochen am Rückfluß, Eindampfen zur Trockne im Vakuum, Lösen in wenig W., Bernsteinsäure mit Ae. extrahieren u. wieder eingedampften Rückstand aus A.–Äthylacetat–Ae. umkristallisieren. — *N¹-[2-Oxy-1-(p-nitrophenoxy)-propyl-(3)]-succinamidhydrazid*, $C_{13}H_{18}O_6N_4$, F. 160—162°, aus **VIII** (R = p-NO_2) in A. mit wss. Hydrazinhydrat nach 2std. Erhitzen auf 70°. — *3-[p-Chlorphenoxy]-2-oxypropylharnstoff* (**IV**; R = p-Cl), $C_{10}H_{13}O_3N_2Cl$, F. 132° (wss. A.), aus **II**-Hydrochlorid (R = p-Cl) u. NaCNO in W. mit wenig A., über Nacht stehenlassen. Analog nachst. **IV**: *3-[o-Chlorphenoxy]-2-oxypropylharnstoff*, F. 113—115°. — *3-[p-Bromphenoxy]-2-oxypropylharnstoff*, $C_{10}H_{13}O_3N_2Br$, F. 154—155°, Platten. — *3-[p-Nitrophenoxy]-2-oxypropylharnstoff*, $C_{10}H_{13}O_5N_3$, F. 167—169°, Platten. — *p-Methoxybenzyliden-2-oxy-3-p-nitrophenoxypropylamin*, $C_{17}H_{18}O_5N_2$, F. 135° (wss. A.), **II**-Hydrochlorid (R = p-NO_2), Anisaldehyd u. wasserfreies Na-Acetat in A. 1 Std. am Rückfluß kochen, schwachgelbe Platten. — *p-Nitro-[2.3-dioxypropyl]-anilin* (**VII**), $C_9H_{12}O_4N_2$, F. 126—128° (W.), a) aus 50 g **I** (R = p-NO_2) u. NH_3 in A. nach 5std. Erhitzen auf den Dampfbad; 21 g (Ausbeute); b) aus p-Nitroanilin u. Glycid nach 3 Std. bei 170°; c) aus **VIII** (R = p-NO_2) durch 2std. Kochen am Rückfluß in wss. NaOH; d) **VIII** (R = p-NO_2) in wss. Na_2CO_3-Lsg. 90 Min. am Rückfluß kochen, bei Ansäuern Bldg. von *3-Amino-1-[p-nitrophenoxy]-propanol-(2)-halbsuccinat*, $C_{13}H_{16}O_7N_2$, F. 119—120° (Äthylacetat–Leichtbenzin), Nadeln; Prod. mit Alkali weiter verseifen zu **VII**; e) **II**-Hydrochlorid (R = p-NO_2) in alkal. Lsg. über Nacht stehenlassen; f) Phthalimid von **I** (R = p-NO_2) auf dem Dampfbad alkal. verseifen; schwachgelbe Platten; 229 mμ (412), 384 mμ (865). *Triacetylderiv.*, $C_{15}H_{18}O_7N_2$, F. 118° (Äthylacetat–Leichtbenzin), schwachgelbe, prismat. Nadeln. *Hydrochlorid*, $C_9H_{13}O_4N_2Cl$, F. 125—127°, gelbe Nadeln; 230 mμ (310), 385 mμ (730). — *4-[p-Nitroanilinomethyl]-1.3-dioxolan*, $C_{10}H_{12}O_4N_2$, F. 142—144° (W.), aus **VII** u. 36%ig. CH_2O in Methanol durch 5std. Kochen am Rückfluß, orangegelbe Nadeln. — *N-[2-Oxy-3-(p-nitrophenoxy)-propyl]-phthalimid*, $C_{17}H_{14}O_6N_2$, F. 176° (A.), aus 19,5 g **I** (R = p-NO_2) u. 14,7 g Phthalimid in A. in Ggw. von wenig Pyridin durch 1std. Erhitzen am Rückfluß, A. zugeben u. weiteres 1½std. Kochen, Nadeln; 32 g. *N¹-[2-Oxy-3-(p-nitrophenoxy)-propyl]-phthalamidhydrazid*, $C_{17}H_{18}O_6N_4$, F. 212—213° (Zers.), vorst. Verb. in sd. A. mit 50%ig. Hydrazinhydrat behandeln, schwach gelb; 88%; die saure Hydrolyse lieferte neben Phthalylhydrazid (**IX**) **II**-Hydrochlorid (R = p-NO_2). — *N-[2-Oxy-3-(o-toloxy)-propyl]-phthalimid*, $C_{18}H_{17}O_4N$, F. 118°, kleine Nadeln. *N¹-[2-Oxy-3-(o-toloxy)-propyl]-phthalamidhydrazid*, $C_{18}H_{21}O_4N_3$, F. 208° (Zers.; A.), Nadeln. — *2-Oxy-3-[o-toloxy]-propylaminhydrochlorid* (**II**-Hydrochlorid, R = o-CH_3), 11 g vorst. Verb. mit gesätt. alkoh. HCl am Rückfluß kochen, neben 5,1 g **IX** (F. 335°); 6,35 g. — *o-Nitro-[2.3-dioxypropyl]-anilin* (**VI**), $C_9H_{12}O_4N_2$, F. 120°, Darst. nach Meth. a), b) u. c) s. **VII**, nach Meth. b); 232 mμ (1130), 279 mμ (222), 425 mμ (310); 50%. — *1-[p-Nitrophenoxy]-2-oxy-3-piperidinopropan*, $C_{14}H_{20}O_4N_2$, F. 80—82° (wss. Methanol), aus **I** (R = p-NO_2) u. Piperidin in Bzl. nach 1std. Kochen am Rückfluß, Knötchen; 224 mμ (400), 305 mμ (520). — *2-Oxy-3-methylamino-1-p-nitrophenoxypropan* (**X**), $C_{10}H_{14}O_4N_2$, F. 96° (Äthylacetat–PAe.), aus **I** (R = NO_2) u. alkoh. 33%ig. Methylamin durch 2std. Erhitzen auf dem Dampfbad, gelbe Nadeln. — *3-Äthylamino-2-oxy-1-[p-nitrophenoxy]-propan*, $C_{11}H_{16}O_4N_2$, F. 120° (Äthylacetat–PAe.), Nadeln. *Hydrochlorid*, $C_{11}H_{16}O_4N_2 \cdot HCl$, F. 165—167° (A.–Äthylacetat), Nadeln. — *3-n-Butylamino-2-oxy-1-[p-nitrophenoxy]-propan*, $C_{13}H_{20}O_4N_2$, F. 99—100°, Nadeln. *Hydrochlorid*, $C_{13}H_{21}O_4N_2Cl$, F. 155—156° (Methanol–Ae.), Plättchen. —*N-[2.3-Dioxypropyl]-N-methyl-p-nitroanilin*, $C_{10}H_{14}O_4N_2$, F. 145—147° (Äthylacetat), a) aus **X** in wenig A. mit wenig NaOH-Lsg.; b) aus p-Nitromethylanilin u. Glycid nach 1 std. Erhitzen auf 140 bis 150°. — *N-[2.3-Dioxypropyl]-N-äthyl-p-nitroanilin*, $C_{11}H_{16}O_4N_2$, F. 94° (Chlf.-PAe.), hellgelbe Kristalle. — *N-[2.3-Dioxypropyl]-N-n-butyl-p-nitroanilin*, $C_{13}H_{20}O_4N_2$, F. 77 bis 79°, gelbe Nadeln. — *p-Nitroanilin*, 228 mμ (485), 378 mμ (1140). — *p-Nitrophenol*, 225 mμ (580), 313 mμ (770). — *o-Nitroanilin*, 232 mμ (1415), 275 mμ (367), 403 mμ (400). (J. Pharmacy Pharmacol. **5**. 359—69. Juni 1953. London, Brit. Drug Houses, Res. Labor.) L. FISCHER. 1320

Henry Gilman, Louis F. Cason und **Houston G. Brooks jr.**, *Die Synthese von Arylmercaptoalkyl- und Arylsulfonylalkylsilanen.* Gewisse Arylmethylsulfide bzw. -sulfone können durch n-Butyllithium in Ae. in die Li-Verbb. übergeführt werden. Ebenso reagiert Methyl-p-tolylsulfon mit Alkylmagnesiumhalogeniden nach GRIGNARD zu p-Toluolsulfonylmethylmagnesiumhalogeniden. Sowohl die Arylmercapto- bzw. Arylsulfonylmethyllithiumverbb. wie die Arylsulfonylmethylmagnesiumhalogenide reagieren mit Äthoxy- bzw. Chlorsilanen unter Bldg. S-haltiger substituierter Silane. — Mercaptane können an Triphenylvinylsilan in Ggw. von Benzoylperoxyd angelagert werden unter Bldg. der entsprechenden β-Arylmercaptoäthyltriphenylsilane, aus denen die β-Arylsulfonyläthyltriphenylsilane durch Oxydation mit Peressigsäure gewonnen werden.

Versuche: *Triphenyl-[p-toluolsulfonylmethyl]-silan*, a) aus Triphenylchlorsilan u. p-Toluolsulfonylmethyl-MgBr, F. 173—174° (Ligroin + Bzl.); b) aus Triphenylchlorsilan u. p-Toluolsulfonylmethyl-Li, F. 175°; 31%. — *Tetrakis-[phenylmercaptomethyl]-silan*, F. 67—69° (Äthylacetat + A.), aus Phenylmercaptomethyl-Li u. Tetraäthoxysilan; 42%. — *Tetrakis-[p-tolylmercaptomethyl]-silan*, F. 70°, aus p-Tolylmercaptomethyl-Li u. Tetraäthoxysilan; 53%. — *Triphenyl-[p-tolylmercaptomethyl]-silan*, F. 148—149°, aus p-Tolylmercaptomethyl-Li u. Triphenylchlorsilan; 67%. — *Trimethyl-[p-tolylmercaptomethyl]-silan*, F. 83—85°, aus p-Tolylmercaptomethyl-Li u. Trimethylchlorsilan; $D.^{20}{}_{20}$ 0,9545, $n_D{}^{20}$ 1,5356; 78%. — p-Toluolsulfonylmethyl-Li bzw. p-Toluolsulfonylmethyl-MgJ reagieren nicht mit Trimethylchlorsilan. — Anlagerung von Mercaptanen an Triphenylvinylsilan: *Mercaptoverbb.* aus Triphenylvinylsilan u. RSH der allg. Zus. $(C_6H_5)_3SiCH_2CH_2SR$: *R = Phenyl*, F. 99—100°; 65%. *R = p-Tolyl*, F. 97—99°; 57%. *R = Benzyl*, F. 72—73°; 18%. — Aus vorst. Mercaptanen durch Oxydation mit H_2O_2/Eisessig Sulfonylverbb. der allg. Zus. $(C_6H_5)_3SiCH_2CH_2 \cdot SO_2R$: *R = Phenyl*, F. 155°; 85%. *R = p-Tolyl*, F. 152°; 83%. *R = Benzyl*, F. 153 bis 154°; 75%. (J. Amer. chem. Soc. **75**. 3760—62. 5/8. 1953. Ames, Io., State Coll., Chem. Labors., u. Tuskegee Inst., Alabama). M. SCHENK. 1380

W. A. Sassossow und **K. A. Kotscheschkow**, *Synthese silicium-, zinn- und bleiorganischer Verbindungen, die Halogen im aromatischen Ring enthalten.* 1. Mitt. Es wurden Verbb. vom Typus $R_3MC_6H_4X$ (R = Alkyl oder *Aryl*; M = *C, Si, Sn* oder *Pb*; X = *F, Cl, Br* oder *J* in *p*-Stellung) synthetisiert. Die Si-organ. Verbb. wurden unter Benutzung von C_6H_5Li hergestellt, da die Ausbeuten hiermit besser waren als mit Mg-organ. Verbindungen. Zur Gewinnung der anderen dienten meist Mg-organ. Verbb., z. B. nach dem Schema $R_3SnBr + BrMgC_6H_4X \rightarrow R_3SnC_6H_4X + MgBr_2$; hierbei entstanden im Falle von R = C_6H_5; X = Br *Tetraphenylzinn* u. *p.p'-Bis-[triphenylzinn]-diphenyl* (**I**) als Nebenprodd., für deren Bldg. vermutete Reaktionsschemata angegeben werden. Analoge Nebenprodd. entstanden auch in den Fällen der Si- u. Pb-organ. Verbindungen.

Versuche: *Äthylphenyl-p-bromphenylcarbinol*, $C_{15}H_{15}OBr$, $Kp._2$ 157°, aus 60 g p-Brombenzophenon u. C_2H_5MgBr (28,66 g C_2H_5Br; 7,3 g Mg) in Ae. + Bzl. bei 2std. Erwärmen u. Zers. mit verd. HCl, Öl; 39 g (Ausbeute). — *Äthylphenyl-p-bromphenylchlormethan*, F. 71—71,5°, durch Sättigen der Lsg. vorst. Verb. im gleichen Vol. Ae. mit HCl-Gas, aus PAe. Tafeln; 23,6 g aus 35 g. — *Diäthylphenyl-p-bromphenylmethan*, F. 42°, $Kp._3$ 145—147°, aus 20 g vorst. Verb. u. C_2H_5MgBr (8,72 g C_2H_5Br; 2,43 g Mg) in Ae. bei $^1/_2$std. Erwärmen, aus PAe. Tafeln; 13,9 g. — *Äthyldiphenyl-p-bromphenylmethan*, F. 82°, $Kp._2$ 207°, aus Diphenyl-p-bromphenylchlormethan (50,2 g) u. $C_2H_5 \cdot MgBr$ in Ae. + Bzl. bei 1std. Kochen, aus PAe. Kristalle; 37,75 g. — *Triphenyl-p-bromphenylmethan*, F. 245°, in 28,4%ig. Ausbeute nach ULLMANN u. MÜNZUBER (Ber. dtsch. chem. Ges. **36**. [1903.] 404). — *Triphenyl-p-jodphenylmethan*, F. 254°, in 93%ig. Ausbeute nach ISMAILSKI u. SSURKOW (Журнал Общей Химии [J. allg. Chem.] **13**. (**75**). [1943.] 856). — *Triäthyl-p-bromphenylsilicium*, $Kp._{14}$ 149—152°, Herst. nach GRÜTTNER u. Mitarbeitern (Ber. dtsch. chem. Ges. **50**. [1917.] 1549); 55,5%. — *Diäthylphenyl-p-bromphenylsilicium*, $Kp._{10}$ 197—200°, Herst. nach GRÜTTNER u. CAUER (Ber. dtsch. chem. Ges. **51**. [1918.] 1283); 47%. — *Triphenyl-p-bromphenylsilicium*, F. 156—157°, aus 16,4 g p-Bromphenylsiliciumtrichlorid u. C_6H_5Li (207 ml 1,23n-Lsg. in Ae.), anfangs unter Kühlung mit Schnee + NaCl, dann 2 Std. zum Sieden, aus Butanol kurze Prismen; 8,8 g neben 0,95 g *Tetraphenylsilicium* (F. 229—230°) u. 0,65 g nachst. Verb.; zur Trennung werden verschied. Lösungsmittel (A., Amylacetat, Butanol, Chlf.) benutzt. — *p.p'-Bis-[triphenylsilyl]-diphenyl* („*Bistetraphenylsilicium*"), $C_{48}H_{38}Si_2$, F. 292—293°, Kriställchen, sehr schwer lösl. in den meisten organ. Lösungsmitteln, außer sd. Chloroform. — *p-Bromphenylzinntribromid* (**II**) $C_6H_4Br_4Sn$, F. 49—50°, durch Erhitzen von Di-p-bromphenylzinndibromid mit $SnBr_4$, aus PAe. Nadeln; 90,5%. — *Trimethyl-p-bromphenylzinn*, $Kp._9$ 129—130°, aus vorst. Verb. u. CH_3MgJ in Ae. bei 2std. Kochen, Öl; $D.^{15}{}_4$ 1,6489; 62,5%. Wird durch Mineralsäuren leicht hydrolysiert. — *Triäthyl-p-jodphenylzinn*, $Kp._{10}$ 174—175°, aus p-Jodphenylzinntribromid u. C_2H_5MgBr in Ae.; $D.^{15}{}_4$ 1,5475; 16,8%. — *Triäthyl-p-bromphenylzinn*, $Kp._6$ 150—151°, aus 28,6 g Triäthylzinnbromid u. p-BrC_6H_4MgBr (47,2 g p-Dibrombenzol; 5,34 g Mg) bei 7std. Kochen in Ae. u. Zerlegen mit NH_4Cl-Lsg. bei 0°; $D.^{15}{}_4$ 1,4964; 17,45 g. Wird durch Mineralsäuren sehr leicht hydrolysiert. — *Tripropyl-p-bromphenylzinn*, $Kp._4$ 168°; $D.^{15}{}_4$ 1,3722; 36,3%. — *Triphenyl-p-bromphenylzinn* (**III**), F. 130° (der von nachst. genannten Autoren angegebene F. 224° ist unrichtig), a) nach KRAUSE u. WEINBERG (Ber. dtsch. chem. Ges. **62**. [1929.] 2238) aus 38,5 g Triphenylzinnchlorid u. p-BrC_6H_4MgBr (41,3 g p-Dibrombenzol; 5 g Mg) bei 2std. Kochen in Ae. + Bzl. u. Zerlegen mit NH_4Cl-Lsg.; 34,7 g neben

0,25 g *Tetraphenylzinn* (F. 223°) u. 3,1 g I; b) aus 5,15 g II u. C_6H_5MgBr (7,85 g Brombenzol; 1,33 g Mg) in Ae., ½ Std. unter Kühlen u. 3 Std. zum Sieden erhitzt; 3,5 g neben wenig I. Die Verb. III bildet derbe Prismen aus A. + Butanol. — *p.p'-Bis-[triphenylzinn]-diphenyl* („*Bistetraphenylzinn*"; I), $C_{48}H_{38}Sn_2$, F. 303°, aus Chlf. Täfelchen; sehr schwer lösl. in den meisten organ. Lösungsmitteln. — *Triphenyl-p-fluorphenylzinn*, F. 171°, aus $(C_6H_5)_3SnCl$ u. p-FC_6H_4MgBr, faserige Nadeln; 78,6%. — *Triphenyl-p-chlorphenylzinn*, F. 141°, aus $(C_6H_5)_3SnCl$ u. p-ClC_6H_4MgBr, Kristalle; 88,2%. — *Triphenyl-p-jodphenylzinn*, F. 143°, aus 9,5 g p-Jodphenylzinntribromid u. C_6H_5MgBr (13,2 g Brombenzol) bei 3std. Kochen in Ae., aus PAe. u. Butanol derbe Prismen; 3 g neben wenig I. — *Triphenyl-p-bromphenylblei*, F. 121°, aus 23,75 $(C_6H_5)_3PbCl$ u. p-BrC_6H_4MgBr (5,44 g p-Dibrombenzol) bei 1std. Kochen in Ae., aus A. + Aceton derbe Prismen; 5,1 g neben 4,5 g *Tetraphenylblei* (F. 225°.) (Сборник Статей по Общей Химии [Samml. Aufsätze allg. Chem.] **1**. 278—84. 1953. Allunions Wiss. Chem.-Pharmazeut. Ordshonikidse-Forschungsinst., Labor. für experimentelle Chemotherapie der Infektionskrankheiten.) R. KNOBLOCH. 1380

R. L. Shriner und **Calvin N. Wolf,** *Tetraphenylarsoniumchloridhydrochlorid.* Nach BLICKE u. MONROE (J. Amer. chem. Soc. **57**. [1935.] 720) aus $AsCl_3$ u. Chlorbenzol mit Na in Bzl. *Triphenylarsin*, F. 61°, das mit 30%ig. H_2O_2 in Aceton zu *Triphenylarsinoxyd*, F. 189°, oxydiert wird. Hieraus mit C_6H_5MgBr *Tetraphenylarsoniumchloridhydrochlorid*, F. 204—208° (Zers.; W. + konz. HCl). (Org. Syntheses **30**. 95—99. 1950.) TROFIMOW. 1380

G. Bryant Bachman, C. L. Carlson und **Margaret Robinson,** *Monomere und Polymere.* 7. Mitt. *Synthesen mit Hilfe von Metallstyrolen.* (6. vgl. C. **1950**. **II**. 412.) Im Kern halogensubstituiertes Styrol (I) reagiert äußerst schwer, selbst mit aktiviertem Mg in hochsd. Lösungsmitteln; wird jedoch der Reaktionslsg. CH_3J oder C_2H_5Br zugegeben, erfolgt eine schnelle Überführung des substituierten I in die GRIGNARD-Verb., die bei der Umsetzung mit CO_2 15% *p-Vinylbenzoesäure* neben hauptsächlich polymeren Prodd. liefert. Da α-Methylstyrol (II) weniger leicht polymerisiert, wurde sein p-Brom- (III) u. p-Jodderiv. (IV) analog umgesetzt. Li reagiert in diesem Falle besser als Mg u. liefert die Organo-Li-Verb. in Ausbeuten bis zu 64%. Die Umsetzung mit CO_2 führte jedoch auch hier nur zu 10—30% *p-Isopropenylbenzoesäure* neben großen Mengen polymeren Materials. Das p-Li-II liefert mit Acet- u. Benzaldehyd nur Polymere, mit Triäthylzinnchlorid entstehen 14,5% *p-Triäthylzinn-α-methylstyrol.* Verss. zur Verhinderung der Polymerisation waren wenig erfolgreich, da die Inhibitoren selbst mit den Organometallverbb. reagieren. Die Rk. zwischen Butyl-Li u. III gibt nach der Umsetzung mit CO_2 ebenfalls Polymere u. 50% *Valeriansäure*, so daß die bei der Metallierungs-Rk. entstehenden freien Radikale als Polymerisationsaktivatoren zu betrachten sind, was die Umsetzung von CH_3J mit Mg oder Li in Ggw. von II bewies. Dabei entsteht nach der Hydrolyse 74% dimeres II, das *2.4-Diphenyl-4-methylpenten-(2)*, neben höheren Polymeren.

Versuche: *p-Bromstyrol*, Kp.$_2$ 56—57°, n_D^{25} 1,5778, aus p-Brombenzaldehyd u. einer äther. Lsg. von CH_3MgJ, Hydrolyse mit 10%ig. wss. NH_4Cl u. Dehydratisierung des gebildeten *1-[p-Bromphenyl]-äthanols-(1)* (Kp.$_2$ 105—107°) mit $KHSO_4$ u. Phenyl-[β-naphthyl]-amin bei 150—180°/80 mm; 20% (Ausbeute). — *p-Brombenzoesäure*, F. 250—252°, durch Oxydation vorst. Verb. mit $KMnO_4$. — *p-Vinylbenzoesäure*, F. 139—140° (20%ig. A.). Äquimol. Anteile von p-Bromstyrol u. C_2H_5Br werden mit aktiviertem Mg in Ae. umgesetzt u. mit Trockeneis carbonisiert; nach der Hydrolyse mit verd. H_2SO_4 15%. *p-Bromphenylacylester*, F. 100—102°. Gibt mit $KMnO_4$ *Terephthalsäure* (F. 300°). — *p-Jod-α-methylstyrol* (IV), C_9H_9J, Kp.$_2$ 68—70°, F. 44°, aus p-Jodbenzoesäuremethylester u. CH_3MgJ, Hydrolyse mit gesätt. NH_4Cl u. Dehydratisierung durch 20std. Kochen mit überschüssigem Acetanhydrid; 33%. — *m-Brom-α-methylstyrol*, Kp.$_2$ 68—71°, u. *p-Brom-α-methylstyrol* (III), Kp.$_{10}$ 95°, analog aus m-Brombenzoesäuremethylester (49%) bzw. p-Brombenzoesäureäthylester (42%) oder p-Dibrombenzol, Mg u. Aceton. (51%). — *p-Isopropenylbenzoesäure*, F. 161—163° (W.), aus IV, C_2H_5Br in äquimol, Anteilen u. akt. Mg in Ae. (2 Std.), Carbonisieren u. Hydrolyse mit verd. H_2SO_4 (10%) oder aus III, C_2H_5Br u. Li in Ae. unter N_2 durch 2std. Kochen (31%). *p-Bromphenacylester*. F. 118—121°. — *p-Triäthylzinn-α-methylstyrol*, $C_{15}H_{24}Sn$, Fl., Kp.$_2$ 129—130°, D. $^{25}_{25}$ 1,2311, n_D^{25} 1,5441, aus p-Li-II u. Triäthylzinnchlorid in Ae. durch 3std. Kochen, Filtrieren u. Fraktionieren; 14,5%; copolymerisiert mit Butadien im Emulsionssyst. langsam zu krümeligen Gummi. — *2.4-Diphenyl-4-methylpenten-(2)*, $C_{18}H_{20}$, Kp.$_{1-2}$ 126—129°, n_D^{25} 1,5654, aus II, CH_3J u. Mg in Ae., Hydrolyse mit gesätt. NH_4Cl u. Fraktionieren der Ae.-Schicht; 74%. (J. Amer. chem. Soc. **73**. 1964—65. Mai 1951. Lafayette, Ind., Purdue Univ., Res. Foundation, Dep. of Chem.) RUSKE. 1610

Bror Holmberg, *Über Styrylthioglykolsäuren.* Vf. erhält bei der Umsetzung von Phenylacetylen (**II**) mit Thioglykolsäure (**III**) ein Gemisch *stereoisomerer β-Styrylthioglykolsäuren* (**IA** u. **IB**), wobei das Mengenverhältnis merklich von der Reaktionstemp. abhängig ist u. **IA** u. **IB** bei höherer Temp. ineinander übergehen können; ohne nähere Unterss. über die Konfiguration beider Verbb. anzustellen, wird die in überwiegender Menge entstehende Säure, die auch das weniger schwer lösl. *Ba-Salz* gibt, als **A**-*Säure* (**IA**) bezeichnet. Bei weiterer Einw. von **III** gehen **IA** u. **IB** langsam in *Phenylacetaldehydmercaptalessigsäure* (**IV**; *β-Phenyläthyliden-bis-thioglykolsäure*) über. Bei dem Vers. durch therm. Spaltung von **IV** zur Darst. von **IA** u. **IB** zu gelangen, wird als Hauptprod. *2-Benzyl-1.3-oxthiophanon-(5)* neben wenig **IA** u. **IB** erhalten. Analog liefert Acetophenonmercaptolessigsäure (**V**; α-Phenyläthyliden-bis-thioglykolsäure) nur *2-Methyl-2-phenyl-1.3-oxthiophanon-(5)*. Bestimmungen der Dissoziationskonstanten ergeben für **IA** u. **IB** prakt. ident. Werte (**IA**: $k = 3{,}1 \cdot 10^{-4}$, **IB**: $k = 3{,}2 \cdot 10^{-4}$). Die Bromierung von **IA** u. **IB** liefert *Dibromide*, von denen nur ein **B**-Deriv. in reinem Zustand isoliert werden konnte, sie werden rasch durch Luftfeuchtigkeit zersetzt. Als dabei entstehende Prodd. werden kleine Mengen nicht ganz einheitlicher *Bromstyrylthioglykolsäuren* nachgewiesen. Die Oxydation von **IB** mit H_2O_2 u. Kaliumpersulfat liefert eine krist. *β-Styrylsulfinylessigsäure*, die bei der Dest. mit Wasserdampf in Ggw. von H_2SO_4 ein öliges Destillat gibt, aus dem mit J_2 eine geringe Menge eines *β.β'-Distyryldisulfids* isoliert werden kann; aus dem Destillationsrückstand wird *Bis-[β-styrylsulfido]-essigsäure* erhalten. Nach kurzem Erhitzen der wss. Lsg. des Na-Salzes von **IA** oder **IB** mit Na-Monobromacetat (**VI**) werden 2 stereomere *Styrylthetinessigsäuren* (**VIIA** u. **VIIB**) vom F. 119—120° bzw. F. 100—101° erhalten. **VIIA** u. **VIIB** sind beim Erhitzen in neutralen u. schwefelsauren Lsgg. verhältnismäßig beständig, mit HCl zerfallen sie in **I** u. Monochloressigsäure. Wird eine salzsaure Lsg. mit Wasserdampf dest., erhält Vf. dagegen *Phenylacetaldehyd* u. *Thiodiglykolsäure* (**VIII**). Letztere Verb. entsteht auch beim Erhitzen von **VIIA** u. **VIIB** im alkal. Gebiet neben *Phenylglykol.* — Ferner setzt Vf. **II** mit Thioessigsäure um u. erhält *β-Styrylthioacetat* in fl. Form, welches beim Erhitzen teilweise in eine kristalline Form vom F. 44—46° übergeht, während BADER u. Mitarbeiter (C. **1950**. I. 1094) ein festes Prod. vom F. 32° erhielten. Beim Verseifen liefern beide Formen **IB**, was nach Vf. auf eine Isomerisierung des durch die Hydrolyse frei gemachten Mercaptans zurückzuführen ist.

Versuche: *β-Styrylthioglykolsäuren* (**IA** u. **IB**), $C_{10}H_{10}O_2S$, **IA** F. 89—90°, **IB** F. 89—90° (Misch-F. 64—67°), a) aus 10,4 g **II** unter Eiskühlung u. portionsweisem Zusetzen von 12 g **III** u. Stehenlassen des Reaktionsprod. (eine Woche im Eisschrank); 1,4 g **IB** (über das Ba-Salz getrennt) u. 6,8 g **IA**; b) wie vorst. ohne Kühlung unter Zusatz der gesamten Menge an **III** auf einmal; 8,5 g **IA** u. 1,8 g **IB**; c) wie vorst. bei 4std. Erhitzen auf dem Wasserbad; 6,8 g **IA** u. 4,8 g **IB**; beide Verbb. naphthalinähnliche Schuppen (Bzl.); 2,0 g **IA** geben durch 3std. Erhitzen bei 100° u. Zugabe von 0,05 n $BaCl_2$-Lsg. 0,05 g Ba-Salz von **IB**, bei 3std. Erhitzen auf 120—125° u. Ansäuern 0,7 g **IB**. Bei 3std. Erhitzen von 2,0 g **IB** auf 120—125° werden 1,1 g **IB** zurückerhalten neben 0,3 g **IA**. **IA**: *Na-Salz, Monohydrat*, $C_{10}H_{11}O_3SNa$, haarfeine Nädelchen. *Ba-Salz, Trihydrat*, $C_{20}H_{24}O_7S_2Ba$, kleine Kristallschuppen. **IB**: *Na-Salz*, $C_{10}H_9O_2SNa$, haarfeine Nädelchen. *Ba-Salz*, $C_{20}H_{18}O_4S_2Ba$. — *Brom-β-styrylthioglykolsäuren*, $C_{10}H_9O_2BrS$, F. 112—114° (F. 109—112°), aus 2 g **IA**(**IB**) mit Br_2 in Eisessig bei Zimmertemp., Kristallschuppen (Prismen) aus Bzl.; 0,5 g (0,6 g). — *β-Styrylthioglykolsäuredibromid*, $C_{10}H_{10}O_2Br_2S$, F. 101—103° (Zers.), aus 2 g **IB** in Bzl. u. Br_2, glänzende Blättchen. — *β-Styrylsulfinylessigsäure*, $C_{10}H_{10}O_3S$, F. 109—110° (Schmelze blasig), aus 2 g **IB** in Aceton u. 2 g Perhydrol bei Zimmertemp., einen Tag stehen u. eindunsten lassen, Bldg. eines viscosen Öls, welches allmählich in eine kristalline M. übergeht, Nadeln (aus absol. A., mit Bzl. gefällt); 1,3 g; ferner aus 4 g **IB**, 6 g $K_2S_2O_8$ u. 9 g Na_2CO_3 in W. unter Umrühren u. schwacher Erwärmung; 4 g. — *β.β'-Distyryldisulfid*, $C_{16}H_{14}S_2$, F. 40—42°, aus 4,2 g vorst. Verb. durch Wasserdampfdest. mit 50 cm³ 2 n H_2SO_4, Extraktion des Destillates mit Ae. u. Versetzen mit J_2, nadelförmige Prismen (A.); 0,2 g. — *Bis-[β-styrylsulfido]-essigsäure*, $C_{18}H_{16}O_2S_2$, F. 113—115°, aus dem Destillationsrückstand vorst. Vers., Kristallmasse; 0,7 g. *Na-Salz*, $C_{18}H_{15}O_2S_2Na$, kleine Nadeln. — *A-Styrylthetinessigsäure* (**VIIA**, $C_6H_5CH{=}CH{-}S^+(CH_2COO^-)CH_2COOH$), $C_{12}H_{12}O_4S$, F. 119—120° (Zers.), aus 4 g **IA** beim Erhitzen mit **VI** in alkal. Lsg. 1/2 Std. auf dem Wasserbad, kleine glänzende Prismen (W.); 3,5 g; *B-Styrylthetinessigsäure* (**VIIB**), $C_{12}H_{12}O_4S$, F. 100—101° (Zers.), wie vorst. aus **IB**, nadelförmige Prismen (W.); 4,4 g; beide Verbb. bleiben bei der Wasserdampfdest. mit verd. H_2SO_4 u. bei 2std. Erhitzen auf dem Wasserbad in wss. Lsg. unverändert, bei der Wasserdampfdest. von 2,5 **VIIA** u. **VIIB** in Ggw. von 50 cm³

2 nHCl werden 0,6 g *Phenylacetaldehyd* (*Semicarbazon*, F. 149—151°), u. *Thiodiglykolsäure* (**VIII**) erhalten; beim Erhitzen einer Lsg. von 1,3 g **VIIA** oder **VIIB** in 30 cm^3 0,5 nNaOH (2 Std. auf dem Wasserbad) entstehen *Phenylglykol*, $C_8H_{10}O_2$, F. 65—67°, strahlig kristallin; 0,4 g u. **VIII**, $C_4H_6O_4S$, F. 129—131° (aus Lsg. in Essigester mit Bzl. gefällt); 0,5 g neben geringen Mengen **I**. — *Phenylacetaldehydmercaptalessigsäure* (**IV**; *β-Phenyläthyliden-bis-thioglykolsäure*), F. 98—100°, wie **I** bei weiterer Einw. von **III**, oder aus 2,1 g **IA** u. 2,2 g **III** u. Stehenlassen des entstandenen homogenen Gemisches über einen Monat; 0,3 g. — *2-Benzyl-1.3-oxthiophanon-(5)*, $C_6H_5CH_2$· CH—SCH_2COO, $C_{10}H_{10}O_2S$, Kp.$_{0,45}$ 110—112°, aus 9,6 g vorst. Verb. beim $^1/_2$std. Erhitzen bei 0,9—0,6 mm auf 175° u. anschließend $^1/_2$ Std. bei 0,6—0,5 mm auf 200° neben 2,6 g **IA** u. **IB**; D.$^{20}{}_4$ 1,2331; 2,8 g. — *2-Methyl-2-phenyl-1.3-oxthiophanon-(5)*, $C_{10}H_{10}O_2S$, Kp.$_{0,5}$ 96—99°, beim Destillieren von 10 g **V** bei 0,6 mm u. 160°; 4,5 g. Scheidet beim Aufbewahren allmählich Kristalle des Ausgangsprod. *Acetophenonmercaptolessigsäure* (**V**; *α-Phenyläthyliden-bis-thioglykolsäure*), $C_{12}H_{14}O_4S_2$, F. 134—135°, aus. — *β-Styrylthioacetat*, $C_{10}H_{10}OS$, Kp.$_{0,2}$ 94—95°, kristalline Form, F. 44—46°, aus 20,4 g **II** beim Versetzen unter Eiskühlung innerhalb 2 Std. mit 16 g Thioessigsäure u. 5 Tage Stehenlassen im Eisschrank; 34 g, bei portionsweisem Versetzen ohne Kühlung 33 g; D.$^{20}{}_4$ 1,1137, n_D^{20} 1,6175; liefert bei der Verseifung u. nachfolgender Umsetzung mit **VI IB**. (Ark. Kemi **2**. 567—79. 1951. Stockholm, Nobelinst. der Kgl. Akad. der Wiss., Org.-chem. Abt.) G. WINKLER. 1650

C. Krüger, S. Becker und **A. Wend,** *Bemerkung zu unserer Notiz „Pentachlorcyclohexen vom Schmelzpunkt 66°"*. Die Stellung der Cl-Atome des *Pentachlorcyclohexens*, F. 66—67°, wird besser mit 1.3.4.5.6 statt mit 2.3.4.5.6 bezeichnet. Vff. berichtigen sich dahingehend, daß die Bezeichnung 2(e).3e.4e.5e.6e nicht von RIEMSCHNEIDER (vgl. C. **1954**. 302) stammt. (Z. Naturforsch. **8b**. 326. Juni 1953.) J. MATTNER. 1810

Heinrich Hock und **Fritz Depke,** *Autoxydation von Kohlenwasserstoffen*. 16. Mitt. *Über Peroxyde aus Cyclopentadien und Cyclohexadien*. (15. vgl. C. **1954**. 7180.) Vff. stellen fest, daß die Autoxydation von Cyclopentadien (**I**) u. von Cyclohexadien-(1.3) (**II**) grundsätzlich gleichartig verläuft. Es bilden sich prim. 1.4-Biradikale (**III** bzw. **IV**), die sich im untergeordnetem Maße zu monomeren Peroxyden **V** bzw. **VI** stabilisieren. In der Hauptsache bilden sich polymere Kettenperoxyde, wobei der Kettenabbruch unter O_2-Beteiligung durch Bldg. von HOO-Gruppen erfolgt. Die geringe Tendenz zur Bldg. von monomeren Peroxyden wird durch die trans-Lage der Radikalstellen erklärt, denn bei der Red. des Autoxydationsgemisches bilden sich hauptsächlich trans-Diole. Die Konst. der Polymerisate wird aufgeklärt.

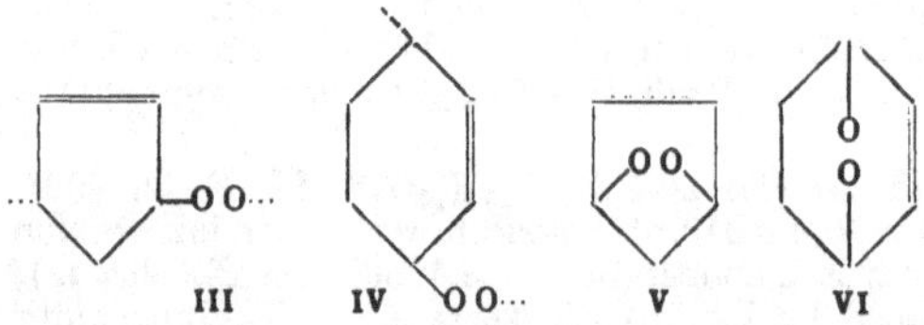

III IV V VI

Versuche: Autoxydation von **I** bei 15—20°, 50 Std. mit O_2 führt zu 70% zu Dicyclopentadien, Kp.$_1$ 32—35°, als monomeres Peroxyd: *1.4-Endoperoxycyclopenten-(2)* (**V**), $C_5H_6O_2$, Kp.$_{0,3}$ 32—45°, im Gemisch mit *Cyclopenten-(1)-on-(3)*, C_5H_6O, *Semicarbazon*, $C_6H_9ON_3$, F. 218°; daneben polymere Peroxyde. Bei der Autoxydation in Bzl.-Lsg. wird weniger **I** dimerisiert u. die Ausbeute von **V** steigt, doch nimmt die Gesamtausbeute an Peroxyden ab. Bei der Red. der Rohperoxyde in Essigester mit Zn u. methanol. HCl wird ein Gemisch der *Cyclopentandiole-(1.3)* (**VIII**), $C_5H_{10}O_2$, Kp.$_{0,7}$ 82—90°, u. *Cyclopentendiole-(1.3)*, $C_5H_8O_2$, Kp.$_{0,7}$ 92—100° erhalten. Beim Hydrieren der Rohperoxyde in Essigester in Ggw. von Pd-Sol wird ein Gemisch von **VIII** erhalten, aus dem *trans*-**VIII**, F. 34—36°; *Bisphenylurethan*, F. 169—170°, isoliert wird. — *Cyclohexadien-(1.3)* (**II**), Kp.$_{715}$ 82—83°, aus Cyclohexen über dessen Hydroperoxyd, anschließender Red. zum Cyclohexenol u. Wasserabspaltung mit $KHSO_4$ bei 110—120°; 65—70%. — Autoxydation von **II**, 100 Std. mit O_2, ergibt *Dicyclohexadien*, $C_{12}H_{16}$, Kp.$_{0,5}$ 79—82°, u. polymerisierte Peroxyde ($C_6H_8O_2$), bei deren Red. mit nascierendem H oder katalyt. Hydrierung *cis-* u. *trans-Chinit* erhalten werden. Als monomeres Peroxyd entsteht *Cyclohexadienperoxyd* (**VI**), $C_6H_8O_2$, Kp.$_{0,3}$ 40—55°, F. 82—83°, D.$^{22}{}_4$ 1,102, n_D^{85} 1,453; 23%. (Chem. Ber. **84**. 349—56. 10/5. 1951. Clausthal, Bergakademie, Inst. für Brennstoffchemie.) REISNER. 1810

Heinrich Hock und **Fritz Depke,** *Autoxydation von Kohlenwasserstoffen*. 17. Mitt. *Über Hydroperoxyde des Dicyclopentadiens*. (16. vgl. vorst. Ref.) Vff. stellen fest, daß die Geschwindigkeit der O_2-Aufnahme bei der Autoxydation von Dicyclopentadien (I) nur $^1/_{15}$—$^1/_{20}$ derjenigen des Cyclopentadiens beträgt. Neben polymeren Peroxyden bilden sich ein tert. Hydroperoxyd (II) u. ein sek. Hydroperoxyd (III), deren Eigg. u. Rkk. Vff. beschreiben.

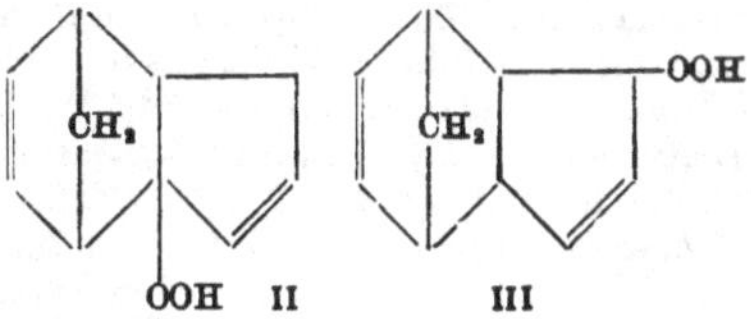
II III

Versuche: Autoxydation von I bei 40—50°, 120 Std. mit O_2; Prodd. sind neben polymeren Peroxyden u. einem Gemisch von Sekundärprodd., $C_{10}H_{12}O$, Kp.$_{0,5}$ 55—85° (s. u.), eine Mischung von II u. III, D.$^{22}{}_4$ 1,1505, n_D^{22} 1,5394; bei deren Isolierung mit NaOH u. Bzl. nur 10% reines monomeres Peroxyd, neben einem *Triol*, $C_{10}H_{14}O_3$, F. 170—174°, u. nicht identifizierten Säuren der Zus. $C_{10}H_{16}O_5$–$C_{10}H_{16}O_6$ erhalten werden. Die Isolierung von II gelangt über die *Benzoylverb.* von II, $C_{17}H_{16}O_3$, F. 63—64° (CH_3OH), aus dem II–III-Gemisch mit C_6H_5COCl in Pyridin; 63%. — II, $C_{10}H_{12}O_2$, F. ca. 5°, bei 2std. Erwärmen der vorst. Verb. in wss.-methanol. HCl auf 50—60° u. Ausschütteln mit PAe. + Bzl. (5 : 1), Nadeln, 52%. — In der Mutterlauge ist *4.7.8.9-Tetrahydro-4.7-endomethylenindenon-(1)*, $C_{10}H_{10}O$, 10%, enthalten; *Semicarbazon*, F. 192° (Zers.). Bei der Red. von II + III mit Na_2SO_3 wird ein Gemisch von *1-* u. *9-Oxy-4.7.8.9-tetrahydro-4.7-endomethylen-inden* (V u. VI), $C_{10}H_{12}O$, Fl., erhalten. Bei der Aufarbeitung der Rohperoxyde werden feinkrist. *niedrigpolymere Peroxyde*, $(C_{10}H_{12}O_2)_2O$, F. 50—75°, erhalten. Das bei der Dest. übergehende Gemisch von Sekundärprodd., Kp.$_{0,5}$ 55—85°, F. 64—76°, enthält V + VI, weniger als 5%, sowie hauptsächlich die Oxyde *Δ^2-4.7-Endomethylen-5.6-oxido-perhydroindan* u. *Δ^5-4.7-Endomethylen-2.3-oxidoperhydroindan*, $C_{10}H_{12}O$, F. 71—80°, u. *4.5.6.7.8.9-Hexahydro-4.7-endomethylenindenon-(5)*, F. 81—82°, 15%. Aus dem Rückstand wird durch 1std. Erhitzen mit verd. H_2SO_4 *trans-Δ^5-4.7-Endomethylenperhydro-indandiol-(1.2)* (VII), $C_{10}H_{14}O_2$, F. 102—104°, Nadeln, erhalten. Bei der Dest. des Autoxydationsprod. über 85° hinaus findet Zers. u. Polymerisation der Peroxyde statt; es geht ein Gemisch von Hydroperoxyd, Alkohol u. Keton über u. es bleibt ein peroxyd. Harz ($C_{10}H_{12}O_2$) mit einem Mol.-Gew. von über 450 zurück. Durch Extrahieren des Harzes mit sd. W. wird eine Substanz, $C_{20}H_{26}O_6$, F. 181—182°, u. VII isoliert. (Chem. Ber. **84**. 356—60. 10/5. 1951.) REISNER. 1810

Emil Buchta und **Gerhard Wolfrum**, *1-Methyl-1-oxymethylcyclohexanon-(2) und 1-Methyl-1-oxymethylcyclopentanon-(2)*. Die selektive Red. von 1-Methylcyclohexanon-(2)-carbonsäureäthylester (I) u. 1-Methylcyclopentanon-(2)-carbonsäureäthylester mit $LiAlH_4$ zu *1-Methyl-1-oxymethylcyclohexanon-(2)* bzw. *1-Methyl-1-oxymethyl-cyclopentanon-(2)* gelingt, wenn die Ketogruppen während der Rk. durch Ketalisierung mit Äthylenglykol geschützt werden.

Versuche: *1-Methylcyclohexanon-(2)-carbonsäureäthylester-(1)-äthylenketal*, $C_{12}H_{20}O_4$, Kp.$_{10}$ 127—130°, durch 4std. Erhitzen von I mit Äthylenglykol u. absol. Bzl. unter Zusatz von p-Toluolsulfonsäure auf 130—140° unter Abdest. des gebildeten W., Aufnehmen in Ae. u. Dest.; 90% (Ausbeute); riecht mentholartig. — *1-Methyl-1-oxy-methylcyclohexanon-(2)-äthylenketal*, $C_{10}H_{18}O_3$, Kp.$_{13}$ 134—136°, durch Red. vorst. Verb. in absol. Ae. mit $LiAlH_4$ u. Zufügen von W.; 90%. — *1-Methyl-1-oxymethylcyclo-hexanon-(2)*, $C_8H_{14}O_2$, Kp.$_{15}$ 111—114°, durch 3std. Kochen vorst. Verb. mit Methanol u. W. + etwas konz. HCl, Abdampfen u. Aufnehmen in Ae.; 80,2%. — *2.4-Dinitro-phenylhydrazon*, $C_{14}H_{18}O_5N_4$, F. 130,5—131,5°, orangebraune Kristalle (CH_3OH). — *1-Methyl-1-acetoxymethylcyclopentanon-(2)-äthylenketal*, $C_{11}H_{18}O_4$, durch 2½std. Erwärmen von 1-Methyl-1-oxymethylcyclopentanon-(2)-äthylenketal in Acetanhydrid mit Na_2CO_3 (H_2O-frei), Stehen mit W., Ausäthern u. Dest.; 94%. — *1-Methyl-1-oxy-methylcyclopentanon-(2)*, $C_7H_{12}O_2$, Kp.$_{17}$ 110°, aus dem Äthylenketal durch Zers. wie oben; 84%. *2.4-Dinitrophenylhydrazon*, $C_{13}H_{16}O_5N_4$, F. 128—128,5°, gelbe Nadeln (CH_3OH). — *1-Methyl-1-acetoxymethylcyclopentanon-(2)*, $C_9H_{14}O_3$, Kp.$_{19}$ 120—122°, aus vorst. Verb. u. Acetanhydrid; 75%. (Liebigs Ann. Chem. **580**. 132—34. 1953. Erlangen, Univ., Inst. org. Chem.) LEHWALD. 1980

G. M. Chopra und **B. H. Iyer**, *Kondensation von C-Acetylmethon mit primären Aminen.* (Vorl. Mitt.) Durch Kondensation von C-Acetylmethon (I) mit Anilin, p-Chlor-, p-Brom-, p-Jodanilin, o- u. m-Toluidin, o- u. p-Xylidin, α- u. β-Naphthylamin, Sulfanil-amid u. 2-Aminothiazol werden folgende 5.5-Dimethylcyclohexan-dione-(1.3) dargestellt, deren Konst. durch weitere Verss. (vgl. C. **1954**. 7189.) bewiesen wird: *2-[α-Phenyliminoäthyl]-*, F. 132—132,5°; lange Nadeln. — *2-[α-(p-Chlor-phenylimino)-äthyl]-*, F. 156,5—157,5°; lange, prismat. Nadeln. — *2-[α-(p-Brom-phenylimino)-äthyl]-*, F. 158,5—159,5°; lange, prismat. Nadeln. — *2-[α-(p-Jodphenyl-imino)-äthyl]-*, F. 150—151°; Prismen. — *2-[α-(o-Tolylimino)-äthyl]-*, F. 123—124°;

prismat. Nadeln. — *2-[α-(m-Tolylimino)-äthyl]-*, F. 117—117,5°; lange, rechtwinklige Blättchen. — *2-[α-(o-Xylylimino)-äthyl]-*, F. 118—118,5°; dicke Prismen. — *2-[α-(p-Xylylimino)-äthyl]-*, F. 155,5—156,5°; Blättchen. — *2-[α-(α-Naphthylimino)-äthyl]-*, F. 165°; Blättchen. — *2-[α-(β-Naphthylimino)-äthyl]-*, F. 184—185°; Blättchen. — *2-[α-(p-Sulfonamidophenylimino)-äthyl]-*, F. 247—249°; lange, rechtwinklige Blättchen. — *2-[α-(Thiazolyl-(2)-imino)-äthyl]-*, F. 202° (Zers.); dunkelbraun. — Kondensation von 2 Mol I mit Benzidin ergibt eine *Verb. vom F. 290—292°*. — Die *Bis-[2.4-dinitrophenyl]-hydrazone* der dargestellten Verbb. schm. nicht bis 340°. (Current Sci. **22**. 206. Juli 1953. Bangalore, Indian Inst. of Sci., Dep. of Organ. Chem.) VIEWEG. 2140

Felix Bergmann und **Abraham Kalmus,** *Die Synthese von β.γ-ungesättigten α-Ketosäuren aus 1.1-Diaryläthylenen.* Bei der Kondensation von 1.1-Bis-[p-chlorphen l]-äthylen (**III**) mit Oxalylchlorid (**I**) (vgl. C. **1949**. II. 50) blieb die CO-Entw. hinter der von HCl zurück, u. es konnte als weiteres Reaktionsprod. *4.4-Bis-[p-chlorphe yl]-2-ketobuten-(3)-säure* (**II**) isoliert werden, die sich langsam in sd. **I** in *β.β-Bis-[p-chlorphenyl]-acrylsäure* verwandelt. **II** entstand außerdem durch Kondensation von **III** mit Äthoxalylchlorid zu **II**-*Äthylester* u. Verseifung. Analoge Rk. an 1.1-Diphenyläthylen zeigte, daß die Rk. allg. anwendbar ist.

Versuche: *Äthoxyoxalylchlorid*, $Kp._{18}$ 39—40°, durch 6std. Erhitzen von Monoäthyloxalat mit $SOCl_2$ auf 135° unter N_2; 90—95% (Ausbeute). — *4.4-Bis-[p-chlorphenyl]-2-ketobuten-(3)-säure* (**II**)-*Äthylester*, $C_{18}H_{14}O_3Cl_2$, F. 93—94°, aus 8,3g **III** u. 9 g Äthoxalylchlorid, 2 Std. bei 180—190° unter Einleiten von N_2 u. Aufnehmen in Bzl.; prismat. Stäbchen aus Propanol; 1 g. *2.4-Dinitrophenylhydrazon*, $C_{24}H_{18}O_6N_4Cl_2$, F. 204—205°, hexagonale Platten aus Butanol. **II**, $C_{16}H_{10}O_3Cl_2$, F. 135—136°, a) aus dem Ester; prismat. Säulen aus Bzl. + PAe.; b) aus 8 g **III** u. 15 g **I** durch 1wöchiges Stehen bei 30°, Abdampfen im Vakuum, Zufügen von 10%ig. NaOH; nach 6 Std. Stehen Aufkochen mit Kohle, Filtrieren in der Hitze u. Zers. der auskrist. Na-Salze mit HCl; aus 10 g des Rohprod. durch 4wöchiges Stehen in verd. Essigsäure u. mechan. Aussuchen der Nadeln. Die zweite Komponente des Nd. bestand aus *β.β-Bis-[p-chlorphenyl]-acrylsäure*, F. 175° (Essigsäure). — *4.4-Diphenyl-2-ketobuten-(3)-säureäthylester*, $C_{18}H_{16}O_3$, F. 49—50°, $Kp._1$ 177—178°, aus 10 g 1.1-Diphenyläthylen wie oben; Prismen aus PAe.; 3 g. *2.4-Dinitrophenylhydrazon*, $C_{24}H_{20}O_6N_4$, F. 180—184°, verzweigte prismat. Stäbchen aus Butanol. *Freie Säure*, $C_{16}H_{12}O_3$, F. 125°, Nadeln aus Ligroin. (J. chem. Soc. [London] **1952**. 4521—22. Nov. Jerusalem, Israeli Min. of Defence, Sci Dep., u. Hebrew Univ., Dep. of Pharmacol.) LEHWALD. 2470

Toshio Maki und **Kenrô Ôbayashi,** *Diphenylderivate.* 2. Mitt. *Mono- und Dinitrodiphenyle.* (1. vgl. J. chem. Soc. Japan, ind. Chem. Sect. [Kōgyō Kagaku Zassi] **53**. [1950.] 177.) Zur Verbesserung der bisherigen Nitrierungsverff. von *Diphenyl* (**I**) wurde reines **I** in der gleichen Menge Eisessig gelöst u. mit der 1,5fachen Menge HNO_3 (D. 1,1496) bei 80° in 4 Std. nitriert. Die Bldg. von Dinitrodiphenylen wurde dadurch ganz vermieden u. eine 87,9%ig. Nitrierung unter Rückgewinnung von 12,1% **I** erreicht. In reinem Zustand konnten 56,3% *4-Nitrodiphenyl* (**II**), F. 114,8—115,1° (korr.), u. 32,5% *2-Nitrodiphenyl* (**III**), F. 36—37° (korr.), isoliert werden. Aus **II** wurden durch Nitrierung in der 3fachen Menge Nitrobenzol mit der 1,35fachen Menge HNO_3 (D. 1,450) u. der 1,5fachen Menge H_2SO_4 (98,20%) 98,5% Dinitrodiphenyle erhalten, u. zwar 57,6% *4.4'-Dinitrodiphenyl*, F. 240,2—240,7° (korr.), u. 33,2% *2.4'-Dinitrodiphenyl*, F. 93,5—94,1° (korr.). Aus **III** wurde mit der 1,1fachen Menge HNO_3 (D. 1,450) + W. (4,5 : 8) in 2 Std. bei 50° u. in 1 Std. bei 80° eine 97,5%ig. Nitrierung erreicht u. 28,4% *2.4'-Dinitrodiphenyl* neben 3,03% *2.2'-Dinitrodiphenyl*, F. 124,4—125,1° (korr.), isoliert. (J. chem. Soc. Japan, ind. Chem. Sect. [Kōgyō Kagaku Zassi] **54**. 375—77. Juni 1951. Tokyo, Univ. [Orig.: japan.]) SCHULER. 2510

Toshio Maki und **Kenrô Ôbayashi,** *Diphenylderivate.* 3. Mitt. *Aminodiphenyle und Diaminodiphenyle.* (2. vgl. vorst. Ref.) Durch Red. von 4-Nitrodiphenyl mit konz. HCl + W. (1 : 34) u. der 1,9fachen Menge Fe-Pulver (Firma Kosai) wurde in 9 Std. bei 95—96° in 92,2%ig. Ausbeute *4-Aminodiphenyl*, F. 53,6—54,3° (korr.), $Kp._{23}$ 195 bis 195,5°, erhalten. Ebenso aus 2-Nitrodiphenyl 89,8% *2-Aminodiphenyl*, F. 48,9 bis 49,5°, $Kp._{23}$ 167,5—169°. — *4.4'*-Dinitrodiphenyl lieferte bei der Red. mit HCl + W. (1 : 64) u. der 1,7fachen Menge Fe in 8 Std. bei 96—97°; 85%. *Benzidin*, F. 127—128° (korr.; aus sd. W.). Ebenso aus 2.4'-Dinitrodiphenyl 87,1% *Diphenylin*, F. 40,5—42° (korr.; Nadeln aus W.). (J. chem. Soc. Japan, ind. Chem. Sect. [Kōgyō Kagaku Zassi] **55**. 108—09. Febr. 1952. Tokyo, Univ. [Orig.: japan.]) SCHULER. 2510

Mildred C. Rebstock und **Allen C. Moore,** *Mit Chloromycetin (Chloramphenicol) verwandte Verbindungen. Einige tertiäre Alkohole.* Nach bekannten Methoden wurden *Derivv. des Chloromycetins* der Zus. **I** aufgebaut, bei denen die H-Atome in 1- u. 3-Stellung der Seitenkette durch p-Nitrophenyl bzw. Methyl ersetzt sind. Keine der neuen Verbb. hat eine deutliche Wrkg. gegen Viren, Rickettsien oder Bakterien.

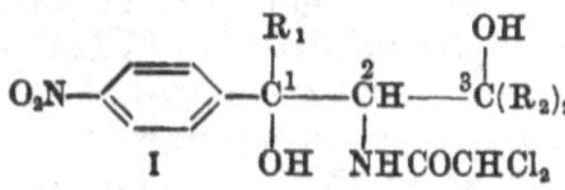

I

Versuche: *DL-1.1-Diphenyl-2-aminopropandiol-(1.3)* (II), $C_{15}H_{17}O_2N$, F. 103° (W.), aus DL-Serinäthylesterhydrochlorid u. C_6H_5MgBr oder α-Amino-β-oxypropiophenonhydrochlorid u. C_6H_5MgBr. *Hydrochlorid*, $C_{15}H_{17}O_2N\cdot HCl$, F. 252—253° (Zers., aus W.). *O.N-Diacetylderiv.*, $C_{19}H_{21}O_4N$, F. 193—194° (A.), mit Acetanhydrid auf dem Dampfbad. *N-Acetylderiv.*, $C_{17}H_{19}O_3N$, F. 197°, aus vorst. Diacetylderiv. mit 10%ig. wss.-alkoh. NaOH. *N-Dichloracetylderiv.*, $C_{17}H_{17}O_3NCl_2$, F. 146°, aus der freien Base durch Erhitzen mit Methyldichloracetat (III) in Äthanol. *N-Dichloracetyl-O³-acetylderiv.*, F. 142—143°, aus vorst. Dichloracetylderiv. mit $(CH_3CO)_2O$ + Pyridin in 24 Std. bei 20°. — *DL-threo-1-Phenyl-2-dichloracetamido-3.3-dimethylpropandiol-(1.3)*, $C_{13}H_{17}O_3\cdot NCl_2$, F. 157—158° (Chlf., dann $C_2H_4Cl_2$), aus Phenylserinäthylesterhydrochlorid u. CH_3MgBr in wasserfreiem Ae. durch 2std. Erhitzen u. Umsetzen des gummiartigen Reaktionsprod. mit III. *O¹-Acetylderiv.* (IV), $C_{15}H_{19}O_4NCl_2$, F. 167—169°, mit $(CH_3CO)_2O$ + Pyridin bei 20° (24 Std.). — *DL-threo-1-Phenyl-2-amino-3.3-diphenylpropandiol-(1.3)*, $C_{21}H_{21}O_2N$, F. 154—155° (A.), aus DL-threo-Phenylserinäthylesterhydrochlorid u. C_6H_5MgBr. *N-Dichloracetylderiv.* (V), $C_{23}H_{21}O_3NCl_2$, F. 208—210°, wie oben mit III. *N-Dichloracetyl-O¹-acetylderiv.*, $C_{25}H_{23}O_4NCl_2$, F. 165—167°. — *DL-threo-* u. *DL-erythro-1-Phenyl-1-methyl-2-benzamidopropandiol-(1.3)-monoacetat-(3)* (VI), $C_{19}H_{21}O_4N$, *niedrigschm. Isomeres*, F. 113—114° (Äthylacetat), *hochschm. Isomeres*, F. 145—146° (Bzl. u. Äthylacetat), aus α-Benzamido-β-oxypropiophenon u. CH_3MgJ in Ae.; die Isomeren werden durch Kristallisation aus wss. A. getrennt. — *1.1-Bis-[p-nitrophenyl]-2-aminopropandiol-(1.3)*, *N-Dichloracetyl-O³-acetylderiv.*, $C_{19}H_{17}O_8N_3Cl_2$, F. 210° (Äthylacetat/PAe.), aus II mit rauchender HNO_3 bei —20° u. dann bei 20° (30 Min.). *N-Dichloracetylverb.*, $C_{17}H_{15}O_7N_3Cl_2$, F. 172—173° (Methanol, dann A.), aus vorst. Verb. durch partielle Hydrolyse mit verd. NaOH in Aceton. *N-Acetylderiv.*, $C_{17}H_{17}O_7N_3$, F. 214—215° (wss. Methanol). *O³.N-Diacetylderiv.*, $C_{19}H_{19}O_8N_3$, F. 225° (Methanol, dann A.). — *DL-threo-1-[p-Nitrophenyl]-2-dichloracetamido-3.3-dimethylpropandiol-(1.3)*, $C_{13}H_{16}O_5N_2Cl_2$, F. 194—196° (Äthylacetat u. dann A.), aus IV mit HNO_3 wie oben. — *DL-threo-1.3.3-Tris-[p-nitrophenyl]-2-dichloracetamidopropandiol-(1.3)*, $C_{23}H_{18}O_9N_4Cl_2$, F. 236—238° (Dichloräthan), aus nachst. O¹-Acetylderiv. mit wss. NaOH. *O¹-Acetylderiv.*, $C_{25}H_{20}O_{10}N_4Cl_2$, F. 246—248° (Äthylacetat + Aceton + PAe.), durch Nitrieren von V. — *DL-threo-* u. *DL-erythro-1-[p-Nitrophenyl]-1-methyl-2-aminopropandiol-(1.3)*, *hochschm. Isomeres*, $C_{10}H_{14}O_4N_2$, F. 151—152° (Dichloräthan u. dann A.), *niedrigschm. Isomeres*, $C_{10}H_{14}O_4N_2$, F. 147—148° (Äthylacetat), aus VI durch Nitrieren mit rauchender HNO_3 wie oben u. anschließendes Erhitzen mit 10%ig. wss. alkoh. HCl (3 Std.). *N-Dichloracetylderiv.*, *hochschm. Isomeres*, $C_{12}H_{14}O_5N_2Cl_2$, F. 172—173° (Dichloräthan u. dann Äthylacetat), *niedrigschm. Isomeres*, $C_{12}H_{14}O_5N_2Cl_2$, F. 135—136° (Dichloräthan), durch Erhitzen mit III. (J. Amer. chem. Soc. **75**. 1685—88. 5/4. 1953. Detroit, Mich., Parke, Davis u. Co., Res. Labors.) K. FABER. 2520

Georg Wittig und **Georg Geissler**, *Zur Reaktionsweise des Pentaphenylphosphors und einiger Derivate.* (Vgl. C. **1950**. I. 177.) Aus Cyclohexan umkrist. *Pentaphenylphosphor* (I) liefert bei der therm. Spaltung als flüchtige Bestandteile *Bzl.* u. *Cyclohexan* u. aus dem Rückstand *Triphenylphosphin* (II), *Diphenyl* u. *P-Phenyldiphenylenphosphin* (III). Die Struktur von III wird durch Umsetzung von 2.2'-Dilithiumdiphenyl (IV) mit Phenyldichlorphosphin zu III-*Oxyd* (über das *Dichlorid*) sichergestellt. Die Konst. von IV wird durch seine Kondensation mit Benzophenon (V) zu *2.2-Bis-[diphenyloxymethyl]-diphenyl* bewiesen. III ist aus II u. Phenylnatrium auch direkt zugänglich. Der therm. Zerfall von I in äquimol. Mengen II u. Diphenyl stellt nur eine Neben-Rk. dar; in der Haupt-Rk. entziehen die sich von P ablösenden Phenylradikale anderen Phenylgruppen H unter Bldg. von Bzl. u. Polykondensaten. Unter heterolyt. Bedingungen werden dagegen die Phenylreste aus I anion. abgespalten. J_2 liefert mit I *Tetraphenylphosphoniumtrijodid*, das mit SO_2 zu *Tetraphenylphosphoniumjodid* (XII) red. wird. Analog reagiert Br_2 mit I zu *Tetraphenylphosphoniumtribromid.* Cl_2 u. I setzen sich zu *Tetraphenylphosphoniumchlorid* (XI) u. dem entsprechenden *Trichlorid* um. Aus PCl_5 u. I konnte *Tetraphenylphosphoniumphosphorhexachlorid* erhalten werden. Tetraphenylmethylphosphor ließ sich aus Tetraphenylphosphoniumbromid (X) u. CH_3Li nicht herstellen. Statt dessen wurde *Dimethyldiphenylphosphoniumbromid* über das schwerer lösl. *Jodid*, daneben II u. III, isoliert. Dagegen konnte aus Triphenylmethylphosphoniumjodid u. C_6H_5Li (VI) *Triphenylphosphinmethylen* [VII; $(C_6H_5)_3P{=}CH_2$] erhalten werden. Das Verh. von VII wird gegen W., HCl u. V untersucht. Mit

V setzt es sich zu *Triphenylphosphinoxyd* neben *1.1-Diphenyläthylen* um. *Tetraphenyltritylphosphor* (**VIII**) wurde durch Umsetzung von Triphenyltritylphosphoniumchlorid mit **VI** erhalten. **VIII** erleidet mit HBr Spaltung in *Bzl.*, *Tritan*, **X** u. *Triphenyltritylphosphoniumbromid.* Vff. beschreiben ferner die Darst. von *Tetraphenyl-p-tolylphosphor* (**IX**) auf mehreren Wegen.

Versuche: Therm. Zers. von 9,6 g **I**·½ C_6H_{12} bei 130° unter N_2 ergab 2,08 g eines Gemisches von 64% *Bzl.* u. 36% *Cyclohexan.* Aus dem Kolbenrückstand wurden durch Dest. isoliert: 0,71 g *Diphenyl*, F. 68,5—70°; 1,24 g *Triphenylphosphin* (**II**), F. 78—79,5° (PAe.), u. 0,47 g *P-Phenyldiphenylenphosphin* (**III**), $C_{18}H_{13}P$, F. 93—94° (CH_3OH). — *2.2'-Bis-[diphenyloxymethyl]-diphenyl*, F. 251—253° (Bzl./PAe.), durch Versetzen der Lsg. von 2.2'-Dijoddiphenyl (F. 109—111°) in Ae. mit Li-Schnitzeln, Zugabe der erhaltenen **IV**-Lsg. zu **V** in Ae. u. Hydrolyse nach 3 Std.; 72% (Ausbeute). — *Phenyldiphenylenphosphinoxyd*, $C_{18}H_{13}OP$, F. 163,5—166,5°, a) durch Zutropfen von **IV**-Lsg. u. Phenyldichlorphosphinlsg. zu Ae. unter N_2 u. Rühren, 1½std. Kochen, Zers. mit W., Eindampfen, Abdampfen mit A. u. Verreiben mit Essigester u. Ae.; 6,6%; b) aus **III** im W. mit Br_2 u. Kochen des entstandenen Dibromids mit NaOH; 94,2%. — **III**, aus 16 g **II** u. Phenylnatrium (aus 8,5 g Chlorbenzol u. 3,5 g Na in absol. Bzl.); 1,65 g neben 10,2 g unverändertem **II**. — *Tetraphenylphosphoniumchlorid* (**XI**), $C_{24}H_{20}ClP$, F. 272—274°, aus 1,5 g **I** u. 5 cm³ Chlf. bei 7tägigem Stehen; 1 g; oder aus **XII** u. AgCl in 75%ig. Methanol. — *Tetraphenylphosphoniumtrijodid*, $C_{24}H_{20}J_3P$, F. 244—246°, aus **I** u. J_2 in Bzl.; 88,9%. — **XII**, F. 334—336°, aus vorst. Verb. durch Red. mit SO_2. — *Tetraphenylphosphoniumtribromid*, $C_{24}H_{20}Br_3P$, F. 240—242° (Zers.), aus **I** u. Br_2 in CCl_4; 88,8%; oder aus **X** u. Br_2. — **X**, F. 282—286°, aus dem Tribromid in Aceton unter Bromierung des Lösungsm. u. Fällen mit Essigester. — **XI**, aus **I** u. Cl_2 in CCl_4 unter Belichten; 88%; daneben das *Trichlorid*, Zers. bei 193—197°, das auch aus **XI** u. Chlorwasser erhalten wird. — *Tetraphenylphosphoniumphosphorhexachlorid*, $C_{24}H_{20}Cl_6P_2$, Zers. bei 271—271,5°, aus **I** u. PCl_5 im Rohr bei 235—240°; 77,9%; oder aus **XI** u. PCl_5 im Rohr bei 270°; 16,2%. — *Dimethyldiphenylphosphoniumjodid*, $C_{14}H_{16}JP$, F. 248—252° (CH_3OH), aus **X** u. CH_3Li in Ae. in 4 Monaten; nach Zers. mit W. Neutralisation mit HCl, Einengen u. Zugabe von KJ; 19,9%. Daneben aus der äther. Lsg. **III**, 36,7%, u. **II**, 2,4%. — *Triphenylphosphinmethylen* (**VII**; *Triphenylphosphoniummethylid*), aus Methyltriphenylphosphoniumjodid u. **VI**. **VII** reagiert mit W. zu *Diphenylmethylphosphinoxyd*, F. 108—110°, mit HCl bei nachfolgender Behandlung mit KJ zu *Methyltriphenylphosphoniumjodid*, F. 184—186°, u. mit **V** in Ae. zu *Triphenylphosphinoxyd* (F. 154—155,5°) u. *1.1-Diphenyläthylen* (Kp.$_{1,5}$ 98—102°, F. 5—6°; 84,2%). — *Tetraphenyltritylphosphor* (**VIII**), $C_{43}H_{35}P$, F. 121° (Zers.), aus Triphenyltritylphosphoniumchlorid (F. 245—250°) u. **VI** bei —70°; 37,5%. — **VIII** lieferte in sd. konz. HBr *Bzl.* (33,2%), *Tritan* (F. 91—93°, 15,9%) u. ein Gemisch von 4 Teilen *Triphenyltritylphosphoniumbromid* ($C_{37}H_{30}BrP$, F. 290—294°) u. 1 Teil **X**. — *Triphenyl-p-tolylphosphoniumjodid*, $C_{25}H_{22}JP$, F. 212—214° (W.), aus dem Komplexsalz $[(C_6H_5)_3P]_2 \cdot NiBr_2 \cdot 2\ Cl \cdot C_6H_4 \cdot CH_3$ (vgl. REPPE u. SCHWECKENDIEK, C. **1950**. II. 1943) in heißem W. mit KJ; 77,7%. — *Tetraphenyl-p-tolylphosphor* (**IX**), $C_{31}H_{27}P \cdot ½\ C_6H_{12}$, F. 123° (Zers.; Cyclohexan), a) aus vorst. Verb. mit **II** in Ae. unter N_2; 64,5%; b) aus **XII** u. p-Tolyl-Li; 27,7%. **IX** reagiert mit sd. HBr analog **VIII**. — Das Infrarotspektr. von **III** ist im Vgl. mit denen von Triphenylamin, **II** u. N-Phenylcarbazol graph. wiedergegeben. (Liebigs Ann. Chem. **580**. 44—57. 1953. Tübingen, Univ., Chem. Inst.)
W. LORENZ. 2580

Heinrich Hock und **Fritz Depke**, *Autoxydation von Kohlenwasserstoffen.* 15. Mitt. *Zur Isolierung der aus Inden gebildeten Peroxyde.* (14. vgl. C. **1954**. 7150.) Die bei 100std. Einw. von O_2 auf Inden (**I**) bei 25° durch Autoxydation entstehenden Peroxyde werden durch Fällen mit PAe. bei tiefer Temp. in Substanz isoliert u. physikal. sowie chem. gekennzeichnet. Als monomeres Autoxydationsprod. wird *2.8-Endoperoxyisoindan* (**II**) isoliert. Aus der gemessenen Mol.-Refr. berechnet sich bezogen auf diejenige von **I** ein Inkrement für die Endoperoxygruppe von 4,24. Als aus **II** entstandenes peroxyd. Sekundärprod. wird ein *trimeres β-Indanonperoxyd* (**III**) mit heterocycl. Neunring, bei etwas veränderten Versuchsbedingungen außerdem ein *Hexameres* (**IV**), wahrscheinlich aus größeren heterocycl. Ringen bestehend, isoliert. Als Nebenprod. beim Aufarbeiten wird *2.3-Oxidoindan* gefunden, das sich auf Kosten der Peroxydred. zu *β-Indanon* (**V**) bildet; es gibt beim Hydratisieren *2.3-Dioxyindan.* Die Ausbeute an **V** ist gering; der größte Teil fällt als *Harz* ($C_{18}H_{16}O$) an. **II**, **III** u. **IV** lagern sich mit Lauge oder Säure zum *3-Oxoisochroman* um.

Versuche: *2.3-Oxidoindan*, Kp.$_{0,1}$ 62—66°; 0,8% (Ausbeute). *2.8-Endoperoxyisoindan* (**II**), $C_9H_8O_2$, F. 16—18°, Kp.$_{0,1}$ 80°, blaß-goldgelbes, hochviscoses Öl, $D.^{22}{}_4$

1,193, n_D^{22} 1,566, 2%. — *β-Indanon* (**V**), $Kp._{0,1}$ 84—89°, F. 58—59°, bei Dest. des autoxydierten **I** im Hochvakuum, aus PAe. u. CH_3OH; 0,2%; *Semicarbazon*, F. 212 bis 215° (Zers.). — *Trimeres β-Indanonperoxyd* (**III**), $C_{27}H_{24}O_6$, F. 88—89°; 4,6%; gibt bei der Red. mit Zn + äther. HCl neben harzartigen Prodd. **V**, 15%, u. **I**, 10%. — *Hexameres β-Indanonperoxyd* (**IV**), F. 104—106° (Zers.). (Chem. Ber. **84**. 122—25. 1951. Clausthal, Bergakad., Inst. für Brennstoffchem.) Reisner. 2650

William O. Foye, Max Weitzenhoff und **Allan M. Stranz,** *Die Darstellung einiger metallisierter Derivate von Phenanthren und Naphthalin.* Im Zusammenhang mit der Unters. über Verbb., die das Tumorenwachstum inhibieren (vgl. Badger u. Mitarbeiter, Proc. Roy. Soc. [London] Ser. B **130**. [1941.] 255 u. Friedman u. Mitarbeiter, J. Amer. chem. Soc. **71**. [1949.] 3010), werden Cr-, Ferro- u. Cu-Komplexe von *2-[o-Oxyphenylazo]-phenanthrol-(1)*, *1-[o-Oxyphenylazo]-phenanthrol-(2)*, *4-[o-Oxyphenylazo]-phenanthrol-(3)* u. *3-[o-Oxyphenylazo]-phenanthrol-(4)* dargestellt. Die Herst. von *1-* (**I**) u. *4-Phenanthrol* (**II**) erfolgte durch Succinoylierung von Naphthalin, Red., Cyclisieren u. Dehydrierung; *2-* (**III**) u. *3-Phenanthrol* (**IV**) entstanden durch Sulfonieren von Phenanthren u. Alkalischmelze der Sulfonsäuren nach Salkind u. Cheifetz (Журнал Общей Химии [J. allg. Chem.] **15**. [1945.] 368). Die Metallierung erfolgte in W. oder Äthylenglykol; ihr Verlauf wurde durch Papierchromatographie verfolgt. Cu-Komplexe wurden leichter gebildet als Ferro- u. Cr-Komplexe.

Versuche: *β-[Naphthoyl-(1)]-propionsäure* (**V**), F. 124—127° (Methanol), aus Naphthalin u. Bernsteinsäureanhydrid in Nitrobenzol mit $AlCl_3$ unter Kühlen mit Eis (13 Std.), später bei Zimmertemp., Zers. mit HCl, Wasserdampfdest. u. Kristallisieren der umgefällten Säuremischung aus Eisessig als 2. Fraktion; 45%. — *β-[Naphthoyl-(2)]-propionsäure*, F. 171—173°, neben **V** als 1. Fraktion; 35%. — *γ-[Naphthyl-(1)] buttersäure* (**VI**), F. 107—108° (Toluol), aus **V**, amalgamiertem Zn u. HCl nach Martin (Org. Reactions **1**. [1942.] 166); 76%. — *γ-[Naphthyl-(2)]-buttersäure*, F. 90—91° (Toluol), analog; 95%. — *1-Keto-1.2.3.4-tetrahydrophenanthren* (**VII**), F. 92—94°, aus **VI** u. PCl_5 u. $SnCl_4$-Ringschluß nach Johnson (Org. Reactions **2**. [1944.] 136) in sd. Bzl.; 85%. — *4-Keto-1.2.3.4-tetrahydrophenanthren*, F. 67—68° (Methanol), analog; 55%. — *Phenanthrol-(1)* (**I**), F. 149—150°, durch Dehydrieren von **VII** mit Pd-Kohle nach Linstead u. Michaelis (J. chem. Soc. [London] **1940**. 1134); 40—70%. — *Phenanthrol-(4)* (**II**), F. 111—112°, analog; 40—70%. — *Ba-Phenanthren-2-sulfonat*, durch Sulfonieren von Phenanthren nach Fieser (Org. Syntheses **2**. [1943.] 482); 13%. — *K-Phenanthren-3-sulfonat*, neben dem Vorst.; 21%. — *Phenanthrol-(3)* (**IV**), F. 117—118° (Ligroin), aus Vorst. durch NaOH + KOH-Schmelze bei 300—310° (3,5 Std.); 50%. — *Phenanthrol-(2)* (**III**), F. 168—169°, analog bei 320—335° (6 Std.); 50—80%. — *2-[o-Oxyphenylazo]-phenanthrol-(1)*, $C_{20}H_{14}O_2N_2$, F. 216° (sublimiert), durch Kuppeln von diazotiertem o-Aminophenol (+ $CuSO_4$) mit **I** in Alkali; braun (alle Farben im Chromatogramm); 60—70%. *Cr-Komplex*, aus dem Na-Salz in Äthylenglykol mit $^2/_3$ Äquivalenten Cr-Acetat bei 100—110° nach A. P. 2 133 864 (C. **1938**. II. 4363) u. Fällen mit W.; rot. *Ferrokomplex*, analog mit 1 Äquivalent $FeSO_4$; braun. — *1-[o-Oxyphenylazo]-phenanthrol-(2)*, $C_{20}H_{14}O_2N_2$, F. 185° (sublimiert), analog aus **III**; beige. *Cr-Komplex*, rot. *Cu-Komplex*, aus dem Na-Salz in der 10fachen Menge W. mit 1 Äquivalent $CuSO_4$ bei 75—85°; rosa. *Ferrokomplex*, braun. — *4-[o-Oxyphenylazo]-phenanthrol-(3)*, $C_{20}H_{14}O_2N_2$, F. 162—165°, analog aus **IV**; weinrot. *Cr-Komplex*, rot. *Ferrokomplex*, braun. — *3-[o-Oxyphenylazo]-phenanthrol-(4)*, analog aus **II**; rostfarben. *Cr-Komplex*, braun. *Ferrokomplex*, braun. — *o-Oxyphenylazonaphthol-(1)*, F. 147—148°, rostfarben. *Cr-Komplex*, braun. *Ferrokomplex*, hellbraun. — *o-Oxyphenylazonaphthol-(2)*, F. 177—180°, orange, *Cr-Komplex*, rot. *Cu-Komplex*, rosa. *Ferrokomplex*, braun. — *2-Oxynaphthyl-(1)-azonaphthol-(2)*, F. 85—88°, violett. *Cr-Komplex*, rot. *Cu-Komplex*, rot. (J. Amer. pharmac. Assoc., sci. Edit. **41**. 312—15. Juni 1952. Madison, Wis., Univ. of Wisconsin, School of Pharm.) Gold. 2850

Harold Kwart und **Isabel Burchuk,** *Isomerie und Adduktstabilität bei der Diels-Alder-Reaktion.* 1. Mitt. *Die Addukte von Furan und Maleinimid.* Vff. untersuchen die Konfiguration der durch Zusammentreten von Maleinimid (**I**) u. Furan (**II**) erhaltenen Verbindungen. Werden **I** u. **II** in Ae. oder W. 10 Std. auf 90° erhitzt, so erhält man ein Imid vom F. 162° (**III**). Bei 25° in 4—7 Tagen bilden **I** u. **II** eine Verb. vom F. 131° (**IV**). Kurzes Erhitzen in verschied. Lösungsmitteln oder starke Belichtung führt **IV** in **III** über. Hieraus u. aus der engen Beziehung von **IV** zu dem exo-cis-3.6-Endoxotetrahydrophthalsäureanhydrid (**V**) bewiesener Konfiguration von Woodward u. Baer (C. **1949**. II. 1188) ergibt sich, daß **III** die exo- u. **IV** die endo-Konfiguration besitzt. — Die aus **III** bzw. **IV** durch Hydrierung erhaltenen gesätt. Imide **IX** bzw. **X** gehen bei Verseifung unter Epimerisierung in die gleiche Dicarbonsäure (**VI**) über.

Versuche: *Maleinimid* (I), F. 93° (Bzl., dann Vakuumsublimation), aus 1177 g $K_2Cr_2O_7$ in 1200 cm³ W. u. 512 cm³ konz. H_2SO_4 bei 35° durch Zutropfen von 55 g Pyrrol (Temp. $<50°$), Extraktion in einem Perforator (Abb. vgl. Original) mit Ae.; 7 g (Ausbeute). — *endo-3.6-Endoxo-Δ^4-tetrahydrophthalimid* (**IV**), $C_8H_7O_3N$, F. 131°. Aus **I** u. **II** (50% Überschuß) in Ae. oder W. bei Zimmertemp. u. völligem Lichtausschluß (4—7 Tage), Ausbeute in Ae. 95%. — *exo-3.6-Endoxo-Δ^4-tetrahydrophthalimid* (**III**), $C_8H_7O_3N$, F. 162° (W. oder Essigester), durch Erhitzen von **I** u. **II** in Ae. oder W. bei 90° im Bombenrohr — Chromatograph. Trennung von **III** u. **IV** in absol. Ae. an Al_2O_3 u. fraktionierte Elution mit Essigester–Ae.-Mischungen, raschere Elution von **IV**. Bei Verseifung von **III** u. **IV** konnten die entsprechenden Säuren nicht krist. erhalten werden. — *endo-3.6-Endoxohexahydrophthalimid* (**IX**), $C_8H_9O_3N$, F. 135 (Essigester), durch Hydrierung von **IV** in Essigester mit PtO_2 nach Adams bei 20—25° u. 2 at. — *exo-3.6-Endoxohexahydrophthalimid* (**X**), $C_8H_9O_3N$, F. 181°, analog aus **III**. — *3.6-Endoxo-trans-hexahydrophthalsäure* (**VI**), F. 177°, durch Verseifung von **IX** oder **X**; 60%. — *3.6-Endoxohexahydrophthalsäurehydrat* (**VII**), F. 125°, aus hydriertem **V** durch Verseifung mit 30%ig. wss. KOH. — *3.6-Endoxo-cis-hexahydrophthalsäure* (**VIII**), F. 144°, aus vorst. Verb. durch azeotropes Entfernen von W. mit Bzl.–Essigester oder nach C. **1938**. II. 2426. Vakuumsublimation liefert das Säureanhydrid zurück. Überführung von **VII**, **VIII** u. hydriertem **V** in **IX** erfolgte leicht durch Erhitzen mit $(NH_4)_2CO_3$ u. Essigsäure. Unmöglich war die Überführung von **VI** in ein Imid. (J. Amer. chem. Soc. **74**. 3094—97. 20/6. 1952. Newark, Del., Univ., Chem. Labor., u. Bryn Mawr Coll., Marion Edwards Park Labors.) Gralheer. 3061

P. Rumpf und **Ch. Gansser**, *Derivate des 4-Nitrosalicylaldehyds*. 1. Mitt. *6-Nitrocumaron*. *6-Nitrocumarilsäure*, F. 246—247° (Zers.), gelbes Pulver, wurde dargestellt durch Kondensation von 4-Nitrosalicylaldehyd mit Brommalonsäurediäthylester in Butanon [Zusatz von K_2CO_3, 5std. Kochen, anschließend Verseifung mit alkoh. KOH; 52% (Ausbeute)]. Durch ca. ½std. Erhitzen mit Chinolin u. Cu-Pulver (190 bis 220°) entstand daraus *6-Nitrocumaron*, $C_8H_5O_3N$, F. 109—110°, gelbe Nadeln, gereinigt durch Sublimation; 60%. (Helv. chim. Acta **37**. 435—37. 15/3. 1954. Bellevue, S. & O., C. N. R. S., Centre d'Études et de Rech. de Chim. Organ. Appl.) J. Rothe. 3061

Ch. Gansser und **P. Rumpf**, *Derivate des 4-Nitrosalicylaldehyds*. 2. Mitt. *Das Hydrochlorid des 6-Aminocumarons und einige organische Verbindungen, die mit Schwermetallionen Chelatkomplexe bilden*. (1. vgl. vorst. Ref.) *6-Aminocumaron*, erhältlich durch Hydrierung von *6-Nitrocumaron*, zeigt keine antituberkulare Wirkung. Ferner untersuchten Vff. die tuberkulostat. Wrkg. folgender Verbb.: *p-Nitrosalicylaldehyd* (**III**), *p-Nitrosalicylaldoxim* (**IV**), *p-Aminosalicylaldoxim* (**V**), *2.6-Dioxyphenylthioharnstoff* (**VI**), *o-Oxyphenylthioharnstoff* (**II**) sowie der *Isonicotinoylhydrazone* (INH) von **III**, *p-Aminosalicyl-* u. *p-Acetylamino-o-chlorbenzaldehyd*. Die Wirksamkeit von **VI** wird durch Zusatz von Co-Ionen auf das 10fache, die von **II**, **IV** u. **V** durch Zusatz von Cu-Ionen auf das 4- bzw. 10fache gesteigert, wahrscheinlich infolge Bldg. von Chelatkomplexen. Zwischen der Oberflächenspannung, ausgedrückt als Funktion des Logarithmus der Konz. der wss. Lsgg., u. der tuberkulostat. Wirksamkeit von *2-Alkylcinchoninsäurehydraziden* (I) konnte keine Beziehung festgestellt werden. Die Verteilungskoeffizienten der **I** zwischen W. u. Paraffinöl wurden spektrophotometr. bestimmt; die *Hexylverb.* ist lipophiler als die *Nonylverbindung*.

Versuche: *6-Aminocumaron, Hydrochlorid*, C_8H_8ONCl, F. 204—205° (Zers.), Nadeln (A.–Ae.), durch Hydrierung von 6-Nitrocumaron in absol. A. (Raney-Ni, Erwärmung, 5 Std.) u. Einleiten von HCl-Gas; ~100% (Ausbeute). — *Isonicotinoylhydrazon* (*INH*) des *p-Nitrosalicylaldehyds* (**III**), $C_{13}H_{10}O_4N_4$, F. 292° (Zers.), gelbe Nadeln (absol. A.), durch 4std. Kochen von Isonicotinsäurehydrazid u. **III** in wss. A.; 100%. — *INH* des *p-Aminosalicylaldehyds*, $C_{13}H_{12}O_2N_4 \cdot H_2O$, F. 251—252° (Zers.), ockergelb, durch Hydrierung vorst. Verb. in absol. A. (Raney-Ni, Erwärmung, 8 Std.); 100%. — *INH* des *p-Acetylamino-o-chlorbenzaldehyds*, $C_{15}H_{13}O_2N_4Cl$, F. 281° (Zers.), blaßgelbe Nadeln (Trihydrat; A.), durch kurzes Kochen der Komponenten in A.; 92%. — *2-Oxyphenylthioharnstoff* (**II**), aus o-Aminophenol u. KSCN in W. (1½ Std. bei 100°). — *p-Heptanoylaminosalicylsäure*, $C_{14}H_{19}O_4N$, F. 180° (A.), aus Heptanoylchlorid u. PAS in 2 n NaOH; 48%. (Helv. chim. Acta **37**. 437—43. 15/3. 1954.) J. Rothe. 3061

Stig Veibel, Jørgen Kjaer und **Else Plejl**, *Pyrazolstudien*. 4. Mitt. *Potentiometrische Titrationen von 1-Arylpyrazolonen*. (3. vgl. C. **1948**. E. 48.) Die bei der potentiometr. Titration von 1-Arylpyrazolonen-(5) mit 0,1 n NaOH in A. erhaltenen Kurven zeigen einen deutlichen Potentialsprung, der durch Enolisierung der $-CO-CH_2$-Gruppe unter Einw. von OH^- bedingt wird; bei der Unters. von 1-Arylpyrazolonen-(3) dagegen ist der saure Charakter nur gerade noch erkennbar, da —CO—NH— schwerer enolisiert. Der Einfl. der Substituenten auf den Kurvenverlauf ist von untergeordneter Bedeutung; daraus ergibt sich eine bequeme Meth. zur Unterscheidung der beiden Verbindungstypen. Vff. untersuchten folgende *Pyrazolone-(5)*: *1-Phenyl-3-methyl-*, *1.3-Diphenyl-*, *1-Phenyl-3-methyl-4-äthyl-*, *1-[o-Tolyl]-3-methyl-*, *1-[o-Tolyl]-3-phenyl-* (**I**), *1-[o-Tolyl]-3-methyl-4-äthyl-* (**II**) u. folgende *Pyrazolone-(3)*: *1-Phenyl-5-methyl-*, *1.5-Diphenyl-* (**III**), *1-Phenyl-4-äthyl-5-methyl-*, *1-[o-Tolyl]-5-methyl-*, *1-[o-Tolyl]-5-phenyl-* (**IV**), *1-[o-Tolyl]-4-äthyl-5-methyl-* (**V**) sowie *Benzopyrazolon* (**VI**) u. dessen Ausgangsprodd. *o-Carboxyphenylhydrazin* (**VII**) u. *Acet-o-carboxyphenylhydrazid* (**VIII**), von denen **VI** durch potentiometr. Titration leicht zu unterscheiden ist. Die Darst. von **I**, **II**, **IV**, **V** u. **VI** wird beschrieben.

Versuche: *1-[o-Tolyl]-3-phenylpyrazolon-(5)* (**I**), $C_{16}H_{14}ON_2$, F. 187° (A.), nach KNORR u. KLOTZ [1887]. — *1-[o-Tolyl]-3-methyl-4-äthylpyrazolon-(5)* (**II**), $C_{13}H_{16}ON_2$, F. 82,5—83,5°, $Kp._{12}$ 222—225°, durch 2std. Erhitzen von 14,3 g o-Tolylhydrazin u. 18,5 g Äthylacetessigester (**IX**) auf 145°, Dest. des Rohprod. (12 g) bei 12 u. 1 Torr u. 48std. Stehen in Trockeneis–Aceton; krist. sehr schwer. — *1-[o-Tolyl]-5-phenylpyrazolon-(3)* (**IV**), $C_{16}H_{14}ON_2$, F. 207—208°, analog **III** nach MICHAELIS u. WILLERT [1908]; sehr geringe Ausbeute. — *1-[o-Tolyl]-4-äthyl-5-methylpyrazolon-(3)* (**V**), $C_{13}H_{16}ON_2$, F. 161,5°, analog **IV** aus Acet-o-tolylhydrazid, **IX** u. $POCl_3$. — *Benzopyrazolon* (**VI**), F. 247°, gelbe Kristalle, als Nebenprod. bei der Darst. von **VIII**; dieses durch 2std. Kochen von **VII** in Eisessig. (Acta chem. scand. **5**. 1283—88. 1951. Copenhagen, Univ. of Techn., Dep. of Organ. Chem.) W. HOFFMANN. 3122

Stig Veibel und **Gunnel Westöö**, *Pyrazolstudien*. 5. Mitt. *Die Oxydation einiger 3.4-dialkylsubstituierter 1-Phenylpyrazolone-(5) durch Luft.* (4. vgl. vorst. Ref.) 1-Phenyl-3.4-dimethyl- (**I**) bzw. -3-methyl-4-äthylpyrazolon-(5) (**II**) werden an der Luft teilweise zu *Bis-[1-phenyl-3.4-dimethyl-* (**III**) bzw. *-3-methyl-4-äthylpyrazolon-(5)-yl-(4)]* (**IV**) oxydiert. Die Rk. erfolgt sowohl in alkoh. Lsg. als auch in fester Phase, wird durch Cu^{2+}-Ionen katalysiert u. durch H^+-Ionen gehemmt. Da **I** u. **II** schwachsauer, **III** u. **IV** dagegen neutral reagieren, läßt sich das Fortschreiten der Oxydation durch Titration mit $Ba(OH)_2$ verfolgen. Die Konst. von **III** wird bewiesen durch Synth. aus **I** u. 1-Phenyl-3.4-dimethyl-4-brompyrazolon-(5) (**V**). Bei 3—4tägigem Erhitzen von **I** bzw. **II** auf 100° werden außer **III** bzw. **IV** die ebenfalls neutralen Verbb. *1-Phenyl-3.4-dimethyl-* (**VI**) bzw. *-3-methyl-4-äthyl-4-oxypyrazolon-(5)* (**VII**) erhalten. Diese Oxydation wird ebenfalls durch Cu^{2+} katalysiert. Die Konst. von **VI** bzw. **VII** ergibt sich aus der Chlorierung zu *1-Phenyl-3.4-dimethyl-4-chlorpyrazolon-(5)* (**VIII**) bzw. der Rk. von **VII** mit m-Nitrobenzazid, die zum *m-Nitrophenylcarbaminsäureester* führt. **VI** bzw. **VII** sind nicht als Zwischenprodd. bei den Rkk. **I** → **III** bzw. **II** → **IV** anzusehen, da entsprechende Gemische bei Luftabschluß nicht weiterreagieren. Zur Struktursicherung werden auch die zwischen 2200 u. 3600 Å ermittelten UV-Absorptionsspektren von **II**—**VIII** herangezogen u. graph. angegeben.

Versuche: Aus 28 mit 0,2 n $Ba(OH)_2$ an 0,03—0,06 mol. äthanol. Lsgg. von **II** durchgeführten Titrationen ergibt sich, daß bei Luftabschluß mit oder ohne Ggw. von Cu^{2+} prakt. keine Oxydation stattfindet; bei Luftzutritt ist nach 672 Std. bei 30° fast die Hälfte an **II** umgesetzt; in Ggw. von 20 cm^3 0,1%ig. $CuSO_4 \cdot 5\,H_2O$-Lsg. in 250 cm^3 Reaktionslsg. ist nach 120 Std. nur noch $^1/_4$ an **II** vorhanden; ist die Lsg. 1,6 n in bezug auf H-Ionen, so wird die Oxydation auch in Ggw. von Cu^{2+} völlig unterdrückt. — *Bis-[1-phenyl-3.4-dimethylpyrazolon-(5)-yl-(4)]* (**III**), $C_{22}H_{22}O_2N_4$, F. 165°, krist. aus äthanol. **I**-Lsg. bei längerem Stehen. Ebenso aus **II** *Bis-[1-phenyl-3-methyl-4-äthylpyrazolon-(5)-yl-(4)]* (**IV**), $C_{24}H_{26}O_2N_4$, F. 161—162° (Zers.; Sinterung ab 152°). — *1-Phenyl-3.4-dimethyl-4-oxypyrazolon-(5)* (**VI**), $C_{11}H_{12}O_2N_2$, F. 113°, neben **III** aus **I** nach mehreren Monaten bei Raumtemp. oder einigen Tagen bei 100°; in kaltem A. leichter lösl. als **III**; gibt mit PCl_3 das *4-Chlorderiv.* (**VIII**), $C_{11}H_{11}ON_2Cl$, F. 68°. — *1-Phenyl-3-methyl-4-äthyl-4-oxypyrazolon-(5)* (**VII**), $C_{12}H_{14}O_2N_2$, F. 117°, analog **VI** aus **II**. Daraus *m-Nitrophenylcarbaminsäure-[1-phenyl-3-methyl-4-äthylpyrazolon-(5)-yl-(4)]-ester*, $C_{19}H_{18}O_5N_4$, F. 139°. (Acta chem. scand. **7**. 119—27. 1953.) W. HOFFMANN. 3122

H. Amâl und **L. Kapuano**, *Über die „Kondensation von 1-Phenyl-3-methylpyrazolon-(5) mit Vanillin.* (Vgl. Istanbul Üniv. Fen. Fak. Mecmuasi [Rev. Fac. Sci. Univ., Istanbul], Ser. A. **14**. [1949.] 317.) Kondensation von Vanillin (**I**) mit 1-Phenyl-3-methylpyrazolon-(5) (**II**) liefert in der Kälte in salzsaurem Medium wie in der Wärme in alkal.-alkoh. Medium *1-Phenyl-3-methyl-4-[4'-oxy-3'-methoxybenzyliden]-pyrazolon-(5)* (**III**) u. *α.α-Bis-[1'-phenyl-3'-methylpyrazolon-(5')-yl-(4')]-3-methoxy-4-oxytoluol.* (**IV**). Die freien Hydroxylgruppen von **III** u. **IV** können mit Diazomethan methyliert werden.

IV liefert mit Oleum in der Kälte die *5-Sulfonsäure*. **III** u. **IV** haben positive Wirkungen auf Nerven- u. Atmungssystem.

Versuche: *1-Phenyl-3-methyl-4-[4'-oxy-3'-methoxybenzyliden]-pyrazolon-(5)* (**III**), $C_{18}H_{16}O_3N_2$, F. 169°, aus **I** u. **II** a) in 15% ig. HCl bei Zimmertemp. oder b) in A. mit 10% ig. KOH 3 Std. auf dem Wasserbad; aus Methanol rote, glänzende Prismen. *Methylderiv.*, F. 157—158°, orangegelbe Nadeln aus Methanol. — *α.α-Bis-[1'-phenyl-3'-methylpyrazolon-(5')-yl-(4')]-3-methoxy-4-oxytoluoldihydrochlorid* (**IV**), $C_{28}H_{26}O_4N_4 \cdot 2\,HCl$, F. 220° (Zers.), als Nebenprod. bei der Darst. von **III** nach a); zers. sich beim Erhitzen auf 220° in Guajacol u. *Bis-[1-phenyl-3-methylpyrazolon-(5)-yl-(4)]-methan*, F. 177°. **IV** gibt mit Diazomethan über die *Freie Base*, F. 190,5—191° (die auch bei der Darst. von **III** nach Meth. b) anfällt) das *Methylderiv.*, $C_{29}H_{28}O_4N_4$, F. 122—123°, u. mit Oleum, dann NaCl das *Na-Salz der 5-Sulfonsäure*, gelbliches Pulver, stark hygroskopisch. (Pharmac. Acta Helvetiae **26**. 379—86. 29/12. 1951. Beilage zu: Schweiz. Apotheker-Ztg. Istanbul, Univ., Pharmazeut. chem. Inst.) POHLEMANN. 3122

E. Baltazzi und **Robert Robinson**, *Die Reduktion von 2-Phenyl-4-isopropylidenoxazolon-(5) mit Lithiumaluminiumhydrid.* Im Gegensatz zu 2-Phenyl-4-arylidenoxazolonen (vgl. Chem. and Ind. **1953**. 540) läßt sich die semicycl. Doppelbindung von *2-Phenyl-4-isopropylidenoxazolon-(5)* (I) bei —60 bis —30° mit $LiAlH_4$ in Tetrahydrofuran reduzieren. Durch Zusatz von Essigester mit restlichem $LiAlH_4$ gebildeter A. gibt dann in ausgezeichneter Ausbeute *α-Benzoylamino-β.β-dimethylpropionsäureäthylester* (**II**), F. 68,5—69° (A.), Struktur durch Analyse u. Infrarotspektr. bestätigt. In sd. A. gibt **II** mit $LiAlH_4$ *2-Benzylamino-3.3-dimethylpropanol-(1)*, $Kp._{0,2}$ 130 bis 135° (Badtemp.); n_D^{20} 1,5186; 90%; Konst. durch Analyse u. Infrarotspektr. gesichert. KBH_4 überführt in alkoh. Lsg. **I** bei Zimmertemp. auch in **II**. In sd. Lsg. entsteht dagegen *α-Benzoylamino-β.β-dimethylacrylsäureäthylester*. Die größere Beständigkeit der Arylidenoxazolone gegen Red. ist vielleicht auf die Konjugation der Arylidendoppelbindung zum aromat. Kern zurückzuführen. (Chem. and Ind. **1953**. 868. 15/8. Oxford, Univ., Dyson Perrins Labor.) WILLENBERG. 3132

Frances C. Brown, **H. Erlenmeyer** und **E. Sorkin**, *Zur Kenntnis des β-[Thiazolyl-(5)]-alanins.* Durch Kondensation von α-Chlor-α-formylessigsäuremethylester mit Thioformamid u. anschließende Verwandlung des gebildeten *Thiazolcarbonsäure-(5)-methylesters* nach STEPHENS u. MCFADYEN entsteht *Thiazolaldehyd-(5)*, der in Ggw. von Acetanhydrid u. Na-Acetat mit Hippursäure in das *Azlacton* I übergeführt wird. Durch Hydrolyse bildet sich hieraus *α-Benzoylamino-β-[thiazolyl-(5)]-acrylsäure*, die bei Red. mit P + HJ in *β-[Thiazolyl-(5)]-alanin* übergeht.

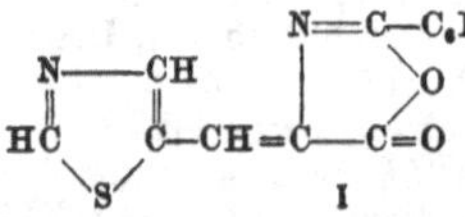

I

Versuche (FF. auf dem KOFLER-Block): *Azlacton* I, $C_{13}H_8O_2N_2S$, F. 235 bis 236° (Bzl.), aus 2,87 g Thiazolaldehyd-(5), 5,38 g Hippursäure u. 2,54 g Na-Acetat durch ½std. Erwärmen auf 100°, dann kurz auf 125°, Zufügen von wenig 50% ig. A. u. Kühlen; 2,97 g (Ausbeute). — *α-Benzoylamino-β-[thiazolyl-(5)]-acrylsäure*, $C_{13}H_{10}O_3N_2S$, F. 194—195°, durch ³/₄std. Erwärmen von I mit 0,2% ig. NaOH u. Ansäuern, Prismen aus verd. HCl; 94%; bei einem anderen Vers. entstanden Kristalle, die vorübergehend bei 130—140° schmolzen. — *β-[Thiazolyl-(5)]-alanin*, $C_6H_8O_2N_2S$, F. 227 bis 228° (Zers.; W.), durch Zutropfen von HJ (D. 1,9) in Acetanhydrid zu vorst. Verb. + rotem P, 3std. Erhitzen auf 115—120° (Bad), Filtrieren, mehrmaliges Eindampfen des Filtrats mit W., Aufnehmen in W., Ausäthern, Neutralisieren der wss. Phase mit konz. NH_4OH, Eindampfen u. Ausziehen mit Aceton; aus dem unlösl. Rückstand; 43%; gibt positive Ninhydrinreaktion. *Dipikrat*, $C_{18}H_{14}O_{16}N_8S$, F. 159—160° (Zers.), gelbe Prismen aus Wasser. (Helv. chim. Acta **34**. 1654—56. 1/8. 1951. Basel, Univ., Anst. für anorgan. Chem.) LEHWALD. 3142

Giuseppe Valenti und **Francesco Maggio**, *Einwirkung von Natriumhypobromit auf Benzalsemicarbazon.* Bei der Oxydation von Benzalsemicarbazon mit NaOBr erhalten Vff. ein *Prod.* $C_8H_7ON_3$ (I), F. 243°, das wahrscheinlich mit der von BOUGAULT (Bull. Soc. chim. France, Mém. [4] **21**. [1917.] 180) aus Benzaldehydsemicarbazon durch Oxydation erhaltenen Verb. vom F. 240° mit gleicher Summenformel ident. ist, das BOUGAULT für ein Acylsemicarbazid hielt, ohne die Struktur zu ermitteln. Vff. erhalten aus I bei der Hydrolyse in saurer Lsg. Benzoesäure, NH_3, CO_2 u. Hydrazin, mit Alkalien *Benzoylsemicarbazid*. Aus diesem Verh. schließen sie, daß I mit dem von SATISH CHANDRA DE (C. **1931**. I. 3564) durch Oxydation von 1-Benzoylthiosemicarbazid mit Pb-Oxyd erhaltenen *2-Amino-5-phenyl-1.3.4-furodiazol* ident. ist, mit gleichem heterocycl. Ring, wie er auch aus Diacylhydrazinen durch H_2O-Abspaltung oder aus Acylhydrazonen von Aldehyden durch Oxydation (STOLLI [1904]) entsteht.

Versuche: *2-Amino-5-phenyl-1.3.4-furodiazol* (I), $C_8H_7ON_3$, F. 243°, aus Benzalsemicarbazon in W. u. 5% ig. NaOBr (70°, W.-Bad) bis zur bleibenden Gelbfärbung; aus Dioxan. *Hydrochlorid*, F. 176°. *Acetylderiv.*, F. 223°, aus A. Nadeln. Die *Hydrolyse von* I mit 10% ig. H_2SO_4 gibt *Benzoesäure, Hydrazin* (aus dem Filtrat als Benzalazin, F. 93°, abgeschieden) u. NH_3. Nach Hydrolyse mit $Ba(OH)_2$ oder 4% ig. NaOH wird *Benzoylsemicarbazid*, F. 225° (aus A.), isoliert; längeres Kochen mit 10% ig. NaOH gibt unter NH_3-Entw. *Na-Benzoat* u. *Hydrazin*. (Ann. Chimica **42**. 18–20. Jan. 1952. Palermo, Univ., Ist. di Chim. generale.) v. DECHEND. 3163

Evans B. Reid und **Joel R. Siegel**, *Versuche mit 5.6-Dihydro-4-oxy-6-phenyl-α-pyron.* 2. Mitt. *Die basische Hydrolyse eines α-Brom- und eines α.α-Dibrom-β-keto-δ-lactons.* (1. vgl. REID u. RUBY, J. Amer. chem. Soc. **73**. [1951.] 1054.) Vff. zeigen, daß bei der Oxydation von 5.6-Dihydro-4-oxy-6-phenyl-α-pyron (I) mit Bleitetraacetat keine eindeutigen Prodd. erhalten werden. Unter verschied. experimentellen Bedingungen wurden Pb-haltige orangerote gummiartige Massen erhalten, die nach Entfernung des Pb als gelbe amorphe, inhomogene Pulver hinterbleiben, aus deren Rkk. u. Eigg. von Vff. zumindestens auf das teilweise Vorliegen von *4-Oxy-6-phenyl-α-pyron* geschlossen wird. Die Bromierung von I in wss./methanol. NaOH liefert *3-Brom-5.6-dihydro-4-oxy-6-phenyl-α-pyron* (II), welches in zwei Modifikationen (Infrarotspektren beider Verbb. sind ident.) auftritt. Durch alkal. Hydrolyse wird daraus *2-Phenyläthyltartronsäure* (III) erhalten. Die Konfiguration wird durch verschied. Rkk. sichergestellt; ein Mechanismus für die Bldg. von III wird diskutiert. Bei weiterer Bromierung von II (oder direkt aus I mit 2 Mol Br_2) entsteht *3.3-Dibromtetrahydro-4-oxo-6-phenyl-α-pyron* (IV). Bei Verss., *3.4-Dioxo-6-phenyl-α-pyron* (V) durch a) direkte Oxydation von I mit SeO_2 oder b) durch Umsetzung von IV mit CH_3CO_2Ag, Ag_2O oder o-Phenylendiamin zu erhalten, werden nur orangefarbene gummiartige Prodd. erhalten, die sich an der Luft oder beim Vers. der Umkristallisation zersetzen. Es ist nach Vff. anzunehmen, daß **V** als Primärprod. bei diesen Rkk. entsteht, jedoch zu instabil ist u. deshalb nicht isoliert werden kann. Durch Hydrolyse von IV oder Red. mit $NaBH_4$ wird nur II gebildet (I u. II reagieren nicht mit $NaBH_4$). Der Reaktionsmechanismus wird diskutiert.

Versuche: *4-Oxy-6-phenyl-α-pyron*, $C_{11}H_8O_3$, F. des Rohprod. 116–120° (Zers., Bzl.), 125–135° (Zers., Bzl./Ligroin), zumindest teilweise in dem Reaktionsgemisch vorliegend, erhalten durch langsame Zugabe von $Pb(CH_3CO_2)_4$ zu 5,89 g α-I (l. c.) in absol. Äthylacetat bei $<38°$ unter Rühren unter N_2, orangeroter Sirup; nach Aufnahme in Pyridin u. Entfernung des Pb mit H_2S gelbes, amorphes, inhomogenes Pulver; 2,50 g (Ausbeute); gibt positive Rk. mit TOLLENs u. FEHLINGs Reagens, enthält eine Carbonylgruppe, gibt mit $FeCl_3$ dunklen Nd., mit $NaNO_2$ keine Farbreaktion. — *3-Brom-5.6-dihydro-4-oxy-6-phenyl-α-pyron* (II), $C_{11}H_9O_3Br$, *α-Form*, F. 154–155° (Zers.; Bzl.), *β-Form*, F. 133–134° (Zers., A./W., 2:1), durch Bromierung von I in wss./methanol. NaOH $<10°$ unter heftigem Rühren; 79,3%; die α-Form läßt sich durch Umkristallisation aus wss. A. in die β-Form überführen; beide Formen geben mit $FeCl_3$ purpurrote Farb-Rk., mit $NaNO_2$ rosa Färbung. — *2-Phenyläthyltartronsäure* (III), $C_{11}H_{12}O_5 \cdot \frac{1}{2} H_2O$, F. 135–137° (Zers., $CHCl_3$ oder W.), aus II durch 5std. Kochen mit wss. NaOH; entfärbt Cerinitratlsg., entwickelt beim Behandeln mit warmer konz. H_2SO_4 heftig CO, reagiert nicht mit 2.4-Dinitrophenylhydrazin, erweist sich bei der Titration als zweibas. Säure. — *α-Oxy-γ-phenylbuttersäure*, $C_{10}H_{12}O_3$, F. 103 bis 105°, durch 7std. Kochen von III mit 9% ig. wss. HCl u. 10 Std. Stehenlassen bei Zimmertemp.; 34%, oder durch 25 Min. Erhitzen von III auf 150° u. Umkristallisation des Rückstandes aus Benzol. — *β-Phenylpropionaldehyd*, durch 2std. Kochen vorst. Verb. mit PbO_2 in Essigsäure/W. in Ggw. von H_3PO_4. *2.4-Dinitrophenylhydrazon*, F. 148–150°. — *3.3-Dibromtetrahydro-4-oxo-6-phenyl-α-pyron* (IV, im Original -5.6-dihydro-), $C_{11}H_8O_3Br_2$, F. 114–116° ($CHCl_3$/Hexan, 1 : 1), aus I in alkal. Lsg. mit 2 Mol Br_2 oder aus II in wss. 1 n NaOH bei $<10°$ durch Zugabe von Br_2 in W./A. (1 : 1) unter heftigem Rühren; 72,5%; gibt mit $FeCl_3$ oder $NaNO_2$ keine Farb-Rk., beim Behandeln mit Ag_2O, CH_3CO_2Ag in Bzl. oder o-Phenylendiamin in Essigsäure orange bis gelbbraune gummiartige bis feste Prodd., die sich an der Luft oder beim Vers. der Umkristallisation zersetzen; gibt bei der Hydrolyse (wss. NaOH oder wss. Aceton) oder bei der Red. mit $NaBH_4$ in absol. Methanol II; 28,8 bzw. 100%. (J. chem. Soc. [London] **1954**. 525–30. Febr. Baltimore, Md., Johns Hopkins Univ.)
G. WINKLER. 3211

D. E. Ames, R. E. Bowman und **T. F. Grey**, *Synthese einiger methylsubstituierter 2.3.6-Trioxypyridine.* Durch Kupplung von *2.6-Dioxy-4-methyl-* (I) u. *-3.4-dimethylpyridin* (II) mit Benzoldiazoniumchlorid (III) in 3- bzw. 5-Stellung wurden die entsprechenden Azoverbindungen (**V** u. **VI**) dargestellt, die durch Red. mit Zinkstaub–Eisessig in die vollständig acetylierten Verbindungen *2.6-Diacetoxy-3-diacetylamino-4-methyl-* (**VII**) u. *-5-diacetylamino-3.4-dimethylpyridin* (**VIII**) übergeführt wurden; daneben entstanden in geringer Menge die Monoacetylaminoverbindungen (**IX** bzw. **X**). Durch Kochen von **VII** bzw. **VIII** mit konz. Salzsäure wurde die Diacetylaminogruppe durch die Oxygruppe unter Bldg. der Trioxyverbb. **XI** u. **XII** ersetzt. Da die Trennung dieser Trioxyverbb. von dem entstandenen NH_4Cl schwierig war, wurden die aus diesen Verbb. erhaltenen Triacetate nach Reinigung durch Dest. mit HCl hydrolysiert u. die Hydrochloride mit Diazomethan (**IV**) in *2.3.6-Trioxy-4-methylpyridin* (**XI**) u. *2.5.6-Trioxy-3.4-dimethylpyridin* (**XII**) übergeführt. Als Nebenprod. wurde bei der Darst. von **VIII** oder **X** vermutlich *6-Acetoxy-4.5.2'-trimethyloxazolo-[5'.4':2.3]-pyridin* erhalten, dessen Struktur durch Vgl. mit den Ultrarotspektren bekannter Verbb. sichergestellt wurde. Durch Methylierung der Dioxypyridine **I** u. **II** mit **IV** oder Dimethylsulfat entstehen die am O methylierten Substanzen sowie N-Methyl-O-methylpyridone u. O-Methylpyridone. Die Strukturen dieser Verbb., der vorher genannten sowie der Diacetylverbb. von **I** u. **II**, werden an Hand von UV- u. Ultrarotspektren (vgl. Original) diskutiert. Die Di- u. Trioxypyridine erwiesen sich gegen grampositive u. -negative Organismen als inakt., bis auf **XII**, das in verschied. Fällen bakteriostat. wirkte.

V e r s u c h e: *2.6-Dioxy-4-methylpyridin* (**I**), F. 194–196°, durch 4std. Kochen von 63 g α-Cyan-β-methylglutaconsäureäthylester mit 250 cm³ konz. HCl u. Zers. des erhaltenen *Hydrochloriddihydrates* ($C_6H_8O_2NCl \cdot 2\ H_2O$, F. 222–224°; 27 g [Ausbeute]) mit Anilin oder NH_3 u. Eisessig. *Diacetylverb.*, $C_{10}H_{11}O_4N$, Kp.$_{0,5}$ 120–122°, F. 62–62,5°; n_D^{20} 1,4971. — *2.6-Dioxy-4-methyl-3-phenylazopyridin* (**V**), $C_{12}H_{11}O_2N_3$, F. 251–252°, aus **I**-Hydrochloriddihydrat (15 g) in W. u. Na-Acetat mit **III**-Lsg. (aus 7 g Anilin), rote Nadeln aus Methanol; 17 g. — *2.6-Diacetoxy-3-diacetylamino-4-methylpyridin* (**VII**), $C_{14}H_{16}O_6N_2$, F. 142–143°, aus **V** durch Red. mit Zn in Essigsäure–Acetanhydrid bei 10–15°, Platten aus PAe.–Methylallylketon; 42%; als Nebenprod. *3-Acetamido-2.6-diacetoxy-4-methylpyridin* (**IX**), F. 177–178°. — *2.3.6-Triacetoxy-4-methylpyridin*, $C_{12}H_{13}O_6N$, Kp.$_{0,9}$ 170–174°, aus **VII** mit konz. HCl, 1 Std. am Rückfluß, Eindampfrückstand mit Acetanhydrid 1 Std. kochen, Filtrat eindampfen, Rückstand dest., 85%; gibt beim Kochen mit konz. HCl u. Eindampfen krist. *2.3.6-Trioxy-4-methylpyridin* (**XI**)*-hydrochloriddihydrat*, $C_6H_8O_3NCl \cdot 2\ H_2O$, F. 82–83°; hieraus in Methanol mit **IV** **XI**, sintert bei 200–205° unter Zers.; wird nach einigen Std. braun. — *2.6-Dioxy-3.4-dimethylpyridin* (**II**), $C_7H_9O_2N$, aus γ-Cyan-α.β-dimethylglutaconsäureäthylester mit konz. Salzsäure, 5 Std. am Rückfluß u. Eindampfrückstand 30 Min. mit Acetanhydrid zum *Diacetylderiv.* von **II** (Kp.$_1$ 136–140°, F. 64 bis 65°; 70%) verkochen. Hieraus mit konz. HCl **II**-*Hydrochloridhydrat*, F. 93–94°, das durch Erhitzen auf 50°/0,5 mm **II** ergibt, F. 188–190°. — *2.6-Dioxy-3-4-dimethyl-5-phenylazopyridin* (**VI**), $C_{13}H_{13}O_2N_3$, F. 255–256°, analog **V** aus **II**; 64%. — *2.6-Diacetoxy-5-diacetylamino-3.4-dimethylpyridin* (**VIII**), $C_{15}H_{18}O_6N_2$, F. 96–97°, analog **VII** aus **VI**; 63%, neben *2.6-Diacetoxy-5-acetamido-3.4-dimethylpyridin* (**X**), $C_{13}H_{16}O_5N_2$, F. 197–198°; läßt sich zu **VIII** acetylieren. — *2.5.6-Trioxy-3.4-dimethylpyridin* (**XII**)-*Hydrochloridhydrat*, $C_7H_{12}O_4NCl$, F. 98–100° (unter Wasserabspaltung), analog **XI** aus **VIII** über das *2.5.6-Triacetoxy-3.4-dimethylpyridin* ($C_{13}H_{15}O_6N$, Kp.$_{0,9}$ 175 bis 177°, n_D^{20} 1,4988; 88%). — *6-Acetoxy-4.5.2'-trimethyloxazolo-[5'.4':2.3]-pyridin*, $C_{11}H_{12}O_3N_2$, F. 119–120°, aus **VI** durch Red. mit Zn, Essigsäureanhydrid u. Eisessig u. Dest. des Eindampfrückstandes bei 160–180°/2 mm; entsteht auch bei der Dest. von **X**. — *2.6-Dimethoxy-4-methylpyridin*, $C_8H_{11}O_2N$, Kp.$_2$ 57°, F. 33–33,5°, aus **I** mit **IV**; 36% (bildet mit konz. HCl **I**-Hydrochlorid zurück), neben *6-Methoxy-1.4-dimethylpyridon-(2)*, $C_8H_{11}O_2N$, F. 92°, u. *6 (?)-Methoxy-4-methylpyridon-(2)*, $C_7H_9O_2N$, F. 170–171°. — *2.6-Dimethoxy-3.4-dimethylpyridin*, Kp.$_{0,9}$ 61–62°, F. 26–27°, aus **II** mit **IV**; 24%, neben *6 (?)-Methoxy-1.3.4-trimethylpyridon-(2)*, $C_9H_{13}O_2N$, F. 119–120° (entsteht auch aus **II** mit Dimethylsulfat) u. bei einem Vers. *6 (?)-Methoxy-1.4.5-trimethylpyridon-(2)*, F. 85–87°. (J. chem. Soc. [London] **1953**. 3008–15. Okt. Hounslow, Middlesex, Parke, Davis & Co., Ltd.) M. THIEL. 3231

Raymond Paul und **Serge Tchelitcheff**, *Synthesen in der Reihe des 3-Oxypiperidins. 4. Mitt. Methode zur Darstellung von 1.2-Dialkyl-3-oxypiperidinen.* (3. vgl. C. **1947**. 1276.) Durch Kondensation von Furfurol mit Äthyl- oder Butylamin werden die entsprechenden *Alkyl-N-furfurylidenimine* erhalten, deren Rk. mit Alkylmagnesiumverbb. liefert *1-Alkylamino-1-furylalkane*, die durch Hydrierung in Ggw. von RANEY-Ni in *1-Alkylamino-1-tetrahydrofurylalkane* übergeführt werden. Der Ätherring wird mit HBr in Eisessig geöffnet u. anschließend mit konz. NaOH der Ringschluß zum

1.2-Dialkyl-3-oxypiperidin bewirkt. Von den theoret. möglichen Stereoisomeren wurde in jedem Fall nur ein Vertreter erhalten.

Versuche: *N-Äthyl-* u. *N-Butylfurfurylidenimin*, aus Furfurol u. Äthylamin bzw. Butylamin nach EMLING u. Mitarbeiter (J. Amer. chem. Soc. **71**. [1949.] 703); $Kp._{20}$ 70—71° bzw. $Kp._{20}$ 100—101°; 89% (Ausbeute). — Folgende Verbb. wurden durch Kondensation von 1 Mol vorst. Verbb. mit 1,5 Mol GRIGNARD-Verb. bei ca. 0° nach EMLING (l. c.) bzw. CAMPBELL u. Mitarbeiter (C. **1949**. II. 199) gewonnen: *1-Äthylamino-1-furyläthan*, $Kp._{20}$ 67—69°; 34%. — *1-Butylamino-1-furyläthan*, $Kp._{20}$ 96—98°; 36%. — *1-Äthylamino-1-furylpropan*, $Kp._{20}$ 77—78°; 74%. — *1-Butylamino-1-furylpropan*, $Kp._{20}$ 105—106°; 77%. — *1-Äthylamino-1-furylpentan*, $Kp._{20}$ 104—106°; 54%. — *1-Butylamino-1-furylpentan*, $Kp._{20}$ 131—133°; 61%. — Diese Verbb. gaben in A. durch $^1/_2$std. Hydrierung mit RANEY-Ni bei 130° u. 100 at die nachst. Tetrahydroderivv.: *1-Äthylamino-1-tetrahydrofuryläthan*, $Kp._{20}$ 75—76°; $D.^{20,2}$ 0,910; $n_D^{20,2}$ 1,4461; 85%. — *1-Butylamino-1-tetrahydrofuryläthan*, $Kp._{20}$ 105—107°; $D.^{21,8}$ 0,886; $n_D^{21,8}$ 1,4460; 88%. — *1-Äthylamino-1-tetrahydrofurylpropan*, $Kp._{20}$ 88—89°; $D.^{20,6}$ 0,905; $n_D^{20,6}$ 1,4465; 95%. — *1-Butylamino-1-tetrahydrofurylpropan*, $Kp._{20}$ 119—121°; $D.^{20,8}$ 0,890; $n_D^{20,8}$ 1,4494; 93%. — *1-Äthylamino-1-tetrahydrofurylpentan*, $Kp._{20}$ 116—118°; $D.^{22}$ 0,893; n_D^{22} 1,4491; 90%. — *1-Butylamino-1-tetrahydrofurylpentan*, $Kp._{20}$ 142—143°; $D.^{21,6}$ 0,891; $n_D^{21,6}$ 1,4512; 96%. — Vorst. Verbb. liefern in Eisessig durch Absorption der doppeltmol. Menge HBr unterhalb 100°, 2std. Erhitzen auf 100°, Zugabe von W., dann von 30% ig. NaOH unterhalb 20°, Extrahieren mit Bzl., Abdest., 2std. Erhitzen des Rückstandes in A. mit 30% ig. NaOH auf 100°, Einengen u. Aufnehmen in Bzl. die nachst. 3-Oxypiperidine: *1-Äthyl-2-methyl-*, $Kp._{20}$ 98—99°; $D.^{21,5}_4$ 0,970; $n_D^{21,5}$ 1,4800; 56%. — *1.2-Diäthyl-*, $Kp._{20}$ 110—111°; $D.^{22,5}_4$ 0,955; $n_D^{22,5}$ 1,4777; 82%. — *1-Äthyl-2-butyl-*, $Kp._{20}$ 133—135°; $D.^{23,5}_4$ 0,931; $n_D^{23,5}$ 1,4734; 84%. — *1-Butyl-2-methyl-*, $Kp._{20}$ 123—125°; $D.^{23}_4$ 0,935; n_D^{23} 1,4732; 65%. — *1-Butyl-2-äthyl-*, $Kp._{20}$ 132—134°; $D.^{21,5}_4$ 0,927; $n_D^{21,5}$ 1,4720; 81%. — *1.2-Dibutyl-*, $Kp._{20}$ 167—168°; $D.^{22,5}_4$ 0,910; $n_D^{22,5}$ 1,4681; 71%. (Bull. Soc. chim. France, Mém. [5]. **20**. 1014—16. Okt. 1953. Vitry-sur-Seine, Soc. des Usines Rhône-Poulenc, Labor. de Rech.) M. THIEL. 3231

Armiger H. Sommers und **Sharon E. Aaland**, *Die Reaktion von 1.5-Dibrompentan mit o-substituierten Anilinen. Die Synthese von 1-Arylpiperidinen.* Es wurde die Rk. von *1.5-Dibrompentan* (**I**) mit *o-Toluidin* (**II**), *o-Anisidin* (**III**), *m-Anisidin* (**IV**), *o-Chloranilin* (**V**) u. *α-Naphthylamin* (**VI**) untersucht, wobei als Hauptprodd. die entsprechenden *N-Arylpiperidine* neben geringen Mengen *N.N'-Diarylpentamethylendiaminen* entstanden. *o-Nitranilin* ergab kein identifizierbares Prod.; wahrscheinlich ist die Basizität des Stickstoffs zu gering, wie auch schon bei der Kondensation von **V** mit **I** höhere Reaktionstemp. erforderlich war. Während *2.6-Dimethylanilin* (**VII**) mit **I** nur die offene Pentamethylendiaminverb. gab, konnte mit *2.6-Dimethoxyanilin* (**VIII**) ein Gemisch von *N-[2.6-Dimethoxyphenyl]-piperidin* (**IX**) u. *N.N'-Bis-[2.6-dimethoxyphenyl]-pentamethylendiamin* (**X**) erhalten werden. Durch Demethylierung der Methoxyverbb. entstanden Phenole, die mit N.N-Dimethylcarbamylchlorid acyliert u. anschließend mit CH_3J quaternisiert wurden. Das *N-[m-Oxyphenyl]-N-methylpiperidiniumjodid* (**XI**) ähnelt in der Struktur dem *Tensilon* (m-Oxyphenyldimethyläthylammoniumchlorid) u. wurde daher auf Anticurarewrkg. geprüft. Bei Kaninchen u. Mäusen war **XI** wirksamer als Tensilon. Das o-Oxyderiv. war unwirksam.

Versuche: *m-Anisidin* (**IV**) $Kp._{19}$ 132° durch Hydrierung mit Pd-Tierkohle von *m*-Nitroanisol in A.; 91% (Ausbeute). — *2.6-Dimethoxyanilin* (**VIII**) F. 77—78°, wie vorher aus 2.6-Dimethoxynitrobenzol, *Pikrat*, F. 169—170°. — *N-[o-Tolyl]-piperidin*, $Kp._{0,6}$ 65—66°, nach Meth. **A**: **II** u. **I** 30 Min. auf dem Dampfbad erhitzen, krist. M. mit Ae. verrühren, von **II**-Hydrobromid abfiltrieren, Filtrat eindampfen u. fraktionieren; 60%; daneben *N.N'-Bis-[o-tolyl]-pentamethylendiamin*, $Kp._{0,1}$ 177°, *Dihydrochlorid*, F. 202—207°; oder nach Meth. **B**: **II**, **I** u. Na_2CO_3 in Toluol 24 Std. Rückflußkochen, harzigen Rückstand in W. lösen, stark alkal. machen, mit Toluol ausschütteln, Extrakt dest.; 59%. *Hydrochlorid*, F. 190—191°. *Pikrat*, F. 152—153°. — *N-[o-Methoxyphenyl]-piperidin* (**XII**), $Kp._8$ 128°, aus **I** u. **III**; **A** 60%, **B** 76%. *Hydrochlorid*, F. 183°. *Pikrat*, F. 128—129°, daneben *N.N'-Bis-[o-methoxyphenyl]-pentamethylendiamin*, $Kp._{0,13}$ 217°, F. 91—92°. *Dihydrochlorid*, F. 196—198°. — *N-[o-Chlorphenyl]-piperidin*, $Kp._7$ 125°, aus **I** u. **V**. *Hydrochlorid*, F. 174—175°. **A** bei 120°; 31%. *Pikrat*, F. 138—139°. — *N-[m-Methoxyphenyl]-piperidin* (**XIII**), $Kp._{0,1}$ 89°, aus **I** u. **IV**; **B** 46%. *Hydrochlorid*, F. 196—198°. *Pikrat*, F. 162—163°. — *N-[α-Naphthyl]-piperidin*, $Kp._2$ 143°, aus **I** u. **VI**; **B** 38%. *Hydrochlorid*, F. 184—186°. *Pikrat*, F. 124°. — *N-[2.6-Dimethoxyphenyl]-piperidin* (**IX**), $Kp._7$ 138—139°, F. 38,5—39,5°, aus **I** u. **VIII**; **A** 45%. *Hydrochlorid*,

F. 123—130°. *Pikrat*, F. 152—153°; daneben *N.N'-Bis-[2.6-dimethoxyphenyl]-pentamethylendiamin* (**X**), Kp.$_{0,1}$ 222—223°. — *N.N'-Bis-[2.6-dimethylphenyl]-pentamethylendiamin*, Kp.$_{0,1}$ 175—180°, F. 41—42°, aus **I** u. **VII**, als *Dihydrobromid*, F. 248°; 49%. *Dihydrochlorid*, F. 247—248°. — *N-[o-Oxyphenyl]-piperidin* (**XIV**), F. 70—72°, durch Kochen von **XII** mit 48%ig. HBr (16 Std.); danach Einengen, mit W. aufnehmen, alkal. machen u. dest.; 56%. *Hydrochlorid*, F. 176—178°. *Jodmethylat*, F. 166—167°. — *N-[m-Oxyphenyl]-piperidin* (**XV**), F. 123—124°, aus **XIII** wie vorher; 81%. *Hydrobromid*, F. 218—219°. *Jodmethylat* (**XI**), F. 138—139°. — *N-[2.6-Dioxyphenyl]-piperidin*, F. 169—170°, aus **IX** wie vorher; 35%. *Hydrochlorid*, F. 269—270°; daneben *N-[o-Oxy-o'-methoxyphenyl]-piperidin*, F. 60—80°; 40%. — *N-[o-(Dimethylcarbamyloxy)-phenyl]-piperidin*, Kp.$_{0,1}$ 113—118°, aus **XIV** u. Dimethylcarbamylchlorid in Pyridin 3 Std. auf dem Dampfbad; 72%. *Hydrochlorid*, F. 145—146°. *Jodmethylat*, F. 131—134°. — *N-[m-(Dimethylcarbamyloxy)-phenyl]-piperidin*, Kp.$_{0,1}$ 143—145°, aus **XV** u. Dimethylcarbamylchlorid wie vorher; 24%. *Hydrochlorid*, F. 200—204°. *Jodmethylat*, F. 131 bis 133°. (J. Amer. chem. Soc. **75**. 5280—83. 5/11. 1953. North Chicago, Ill.)
M. THIEL. 3231

F. F. Blicke und **Eu-Phang Tsao**, *Darstellung von 1-Methyl-4-phenyl-4-[aminomethyl]- und 1-Methyl-4-phenyl-4-[methylaminomethyl]-piperidin.* Auf Grund der unterschiedlichen Angaben über die Red. von *1-Methyl-4-phenyl-4-cyanpiperidin* (**I**) mit Na u. A. (nach BERGEL u. Mitarbeitern [J. Chem. Soc. [London] **1944**. 261] Ersatz der CN-Gruppe durch H u. nach PROVINCIALA [Boll. chim. farmac. **85**. [1946.] 228] Red. der CN-Gruppe zu $-CH_2\cdot NH_2$) wurde von Vff. durch Wiederholung der Verss. festgestellt, daß in Übereinstimmung mit BERGEL u. Mitarbeiter (l. c.) durch Red. mit Natrium u. A. **I** in *1-Methyl-4-phenylpiperidin* (**II**) übergeführt wird. Durch Red. von **I** mit $LiAlH_4$ entsteht dagegen *1-Methyl-4-phenyl-4-[aminomethyl]-piperidin* (**III**). Durch Formylierung von **III** mit Chloral u. anschließende Red. mit $LiAlH_4$ entsteht *1-Methyl-4-phenyl-I-[methylaminomethyl]-piperidin* (**IV**). **III** u. **IV** waren als Analgetica unwirksam.

V e r s u c h e : *1-Methyl-4-phenyl-4-[aminomethyl]-piperidin* (**III**), Kp.$_1$ 109—112°, aus **I** in Ae. mit $LiAlH_4$; 83% (Ausbeute). *Dihydrochlorid*, F. 291—292° (Zers.). — *1-Methyl-4-phenyl-4-[formamidomethyl]-piperidin*, F. 108,5—110°, aus **III** u. Chloral bei Zimmertemp. (12 Std.); 63,8%. *Dihydrochlorid*, F. 276—277° (Zers.). — *1-Methyl-4-phenyl-4-[methylaminomethyl]-piperidin* (**IV**), Kp.$_{1,5}$ 117—119°, aus vorst. Verb. mit $LiAlH_4$ in Ae.; 81%. *Dihydrochlorid*, F. 256—257° (Zers.). (J. Amer. chem. Soc. **75**. 5417—18. 5/11. 1953. Ann Arbor, Mich., Univ., Coll. of Pharmacy.) M. THIEL. 3231

J. Büchi, Charlotte Studer, R. Lieberherr und **H. Lauener**, *Synthese und Antihistaminwirkung einiger Alkaminäther von α-substituierten Benzylalkoholen.* Durch Kondensation der Alkalisalze α-substituierter Benzylalkohole (**I**) mit N-substituierten Aminoalkylhalogeniden (**II**) (diese Meth. ist günstiger als die Kondensation von **I** mit **II** in Ggw. von $NaNH_2$) wurden eine Anzahl *bas. Äther* (**III**) dargestellt u. auf ihre Antihistaminwrkg. untersucht. Die nachst. **I** entstanden durch GRIGNARD-Rkk.: *Isopropylphenyl-, Cyclohexylphenyl-, Benzylphenyl-* u. *α-Naphthylphenylcarbinol. 4-Dimethylaminobenzhydrol* wurde durch Umsatz von Phenyl–MgBr mit 4-Dimethylaminobenzaldehyd gewonnen, *4-Phenylbenzhydrol* durch Red. von 4-Phenylbenzophenon mit Na-Amalgam in alkoh. KOH, analog aus 4-Äthylbenzophenon *4-Äthylbenzhydrol. Dimethylaminomethylphenylcarbinol* entstand aus Jod u. Styrol u. Behandlung des gebildeten *Jodmethylphenylcarbinols* mit Dimethylamin. Die entsprechenden **II** wurden aus den Aminoalkoholen u. $SOCl_2$ erhalten; sie waren als Hydrochloride haltbar. — Keine der gebildeten Verbb. erreichte in ihrer Antihistaminwrkg. die des Benadryls, dagegen war die Schutzwrkg. gegen Acetylcholinkrampf etwa von gleicher Größenordnung.

V e r s u c h e (FF. nach KOFLER, korr.): Nachst. Verbb. C_6H_5*–CH(R)OCH*$_2$*–CH*$_2$*–R'* (**III**): *R = α-Naphthyl, R' = N(CH*$_3$*)*$_2$, $C_{21}H_{23}ON$, Kp.$_{0,01}$ 145—146°, aus α-Naphthylphenylcarbinol durch Verwandlung in das Na-Salz (16 Std. mit Na in absol. Toluol bei 100—110°), 20std. Kochen mit 2-Dimethylamino-1-chloräthan in absol. Toluol u. Extrahieren mit 2 n HCl; nach Alkalisieren durch Ausäthern u. Dest.; 39,3% (Ausbeute). *Hydrochlorid*, F. 145—146° (A. + Ae.). — *R = Cyclohexyl, R' = N(CH*$_3$*)*$_2$, Kp.$_{0,01}$ 96°; analog; 32,5%. *Hydrochlorid*, F. 129°. — *R = Cyclohexyl, R' = Piperidino*, Kp.$_{0,005}$ 115°; 36,4%. *Hydrochlorid*, F. 191—192°. — *R = Cyclohexyl, R' = α-Pipecolino*, Kp.$_{0,005}$ 130°; 42%. — *R = p-Äthylphenyl, R' = N(CH*$_3$*)*$_2$, Kp.$_{0,001}$ 114°; 36,6%. — *R = p-Äthylphenyl, R' = Piperidino*, Kp.$_{0,001}$ 140°; 31,5%. *Hydrochlorid*, F. 112—113°. — *R = p-Äthylphenyl, R' = α-Pipecolino*, Kp.$_{0,03}$ 143°; 38,4%. — *R = p-Xenyl, R' = N(CH*$_3$*)*$_2$, Kp.$_{0,01}$ 178°; 28,9%. *Hydrochlorid*, F. 131—132°. — *R = p-Xenyl, R' = Piperidino*, Kp.$_{0,01}$ 189°; 30%. *Hydrochlorid*, F. 195—196°. — *R = p-Xenyl, R' = α-Pipecolino*, Kp.$_{0,05}$ 199°; 25,3%. — *R = α-Naphthyl, R' = Pi-*

peridino, Kp.$_{0,005}$ 167°; 28,4%. *Hydrochlorid*, F. 129–130°. — *R* = *α-Naphthyl*, *R'* = *α-Pipecolino*, Kp.$_{0,01}$ 161°; 25,5%. — *R* = *Benzyl*, *R'* = *N(CH_3)_2*, Kp.$_{0,01}$ 104°; 45,6%. *Hydrochlorid*, F. 123°. — *R* = *Benzyl*, *R'* = *Piperidino*, Kp.$_{0,01}$ 124°; 36,5%. *Hydrochlorid*, F. 111–112°. — *R* = *p-Dimethylaminophenyl*, *R'* = *N(CH_3)_2*, Kp.$_{0,03}$ 136°; 30,4%. — *R* = *p-Dimethylaminophenyl*, *R'* = *α-Pipecolino*, Kp.$_{0,1}$ 142°; 12%. — *R* = *Isopropyl*, *R'* = *N(CH_3)_2*, Kp.$_{0,01}$ 82°; 28%. — *R* = *Isopropyl*, *R'* = *Piperidino*, Kp.$_{0,05}$ 107°; 36,9%. — *R* = *Isopropyl*, *R'* = *α-Pipecolino*, Kp.$_{0,005}$ 111°; 45%. — *R* = *Dimethylaminomethyl*, *R'* = *N(CH_3)_2*, Kp.$_{0,01}$ 77°; 27%. — *R* = *Dimethylaminomethyl*, *R'* = *Piperidino*, Kp.$_{0,03}$ 94°; 30,7%. *Hydrochlorid*, F. 92°. — *R* = *Dimethylaminomethyl*, *R'* = *α-Pipecolino*, Kp.$_{0,001}$ 105°; 28,4%. Alle Ausbeuten beziehen sich nur auf die letzte Stufe, (Helv. chim. Acta **34**. 1657–63. 1/8. 1951. Zürich, ETH, Pharmazeut. Inst., u. Bern, Dr. A. Wander A.G., wiss. Forschungsabt.)

LEHWALD. 3231

L. I. Sacharkin und **N. A. Preobrashenski**, *Untersuchungen in der Reihe der Isochinolinverbindungen*. 9. Mitt. *Synthese von 1-[δ-(β-Methyl-α-piperidon)]-2-[1'-(3'.4'-dihydro-6'.7'-dimethoxyisochinolyl)]-äthan und des Esters der N-Homoveratryl-β-methyl-α-piperidon-δ-propionsäure*. (8. vgl. C. **1954**. 6004.) Methacrylsäuremethylester (**I**) wurde mit der Na-Verb. von Cyanessigsäureäthylester (**II**) kondensiert u. das Reaktionsprod., ohne es zu isolieren, mit β-Chlorpropionsäureäthylester (**III**) behandelt, wobei *α-Methyl-γ-cyan-γ-carbäthoxypimelinsäuremethyläthylester* (**IV**) u. hieraus durch Verseifen mit 1 Äquivalent alkoh. NaOH die *Monocarbonsäure* entstand, die die freie *CO_2H*-Gruppe in γ-Stellung enthält. Diese wurde durch Erhitzen zu *α-Methyl-γ-cyanpimelinsäuremethyläthylester* (**V**) decarboxyliert. Beim Hydrieren entstand hieraus *β-[2-Oxo-3-methylpiperidyl-(5)]-propionsäureäthylester* (**VI**), der zur *freien Säure* (**VII**) verseift wurde. **VI** wurde mit Homoveratrylamin (**VIII**) in **VII**-*Homoveratrylamid* u. dieses mit $POCl_3$ in *α-[2-Oxo-3-methylpiperidyl-(5)]-β-[6'.7'-dimethoxy-3'.4'-dihydroisochinolyl-(1')]-äthan* (**IX**) umgewandelt. Beim Hydrieren von **V** in Ggw. von **VIII** wurde *β-[1-Homoveratryl-2-oxo-3-methylpiperidyl-(5)]-propionsäureäthylester* (**X**) erhalten. Die beim Verseifen von **IV** mit 3 Äquivalenten alkoh. NaOH gewonnene *α-Methyl-γ-cyan-γ-carboxypimelinsäure* (**XI**) gab beim Decarboxylieren nicht die erwartete α-Methyl-γ-cyanpimelinsäure, sondern die isomere *β-[2.6-Dioxo-3-methylpiperidyl-(5)] propionsäure*. **IX** u. **X** sollen zu Synthesen auf dem Emetingebiet dienen.

Versuche: *α-Methyl-γ-cyan-γ-carbäthoxypimelinsäuremethyläthylester* (**IV**), $C_{15}H_{23}O_6N$, Kp.$_9$ 197–199°; man erhitzt 50 g **I** mit der Na-Verb. von **II** (56,5 g **II**; 11,5 g Na + 170 ml absol. A.) 1 Std. auf dem Wasserbad, fügt unter Kühlung 70 g **III** hinzu u. erhitzt 2 Std. auf dem Wasserbad; Öl; n_D^{20} 1,4503; 126,5 g (Ausbeute). — *α-Methyl-γ-cyanpimelinsäuremethyläthylester* (**V**), $C_{12}H_{19}O_4N$, Kp.$_{14}$ 183–186°; man behandelt 50 g **IV** mit einer Lsg. von 3,7 g Na in 50 ml absol. A. + 2,9 g W. bei Zimmertemp., dest. am nächsten Tag das Lösungsm. ab, nimmt mit W. u. Bzl. auf, säuert die wss. Lsg. mit HCl an, extrahiert sie mit Ae. u. erhitzt den Verdampfungsrückstand der äther. Lsg. (dickes Öl; 40 g) 40 Min. auf 170–175°; bewegliches Öl; n_D^{20} 1,4431; 22 g. — *β-[2-Oxo-3-methylpiperidyl-(5)]-propionsäure* (**VII**), $C_9H_{15}O_3N$, F. 159–160°; aus dem Äthylester durch Verseifen mit 1 Äquivalent alkoh. KOH; aus A. Kristalle. *Äthylester* (**VI**), $C_{11}H_{19}O_3N$, Kp.$_3$ 163–165°; durch 1std. Hydrieren von 19,2 g **V** im Autoklaven in Ggw. von 5 g pyrophorem Ni in 20 ml absol. A. bei 150–160 at/105–110°; dickes Öl; n_D^{20} 1,4830; 13,7 g. *Homoveratrylamid*, $C_{19}H_{28}O_4N_2$; aus 3 g **VI** u. 2,6 g **VIII**, 4 Std. im Bad auf 180–185°; sehr dickes Öl; 4,5 g. *β-Phenyläthylamid*, $C_{17}H_{24}O_2N_2$, F. 162 bis 163°; aus **VI** u. β-Phenyläthylamin; aus A. Kristalle. — *α-[2-Oxo-3-methylpiperidyl-(5)]-β-[6'.7'-dimethoxy-3'.4'-dihydroisochinolyl-(1')]-äthan* (**IX**), $C_{19}H_{26}O_3N_2$, F. 165,5 bis 166,5°; aus 1,8 g **VII**-Homoveratrylamid bei 1std. Erhitzen mit 4 ml $POCl_3$ in 30 ml Toluol zum schwachen Sieden; aus Bzl. Kristalle; 1,05 g. — *α-Methyl-γ-cyan-γ-carboxypimelinsäure* (**XI**), $C_{10}H_{13}O_6N$, F. 169–170° (Zers.); durch Verseifen von 10 g **IV** mit wss.-alkoh. NaOH (aus 2,21 g Na), 4 Std. auf dem sd. Wasserbad; aus Ae. Kristalle; 7,2 g. Beim Erhitzen auf 170–180° entsteht hieraus *β-[2.6-Dioxo-3-methylpiperidyl-(5)]-propionsäure*, $C_9H_{13}O_4N$, als hellbraune, glasartige M.; 5,7 g aus 7 g. — *β-[1-Homoveratryl-2-oxo-3-methylpiperidyl-(5)]-propionsäureäthylester* (**X**), $C_{21}H_{31}O_5N$, Kp.$_1$ 225 bis 229°; durch 2std. Hydrieren von 10 g **V** in Ggw. von 5 g Ni u. 40 g **VIII** in 20 ml absol. A. bei 150–160 at/105–110°; hellgelbes, sehr dickes Öl; 3,5 g. (Журнал Общей Химии [J. allg. Chem.] **23** (**85**). 518–24. März 1953. Moskau, Lomonossow-Inst. für feinchem. Technol.)

R. KNOBLOCH. 3231

G. M. Chopra und **B. H. Iyer**, *Cyclisierung der Imine aus C-Acetylmethon: Bildung von Phenanthridinen*. (Vorläufige Mitt.) Die Konst. der 5.5-Dimethyl-2-[α-arylimino-äthyl]-cyclohexandione-(1.3) (vgl. C. **1954**. 7177) wird bewiesen durch Erhitzen mit

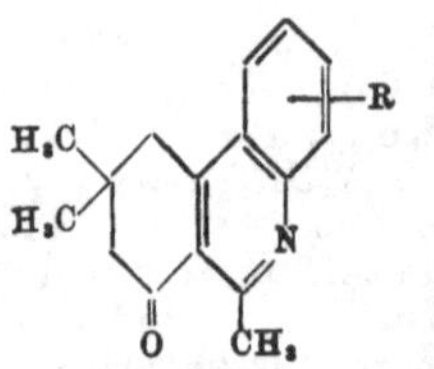

konz. H_2SO_4 auf dem Wasserbad, wobei Cyclisierung zu folgenden 7-Oxo-7.8.9.10-tetrahydrophenanthridinen erfolgt: *6.9.9-Trimethyl-* (I), F. 99—99,5°. *Pikrat*, F. 219 bis 220° (Zers.). *Hydrochlorid*, F. 237—238°. *2.4-Dinitrophenylhydrazon*, F. 278° (Zers.). — *2-Chlor-6.9.9-trimethyl-*, F. 130,5°. *Pikrat*, F. 221° (Zers.). — *2-Brom-6.9.9-trimethyl-*, F. 137—138°. *Pikrat*, F. 224° (Zers.). — *4.6.9.9-Tetramethyl-*, F. 105—106°. *Pikrat*, F. 169,5—170,5°. *Hydrochlorid*, F. 162—163°. *2.4-Dinitrophenylhydrazon*, F. 335°. — *3.6.9.9-Tetramethyl-*. *Pikrat*, F. 186—187° (Zers.). *Hydrochlorid*, F. 250—251°. — *3.4.6.9.9-Pentamethyl-*, F. 125°. *Pikrat*, F. 158—159°. *Hydrochlorid*, F. 200—202°. *2.4-Dinitrophenylhydrazon*, F. 284° (Zers.). — *1.4.6.9.9-Pentamethyl-*, F. 122—123°. *Pikrat*, F. 139,5—140,5°. — Oxydation von I mit verd. HNO_3 ergibt *2-Methylchinolin-3.4-dicarbonsäure*. (Current Sci. **22**. 210—11. Juli 1953. Bangalore, Indian Inst. of Sci., Dep. of Organ. Chem.) VIEWEG. 3231

Marie-Jo Langerman und **C. K. Banks**, *Arylaminoheterocyclen*. 6. Mitt. *Trisubstituierte Pyrimidine*. (Vgl. C. **1945**. II. 814.) Vff. stellen eine Anzahl 2.4.6-trisubstituierter Pyrimidine dar. Als Ausgangsmaterial dient Barbitursäure, die durch $POCl_3$ in *2.4.6-Trichlorpyrimidin* verwandelt wird. Zur Darst. von Aminochlorderivv. werden im allg. die entsprechenden Aminooxyderivv. benutzt, die wie vorst. chloriert werden. Vff. stellen fest, daß die Cl-Atome des Pyrimidins (I) nicht so reaktionsfähig sind wie die des symm. Triazins (II) u. stellen für die Aktivität der einzelnen Cl-Atome folgende Reihe auf: Cl-II > Cl-I > 2 Cl-II > 3 Cl-II > 2 Cl-I > 3 Cl-I.

Versuche: *2.4-Diamino-6-chlorpyrimidin*, F. 198—200° (roh), durch 8std. Rückflußkochen von 0,2 Mol 2.4-Diamino-6-oxypyrimidin mit 150 cm^3 $POCl_3$ u. 1 cm^3 Dimethylanilin als Katalysator, Abdampfen des $POCl_3$, Eingießen in Eiswasser, Neutralisieren in der Kälte, Abfiltrieren u. Trocknen des ausgefallenen Nd. im Vakuum; geringe Ausbeute. — *6-Chlor-4-dimethylamino-2-aminopyrimidin*, F. 162—165°, durch 54std. Rückflußkochen von 0,1 Mol 2-Amino-4.6-dichlorpyrimidin mit mehr als 0,2 Mol Dimethylamin in Bzl., Abdampfen des Lösungsm. u. Rekristallisieren aus A. + W.; 89% (Ausbeute). — Analog *6-Chlor-4-morpholino-2-aminopyrimidin*, F. 212 bis 213°; 67%. — *6-Chlor-2.4-bis-[dimethylamino]-pyrimidin*, F. 45—46°; 80%. — *6-Chlor-2-dimethylamino-4-aminopyrimidin*, F. 142—143°; 50%. — *2.6-Dimorpholino-4-aminopyrimidin*, F. 152—154°; 46%. — *6-Anilino-2.4-diaminopyrimidin*, F. 174 bis 175°, durch bis zu 96std. Rückflußkochen von 1 Mol 6-Chlor-2.4-diaminopyrimidin mit 2,5 Anilin in 200 cm^3 W. unter Einstellung des p_H auf 5—6 (HCl), Filtrieren, Neutralisieren mit Soda, Extrahieren des überschüssigen Anilins mit Chlf. bzw. Entfernen durch Ablassen u. Rekristallisation aus W. u. verd. A.; 30%. Analog *6-[p-Chloranilino]-4-dimethylamino-2-aminopyrimidin*, F. 169—171°; 40%. — *6-[p-Chloranilino]-2.4-bis-[dimethylamino]-pyrimidin*, F. 206—208°; 25%. — *6-[p-Toluidino]-2.4-bis-[dimethylamino]-pyrimidin*, F. 163—164°; 36%. — *4.6-Dianilino-2-dimethylaminopyrimidin*, F. 168—170°; 8%. — *4.6-Bis-[p-toluidino]-2-dimethylaminopyrimidin*, F. 165—167°; 12%. — *6-Äthoxy-4-dimethylamino-2-aminopyrimidin*, F. 145—147°, durch bis zu 54std. Rückflußkochen von 1 Mol Na-Äthylat in A. mit 1 Mol 6-Chlor-4-dimethylamino-2-aminopyrimidin, Filtrieren, Eindampfen u. Rekristallisation aus verd. A.; 45%. — *6-Butoxy-4-dimethylamino-2-aminopyrimidin*, F. 90—92°; 50%. — *4-Morpholino-6-äthoxy-2-aminopyrimidin*, F. 115—116°; 44%. (J. Amer. chem. Soc. **73**. 3011—12. Juli 1951. Detroit, Mich., Parke, Davis & Co. Res. Labors.) LEHWALD. 3272

Silvio Maffei, *Beitrag zur Kenntnis der p-Diazine*. 2. Mitt. *Phenazin-2-sulfonsäure*. (1. vgl. Gazz. chim. ital. **76**. [1946.] 239.) Vf. untersuchte die Sulfonierung des Phenazins (I) nach verschied. Methoden; für die Darst. der *Phenazin-2-sulfonsäure* (**II**) eignete sich lediglich die Sulfonierung mit Oleum (50% SO_3); die Ausbeuten lagen unter 50%. Einige Umsetzungen von **II** werden beschrieben.

Versuche: *Phenazin-2-sulfonsäure* (**II**), $C_{12}H_8O_3N_2S$, Zers. > 380° ohne zu schm., durch Erhitzen von 50% SO_3 enthaltendem Oleum mit I u. Quecksilbersulfat als Katalysator während 3 Std. auf 160°, dann 4 Std. auf 170°, Gießen auf Eis, Alkalisieren mit 30%ig. NaOH, Abfiltrieren von unverändertem I u. Einengen bis zur Trübung; die nach 12 Std. ausgeschiedenen Na-Salze wurden in der gerade ausreichenden Menge W. von 40° gelöst; bei 20° schieden sich daraus die Na-Polysulfonate ab, daraus in heißem W. + HNO_3 + $AgNO_3$ das *Ag-Salz einer Disulfonsäure*, $C_{12}H_6O_6N_2S_2Ag_2$. Aus dem Filtrat **II** als Na-Salz durch Eindampfen, daraus in **II** W. + HNO_3; gelbe Nadeln; *Ag-Salz*, $C_{12}H_7O_3N_2SAg$. — *2-Cyanphenazin*, $C_{13}H_7N_3$, F. 160° (Ligroin), durch Erhitzen von KCN mit dem Na-Salz von **II** u. wiederholtes Auswaschen des im Mörser zerkleinerten Reaktionsprod. mit Petroläther. — *Phenazin-2-carbonsäure*, F. 191°, durch 40std.

Erhitzen vorst. Verb. in A. mit 50%ig. NaOH im Rohr, Lösen des Rückstands in warmem W. u. Ansäuern mit HCl; Reinigung durch Sublimieren. — *1.2-Dioxyphenazin* (**III**), F. 261°, durch Erhitzen des Na-Salzes von **II** mit KOH zunächst auf 150°, dann auf 280°, zur Beendigung der Rk. für 5 Min. auf 320°, Lösen des Reaktionsprod. in W., Ansäuern der weinroten Lsg. mit HCl, Extraktion des gelben Nd. mit PAe. + Ae. (1:1), Ausschütteln der äther. gelben Lsg. mit 5%ig. NaOH u. vorsichtiges Ansäuern der violetten wss. Phase; Reinigung durch Sublimieren u. Kristallisation aus Toluol; orangegelbe Nadeln; 25% Ausbeute. — *1.2-Dimethoxyphenazin*, F. 138—139°, mit CH_2N_2. — *1.2-Dioxyphenazincarbonat*, $C_{13}H_6O_3N_2$, durch Einleiten von trockenem $COCl_2$ in eine Lsg. von **III** in Ae. bei —10°. Beim Kochen mit verd. Alkalien u. trockenem Erhitzen Rückbldg. von **III**. (Gazz. chim. ital. **80**. 651—57. Aug./Okt. 1950. Pavia, Univ., Ist. di Chim. gen.) ENDRASS. 3272

R. Fischer, H. R. Bolliger und **T. Reichstein,** *Desoxyzucker.* 30. Mitt. *Synthese des D-Idomethylose-3-methyläthers.* (29. vgl. Helv. chim. Acta **36.** [1953.] 302.) Ausgehend von β-Methylgalaktosid wurde *β-Methyl-D-idosid-⟨1.5⟩-3-methyläther* (β-**I**) gewonnen, der über das *2.4.6-Tritosylat*, das *6-Jod-6-desoxy-2.4-ditosylat* u. das gut kristallisierende *β-Methyl-D-idomethylosid-⟨1.5⟩-3-methylätherditosylat* in den ebenfalls krist. *β-Methyl-D-idomethylosid-⟨1.5⟩-3-methyläther* (β-**II**) verwandelt wird. Die gleiche Synth. in der α-Reihe erweist sich als weniger prakt., da keine krist. Prodd. erhalten werden. Die saure Hydrolyse von α-**II** bzw. β-**II** führt zu *D-Idomethylose-3-methyläther* (**III**) als Sirup, der ein krist. *Osazon* bildet. Damit sind alle vier theoret. möglichen Osazone der Hexamethylose-3-methyläther der D-Reihe bekannt (Tabelle mit physikal. Eigg. vgl. Original). Das *Lacton*, *Ba-Salz* u. krist. *Brucin-Salz* von *D-Idomethylonsäure-3-methyläther* werden hergestellt; das Brucinsalz unterscheidet sich nur geringfügig von dem *Brucinsalz* der *D-Thevetonsäure* u. ist zur Charakterisierung des Zuckers nicht geeignet.

Versuche (FF. korr., KOFLER-Block): *4.6-Benzal-β-methyl-D-idosid-⟨1.5⟩-3-methyläther*, F. 101°, aus D-Galaktose über *Acetobromgalaktose* → *β-Methyl-D-galaktosid-⟨1.5⟩-tetraacetat* [F. 92—93°; 59,5% (Ausbeute)] → *β-Methyl-D-galaktosid* (84%) → *4.6-Benzal-β-methyl-D-galaktosid-⟨1.5⟩* (F. 188—189°; 75,5%) → *3-Carbäthoxyderiv.* (F. 178—179°; 74,5%) → *Tosylat* (F. 138—140°; 88,5%) → *4.6-Benzal-2.3-anhydro-β-methyl-D-talosid-⟨1.5⟩* (F. 245—247°; 70—90%); 92%. — *β-Methyl-D-idosid-⟨1.5⟩-3-methyläther* (β-**I**), $C_8H_{16}O_6$, grüner Sirup, $[\alpha]_D^{26}$ —45,7° ± 2° (c = 1,16 in W.), durch 18std. Hydrieren von 10 g vorst. Verb., suspendiert in CH_3OH, mit RANEY-Ni bei 70—80° (80 atü H_2); nach dem Erkalten Filtrat eindampfen, in W. lösen, mit Chlf. ausschütteln u. die wss. Phase eindampfen; 6,95 g. *4.6-Hexahydrobenzalderiv.*, $C_{15}H_{26}O_6$, F. 123—125° (Nadeln aus Ae.), aus vorst. Chloroformphase; $[\alpha]_D^{28}$ —83,9 ± 1° (c = 2,298 in Chlf.). *6-Tosyl-2.4-diacetylderiv.*, blaßgelber Sirup, aus 0,4 g β-**I** in absol. Pyridin durch Zugabe von 1,1 Mol Tosylchlorid bei 0°, 24 Std. Stehen bei 23° u. weitere 24 Std. mit Essigsäureanhydrid stehenlassen; 0,75 g. *2.4.6-Tritosylat*, blaßgelber Schaum, aus β-**I** in absol. Pyridin durch Zugabe von 4,5 Mol Tosylchlorid in Chlf. bei 0° u. 60 Std. Stehen bei 23°; 89%. — *6-Jod-6-desoxy-β-methyl-D-idosid-⟨1.5⟩-3-methylätherditosylat*, aus vorst. Verb. in absol. Aceton durch 12std. Erhitzen mit 2,5 Mol NaJ im Einschlußrohr auf 100°, das Filtrat eindampfen, den Rückstand in Ae. lösen u. die Lsg. eindampfen; 3,75 g. — *β-Methyl-D-idomethylosid-⟨1.5⟩-3-methylätherditosylat*, $C_{22}H_{28}O_9S_2$, F. 120—122° (CH_3OH), aus 2,4 g vorst. Verb. in CH_3OH durch Hydrieren mit RANEY-Ni unter Zutropfen von 0,1 n methanol. NaOH; mit CO_2 neutralisieren u. eindampfen, den Rückstand mit W. versetzen u. mit Ae. ausschütteln; daraus 2,01 g Rohprod.; $[\alpha]_D^{29}$ —27,8° ± 1° (c = 2,01 in Chlf.); 0,46 g. Die Mutterlaugen werden reduktiv mit Na-Amalgam detosyliert, wobei β-**II** u. nicht weiter untersuchte Kristalle (F. 170—171°) entstehen. — *β-Methyl-D-idomethylosid-⟨1.5⟩-3-methyläther* (β-**II**), $C_8H_{16}O_5$, F. 69,5—70° (Nadeln aus Ae./PAe.), aus vorst. Verb. in 90%ig. CH_3OH durch Red. mit Na-Amalgam u. Dest. im Vakuum; $[\alpha]_D^{23}$ —73,2 ± 1° (c = 2,1267 in CH_3OH); 76,5%; oder aus β-**I**-*Tritosylat* in Tetrahydrofuran durch 30 Min. Kochen mit $LiAlH_4$ am Rückfluß; nach dem Abkühlen Zusatz von Essigester u. gesätt. Weinsäure–Seignettesalzlsg. (1:1) u. Ausschütteln mit Chlf.; beim Eindampfen nicht krist. β-**II**-*Ditosylat*, das mit Na-Amalgam in β-**II** verwandelt wird; 50%. *Diacetat*, Sirup, $[\alpha]_D^{26}$ —54,0° ± 1° (c = 3,219 in Chlf.). *Dibenzoat*, Sirup. — α-**I**-*Tritosylat*, gelber Schaum; $[\alpha]_D^{18}$ + 26,5° ± 1° (c = 2,04 in Chlf.); aus α-**I**. — *6-Jod-α-methyl-D-idomethylosid-⟨1.5⟩-3-methylätherditosylat* (amorph) u. rohes α-**II** (amorph) wie in der β-Reihe. — α-**II**-*Bis-3.5-dinitrobenzoat*, $C_{22}H_{20}O_{15}N_4$, F. 148—149° (blaßgelbe Spieße aus Bzl./CH_3OH) aus 0,8 g rohem α-**II** durch Zugabe von 3.5-Dinitrobenzoylchlorid in absol. Bzl. bei 0° u. 24std. Stehen bei 20°, Verdünnen mit Chlf., Zugabe von

W., die Chloroformphase eindampfen u. den Rückstand über Al_2O_3 chromatographieren: 1.—4. Fraktion (PAe./Bzl.) (amorph), nicht näher untersucht; aus 5.—7. Fraktion (Bzl.); $[\alpha]_D^{29}$ + 57,4° ± 2° (c = 0,94 in Chlf.); 100 mg. — α-II, $C_{18}H_{16}O_5$, $[\alpha]_D^{20}$ + 104° ± 2° (c = 1,73 in CH_3OH), aus vorst. Verb. durch alkal. Verseifung. — *D-Idomethylose-3-methyläther* (III), $C_7H_{14}O_5$, blaßgelber Sirup, $[\alpha]_D^{17}$ + 22,1 ± 1° (c = 2,02 in W.), aus β-II durch 24std. Erhitzen mit 1%ig. H_2SO_4 auf dem sd. Wasserbad; 89%; oder aus 0,703 g α-II durch 15std. saure Hydrolyse; 0,544 g. *Osazon*, $C_{19}H_{24}O_3N_4$, F. 115—122° (Nadeln aus Ae./Pentan); $[\alpha]_D^{16}$ + 61,3° ± 2° (25 Min.) → 15,6° ± 3° (24 Std. konstant) (Pyridin/A. 2:3). — *D-Idomethylonsäure-3-methylätherlacton*, $C_7H_{12}O_5$, Kp.$_{0,005}$ 80—100° (Badtemp.); $[\alpha]_D^{23}$ —50,5° ± 2° (c = 1,09 in W.), aus 0,470 g III durch Oxydation mit Br_2; 0,263 g. *Ba-Salz*, amorph, aus dem Lacton durch 40 Min. Erhitzen mit wss. 0,1 n $Ba(OH)_2$-Lösung. *Brucinsalz*, $C_{30}H_{40}O_{10}N_2$, F. 189—193° (Prismen aus CH_3OH/Aceton). — *D-Thevetonsäurelacton*, Kp.$_{0,05}$ 120—140° (Badtemp.), aus D-Thevetose durch Oxydation mit Br_2. *Ba-Salz*, amorph. *Brucinsalz*, $C_{30}H_{40}O_{10}N_2$, F. 183—188° (Prismen aus CH_3OH/Aceton); $[\alpha]_D^{23}$ —23,7° ± 2° (c = 0,97 in Chlf.). (Helv. chim. Acta **37.** 6—17. 1/2. 1954. Basel, Univ., Organ.-Chem. Anstalt.) ROSSOW. 3400

D. M. Shepherd, *Die Darstellung und Eigenschaften einiger Alkyl-β-D-glucopyranosidtetranitrate. Äthyl-, n-Propyl-, n-Butyl- u. n-Pentyl-β-D-glucopyranosidtetranitrat* wurden aus den entsprechenden Alkoholen u. *Tetra-O-acetyl-α-D-glucopyranosylbromid* (I) u. Nitrierung dargestellt u. ihre Löslichkeiten bestimmt. Die Hydrolyse dieser Verbb. in 0,1 n methanol. NaOH verläuft schnell. In 1—2 Std. werden 4 Äquivalente Alkali verbraucht, u. die Lsg. enthält dann 3 Äquivalente Alkalinitrit pro Mol. Nach 3std. Kochen wächst die Menge des verbrauchten Alkalis auf 5,7 Äquivalente/Mol an, während die Menge an Nitrit mit 3 Äquivalenten konstant bleibt. Nach Zers. von begleitendem Nitrit wurden 0,8—0,9 g-Ion Nitrat/Mol ursprünglichen Tetranitrats im Hydrolysat gefunden. Das restliche Nitrat liegt anscheinend nicht vollständig in ionisierter Form vor, da eine entsprechende Best. von hydrolysiertem Methyl-β-D-glucopyranosidtetranitrat mit Nitronsalz (vgl. BAKER u. EASTY, J. chem. Soc. [London] **1952.** 1193) nur 0,38-Ion Nitrat/Mol ergab. Dabei wurde papierchromatograph. kein Methyl-β-D-glucopyranosid im Hydrolysat gefunden. Wegen der großen Menge an gebildetem Nitrit dürfte die Hydrolyse der betreffenden Tetranitrate weitgehend unter Eliminierung von α-Wasserstoff vor sich gehen u. gleichzeitig Carbonylverbb. entstehen, die in der Folge zusätzlich Alkali verbrauchen.

Versuche: *Äthyl*-(II), *n-Propyl*-(III), *n-Butyl*-(IV) u. *n-Pentyl-β-D-glucopyranosid* (V) wurden durch Rk. der betreffenden Alkohole mit I in Ggw. von Ag_2CO_3 nach FERGUSON (J. Amer. chem. Soc. **54.** [1932.] 4086) u. Verseifung der dabei gebildeten Alkyl-β-D-glucopyranosidtetraacetate nach ZEMPLÉN erhalten. Bei III gelang die Kristallisation. — *Äthyl-β-D-glucopyranosidtetranitrat*, $C_8H_{12}O_{14}N_4$, F. 99—100°, durch 1std. Rk. von 5 g II mit rauchender HNO_3 in Essigsäureanhydrid bei 0° u. Zers. mit W.; Nadeln aus absol. A.; $[\alpha]_D^{22}$ + 6,9° (c = 4,4816; Chlf.); 5,3 g (Ausbeute). — *n-Propyl-β-D-glucopyranosidtetranitrat*, $C_9H_{14}O_{14}N_4$, F. 81—82°, aus 5 g III; Nadeln aus absol. A.; $[\alpha]_D^{21}$ + 6,7° (c = 4,0400; Chlf.); 5,6 g. — *n-Butyl-β-D-glucopyranosidtetranitrat*, $C_{10}H_{16}O_{14}N_4$, F. 39—40°, aus 5 g IV; zarte Nadeln aus absol. A.; $[\alpha]_D^{20}$ + 5,4° (c = 3,9336; Chlf.); 2,1 g. — *n-Pentyl-β-D-glucopyranosidtetranitrat*, aus V; Sirup. — Die festen Tetranitrate waren nicht reibungsempfindlich, explodierten aber heftig im zugeschmolzenen Schmelzpunktsrohr bei plötzlichem Erhitzen. (J. chem. Soc. [London] **1953.** 3635—37. Nov. Dundee, Univ. of St. Andrews, Med. School, Dep. of Pharmacol. and Therapeutics.) WILLENBERG. 3400

Ajay K. Bose, Dilip K. Roy Chaudhuri und **Amal K. Bhattacharyya,** *Reaktionen von Anhydrozuckern des Äthylenoxydtyps.* Die Rk. von Anhydrozuckern mit Basen u. Reduktionsmitteln führt allg. zu Prodd., deren Konst. der von FÜRST u. PLATTNER (Abs. Papers, 12th Internat. Congr. Pure and Applied Chem., New York [1951.] 409) bei der Spaltung des Epoxydringes von Steroiden aufgestellten Regel entspricht. Die Regel wird dagegen z. B. nicht befolgt, wenn der 2.3-Oxydring in cis-Stellung zu einer Methoxygruppe am $C_{(1)}$ liegt. Die neuen Substituenten nehmen bei den Rkk. von 1.2- u. 2.3-Anhydroverbb. meist die polare Stellung ein. Die äquatoriale Stellung wird dagegen vorwiegend bei der Red. vom 2.3-Anhydro-4.6-benzyliden-α-methylallosid mit CH_3MgJ oder MgJ_2 eingenommen. Bei 3.4-Anhydrozuckern (mit Ausnahme der 3.4-1.6-Dianhydro-β-talose) werden die neuen Gruppen vorwiegend äquatorial angeordnet. Die OH-Gruppe am $C_{(4)}$ muß dabei in trans-Stellung zur prim. OH-Gruppe stehen. Mit 1.2-Anhydromannose gibt Methanol α-Methylmannosid. Bei Substitution am $C_{(3)}$ dagegen entstehen β-Verbb. (äquatoriale Position). — Die äquatoriale Position wird wahrscheinlich, wenn ein großer Substituent (z. B. $—CH_2OH$) in cis-Stellung zu der neuen Gruppe stehen würde, sofern diese polar angeordnet wäre. In diesem Falle gibt die ster. Hinderung über die elektrostat. Abstoßung den Ausschlag. Dadurch läßt sich auch der Verlauf der Rk. mit den Mg-Verbb. erklären, da diese Zwischenprodd. bilden, die gleichfalls aus ster. Gründen das Mg äquatorial angeordnet enthalten. (Chem. and Ind. **1953**. 869–70. 15/8. Kharagpur, Indien, Indian Inst. of Technology, Applied Chem. Dep.) WILLENBERG. 3400

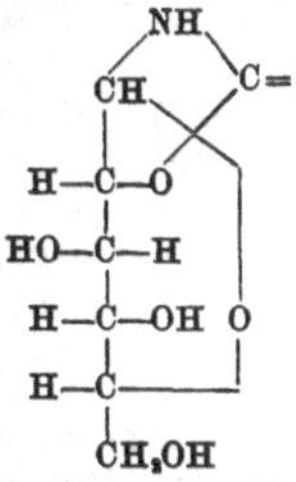

J. T. Edward und **E. F. Martlew,** *Strukturen der Oxazolinderivate von Monosacchariden. μ-Thiolglucoxazolin,* $C_7H_{11}O_5NS$, F. 169–171°, wurde mit konz. HCl hydrolysiert. Bei der Papierchromatographie des Hydroysats wurden 1-Aminoglucose u. Diglucosylamin, nicht aber Glucosamin gefunden. Die Verb. muß deshalb im Gegensatz zu ZEMPLÉN, GERECS u. RADOS (Ber. dtsch. chem. Ges. **69**. [1936.] 748) die nebenst. oder eine andere Struktur haben, bei der N an $C_{(1)}$ gebunden ist. (Chem. and Ind. **1952**. 1034. 18/10. Edgbaston, Birmingham, 15, Univ., Dep. of Chem.) WILLENBERG. 3400

H. Thies, *Über die Gesetzmäßigkeiten der Adsorption von Alkaloidsalzen an Aluminiumoxyd.* 2. Mitt. *Der Anionenaustausch an Aluminiumoxyd.* (1. vgl. C. **1953**. 2254.) Die Anionenadsorption aus Lsgg. von Alkaloidhydrochloriden (*Morphin-, Chinin-, Ephedrinhydrochlorid, Dionin*) u. auch aus Salzsäure an Aluminiumoxyd wird durch die Dissoziationsfähigkeit der austauschfähigen =AlOH-Gruppen des Adsorbens bewirkt u. hängt direkt von dem p_H-Wert ab, der sich bei der Adsorption in den Lsgg. einstellt. Das p_H des Adsorptionssyst. wird seinerseits von den Alkaloiden gesteuert u. ist von der Größe ihrer Dissoziationskonstanten u. von ihrer Löslichkeit abhängig. (Arch. Pharmaz. Ber. dtsch. pharmaz. Ges. **285/57**. 224–30. Juli 1952. München, Univ., Inst. für Pharmazie u. Lebensmittelchemie.) K. F. MÜLLER. 3500

W. M. Rodionow und **M. G. Tschenzowa,** *Zur Charakteristik der Reaktion von Kotarnin, Hydrastinin, ihrer Benzoylderivate und Kotarnon mit Malonsäure und Ammoniak.* Bei der Kondensation von N-Benzoylkotarnin (**I**) mit Malonsäure (**II**) u. NH_3 unter den Bedingungen der Aminosäuresynth. aus Aldehyden entstanden hauptsächlich *2-[β-Methylbenzoylaminoäthyl]-4.5-methylendioxy-6-methoxyzimtsäure* (**III**) u. wenig *β-[2-(β'-Methylbenzoylaminoäthyl)-4.5-methylendioxy-6-methoxyphenyl]-β-alanin* (**IV**). Analoge Prodd. lieferte N-Benzoylhydrastinin (**V**) u. ebenso Kotarnin (**VI**), doch konnte die aus **VI** entstehende Aminosäure nicht rein gewonnen werden. Kotarnon (**VII**), der gleichen Rk. unterworfen, gab *2-Vinyl-4.5-methylendioxy-6-methoxyzimtsäure* (**VIII**) u. eine Verb., die als *γ-[2-Formyl-3-methoxy-4.5-methylendioxyphenyl]-α.α-propandicarbonsäure* (**IX**), entstanden durch Anlagerung von **II** an die Vinylgruppe von **VII**, angesehen wird. Eine Aminosäure entstand nicht.

V e r s u c h e: *2-[β-Methylbenzoylaminoäthyl]-4.5-methylendioxy-6-methoxyzimtsäure* (**III**), $C_{21}H_{21}O_6N$, F. 132–133°; aus 30 g **I**, 10 g **II** u. 50 g 11%ig. absol. alkoh. NH_3, 3$^1/_2$–4 Std. auf dem Wasserbad; die Temp. wird so langsam gesteigert, daß A. u. überschüssiges NH_3 erst in der letzten Std. vollständig abdest.; Isolierung durch Lösen in Na_2CO_3 u. Fällen mit HCl; aus 50%ig. CH_3CO_2H Kristalle; ca. 23 g (Ausbeute) neben 6 g **IV**-*Hydrochlorid* aus der Mutterlauge. *Äthylester,* $C_{23}H_{25}O_6N$, F. 109 bis 110°; aus dem Ag-Salz mit C_2H_5Br in sd. A.; aus Ae. Tafeln. *Dibromderiv.* von **III**, $C_{21}H_{21}O_6NBr_2$, F. 181–183° (Zers.); aus **III** u. Br_2 in Eisessig unter Kühlung mit Eis; aus Bzl. oder Ae. Kristalle. Hieraus mit sd. wss.-alkoh. NaOH das *x-Monobromsubstitutionsprod.* von **III** als *Na-Salz,* $C_{21}H_{19}O_6NBrNa$, Kristalle. — *β-[2-(β'-Methylbenzoylaminoäthyl)-4.5-methylendioxy-6-methoxyphenyl]-β-alanin* (**IV**), $C_{21}H_{24}O_6N_2$; aus dem Hydrochlorid mit Ag_2O in W.; aus absol. A.+Ae. unschmelzbare Kriställchen. *Hydrochlorid,* $C_{21}H_{25}O_6N_2Cl$, F. 115° (Zers.); hygroskop. Kristalle. *N^β-Benzoylderiv.*, $C_{28}H_{28}O_7N_2$, F. 213–214°; aus Bzl. Kristalle. *N^β-[p-Nitrobenzoyl]-deriv.*, $C_{28}H_{27}O_9N_3$, F. 212 bis 214°; aus A.+Ae. Kristalle. — *2-[β-Methylbenzoylaminoäthyl]-4.5-methylendioxyzimtsäure,* $C_{20}H_{19}O_5N$, F. 177°; aus **V** (4,8 g) analog Vorst.; aus A. Kristalle; 3,2 g neben 1,2 g des *Hydrochlorids* der entsprechenden *β-Aminosäure* (s. nachst. Verb.). *Dibromderiv.*, $C_{20}H_{19}O_5NBr_2$, F. 158–160° (Zers.); aus Bzl. oder CH_3CO_2H Kristalle. — *β-[2-(β'-Methylbenzoylaminoäthyl)-4.5-methylendioxyphenyl]-β-alanin, Hydrochlorid,* $C_{20}H_{23}O_5N_2Cl$, F. 140° (Zers.). — *2-[β-Methylaminoäthyl]-4.5-methylendioxy-6-methoxyzimtsäure,* $C_{14}H_{17}O_5N$, F. 204–206° (wasserfrei); man läßt auf 10 g **VI** 40 ml 12%ig. alkoh. NH_3-Lsg. unter Kühlung (Kältemischung) $^1/_2$ Std. einwirken, fügt 4,5 g **II** hinzu, steigert die Temp. innerhalb 3–3$^1/_2$ Std., bis aller A. abdest. ist, u. krist. den Rückstand aus heißem W.; aus A. Kristalle mit 2 H_2O vom F. 121–122°; ca. 7,2 g. — *2-Vinyl-4.5-methylendioxy-6-methoxyzimtsäure* (**VIII**), $C_{13}H_{12}O_5$, F. 177–179°; aus

28 g **VII**, 1,6 g **II** u. 9 ml 11 % ig. alkoh. NH_3; man extrahiert den trocknen Destillationsrückstand mit 30° warmem Bzl. u. dampft die Lsg. zur Kristallisation ein; 1 g neben 2,2 g **IX** im Extraktionsrückstand. *Tetrabromderiv.* von **VIII**, $C_{13}H_{12}O_5Br_4$, F. 150°; aus **VIII** u. Br_2 in CCl_4; aus A. Kristalle. — *γ-[2-Formyl-3-methoxy-4.5-methylendioxy-phenyl]-α.α-propandicarbonsäure* (**IX**), $C_{14}H_{14}O_8$, F. 98° (Zers.); Reinigung durch Lösen in Na_2CO_3 u. Fällen mit HCl. (Журнал Общей Химии [J. allg. Chem.] **23** (**85**). 1849—54. Nov. 1953. Moskau, 2. Med. Stalin-Inst.) R. KNOBLOCH. 3500

F. M. Miller, *Reduktion von 3-Pyridyl-(2)-propionaldehyd.* Zur Darst. von *Pelletierin* (I) wurde in Analogie zur gelungenen selektiven Pyridinring-Hydrierung von 1-[2-Acetyläthyl]-pyridiniumperchlorat (bisher unveröffentlicht) versucht, *γ-Pyridyl-(2)-propionaldehyd* (II) in Form seines beständigen Hydrochlorides direkt zu hydrieren. Doch ergab die Hydrierung von II-*Hydrochlorid* in Ggw. von PtO_2 in A. unter Ringschluß nur *Octahydropyrrocolin* (III; *Pikrat*, $C_{14}H_{18}O_7N_4$, F. 233—232°. *Aurochlorid*, F. 190°). Hydrierung in essigsaurer Lsg. führte zu Harzen, die möglicherweise durch Polymerisation von I entstanden sind, neben geringen Mengen III. Verss., durch Erhöhung der Konz. von II die Bldg. von I zu fördern, schlugen fehl. — *γ-Pyridyl-(2)-propionaldehyd* (*Dehydropelletierin*; II) $Kp._9$ 106—108°, aus II-*Diäthylacetal* (nach SPIELMANN u. Mitarbeitern, J. org. Chemistry **6**. [1941.] 780) durch Verseifung mit alkoh. Salzsäure. *Hydrochlorid*, F. 136—138°. (J. Amer. chem. Soc. **75**. 4849—50. 5/10. 1953. Baltimore 1, Md., Univ., Dep. of Chem.) M. THIEL. 3500

K. Weber und **J. Hojman**, *Untersuchungen über Xanthopterin.* 4. Mitt. *Fluorescenz bei absorbiertem Xanthopterin.* (3. vgl. C. **1953**. 9105.) *Xanthopterin* (I) wurde aus wss. Lsgg. verschied. Azidität an Filtrierpapier, Al_2O_3, Silicagel, AgCl u. Hühnereiweiß adsorbiert u. mit filtriertem UV-Licht (α = 300—400 mμ) belichtet, wobei eine merkliche photochem. Autoxydation des adsorbierten I eintrat. Diese konnte durch Einbringen der Adsorbate in evakuierte Gefäße vermieden werden, in denen die Fluorescenz an Filtrierpapier auch bei längerem Belichten unverändert bleibt. Bei der Adsorption von I aus alkal. Lsg. an Filtrierpapier geht die durch ein 2wertiges Anion der Enolform bedingte grüne Fluorescenz der Lsg. in eine blaue über, die einem einwertigen Anion zukommt. Dessen Entstehung wird auf die Bldg. von Zwitterionen zurückgeführt, deren Kation durch Ionenaustausch adsorbiert wird. An Al_2O_3 wird I aus saurer u. neutraler Lsg. stärker adsorbiert, wobei die schwache gelbe bzw. blaue Fluorescenz in eine grüne übergeht. Dabei wird ein Übergang der Ketoform in das 2wertige Anion der Enolform angenommen, das an das in saurer Lsg. positive Al_2O_3 adsorbiert wird. An Silicagel wird I aus alkal. Lsg. stark adsorbiert, wobei die grüne Fluorescenz in eine blaue umschlägt; aus saurer u. neutraler Lsg. ist die Adsorption schwach mit gelber Fluorescenz. An AgCl wird I im p_H-Bereich 2—10 gut adsorbiert, wobei die Fluorescenz verschwindet. An Hühnereiweiß bei p_H 8 adsorbiertes I fluoresciert hellblau. Die Tautomerie- u. Mesomerieverhältnisse von I werden im Zusammenhang mit der Änderung der Fluorescenzspektren bei dessen Adsorption diskutiert. (Гласник Хемиског Друштва Београд [Ber. chem. Ges. Belgrad] **15**. 27—38. 1950. Zagreb, Inst. für gerichtliche Med. der Med. Fakultät, u. Belgrad, Biochem. Inst. der Pharmazeut. Fakultät.) BECKMANN. 3550

Shalom Israelashvili und **Erich Diamant**, *Die peroxyd-katalysierte Addition von Tetrachlorkohlenstoff an d-Limonen.* Während Chlf. u. Bromoform mit d-Limonen nicht in Ggw. von 4 Mol-% Benzoylperoxyd reagierten, lieferte CCl_4 in 60—70 % ig. Ausbeute ein *opt.-akt. 1:1-Additionsprod.* I mit 2 Doppelbindungen, dessen alkal. Hydrolyse zu *9-Carboxy-p-menthandien-(1.8,9)* (II) führte. I dürfte aus dem Primärprod. durch HCl-Abspaltung entstanden sein.

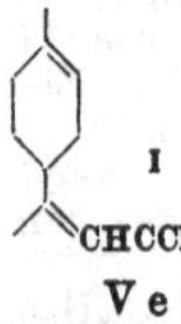
I

Versuche: 14 g d-Limonen u. 154 g CCl_4 wurden 24 Std. am Rückfluß in einem kontinuierlichen N_2-Strom erhitzt unter Zugabe von 1 g Benzoylperoxyd in 20 cm³ CCl_4 in 4 gleichen Portionen nach je 6 Stunden. Nach Abdest. des überschüssigen CCl_4 wurden neben 7 g nicht umgesetzten d-Limonens u. 1,1 g Zwischenfraktion 8,7 g *Additionsprod.* I, $C_{11}H_{15}Cl_3$, erhalten, gelbes Öl, $Kp._{19}$ 165—170°, n_D^{20} 1,5260, $[\alpha]_D^{13}$ + 15,8° (ca. 10 % ig. in A.). Die Ausbeute konnte auf 70 % (bezogen auf das verbrauchte d-Limonen) gesteigert werden, wenn die Rk. 12 Std. im geschlossenen Rohr bei 120—130° durchgeführt wurde. 7 g I lieferten bei der Hydrolyse mit 50 cm³ A. u. 6,5 g KOH + 15 cm³ W. in 15 Std. bei 140—150° im Bombenrohr 1,5 g *9-Carboxy-p-menthadien-(1.8.9)* (II), $C_{11}H_{16}O_2$, lange prismat. Kristalle, F. 95,5°. *Äthylester*, $C_{13}H_{20}O_2$, Öl, $Kp._{25}$ 125°, n_D^{20} 1,4925. Das UV-Absorptionspektr. von II in A. wird graph. dargestellt. (J. Amer. chem. Soc. **74**. 3185—86. 20/6. 1952. Jerusalem, Israel, Hebrew Univ., Dep. of Organ. Chem.) LINDENBERG. 3600

R. W. Fawcett und **J. O. Harris,** *Synthese in der Humulenreihe.* Das *Humulen* wurde von Vff. als *1.5.5.8-Tetramethylcycloundecatrien* (**I**) formuliert u. diese Konst. erneut durch Synth. eines Abbauprod. bewiesen. **I** läßt sich in *Tetrahydrohumulen* (**II**) überführen, dem die Konst. **IIa** oder **IIb** zugeschrieben wird u. dessen Ozonolyse eine *Tetramethylnonandicarbonsäure-(1.11)* (**IIIa** bzw. **IIIb**) ergeben würde. Eine Entscheidung darüber, welche der beiden Säuren entstanden ist, bringt auch die folgende durchgeführte Synth. nicht: β.β-Dimethyladipinsäuredimethylester wurde mit $LiAlH_4$ in *4.4-Dimethylhexandiol-(1.6)* u. weiter in das *Dibromid* übergeführt. Kondensation mit Methylmalonester, anschließende Verseifung, Decarboxylierung u. erneute Veresterung gab den α.α'.δ.δ'-*Tetramethylsebacinsäuredimethylester,* $C_{16}H_{30}O_4$, Kp.$_{0,2}$ 88—92°, der nach Verseifung in das *Anhydrid,* $C_{14}H_{24}O_3$, Kp.$_{0,001}$ 100° (Badtemp.), übergeführt wurde. Der daraus mit Na-Methylat gebildete (α oder α') *Monomethylester,* $C_{15}H_{28}O_4$, Kp.$_{0,2}$ 150—160°, wurde über das *Methylesterchlorid* nach ARNDT-EISTERT in **IIIa** bzw. **IIIb**, $C_{15}H_{28}O_4$, umgewandelt. *Di-p-brombenzylthiuroniumsalz,* $C_{31}H_{46}O_4N_4Br_2S_2$, F. 160°, Platten aus Aceton. (Chem. and Ind. **1953**. 18. 3/1. Newcastle-upon Tyne, Chem. Dep., King's College.)

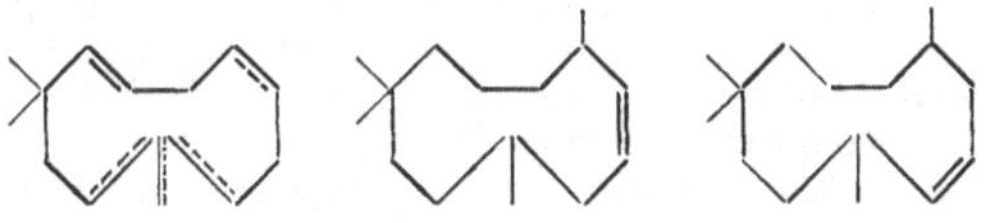

I IIa IIb

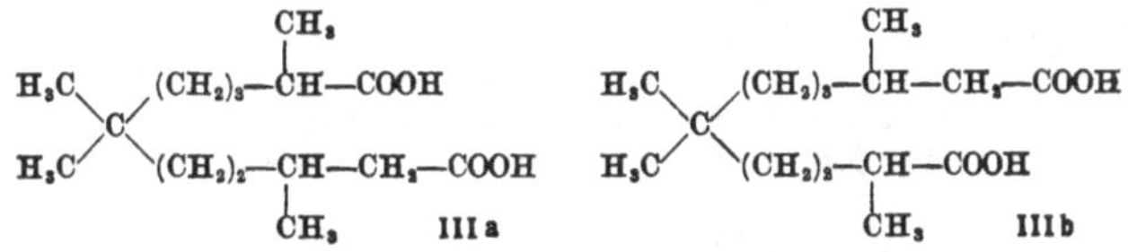

IIIa IIIb

E. FRANCK. 3600

Andrea Gandini und **Fabio Sparatore,** *Einwirkung von Äthylenoxyd auf Camphocarbonsäureester. Neuer Weg zur Öffnung des Camphanringes.* Bei der Rk. von Camphocarbonsäureäthylester mit Äthylenoxyd entsteht unter Anlagerung α-[α'.α'.β'-*Trimethyl-β'-carbäthoxycyclopentyl*]-*butyrolacton* (**I**). Der Camphanring wird dabei in 2.3-Stellung gesprengt (in Analogie zu anderen bekannten Rkk., bes. der mit $NaOC_2H_5$ nach RUZICKA). Als wahrscheinliche Zwischenprodd. sind nach dem Verh. cycl. β-Ketoester, wie Cyclopentanon-α-carbonsäureester (bei denen nach Anlagerung des des $(CH_2)_2O$ u. Bldg. des Lactonringes der Polymethylenring durch Alkoholyse mittels in 1. Stufe entstandenen A. geöffnet wird [PACKENDORFF u. MATSCHUS, C. **1942**. II. 2130; **1943**. I. 2678]), u. die Verbb. **II** u. **III** zu erwarten, die jedoch aus dem Gemisch der Reaktionsprodd. bisher nicht isolierbar waren. Die intermediäre Bldg. von **II** erscheint durch die Entstehung eines neuen Campherderiv., des α-[β'-*Oxyäthyl*]-*camphers* (**IV**), wahrscheinlich, der durch Einw. von Na auf **I** unter Cyclisierung zu **II** u. Decarboxylierung von **II** entstanden sein dürfte. Außerdem wird aus dem Destillationsrückstand von **I** mittels NaOH u. nachfolgender Fällung durch HCl ein *Prod.* $C_{24}H_{38}O_3$ (**V**) isoliert, dessen Zus. der des Äthers von **IV** entspricht, der ebenfalls aus **II** durch Decarboxylierung entstanden sein kann.

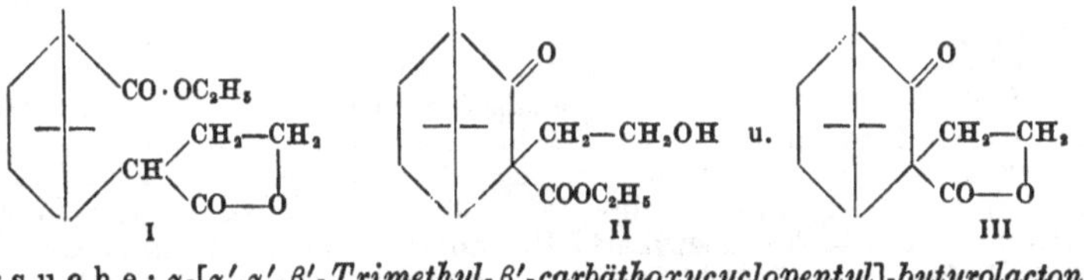

I II III

V e r s u c h e : α-[α'.α'.β'-*Trimethyl-β'-carbäthoxycyclopentyl*]-*butyrolacton* (**I**), $C_{15}H_{24}O_4$, F. 134°, aus dl-Camphocarbonsäureäthylester u. Äthylenoxyd in Ggw. von Piperidin (Raumtemp., 30 Tage, im Rohr); aus Ae. kleine Kristalle; keine Rk. mit $FeCl_3$, beständig gegen $KMnO_4$, keine Keton-Rk. mit NH_2OH oder Semicarbazid, keine Rk. mit Phenylisocyanat. Bei der Best. der Verseifungszahl (4,12 cm³ n/10 NaOH) tritt das veresterte Carboxyl am β-C-Atom nicht in Erscheinung. — α-[β'-*Oxyäthyl*]-*campher* (**IV**), $C_{12}H_{20}O_2$. Kp.$_2$ 105—110°, aus **I** u. 1 Mol Na in wasserfreiem Toluol (5 std. Rückflußkochen); Öl. Mit $FeCl_3$ in Methanollsg. blauviolette Färbung. Gibt bei der Oxydation mit 2 n $KMnO_4$ Campherylessigsäure u. Camphersäure. *Semicarbazon,* F. 213 bis 216°. — *β.β-Dicamphoäthyläther* (**V**), $C_{24}H_{38}O_3$, F. 241°, aus dem pechartigen braunen Rückstand aus der Dest. von **I** mit 10%ig. NaOH (45 Min., Wasserbad), ausäthern der alkal. Lsg. u. Ansäuern mit HCl; aus Ae. Kristalle. (Gazz. chim. ital. **82**. 46—52. Jan. 1952. Genova, Univ., Istit. di Chimica organ.) v. DECHEND. 3600

Margaret A. Daus und **H. Hirschmann,** *Δ^5-Pregnen-20-on.* Das von KARRER u. Mitarbeitern (Helv. chim. Acta **34.** [1951.] 1022) durch Red. des Δ^5-Pregnen-3β-ol-20-ontosylats u. Reoxydation erhaltene u. als Δ^5-Pregnen-20-on (I) angesehene Prod. unterscheidet sich von dem von Vff. aus 3β-Chlor-Δ^5-pregnen-20-on (II) über das Δ^5-Pregnen-20-ol synthetisierten I durch die FF. u. Infrarotspektren.

Versuche (FF. korr.): *Δ^5-Pregnen-20-on* (I), $C_{21}H_{32}O$, F. 133—135° (Methanol). 62 mg PCl_5 in Chlf. wurden in 50 Min. zu 37 mg Δ^5-Pregnen-3β-ol-20-on in Chlf. bei —15° zugegeben, 10 Min. bei 0° u. 60 Min. bei Raumtemp. gerührt, 46,8 mg des erhaltenen II in Propanol mit 540 mg Na red., das Diol in Aceton mit 0,13 cm³ 8 n CrO_3-Reagens 5 Min. bei 34° behandelt u. nach Zers. mit W. u. Ae. versetzt; $[\alpha]_D^{27}$ +6° (c = 0,5 in Chlf.). — *Allopregnan-20-on,* F. u. Misch-F. 136,5—137,5° (Methanol), aus I in 95%ig. A. durch Schütteln mit H_2 in Ggw. von Pd–$CaCO_3$. (J. Amer. chem. Soc. **75.** 3840—41. 5/8. 1953. Cleveland, O., Western Res. Univ., u. Lakeside Hospital, Dep. of Med.) SCHORRE. 3700

Richard B. Turner, *Stereospezifische Umlagerung von 17-Oxy-20-ketosteroiden.* Die unter dem Einfl. von Basen u. LEWIS-Säuren stattfindende Umlagerung der 17α- u. 17β-Oxy-20-ketosteroide in die Ketole der D-Homoreihe zeigt eine bemerkenswerte Stereospezifität. Im Gegensatz zu den durch BF_3 in Essigsäureanhydrid-Eisessig, Al_2O_3 u. Al-Alkylat erfolgenden Umlagerungen führt $AlCl_3$ in Essigsäureanhydrid–Eisessig zur Acetylierung der tert. OH-Gruppen der epimeren 17α- u. 17β-Oxy-Verbindungen. 3β.17α-Dioxyallopregnan-20-on-3-monoacetat (REICHSTEINs L-Monoacetat; I) wurde mit Al-tert.-Butylat zu *3β.17a α-Dioxy-17 a-methyl-D-homoandrostan-17-on-3-monoacetat* (II),

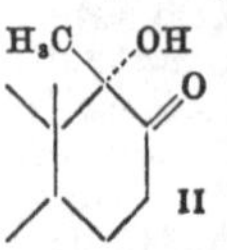

II

mit BF_3 in Essigsäureanhydrid–Eisessig zum *17-Acetat* von II umgelagert. Das I entsprechende 17β-epimere 3-Monoacetat (Iso-L-Monoacetat; III) ging durch Kochen mit methanol. KOH u. Reacetylierung in II u. mit $AlCl_3$ in Essigsäureanhydrid–Essigsäure in *3β.17β-Diacetoxyallopregnan-20-on* über. III wurde durch Chromatographie an Al_2O_3 in *3β.17aβ-Dioxy-17a-methyl-D-homoandrostan-17-on-3-monoacetat* umgelagert u. mit $ZnCl_2$ in *Iso-L-Diacetat* übergeführt. Aus 17α-Oxyprogesteron wurde mit BF_3-Ätherat in Essigsäureanhydrid–Eisessig *17aα-Acetoxy-17 a-methyl-Δ^4-D-homoandrosten-3.17-dion* erhalten.

Versuche (FF. korr.): *3β.17α-Dioxyallopregnan-20-on-3-monoacetat (L-Monoacetat;* I), nach KRITCHEVSKY u. GALLAGHER (C. **1952.** 1333). — *3β.17β-Dioxyallopregnan-20-on-3-monoacetat* (III), F. 173—175° (Aceton/PAe.), aus 4,90 g 17α-Äthinylandrostan-3β.17β-diol-3-monoacetat in 200 ml Bzl., 9 g $HgCl_2$, 1,5 ml Anilin u. 50 ml W. unter 20 std. Rühren bei 60°; nach Dest. der organ. Phase u. Trennung von *17a-Anilino-3β-oxy-17 a-methyl-D-homoandrostan-17-on* (F. 227—229°) durch Eindampfen der Mutterlaugen; 1,72 g. — *3β.17 a α-Dioxy-17 a-methyl-D-homoandrostan-17-on-3-monoacetat* (II), F. 234—236°: 71,4 mg I wurden mit 100 mg Al-tert.-Butylat in 5 cm³ Bzl. 15 Std. gekocht; nach Waschen u. Trocknen der äther. Lsg. wurde mit Essigsäureanhydrid in Pyridin reacetyliert u. an Al_2O_3 chromatographiert; aus verd. Methanol; 22 mg (Ausbeute). — *3β.17aα-Diacetoxy-17a-methyl-D-homoandrostan-17-on,* F. 240 bis 241°. 100 mg I in 10 cm³ Essigsäure wurden mit 0,2 cm³ Essigsäureanhydrid u. 0,2 cm³ BF_3-Ätherat 15 Std. stehengelassen; aus Aceton–PAe.; 90 mg. — Ein aus 37,1 mg I (*L*-Monoacetat), 75 mg $AlCl_3$, 4 cm³ Essigsäure u. 1 cm³ Essigsäureanhydrid bestehendes Gemisch lieferte nach 3tägigem Stehen 31,2 mg *L-Diacetat,* F. 198—199°. Analog wurde aus I mit $ZnCl_2$ (bzw. $SnCl_4$) u. Essigsäure–Essigsäureanhydrid *L-Diacetat* gewonnen. — Durch 1 std. Kochen von III mit 1 g KOH in 25 cm³ Methanol wurde nach Reacetylierung II erhalten. 6,4 mg III wurden mit 3 cm³ Essigsäureanhydrid u. 1 cm³ Essigsäure in Ggw. von 30 mg $AlCl_3$ zu *3β.17β-Diacetoxyallopregnan-20-on,* F. 222—224°, acetyliert. Die unter ähnlichen Bedingungen mit $SnCl_4$ durchgeführte Umsetzung lieferte ebenso wie die Behandlung mit p-Toluolsulfonsäure in Dioxan–W. das Ausgangsprod. zurück. Die Chromatographie von 100 mg III an 4 g neutralem Al_2O_3 gab aus Ae.–PAe. *3β.17 aβ-Dioxy-17 a-methyl-D-homoandrostan-17-on-3-monoacetat,* F. 158—159,5°. — *17 aα-Acetoxy-17 a-methyl-Δ^4-D-homoandrosten-3.17-dion,* $C_{23}H_{32}O_4$, F. 184—185° (Aceton–PAe.), aus 200 mg 17α-Oxyprogesteron in 10 cm³ Essigsäure, 1 cm³ Essigsäureanhydrid u. 0,3 cm³ BF_3-Ätherat durch 2tägiges Stehen; nach üblicher Aufarbeitung u. Chromatographieren 59 mg; $[\alpha]_D$ +132° (c = 0,56 in Dioxan). (J. Amer. chem. Soc. **75.** 3484—88. 20/7. 1953. Houston, Tex., Rice Inst., Dep. of Chem.) SCHORRE. 3700

Carl Heinz Brieskorn und **Lilly Capuano,** *Der Chemismus der Farbreaktionen nach Liebermann und Salkowski bei Triterpenen und Sterinen.* Vff. untersuchten die bei der Einw. von Essigsäureanhydrid u. konz. H_2SO_4 auf Triterpene u. Sterine entstehenden Farb-Rkk. u. fanden, daß die wasserabspaltende u. isomerisierende Wrk. der H_2SO_4

ein konjugiertes Dien (Cholesterin geht in *Bicholestadien* über) bildet, an das sich [z. B. bei der aus Ursolsäure (I) hergestellten *Ursadiencarbonsäure* (II)] 2 Mol H_2SO_4 anlagern u. damit die rote Farbe der SALKOWSKI-Rk. verursachen. Wird die Konz. der H_2SO_4 durch Essigsäureanhydrid herabgesetzt, so wird nur 1 Mol H_2SO_4 angelagert, u. es erscheint die grüne Farbe der LIEBERMANN-Reaktion. Beide Nachweisverff. fallen immer positiv aus, wenn in einer Verb. bereits zwei Doppelbindungen in Konjugation vorliegen oder sich durch die Einw. der konz. H_2SO_4 bilden können.

Versuche: *Ursadiencarbonsäure* (II), $C_{30}H_{46}O_2$. I in konz. H_2SO_4 wurde 1/2 Std. auf 40° erwärmt, die rote Lsg. mit Eisstückchen entfärbt, der Nd. in Aceton oder A. gelöst, mit Tierkohle geschüttelt, mit dem gleichen Vol. W. versetzt u. mit 1—2 Tropfen 12%ig. HCl angesäuert. — *Bicholestadien*, $C_{54}H_{88}$, F. 290—298° (A.–Bzl.). Cholesterin in Chlf. wurde 10 Min. mit konz. H_2SO_4 geschüttelt, mit Eis behandelt u. die über Na_2SO_4 getrocknete Chloroformlsg. an Al_2O_3 chromatographiert. — Das *Addukt* aus II u. 1 Mol H_2SO_4, $C_{30}H_{46}O_2 \cdot H_2SO_4$, wurde aus 5 g I in 5 cm³ Essigsäureanhydrid u. 4—5 cm³ H_2SO_4 durch 1/2std. Stehen bei Raumtemp. u. Extrahieren mit Chlf. gewonnen. Das aus II u. 2 Mol H_2SO_4 gewonnene *Addukt*, $C_{30}H_{46}O_2 \cdot 2\,H_2SO_4$, wurde durch Erwärmen von I in konz. H_2SO_4 auf 40° erhalten. (Chem. Ber. **86**. 866—73. 1953. Istanbul, Univ., Inst. für Galenische Pharmazie.) SCHORRE. 3700,

S. Pataki, K. Meyer und **T. Reichstein**, *Die Konfiguration des Digoxigenins.* Vff. stellten sowohl die bisher noch fehlenden 2 isomeren *3β.12α-* u. *3β.12β-Dioxyätiansäuremethylester* als auch die Diacetate der 4 isomeren Ester teilsynthet. her u. erbrachten damit den Beweis, daß der aus Digoxigenin entstandene Dioxyester mit dem 3β.12β-Derivat (II) ident. ist u. *Digoxigenin* der Formel I entspricht. (Experientia [Basel] **9**. 253—54. 15/7. 1953. Basel, Pharmazeut. u. Organ.-Chem. Anstalt der Univ.)

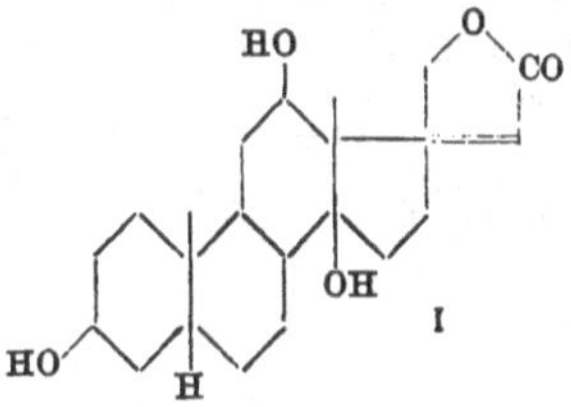

I

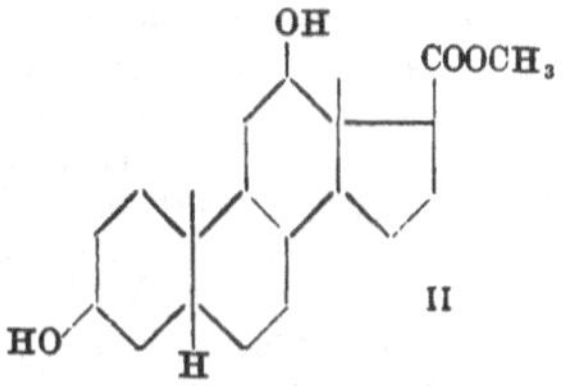

II

SCHORRE. 3700

J. G. Baxter, *Synthese und Eigenschaften von Vitamin A und einigen verwandten Verbindungen.* (Übersichtsbericht.) Synth. von *Vitamin A* (I) über 1. *Ester* der *β-Jonylidenessigsäure* (*β-Jonylidenessigsäureäthylester* u. dessen *β.γ*-ungesätt. Isomeres, *β-Jonylidenäthanol*, *C_{18}-Keton*, *Vitamin A-säureäthylester* u. dessen *β.γ*-ungesätt. Isomeres, I, I-*Isomeres*, Synth. von WENDLER, SLATES, TRENNER u. TISHLER, *β-Jonylidenacetaldehyd*), 2. Ester der *β-Jonylidencrotonsäure* (*β-Jonylidencrotonsäure*, *C_{18}-Keton*, I-*Aldehyd*, I-*Säuren*, I, *Synth.* von SCHWARZKOPF, CAHNMANN, LEWIS, SWIDINSKY u. WUEST, 3. „*C_{14}-Aldehyd*" (*C_{14}-Aldehyd*, Allylumlagerung), 4. weitere I-Synthesen; Synth. u. biol. Aktivität einiger mit I verwandter Verbb. (Alkohole, I-*Ester* u. I-*Äther*, *Aldehyde*, *Vitamin A_2*, *KW-stoff*, I-*Säuren*); Beziehungen zwischen I u. *Carotinen*. — 156 Literaturangaben. (Fortschr. Chem. org. Naturstoffe [Wien] **9**. 41—87. 1952. Rochester, N. Y., Dist. Products Ind., Labors.) K. MAIER. 3800

A. V. Few und **J. H. Schulman**, *Über die Oberflächenchemie von Penicillin G-Natrium.* Verschied. Handelspräpp. von *Penicillin G* (I), *Na-Salz*, geben verschied. Oberflächenspannung–Konzentrationskurven, die vermutlich auf Spuren oberflächenakt. Verunreinigungen beruhen. Lösen von I in 90 Vol.-%ig. Aceton u. Fällen mit absol. Aceton entfernt Begleitstoffe mit hoher Oberflächenaktivität. Die Oberflächenspannung der Lsgg. der gereinigten Salze unterscheidet sich nur wenig von der des W.; bei einer Konz. $\leq$ 0,14 mol. ist keine Micellenbldg. vorhanden. In gepufferten I-Lsgg. nimmt beim Sinken des p_H-Werts von 6,8 auf 4,1 die Oberflächenspannung etwas, bei noch kleineren Werten bedeutend ab. Zwischen den Wirkungen einer I-Injektion unter monomol. Schichten von *Lecithin* (II), *Cephalin* (III) u. *Cardiolipin* (IV) bestehen charakterist. Unterschiede. Beim Zusammenpressen der gemischten Schichten wird im Falle von III u. IV I herausgestoßen, während es bei II-Filmen in der Oberflächenphase verbleibt. Eine p_H-Verringerung der unterstehenden Schicht verstärkt die Assoziation von I mit den 3 monomol. Lipidschichten. Die Assoziation von I mit dem monomol. II-Film scheint I gegen Säurezers. zu schützen. (Biochim. biophysica Acta [Amsterdam] **10**. 302—10. Febr. 1953. Cambridge, Univ., Dep. of Colloid Sci.) K. MAIER. 3900

H. K. Black und **B. C. L. Weedon**, *Ungesättigte Fettsäuren.* 1. Mitt. *Synthese von Erythrogen (Isan)-säure und anderen acetylenischen Säuren.* Die durch Unterss. früherer Autoren für die natürliche *Erythrogensäure* (I) wahrscheinlich gemachte Struktur einer *Octadecen-(17)-diin-(9.11)-säure* wird durch Synth. aus *Octen-(1)-in-(7)* (II) u. *Decin-(9)*-

säure (**III**) bewiesen. Die UV-Absorptionswerte beider Säuren u. ihrer Derivv. (s. Original) stimmen gut überein; geringe Abweichungen bei der natürlichen Säure sind auf Verunreinigung durch ein stark ungesätt. Chromophor (*Bolekasäure*) zurückzuführen. In Vorverss. wurden die *Heptadecadiin-(10.12)-säure* (**IV**) u. *Nonadecadiin-(10.12)-säure* (**V**), sowie die dabei auftretenden Vor- u. Nebenprodd., u. ebenso die *Octadecin-(9)-säure* (*Stearolsäure*) u. *Hexadecin-(9)-säure* hergestellt.

Versuche: *Undecin-(10)-säure* (**VI**), Kp.$_{15}$ 178–184°, F. 43°, durch Bromierung dest. *Undecen-(10)-säure* (Kp.$_{10}$ 155–157°, F. 24,5–25°; *Äthylester* [**VII**], Kp.$_{10}$ 127–130°) zu *10.11-Dibromundecansäure* (F. 37–38,5°; Ausbeute, stets auf Ausgangsacetylenverb. bezogen, 70%) u. HBr-Abspaltung; 88%. *Äthylester* (**VIII**), Kp.$_{0,1}$ 80–85°; n_D^{22} 1,4450; 83%. — *1.1-Diphenylundecin-(10)-ol-(1)*, aus **VIII** u. C_6H_5MgBr in Ae. durch 2$^1/_2$std. Kochen u. Aufarbeiten des GRIGNARD-Komplexes. — *1.1-Diphenylundecen-(1)-in-(10)* (**IX**), $C_{23}H_{26}$, Kp.$_{17}$ 240–245°; Kp.$_{0,02}$ 152°; n_D^{21} 1,5620; durch Erhitzen vorst. Verb. auf 220° u. Dest.; Nd. mit ammoniakal. Cu_2Cl_2-Lösung. — *2-Methyldodecin-(11)-ol-(2)* (**X**), $C_{13}H_{24}O$, Kp.$_{0,06}$ 77°; n_D^{19} 1,4601; aus **VIII** u. CH_3MgJ. — *2-Methyldodecen-(2)-in-(11)* (**XI**), aus **X** u. einem Gemisch von $POCl_3$, Pyridin u. Toluol durch $^3/_4$std. Erhitzen auf 90–95°; das entstandene *Gemisch von KW-stoffen* ($C_{13}H_{22}$, Kp.$_{0,1}$ 49°; n_D^{20} 1,4530) enthält ca. 30% *2-Methyldodecen-(1)-in-(11)* (**XII**). — *Decin-(9)-säure* (**III**), $C_{10}H_{16}O_2$, Kp.$_{0,1}$ 88°; F. 22°; n_D^{27} 1,4565; lange Nadeln; aus **IX** u. CrO_3 in verd. Essigsäure bei 60°, Aufarbeiten durch 1std. Erwärmen mit 2nH_2SO_4 u. Verdünnen mit gesätt. NaCl-Lsg.; 58%. *p-Bromphenacylester*, $C_{18}H_{21}O_3Br$, F. 75°; Plättchen aus Alkohol. **III** entsteht auch durch analoge Oxydation eines Gemischs von **XI** u. **XII**. — *1.1-Diphenylundecen-(10)-ol-(1)*, gelbes Öl; aus **VII** u. C_6H_5MgBr. — *1.1-Diphenylundecadien-(1.10)*, $C_{23}H_{28}$, Kp.$_{12-14}$ 228–230°; n_D^{21} 1,5545; aus vorst. Verb. durch Kochen mit HCOOH; 83%; oder durch $^1/_2$std. Erhitzen auf 200°; Kp.$_{10}$ 223–225°; n_D^{20} 1,5540; 80%. — *Decen-(9)-säure*, $C_{10}H_{18}O_2$, Kp.$_{21}$ 158–163°; n_D^{21} 1,4485; aus vorst. Verb. mit wss. CrO_3-Lsg. in Eisessig bei 35° oder durch Oxydation in Aceton mit CrO_3 u. konz. H_2SO_4. *p-Bromphenacylester*, $C_{18}H_{23}O_3Br$, F. 58°; Plättchen aus wss. Alkohol. — *Heptadecadiin-(10.12)-säure* (**IV**), $C_{17}H_{26}O_2$, Kp.$_{10^{-5}}$ 110° (roh); F. 40,5–41°; Blättchen aus wss. A.; aus Hexin-(1) u. **VI** in A. durch Schütteln in O_2 mit einer Lsg. von Cu_2Cl_2 u. NH_4Cl in HCl u. Dest. des Rückstands vom Ätherextrakt; 30%. — Als Nebenprodd. entstehen dabei *Docosadiin-(10.12)disäure* (**XIII**), $C_{22}H_{34}O_4$ (F. 112°). *Di-p-bromphenacylester*, $C_{38}H_{44}O_6Br_2$, F. 94°; Plättchen aus A. u. *Dodecadiin-(5.7)* aus der neutralen Fraktion, Kp.$_{10}$ 113°; n_D^{19} 1,4890. — *Docosandisäure*, $C_{22}H_{42}O_4$, F. 126°; Plättchen aus A.; aus **XIII** in A. durch Hydrieren mit dem ADAMS-Katalysator. — *Nonadecadiin-(10.12)-säure* (**V**), $C_{19}H_{30}O_2$, Kp.$_{10^{-3}}$ 130°; F. 42–43°; Nadeln aus wss. A.; aus Octin-(1) u. **VI** wie bei **IV**. *p-Bromphenacylester*, F. 57°. Als Nebenprod. entsteht **XIII**. — *Octadecadiin-(9.11)-säure* (*Dihydroerythrogensäure*), $C_{18}H_{28}O_2$, Kp.$_{10^{-4}}$ 145°; F. 46,0–46,5°; Nadeln aus wss. A.; 32%; analog aus Octin-(1) u. **III**; hydrierbar nach ADAMS zu *Stearinsäure*, F. 68–69°. *p-Bromphenacylester*, $C_{26}H_{33}O_3Br$, F. 58,5°; Plättchen aus wss. Alkohol. *2-Oxyäthylamid*, $C_{20}H_{33}O_2N$, F. 70–71°; Plättchen aus wss. Aceton. — Daneben entsteht *Eicosadiin-(9.11)-disäure* (**XIV**), $C_{20}H_{30}O_4$ (F. 120°; Plättchen aus A.; *Di-p-bromphenacylester*, $C_{36}H_{40}O_6Br_2$, F. 104°, Plättchen aus A.) u. *Hexadecadiin-(7.9)*; Kp.$_{0,5}$ 110°; n_D^{23} 1,4928. — *Eicosandisäure*, $C_{20}H_{38}O_4$, F. 119,5–120,5°; aus **XIV** in A. durch Hydrierung nach ADAMS. — *6-Chlorhexen-(1)* (**XV**), $C_6H_{11}Cl$; Kp. 128–130°; n_D^{24} 1,4320–1,4330; aus 6-Chlorhexin-(1) in Methylacetat durch gesteuerte Hydrierung mit Pd/$CaCO_3$-Katalysator; polymerisiert bei der Dest. teilweise. — *Octen-(1)-in-(7)* (**II**), C_8H_{12}; Kp. 122°; n_D^{20} 1,4310–1,4325; leicht flüchtige Fl.; aus **XV** u. NaJ durch Erwärmen in Aceton, Ausfällen der J-Verb. mit W., Reinigen u. Umsetzen mit Na-Acetylid in fl. NH_3 u. Aufarbeiten des Reaktionsprod. unter N_2. — *Octadecen-(17)-diin-(9.11)-säure* (**I**) (*Erythrogen-* oder *Isansäure*), $C_{18}H_{26}O_2$, F. 38,4–39,0°; durch oxydative Kupplung von **II** u. **III** analog **IV** u. Zerlegung des Reaktionsprod. in eine saure (a) u. eine neutrale (b) Fraktion. Dest. von (a) gab eine Fraktion vom Kp.$_{10^{-3}}$ 140°, die, weiter gereinigt, **I** lieferte. *p-Bromphenacylester*, $C_{26}H_{31}O_3Br$, F. 40,5–41,5°; Blättchen aus wss. Alkohol. *2-Oxyäthylamid*, $C_{20}H_{31}O_2N$, F. 67–68°; Blättchen aus wss. Aceton. *Isobutylamid* $C_{22}H_{35}ON$, F. 52–53°; Blättchen aus Aceton. Als Nebenprod. entsteht **XIV**. Dest. von (b) gab einen *KW-stoff*, Kp.$_{10^{-3}}$ 80°; n_D^{25} 1,5530. — Ozonolyse von **I** in reiner Essigsäure, Zugabe von Zn-Staub unter Kühlung u. Behandlung des Dest. mit wss. Lsg. von Dimedon (Dimethylcyclohexandion), Na-Acetat u. n HCl bei p_H 4,6 gab *Formaldehyddimedon*; Kristalle aus wss. Methanol, F. 189°. — Natürliche **I**, aus dem Harnstoffkomplex isoliert, kristallisiert aus PAe. mit F. 38,5–39°; identifiziert durch *p-Bromphenacylester* u. *2-Oxyäthylamid*. — *Octyltoluol-p-sulfonat* (**XVI**), $C_{15}H_{24}O_3S$; Kp.$_{10^{-}}$ 170°; n_D^{17} 1,4963; zersetzlich; aus p-Toluolsulfonylchlorid u. Octanol-(1) bei 25° in

Pyridin; 79%. — *Hexyltoluol-p-sulfonat* (**XVII**), $C_{13}H_{20}O_3S$, Kp.$_{10-5}$ 107°; n_D^{25} 1,5005; analog mit Hexanol-(1); 80%. — *Tetradecin-(5)*, $C_{14}H_{26}$, Kp.$_{15}$ 94°; n_D^{20} 1,4460; aus Hexin-(1) u. C_2H_5MgBr durch $2^1/_2$std. Kochen u. Erwärmen des Reaktionsprod. mit **XVI** in Ätherlsg.; 34%. — *Dodecin-(5)*, $C_{12}H_{22}$, Kp.$_{15}$ 93°; n_D^{23} 1,4397; analog mit **XVII**; 44%. — Ein Gemisch aus *2-Methyleicosen-(1)-in-(11)* u. *2-Methyleicosen-(2)-in-(11)* (**XVIII**), $C_{21}H_{38}$, Kp.$_{0,3}$ 140°, entstand durch Rk. eines Gemischs der GRIGNARD-Komplexe von **X** u. **XI** mit **XVI**; aus dem Rohprod. wurde unverändertes **XVI** mit C_2H_5MgBr entfernt. — Ein Gemisch aus *2-Methyloctadecen-(1)-in-(11)* u. *2-Methyloctadecen-(2)-in-(11)* (**XIX**), $C_{19}H_{34}$, Kp.$_{0,4}$ 118°; n_D^{23} 1,4648; analog mit **XVII**; 24%. — *Octadecin-(9)-säure* (*Stearolsäure*), $C_{18}H_{32}O_2$, F. 46—47°; Prismen aus wss. A.; aus **XVIII** in Eisessig durch Oxydation mit CrO_3 in W., Extraktion mit Bzl. u. daraus mit 2n NaOH, Ansäuern mit 2nH_2SO_4; 21%. *p-Bromphenacylester*, $C_{26}H_{37}O_3Br$, F. 54°; Plättchen aus wss. Alkohol. — *Hexadecin-(9)-säure*, $C_{16}H_{28}O_2$, F. 39°; Plättchen aus A. u. Essigsäure; analog aus **XIX**; 16%. (J. chem. Soc. [London] **1953**. 1785—93. Juni. London, SWI; Imp. Coll. of Sci. and Technol.; Dep. of Org. Chem.) SCHULENBURG. 3950

A. Meisels und **Anna Weizmann,** *Die Struktur von Chamazulen.* Das Azulen, das in dem bei der Wasserdampfdest. von Artemisia absorescens L. gewonnenen äther. Öl enthalten ist (vgl. PELLINI [1923.] u. WEIZMANN, Bull. Res. Council Israel **1.** [1952.] 92), wurde durch Derivv. u. das Infrarotspektr. als *Chamazulen* (**I**) identifiziert: *Trinitrobenzol-Komplex*, F. 132°; *Pikrat*, F. 116°. Es wurde bewiesen, daß **I** *1.4-Dimethyl-7-äthylazulen* ist u. nicht, wie bisher angenommen, 1.5-Dimethyl-8-isopropylazulen. Aus einem mit kaltem Aceton erhaltenen Extrakt vorst. angeführter Pflanze wurde eine krist. *Verb.* $C_{15}H_{20}O_3$ (**II**) isoliert, die eine Doppelbindung, eine Äther- u. eine Lactongruppe enthält; F. 145°, $[\alpha]_D^{20}$ +63° (c = 4,24 in Chlf.). — Bei der Dehydrierung mit S lieferte sie unter gleichzeitiger Decarboxylierung **I**, $C_{14}H_{16}$; Mol.-Gew. 413,3 ± 4. Red. von **II** mit $LiAlH_4$ u. folgende Dehydratisierung führte zu *1.4-Dimethyl-7-isopropylazulen* (*S-Guajazulen*; **III**). **I** u. **III** können sich also nur im Substituenten in 7-Stellung unterscheiden. Diese Ansicht wurde durch folgende Herst. von **I** erhärtet: Durch Hydrierung (RANEY-Ni) von Guajol zu *Dihydroguajol* u. folgende Oxydation mit CrO_3 wurde *2.8-Dimethylbicyclo-[5.3.0]-decanon-(5)* erhalten, das mit C_2H_5MgBr das entsprechende *Carbinol*, $C_{14}H_{26}O$, Kp.$_{0,4}$ 95—100°, lieferte. Durch Abspaltung von W. u. Dehydrierung mit S bei 200° wurde daraus **I** erhalten. (J. Amer. chem. Soc. **75.** 3865 bis 3866. 5/8. 1953. Renovoth, Israel, Weizmann Inst. of Sci.) WÖRFFEL. 3950

D_3. Makromolekulare Chemie.

J. Crank, *Eine theoretische Untersuchung über den Einfluß der Molekularrelaxation und innerer Spannungen auf die Diffusion in Polymeren.* Neuere Experimente (C. **1952.** 4147 u. PARK, J. Polymer Sci. **11.** [1953.] 97) haben gezeigt, daß sich die Diffusionseigg. eines Durchdringungsmittel–Polymer-Syst. mit der Zeit während des Fortschreitens der Diffusion ändern können. Eine langsame Änderung in der Polymerstruktur während der Diffusion u. innere Spannungen werden als Erklärung dieser Zeiteffekte angenommen. Um diese Effekte quantitativ auszudrücken, werden zwei theoret. Modelle aufgestellt. Die Haupteigg. des Diffusionsverh. werden durch Berechnung festgestellt. Es wird gezeigt, daß die Modelle verschied. Arten von Sorptions- u. Desorptionskurven genügen, die experimentell unter verschied. Bedingungen beobachtet wurden. Speziell die nach dem ersten Modell berechneten Sorptions- u. Desorptionskurven stimmen recht gut mit den experimentellen Kurven für das Methylenchlorid–Polystyrol-Syst. überein. Die Geschwindigkeit der Sorption wird durch das zweite Modell bestimmt. Es wird daraus gefolgert, daß sowohl Relaxation als auch innere Spannungen eines Polymeren für die Best. des Diffusionsverh. verantwortlich sind. (J. Polymer Sci. **11.** 151—68. Aug. 1953. Maidenhead, Berkshire, Courtaulds Ltd.) H. WOLFF. 4000

L. A. Siegel, *Auswertung schwacher Maxima in Streudiagrammen amorpher Stoffe.* Es werden Überlegungen angestellt, die zeigen, daß innermol. Wechselwirkungen bei der Auswertung von Röntgendiagrammen des amorphen *Polyäthylens* in der Gegend von $\sin \Theta/\lambda = 0{,}2—0{,}3$ nicht vernachlässigt werden dürfen. Aus Betrachtungen der Kettenabstände allein können keine Folgerungen über die Form polymerer Kettensegmente gezogen werden. (J. Polymer Sci. **11.** 187—89. Aug. 1953. Stamford, Conn., American Cyanamid Co., Stamford Res. Labors.) H. WOLFF. 4010

B. E. Geller und **A. B. Pakschwer,** *Über die Wechselwirkung chlorierter Polyvinylverbindungen mit Lösungsmitteln.* Zur Unters. kamen *Polyvinylchlorid* (Cl = 56,5%), *Chlorin I* (*Perchlorvinyl*; Cl = 62,6%), *Chlorin II* (Cl = 64,3%), *Chlorin III* (Cl = 66,5%) u. ein Harz vom Typus des *Sarans* (Cl = 70%). Bestimmt wurden die D. in

W., die als wahre angenommen wurde, ihre Änderung in organ. Fll., die spezif. Viscosität u. die Koagulationszahl $K = [V/V_0 + V] \cdot 100$, wo V_0 das Vol. der in allen Fällen angewendeten 1%ig. Lsg. u. V die Anzahl ml CH_3OH bedeuten, die zur Hervorbringung einer Trübung notwendig sind. Der Einfl. der Polarität, der Molekülgröße, der Struktur u. des Cl-Geh. der Polymeren, weiter der Einfl. von Solvatation, ster. Hinderungen, elektronegativen u. elektropositiven Gruppen im Mol. des Lösungsm., Molekülassoziation u. der Anzahl H-Atome, die H-Bindungen vom Typus $-Cl \rightarrow H-$ bilden können, wird besprochen. Der Wirkungsgrad der organ. Fll. steigt nach W. $< CH_3OH <$ A. < Butanol < Bzl. < Aceton < Chlf. $< C_2H_2Cl_4 < CH_2Cl_2 < C_2H_4Cl_2 < C_6H_5Cl <$ Cyclohexanon an. (Журнал Прикладной Химии [J. angew. Chem.] **25**. 1196–1200. Nov. 1952. Allunions Inst. für künstl. Fasern.) WÖRFFEL. 4010

Charles E. Weir, *Umwandlungen und Phasen von Polytetrafluoräthylen (Teflon).* Unterss. der Phasenübergänge an einem *Polytetrafluoräthylen* der $D._{20}$ 2,219 bei 9,2–81° u. 1000–10000 at. Gemessen wurde die Volumenänderung bei fallendem Druck. Aus den Druck/Temperatur-Kurven ergeben sich zwei Phasenänderungen: 1. Übergang der Phase II in III bei ca. 5000 at mit einer Volumenänderung von ca. 2%; 2. Übergang von Phase I in II bei niederen Drucken mit einer Volumenänderung von ca. 1%. Im Phasendiagramm liegen die Übergangspunkte von Phase II in III auf einer Geraden der Gleichung: $P\,(at) = -17{,}5\,t + 5761$; der Tripelpunkt der drei Phasen liegt bei ca. 70° u. 4500 at. (J. Res. nat. Bur. Standards **50**. 95–97. Febr. 1953. Washington.) H. BECKER. 4010

C. S. Marvel, Elizabeth Heng Hui Shen und **R. R. Chambers,** *Polymercaptale und Polymercaptole.* Vff. untersuchten die Rkk. von Hexamethylendithiol u. Dekamethylendithiol mit verschied. aliphat. u. aromat. Aldehyden u. Ketonen in Dioxanlsg. (bzw. ohne Lösungsm.) u. unter Zusatz von wenig trockenem HCl, wobei sich unter heftiger Rk. polymere Mercaptale bzw. Mercaptole bilden, die im allg. feste Prodd. (weiße Pulver oder klebrige Massen) darstellen. FF., Viscositätszahlen u. andere Eigg. der Prodd. wurden bestimmt u. Röntgenunterss. u. Ultrarotanalysen durchgeführt. Die Polymerisate scheinen als Endgruppen mindestens eine u. manchmal 2 –SH-Gruppen zu besitzen. Sie weisen gute Stabilität gegenüber Hydrolyse u. Wärmeeinw. auf. (J. Amer. chem. Soc. **72**. 2106–09. Mai 1950. Urbana, Ill., Univ., Noyes Chem. Labor.) SCHÄFF. 4010

G. Blauer, *Polymerisationsgeschwindigkeit von Methacrylsäure in alkalischer Lösung.* Es wird die Abhängigkeit der Polymerisationsgeschwindigkeit vom p_H-Wert untersucht. Als Aktivator wird 2.2'-Azo-bis-isobutyronitril verwendet, gelöst in W. u.4 Vol.-% Äthanol. Die Unterss. erstrecken sich bis p_H 12. Die Verss. wurden unter N_2 oder im Rohr bei 10^{-4} mm durchgeführt u. der Reaktionsverlauf durch Br_2-Addition an die nichtumgesetzte monomere Säure verfolgt. Die Ionenkonz. ändert sich zwischen p_H 6 u. 12 nicht wesentlich. Die Polymerisationsgeschwindigkeit nimmt bis zum p_H 6 stark ab, bei dem sie ein Minimum erreicht. Dann nimmt sie nur wenig zu bis zu einem flachen Maximum bei p_H 11. Zwischen p_H 9–12 ist sie nahezu konstant. (J. Polymer Sci. **11**. 189–92. Aug. 1953. Rehovoth, Israel, Weizmann Inst. of Sci., Dep. of Polymer Res.) H. WOLFF. 4010

John W. Ryan, *Einfluß von γ-Strahlung auf gewisse Kautschuksorten und plastische Stoffe.* Vf. untersucht den Einfl. von γ-Strahlen auf das plast. u. elast. Verh. von *Polyäthylen* (I), *Nylon* (II), *Koroseal* (*Polyvinylchlorid*) (III), *Buna-N* (IV), *Neopren* (*chloriertes Butadienpolymerisat*) (V), *Naturkautschuk* (VI) u. *Thiokol* (VII). Bei einer Bestrahlungsdauer von jeweils 6 Monaten u. einer Intensität von 10^{11} Photonen $cm^{-2} \cdot sec^{-1}$. Vor u. nach der Bestrahlung wurden Kraft–Dehnungs-Kurven, Härten u. Verformbarkeiten gemessen. Durch die Bestrahlung nimmt der Elastizitätsmodul allg. zu, das plast. Fließen ab. **III** u. **V** spalten Chlor ab. Die Infrarotanalyse der Pyrolyseprodd. von **IV** u. **VII** zeigt denselben Befund wie bei den unbestrahlten Präparaten. Der Abbau bleibt auf Gasabsonderung u. Rekombinationsprozesse beschränkt. Eine Lösungsmittelextraktion u. anschließende Infrarotanalyse von **IV** u. **VII** zeigen eine Zunahme der Vernetzung. Vf. erklärt die Befunde mit der Annahme, daß die Kraft–Dehnungs-Kurve eines linear gebauten Polymeren zuerst durch die Entknäuelung der Ketten, dann durch ihr Auseinandergleiten zustande kommt (plast. Fließen), bis das Material reißt. Nach der Bldg. von Vernetzungsstellen sind die Entknäuelung u. das Auseinandergleiten gehemmt; Elastizitätsmodul u. Härte nehmen also zu, das plast. Fließen ab. (Nucleonics **11**. Nr. 8. 13–15. Aug. 1953. Schenectady, N. Y., General Electric Co., Gen. Engng. Labor.) CANTOW. 4030

F. E. Condon, *Einfluß der Polymerisationstemperatur auf die strukturelle Zusammensetzung von Butadienemulsionspolymeren.* Die von HART u. MEYER (C. **1950**. I. 2239), HAMPTON (C. **1950**. II. 1010) u. BINDER (private Mitt. an Office of Synthetic Rubber from Firestone Tire & Rubber Co., Sept. 1951) veröffentlichten Daten über den Einfl. der Polymerisationstemp. auf die strukturelle Zus. von Butadienpolymeren, d. h. auf die relativen Prozentsätze an Doppelbindungen der 1.2-, cis- u. trans-1.4-Konfiguration, werden zusammengefaßt u. durch Anwendung der ARRHENIUSschen Gleichung zueinander in Beziehung gesetzt. Daraus ergeben sich folgende Schlüsse: 1. Die Prozentsätze von 1.2-, trans- u. cis-1.4-Doppelbindungen in Emulsionspolymeren von Butadien werden in erster Linie durch die Polymerisationstemp. in der Art bestimmt, die für Systeme von gleichzeitig ablaufenden Rkk. charakterist. ist. 2. Andere Faktoren, z. B. Rezeptur, Ggw. eines Comonomeren (z. B. 29% Styrol), haben relativ wenig Einfl. auf die relativen Mengen von 1.2-, cis- u. trans-1.4-Doppelbindungen. 3. Unterschiede in den physikal. Eigg. der bei gleicher Temp. hergestellten Emulsionspolymeren müssen wahrscheinlich Strukturunterschieden zugeschrieben werden, die nicht in den relativen Verhältnissen der drei Doppelbindungen, sondern z. B. im Mol.-Gew., in der Mol.-Gew.-Verteilung u. in der Ggw. eines Comonomeren liegen. (J. Polymer Sci. **11.** 139—49. Aug. 1953. Bartlesville, Okla., Phillips Petroleum Co., Res. u. Developm.) H. WOLFF. 4030

Hiroshi Sobue und **Kinzo Ishikawa,** *Wirkung von Ultraschall auf Hochpolymere.* 5. Mitt. *Inulin.* (4. vgl. J. chem. Soc. Japan, pure Chem. Sect. [Nippon Kagaku Zassi] **70.** [1949.] 456.) Unter verschied. Bedingungen wurden Lsgg. von *Inulin,* käuflicher lösl. *Stärke* u. *Kartoffelstärke* der Wrkg. von Ultraschall bis zu 36 Std. ausgesetzt u. etwaige Veränderungen untersucht. Der Betrag an gebildeten reduzierenden Zuckern ist gering, ebenso die Beschleunigung der Hydrolyse von Inulin. (J. chem. Soc. Japan, pure Chem. Sect. [Nippon Kagaku Zassi] **71.** 25—27. Jan. 1950. Tokyo, TH. [Orig.: japan.]) SCHULER. 4050

Roy L. Whistler und **Donald F. Durso,** *Ein neues kristallines Trisaccharid aus der partiellen Säurehydrolyse von Guaran und die Struktur von Guaran.* Das bei der Säurehydrolyse von Guaran isolierte krist. Trisaccharid (I) besteht aus D-Mannose u. D-Galaktose im Verhältnis 2:1. Die Perjodatoxydation läßt auf 1→6- u. 1→4-Bindungen schließen; aus den bei der partiellen Säurehydrolyse isolierten Disacchariden folgt die Struktur von I als *O-α-D-Galaktopyranosyl-(1→6)-O-β-D-mannopyranosyl-(1→4)-β-D-mannopyranose.* — Aus der Kombination der Ergebnisse dieser u. früherer Unterss. (vgl. C. **1952.** 5424) kann für das Guarpolysaccharid eine Kettenstruktur aus β-1→4-verbundenen D-Mannopyranoseeinheiten angenommen werden, von der an durchschnittlich jedem 2. Glied eine α-1→6-verbundene D-Galaktopyranoseeinheit abzweigt.

V e r s u c h e : Hydrolyse einer 2%ig. Guaranlsg. mit 0,5nHCl bei 80° bis zu 79%ig. Umsetzung, Filtrieren u. Neutralisieren der Lsg. mit $NaHCO_3$, Adsorption an Darco G-60 u. Celitkolonnen, Desorption mit W., 5- u. 15%ig. Alkohol. Die Trisaccharidfraktion in der 15%ig. A.-Lsg. (13,1% des Ausgangsprod.) wird chromatograph. weiterfraktioniert mit W., 5- u. 8%ig. A.; I-*Hydrat,* $C_{18}H_{32}O_{16} \cdot H_2O$, F. 228 bis 229° (80—90%ig. A.), $[\alpha]_D^{25}$ +93,3° → +98,4° (12 Std.; c = 1,22 in W.); Ausbeute 3,4% des Guarans. I verbraucht pro Mol 7,08 Mol Perjodat unter Bldg. von 4,04 Mol HCOOH u. 0,98 Mol HCHO. Hydrolyse von 4 g I (0,5nHCl, 2 Std. bei 80°), Adsorption des Hydrolysates an Kohle–Celit (1:1)-Kolonne u. Fraktionierung mit W., 2-, 4- u. 8%ig. wss. A. ergab aus der wss. Fraktion 1,706 g Zucker aus 11,1% *D-Galaktose* u. 88,6% *D-Mannose;* Fraktion 2%ig. A.: 0,6348 g *O-β-D-Mannopyranosyl-β-D-mannopyranose,* $C_{12}H_{22}O_{11}$, F. u. Misch-F. 194—195,5°, $[\alpha]_D^{25}$ −7,7° → −2,2° (c = 2,27 in W.); Fraktion 4%ig. A.: 0,4428 g *6-O-α-D-Galaktopyranosyl-β-D-mannopyranose,* $C_{12}H_{22}O_{11}$, F. u. Misch-F. 201—203°, $[\alpha]_D^{25}$ +120,8° → +124,5° (c = 1,18 in W.); Fraktion 8% A.: 1,3387 g I. (J. Amer. chem. Soc. **74.** 5140—41. 20/10. 1952. Lafayette, Ind., Purdue Univ., Dep. of Agric. Chem.) ROSSOW. 4050

J. Schellman, R. B. Simpson und **W. Kauzmann,** *Die Kinetik der Denaturierung von Proteinen.* 2. Mitt. *Die optische Drehung von Ovalbumin in Guanidiniumsalzlösungen.* (1. vgl. C. **1954.** 6963.) Das Verh. von *Ovalbumin* in Lsgg. von Guanidiniumchlorid (I), Harnstoff + I u. Harnstoff + Guanidiniumnitrat zeigt eine vollkommene Analogie zu den l. c. beschriebenen Erscheinungen. Diese Analogie wird durch Vgl. der Änderung der opt. Drehung mit der Konz., der Temp. u. dem p_H dargelegt. Ein Unterschied gegenüber Harnstoff besteht darin, daß die Guanidiniumsalze schon bei viel niedrigeren Konzz. reagieren. (J. Amer. chem. Soc. **75.** 5152—54. 5/11. 1953. Princeton, Univ., Frick Chem. Labor.) HEYNS. 4070

W. Kauzmann und **R. B. Simpson,** *Die Kinetik der Denaturierung von Proteinen.* 3. Mitt. *Die optischen Drehungen von Serumalbumin, β-Lactoglobulin und Pepsin in Harnstofflösungen.* (2. vgl. vorst. Ref.) Die Einw. von Harnstoff auf Serumalbumin, β-Lactoglobulin u. Pepsin zeigt große Unterschiede sowohl gegenüber Ovalbumin wie auch untereinander. Beim Serumalbumin ändert sich die opt. Drehung so schnell, daß nach Zugabe von Harnstoff prakt. nur der Endwert abgelesen werden kann. β-Lactoglobulin liegt in seinem Verh. etwa zwischen Ovalbumin u. Serumalbumin. Beim Pepsin ändert sich die opt. Drehung bei Zugabe von Harnstoff prakt. nicht. (J. Amer. chem. Soc. **75.** 5154–57. 5/11. 1953.) HEYNS. 4070

H. K. Frensdorff, M. T. Watson und **W. Kauzmann,** *Die Kinetik der Denaturierung von Proteinen.* 4. Mitt. *Die Viscosität und Gelatinierung von harnstoffhaltigen Ovalbuminlösungen.* (3. vgl. vorst. Ref.) Die Gelatinierungstendenz von Ovalbumin in Harnstofflsgg. zeigt bei einem Harnstoffgeh. von 8 Mol ein Maximum. Die Gelatinierung wird auf die Entfaltung der Proteinmolekel zurückgeführt, allerdings bleiben bei geringeren Konzz. als 8 mol. Harnstofflsg. Gelatinierungszeit u. Halbwertszeit für die Entfaltung nicht konstant. Mit steigendem Harnstoffgeh. der Ovalbuminlsgg. steigt die Viscosität sehr stark an. Die Entfaltung der Molekel erfolgt in zwei Stufen, u. zwar zunächst Lsg. der schwächeren u. in der zweiten Stufe Lsg. der stärkeren Bindungen, die die Knäuelung bewirken. Neben —S—S-Brücken spielen für die Aggregation auch Wasserstoffbindungen eine große Rolle. Schaltet man die —S—S-Brücken durch Behandlung mit Hg(II)-p-Chlorbenzoat aus, so nehmen Viscosität u. opt. Drehung in gleichem Maße ab. (J. Amer. chem. Soc. **75.** 5157–66. 5/11. 1953.) HEYNS. 4070

H. K. Frensdorff, M. T. Watson und **W. Kauzmann,** *Die Kinetik der Denaturierung von Proteinen.* 5. Mitt. *Die Viscosität von harnstoffhaltigen Serumalbuminlösungen.* (4. vgl. vorst. Ref.) Durch die leichtere Entfaltung des Serumalbumins steigt in diesen Lsgg. die Viscosität schneller an als unter gleichen Bedingungen beim Ovalbumin. Ein weiterer Unterschied des Serumalbumins gegenüber Ovalbumin ist die größere Anzahl von —S—S-Brückenbindungen, bei deren Lösung die Denaturierung irreversibel wird. (J. Amer. chem. Soc. **75.** 5167–72. 5/11. 1953.) HEYNS. 4070

J. Ross Colvin, *Thermische Denaturierung von Proteinen als eine Ordnung–Unordnung-Umwandlung eines Hochpolymeren.* Vf. nimmt unter Erweiterung der Theorie von MIRSKY u. PAULING (Proc. nat. Acad. Sci. USA **22.** [1936.] 439) an, daß die therm. Denaturierung von Proteinen einen Sonderfall einer Ordnung–Unordnung-Umwandlung bei einem Hochpolymeren darstellt. Die Extrapolation der Unterss. an einfachen Legierungssystemen u. organ. Hochpolymeren auf Proteine ergibt qualitativ, daß die ungewöhnlichen Charakteristika der therm. Denaturierung, soweit man sie als chem. Rk. betrachtet, bei Gültigkeit der Annahme zu erwarten sind. Es werden Vorschläge für eine experimentelle Prüfung gemacht. (Arch. Biochem. Biophysics **46.** 385–98. Okt. 1953. Ottawa, Can., Nat. Res. Labors., Div. of appl. Biol.) NEHRING. 4070

Edwin J. Cohn, Douglas M. Surgenor, Karl Schmid, W. H. Batchelor, Henry C. Isliker und **Eva H. Alameri,** *Die Wechselwirkung von Plasmaproteinen mit Schwermetallen und Erdalkalimetallen, mit spezifischen Anionen und spezifischen Steroiden, mit spezifischen Polysacchariden und mit geformten Blutelementen.* Plasmaproteine reagieren reversibel mit Schwermetallen bei physiol. p_H. Die gebildeten Komplexe sind neue, sich absättigende Körper, die im allg. weniger lösl. sind als die dissoziierten Proteine. Die *Zn-Komplexe* vieler *Globuline* sind in W. unlösl., während die der *Albumine* u. gewisser *Pseudoglobuline* in W. lösl. sind; *Zn–Hg-Komplexe* der letztgenannten Proteine sind jedoch in W. unlöslich. *Ba* u. *Ca* wirken wiederum anders; sie bilden mit manchen Proteinen, bes. *α-Lipoproteinen*, unlösl. Komplexe u. besitzen auf Grund ihrer Ionenstärke lösende Wrkg. auf andere Proteine (*Serumalbumin*). *Mg* u. *Mn* reagieren mit gewissen Enzymen. *Cu* u. *Fe* scheinen fast ausschließlich mit *Caeruloplasmin* u. dem „β_1-metal-combining protein", einem Plasmaprotein, assoziiert zu sein. *Pb* erwies sich wertvoll zur Trennung von Plasmaproteinen, einschließlich von „*acid glycoprotein*" (SCHMID, J. Amer. chem. Soc. **72.** [1950.] 2816). Eine Anzahl von Plasmaproteinen reagiert spezif. mit Blutzellen. Spezif. *Zucker* machen gewisse Blutzellen u. Plasmaproteine in Lsg. stabil. Die Immunglobuline sind Glykoproteine u. reagieren mit Polysacchariden; Lipoproteine können auch Glykoproteine sein, ebenso Nucleoproteine. (Discuss. Faraday Soc. Nr. **13.** 176–89. 1953. Harvard Univ., Univ. Labor. of Phys. Chem., Related to Med. and Public Health.) K. F. MÜLLER. 4070

R. W. Green und **K. P. Ang,** *Die Adsorption von Wasserdampf an Acetylderivaten von Kollagen und Seidenfibroin.* (Vgl. MCLAREN u. ROWEN C. **1952.** 7830.) Die Wasserdampfadsorption der Acetylderivv. von *Kollagen* u. *Seidenfibroin* wird nach der Meth. von ROBINSON u. SINCLAIR (J. Amer. chem. Soc. **56.** [1934.] 1830) u. der Gleichung von BRUNAUER, EMMETT u. TELLER (J. Amer. chem. Soc. **60.** [1938.] 309) untersucht. Der Betrag der Erst-Film-Adsorption, V_m, wird durch Acetylierung merklich erniedrigt; jedoch ist dies nicht eine spezif. Wrkg. der NH_2- u. OH-Gruppen, da diese ihr Wasserbindungsvermögen behalten. Vff. nehmen an, daß ein Teil der Wassermoll. dieses Films an den Polypeptidketten adsorbiert wird u. daß es diese Moll. sind, die bei der die Acetylierung begleitenden Umwandlung verdrängt werden. (J. Amer. chem. Soc. **75.** 2733 bis 2736. 5/6. 1953. Singapore, Univ. of Malaya, Dep. of Chem.) KÖNIGSDORF. 4070

R. W. Green, *Die Rolle der Amino- und Hydroxylgruppen von Kollagen bei dessen Reaktionen mit Formaldehyd, Tannin und Chinon.* Die Partialacetylierung der NH_2- u. OH-Gruppen von *Kollagen* (I) wird benutzt, um die Funktionen dieser Gruppen bei der Rk. mit gerbenden Reagentien zu untersuchen. Dabei wird das Bindungsvermögen von Formaldehyd (**II**), Tannin (**III**) u. Chinon (**IV**) in Abhängigkeit vom Acetylierungsgrad überprüft. Die Acetylierung wurde mit einem wasserfreien Gemisch von Essigsäureanhydrid u. Essigsäure durchgeführt. Dabei werden die OH-Gruppen erst acetyliert, wenn die NH_2-Gruppen bis zu einem Geh. von 0,4 Mol/g I reagiert haben. Die bei p_H 8 an die NH_2-Gruppen gebundenen **II**-Moll. entsprechen nur etwa der Hälfte der insgesamt vorhandenen ε-NH_2-Gruppen von Lysin u. Oxylysin (0,39 mMol/g **I**). Gegen die Ausbldg. einer Methylenbrücke über 2 NH_2-Gruppen spricht, daß die N-Acetylierung eines geringen Teils der NH_2-Gruppen zunächst fast ohne Einfl. auf das **II**-Bindungsvermögen bleibt u. daß dann bei weiterer Acetylierung jeder eingeführte N-Acetylrest ein Mol **II** verdrängt, so daß ca. 0,2 mMol von den insgesamt 0,39 mMol NH_2-Gruppen/g **I II** in äquimol. Verhältnis binden. Die Acetylierung der OH-Gruppen beeinflußt das **II**-Bindungsvermögen nur unwesentlich. Ähnlich liegen die Verhältnisse bei der Rk. mit **IV**. Die partielle Acetylierung der NH_2-Gruppen zeigt, daß jede NH_2-Gruppe etwas mehr als 1 Mol **IV** bindet, so daß auch hier die Meinung einer **IV**-Brücke zwischen 2 Lysinmoll. nicht zutrifft. Im Gegensatz zum **II** wird beim **IV** eine beträchtliche Substanzmenge unabhängig von den NH_2- u. OH-Gruppen, gegebenenfalls an den Polypeptidbindungen, gebunden. Die Kurve für das **III**-Bindungsvermögen zeigt ein abweichendes Verh. u. deutet an, daß hier die NH_2- u. OH-Gruppen so gut wie keine Rolle spielen, u. daß die Peptidbindungen vermutlich ausschließlich für die **III**-Bindung verantwortlich zu machen sind. Mit Eisessig behandeltes **I** hat demgegenüber die gleiche Affinität gegenüber den 3 gerbenden Reagentien wie das native Protein. Wird jedoch trockenes **I** 24 Std. mit Essigsäureanhydrid behandelt, geht das Bindungsvermögen für **III** auf das durch vollständige Acetylierung hervorgerufene Ausmaß zurück, obwohl keine Acetylgruppen eingeführt werden. (J. Amer. chem. Soc. **75.** 2729—32. 5/6. 1953. Singapore, Univ. of Malaya, Dep. of Chem.) KÖNIGSDORF. 4070

Carolyn Cohen und **Richard S. Bear,** *Schraubenkonfiguration der Polypeptidketten im Kollagen.* Vff. machen genaue Angaben für eine schraubenförmige Struktur der Kollagenketten, die auch die Großwinkelröntgenbeugung (vgl. PAULING u. COREY C. **1953.** 7566) erklärt. Dabei handelt es sich um eine diskontinuierliche Schraube mit 2 Windungen u. 7 annähernd gleichwertigen Untergruppen auf 20 Å der axialen Projektion, eine pseudohexagonale Packung mit 12 Å Abstand zwischen den Kettenachsen (trockene Fibrillen) erklärt den Hauptäquatorialreflex. Die D. fordert ca. 21 Aminosäurereste auf 20 Å der Schraubenachse. Die 7 nahezu gleichwertigen Untergruppen sollten daher jeweils 3 Reste umfassen. (J. Amer. chem. Soc. **75.** 2783—84. 5/6. 1953. Cambridge, Mass., Massachusetts Inst. of Technol., Dep. of Biol.) KÖNIGSDORF. 4070

Paul Doty und **Barbara H. Bunce,** *Das Molekulargewicht und die Form der Desoxypentosenucleinsäure.* Von 3 *Desoxypentosenucleinsäure* (I)-Präpp. verschied. Herkunft (Präpp. von GULLAND u. JORDAN, SCHWANDER u. SIGNER sowie Vff.) wurden innerhalb eines Konzentrationsbereiches von $5-20\cdot10^{-5}$ g/ml in 0,2 mol. NaCl-Lsg. die Winkelverteilungen der red. Intensitäten R_ϑ des Streulichtes bestimmt. Daraus ließen sich die Mol.-Geww. der 3 Proben zu 4,0, 6,7 bzw. 4,0 Millionen ableiten; außerdem ergab sich für das I-Präp. von SCHWANDER u. SIGNER eine maximale Ausdehnung von ca. 6000 Å. Molekülformen, die im Einklang mit der Streuungsenveloppe sind, werden diskutiert; Vff. ziehen als Molekülform eine verzweigte Polynucleotidkette u. eine parallele Anordnung von Polynucleotidketten in Betracht. (J. Amer. chem. Soc. **74.** 5029—34. 20/10. 1952. Cambridge, Mass., Harvard Univ., Dep. of Chem., Gibbs Labor.) K. F. MÜLLER. 4090

D. N. Andrejew, Organische Synthese unter elektrischen Entladungen. Moskau-Leningrad: Ausg. der Akad. der Wiss. der UdSSR. 1953. (334 S.) 15 Rubl. 75 Kop. [russ.]

Ludwig Gattermann, Die Praxis des organischen Chemikers. 35. Aufl. bearb. v. **Heinrich Wieland.** Berlin: de Gruyter. 1953. (XV + 411 S. m. 58 Abb.) DM 26.—.

Charles Prevost, Leçons de chimie organique. T IV. Fonctions mixtes, hétérocycles. Étude de quelques composés complexes d'origine biologique. Paris: Sté d'édit. d'enseign. supérieur. (286 S., Taf.) fr. 1600,00.

E. Biologische Chemie. Physiologie. Medizin.

E_1. Allgemeine Biologie und Biochemie.

I. Je. Elpiner, *Die Anwendung von Ultraschallwellen in der Biologie.* Allgemeinverständliche Darstellung. (Природа [Natur] **41.** Nr. 11. 109–14. Nov. 1952.)
Lebtag. 4100

W. M. Cumming und **E. Golombok,** *Die Wirkung verschiedener Amidine und verwandter Verbindungen auf das Pflanzen- und Bakterienwachstum.* Es wurde die biol. Aktivität von *Amidin*-Analogen halogenierter Phenoxyessigsäuren, die Pflanzenwuchsstoffe darstellen, sowie von *4-Aminobenzamidin* (I) u. verschied. substituierter Derivv. desselben untersucht, um bei Amidinen u. den entsprechenden Säuren möglicherweise bestehende entgegengesetzt gerichtete Wirkungen aufzudecken. *Phenoxyacetamidin* (*Nitrat,* F. 123°), *2-Chlorphenoxyacetamidin Nitrat,* F. 154° [Zers.]), *4-Chlorphenoxyacetamidin* (*Hydrochlorid,* F. 169–171°, *Hydrochlorid* + 3 H_2O, F. 70°) u. *2.4-Dichlorphenoxyacetamidin* (*Nitrat,* F. 181° [Zers.]) zeigten bei *Avena sativa*-Coleoptilen eine Wachstumshemmung, die annähernd mit der wachstumsfördernden Aktivität der entsprechenden Säuren korrespondierte. *2.4.6-Trichlorphenoxyacetamidin* (*Nitrat,* F. 165–166° [Zers.]) u. *2.4.6-Trichlorphenoxyessigsäure* besaßen beide gewisse wachstumshemmende Eigenschaften. I (*Dihydrochlorid*), *4-Amino-N-phenylbenzamidin* (*Dihydrochlorid,* F. 254–256°), *4-Amino-N-[2'-pyridyl]-benzamidin* (*Dihydrochlorid,* F. 284–286° [Zers.]) u. *4-Amino-N-[2'-thiazolyl]-benzamidin* (*Dihydrochlorid,* F. 235–238° [Zers.]) waren in Konzz. von 1 : 2000, 1 : 4000 u. 1 : 8000 in vitro auf das Wachstum von *B. coli, B. typhosum, S. pyogenes* u. *P. vulgaris,* die sämtlich *4-Aminobenzoesäure* verwerten, ohne Einfluß. I-*Dihydrochlorid* (600 mg/kg, subcutan) war bei der *Trypanosoma brucei*- u. *congolense*-Infektion der Maus chemotherapeut. unwirksam. (J. Roy. techn. Coll. **5.** 70–79. Jan. 1950.) K. Maier. 4100

W. S. Moos, *2 MeV-Röntgen- und -Kathodenstrahleneinwirkung auf Pseudomonas aeruginosa.* Es wurde die Wrkg. von 2 MeV-Röntgen- u. -Kathodenstrahlen auf *P. aeruginosa*-Kulturen untersucht, wobei ein druckisolierter Van de Graaff-Generator diente. Hierbei entstand eine Mutante, die langsamer wuchs u. kein *Pyocyanin* bildete. Die Dosis-Überlebenskurve eines Gemisches n. u. mutierter Zellen zeigte zwischen Dosis u. Überlebensrate eine exponentielle Beziehung. Nach der entsprechenden Kurve röntgenbestrahlter Reinkulturen der Mutante waren zur Erzielung des gleichen letalen Effektes wie bei n. Zellen höhere Dosen erforderlich. Die Einw. von Kathodenstrahlen im Dosisbereich 0–500 rep gab keine reproduzierbaren Ergebnisse, so daß der exponentielle Charakter des Tötungseffektes nicht gesichert ist. Eine eventuelle Verwendung von Mikroorganismen für biol. Dosismessungen wurde geprüft. (Experientia [Basel] **8.** 105–06. 15/3. 1952. Cambridge, USA, Massachusetts Inst. of Technol.) K. Maier. 4130

A. W. Ravin und **A. Norman,** *Untersuchungen über eine nichterbliche physiologische Modifikation von Aerobacter aerogenes.* Die Fähigkeit von *A. aerogenes* in Nährlsgg., die als alleinige C-Quelle langsame Adaptation bewirkende Substrate, z. B. *Citrat, α-Ketoglutarat, Succinat, Fumarat, Acetat,* enthalten, wachsen zu können, kann erbliche u. nichterbliche Modifikationen erfahren. Sie geht unter bestimmten Kulturbedingungen oder durch UV-Bestrahlung (ca. 90% bei $\lambda = 254$ mμ) verloren. Jedoch ist diese Erscheinung nicht erblich. Die UV-induzierte Modifikation kann durch Einw. sichtbaren Lichts rückgängig gemacht werden. Nach der kinet. Unters. beruht die Auslsg. dieser Modifikationen auf einer reversiblen Inaktivierung des Zellkerns. (Experientia [Basel] **8.** 108–10. 15/3. 1952. Paris, Univ., Inst. of Biol., Labor. of Genetics, u. Los Angeles, Calif., Univ. of California, Atomic Energy Project.)
K. Maier. 4130

Letizia Riggio Bevilacqua, *Pyridinnucleotide in Haferkeimlingen.* Vf. bestimmte den Geh. an *Pyridinnucleotiden* in Haferkeimlingen. Während des Längenwachstums der Keimlinge von 42 auf 100 m nimmt er um 50% ab. (Atti Accad. naz. Lincei, Rend., Cl. Sci. fisiche, mat. natur. [8] **14.** 827–33. Juni 1953. Genova Univ., Ist. botan. „Hanbury".) v. Kerekjarto. 4150

Percy L. Johnson und **Gerrit Bevelander,** *Die Lokalisierung und die Beziehung von Nucleinsäuren und alkalischer Phosphatase zu sich entwickelnden Zähnen.* Histochem. (an Zähnen von Schweineembryonen) wurden *Ribonucleinsäure* (I) u. *Desoxyribonucleinsäure* (II) als Hauptbestandteile der Ameloblasten u. Odontoblasten des sich entwickelnden Zahnes nachgewiesen. I u. II treten auf, wenn die Zelldifferenzierung beginnt u. erreichen maximale Werte, wenn das calcifizierte Gewebe (Dentin u.

Schmelz) gebildet wird. Gleichzeitig ist auch *alkal. Phosphatase* (**III**) in beträchtlicher Menge in den Amelo- u. Odontoblasten enthalten. — Diskussion über die Bedeutung von **I**, **II** u. **III** für die Bldg. von Dentin u. Schmelz. — 20 Literaturstellen. (J. Dental Res. **33**. 128—35. Febr. 1954. New York, N. Y., New York Univ., Coll. of Dent., Dep. of Histol., u. Graduate School of Arts and Sci.) KLESSE. 4150

Angel Baserga, *Neue Erkenntnisse in der Behandlung der akuten Leukämien.* (Prensa méd. argent. **40**. 2211—14. 21/8. 1953.) GERBER. 4160

Harry Shay, Chris Zarafonetis, Nathan Smith, Irving Woldow und **David C. H. Sun,** *Behandlung der Leukämie mit Triäthylenthiophosphoramid* (*Thio-Tepa*). *Vorläufige Ergebnisse an experimentellen und klinischen Leukämien.* Behandelt wurden 2 Formen transplantabler Rattenleukämie u. 39 Patienten mit malignen Erkrankungen des hämatopoet. Syst. sowie 10 Träger von inoperablen malignen Tumoren. Die Einzeldosis von Triäthylenthiophosphoramid (**I**; *Thiophosphorsäuretrisäthylenimid*) beträgt 2,5—10 mg intravenös als 1%ig. Lsg. oder subcutan konzentriert. Einzelne Patienten erhielten bis zu 500 mg innerhalb von 25 Wochen. Bei dieser Dosierung treten keine Nebenerscheinungen auf. Bei chron. Leukämien hat **I** eine günstige Wrkg. auf Allgemeinbefinden, Zellzahl u. Lymphknotenschwellungen. Bei akuten Leukämien ist es trotz seiner starken cytolyt. Wrkg. auf die Leukämiezellen wegen starker Allgemein-Rk. nicht angezeigt. Die Wirkungsweise ist nur eine allg. bessernde u. keine kausal angreifende. Im Laufe der mehrmonatigen Unterss. hat sich in keinem Falle Resistenz der behandelten Tumorformen gegen **I** eingestellt. Auch die experimentelle Rattenleukämie wurde im Experiment durch **I** günstig beeinflußt. (A. M. A. Arch. intern. Med. **92**. 628—45. Nov. 1953. Philadelphia, Pa., Temple Univ., Hosp., Samuel S. Fels Inst.) WRBA. 4160

Hans Brockmann, *Chemie und Biologie der Actinomycine.* Übersicht der bisher erhaltenen Ergebnisse der chem., biol. u. medizin. Unters. der *Actinomycine* (**I**), einer Gruppe roter Antibiotica, deren Mol. aus einem Farbstoffteil u. einer Anzahl anscheinend polypeptidartig verbundener *Aminosäuren* aufgebaut ist. **I** besitzen cytostat. u. tumorhemmende Wrkg. u. zeigen Wirksamkeit gegen Lymphogranulomatose. *Actinomycin A*, *B* u. *C*, Darst. einheitlicher **I**, Aufbau verschied. **I** durch *Streptomyces*-Arten, Verss. zur Konstitutionsaufklärung (Peptidteil, Chromophor), biol. Aktivität des *Actinomycins C*. — 53 Literaturangaben. (Angew. Chem. **66**. 1—10. 7/1. 1954. Göttingen, Univ., Organ.-chem. Inst.) K. MAIER. 4160

John R. Sampey, *Die Behandlung des Krebses mit Radioisotopen. Klinische Berichte.* Kurze Zusammenstellung der vorliegenden klin. Berichte. Erwähnt werden ^{76}As, ^{198}Au, ^{60}Co, ^{131}J, ^{32}P, ^{24}Na u. ^{89}Sr in ihrer Wirkung. — 23 Literaturangaben. (Ind. Med. Surgery **22**. 300—01. Juli 1953. Greenville, S. C., Univ., Chem. Inst.) WRBA. 4160

Edwin B. Dunphy, Knud K. Dreisler, John B. Cadigan und **William Sweet,** *Die Aufnahme von radioaktivem Phosphor durch intraoculare Neoplasmen.* Vff. berichten über die Aufnahme von ^{32}*P*-Phosphat bei 12 erkrankten Augen. Der Teil des Auges, der ein malignes Melanom oder Retinoblastom enthielt, zeigt höhere Aufnahme des Isotops, die so signifikant gegenüber anderen n. Arealen des Auges war, daß Ggw. u. Sitz des Tumors durch ein auf den Augapfel aufgesetzten Zähler festgestellt werden konnte. Läsionen hinter dem Augenäquator können mit dem jetzt gebrauchten Zähler in vivo nicht mit Sicherheit festgestellt werden. (Amer. J. Ophthalmol. [3] **37**. Nr. 1. 45—54. Jan. 1954. Boston, Mass.) K. BÖHM. 4160

Enrico Via, *Die radioaktiven Isotope bei der Diagnose von Tumoren.* Kurze zusammenfassende Darst. der Möglichkeiten der diagnost. Anwendung von ^{131}J bei Schilddrüsen-, von ^{72}Ga bei Knochen-, von ^{131}J, ^{42}K u. ^{32}P bei ZNS-, von ^{32}P bei Mamma- u. von ^{32}P bei Testikelcarcinomen, ferner von ^{32}P bei Blutkrankheiten. (Gazz. int. Med. Chirurg. **58** (**57**). 28—35. 15/31. 1. 15/2. 1953. Rom, Ist. regina Elena per la cura dei tumori.) REUSSE. 4160

S. E. Sjögren, *Versuche zur Lagebestimmung von Gehirntumoren mit* ^{131}*Dijodfluorescein.* Beschreibung der Technik u. Ergebnisse mit radioakt. *Dijodfluorescein* zur Diagnose intracranieller Veränderungen. Die Tumoren konnten mehr oder weniger genau lokalisiert werden. Vf. hebt den begrenzten Wert dieser Meth. hervor. (Acta radiologica [Stockholm] **40**. 356—60. Aug./Sept. 1953. Stockholm, Serafimerlasarettet.) W. LORENZ. 4160

Ella Thea Smith, Exploring biology. 4th ed. New York: Harcourt. 1954. (587 S. m. Abb., Diagr.) $ 4,12.

William Gordon Whaley, and others, Principles of biology. New York: Harper. 1954. (703 S. m. Abb. Diagr.) $ 6,00.

E₂. Enzymologie. Gärung.

J. Eugster, Muri-Bern und **L. Jenny,** *Über chemische Wirkung der kosmischen Strahlen.* Die hochionisierenden Komponenten der kosm. Strahlung mit einer maximalen Ionenkonz. von $10^4/\mu^3$ können mittels des Farbstoffs des FOLIN–Phenol-Reagens (100 g Na-Wolframat, 20 g Phosphomolybdänsäure, 50 g 85%ig. H_3PO_4, 750 g W.) nachweisbare chem. Veränderungen bewirken. Für die Unters. der Einw. der kosm. Strahlung auf Enzyme hat sich die *SH*-Gruppe mit dem Vertreter des *L-Myosins* (**I**) u. ihrer Spaltung *ATP* → *ADP* am besten bewährt. Am außerordentlich strahlenempfindlichen, „gealterten" **I** bewirkt bereits 1 r Aktivitätsunterschiede bis 30%. Von den Enzymen, bei denen sich *Triphenyltetrazoliumchlorid* (**II**) zur Aktivitätsbest. eignet, kommt bes. *Bernsteinsäuredehydrogenase* in Frage. Durch Best. der Ionisierung im Innern der Enzymlsg. (Röhrchen mit 1%ig. **II**-Lsg. unter Luftabschluß) mit **II** u. Umwicklung des ganzen Syst. mit einem empfindlichen ILFORD *G 5*-Film lassen sich die Ionisierungsverhältnisse in der Lsg. u. an ihrer Außenseite in der photograph. Emulsion ermitteln. (Schweiz. med. Wschr. **82.** 1332—33. 27/12. 1952. Basel.) K. MAIER. 4210

T. P. Wang, Louis Shuster und **Nathan O. Kaplan,** *Die Monoesterphosphatgruppierung des Coenzyms A.* (Vgl. J. Amer. chem. Soc. **74.** [1952.] 3204.) Die spezif. *3'-Nucleotidase* (**I**) aus Gerste oder Raigras hydrolysiert die *Monoesterphosphat*-Gruppe des *Coenzyms A* (**II**) unter Bldg. von dephosphoryliertem **II**, während die *2'-Monoester*-Gruppe des *Triphosphopyridinnucleotids* (**III**) nicht angegriffen wird. Die unspezif. Prostata-*Monoesterase* greift die prim. Monoestergruppierung von **II** bzw. **III** mit ca. $^1/_{400}$ bzw. $^1/_{900}$ der Geschwindigkeit wie *3'*- bzw. *2'-Adenylsäure* an. Mittels *Nucleotidpyrophosphatase* aus Schlangengiftpulver (*Crotalus adamanteus*) werden die *Diphosphoadenosin* (**IV**)-Bruchstücke von **II** u. **III** erhalten. **IV** aus **II** u. **III** sind auf Grund ihres papierchromatograph. Verh. verschieden. **IV** aus **II** gibt bei **I**-Einw. *5'-Adenylsäure* (**V**), bei Behandlung mit **I** + *5'-Nucleotidase* aus Schlangengift *Adenosin* (**VI**). Aus dem **IV**-Fragment von **III** entsteht unter gleichen Bedingungen weder **V** noch **VI**. *Takadiastasedeaminase* greift **IV** aus **II**, nicht jedoch **IV** aus **III** an. Nach vorst. Befunden steht die Monoestergruppe von **II** in der *3'*-Stellung der **VI**-Hälfte des Mol. u. **III** stellt demgemäß ein *2'*-**VI**-Derivat. **III**-Isomerisierung durch Säure gibt 2 Formen von **III**, von denen eine die Monoestergruppe in der natürlichen *2'*-Stellung, die andere als *3'*-Gruppe enthält. Die Isolierung des dephosphoryliertem **II** aus **I**-behandeltem **II** wird angegeben. (J. biol. Chemistry **206.** 299—309. Jan. 1954. Baltimore, Md., Johns Hopkins Univ., McCollum-Pratt Inst.) K. MAIER. 4210

T. P. Wang und **Nathan O. Kaplan,** *Kinasen für die Synthese von Coenzym A und Triphosphopyridinnucleotid.* Die der Synth. von *Coenzym A* (**I**) u. *Triphosphopyridinnucleotid* (**II**) dienenden *Kinasen* aus Taubenleber wurden voneinander getrennt u. teilweise gereinigt. Die für die Bldg. von **II** aus *Diphosphopyridinnucleotid* (**III**) erforderliche **III**-*Kinase* (**IV**) wurde durch Protaminfällung eines Acetontrockenpulver (4,5fach)-Extraktes, Extraktion des Nd. mit Acetatpuffer (p_H 5,0), Adsorption an Al_2O_3 (*C γ*), Eluierung mit Phosphatpuffer (p_H 7,5) u. $(NH_4)_2SO_4$-Fällung 46,5fach angereichert. **IV** führt im kompletten, aus **III**, **IV**, *Adenosintriphosphat* (**V**) u. Mg^{2+}-Ion (oder Mn^{2+}) bestehenden Syst. **III** qualitativ in **II** über. III_{red} reagiert nicht mit **IV** u. stellt einen sehr wirksamen kompetitiven Inhibitor der Phosphorylierung des oxydierten Nucleotids dar. *Desamino*-**III**, das ebenfalls nicht phosphoryliert wird, hemmt **IV** nicht. *Adenosindiphosphatribose* u. *Adenosindiphosphat* hemmen in höheren Konzz. als von III_{red} erforderlich die Rk. ebenfalls. Das spezif. wirksame Phosphorylierungsagens bei der **IV**-Rk. ist anscheinend **V**. K_m wurde für **III** zu $6 \cdot 10^{-4}$ Mol ermittelt. Die Reinigung (4,5fach) der Kinase (**VI**), die **I** aus entphosphoryliertem **I** (**Ia**) synthetisiert, erfolgte durch Acetonfällung (0°) der bei der Protaminfällung (s. oben) hinterbleibenden Lsg., Dialyse des in Tri-(oxymethyl)-aminomethanpuffer (p_H 8,2) gelösten Nd. gegen $KHCO_3$- u. KCl-Lsg. u. $(NH_4)_2SO_4$-Fraktionierung. Für die **Ia**-Phosphorylierung sind außer **VI** Mg^{2+}, **V** u. *Cystein* erforderlich, wobei anscheinend wiederum **V** spezif. phosphorylierend wirkt. Die Phosphorylierung von **Ia** durch **VI** kann mittels des Luminescenzsyst. der Feuerfliege, das **I** benötigt, messend verfolgt werden. K_m wurde auf diese Weise für **Ia** zu $3 \cdot 10^{-6}$ Mol ermittelt. **IV** u. **VI** sind anscheinend spezif. u. phosphorylieren keine anderen Adenylsäurederivate. **Ia** wird bei der Phosphotransacetylase-Rk. nur in Ggw. hoher *Phosphotransacetylase*-Konzz. acetyliert (ca. $^1/_{100}$ der Reaktionsfähigkeit von **I**). Im *Aldehyddehydrogenase*-Syst. von *Clostridium kluyveri* reagieren **Ia** u. **I** annähernd mit gleicher Geschwindigkeit. (J. biol. Chemistry **206.** 311—25. Jan. 1954. Baltimore, Md., Johns Hopkins Univ., McCollum-Pratt Inst.) K. MAIER. 4210

Roland F. Beers jr. und **Irwin W. Sizer,** *Katalasebestimmung unter besonderer Berücksichtigung manometrischer Methoden.* Die Kinetik der Zers. von H_2O_2 durch nichtgehemmte *Katalase* (I) ist hinsichtlich der Substratkonz. eine Rk. 1. Ordnung: $d\,s/d\,t = -k_0\,(s)$, wobei k_0 [sec^{-1}] die Geschwindigkeitskonstante für eine gegebene I-Konz. u. *s* die Substratkonz. bedeuten. k_0 ist unabhängig von *s* (10^{-5}- bis 10^{-1}mol.) u. der Zeit u. der I-Konz. *c* linear proportional, so daß die Gleichung als $ds/d\,t = -k_s\,(e)\,(s)$ geschrieben werden kann, wobei k_s [Liter·$Mol^{-1}sec^{-1}$] die spezif. Reaktionsgeschwindigkeit bedeutet. Manometr. Bestimmungen (Rinderleber-I, 0,037—0,20 mol. H_2O_2 in 0,05 mol. Boratpuffer, p_H 7,8, 5°, WARBURG-BARCROFT-Manometer) ergeben zunehmende Geschwindigkeit u. Ordnung der Geschwindigkeit der *O*-Entw. mit steigender Rührgeschwindigkeit. Der Effekt beruht wahrscheinlich auf der geschwindigkeitsbegrenzend wirkenden *O*-Übertragung über Luft–Fl.-Zwischenfläche hinweg, da titrimetr. Methoden zeigten, daß die Rührgeschwindigkeit selbst auf den katalyt. Vorgang ohne Einfl. ist. Bei der Best. der wahren I-Aktivität muß dieser Effekt berücksichtigt werden. (Science [Washington] **117.** 710—12. 26/6. 1953. Cambridge, Mass., Massachusetts Inst. of Technol., Dep. of Biol.) K. MAIER. 4210

Daniel Billen und **Herman C. Lichstein,** *Die Wirkung von Röntgenbestrahlung auf die adaptive Bildung von Ameisensäurehydrogenlyase.* Röntgenbestrahlung ruhender Zellsuspensionen von *E. coli* (Stamm *Texas*) hemmte in Dosen von 60000 r oder größer die Fähigkeit zur adaptiven Bldg. der *Ameisensäurehydrogenlyase* (I) vollständig; 15000 u. 30000 r verringerten die Synth. in steigendem Maße. Vorgebildete I wurde nicht beeinflußt. I-Bldg. erfolgte bei den Kontrollzellen nur nach Zusatz von Glutaminsäure oder einer anderen geeigneten Aminosäure. (J. Bacteriol. **63.** 533—35. April 1952. Oak Ridge, Tenn., Nat. Labor., Biol. Div.) K. MAIER. 4210

T. Tsujii und **A. Machii,** *Histochemische Untersuchung über Carboanhydrase bei der Bildung echter Perlen und von Muschelschalen.* Durch Anwendung des Verf. von KURATA ($NaHCO_3$ + $MnCl_2$, darauf HJO_4) bildet sich je nach der Aktivität der *Carboanhydrase* eine tee- bis schwarzbraune körnige Färbung von MnO_2 nach der Rk. $Mn(HCO_3)_2 \rightleftharpoons MnCO_3 + H_2CO_3$ ($\rightleftharpoons H_2O + CO_2$) bzw. $\rightarrow MnO_2$; noch deutlicher wird die Färbung in Verbindung mit der Ni-Methode. Die Stellen stärkster Aktivität sind die äußeren Membranzellen der Perlentaschen; die sogenannten schleimigen Zellen sind fast reaktionslos. Welcher Mechanismus die Abscheidung des $CaCO_3$ beschränkt, ist unklar. Die Ergebnisse gehen parallel mit biochem. Verss., z. B. mit ^{45}Ca als „Tracer" (vgl. WILBUR u. ANDERSON, Biol. Bull. **98.** [1950.] 12). (Kagaku [Science] **23.** 148. 1953. [Orig.: japan.]) SCHULER. 4210

M. F. Paul, H. E. Paul, Frank Kopko, Melvin J. Bryson und **Catherine Harrington,** *Die Hemmung der Citratbildung in Hodenpräparaten durch Furacin.* Bei der Unters. der Wrkg. verschied. Verbb. (*Nitrofurane*, antibakterielle Agentien, Enzyminhibitoren, Nitroverbb.) auf die anaerobe *Citrat* (I)-Bldg. aus *Oxalacetat* (II) in vitro durch Hodengewebe (Ratte) wurde gefunden, daß *Furacin* (*5-Nitro-2-furaldehydsemicarbazon*; III), *Furadantin* (*N-[5-Nitro-2-furfuryliden]-1-aminohydantoin*) u. *NF-180* (*N-[5-Nitro-2-furfuryliden]-3-amino-2-oxazolidon*) mit 0,1 mg/Liter die Rkk. stark hemmten. Der Hemmstoff war reversibel. Die Reversibilität konnte auch in vivo nachgewiesen werden. Die Bldg. von I aus *Pyruvat* (V), *Diphosphopyridinnucleotid* (VI) u. *Coenzym A* (IV) als *Acetyl*-Quelle wurde durch III erheblich gehemmt, die Übertragung der *Acetyl*-Gruppe von *Acetyl*-IV auf *Sulfanilamid* oder II, sowie die I-Bldg. aus *Acetat, Adenosintriphosphat* u. IV dagegen nicht. Die Verss. deuten darauf hin, daß die III-Hemmung bei der Bldg. von *Acetyl*-IV aus V, VI u. IV angreift. (J. biol. Chemistry **206.** 491—97. Febr. 1954. Norwich, N. Y., Eaton Labors., Inc., Div. of Biol.) K. MAIER. 4210

L. Young, A. R. Morrison und **J. E. M. Whitehead,** *Bakterielle Arylsulfatase.* Die Unters. von 212 Bakterienstämmen auf *Arylsulfatase* (I)-Aktivität unter Verwendung von 0,001 mol. *K-Phenolphthaleindisulfat* (II) als Substrat ergab eine solche nur bei einigen *Salmonella*- u. *Mycobakterien*-Stämmen [79 Salmonella: 9 *S. typhi* (—), 21 *S. paratyphi A* (+), 8 von 11 *S. paratyphi B* (+), 1 von 10 *S. paratyphi C* (+), 27 von 37 weiteren *Salmonella*-Spezies schwach (+); 10 Mycobakterien: 4 *M. tuberculosis* (Kaltblütertyp) (+), 3 von 6 saprophyt. Spezies (+)]. II wurde durch Umsetzung von Chlorsulfonsäure mit Phenolphthalein in Pyridin/Chlf. u. anschließende KOH-Behandlung dargestellt; $C_{20}H_{13}O_{11}S_2K_3 \cdot 2\,H_2O$, farblose Plättchen (W.). Mit 0,001 mol. *K-1-Naphthylsulfat* als Substrat an 57 *Salmonella*-Stämmen u. 16 anderen Stämmen ausgeführte Unterss. gaben analoge Resultate. Ein negativer I-Nachw. schließt die Möglichkeit einer I-Bldg. durch den betreffenden Organismus nicht aus. Zellfreie I-Lsgg. wurden aus in W. homogenisierten, acetongetrockneten Zellen von

Mycobact. tuberculosis N. C. T. C. Nr. *2291* hergestellt; p_H-Optimum von **I** 6,3 in Phosphat–Citrat-Puffer. (Nature [London] **169.** 711—12. 26/4. 1952. London, St. Thomas's Hosp. Med. School, Deps. of Biochem. and Bacteriol.) K. MAIER. 4210

M. Pantlitschko und **E. Kaiser,** *Eine neue Methode zur Bestimmung der Phenolsulfatase.* Beschreibung einer neuen colorimetr. Bestimmungsmeth. der *Phenolsulfatase* (**I**)-Aktivität, wobei als Substrat das Na-Salz (**II**) des *Phenolphthaleindischwefelsäureesters* (**IIa**) verwendet wird. Die **I**-Aktivität ist von Enzymkonz. u. Einwirkungsdauer linear abhängig. Die optimale **I**-Wirksamkeit liegt bei p_H 5,9 in 0,1 mol. Acetatpuffer bei 37° u. einer $2{,}5 \cdot 10^{-4}$ mol. Substratkonzentration. **I** von verschied. *Pektinase*-Präpp. wies unter den angegebenen Bedingungen keinerlei Unterschiede gegenüber *Takadiastase* auf. Im menschlichen Harn war keine **I**-Aktivität nachweisbar. 0,5 cm³ Substratlsg. mit 4,0 cm³ Acetatpuffer (0,1 mol., p_H 5,8) versetzen, 0,5 cm³ vorgewärmte Enzymlsg. zusetzen, bei 37° bebrüten, Enzymeinw. durch 5,0 cm³ Entwicklungspuffer (0,4 mol. Glycinpuffer, p_H 10,45) unterbrechen, wodurch gleichzeitig die Farbe des in Freiheit gesetzten *Phenolphthaleins* (**III**) entwickelt wird, Farbintensität gegen eine Leerprobe (mit inaktivierter **I**) colorimetr. bei ca. 550 mμ bestimmen. **II**-*Darst.*: 100 cm³ Pyridin u. 500 cm³ Chlf. unter Rühren u. Eiskühlung mit 30 cm³ frisch dest. Chlorsulfonsäure versetzen, dann 63,6 g **III**, in wenig Pyridin gelöst, zutropfen, nach Rühren über Nacht bei Raumtemp. belassen, bis bei p_H 10,4 prakt. keine Färbung mehr erfolgt, mit W. versetzen (Kühlung!), Chlf. abtrennen, wss. Phase im Vakuum bei Raumtemp. eindampfen, krist. Pyridinsalz von **IIa** in A. lösen, mit alkoh. NaOH neutralisieren, nach Abkühlen auf Eis Na_2SO_4 abtrennen, **II** durch Eindampfen isolieren, durch Behandeln mit Ae. von freiem **III** befreien; **II** krist. mit 2 Moll. H_2O. (Mh. Chem. **83.** 1140—45. 15/10.; S.-B. österr. Akad. Wiss., math.-naturwiss. Kl., Abt. IIb **161.** 1140—45. 1952. Wien, Univ., Med.-chem. Inst.) K. MAIER. 4210

Victor A. Najjar und **M. B. Allen,** *Die Bildung von Stickstoff, Distickstoff- und Stickstoffoxyd durch Extrakte denitrifizierende Bakterien.* Aus 2 denitrifizierenden Bakterienstämmen, *Pseudomonas stutzeri* (**A**) u. einem thermophilen, zwischen *Bacillus subtilis* u. *B. licheniformis* stehendem Stamm (**B**), wurden zellfreie Extrakte hergestellt, die *Nitrit* (**I**) zu einem Gemisch gasförmiger Verbb. reduzieren. Für eine kontinuierliche Gasbldg. sind sowohl das lösl. Zellmaterial als auch die cytoplasmat. Granula (H-Donatormechanismus) erforderlich. Das durch **A**-Extrakte gebildete Gas besteht vorwiegend aus N_2, während das durch **B**-Auszüge erzeugte eine merkliche Menge N_2O enthält. In beiden Fällen wird außerdem aus **I** *NO* gebildet, das von Extrakten u. intakten Zellen zu N_2 red. werden kann. Möglicherweise stellt *NO* eine Zwischenstufe der Denitrifikation dar oder wird reversibel aus einer Zwischenstufe gebildet. (J. biol. Chemistry **206.** 209—14. Jan. 1954. Baltimore, Md., Johns Hopkins Univ., School of Med., Dep. of Pediatr.; Pacific Grove, Calif., Stanford Univ., Hopkins Marine Stat.) K. MAIER. 4210

Victor A. Najjar und **Jean Fisher,** *Untersuchungen über L-Glutaminsäuredecarboxylase aus Escherichia coli.* Aus gewaschenen *E. coli* (Stamm *ATTC* Nr. *11246*)-Zellen wurde durch Zerreiben mit Al_2O_3 bei 6°, Extraktion mit kaltem W., Zentrifugieren, $(NH_4)_2SO_4$-Fällung (0,5 Sättigung), Dialyse des Nd. gegen W. bei 6° u. nochmalige Fraktionierung der zentrifugierten Lsg. mit $(NH_4)_2SO_4$ (0,4—0,5 Sättigung) eine 8fache Anreicherung einer *L-Glutaminsäuredecarboxylase* (**I**) erzielt (7% Ausbeute), die keine *Glutaminase* u. keine andere Aminosäuredecarboxylase enthielt. **I** ist für *L-Glutaminsäure* spezif. u. greift die *α-COOH*-Gruppe unter Bldg. stöchiometr. Mengen CO_2 u. *γ-Aminobuttersäure* an. Das p_H-Optimum der Aktivität beträgt 4,8—5,0 (0,15 mol. Acetatpuffer). Die MICHAELIS-Konstanten bei p_H 4, 5 u. 5,6 sind 16,6, 4,5 u. $14{,}3 \cdot 10^{-3}$ Mol. (J. biol. Chemistry **206.** 215—19. Jan. 1954. Baltimore, Md., Johns Hopkins Univ., School of Med., Dep. of Pediatr.) K. MAIER. 4210

Norwood K. Schaffer, Stephen C. May jr. und **William H. Summerson,** *Serinphosphorsäure aus dem Diisopropylphosphorylderivat von Aal-Cholinesterase.* Das Umsetzungsprod. von *³²P-Diisopropylfluorphosphat* mit Aal-*Cholinesterase* „*Diisopropylphosphorylcholinesterase*" wurde enzymat. mit *Pepsin* u. *Trypsin* sowie mit 2nHCl oder direkt mit 2nHCl partiell hydrolysiert. Aus dem Hydrolysat konnte mit ca. 40%ig. Ausbeute (bezogen auf P) durch Fraktionierung an *Dowex 50* (*H*-Form) *Serinphosphorsäure* (**I**) isoliert werden. Da **I** auch aus partiellen Hydrolysaten von *Diisopropylphosphorylchymotrypsin* isoliert worden ist, dürften in beiden Enzymen reaktionsfähige *Serin*-Reste (**II**) vorkommen. Möglicherweise erfolgt die **II**-Phosphorylierung auch in einer Sekundärreaktion. (J. biol. Chemistry **206.** 201—07. Jan. 1954. Maryland, Army Chem. Center, Chem. Corps Med. Labors., Enzyme Chem. Branch.) K. MAIER. 4210

K. Hellmann, *Quantitativer histochemischer Nachweis der Cholinesterase durch radioaktives Kupfer.* Zur quantitativen Best. der *Cholinesterase* (I)-Aktivität im Bereich der motor. Endplatten des Zwerchfells wird *Cu-Thiocholin* (II) an den Stellen der I-Aktivität gefällt u. normalerweise mit $(NH_4)_2S$ behandelt, wobei sich ein dunkelbrauner *Cu-Sulfid*-Nd. abscheidet. Bei Verwendung von ^{64}Cu im *Cu-Glykokoll*-Incubationsmedium fällt radioakt. II aus. Die Schnitte werden aus dem Substrat entfernt, in einer Spül-Fl. (40% ig. 0,2 mol. KH_2PO_4, 10% 0,2 mol. Na_2HPO_4, 2% 4,7% ig. Glykokol-Lsg., W. ad 100 cm^3) gebracht (6 Passagen) u. auf Objektträgern mit absol. A. getrocknet. Das getrocknete Material wird in eine Bleikassette gebracht u. die Aktivität 3 mal 2 Min. lang mit einem GEIGER-MÜLLER-Zähler bestimmt. Anschließend behandelt man die Schnitte zur Sichtbarmachung des Cu mit 2% ig. $(NH_4)_2S$ als *Cu-Sulfid* u. zählt die Anzahl der Endplattengebiete visuell aus. Das Verhältnis: Zahl der Endplattenbereiche/(Impulse/Min.) war annähernd konstant. Bei Hemmung der I-Aktivität des Diaphragmas durch $1 \cdot 10^{-6}$ mol. *DFP* fiel die Impulszahl/Min. auf 85% der n., durch $5 \cdot 10^{-6}$ auf 2,2%, durch $1 \cdot 10^{-5}$ auf <10%. 6 Tage nach Denervation ergab sich kein Unterschied der I-Aktivität gegenüber dem n. Wert. (J. Physiology **117.** 77 P—78 P. 28/8. 1952. Oxford, Univ., Dep. of Human Anat., Med. Res. Counc. Climatic and Working Efficiency Unit.) K. MAIER. 4210

Herbert J. Eichel, *Eine spektrophotometrische Methode zur Bestimmung der Cholindehydrogenase.* Es wird ein Verf. zur Best. der Cholindehydrogenase (I) in homogenisierten Leber- u. Nierenpräpp. beschrieben, indem die mit der Wirksamkeit von I gekoppelte Red. von *Cytochrom c* (II) spektrophotometr. bei 550 mμ gemessen wird. Es wird gezeigt, daß die Red. des II linear proportional der Gewebeextraktkonz. ist u. etwas von *Nicotinsäureamid*, stärker durch eine Erhöhung der *Cholin*-Konz., nicht aber durch *DPN* gehemmt wird. Ein Optimum der I-Wirksamkeit liegt bei p_H 6,8 u. einer Endkonz. von 0,067 mol. Phosphatpuffer. (J. biol. Chemistry **217.** 647—55. April 1954. Philadelphia, Pa., Hahnemann Med. Coll., William Goldman Isotope Labor.) MOISAR. 4210

Roy L. Kisliuk und **Warwick Sakami,** *Die Stimulierung der Serin-Biosynthese in Taubenleberextrakten durch Tetrahydrofolsäure.* Nach J. biol. Chemistry **205.** [1953.] 145 hergestellte Taubenleberextrakte (I) katalysieren die Rk. $CH_2OHCHNH_2COOH \rightleftarrows$ „C_1" + CH_2NH_2COOH, wobei Formiat u. CH_2O zur Bldg. der „C_1"-Einheit verwertet werden. Diese Fähigkeit von I geht bei deren Behandlung mit *Dowex-1* (Chloridform) u. Dialyse gegen 0,1 mol. K-Phosphatpuffer (p_H 7,5) verloren. Durch Zugabe von *Tetrahydrofolsäure* (II) erlangen derart inaktivierte Extrakte wieder die Fähigkeit zur gegenseitigen Überführung von *Serin* (III) u. *Glykokoll* (IV) ineinander. Incubation von I mit *L*-III u. $^{14}C_{(1)}$-IV ergab, daß das *β-C* von *L*-III die „C_1"-Einheit für die Umwandlung von $^{14}C_{(1)}$-IV in $^{14}C_{(1)}$-III lieferte. Inaktivierte I bauten ^{14}C erst nach II-Zugabe in III ein. Incubierung inaktivierter I mit ^{14}C-CH_2O u. IV bewirkte nach II-Zusatz im gleichen Maße Einbau von ^{14}C in III wie diejenige unbehandelter I. Die Verwertung von Formiat zur III-Synth. in inaktivierten I wurde durch Zusatz von II, *Adenosintriphosphat* (V), *Diphosphopyridinnucleotid* (VI), *Glucose-6-phosphat* u. Mn^{2+}, jedoch nicht durch II allein, wieder ermöglicht. Die bei Weglassung einzelner der genanten Verbb., sowie bei Ersatz von II durch *Folsäure* (VII) erhaltenen Ergebnisse deuten darauf hin, daß in Ggw. von V Formiat in *Citrovorum*-Faktor eingebaut u. dieser anschließend durch ein VI-Enzymsyst. zu *N^5-Oxymethyltetrahydrofolsäure* red. wird. Die Fähigkeit von VII, II ersetzen zu können, zeigt, daß VI auch der Cofaktor des bei der Umwandlung von VII in II beteiligten Enzymsyst. ist. (J. Amer. chem. Soc. **76.** 1456—57. 5/3. 1954. Cleveland, O., Western Reserve Univ., School of Med., Dep. of Biochem.) K. MAIER. 4210

Paul H. Kopper (unter techn. Mitarbeit von **Leon Robin**), *Untersuchungen über eine Sarkosinoxydase bakteriellen Ursprungs.* Aus einem *Kreatin* zers. *Pseudomonas aeruginosa*-Stamm wurde eine *Sarkosinoxydase* (I) erhalten, die beim Trocknen, bei der Gefriertrocknung u. der Dialyse gegen dest. W. inaktiviert wird. Die I-Aktivität ist der I-Konz. u. der Substratkonz. bis zur I-Sättigung mit Substratmoll. proportional. Ein I-Mol. verbindet sich hierbei mit einem Mol. Substrat. Das p_H-Optimum von I liegt bei 7,8. *Schwermetallsalze*, Reduktionsmittel, *Benzoat* u. schwächer *NaF* u. *Sulfanilamid* hemmen I. Die Hitzeinaktivierung zeigt den Verlauf einer Rk. 1. Ordnung, das krit. therm. Inkrement zwischen 48 u. 52° berechnet sich zu 103000 cal/Mol. *Pseudomonas*-I verhält sich ähnlich wie *Proteus-l-Aminosäureoxydase.* Beide Enzyme benötigen im Unterschied von tier. Aminosäureoxydasen anscheinend keinen dialysablen Co-Faktor. Die Best. der I-Aktivität erfolgte durch colorimetr. Messung des gebildeten CH_2O mit *1.8-Dioxynaphthalin-3.6-disulfosäure* nach MACFADYEN (J. biol.

Chemistry **158**. [1945.] 107). (J. gen. Physiol. **34**. 9—17. 20/9. 1950. Chicago Med. School, Dep. of Microbiol. and Public Health.) K. MAIER. 4210

Walter D. Wosilait und **Alvin Nason**, *Pyridinnucleotid-Chinonreduktase. 1. Mitt. Reinigung und Eigenschaften des Enzyms aus Erbsensamen.* Aus zellfreiem Extrakt (0,1 mol. Phosphatpuffer, p_H 7,5) von getrockneten Erbsen wurde durch Behandlung mit Ca-Phosphat, fraktionierte $(NH_4)_2SO_4$-Fällung, Einw. von Al_2O_3C-Gel eine 24fache Anreicherung einer *Pyridinnucleotid-Chinonreduktase* (**I**) erzielt. **I** katalysiert die Red. von *p-Benzochinon* (**II**) zu *Hydrochinon* (**III**) nach: *Diphosphopyridinnucleotid* $(\mathbf{IV})_{red} + H^+ + \mathbf{II} \rightarrow \mathbf{IV}^+ + \mathbf{III}$. Die enzymat. Rk. ($K = 10^{20}$) verläuft schneller als die entsprechende nichtenzymatische. In beiden Fällen wurden **IV** u. **III** als Reaktionsprodd. identifiziert. Mit *Triphosphopyridinnucleotid*$_{red}$ wurde maximal die halbe Reaktionsgeschwindigkeit wie mit $\mathbf{IV}_{red}$ erzielt. Als Elektronenacceptoren kann eine Anzahl von **II**- u. *Naphthochinon*-Derivv. dienen. Die enzymat. Rk. hat ein p_H-Optimum von 6,5, die nichtenzymat. ist p_H-unabhängig. Die erstere ist von Metallionen, Flavin u. anderen Cofaktoren unabhängig. Von den geprüften Inhibitoren waren *2.4-Dinitrophenol* u. verwandte Phenole in sehr niedrigen Konzz. wirksam. Die Best. von **I** erfolgt durch Verfolgen der Oxydation von red. **IV** an Hand der Absorptionsabnahme bei 340 mμ. (J. biol. Chemistry **206**. 255—70. Jan. 1954. Baltimore, Md., Johns Hopkins Univ., McCollum-Pratt Inst.) K. MAIER. 4210

Walter D. Wosilait, Alvin Nason und **Ann J. Terrell**, *Pyridinnucleotid-Chinonreduktase. 2. Mitt. Die Rolle beim Elektronentransport.* (1. vgl. vorst. Ref.) Eine Funktionsmöglichkeit der *Pyridinnucleotid-Chinonreduktase* (**I**) beim Elektronentransport zwischen Pyridinnucleotiden u. bestimmten *Cu-Oxydasen* wurde durch Kopplung von **I** mit *Laccase* (**II**) u. *Polyphenoloxydase* (**III**) (*Tyrosinase*) aufgezeigt, wobei bei Kopplungsverss. mit **II** *Hydrochinon* (**VI**), mit **III** *1.2-Naphthochinon* (**VII**) als Zwischenträger dienten. *Diphosphopyridinnucleotid* $(\mathbf{IV})_{red}$ wird durch die enzymat. gebildeten Oxydationsprodd. von *Brenzcatechin* (**V**), *Protocatechusäure* u. *3.4-Dioxyphenylalanin* (*Dopa*), sowie durch *o-Chinon*, erhalten durch Ag_2O-Oxydation von **V**, rasch oxydiert. Zugabe großer Konzz. gereinigter **I** bewirkte keine weitere Geschwindigkeitserhöhung (schnelle nichtenzymat. $\mathbf{IV}_{red}$-Oxydation durch o-Chinon?). Zusatz von **I** zu einer vollständigen Reaktionsmischung aus $\mathbf{IV}_{red}$, **VI** u. **II** bewirkte rasche $\mathbf{IV}_{red}$-Oxydation. Zusatz von **I** zu einer Mischung aus Puffer u. **VII** steigerte die $\mathbf{IV}_{red}$-Oxydation, bis fast alles **VII** verbraucht war. **III**-Zugabe bewirkte eine weitere schnelle Oxydation des restlichen $\mathbf{IV}_{red}$. Durch $\mathbf{IV}_{red}$-Zusatz konnte eine ständige Elektronenübertragung über **I, VII** u. **III** erfolgen. Die Wirksamkeit einer gereinigten **I**-Fraktion bei der Katalyse der $\mathbf{IV}_{red}$-Oxydation in Ggw. der „akt." Zwischenstufe der *Ascorbinsäure*-Oxydation beruhte auf Ggw. eines von **I** verschied. Enzyms. **I** wird durch *2.4-Dinitrophenol* u. ähnliche Verbb. stark gehemmt (95%ig. Hemmung durch 10^{-5} mol. Konz.). *Aureomycin* beeinflußte in 10^{-4}- bis 10^{-5} mol. Konz. die enzymat. Aktivität nicht. Eine eindeutige Beziehung zwischen der Hemmwrkg. gewisser Nitrophenolderivv. (**VIII**) auf **I** u. der entkoppelnden Wrkg. von **VIII** auf die oxydative Phosphorylierung ist bislang nicht erkennbar. Die Verteilung von **I** in verschied. Pflanzen, Tieren u. Mikroorganismen wurde bestimmt. **I** fand sich in zellfreien Extrakten der meisten untersuchten Organismen u. Gewebe. (J. biol. Chemistry **206**. 271—82. Jan. 1954. Baltimore, Md., Johns Hopkins Univ., McCollum-Pratt Inst.) K. MAIER. 4210

O. Ichikawa, Y. Okura und **O. Shibata**, *Verbreitung von Lipasen in Tuberkelbacillen, geprüft mittels unspaltbarer oberflächenaktiver Substanzen als Substrat.* (Vgl. Kagaku [Science] **22**. [1952.] 65.) Mit einem humanen (H–2) u. einem aviaren (A 3717) Stamm von Tbc.-Bacillen wurden 25 käufliche oberflächenakt. Stoffe bzgl. *Lipase*-Wrkg. untersucht (Ag_2S-Meth., p_H 8,5). Vom humanen Stamm wurden 18 Stoffe, vom aviaren 24 gespalten. Reihenfolge der Lipasewrkg.: Polyoxyäthylenreihe > Polyoxyäthylensorbitanreihe > Sorbitanreihe > Glycerinreihe. Bei den Säureanteilen: Olein- > Laurin- > Stearin- > Palmitinsäure > Cetylester (humaner Stamm). (Kagaku [Science] **23**. 144—45. 1953. [Orig.: japan.]) SCHULER. 4210

Walter E. Furr jr., Robert V. Bordeau, H. David Roach und **Harold Laufman**, *Wirkungen von Clostridium welchii-Lecithinase in vivo.* Die Wrkg. des Toxins von Clostridium welchii beruht auf seinem Geh. an *Lecithinase*. Injektionen des Toxins führen beim Hund zu Kreislaufstörungen u. Veränderungen des Blutbilds. Der Injektion folgt ein rascher Abbau der Thrombocyten, während rote u. weiße Blutzellen erst später angegriffen werden. Weitere Folgeerscheinungen sind anwachsende Gerinnungszeit, Capillarschädigungen, schwere Leberschäden u. Veränderung der Plasmaproteine. (Surgery, Gynecol. Obstetr. **95**. 465—71. Okt. 1952. Cleveland, O., Northwestern Univ., Med. School.) N. W. ROTHE. 4210

E_3. Mikrobiologie. Bakteriologie. Immunologie.

Lawrence P. Miller, *Bildung von Metallsulfiden durch die Tätigkeit sulfatreduzierender Bakterien.* Durch die Tätigkeit verschied. Stämme des sulfatreduzierenden Bakteriums *Desulfovibrio desulfuricans* (BEIJ) *K.* u. *v. N.* wurden in Ggw. von Sb_2O_3, $(BiO)_2CO_3 \cdot H_2O$, $2\ CoCO_3 \cdot 3\ Co(OH)_2$, $CuCO_3 \cdot Cu(OH)_2$, $2\ PbCO_3 \cdot Pb(OH)_2$, $PbSO_4$, $NiCO_3$, $Ni(OH)_2$ oder $2\ ZnCO_3 \cdot 3\ Zn(OH)_2$ in einem NH_4Cl, $MgSO_4 \cdot 7\ H_2O$, Na_2SO_4, K_2HPO_4, $CaCl_2$, NaCl, $CaCO_3$, $Fe(NH_4)_2(SO_4)_2 \cdot 6\ H_2O$, Na-Lactat u. teilweise noch Hefeextrakt enthaltenden Kulturmedium die Sulfide von Sb, Bi, Co, Cd (in früheren Verss.), Fe, Pb, Ni u. Zn gebildet. In Ggw. von Cd-, Fe-, Sb-, Bi- u. Pb-Verbb. erfolgte die Entw. sehr gut, mit denen von Co u. Zn wenig gut u. mit Ni-Verbb. am schlechtesten. Die Verss. in Ggw. von Cu-Carbonat verliefen vollständig negativ. Die Gesamtmenge Sulfid war in den Verss., wo der gebildete H_2S als unlösl. Sulfid ausfiel, jeweils größer als bei den Kontrollen. Eine Vermehrung der H_2S-Bildungsgeschwindigkeit u. damit des Bakterienwachstums konnte bislang nicht festgestellt werden. Metallsulfidablagerungen bakteriellen Ursprungs erscheinen, was die Verträglichkeit sulfatreduzierender Bakterien mit gewissen Metallverbb. anbetrifft, möglich. (Contr. Boyce Thompson Inst. **16.** 85—89. Juli/Sept. 1950.) K. MAIER. 4320

Lawrence P. Miller, *Die Schwefelwasserstofftoleranz sulfatreduzierender Bakterien.* Kulturen des sulfatreduzierenden Bakteriums *Desulfovibrio desulfuricans* (BAIJ.) *K.* u. *v. N.*, die nicht die hohen H_2S-Konzz., die n. möglich sind, bilden, zeigen gegenüber beträchtlich größeren H_2S-Konzz. keine besondere Empfindlichkeit. Wenn der entstehende H_2S durch Zn-Acetat in der Atmosphäre oder durch Ggw. von $FeSO_4$, $CdCO_3$ in der Nährlsg. entfernt wird, erfolgt Bldg. größerer H_2S-Mengen als bei den Kontrollen. Höhere H_2S-Konzz. scheinen die Entw. der Organismen ungünstig zu beeinflussen. Die rascheste H_2S-Bldg. erfolgt mit einem Inoculum aus einer 2 Tage alten Kultur. Mit zunehmendem Alter des Inoculums von 2—20 Tagen nimmt in der neuen Kultur die Bildungsgeschwindigkeit von H_2S ab, so daß für die Bldg. von 50% der möglichen H_2S-Konz. (bis 2500 mg/Liter) 140 statt 50 Std. erforderlich sind. Mehr als 50 Tage alte Kulturen verlieren teilweise die Lebensfähigkeit. Bei 0,5° sind die Überlebensraten der Kulturen beträchtlich größer als bei 30°. Sie werden anscheinend nicht wesentlich durch die in den Kulturen vorhandene H_2S-Konz. beeinflußt. (Contr. Boyce Thompson Inst. **16.** 73—83. Juli/Sept. 1950.) K. MAIER. 4320

W. A. Wood und **R. F. Schwerdt,** *Kohlenhydratoxydation durch Pseudomonas fluorescens.* 2. Mitt. *Mechanismus der Hexosephosphatoxydation.* (1. vgl. C. **1953.** 8628.) Zur Ermittlung der Hexosephosphatoxydation wurden Zellen von Pseudomonas fluorescens (P. f.) mit W. aufgeschwämmt u. mit Ultraschall behandelt. Den zellfreien Extrakten, die ca. 35 mg Protein/Liter enthalten, wurden Hexosephosphate zugesetzt u. die Oxydation derselben respirator. nach WARBURG gemessen. Die Ergebnisse zeigen, daß im zellfreien Extrakt ein Glucose-1-phosphat (I), Glucose-6-phosphat (II), 6-Phosphogluconat (III), Ribose-5-phosphat, Fructose-1.6-diphosphat, red. Diphosphopyridin (DPNH)-Oxydasesyst. enthalten ist. Ferner Glyceraldehyd-3-phosphatdehydrogenase, Phosphoglucomutase, Phosphohexoseisomerase u. Aldolase. Die Sedimentfraktion des Ultraschallextraktes katalysiert die Red. von DPN (Diphosphopyridinnucleotid) u. TPN (Triphosphopyridinnucleotid) durch II infolge der gleichzeitigen Wrkg. einer spezif. TPN-Dehydrogenase u. einer Pyridinnucleotiddehydrogenase. Die Oxydation von TPNH durch O_2 erfolgte nur in Ggw. von DPN. Durch die lösl. Eiweißfraktion wurde die Red. von DPN u. TPN durch III katalysiert u. die Spaltung von III in Triosephosphat u. Brenztraubensäure beschleunigt. Durch anaerobe Zers. von Ribose-5-phosphat reicherte sich Sedoheptulosephosphat an. In Übereinstimmung mit Verss. mit Hefe-, Leberzellen u. Spinat (vgl. HORECKER u. SMYRNIOTIS, C. **1953.** 2940) scheint diese Tatsache von allg. Bedeutung im Kohlenhydratcyclus zu sein. (J. biol. Chemistry **206.** 625—35. Febr. 1954. Urbana, Ill., Univ. of Illinois, Dep. of Dairy Sci., Labor. of Bact.) LENHERD. 4320

M. Iinuma, Y. Suyama und **Y. Ito,** *Veränderungen der Aminosäurekomponenten von Rindertestikeln durch Pseudomonas pyocyanea.* Papierchromatograph. Unterss. über den Proteinabbau durch Pseudomonas pyocyanea, die mit Rindertestikelemulsion aerob u. anaerob durchgeführt wurden, zeigten, daß unter aeroben Bedingungen Proteolyse u. Aminosäureabbau schneller ablaufen u. daß die unter den beiden Bedingungen auftretenden Aminosäuren voneinander differieren. Der Abbau von Proteinen u. Aminosäuren verlief in der Kontrollgruppe langsamer als nach Beimpfung mit Pseudomonas pyocyanea. Vff. schließen aus ihren Unterss., daß bei dem Fäulnisprozeß das Protein durch successiven Angriff von Bakterienproteasen, -polypeptidasen u. -dipeptidasen zu Aminosäuren abgebaut wird, die durch weitere Enzyme in Fettsäuren NH_3, Phenol, Indol, H_2S u. Amine umgewandelt werden. Wesentliche Änderungen von p_H u. Bakterienzahl konnten nicht beobachtet werden. (J. Kyoto prefect. med. Univ. **52**. 879—87. März 1953. Kyoto pref. med. Univ., Dep. of Microbiol. [Orig.: japan.: Auszug: engl.]) NEHRING. 4320

W. O. Kalinenko, *Oxydation des Ammoniaks und Synthese des Eiweißes in einer Reinkultur von Nitrosomonas europea.* (Vgl. C. **1954**. 4182.) Bei monatelangem Wachstum von *Nitosomonas europea* (Nitr.) auf anorgan. WINOGRADSKI-Nährboden wurde eine lang anhaltende starke Nitritbldg. beobachtet, die später abnahm u. fast völlig aufhörte. Selbst bei sehr starker Abnahme oder völliger Unterdrückung der NH_3 (I)-Oxydation zu Nitrit nahm die Bldg. von Eiweiß u. C-Verbb. nicht ab. Hieraus wird geschlossen, daß die Oxydationstätigkeit von Nitrit eine Neben-Rk. ist, die keinen Einfl. auf die Eiweißsynth. hat. Es wird angenommen, daß die I-Oxydation zu Nitrit keine Energiequelle für Nitrit darstellt. (Доклады Академии Наук СССР [Ber. Akad. Wiss. UdSSR] [N. S.] **92**. 429—30. 11/9. 1953. Inst. für Ozeanologie der Akad. der Wiss. der UdSSR.) LEBTAG. 4320

H. S. Levinson und **M. G. Sevag,** *Stimulierung von Keimung und Atmung der Sporen von Bacillus megatherium durch Mangan und einwertige Anionen.* $MnSO_4$ u. etwas weniger Zn- u. Co-Salze stimulieren die Keimung der Sporen in Glucosenährböden. Es müssen dabei monovalente Anionen im bestimmten Verhältnis zugegen sein. *Adenosin* kann einen Teil dieser letzteren Wrkg. ersetzen. (J. gen. Physiol. **36**. 617—29. 20/5. 1953. Philadelphia, Pa., Univ. of Pennsylvania, Dep. of Microbiol.) GERBER. 4325

M. R. J. Salton, *Die baktericiden Eigenschaften einiger kationischer oberflächenaktiver Substanzen.* Die baktericiden Eigg. zweier kation. Detergentien, „*Cetavlon*" (*Cetyltrimethylammoniumbromid*) u. „*Fixanol C*" (*Cetylpyridiniumbromid*; I), gegenüber 10 Testorganismen wurden bei 7 p_H-Werten zwischen 5,2 u. 8,2 nach der *F. D. A.*-Meth. untersucht. Die Ergebnisse waren ähnlich. Grampositive Organismen zeigten größere Empfindlichkeit als gramnegative. *St. aureus, St. albus, Strept. faecalis* u. *Proteus vulgaris* waren unter schwach alkal. Bedingungen sehr empfindlich, während *Ps. fluorescens, Ps. pyocyanea, Achromobacter liquefaciens* u. *Bact. coli* bei schwach sauren p_H-Werten große Empfindlichkeit zeigten. Die Empfindlichkeit von *Corynebacterium equi* blieb im genannten p_H-Bereich unbeeinflußt. *St. aureus* wurde bei p_H 8,1, *Ps. fluorescens* bei 5,3 rascher abgetötet. Die baktericide I-Wrkg. erfuhr durch zwei anion. Detergentien, *Aerosol OT* u. *Na-Cetylsulfat*, keine Aufhebung. Die Adsorption von I an *St. aureus* u. *Ps. fluorescens* war bei p_H 8,2 am stärksten. Die Hemmung der O_2-Aufnahme steht in keiner deutlichen Beziehung zur Mortalität. I-Behandlung verursachte eine verstärkte Abnahme phosphorhaltiger Verbb. der Zellen. (Austral. J. sci. Res., Ser. B **3**. 45—60. Febr. 1950. Homebush, N. S. W., Div. of Food Preservation and Transport, C. S. I. R. O.) K. MAIER. 4330

Otto Frhr. v. Vietinghoff-Scheel, *Resistenzsteigerung von Tuberkelbakterien gegenüber TB VI in vitro.* Durch 4 Passagen auf *TB VI*-haltigen Einährböden nach HOHN (Substrat 4) gelang die Züchtung gegen Konz. von 1 : 100 resistenter Tuberkelbakterien. Die resistenten Stämme zeigten gegenüber den n. Bakterien ein glatteres u. feuchteres Kolonienwachstum, während die morpholog. Struktur (1000fache Vergrößerung) u. die ZIEHL-NEELSEN-Färbbarkeit unverändert blieben. Die gegen eine *TB VI*-Konz. von 1:100 resistenten Stämme besaßen im Meerschweinchenvers. die gleiche Virulenz wie n. Tuberkelbakterien. (Beitr. Klin. Tuberkul. **104**. 151—54. 1950. Köln, Univ., Hygieneinst.) K. MAIER. 4300

Alfred G. Karlson und **Yujiro Ikemi,** *Vergleich der Virulenz eines Isoniazid-empfindlichen Tuberkelbacillus und seiner Isoniazid-resistenten Variante bei Mäusen und Meerschweinchen.* Bericht über Tierverss. mit dem Ergebnis, daß der *Isoniazid* (I)-empfindliche Tuberkelbacillusstamm H37Rv u. seine I-resistente Variante für Mäuse gleich virulent waren, während bei Meerschweinchen der resistente Stamm in den inneren Organen Läsionen verursachte, die unter Umständen wieder zurückgingen, im Gegensatz zu progressiven disseminierten Läsionen durch den I-empfindlichen Stamm. (Proc. Staff Meetings Mayo Clin. **29**. 119—24. 24/2. 1954.) DOSSMANN. 4330

Eleanor Johnson Tobie und **Theodor von Brand,** *Die Entwicklung von Arsenresistenz in Trypanosoma gambiense und ihr Einfluß auf Parasitämie.* Infektion einer As-resistenten Mutanten von Trypanosoma gambiense führt bei weißen Mäusen, Ratten u. Meerschweinchen langsamer zum Tode (10 Tage) als eine Infektion mit dem Normalstamm (ca. 5 Tage). Bei Mäusen verlief die Krankheit schneller als bei Meerschweinchen, gleichgültig, durch welchen Stamm die Infektion erfolgte, während Ratten, mit dem Normalstamm infiziert, den progressiven, mit dem mutierten Stamm sowohl den progressiven als den schleppenden Krankheitsverlauf, den letzteren dominierend im Verh. von ca. 2:1, zeigten. Zwei mögliche Erklärungen werden angeführt. Der resistente Stamm ist weniger virulent u. die infizierten Tiere können mehr Antistoffe erzeugen, oder die As-Resistenz des Erregers verändert den Stoffwechsel des Wirts derart, daß bestimmte Zwischenprodd. die Immunität des Wirts erhöhen. (J. infect. Diseases **92.** 132–38. März/April 1953.) LENHARD. 4330

Donald C. Mortimer und **Marvin J. Johnson,** *Die Beziehung zwischen der Konstitution der Vorstufen und der Biosynthese von Penicillinen.* Der Zusatz verschied. *Carbonsäuren* (**I**) zu einem synthet. Kulturmedium für *Penicillium chrysogenum G 176* bewirkte bei Züchtung (Schüttelkultur) die Bldg. des entsprechenden *Penicillins* (**II**). Eine modifizierte papierchromatograph. Unters. der gebildeten **II**-Typen nach KARNOVSKY u. JOHNSON (Analytic. Chem. **21.** [1949.] 1125) ergab, daß in Ggw. von *Sorbinsäure* (**Ia**), *Cyclohexylessigsäure* u. *Phenoxyessigsäure* der prozentuale Anteil des hieraus aufgebauten **II** an der Gesamtaktivität ebenso hoch wie bei *Phenylessigsäure* (**III**) als Vorstufe lag (91,8–100, 83,5, 90, 89,7%), jedoch war die Gesamtwirksamkeit dieser **I** als Vorstufe wesentlich geringer als die von **III**. Die Umwandlungsgeschwindigkeit einiger als Vorstufen verwendeten **I** stand zu ihrer Wirksamkeit hinsichtlich der **II**-Bldg. im umgekehrten Verhältnis. In α- oder β-Stellung substituierte **I** wurden vom Pilz schwerer verwertet. β-substituierte **I** erwiesen sich als gut verwertbare Vorstufen, wenn nicht gleichzeitig α-Substitution vorlag (*α-Äthylphenylessigsäure* 14,6%, *α-Phenylessigsäure* 0). α.β-ungesätt. **I** unterschieden sich im Verh.: *Crotonsäure, β-Chlorcrotonsäure* u. *Zimtsäure* waren unwirksam, *α.β-Hexensäure* war wirksam (86%), jedoch entstand hieraus, wohl durch die β-Oxydation der Säure, *n-Propylpenicillin.* Neue Penicilline wurden ferner aus *Capronsäure* (69,2%), *Hydrozimtsäure* (50), *Cyclohexanpropionsäure* (20–40) u. *p-Chlorphenoxyessigsäure* (87) erhalten. Setzte man eine Säure, die rasch umgewandelt wird, z. B. **Ia**, der Kultur in häufigen Abständen zu, dann erreichte die Aktivität dieser Vorstufe einen mit der Wirksamkeit der langsam verwerteten **III** vergleichbaren Wert. Die Geschwindigkeit des Ab- bzw. Umbaues einer Anzahl **I** während der Züchtungsperiode wurde untersucht u. eine annähernd konstante Abnahme gefunden. (J. Amer. chem. Soc. **74.** 4098–4102. 20/8. 1952. Madison, Wis., Univ. of Wisconsin, Coll. of Agric., Dep. of Biochem.) K. MAIER. 4340

J. V. Scorza, L. M. Serpa Sanabria und **L. S. Jordan,** *Antagonismus zwischen Penicillin und Aureomycin gegenüber Diplococcus pneumoniae, Typ I-8045. Beobachtungen in vitro.* Wie schon andere Autoren für verschied. Antibiotica u. Organismen, fanden Vff. auch für *Penicillin* (**I**) u. *Aureomycin* (**II**) bei *Diploc. pneumoniae* einen Antagonismus. Verminderung der durch **II** bedingten Bakteriostase durch **I** um ca. 8,5%. Hinsichtlich der Bakteriolyse ist **I** dem **II** überlegen. (Acta ci. venezolana **4.** 177–80. Sept./Okt. 1953. Venezuela, Univ. Centr., Escuela de Ciencias, Fac. de Cienc. Matem. y Natur.) HANS THIELE. 4340

Roger Linz, *Über den Mechanismus der Streptomycinwirkung.* 2. Mitt. Die *Resistenz gegenüber Streptomycin.* (1. vgl. C. **1950.** I. 305.) Die Bedingungen, unter denen ein *Streptomycin* (**I**)-empfindlicher Bakterienstamm resistent wird, wurden untersucht. Zur Entw. der Resistenz ist Vermehrung der Zellen erforderlich. Durch vorübergehenden **I**-Kontakt einer nichtwachsenden Bakteriensuspension u. Züchtung in seiner Bouillon sind bei der Ausbildung der Resistenz 3 Phasen unterscheidbar: Fixierung von **I**, Latenzzeit, Auftreten der Resistenz. Die Theorie, wonach der Ursprung der Resistenz eines Stammes auf der Auslese spontan resistenter Mutanten beruht, erklärt nicht alle experimentellen Befunde, wie z. B.: das verzögerte Auftreten von resistenten Formen in gehemmten Kulturen, die Existenz von **I**-benötigenden Varianten, die durch wiederholte Passagen in Nährlsgg., die minimale **I**-Konzz. ($^1/_{500}$–$^1/_{1000}$ der bakteriostat. Konz.) enthalten, erworbene Resistenz oder die durch einmalige Kultur in Ggw. schwacher **I**-Konzz. erworbene Resistenz. Die **I**-Resistenz beruht nicht ausschließlich auf Selektion spontaner Mutanten, sondern häufig auf einer durch **I** bewirkten Induktion. (Ann. Inst. Pasteur **78.** 105–14. Jan. 1950. Bruxelles, Univ. libre, Labor. de Bacteriol., u. Hôp. universitaire Saint-Pierre, Labor. de Biol. clin.) K. MAIER. 4340

R. G. H. Barbour, *Die Entwicklung der Streptomycinresistenz bei Staphylococcus pyogenes.* Bei 5 *St. pyogenes*-Stämmen, 3 gegen *Streptomycin* (**I**) teilweise resistenten u. 2 **I**-empfindlichen, wurde in vitro Resistenz gegenüber 100 mg **I**/cm³ erzeugt. Die Umwandlung der Teil- in eine Vollresistenz vollzog sich extrem rasch. Die Resistenzentw. der empfindlichen Stämme nahm allmählich zu, bis eine Resistenz gegen ca. 0,1 mg/cm³ erreicht war, worauf anschließend sich rasch vollständig unempfindliche Varianten ausbildeten. Eine **I**-Inaktivierung durch in vitro oder in vivo resistent gewordene Stämme war nicht nachweisbar. Der Vgl. der Eltern- u. Variantenstämme zeigte hinsichtlich Morphologie, Färbeverh., enzymat. Rkk., Hämolysin- u. Koagulasebldg. oder Bakteriophagentypus keine wesentlichen Unterschiede. In vitro u. in vivo

resistent gewordene Stämme unterschieden sich anscheinend nicht voneinander. Beide resistente Typen hatten die Fähigkeit zur Bldg. von *Hämolysin* u. *Koagulase* beibehalten, was auf ihre Pathogenität hinweist. (Austral. J. exp. Biol. med. Sci. **28.** 415—19. Juli 1950. Sydney, Royal Prince Alfred Hosp.,Fairfax Inst. of Pathol.)
K. MAIER. 4340

R. G. H. Barbour, *Während der Entwicklung der Streptomycinresistenz durch Staph. pyogenes gebildete Varianten mit kleinen Kolonien („G"-Formen).* Während der in vitro-Entw. 5 streptomycinresistenter *St. pyogenes*-Stämme wurde die Bldg. von „G"-Formen, Varianten mit kleinen Kolonien, beobachtet. Die Kolonien waren stecknadelkopfgroß, farblos u. nichthämolytisch. Isolierung u. Unters. einer „G"-Form ließ eine viel kleinere Stoffwechselaktivität als der Elternstamm erkennen. *Glucose*, *Lactose* u. *Maltose* wurden vom Ausgangsstamm u. der Variante verwertet, jedoch benötigte letztere zur Erzeugung einer sauren Rk. 48 Std., erstere nur 18—24 Stunden. *Mannit* übte anscheinend auf das Wachstum der „G"-Form eine hemmende Wrkg. aus. Eltern- u. Variantenstamm unterlagen der Lyse durch den Phagen *31B*. Einstufige Wachstumskurven desselben in beiden Stämmen ließen erkennen, daß der Phage durch die Variante langsamer als durch den Ursprungsstamm gebildet wurde, jedoch die Durchschnittszahl der pro Zelle erzeugten Phagenteilchen in beiden Fällen von der gleichen Größenordnung war. Beide Stämme waren *Koagulase*-positiv. (Austral. J. exp. Biol. med. Sci. **28.** 411—13. Juli 1950. Sydney, Royal Prince Alfred Hosp., Fairfax Inst. of Pathol.)
K. MAIER. 4340

G. Canetti und **A. Saenz,** *Die Wirkung von Streptomycin auf die durch lebende und tote Tuberkelbakterien hervorgerufene Allergie.* Die bei Meerschweinchen durch intramuskuläres Einimpfen lebender, virulenter Tuberkelbakterien (Stamm *H 37*) erzeugte Tuberkulinallergie wird durch *Streptomycin* (I, 21.—90. Tag täglich 8 mg subcutan) stark herabgesetzt. Die durch Injektion toter Bakterien (in Vaselinöl) hervorgerufene Allergie erfährt durch I ebenfalls eine Abschwächung, so daß der desensibilisierende Effekt von I während der tuberkulösen Infektion wahrscheinlich nicht der bakteriostat. I-Wrkg. allein zugeschrieben werden kann. (Ann. Inst. Pasteur **79.** 95—99. Juli 1950. Inst. Pasteur, Labors. de Recherches sur la Tuberculose.)
K. MAIER. 4340

E. Kaiser und **V. Camboni,** *Untersuchung über den Einfluß der Wasserstoffionenkonzentration auf die antibiotische Wirkung des Tyrothricins.* Im alkal. Milieu ist *Tyrothricin* in Caseinhydrolysat besser gegen Staph. aureus wirksam als im sauren. Auf die Ähnlichkeit mit der Wrkg. von Kationseifen wird hingewiesen. (Boll. Ist. sieroterap. milanese **32.** 298—302. Juli/Aug. 1953. Mailand, Ist. de Sieroterap.) GERBER. 4340

Harry Seneca und **Diane Ides,** *Der Effekt von Antibioticis auf menschliche Spermien.* Geprüft wurde die Beweglichkeit u. Morphologie. *Penicillin* 2500 E./ml, *Streptomycin* 5 mg/ml, *Bacitracin* 12,5 E./ml, *Terramycin* 12,5 mg/ml, *Magnamycin* 0,1 mg/ml, *Rimocidin* 125 γ/ml bewirkten eben Abnahme der Beweglichkeit. Ohne Wrkg. war Isonicotinsäurehydrazid u. *Viomycin* (0,25 mg/ml). *Polymyxin* erhöhte die Beweglichkeit. (J. Urology **70.** 306—11. Aug. 1953. New York, N. Y., Columbia Univ., Coll. of Physic. and Surg.) GERBER. 4340

Georges Girard, *Die Bildung von Kristallen durch einen auf verschiedenen Agarmedien gezüchteten Pasteurella pestis-Stamm.* An der Oberfläche von Rindfleischmazerationssaft–Pepton–Agar-Kulturen von *P. pestis*, Stamm *E. V.*, wurde die Bldg. doppelbrechender, kreidigweißer bis gelblicher Kristalle beobachtet. 3 Klone aus 3 Einzelisolierungen gaben die gleiche Kristallbldg. wie der ursprüngliche Stamm. 2 avirulente u. 1 virulenter *P. pestis*-Stamm, sowie ein *P. pseudotuberculosis*-Stamm zeigten auf dem gleichen Nährboden auch nach mehreren Wochen keinerlei Kristallbildung. (C. R. hebd. Séances Acad. Sci. **235.** 1441—43. 1/12. 1952.) K. MAIER. 4350

M. Klinkowski, *Entwicklung und Problematik der pflanzlichen Virusforschung.* Übersicht mit 110 Literaturangaben. (Dtsch. Akad. Landwirtschaftswiss. Berlin, S.-B. **2.** Nr. 3. 1—40. 1953. Berlin u. Halle, Univ.) SCHÖNBERG. 4374

A. J. Walker und **J. A. Reid,** *Resistenz gegenüber Proguanil bei den Gametocyten- und Präerythrocytenformen von Plasmodium falciparum.* Es konnte nachgewiesen werden, daß Stämme von Plasmodium falciparum mit *Proguanil* (I)-Resistenz der ungeschlechtlichen Formen im Blut wahrscheinlich in allen Stadien des Lebenscyclus I-resistent sind. (Trans. Roy. Soc. trop. Med. Hyg. **47.** 580. Nov. 1953. Kuala Lumpur, Inst. for Med. Res.) DOSSMANN. 4380

R. J. Schnitzer und **D. R. Kelly,** *Vergleich zweier verschiedener Antagonisten als Inhibitoren der Acriflavinfestigkeit von Trypanosomen.* Ester u. Amide aromat. Säuren, wie *Benzoesäureäthylester*, *p-Oxybenzoesäuremethylester* (I), *2.5-Dioxybenzoesäuremethylester*, *p-Aminobenzamid*, *p-Oxybenzamid* usw., die neuerdings als Antagonisten trypanocider *Arsenoverbb.*, z. B. *Marpharsen* u. *p-[N-Arsenobenzyl]-glycinamid*, erkannt wurden, teilen mit *p-Rosanilinhydrochlorid* (II) die Eig., auch auf die Antitrypanosomenwrkg. des Acridinfarbstoffs *Acriflavin* (III), einen antagonist. Effekt ausüben zu können. Mittels der Meth. der Hemmung der Arzneimittelresistenz (vgl. BUCK, Proc. Soc. exper. Biol. Med. **67**. [1948.] 77) wurde nachgewiesen, daß eine Kombination von III + II die Entw. einer III-Resistenz von *Trypanosoma equiperdum* während Reihenpassagen (Kurzpassagemeth.; 4std. Übertragungen) verhinderte. Analoge Verss. mit III + I gaben eine III-resistente *T. equiperdum*-Modifikation, die mit dem durch alleinige III-Behandlung erhaltenen Stamm ident. war. Der Wirkungsmechanismus beider Antagonisten ist demnach wahrscheinlich verschieden. (J. Immunology **64**. 95—99. Febr. 1950. Nutley, N. J., Hoffmann-La Roche, Inc., Chemotherapy Labors.) K. MAIER. 4380

John R. Raper, *Die chemische Steuerung von Sexualvorgängen bei den Thallophyten.* Übersichtsbericht. Unspezif. chem. Regulierung von Geschlechtsvorgängen bei *Thallophyten*; spezif. Regulierung: Sexualhormone (I) bei der Gametenkopulation (I bei *Chlamydomonas* [**A**], der hormonale Mechanismus bei **A**, I bei *Protosiphon, Botrydium, Monostroma*), I bei der Gameten–Gametangitter-Kopulation (der hormonale Mechanismus bei *Achlya*, die *Neurospora*-Kontroverse), I bei der Gametangitterkopulation, I bei der Somatogamie (somat. Kopulation). — 183 Literaturangaben. (Bot. Rev. **18**. 447—545. Juli 1952. Chicago, Ill., Univ., Dep. of Bot.) K. MAIER. 4380

A. J. Rhodes and C. E. Van Rooyen, Textbook of virology. 2nd edn. London: Bailliere, T. & C. 1954. (XV + 562 S. m. Abb.)

E4. Pflanzenchemie. Pflanzenphysiologie. Pflanzenpathologie.

Jiwan Singh Pruthi und **Girdhari Lal,** *Das bittere Prinzip in einer Kartoffelart (Solanum chacoense).* Das bittere Prinzip in der Knolle von Solanum chacoense ist kein Blausäure abspaltendes Glykosid, sondern wurde als *Solanin* erkannt. (Bull. centr. Food technol. Res. Inst., Mysore **2**. Nr. 8. Suppl. S. 12—13. Mai 1953. Mysore, Central Food Technol. Res. Inst.) FRESENIUS. 4420

B. A. Rubin, L. M. Perewjaskina und **N. P. Wolobujewa,** *Oxydative Umwandlungen von Gerbstoffen und ihr Zusammenhang mit der Widerstandsfähigkeit der Baumwolle gegenüber der Welkekrankheit.* (Вестник Московского Университета, Серия Физико-Математических и Естественных Наук [Nachr. Moskauer Univ., physik.-mathemat. u. naturwiss. Ser.] **7**. Nr. 12. 63—75. Dez. 1952. — C. **1952**. 237.) LEBTAG. 4420

Smita P. Bharani, Y. S. Shah und **A. Sreenivasan,** *Biosynthese von Vitamin C während der Keimung.* 3. Mitt. *Wirkung von Zucker, Krebs'-Zwischenprodukten, Aminosäuren und B-Vitaminen und Korrelation zur Biogenese der Nicotinsäure.* (Vgl. C. **1952**. 3188.) Die Unters. wurde mit Samen der Mungobohne (Phaseolus radiatus) unter Abtrennung der Embryonen aus dem Nährgewebe u. deren Kultivierung in einem halbfesten Nährmedium durchgeführt unter gleichzeitiger Beobachtung der Veränderungen im Nicotinsäuregehalt. *Glucose* u. *Mannose* besitzen eine deutlich steigernde Wrkg. auf die Ascorbinsäurebildung. Einige Substanzen des Kohlenhydratstoffwechsels, wie *Citrat, Succinat, Fumarat* u. *Malat*, regen eine gesteigerte Vitamin-C-Synth. an. *Thiamin, Riboflavin, Nicotinsäure* u. *Biotin* beschleunigen die Ascorbinsäurebldg, ebenso *Tryptophan, Tyrosin, Serin* u. *Glykokoll*. Unter verschied. Kulturbedingungen konnten zwischen der Biogenese der Ascorbinsäure u. Nicotinsäure gewisse Übereinstimmungen festgestellt werden. Bei der Ascorbinsäuresynth. sollen Intermediärprodd. der Hexosen beteiligt sein. (Proc. Indian Acad. Sci., Sect. B **37**. 33—53. Febr. 1953. Bombay, Dep. of Chem. Technol.) KATHEN. 4425

A. A. Tabenzki, *Zur Frage der Bildungsprozesse grüner Plastiden.* Verss. mit Zuckerrüben ergaben, daß im jungen Blatt die *Stärke* (I)-Bldg. intensiver verläuft als im Blatt mittleren Alters (beide mit feinkörniger Chloroplastenstruktur). Im älteren Blatt ist I weniger oder gar nicht enthalten. Ist der Boden ungenügend mit N versorgt, so enthalten die Chloroplasten viel I. Wird der gleiche Boden mit PK bzw. NPK versorgt, so ist der I-Geh. etwas bzw. viel geringer (fehlt ganz). Bei N-Mangel im Boden werden die bei der Photosynth. gebildeten Kohlenhydrate für den Aufbau von Eiweiß in den Chloroplasten selbst verbraucht. N-Düngung erhöht die Zahl der Chloroplasten u. deren Größe. Es wird ferner gezeigt, daß, entgegen der vorherrschenden Meinung, bei erhöhten N-Gaben die Zunahme der Chloroplastenzahl nicht durch Teilung, sondern durch Neubldg. erfolgt. (Известия Академии Наук СССР, Серия Биологическая [Nachr. Akad. Wiss. UdSSR, biol. Ser.] **1953**. Nr. 1. 71—95. Jan./Febr. Belaja Zerkow. Landw.-Inst., Lehrstuhl für Botanik u. Pflanzenphysiol.) LEBTAG. 4450

O. P. Ossipowa, *Einfluß der Bedingungen der Stickstoffdüngung und der Belichtung auf die chemische Zusammensetzung der Chloroplasten.* Verss. mit Bohne ergaben, daß bei gleicher N-Versorgung u. verschied. Belichtung die Chloroplasten sich im Geh. an *Chlorophyll* (I), *Eiweiß* (II) u. in Ae. u. A. lösl. Stoffen unterscheiden. Der *Stärke* (III)-Geh. bleibt konstant. Im Vgl. zur intensiven Belichtung werden bei Beschattung der Pflanzen I u. *Lipoidstoffe* (IV) in den Chloroplasten angereichert, während der II-Geh. vermindert wird. Bei gleicher Belichtung enthalten die Chloroplasten bei N-Mangel weniger I u. II, jedoch viel III u. IV. Bei N-Mangel im Boden wird der Geh. an *Histidin, Lysin, Tyrosin* u. *Dicarbonsäuren* in II vermindert. Wird mit N nachgedüngt, so wird die frühere Aminosäurezus. von II wiederhergestellt. (Известия Академии Наук СССР, Серия Биологическая [Nachr. Akad. Wiss. UdSSR, biol. Ser.] **1953**. Nr. 1. 96–104. Jan./Febr. Timirjasew-Inst. für Pflanzenphysiol. der Akad. der Wiss. der UdSSR.) LEBTAG. 4450

Yukito Ôta und **Shozo Osawa,** *Über die Eiweißbildung im embryonalen Gewebe von Vigna sesquipedalis in Beziehung zur Pentosenucleinsäure.* Während der ersten 6 Tage nach der Aussaat (lediglich Wasserzufuhr) wurden täglich der Protein-N (I) u. der Pentosenucleinsäure-P (II) nach den Verff. von SCHNEIDER [1945], OGUR [1950], FISKE-SUBAROW [1925] u. HACHIMOTO [1951] bestimmt u. graph. dargestellt: Beim embryonalen Cotyledon Abfall sowohl des I (S-Kurve) als des II (Überbelastung), die embryonale Sproßachse zeigt einen Anstieg des II bis zum 2., 3. Tag, darauf Abfall, dagegen erreicht I hier am 3. Tag eine konstante Höhe. Die übrigen Organe zeigen langsamen Anstieg von I u. II, am stärksten beim jungen Blatt. (Kagaku [Science] **23**. 141–42. 1953. Nagoya Univ. [Orig.: japan.]) SCHULER. 4455

Elvira Biancheri, *Weitere Untersuchungen über die Beziehung zwischen potentiellem Stoffwechsel und Inhibitionsfähigkeit von Geweben. Die Veränderung des inhibierenden Effektes infolge wechselseitiger Störungen.* (Atti Accad. naz. Lincei, Rend., Cl. Sci. fisiche, mat. natur. [8] **14**. 833–38. Juni 1953. Genova, Univ., Ist. botan. „Hanbury".) V. KEREKJARTO. 4460

Charles Mentzer und **Darius Molho,** *Die hemmende Wirkung eines Schwefelisosteren von Isopropylphenylcarbamat auf das Pflanzenwachstum.* Isostere Stoffpaare können entgegengesetzte oder gleichgerichtete physiol. Wrkg. haben. Vergleichende Unters. der Keimung von Getreidekörnern nach 24std. Einw. wss. Lsgg. von *Isopropylphenylthiocarbamat* (I) (1:10⁴) u. *Isopropylphenylcarbamat* (II) (1:10⁴) sowie gewöhnlichem W. ergaben, daß nach dem Erreichen einer Cotyledonenlänge von 5–7 mm die mit I u. II behandelten Proben die Längenentw. einstellten u. nur noch Dickenwachstum zeigten, während die Kontrollen n. weiterwuchsen. Das Wurzelwachstum war nach I- u. II-Einw. vollständig gehemmt. Die wirksamen Grenzkonzz. von I u. II betragen 10^{-5} u. $0{,}5 \cdot 10^{-5}$. (C. R. hebd. Séances Acad. Sci. **230**. 406–07. 23/1. 1950.) K. MAIER. 4485

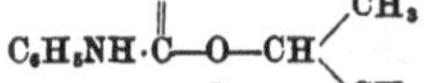

I

H. A. Krassilnikow, *Über die Anwendung von Antibioticis im Pflanzenbau.* Vf. berichtet über erfolgreiche Anwendung der *antibiot. Präpp. Nr. 43, Nr. 15* u. *Nr. 121* (keine näheren Angaben) bei bakterieller Nekrose von Citrone u. Mandarine. Durch die Samenbehandlung mit Actinomyces–Antibioticis (nicht näher bezeichnet) wurde die gleiche Unterdrückung der Baumwollgummose erzielt wie bei der Samenbehandlung mit Formalin oder Granosan. Durch Spritzen der Kronen von Pfirsich- u. Aprikosenbäumen mit Präp. Nr. 15 oder 43 (Actinomyces-Antibiotica) oder deren Einführung in den Stamm konnte die bakterielle Welkekrankheit bekämpft werden. (Вестник Академии Наук СССР [Nachr. Akad. Wiss. UdSSR] **24**. Nr. 1. 50–57. Jan. 1954.) LEBTAG. 4490

E₅. Tierchemie. Tierphysiologie. Tierpathologie.

Theodore S. Hauschka und **Edmund Poppe,** *Zentrifugengerät zur Bereitung von Embryonalextrakt und Gewebebrei.* Durch Einbau eines beweglichen Kolbens u. eines festen Siebes in ein Zentrifugenglas wird Mahlen, Seihen u. Zentrifugieren in einem Arbeitsgang durchführbar. (Science [Washington] **114**. 664–65. 21/12. 1951. Philadelphia, Pa., Lankenau Hosp. Res. Inst., Inst. for Cancer Res.) W. D. WEINMANN. 4500

R. R. Sonnenschein, R. M. Walker und **S. N. Stein,** *Eine Mikroglaselektrode zur fortlaufenden Registrierung des p_H-Wertes des Gehirns in situ.* Es wurde eine Mikroglaselektrode in capillarer Form zur Messung des p_H im Gehirn u. in Geweben in situ entwickelt; ihre Herst. u. ihre Charakteristik werden ausführlich beschrieben. p_H-Messungen an Katzenhirn verliefen zufriedenstellend. (Rev. sci. Instruments **24**. 702–04. Aug. 1953. Chicago, Ill., Coll. of Med., Dep. of Psychiatry.) GOTTFRIED. 4500

C. M. Connelly, D. W. Bronk und **F. Brink jr.,** *Ein empfindliches Respirometer zur Messung schneller Änderungen im Sauerstoff-Stoffwechsel.* Das von Vff. konstruierte

u. genau beschriebene Respirometer dient ganz allg. zur Messung schneller Änderungen in der O_2-Konz. in einem Gewebe. Es ist bes. geeignet zur Messung der Änderungen in der Atmungsgeschwindigkeit eines Gewebes, die so schnell sind, daß sie mit anderen Arten von Respirometern nicht gemessen werden können. Vff. benutzten das Instrument zur Unters. der Kinetik der Zunahme in dem O_2-Verbrauch von peripheren Nerven, welche mit der Aktivität im Zusammenhang steht. Das empfindliche Element des Respirometers ist eine Pt-Mikroelektrode, die bei dem Potential für die elektrolyt. Red. von O_2 polarisiert wird (−0,7 V mit Bezug auf die Kalomelhalbzelle). Aus diesem Grund wird die Pt-Elektrode „Sauerstoffelektrode“ genannt. Die Meßmethodik an einem Nerv wird einschließlich der auftretenden Fehlerquellen ausführlich beschrieben. Es wird geschätzt, daß Änderungen in der Geschwindigkeit der O_2-Aufnahme von 0,3 mm^2O_2/cm^3 Std. reproduzierbar gemessen werden können. (Rev. sci. Instruments **24**. 683—95. Aug. 1953. Philadelphia, Pa., Univ., Johnson Found. for Med. Phys.; Baltimore, Md., Johns Hopkins Univ., Thomas C. Jenkins Labor. of Biophys.)
GOTTFRIED. 4500

Maurice V. Stack, *Organische Bestandteile von Zahnschmelz.* (Vgl. auch C. **1953**. 5525.) Im Zahnschmelz von menschlichen Zähnen wurden *lösl. Protein* (0,17%), *Peptidbestandteile* (0,15%), *unlösl. Protein* (I; 0,18%) u. *Citronensäure* (0,10%) nachgewiesen, u. zwar ist der Geh. von gesundem Schmelz cariöser Zähne an organ. Substanz durchschnittlich der gleiche wie der vom Schmelz gesunder Zähne. Hauptbestandteil von I ist *kollagene Substanz*; außerdem wurde (im gereinigten Material) noch die für Kollagen charakterist. Aminosäure, *Oxyprolin*, gefunden. (J. Amer. Dental Assoc. **48**. 297—306. März 1954. London.) KLESSE. 4520

Lyell J. Thomas jr., *Die Lokalisierung von heparinartigen Antikoagulantien im Gewebe von Spisula solidissima.* Aus Muscheln (*Spisula solidissima*) wurde eine heparinartige Substanz gewonnen. — Das zerkleinerte Gewebe wurde nach 24 Std. dauernder Autolyse mit warmem Puffer (p_H 9—10) extrahiert, der Überstand auf 70—80° erhitzt, gefiltert, das Antikoagulans bei p_H 2—3 gefällt, nach A.-Extraktion mit Trypsin verdaut u. nach Kochen bei p_H 7,0 zentrifugiert. Die akt. Substanz wurde mit 2 Voll. A. gefällt, durch Verteilungschromatographie (W.-neutralisiertes Phenol) gereinigt u. durch NaCl-Zusatz u. 2 Voll. A. gefällt. Weitere Reinigung durch Bleiacetat bei p_H 5. Darst. der Substanz als Na-Salz nach Fällung durch Essigsäure im Überschuß u. Neutralisieren in A.-Äther. — Das wirksamste Präp. besaß eine Aktivität von 120 U.S.P.-Heparineinheiten u. war aus Mantelgewebe gewonnen. In Kiemen-, Mantel- u. Fühlergewebe betrug die gerinnungshemmende Wrkg. das Fünffache der von Adductor- u. Fußmuskel, auch in Eiern war gerinnungshemmende Substanz in hoher Konz. nachweisbar. Aus vergleichenden Unterss. (Gerinnungshemmung — färber. Verh. — Metachromasie) wird geschlossen, daß mindestens 2 Substanzen mit Heparinwrkg. im Mantelgewebe vorliegen: Eine im sezernierten Schleim des inneren Mantelfalzes, die andere als Intercellularsubstanz im Bindegewebe, möglicherweise analog *Chondroitinsulfat.* (Biol. Bull. **106**. 129—38. Febr. 1954. Philadelphia, Pa., Univ. of Pennsylvania, Dep. of Zool., u. Woods Hole, Mass., Marine Biol. Labor.) WOLFGANG ALBRECHT. 4520

Donald B. Melville, William H. Horner und **Rose Lubschez**, *Gewebeergothionein.* Zum Nachw. von *Ergothionein* (I) in Gewebsmaterial, das mit KREBS-RINGER-Lsg. durchspült ist, wird dieses in W. homogenisiert, mit 40%ig. Trichloressigsäurelsg. enteiweißt, die zentrifugierte Lsg. durch *Amberlite IRA-410* (Acetatform) filtriert, mit W. nachgewaschen, das Gesamteluat im Vakuum eingedampft u. aus wss. A. + 1% Citronensäure an A_2lO_3 chromatographiert. Die Best. des I-Geh. in den einzelnen Eluatfraktionen erfolgt nach dem Eindampfen durch Messung der mit diazotierter Sulfanilsäure in Ggw. von Alkali entstehenden Rotfärbung. Die Empfindlichkeit der Meth. ermöglicht noch 0,05 mg/100 g Gewebe (4 g Probe) nachzuweisen. I kommt in vielen Geweben n. ernährter Ratten vor: Leber 13,3 mg/100 g (Frischgewebe), Erythrocyten 10,4, Nieren 4,3, Herz, 1,5, Lunge 1,5, Milz 1,1, Skelettmuskel 0,7, Darm 0,6, Magen 0,4, Samenbläschen 0,2, Hoden, Gehirn u. Blutplasma 0. I findet sich, anscheinend in freier Form, bei der cytoplasmat. Fraktion der Leberzellen. Werden Ratten mehrere Wochen auf eine Diät gesetzt, die *Casein* als Eiweißquelle enthält, dann sinkt der I-Geh. des Bluts u. anderer Gewebe unter die Grenze der Nachweisbarkeit. (J. biol. Chemistry **206**. 221—28. Jan. 1954. New York, Cornell Univ., Med. Coll., Dep. of Biochem.) K. MAIER. 4520

Harry L. Mueller und **Lewis Webb Hill**, *Allergische Reaktionen nach Bienen- und Wespenstichen.* Literaturübersicht u. Bericht über eigene Fälle von allerg. Schock-Rkk. nach Bienen- oder Wespenstichen. Durch Injektionen von Bienen- u. Wespenextrakten in steigenden Konzz. kann Desensibilisierung erzielt u. Wiederholung der Schocks verhindert werden. — 23 Literaturangaben. (New England J. Med. **249**.

726—31. 29/10. 1953. Boston, Harvard Med. School, Dep. of Pediatrics; Childrens Med. Center, Allergy Clinic.) KRUSEN. 4551

H. Egyedi, *Die Ursache der Zahncaries.* Nach der Theorie des Vf. können die Mikroorganismen, deren Stoffwechsel zur Entstehung von Zahncaries führt, nur dann genügend Nährstoffe vorfinden, wenn die Zähne, bes. der Schmelz, *Kohlenhydrate* (*Glykogen*) im Überschuß enthalten, d. h. mehr als für die Gesunderhaltung des Zahngewebes physiol. notwendig ist. Es wird entsprechend in cariösen Zähnen mehr Glykogen gefunden als in gesunden. Außerdem konnte Vf. nachweisen, daß in den Zähnen von hochcariesresistenten Personen (Eingeborene von Indonesien) wesentlich weniger *Glucose* enthalten ist (9 μg/100 mg) als bei cariesanfälligen (Holländern; 15 μg/100 mg; nachgewiesen im wss. Extrakt). *Glucosamin* wurde bei den Indonesiern weder im Schmelz noch im Dentin gefunden. Bei Holländern waren im Schmelz 5 μg/100 mg, im Dentin 9 μg/100 mg enthalten. (Dental Items Interest **75.** 113—23. Febr. 1953. Amsterdam.) KLESSE. 4552

H. Egyedi, *Experimentelle Grundlage für die Glykogentheorie der Cariesentstehung im Schmelz.* (Vgl. vorst. Ref.) Beschreibung eines Analysenganges zum quantitativen Nachw. von *Kohlenhydraten* (I) u. bes. *Glykogen* (II) in Dentin (a) u. Schmelz (b) u. Vgl. der Werte bei cariesresistenten (Indonesiern) u. cariesanfälligen Personen (Holländern). Im organ. Anteil von a werden bei Indonesiern 0,84%, bei Holländern 0,98% II gefunden; die entsprechenden Werte für b sind 5,6 u. 9,1%. Der Unterschied im Totalgeh. an I ist in a nur gering (1,0 bzw. 1,1%), während in b bei Indonesiern 7,0% gegen 12,5% bei Holländern nachgewiesen werden. Aus diesem deutlichen Unterschied u. aus der Tatsache, daß $^3/_4$ der Gesamt-I aus II bestehen (bei Holländern über 10% des organ. Anteils von b aus I), zieht Vf. positive Folgerungen für die Notwendigkeit des Vorhandenseins von überschüssigen I bzw. II zur Entstehung der Caries. — Ausführliche Diskussion. (Dental Items Interest **75.** 971—82. Nov. 1953.) KLESSE. 4552

John Haldi, Winfrey Wynn, James H. Shaw und **Reidar F. Sognnaes,** *Die relative cariogene Wirkung von Saccharose bei Verfütterung in fester und flüssiger Form an Albinoratten.* Eine cariogene Diät mit hohem *Saccharose* (I)-Geh., durch die Magensonde an Ratten gegeben, verursacht keine cariösen Läsionen, die bei oraler Verfütterung deutlich erzeugt werden, ebenso wie durch orale Gaben von I in granulierter Form. Dagegen entstehen unter den gleichen Versuchsbedingungen nur knapp halb soviel cariöse Stellen durch Verabreichung einer 40%ig. I-Lsg., so daß I in Lsg. deutlich weniger cariogen wirkt als körniger Zucker. (J. Nutrit. **49.** 295—306. 10/2. 1953. Georgia, Ga., Emory Univ., School of Dent., Dep. of Physiol., u. Boston, Mass., Harvard School of Dental Med., Res. Labor.) KLESSE. 4552

Kristen Eik-Nes, John A. Schellman, Rufus Lumry und **Leo T. Samuels,** *Die Bindung von Steroiden an Eiweiß. 1. Mitt. Löslichkeitsbestimmungen.* Die Unters. der Löslichkeiten verschied. *Steroide* (*Cortison* [I], *Androstandion, Androstendion, Desoxycorticosteron, Testosteron* [II], *Methyltestosteron, Dehydroisoandrosteron, Ätiocholanolon, Androsteron, Östradiol, Δ^4-Androstenon-[3], Androstenon-[17], Cholesterin* [III]) in wss. Pufferlsg. ($^1/_{15}$ mol. Phosphatpuffer, oder physiol. Puffer nach LOCKE, p_H 73, ±0,1) u. in Rinderserumalbumin ergab, daß zwischen dem Protein u. allen geprüften Steroiden, ausgenommen III, eine reversible Kombination erfolgt. Die Bindungsstärke steht in einer umgesetzten Beziehung zur Zahl der polaren Gruppen. Die Löslichkeit von II in mehreren Plasmaersatzmitteln, wie *Oxypolygelatine, Polyvinylpyrrolidon, Plasmahydrolysat,* u. in Rinderhämoglobin wurde bestimmt, wobei nur ein abgewandeltes Rinderglobin merkliche Affinität zu II aufwies. I, II u. *Compound F* wurden durch eine Suspension von Rattenschwanzkollagen ziemlich stark adsorbiert. Die Bindung der Steroidhormone an Serumalbumin erklärt deren niedrige Konz. im Urin, während die schwache Bindung u. hohe Wasserlöslichkeit der Konjugate, die die Umwandlungsprodd. mit Glucuronsäure u. H_2SO_4 bilden, deren rasche Ausscheidung verständlich machen. (J. biol. Chemistry **206.** 411—19. Jan. 1954. Salt Lake City, Univ. of Utah, Coll. of Med., Dep. of Biol. Chem.) K. MAIER. 4558

A. G. Nutlay, S. N. Bhaskar, J. P. Weinmann und **A. M. Budy,** *Die Wirkung von Östrogen auf Zahnfleisch und Alveolarknochen im Molarengebiet von Ratten und Mäusen.* Während Verabreichung von Östrogenen an junge Ratten keinerlei Veränderungen an Zahnfleisch, Schleimhaut, Knochen u. Zähnen bewirkte, wurde bei jungen Mäusen (0,80—1,30 mg *Diäthylstilböstrol* [I] bzw. *α-Östradiolbenzoat* [II] über 25 Tage) u. a. Ersatz des Knochenmarks durch neues Knochengewebe beobachtet. I-Injektionen bzw. I-Kristalle (2 mg subcutan) verursachten bei (1 Jahr) alten Mäusen tumorartiges Anschwellen des Zahnfleisches (bes. zwischen den 1. u. 2. Molaren), Bldg. von tiefen Interdentaltaschen u. (teilweise) Resorption der Wurzeloberflächen. —

Histolog. Abbildungen, 13 Literaturstellen. (J. Dental Res. **33.** 115–27. Febr. 1954. Chicago, Ill., Univ. of Chicago, Dep. of Physiol., u. Univ. of Illinois, Coll. of Dent., Dep. of Oral Pathol. and Histol.) KLESSE. 4559

L. J. Baume, H. Becks und **H. M. Evans,** *Hormonale Beeinflussung von Zahndurchbruch und -wachstum.* 1. Mitt. *Die Wirkung von Thyreoidektomie auf die oberen Schneidezähne der Ratte und das Ansprechen auf Wachstumshormon, Thyroxin sowie auf deren Kombination.* Thyreoidektomie verringert bei der Ratte das Längenwachstum der Schneidezähne um ca. 45%. Verabreichung von *Wachstumshormon* (I; 0,5 μg täglich) bzw. von *Thyroxin* (II; 2,5 γ täglich) je 32 Tage lang erhöht das Zahnwachstum bei thyreoidektomierten Ratten um ca. 10 bzw. 27% gegenüber operierten Tieren ohne I bzw. II. Mit Gaben von 0,5 μg I + 2,5 g II täglich wird nur ungefähr das Zahnwachstum der mit II allein behandelten Tiere erreicht. Histolog. sind bei den einzelnen Gruppen verschied. Unterschiede zu beobachten. (J. Dental Res. **33.** 80–90. Febr. 1954. San Francisco u. Berkeley, Calif., Univ. of California, George Williams Hooper Found. of Med. Res., Inst. of Experimental Biol., Coll. of Dent., Div. of Dental Med.) KLESSE. 4560

L. J. Baume, H. Becks, John C. Ray und **H. M. Evans,** *Hormonale Beeinflussung von Zahndurchbruch und -wachstum.* 2. Mitt. *Wirkungen von Hypophysektomie auf die oberen Nagezähne bei der Ratte nach längeren Zeiträumen.* (1. vgl. vorst. Ref.) Im Gegensatz zur Thyreoidektomie beeinflußt Hypophysektomie die Zahnentw. bei der Ratte wesentlich deutlicher. So wurde u. a. beobachtet, daß das Längenwachstum der Nagezähne von 500 Tage alten hypophysektomierten Tieren noch nicht das der Zähne von 40–50 Tage alten Kontrolltieren erreicht. — Tabellen u. histolog. Abbildungen. (J. Dental Res. **33.** 91–103. Febr. 1954.) KLESSE. 4560

L. J. Baume, H. Becks und **H. M. Evans,** *Hormonale Beeinflussung von Zahndurchbruch und -wachstum.* 3. Mitt. *Das Ansprechen der Nagezähne von hypophysektomierten Ratten auf Wachstumshormon, Thyroxin und auf deren Kombination.* (2. vgl. vorst. Ref.) Durch *Wachstumshormon* (I; 0,5 mg subcutan, bzw. 0,2 mg intraperitoneal täglich) wird eine Vergrößerung der Nagezähne bei hypophysektomierten Ratten ausgelöst, jedoch wird die Schnelligkeit des Zahnwachstums nicht beeinflußt. Dagegen steigert Behandlung mit *Thyroxin* (II; 5 γ subcutan bzw. 5–7,5 γ intraperitoneal) nicht nur die Größe sondern beschleunigt auch das Wachstum der Zähne (bei jungen Tieren um 36%, bei alten um 46%). Durch Verabreichung von I + II werden Wachstum u. Größe optimal beeinflußt, auch histolog. wird völlige Wiederherst. der atrophierten Gewebe beobachtet. — Die Zahnentw. wird demnach durch das Zusammenwirken zweier Hormone gesteuert: I stimuliert den Wachstumsprozeß, u. das Thyroidhormon beeinflußt die Differenzierung der Gewebe. (J. Dental Res. **33.** 104–14. Febr. 1954.) KLESSE. 4560

Khalil G. Wakim, Clarence Denton und **Hiram E. Essex,** *Gewisse cardiovasculäre Wirkungen des Vasopressin (Pitressin).* An Hunden in Pentobarbitalnarkose wurde der Einfl. intravenöser *Pitressin*-Gaben auf den Kreislauf untersucht (Best. des Schlagvol. nach dem FICKschen Prinzip, intracardiale Druckmessung, Pulmonalarteriendruckmessung, Druck u. Durchströmung in der Femoralarterie). Ergebnisse: *Pitressin* zeigt einen bradycarden Effekt, eine Senkung des O_2-Verbrauchs u. des venösen O_2-Anteils sowie des Schlagvolumens. Gelegentlich traten Arrhythmien oder Extrasystolen auf. Initialer Anstieg des Gesamtdruckes in der Arteria femoralis mit nachfolgendem Anstieg des Pulmonalarteriendruckes sowie des Druckes im linken Vorhof, während der Femoralisdruck bereits wieder (bis unter den Ausgangswert) abgesunken war. Die Durchflußmenge in der Femoralarterie wurde stark gesenkt. (Amer. Heart J. **47.** 77–83. Jan. 1954. Rochester, Minn.) JORDAN. 4560

Abraham G. White, Martin Kurtz und **George Rubin,** *Vergleichendes Nierenverhalten auf Wasser und antidiuretisches Hormon beim Diabetes insipidus und bei chronischen Nierenleiden.* Vff. berichten über 4 Patienten mit Diabetes insipidus (D.i.) u. 5 Patienten mit chron. Nierenleiden (Nl.), bei denen sie die fakultative Wasserrückresorption (WR) untersuchten. Nach oraler Wasserzufuhr [1500 cm^3 H_2O in 30 Min.] zeigten die Nl. eine Verschlechterung der Wasserdiurese. Während intravenöser Zufuhr (5%ig. wss. Glucose-Lsg., 10 cm^3/Min., I) zeigten die Diagramme beider Gruppen eine Urinausscheidung in Plateauform im Gegensatz zu dem Gipfel beim Normalen. Nach intravenöser Zufuhr von 0,57 Millieinheiten/kg *Pitressin* (II) zeigten beide Gruppen subnormale Antidiurese während kontinuierlicher intravenöser I-Zufuhr. Bei Nl. fand sich nach II-Zufuhr die Tendenz zu einem Abfall der Na-Serumwerte. Vff. betrachten die Verschlechterung der WR bei *N* als einen „Endorgandefekttyp“ des D. i. im Gegensatz zum zentralen D.i. mit mangelnder Hormonausschüttung bzw. -bildung. Der physio-

log. Mechanismus für die verminderte Tubulusansprechbarkeit kann zur Zeit noch nicht genau definiert werden. (Amer. J. Med. **16**. 220—30. Febr. 1954. New York.)
K. BÖHM. 4560

Henning Letman, *Behandlung von erworbener hämolytischer Anämie mit ACTH und Cortison.* In 4 Fällen von erworbener hämolyt. Anämie wurde durch Behandlung mit *ACTH* u. *Cortison* eine volle Remission erreicht. Parallel zur Besserung wurde eine Minderung der Autoimmunisation u. der osmot. Fragilität beobachtet. (Ugeskr. Laeger **115**. 1139—45. 23/7. 1953. Odense, Amts- u. Stadtkrankenhaus.)
K. KRAFT. 4560

A. Lützenkirchen, *Klinische Beobachtungen bei der Cortison- und ACTH-Behandlung von Dermatosen.* Bei insgesamt 63 dermatolog. Patienten wurde *Cortison*-CIBA oder *ACTH*-SCHURING angewandt. Allg. waren die Erfolge gut bis sehr gut bei psoriat. Erythrodermie, endogenem Ekzem, rheumat. Erkrankungen, Erythematodes discoides, Dermatitis exfoliativa, Salvarsandermatitis sowie anderen Dermatitisformen, Verbrennung u. Neuritiden. Wechselnder Erfolg bei Urticaria, Sklerodermie, akutem Ekzem, kein Erfolg bei Psoriasis vulgaris, Mycosis fungoides, Lichen ruber verrucosus, endogener Pruritus u. Angiolupoid. (Arch. Dermatologie Syphilis **195**. 459—78. 1953. Köln, Univ., Hautklinik.) BROSEMANN. 4560

G. Mauric, F. Delbarre und **A. Holtzer**, *Unfähigkeit von corticotropem Hypophysenhormon und Cortison zur Hemmung der Entwicklung der Prausnitz-Küstner-Reaktion.* Die lokale anaphylakt. Rk. von PRAUSNITZ-KÜSTNER gab bei 9 mit *Cortison* (I) u. 8 mit *ACTH* (II) behandelten Patienten mit verschied. Erkrankungen (chron. Polyarthritis, Pancarditis, usw.) die gleichen Erscheinungen wie bei 11 nicht mit I oder II behandelten. Die Rkk. nach I waren am diffusesten, nach II deren Dauer etwas kürzer. (Semaine Hôpitaux Paris **28**. 3269—70. 2/11. 1952.) K. MAIER. 4561

Gerhard Venzmer, *Psychische Wirkungen der Nebenschilddrüsen- und Nebennierenhormone.* (Hippokrates **24**. 225—30. 30/4. 1953. Stuttgart-Degerloch.)
BROSEMANN. 4561

K. F. Stöa, *Die Abscheidung von Radiojod nach oraler Anwendung kleiner Dosen.* Bei den vom Vf. durchgeführten Unterss. über die Urinabscheidung von J nach oraler Applikation wurde den Patienten eine wss. Lsg. von 8 μC $K^{131}J$ mit 50 μg inakt. KJ als Träger gegeben. Der Urin wurde dann in bestimmten zeitlichen Abständen gesammelt u. seine Aktivität festgestellt. Bei euthyroiden Patienten steigt während 24 Std. der Geh. des Harns an ^{131}J bis zu einem mittleren Sättigungswert von 50—52% (Schwankungsbreite 31,3—77,4%) an. Bei Patienten mit der GRAVESschen Krankheit liegt die Konz. erheblich niedriger, vor allem in der Periode 18—24 Std. nach Anwendung (Mittelwert ca. 18%, Schwankungsbreite 5—30%). Kranke mit Myxödem weisen keine charakterist. Rkk. bzgl. der Harnabscheidung von ^{131}J auf. Danach ist die Hyperthyreose nach dem angegebenen Meßverf. eindeutig, die Hypothyreose dagegen nicht diagnostizierbar. (Acta endocrinol. [Copenhagen] **12**. 97—104. Febr. 1953. Bergen, Norwegen, Univ., Univ.-Klinik, Biochem. Labor.) REUSSE. 4562

G. Stüttgen, H. Pilz und **E. Chiesura**, *Das Reduktionsvermögen beim Diabetes mellitus unter besonderer Berücksichtigung gleichzeitiger Lebererkrankung.* 20 cm^3 Diabetikerserum wurden gegen 100 cm^3 Aqua dest. dialysiert, das Dialysat auf 5 cm^3 eingedampft. Es hatte ein p_H von 8,5 u. ergab nach Zufügen von 5 cm^3 4%ig. Triphenyltetrazoliumchlorid (I)-Lsg. eine Formazan (II)-Bldg. von 230 γ, nach Einstellung auf p_H 7,5 mit $^1/_{10}$ n HCl von 65 γ. Bei gleichzeitigem Leberschaden war die II-Bldg. reduziert. Bei Hautflachschnitten war beim Diabetiker verstärkte II-Bldg. erkennbar, die bei Gefrierschnitten nicht so deutlich war. Die Substanz, die die I-Red. bewirkt, scheint niedermol., wasserlösl., thermostabil zu sein mit einem Redoxpotential $< -0,170$ V. Durch Insulingaben wird die II-Bldg. kaum beeinflußt. (Z. klin. Med. **150**. 273—82. 1953. Düsseldorf, Med. Akad., Hautklinik u. 1. Med. Klin.)
BROSEMANN. 4564

Ronald D. Stewart und **Ellen Riotman**, *Der Einfluß pankreatischer Extrakte auf die Ketonkörperproduktion der Rattenleber.* Entfernung des Pankreas eines alloxandiabet. Hundes ruft gewöhnlich ein Steigen des Ketonkörperspiegels unter gleichzeitigem Absinken des Insulinverbrauches hervor. Vff. erhielten durch wss. Extraktion des Pankreas, Zentrifugieren u. fraktionierte Fällung bei verschied. p_H-Werten ein Extrakt, der die Produktion von Ketonkörpern an Rattenleberschnitten im Durchschnitt um 30% erniedrigt, vorausgesetzt, daß im bebrüteten Medium Hypophysenvorderlappenextrakt vorhanden ist. Die Frage, ob das gefundene Syst. ident. ist mit dem von SUTHERLAND 1951 gefundenen Pankreas-Hyperglykämie—Glykogenolyse-Faktor (HGF-Faktor), muß offen bleiben. Der Extrakt ruft Hyperglykämie in gefütterten, aber nicht in hungernden Kaninchen hervor. Insulinaktivität wurde bei den angewandten Mengen nicht beobachtet. (Endocrinology **53.** 192—97. Aug. 1953. Halifax, Nova Scotia, Dalhousie Univ., Dep. of Biochem.) SCHELLENBERGER. 4564

O. M. Mossenkiss, *Adrenalin im Blut von Grippekranken.* Bei 33 von 39 Grippepatienten fanden sich Veränderungen des *Adrenalin* (I)-Spiegels im Blut sowohl im Sinne einer Hyper- als auch einer Hyposekretion. Nach dem Schwinden der Krankheitserscheinungen normalisierte sich der I-Geh. des Blutes wieder. Ein Parallelismus zwischen dem I-Geh. u. der Höhe des Blutdruckes war nicht festzustellen. (Медичний Журнал (Киев) [Mediz. J. (Kiew)] **22.** Nr. 1. 76—81. 1952. Ukrain. Wiss. Forschungsinst. für Ernährung, Klin.-Experim. Abt.) RENTZ. 4572

Malcolm Arthurton, Donough O'Brien und **Trevor Mann,** *Hämoglobinspiegel bei Frühgeborenen.* Graukeilphotometerunterss. über den Verlauf der Hämoglobinkonz. bei 22 gesunden Frühgeborenen während der ersten 3 Lebensmonate. Vgl. mit Normalgeborenen zeigt keinen bedeutsamen Unterschied. Transfusion wird erst unter 8,0 g Hb/100 ml empfohlen. (Arch. Disease Childhood **29.** 38—43. Febr. 1954. London, Hammersmith Hosp.) GENEST. 4572

M. O. Maljarewska, *Die Gallensäure im Blut bei Grippe.* Die photometr. Unters. des Blutes von 52 Grippepatienten ergab, daß die Konz. der *Gallensäuren* (I) eine deutliche Zunahme aufwies (0,4—2,96 mg-%; im Mittel 1,52 mg-%). Bei Wiederholung der Unters. nach weiteren 4—7 Tagen hatte sich der Geh. des Blutes an I immer noch nicht normalisiert, woraus geschlossen wird, daß bei der Grippeinfektion die Leberfunktion hinsichtlich des I-Umsatzes empfindlich beeinflußt wird. (Медичний Журнал (Киев) [Mediz. J. (Kiew)] **22.** Nr. 1. 73—75. 1952. Bogomoletz-Inst. für klin. Physiol. der Akad. der Wiss. der UkrSSR.) RENTZ. 4572

W. N. Orechowitsch, T. P. Kurochtina und **N. D. Bujanowa,** *Über den „Einbau" markierter Aminosäuren in die Eiweißstoffe des Blutplasmas.* Es wurde versucht, mit Hilfe von isoliertem Plasma den Mechanismus des Einbaus von *Tyrosin* (I) u. *Glycin* (II), die im Carboxyl mit ^{14}C markiert waren, in die Eiweißstoffe des Blutplasmas zu erforschen. Hierbei wurden die Versuchsbedingungen von KRITZMAN, KONIKOWA u. OSSIPENKO (vgl. C. **1953.** 2619) streng eingehalten. Es zeigte sich, daß bei der Incubation des Plasmas verschied. Tiere mit I, II u. *Methionin,* markiert mit ^{14}C bzw. ^{35}S, nach 12—18 Std. ein intensiver Einbau der Aminosäuren in das Eiweiß erfolgt. Zusatz von *Thymol* (III) zur Unterdrückung der Bakterienflora führte zu einer unerwarteten starken Hemmung der Aminosäureeinlagerung. Bei Anwendung von *Penicillin* oder *Bactericid* an Stelle von III wurde das gleiche beobachtet. Verss. mit sterilem Plasma ergaben, daß eine Einlagerung von I u. II in die Plasmaeiweißstoffe nur dann erfolgt, wenn im Plasma eine Bakterienentw. stattfindet. Damit werden die Ergebnisse der genannten Vff. (l. c.) widerlegt. (Биохимия [Biochemie] **18.** 706—08. Nov./Dez. 1953. Moskau, Inst. für biol. u. med. Chem. der Akad. der med. Wiss. der UdSSR.) LEBTAG. 4574

W. Riffart, P. Decker und **H. Wagner,** *Papierchromatographische Untersuchungen über die Ausscheidung von Milchzucker im Harn gesunder Schwangerer und Wöchnerinnen.* (Vgl. C. **1952.** 4353.) Durch papierchromatograph. Unterss. konnten Vff. feststellen, daß vom 7. Monat an im Harn schwangerer Frauen regelmäßig ein Geh. von *Lactose* (I) zu finden ist. Die ausgeschiedenen Mengen schwanken zwischen 300 u. 500 γ/cm^3. Wöchnerinnen scheiden bis zum 21. Tag post partum mit einem Maximum zwischen dem 4. u. 11. Tag bis 500 γ/cm^3 I aus. Verabreichung von 250 g *Glucose* per os pro die war ohne Einfluß. Die Lactosurie ist von der Milchbldg. unabhängig. — Bei den Bestimmungen diente als Entwickler-Fl. das Gemisch Isopropylalkohol: W.: Eisessig 70:10:20, als Sprühreagens eine 0,5%ig. *Benzidin*-Lsg. in Eisessig/A. 20:80. Die quantitative Auswertung der Chromatogramme erfolgte elektrophotometrisch. (Arch. Gynäkol. **181.** 607—10. 1952. München, Univ., I. Frauenklinik u. II. med. Klinik, Labor.) ENDRASS. 4577

Harris H. Tallan, William H. Stein und **Stanford Moore,** *3-Methylhistidin, eine neue Aminosäure aus menschlichem Urin.* Aus menschlichem Urin wurde durch Chromatographie an *Dowex 50* eine neue Aminosäure, *3-Methyl-L-histidin* (I) isoliert u. durch Methylieren von L-Histidin (II) mit CH_3J/fl. NH_3 in Ggw. von Na-Metall synthetisiert. Ein Nebenprod. der Methylierung ist das isomere *1-Methylhistidin* (III), eine Komponente des *Anserins.* I wird in n. Urin in Mengen bis 50 mg/Tag ausgeschieden. Bei Kaninchen ist die Ausscheidung beider Isomeren, sowie von II sehr niedrig, während diese in Katzenurin in größerer Konz. als II vorkommen. Im menschlichen Nüchternplasma beträgt die Konz. an Methylhistidinen $< 0,1$ mg%.

V e r s u c h e: *3-Methyl-L-histidin, Monohydrochlorid* (aus Urin), $C_7H_{11}O_2N_3 \cdot HCl$, $[\alpha]_D^{27}$ 13,5° (1,9%, n-HCl); *freie Base,* $C_7H_{11}O_2N_3$, $[\alpha]_D^{26}$ —26,5° (2,1%, W.); aus vorst. Satz mittels *Dowex 2* (Hydroxydform). — Synth.: 1. 283 mg Phthaloylhistidin (F. 297

bis 299°, korr.) in 2 cm³ n NaOH lösen, mit 0,1 cm³ $(CH_3)_2SO_4$ schütteln (15 Min.), im sd. Wasserbad erwärmen (30 Min.), im Vakuum einengen, Rückstand mit 2 cm³ konz. HCl 3 Std. bei 140° verseifen, mit der gleichen Mengen verd., Filtrat eindampfen (Vakuum), in 25 cm³ W. aufnehmen, an *Dowex 50* chromatographieren; 24% I, 12% III; 2. 5 g L-II in 50 cm³ fl. NH_3 mit 2,2 cm³ CH_3J in Ggw. von 1,4–1,5 g Na methylieren, NH_3 entfernen, mit W. auf 50 cm³, an Dowex 50 chromatographieren; 25% I; I-*Hydrochlorid*, $[\alpha]_D^{27}$ 14,2° (3,3%, n-HCl); *freie Base*, $[\alpha]_D^{26}$ –25,4° (3,8%, W.); die Infrarotspektren von natürlichem u. synthet. I sind ident. (J. biol. Chemistry **206**. 825–34. Febr. 1954. New York, N. Y., Rockefeller Inst. for Med. Res., Labors.)
K. MAIER. 4577

P. A. Naumow, *Die Anwendung von Spurenelementen bei der Aufzucht von Jungschweinen.* Vff. erzielten ein günstigeres Wachstum, indem sie dem Mischfutter für säugende Mutterschweine, Ferkel u. Jungschweine $CoCl_2 \cdot 6\,H_2O$, $CuSO_4 \cdot 5\,H_2O$, *KJ* u. $FeSO_4 \cdot 7\,H_2O$ zusetzten. Auf Grund der Versuchsergebnisse werden Normen für die Beifütterung der genannten Elemente für verschied. Altersstufen der Schweine aufgestellt. (Советская Зоотехния [Sowjet. Tierhaltung] **8.** Nr. 1. 71–74. Jan. 1953. Leningrad, Landwirtsch. Inst.)
SCHMEISS. 4585

N. D. Dijkstra, J. Dammers und **A. M. Frens,** *Vergleichende Futteruntersuchungen mit fettarmem und mehr fettreichem Kraftfutter bei Milchvieh. Der Einfluß des Fettes im Futter auf Milchkühe.* Vff. fanden einen Rohfettgeh. von 1,5% des Futters ausreichend für gute Milchleistung, wenn dieses aus Heu u. Silagefutter besteht. Bei Heu–Rüben–Stroh-Futter muß der Fettgeh. auf 4,8–5,8% erhöht werden. — 36 Literaturangaben. (Versl. landbouwkund. Onderz., C. Rijkslandbouwproefstat. Hoorn **1953.** 1–63.)
PATZSCH. 4585

H. N. Munro und **T. W. Wikramanayake,** *Fehlen eines Zeitfaktors in der Beziehung zwischen der Menge der Kraftfutterzufuhr und dem Stickstoff-Stoffwechsel.* Die zusätzliche Zufuhr von *Glucose* bei Hunden, die bereits ein ausgeglichenes Futter erhielten, verursachte eine Red. der N-Ausscheidung mit dem Urin. Gleiche Beobachtungen werden beim Menschen gemacht. Die Proteinausnutzung wird günstig durch die Ggw. bestimmter *Kohlenhydrate* in Protein enthaltenden Mehlen beeinflußt. Kurze Zeiträume zwischen dem Verzehr von Kohlenhydraten u. Proteinen sind notwendig, damit diese Wechselwrkg. stattfinden u. Fett nicht an Stelle von Kohlenhydraten ausgenutzt werden kann. Kohlenhydrate u. Fett sind als Energiequellen zum Einsparen von Protein austauschfähig. (J. Nutrit. **52.** 99–114. 11/1. 1954. Glasgow, Scotland, Univ., Dep. of Biochem.)
PATZSCH. 4585

R. M. Forbes und **Lucile Vaughan,** *Stickstoffgleichgewicht bei jungen Albinoratten, die mit an Methionin und Histidin unzureichendem Futter gefüttert werden.* Das Fehlen von *Methionin* u. *Histidin* red. merkbar das N-Gleichgewicht, da die N-Ausscheidung mit dem Harn angestiegen ist. Wurden vor der Fütterung mit dem an den Aminosäuren unzureichenden Futter die Tiere von ihren eigenen Proteinvorräten entblößt, dann ging das N-Gleichgewicht zurück u. wurde negativ. (J. Nutrit. **52.** 25–37. 11/1. 1954. Urbana, Div. of Animal Nutrit., Univ. of Illinois.)
PATZSCH. 4585

Ebba Strandbygard, *Weitere Erfahrungen über die Wirkung des Vitamins A auf die Schleimhautkrankheiten der oberen Luftwege.* Vf. berichtet über gute Erfahrungen mit *Vitamin-A*-Behandlung (*Ariovit*) von Schleimhautkrankheiten der oberen Luftwege, hauptsächlich Ozaena. Er wandte bis zur Normalisierung der Schleimhaut 300000 E. teils intravenös, teils als Tabletten per os an. Dann wurden die Gaben auf 200000 u. 100000 E. herabgesetzt. (Ugeskr. Laeger **115.** 639–41. 23/4. 1953.)
K. KRAFT. 4587

Paul E. Waibel, W. W. Cravens, H. R. Bird und **C. A. Baumann,** *Rhythmische Reaktionen bei Küken auf injiziertes Thiamin.* Das Wachstum von Küken, die mit einem Futter mit suboptimalem oder adäquatem Geh. an *Thiamin* (I) gefüttert wurden, findet hauptsächlich während des Tages statt u. auch bei kontinuierlicher Beleuchtung. Wurden suboptimale I-Mengen injiziert, dann stieg das Kükengewicht rapid für einige Std., gefolgt von einer Gewichtsabnahme. Die Dauer u. Intensität der Wachstumsphase variierte mit der Dosis. Das Totalwachstum variierte mit der Häufigkeit der Injektionen. Wurde I einen über den anderen Tag injiziert, war es weniger wirksam als wenn es täglich oder 2 mal am Tage injiziert wurde. (J. Nutrit. **52.** 65–73. 11/1. 1954. Madison, Wis., Univ. of Wisconsin, Dep. of Poultry Husbandry and Biochem., Coll. of Agric.)
PATZSCH. 4587

J. E. Ford, S. K. Kon und **J. W. G. Porter,** *Die multiple Natur und Wirksamkeit der Vitamin-B_{12}-Aktivität des Panseninhalts und Kots von Kälbern bei verschiedenen Mikroorganismen.* Panseninhalt u. Fäces von Kälbern wurden in Ggw. von Cyanid (I) extrahiert, der Extrakt mit Kohle behandelt, diese mit heißem 75%ig. Aceton eluiert, das Eluat im Vakuum konz. u. chromatographiert. Papierchromatogramm (37°, absteigende Technik, WHATMAN Nr. 1, wassergesätt. sek.-Butanol, Spur I, Auflegen der Streifen auf mit *Escherichia coli* beimpfte Platten): 3 Fraktionen mit *Vitamin-B_{12}* (II)-Aktivität für *E. coli*; 1. Fraktion, R_F 0,13, langsamer als II, 2. Fraktion, R_F 0,29, gleiche Geschwindigkeit wie II, 3. Fraktion, R_F 0,54, schneller als II. 1. Fraktion war auch für *Lactobacillus leichmannii*, wenn auch weniger als für *E. coli*, u. *Euglena gracilis* wirksam, 2. Fraktion für beide inaktiv. Chromatographie an Al_2O_3 bei p_H 3 (Entw. mit W.) u. Papierchromatogramm des Eluats gaben die gleichen 3 Fraktionen. Weitere Eluierung von Al_2O_3 mit 1%ig. $NaHCO_3$ gab eine Lsg., die Fraktion 1 u. II-Spuren enthielt u. wiederum für *L. leichmannii* weniger als für *E. coli* wirksam war. Diese Aktivitätsunterschiede bei beiden Organismen können durch die verschied. II-Wrkg. der 3 Fraktionen erklärt werden. (Biochem. J. **50**. IX—X. Dez. 1951. Reading, Univ., Nat. Inst. for Res. in Dairying.) K. MAIER. 4587

Adolf Krebs, *Zur oralen Therapie der perniciösen Anämie. Klinische Erfahrungen mit einem Vitamin-B_{12}–Folsäure-Kombinationspräparat.* Bericht über die günstigen Erfolge bei 20 Patienten mit perniciöser Anämie mit *Rubrozyl* (KALI-CHEMIE). Das Präp. enthält 25 γ *Vitamin B_{12}* u. 1,5 mg *Folsäure* je Tablette. Dosierung: täglich 1 Tablette bis zur Remision des Blutbildes; Erhaltungsdosis 2tägig 1 Tablette. (Die Medizinische **1953**. 326—27. 7/3. Siegburg, Städt. Krankenhaus.)
P. G. SCHEURLEN. 4587

I. S. Klemes, *Vitamin B_{12} in der Behandlung der akuten Bursitis subdeltoidea.* Mehrere Fälle wurden nach folgendem Schema behandelt: Für 7—10 Tage täglich 1000 mg *Vitamin B_{12}*, dann 7—14 Tage 2täglich, danach in größeren Abständen nach Bedarf. Die Erfolge waren immer gut. (Ind. Med. Surgery **22**. 352—54. Aug. 1953. New York, N. Y., Ideal Mutual Insurance Comp., u. J. C. Penny Comp., Inc.)
BROSEMANN. 4587

L. I. Gidez und **Manfred L. Karnovsky**, *Die Umwandlung von ^{14}C-Glycerin in der intakten Ratte.* Die Umwandlung von *^{14}C-Glycerin* (I) in der n. Ratte wurde unter Verwendung von α-^{14}C-I u. β-^{14}C-I untersucht, wobei intravenöse, intraperitoneale oder orale Zuführung nur unwesentliche Unterschiede ergab. Von 30—238 mg zugeführtem I wurde ein annähernd konstanter %-Satz in CO_2 übergeführt. Als Folge der I-Gaben fand Synth. von *Blutzucker* u. *Leberglykogen* (II) statt. Während 70—100% der neuen *Glucose* aus I stammten, wurden nur 15—39% von II aus I neu gebildet. Die spezif. Aktivität–Zeit-Kurve der Blutlipide ging derjenigen der Leberlipide parallel. I von Lebertriglycerid erreichte rasch eine 3fach größere spezif. Aktivität als I in *Phosphatid* u. nahm in der Aktivität wesentlich schneller als letzteres ab. Die Lipide (III) der meisten untersuchten Gewebe erwiesen sich als markiert. Gehirn-III wiesen einen ziemlich hohen Aktivitätsgehalt auf. (J. biol. Chemistry **206**. 229—42. Jan. 1954. Boston, Mass., Harvard Med. School, Dep. of Biol. Chem. u. Biophys. Labor.) K. MAIER. 4596

Morton Rothstein und **Leon L. Miller**, *Die Umwandlung von $^{14}C_{(6)}$-L-Lysin im Organismus.* Nach Verfütterung folgender markierter Verbb. an Ratten wurden nachst. Umwandlungen in radioakt. Prodd. beobachtet: *$^{14}C_{(6)}$-L-Lysin* (I) → *Glutarsäure* (II), *$^{14}C_{(6)}$-DL-α-Aminoadipinsäure* (IIa) → II, *$^{14}C_{(1,5)}$-Glutarsäure* → *α-Ketoglutarsäure* (III) + *Acetat* (IV), I → III + IV. In geringem Maße fand eine Umwandlung von $^{14}C_{(6)}$-I in Formiat statt. Aus diesen u. anderen Unterss. wird folgende Umwandlung von I im Organismus angenommen: I → IIa → II → III + IV. III + IV gaben *$^{14}C_{(3,4)}$-Glucose* (V). Das Auftreten geringer Isotopmengen in $C_{(1,2,5,6)}$ von V in Phlorrhizin-Ratten rührt wahrscheinlich aus $^{14}C_{(6)}$-I stammendem ^{14}C-Formiat her.

V e r s u c h e: *$^{14}C_{(6)}$-L-Lysin*; 2 g 3,5-Dibrom-N-acetyl-L-tyrosin in einer heißen Mischung von 5 cm³ W., 5 cm³ CH_3OH u. 0,32 cm³ konz. NH_3 lösen, 1,87 g $^{14}C_{(6)}$-DL-I-Monohydrochlorid zugeben, nach 4std. Kühlen das krist. *L-Lysin–L-Tyrosin*-Salz absaugen, mit kaltem CH_3OH waschen, dann mit W. durch das Filter waschen, mit HCl ansäuern, im Vakuum einengen, filtrieren, Trockenrückstand des Filtrats in L-I-*HCl* überführen; 60%. (J. biol. Chemistry **206**. 243—53. Jan. 1954. Rochester, N. Y., Univ. of Rochester, School of Med. and Dent., Dep. of Radiat. Biol.)
K. MAIER. 4596

Nobuharu Tatsumi und **Naoichi Maeno**, *Wirkung von Plasmatransfusion auf den Proteinstoffwechsel von Kaninchen mit experimenteller Hypoproteinämie.* Durch wiederholte Plasmapherese proteinverarmter Kaninchen erhielten 15 Tage lang intravenös Plasmainfusionen von gesunden Tieren in Dosen von 10 ml/kg Körpergewicht. Nach Einstellung der Plasmapherese stieg der Geh. an Plasmaprotein an, während Nichtprotein-N u. freier O_2 im Blut abnahmen u. Harnausscheidung sowie Gesamt-N u.

freier O_2 im Harn langsam abfielen. Bei n. Kaninchen stiegen die Plasmaproteine bei mehrfacher Plasmatransfusion an, u. auch Nichtprotein-N u. freier O_2 zeigten Tendenz zu leichtem Anstieg. Bei proteinverarmten Kaninchen erreichten die Plasmaproteine, Nichtprotein-N u. freier O_2 im Blut u. Harn schneller ihre ursprüngliche Höhe als ohne Plasmatransfusion. Vff. schließen daraus, daß Plasmainfusionen als Proteinquelle dienen u. den gestörten intermediären Proteinstoffwechsel sowie die Oxydationsprozesse unterstützen können. (J. Kyoto prefect. med. Univ. **52**. 849—53. März 1953. [Orig.: japan.; Auszug: engl.]) NEHRING. 4596

Denis H. Marrian, *Adenin, eine Vorstufe säurelöslicher Nucleotide bei der Ratte.* Leber u. andere Organe (Niere, Milz, Testes, Dünndarm) ausgewachsener männlicher Ratten, die intraperitoneal $^{14}C_{(6)}$-*Adenin* (I; 9,9·10³ c.p.m./μMol; 0,2 mMol/kg) erhalten hatten, wurden 2 Std. nach der Injektion gesammelt, mit kalter 7%ig. wss. Trichloressigsäure (II) extrahiert u. der Extrakt durch Ae.-Extraktion von **II** befreit. Nach Hg-Fällung u. H_2S-Behandlung wurden die *Nucleotide* (III) an *Dowex 2* (Formiat) mit Hilfe von HCOOH–Formiat-Gemischen getrennt u. die spezif. Aktivitäten der verschied. Fraktionen ermittelt. Markiertes **I** wird, im Gegensatz zur schlechten Verwertung für die *Adenosintriphosphat* (**IV**)-Synth. durch den Muskel, in säurelösl. **III** leicht eingebaut. **IV** aus Rattenleber enthielt *Adenin*: Ribose: leicht hydrolysierbarem P: gesamtanorgan. P im Verhältnis 1 : 1,05 : 1,15 : 3,25. Die Analyse der *Ribonucleinsäurepurine* ergab nur einen geringen Einbau von **I**. (Biochim. biophysica Acta [Amsterdam] **9**. 469—70. Okt. 1952. Cambridge, England, Univ., Dep. of Radiotherapeut.) K. MAIER. 4596

Mary Brown Patton, Eva Donelson Wilson, Jane M. Leichsenring, Loana M. Norris und **Charlotte M. Dienhart,** *Die Beziehung des Calcium–Phosphor-Verhältnisses zur Ausnutzung dieser Mineralstoffe durch 18 junge Hochschulstudentinnen.* In Weiterführung früherer Unterss. (vgl. LEICHSENRING u. Mitarbeiter, J. Nutrit. **45**. [1951.]407) wurden Stoffwechselverss. mit einer Grundnahrung mit 344 mg Ca u. 766 mg P täglich u. 9 verschied. Verhältnissen Ca : P (1 : 0,50 bis 1 : 3,97) durch Ca-Zulagen von 0, 600 oder 1200 mg bzw. P-Zulagen von 0, 300 oder 600 mg täglich während 9 Wochen durchgeführt. Die mittleren Ca-Gleichgewichte schwankten zwischen —46 u. +196 mg u. die P-Gleichgewichte zwischen —64 u. +86 mg. Eine Zunahme der P-Zufuhr bewirkte bei keiner der verschied. Ca-Zufuhren eine merkliche Veränderung der Ca-Retention. Die Ca-Retention wurde jedoch durch Erhöhung der Ca-Zufuhr bei gleichbleibender P-Zufuhr gesteigert. Das P-Gleichgewicht wurde durch Erhöhung der Ca-Zufuhr nicht beeinflußt. Die P-Retention stieg erst bei Steigerung der P-Zufuhr auf 944 mg. Die Gleichgewichte der beiden Mineralstoffe sind demnach mehr von der Höhe der Zufuhr als vom gegenseitigen Verhältnis abhängig. (J. Nutrit. **50**. 373—82. 10/7. 1953. Columbus, O., Agricult. Exp. Stat., Dep. of Home Econom., u. St. Paul, Univ., School of Home Econom.) SCHWAIBOLD. 4596

Isao Uehara, *Experimentelle Untersuchungen über die Rolle der Leber im Stoffwechsel der Serumproteine.* Klin. Unterss. u. Verss. an Kaninchen ergaben, daß die Gesamtserumproteine im peripheren Blut bei hepatocellulären u. reticuloendothelialen Schäden vermindert sind, u. zwar im ersteren Fall stärker. Von den einzelnen Serumproteinen erwies sich β-Globulin als das stabilste, während das α-Globulin in etwa dem gleichen Maß zunimmt wie das Albumin (I) abnimmt. γ-Globulin (II) u. I zeigen die engste Abhängigkeit von Leberstörungen, wobei I empfindlicher reagiert. Nach Ansicht des Vf. stellt die Synth. von I u. II einen komplexen Wechselwirkungsmechanismus zwischen Leberzellen u. reticuloendothelialem Syst. dar. Vf. teilt nicht die Ansicht von COHN u. WOLFSOHN, daß die Zunahme von II oder das Verhältnis II zu I als empfindlicher Indicator früher Stadien einer Leberstörung anzusehen sind, vielmehr sind zur Aufdeckung des Leber-Proteinstoffwechsels wiederholte Unterss. im Verlauf der Erkankung notwendig. (J. Kyoto prefect. med. Univ. **52**. 777—803. März 1953. Kyoto, Pref. Med. Univ., Dep. of Gastroenterology. [Orig.: japan.; Auszug: engl.]) NEHRING. 4597

Francis X. Dufault jr. und **G. James Tobias,** *Beträchtliches reversibles Nierenversagen nach Calcium- und Alkaliaufnahme bei der Therapie des peptischen Ulcus.* Vff. berichten über 4 Fälle von Nierenversagen nach langer Behandlungszeit des pept. Ulcus mit Milch u. resorbierbaren Alkalien. In 3 Fällen führte die Feststellung von ocularen Calcifikationen zur Differenzierung des Krankheitsbildes von anderen Formen von Nierenkrankheiten. In 2 Fällen kehrte die Nierenfunktion nach Absetzen der Mittel zur Norm zurück. Neue Auffassungen der Pathogenese u. Behandlung werden diskutiert. (Amer. J. Med. **16**. 231—36. Febr. 1954. Boston, Mass.) K. BÖHM. 4597

Roland Taugner, Manfred von Bubnoff und **Walter Braun,** *Gibt es eine tubuläre Phosphatsekretion? Über die Ausscheidung von anorganischem und organischen*

Phosphat bei der Katze. In Verss. über die Höhe des von der Niere filtrierten, rückresorbierten bzw. sezernierten Anteils von infundiertem Phosphat wurden an Katzen in Urethan–Chloralose-Narkose folgende Ergebnisse gefunden: Die Ausscheidung von exogenem P erfolgt durch Filtration u. Rückresorption. Die rückresorbierte P-Menge stellt eine annähernd konstante Fraktion der filtrierten dar u. wird nicht durch ein tubuläres Maximum begrenzt. Fructose-1.6-diphosphat, Glycerophosphat u. Phosphoglycerinsäure können tubulär sezerniert werden. Neben einer Filtration dieser Verbb. kommt es unter Beteiligung von Tubulusphosphatasen auch zu einer tubulären Sekretion von anorgan. P. (Pflügers Arch. ges. Physiol. Menschen Tiere **258.** 133—48. 1953. Heidelberg, Univ., Pharmakol. Inst.) ZAESCHMAR. 4597

H. C. Plattner, Le métabolisme du potassium et ses perturbations. Paris: Masson et Cie. 1953. (158 S. m. 19 Abb.) fr. 1000.—.

E_6. Pharmakologie. Therapie. Toxikologie. Hygiene.

C. Richard Weinberg, *Vorläufige Beurteilung eines neuen cholecystographischen Mittels, Teridax.* Mit *Teridax* (I; *α-Äthyl-β-[2.4.6-trijod-3-oxyphenyl]-propionsäure*) (SCHERING CORP.) wurden 75 Patienten behandelt. I war ohne Nebenwirkung. Die Sichtbarmachung der Gallenblase u. -gänge war gut. I wird vornehmlich über die Nieren ausgeschieden. (Amer. J. Roentgenol. Radium Therapy Nuclear Med. **70.** 585 bis 590. Okt. 1953. Newark, N. J., City Hosp.) W. LORENZ. 4601

John Mackay-Dick, *Bronchographie mit Dionosil.* Die gute Verträglichkeit von *Dionosil ölig* (*50%*) wird, nach vorheriger lokaler Anästhesie der entsprechenden Hautstelle mit 2% Butyn u. nach der Belehrung des Patienten über sein Verh. während der Behandlung, hervorgehoben. Die Verwendung von wss. Dionosil (*Diodone = Diäthanolaminsalz der 3.5-Dijod-4-pyridon-N-essigsäure*) wird abgelehnt. (Lancet **266.** 163. 16/1. 1954. Hindhead, Surrey, Connaught Hosp.) W. LORENZ. 4601

H. Hompesch, *Weitere Untersuchungen zum Mechanismus der baktericiden Wirkung des Ultraschalls.* Bei 2std. Beschallung von Bakteriensuspensionen von a) Bacillus pseudoanthracis, b) Pseudomonas pyocyanea u. c) Bacterium coli konnte im Filtrat der Aufschwemmung keine Zunahme des Aminosäure-N im Vgl. zu unbeschallten Kontrollen festgestellt werden. Autolyt. Prozesse spielen demnach bei der Desintegrierung von Bakterien durch Ultraschall keine Rolle. Ferner wurde festgestellt, daß 65—70% des ursprünglich vorhandenen Bakterienstickstoffs nach dieser Zeit in Lsg. gegangen waren, u. zwar die größte Menge bereits nach 30 Min., bei a) rascher als bei b) u. c); danach geht der Abfall im N bei grampositiven Bakterien in derselben Art vor sich wie bei gramnegativen, während der Trübungsgrad von a)-Suspensionen ganz erheblich hinter dem von b)- u. c)-Suspensionen zurückbleibt. (Ultraschall in Med. Grenzgebieten **6.** 123—25. Okt./Nov. 1953. Dortmund, Hyg.-Inst.) DOSSMANN. 4601

Herman P. Schwan, Edwin L. Carstensen und **Kam Li,** *Vergleichende Auswertung von elektromagnetischer und Ultraschalldiathermie.* Besprechung der Eindringtiefe von elektromagnet. (EM-) u. Ultraschall (US)-Energie in Muskel- u. Fettgewebe. Um im homogenen Muskelgewebe bei einer Eindringtiefe von 4—5 cm einen ausreichenden Wärmeeffekt zu erzielen, sind 200 mHz EM oder 1 mHz US erforderlich, bei Muskelgewebe mit Fettschicht muß wegen der Reflexion an der Grenzfläche, die bei US nur ca. 2% beträgt, die EM-Frequenz auf 500—1000 mHz gesteigert werden. Das Verhältnis der im subcutanen Fett- zu der im Muskelgewebe mit hohem Wassergeh. erzielten Wärme nimmt mit steigender Frequenz zu. US ist bes. zur Erzielung eng umgrenzter Tiefenerwärmung geeignet, während hochfrequente EM-Bestrahlung eine mehr generalisierte Erwärmung hervorruft. (Arch. physic. Med. **35.** 13—19. Jan. 1954. Philadelphia, Pa., Univ. of Pennsylvania, Dep. of Phys. Med., u. Moore School of Electr. Engng.) DOSSMANN. 4601

Justus F. Lehmann und **Frank H. Krusen,** *Wirkung von Impuls- und Dauerultraschall auf den Ionentransport durch biologische Membranen.* Vff. weisen durch Messungen an der Bauchhaut von Rana pipiens nach, daß Impuls- u. Dauer-Ultraschall (US) im wesentlichen die gleiche Wrkg. auf den akt. Ionentransport durch biol. Membranen u. auf Permeabilitäts- u. Diffusionsprozesse ausüben, sofern die gleiche mittlere Intensität bei jeder Technik angewendet wird. Die Ergebnisse stützen die Annahme, daß die beschriebenen Effekte hauptsächlich auf selektiver Temperatursteigerung durch spezif. Absorption von US an der Membran u. ihren Grenzflächen beruhen. (Arch. physic. Med. **35.** 20—23. Jan. 1954. Rochester, Minn., Mayo Clinic.) DOSSMANN. 4601

Agathe Freytag, *Zur Problematik der Spurenelementetherapie.* Kurzer Überblick über einige bisher bekannte Fakten betreffend die humanpatholog. Bedeutung der

Spurenelemente. Besprochen werden neben dem Fe u. Cu As, Co, Ni, B, V, Mo, Mg. Hinweis auf das Vork. dieser Elemente in der gewöhnlichen Nahrung. Mangelkrankheiten außer bei Fe, Cu, J, Mg bisher nicht bekannt, weshalb sich auch eine Therapie erübrigt. (Die Medizinische **1953.** 321—23. 7/3.) P. G. SCHEURLEN. 4606

L. B. Juschkewitsch, *Methämoglobinbildung bei Intoxikation durch Stickstoffoxyde.* Intravenöse Zufuhr von *$NaNO_2$* (**I**)-Lsg. bewirkt bei Kaninchen, Hunden u. Katzen *Methämoglobin* (**II**)-Bldg. im Blut, wobei das gebildete **II I** proportional ist. 5 (10) mg I/kg erzeugten bei Katze bzw. Hund 18—21 (39—45) % **II**, wofür bei Kaninchen 10—15 mal mehr **I** erforderlich war. Die Zeit der Wiederabnahme von **II** war proportional der gebildeten **II**-Menge (5—6 bzw. 11—12 Std.); aus Kaninchenblut verschwand **II** 10—15 mal schneller (Pflanzenfresser). **II**-Bldg. durch *Stickstoffoxyd* (**III**)-haltige Atemluft ist abhängig von Inhalationsdauer u. **III**-Konz. (0,005—0,1 mg/Liter **III**; Dauer 4—9 Std.). Oberhalb 0,01 mg **III** wird **II** bei Hund u. Katze fortlaufend gebildet, bei 0,005—0,01 mg **III** ist in den ersten 5—7 Std. die **II**-Bldg. unbedeutend. — Im Ruhezustand in reiner Luft wird bei allen Tieren **II** nach 1 Std. zu ca. 50%, nach 10—12 Std. vollständig wieder aus dem Blut entfernt. (Гигиена и Санитария [Hyg. u. Sanitätswes.] **1953.** Nr. 3. 37—40. März. Moskau, 1. Med. Inst., Lehrstuhl für allg. Hyg.) MÜLLER-MULOT. 4606

H. Bammer und **K. E. Rothschuh,** *Über die Erregungsleitung im Froschherzstreifen unter der Wirkung von Kaliumionen und anderen herzmuskeleigenen Substanzen.* Eine n. konz. RINGER-Lsg. wirkt beim Froschherzen negativ dromotrop. Diese Tatsache kann nicht darauf zurückgeführt werden, daß der Muskel auch im Ruhezustand K an die Badlsg. abgibt, weil die ausgeschiedenen K-Mengen zu gering sind (Erhöhung der K-Konz. 0,92 mg%), um diesen Effekt hervorzurufen. Bei einer Steigerung der K-Konz. um das 4fache kann man nämlich noch eine positiv dromotrope Wrkg. beim erregten Muskel beobachten. Erst eine weitere Erhöhung der Konz. führt zur Verlangsamung der Erregungsleitung bis zum Block. (Z. ges. exp. Med. **119.** 402—14. 1952. Würzburg, Univ., Physiol. Inst., u. Münster, Univ., Physiol. Inst.) BAUMANN. 4606

A. Hebrant und **M. Goffart,** *Äußerung über einige Sensibilisatoren des Kaliums.* Vff. untersuchen die Sensibilisierung des Amphibienmuskels gegenüber K^+ durch *Mistelextrakt, 2.4-dichlorphenoxyessigsaures Na, Tetraäthylammoniumhydroxyd, DDT, γ-Hexachlorcyclohexan* u. *Cardiazol* (**I**) an isolierten Präpp. des Rectus abdominis von *Rana esculenta* bzw. *Rana temporaria.* Diese Substanzen, die in bezug auf Kreislauf u. neuromuskuläre Wirkungen *Veratrin*-ähnliche Eigg. besitzen, erweisen sich außer **I** als „Sensibilisatoren des K". Bei krit. Betrachtung der Versuchsergebnisse vertreten Vff. die Ansicht, daß die Sensibilisierung des K nicht die Ursache der pharmakol. Wrkg. der untersuchten Substanzen ist. (Arch. int. Pharmacodynam. Thérap. **92.** 87—95. 1/10. 1952. Liège, Univ., Labor. de Physiol., Inst. Léon Fredericq.) NIESWANDT. 4607

Paolo Crepax, *Die Reaktion des Muskels auf Kalium und die Analyse der auslösenden Faktoren.* Vf. untersucht u. diskutiert die antagonist. Wrkg. von KCl u. *Xylocain* (*ω-Diäthylamino-2.6-dimethylacetanilid*) auf Froschmuskeln. (Atti Accad. naz. Lincei, Rend., Cl. Sci. fisiche, mat. natur. [8] **14.** 842—45. Juni 1953. Bologna, Univ., Ist. di Fis. umana.) v. KEREKJARTO. 4607

Hans Bammer und **Alexander von Muralt,** *Qualitative Untersuchung über die Absorption motorischer Vorderhornzellen im Ultraviolettlicht nach Einwirkung von Succinodinitril.* Vff. untersuchen den Einfl. von *Succinodinitril* (**I**) auf die Regenerationsdauer durchschnittener Halsmarknerven. Die Verss. sollen darüber Auskunft geben, ob unter dem Einfl. von **I** eine Zunahme der UV-Absorption bei Benutzung der Cadmiumlinie (257 mμ), die vom Nucleinsäuregeh. abhängig ist, eintritt. Es zeigt sich, daß die UV-Absorption in den Ganglienzellen nach längerer Vorbehandlung mit **I** zunimmt. Keine Entscheidung der Frage, ob es eine Folge des erhöhten Geh. an Nucleoproteiden oder eine Folge der Veränderung der mol. Orientierung ist. (Pflügers Arch. ges. Physiol. Menschen Tiere **258.** 90—94. 1953. Bern, Hallerianum.) ZAESCHMAR. 4607

Anne Beloff-Chain, Raffaella Catanzaro, Ernst Boris Chain, Luigi Longinotti, Ines Masi, Francesco Pocchiari und **Cesare Rossi,** *Der Einfluß von 2.4-Dinitrophenol auf den Glucose- und Phosphatstoffwechsel im Diaphragma der Ratte.* Vff. untersuchten an isolierten Rattendiaphragmen den Einfl. von 2.4-Dinitrophenol (DNP) auf die Verteilung von ^{14}C nach Incubation mit ^{14}C-Glucose. Durch Anwendung der WARBURG-Technik wurde nach 3—15 Min. Incubation mit DNP eine Erhöhung des O_2-Verbrauches festgestellt. Das Diaphragma wurde mit A.—W. extrahiert u. der Extrakt chromatographiert. Am Chromatogramm wurden die einzelnen Zonen auf ^{14}C ausgewertet. Dabei wurden wesentliche Änderungen im Vgl. zu den Kontrollen festgestellt. Der ^{14}C-Geh. in CO_2 ist stark erhöht. Es wurde die Bildungsgeschwindigkeit von Glykogen u. CO_2 ermittelt u. damit die Annahme unterstützt, daß die Glykogenbldg. schneller als die CO_2-Bldg. verläuft. Wenn das Diaphragma mit ^{32}P-markiertem Phosphat incubiert wurde, so trat in Ggw. von DNP eine Verminderung der radioakt. intermediär phosphorylierten Verbb. auf. (Atti Accad. naz. Lincei, Rend., Cl. Sci. fisiche, mat. natur. [8] **14.** 740—45. Juni 1953. Roma, Ist. super. di San., Labor. di chim. biol.) v. Kerekjarto. 4607

F. C. Besic, *Cariesähnliche Veränderungen im Schmelz durch chemische Substanzen.* Verss. in vitro mit Zähnen, die 20 Tage in verschieden konz. Lsgg. von *$Ca_3(PO_4)_2$* in *HCl, Essigsäure* u. *Milchsäure* bei verschied. p_H gehalten worden waren, zeigten, daß Lsgg. mit der Hälfte des maximal möglichen Geh. an Ca^{2+} u. PO_4^{3-} cariesartige Läsionen im Schmelz u. an der Dentinoberfläche verursachen. Lsgg. mit geringerem Geh. an Ca- u. PO_4-Ionen rufen Schädigungen hervor, die nicht an Caries erinnern, u. Lsgg. mit maximalem Ca- u. PO_4-Geh. haben selbst bei p_H 3,58 keinen Einfl. auf die Beschaffenheit des Schmelzes. Demnach ist nur die Menge an $Ca_3(PO_4)_2$ u. nicht die Art der Säure bzw. der p_H-Wert maßgebend. — Tabellen u. Abbildungen. (J. Dental Res. **32.** 830—39. Dez. 1953. Chicago, Ill., Univ. of Chicago, Walter G. Zoller Mem. Dental Clinic.) Klesse. 4607

Heinrich Südhof, *Über die entgiftende Wirkung der Glucuronsäure.* Im Harn von Kaninchen wurde die *Ätherglucuronsäure* (I)-Ausscheidung nach Florkin (Enzymologia [Den Haag] **10.** [1942.] 220) innerhalb der 1. u. 2. Std. nach intravenöser Zufuhr von a) 40 mg *Menthol* (II) in Tylose emulgiert, b) 40 mg **II** u. 500 mg *Glucuronsäurelacton* (**III**), c) 40 mg **II** u. 500 mg *Glucose* (**IV**), d) der in a)—c) verwendeten Emulsionsbasis ohne **II**, jedoch mit **III** bzw. **IV**, untersucht. **IV** bewirkte deutliche **I**-Ausscheidung in Form von **II**-*Glucuronid*, wobei innerhalb der beiden ersten Std. ca. 25% des zugeführten **II** ausgeschieden wurden. Die Kombination von **II** mit **III** änderte die **I**-Ausscheidung prakt. nicht, während **IV**-Zusatz durchschnittlich eine 50%ig. Mehrausscheidung auslöste. Vf. hält eine direkte Beeinflussung der Entgiftungsvorgänge, speziell bzgl. der **I**-Entgiftung, durch therapeut. gegebene *Glucuronsäure* für unwahrscheinlich. (Verh. dtsch. Ges. inn. Med. **58.** 441—43. 1952. Göttingen, Univ., Med. Klinik.) K. Maier. 4607

R. A. Peters, *Britisch-Antilewisit.* 1. Mitt. *Die Biochemie des Arseniks.* Auf Grund einer Rückschau auf die einschlägige Literatur u. eigener früherer Unterss. kommt Vf. zu folgenden Schlüssen: Die Toxizität dreiwertiger As-Verbb. kommt durch Bindung an SH-Gruppen biol. Substanzen zustande. Disubstituierte As-Verbb. bilden sehr stabile Körper, weswegen diese giftiger sind. Sie werden vorwiegend durch zirkulierendes Glutathion oder andere natürliche Thiole gebunden. In hoher Konz. wirken auch monosubstituierte As-Verbb. (**I**) tox., indem sie sich mit SH enthaltenden Enzymen (Bernsteinsäuredehydrogenase, Hexokinase) verbinden. Durch Monothiole lassen sich diese Verbb. wieder in die Komponenten zerlegen. Gelangen **I** jedoch durch die Zellwand bis zu den Mitochondrien, so reagieren sie mit 2 SH-Gruppen ragenden Enzymen des Brenztraubensäureoxydasesyst. unter Bldg. eines neuen Ringes, so daß die entstandenen stabilen Verbb. sich durch Behandeln mit Monothiolen nicht mehr spalten lassen, u. es zur Anhäufung von Brenztraubensäure kommt. (J. Roy. Inst. publ. Health Hyg. **15.** 89—103. April 1952. Oxford, England, Univ.) Arnold. 4607

G. Stüttgen, *Zur Provokation von Hautblasen durch Jodverbindungen.* Die Haut-Rk. auf verschied. Jodverbb. (*KJ*, *$CH_2J \cdot COOH$*, *Thyroxin*, *Jodspiritus* u. außerdem *NaF*) erwies sich als an die jeweilige Konst. des Patienten gebunden. (Arch. Dermatologie Syphilis **195.** 502—13. 1953. Düsseldorf, Med. Akad., Hautklinik.) Brosemann. 4607

Je. N. Burkatzkaja, *Zur Prophylaxe der Vergiftungen durch Hexachloranpräparate.* Bei 1 maliger Applikation von *Hexachlorcyclohexan* (**I**) per os betrug die minimale tox. Dosis 100 (mg/kg) bei Katzen u. 200 bei Maus u. Ratte, die absol. letale Dosis 600 bei Katze u. Ratte u. 700 bei der Maus. Der Tod trat bei Mäusen u. Ratten in den ersten Tagen, bei Kaninchen u. Katzen erst nach 2 Monaten ein. Allg. Krankheitssymptome: verstärkte Speichelabsonderung, Zittern, Krampfanfälle, Abmagerung. — Bei Dauerapplikation per os (10 mg/kg täglich) starben Katzen nach 2 Monaten. Eine 6 std. **I**-Inhalation täglich durch Katzen bei 300 mg/m³ Luft verlief ebenfalls nach 2 Monaten tödlich. — In tox. Dosen intramuskulär oder per os stillenden Katzen verabreichtes **I** wird mit der Milch auf die Jungen übertragen. — Es folgen Verhaltungsregeln u. Schutzmaßnahmen für **I**-gefährdete Personen. (Гигиена и Санитария

[Hyg. u. Sanitätswes.] **1953.** Nr. 3. 32—35. März. Kiew, Inst. für Arbeitshyg. u. Berufskrankheiten.) MÜLLER-MULOT. 4607

I. I. Kusnetzowa, *Über das Fehlen einer Toxizität des Thiodiphenylamins für die Fische des Wolgadeltas.* Die Verss. wurden mit Karpfen, Brachsen, Barschen, Zärten u. Schneiderfischen im Aquarium bzw. im natürlichen Gewässer durchgeführt. Zur Anwendung kam als Larvicid *Thiodiphenylamin* (**I**) in der Dosis von 1 kg/ha in Mischung mit neutralen Verdünnungsmitteln (1 : 19). Nach 10tägiger Einw. waren noch alle Fische am Leben. Auch in Verss. mit der 2fachen u. stärkeren Konz. erwies sich **I** für Fische u. Zooplankton als ungiftig. (Медицинская Паразитология и Паразитарные Болезни [Med. Parasitol. parasit. Krankh.] **1953.** 563. Nov./Dez. Allunions Wiss. Forschungsinst. für Seefischerei u. Ozeanographie, Kasp. Zweigstelle.) RENTZ. 4607

Enrique Wudka und Irving H. Leopold, *Die Wirkung von Curarealkaloiden auf die Pupille.* Vff. untersuchten die Wrkg. von *Tubocurarin* u. *Dimethyltubocurarin* auf die Pupille von Kaninchen. Beobachtet wurde die Wrkg. nach systemat. u. lokaler Zufuhr u. nach conjunctivaler Instillation von *Physostigmin* u. *Pilocarpin.* Signifikante Änderungen konnten nur erzielt werden, wenn tox. Dosen intravenös gegeben wurden. Erklärungsmöglichkeiten für das Verh. der Pupillen unter Curare werden erörtert. (Amer. J. Ophthalmol. [3] **37.** Nr. 1. 41—44. Jan. 1954. Philadelphia, Pa.) K. BÖHM. 4607

Yohachiro Nakano, *Wirkung einiger oberflächenaktiver Stoffe auf die Resorption von Digitalispräparaten beim Frosch nach stomachaler Gabe. g-Strophanthin* (**I**)- u. *Digitoxin* (**II**)-Absorption (Abs.) wurden gemessen durch die Zeit bis zum Herzstillstand. Die Abs. von **I** wurde durch weniger als 0,05% *Tween 80* (**III**) u. *Tween 20* (**IIIa**) gefördert, in hohen Konzz. aber gehemmt. *Saponin* (**IV**)-Lsg. (unter 0,1%) fördert die Abs. von **I**. Bei höheren Konzz. schädigt **IV** jedoch das Herz. *Emulgen 408* (**V**) (Polyoxyäthylenoleyläther) u. *Aerosol IB* (**VI**) verlängerten die Zeit bis zum Herzstillstand durch **I**. Die Abs. von **I** (subcutan) wurde durch Zugabe von **III**, **IV** u. **VI** verhindert. Die Abs. von **II** bei Zufuhr durch den Magen wurde ebenfalls durch **III** u. **V** unterdrückt. Der Unterschied der Wrkg. des **III** auf **I** u. **II** im Magen–Darm-Kanal scheint in der stark unterschiedlichen Abs. von **I** u. **II** selbst durch den Magen–Darm-Kanal begründet. Micellbldg. von **III** (**IIIa**) spielt im Abs.-Vorgang für **I** eine Rolle, da die krit. Konz. der Abs.-Förderung mit der krit. Micellierungskonz. zusammenfällt. — 9 Tabellen, 5 Diagramme. (Folia pharmacol. japon. **49.** 1—10. 20/3. 1953. Nagasaki Univ. [Orig.: japan.; Auszug: engl.]) SCHULER. 4608

Yohachiro Nakano, *Über die Bedeutung der Oberflächenaktivität für die Resorption von Digitalispräparaten nach stomachaler Gabe.* Die Absorption von *g-Strophanthin* (**I**) aus dem Magen–Darm-Kanal (MDK) von Katzen wurde durch Zugabe von *Tween 80* (**II**) in Konzz. bis 0,05% gefördert, durch höhere unterdrückt. An Tonerde adsorbierter *Digitalis* (**III**)-Auszug wurde aus dem MDK nur geringfügig absorbiert, aber durch **II** (0,5 cm^3/kg) verdoppelt. **III**, an Aktiv-C adsorbiert, wurde zu 20—25% adsorbiert, wenn es zusammen mit Emulgen 106 (Dodecylalkoholpolyäthylenäther, japan. Prod.) 0,5 cm^3/kg, oder mit **II** (1%) gegeben wurde, ohne welche keine Absorption von **III** erfolgte. Die fördernde Wrkg. von **II** scheint auf der orientierten Adsorption von **II** auf dem Adsorbens unter Verdrängung des Glucosids zu beruhen. — 10 Tabellen. (Folia pharmacol. japon. **49.** 31—39. 20/3. 1953. Nagasaki Univ. [Orig.: japan.; Auszug: engl.]) SCHULER. 4608

Shoichi Miyazaki, *Untersuchungen über die chemische Struktur der Opiumalkaloide und ihren Einfluß auf den Zucker in Blut und Urin.* Bei früher durchgeführten Verss. mit Opiumalkaloiden (**I**) wurde eine Einteilung in 3 Gruppen vorgenommen: Alkaloide mit einem Phenanthren- oder Isochinolinring u. Verbb. komplizierterer Zusammensetzung. Die nach Injektion von **I** auftretende Hyperglykämie wurde bei folgenden Verbb. näher untersucht: *Morphin, Apomorphin, Codeinphosphat, Codein, Apocodein, Dihydrocodeinphosphorsäure, Thebain, Heroin, Dionin, Papaverin, Kotarnin, Hydrocotarnin, Narcein, Opium, Pantopon.* Unter den **I** hat die Phenanthrengruppe, mit Ausnahme von Apocodein, bei weitem die stärkste Toxizität u. Wrkg. auf den Geh. an Zucker in Blut u. Urin. (J. Kyoto prefect. med. Univ. **53.** 271—307. Mai 1953. Kyoto, Pref. Med. Univ., Dep. of Pharmacol. [Orig.: japan.; Auszug: engl.]) RODERICH KÖNIG. 4608

N. F. Ssolodjuk, *Der Einfluß biogener Stimulatoren auf die Oxydationsprozesse im Gewebe.* Wss. 25% ig. Extrakte aus konservierten Kaninchenmuskeln u. Kaninchen- u. Menschenblut aktivieren, wie mit Hilfe der WARBURG-App. festgestellt wurde, den O_2-Verbrauch des Gewebes der Großhirnhemisphären des Kaninchens, bes. in der 2. u. 3. Std. des Vers., während in den Kontrollen ohne Extraktzusatz der O_2-Verbrauch des Gehirngewebes deutlich absinkt. Die aktivierende Wrkg. von Extrakten aus frischem Gewebe ist geringer als jene aus konserviertem Gewebe. Vf. empfiehlt die angegebene Meth. als Test zur Feststellung biogener Stimulatoren in Gewebspräparaten. (Медичний Журнал (Киев) [Mediz. J. (Kiew)] **21**. Nr. 2. 23—31. 1951. Bogomoletz-Inst. für klin. Physiol. der Akad. der Wiss. der UkrSSR.) RENTZ. 4609

Nello Mori, *Die Isopathine. Besonders geartete Präparate für Zwecke der Immunisierung.* Vf. beschreibt die Gewinnung von Extrakten aus patholog. Material, die gift- u. lipoidfrei sind u. keine Biuret-Rk. mehr zeigen, sowie ihre physiol., therapeut. u. diagnost. Anwendung. (Hippokrates **24**. 421—22. 31/7. 1953. Neapel, Mikrobiol. Inst. Bellavista.) BROSEMANN. 4609

Lucien Balozet, *Das Gift eines Saharaskorpions: Buthacus arenicola (E. S.).* (Vgl. C. **1953**. 3258.) Für Mäuse wurde für das Buthacus arenicola-Toxin (I) eine DL_{50} von 52 γ ermittelt. Damit ist I wesentlich toxischer als die meisten anderen Skorpiongifte. I besitzt auf Grund seiner Lecithinaseeigg. hohe Hämolysewrkg., außerdem eine deutliche Koagulationsfähigkeit gegenüber Plasma. Gelatinolyt. u. proteolyt. Eigg. konnten nicht nachgewiesen werden. Durch Immunisierung von Pferden konnte ein Antiserum gegen I erhalten werden, das pro ml 1 mg I neutralisiert. Dieses Antiserum ist hochspezif. u. neutralisiert nicht das Toxin von Androctonus australis, während das hiergegen wirksame Antiserum auch I neutralisiert. (Arch. Inst. Pasteur Algérie **31**. Nr. 4. 400—10. 1953. Inst. Pasteur d'Algérie.) KRUSEN. 4609

Najib Khan und F. J. Bilimoria, *Behandlung von Abdominaltuberkulose mit PAS.* Besprechung von 7 Fällen mit tuberkulöser Peritonitis; alleinige Behandlung mit *PAS* (I; CILAG HIND, PHARMACEUTICALS LTD.), 10 g täglich bei 4 Erwachsenen u. 4 g bei 3 Kindern. Beobachtungszeit 7—35 Wochen, 6 Besserungen, im allg. nach 2 Monaten der I-Behandlung; 1 Fall entzog sich der Kontrolle. Normalisierung der Temp. nach 6 Wochen; alle Erscheinungen wurden günstig beeinflußt. (Indian med. Gaz. **88**. 379—81. Juli 1953. Jamshedpur, Tata Main Hosp.) DOSSMANN. 4610

Rudolf Pirtkien, *Morphologische Veränderungen an den Nebennieren von Meerschweinchen und Ratten unter Thiosemicarbazonbehandlung.* 1. Mitt. Bei Meerschweinchen führen subcutane Injektionen von *Thiosemicarbazonen* (I) in Dosen von 10 mg/Tag zu Hypertrophie der Zona fasciculata der Nebennierenrinde (NNR) u. Vermehrung der Zellipoide in diesem Bereich. Die Glomerulosa bleibt im wesentlichen unbeeinflußt. Sie ist relativ, die Reticularis absol. verschmälert. Die NNR behandelter Ratten zeigten gleiche strukturelle Veränderungen bei unterschiedlichen Lipoidverhältnissen. Ergebnisse kombinierter Gaben von I mit Vitamin C werden beschrieben. Es wird erörtert, inwieweit die histolog. Befunde u. die chem. mit der Best. der Keto-$C_{(17)}$-Steroide u. der Cortisonsubstanzen im Harn gewonnenen Werte zur Klärung der Ergebnisse helfen können. (Z. ges. exp. Med. **121**. 453—60. 1953. Hamburg-Eppendorf, Univ., II. Med. Klinik u. Poliklinik.) K. BÖHM. 4610

Helmut Steege und **Rudolf Pirtkien,** *Morphologische Veränderungen an den Nebennieren von Meerschweinchen und Ratten unter Thiosemicarbazonbehandlung.* 2. Mitt. (1. vgl. vorst. Ref.) Vff. beschreiben die nach subcutanen Injektionen von *Thiosemicarbazonen* (I) u. *Neoteben* (II), zum Teil kombiniert mit Vitamin-C-Gaben, bei Meerschweinchen in den Nebennierenrinden (NNR) auftretenden Veränderungen. In allen Versuchsreihen traten morpholog. Veränderungen auf, die sich im Bereich des „inneren u. äußeren Transformationsfeldes" nach TONUTTI abspielten u. als morpholog. Äquivalente einer gesteigerten NNR-Tätigkeit aufgefaßt werden. Nach kombinierten Gaben von I u. Vitamin C sowie nach II-Applikation waren die histolog. u. cytochem. Veränderungen weniger stark ausgeprägt. (Z. ges. exp. Med. **121**. 461—74. 1953. Hamburg-Barmbeck, Allg. Krankenhaus, u. Hamburg-Eppendorf, Univ., II. Med. Klinik u. Poliklinik.) K. BÖHM. 4610

Rudolf Pirtkien und **Helmut Steege,** *Morphologische Veränderungen an den Nebennieren von Meerschweinchen und Ratten unter Thiosemicarbazonbehandlung.* 3. Mitt. (2. vgl. vorst. Ref.) Vff. beschreiben nach subcutanen Injektionen von *Thiosemicarbazonen* (I) bei Meerschweinchen u. Ratten auftretende histolog. u. cytochem. Veränderungen in den Nebennieren (NN), die als Zeichen einer gesteigerten Nebennierentätigkeit aufzufassen sind. Bei unterschiedlicher Dosierung von I sowie variierter Applikationsdauer fanden sich Bilder, wie sie als charakterist. für die einzelnen Phasen des Stress-Syndroms beschrieben werden. Die Rindenveränderungen werden als unspezif. angesehen. Zusätzliche Gaben von *l-Ascorbinsäure* (II) bewirkten in der sogenannten Widerstandsphase eine regelmäßige Minderung der Fasciculatahypertrophie u. teilweise des Lipoidgeh. der Rinde. Dies wird als Schutzwrkg. der II gedeutet. Bei beidseitig epinephrektomierten Goldhamstern bewirkt I + II eine sichere Verlängerung der Überlebenszeit, was als hormonsparende Wrkg. von I + II durch Eingreifen in den peripheren Corticosteroidstoffwechsel gedeutet wird. Für die Klinik wird daher die gleichzeitige Anwendung von I + II empfohlen. (Z. ges. exp. Med. **122.** 270—84. 1953. Hamburg-Eppendorf, Univ., II. Med. Klinik u. Poliklinik, u. Hamburg-Barmbeck, Allg. Krankenhaus, Chirurg. u. Urolog. Klinik.) K. BÖHM. 4610

Aarón Kaminsky, Bernardo Sevinsky und **Aarón Kaplan,** *Das Isonicotinsäurehydrazid in der Behandlung der Hauttuberkulosen.* Gute Erfolge bei Lupus vulgaris, Lupus miliaris disseminatus u. Scrophuloderma. Teilweise Erfolge bei rosaceiformem Tuberkulid (LEWANDOWSKY), verrucöser u. ulceröser Tuberkulose. (Prensa méd. argent. **40.** 2219—21. 21/8. 1953.) GERBER. 4610

Holger Brodthagen, *Tuberculosis verrucosa der Haut. Mit Isoniazid behandelt.* Es wird ein Fall von Tuberculosis verrucosa der Haut beschrieben, der im Laufe von 7—8 Wochen durch Behandlung mit *Isoniazid* ausgeheilt war. Nach 3 Monaten kein Rezidiv. (Ugeskr. Laeger **115.** 646—48. 23/4. 1953. Reichskrankenhaus.) KRAFT. 4610

M. Vest, *Die Behandlung der kindlichen tuberkulösen Meningitis mit Rimifon (Isonicotinylhydrazin).* Besprechung von 7 kindlichen, mit *Rimifon* (I) behandelten tuberkulösen Meningitisfällen, 5 Heilungen, 1 Rezidiv, 1 Versager. I-Dosierung 5 bis 10 mg/kg peroral 8—9 Monate, 7,5—15 mg/kg intralumbal 4—6 Monate. (Ann. paediatrici [Basel] **182.** 158—75. März 1954. Basler Kinderhosp.) DOSSMANN. 4610

Blair Hunt und **Joseph D. Wassersug,** *Wirkung von Isoniazid auf Patienten mit Tuberkulose und Geisteskrankheit.* Bei Anwendung von Isoniazid bei Tuberkulose u. des dadurch bedingten veränderten Geisteszustandes besteht Aussicht, daß mit fortschreitender Besserung des Allgemeinzustandes des Patienten auch eine Besserung seines Geisteszustandes erfolgt. (New England J. Med. **249.** 1051—56. 24/12. 1953. Boston, Mass., State Hosp., Tufts Coll. Med. School, u. Quincy, Mass., City Hosp.) W. LORENZ. 4610

Giovanni Pescetti und **Edoardo Destefanis,** *Verhalten und Dosis eines neuen antituberkulösen Mittels, Streptomycin–Kongorot-Verbindung als Salz in Blut und Geweben von Tuberkulösen.* Die von Vff. in früheren Unterss. experimentell u. klin. erprobte salzartige Verb. von *Streptomycin* u. *Kongorot* (I) (vgl. C. **1952.** 5451; **1953.** 5070; **1954.** 3978) wurde Patienten in einer Dosis von 0,5 g intravenös gegeben u. in verschied. Zeitabständen der Blutspiegel des I gemessen. Die antituberkulös wirksame Konz. bleibt nach einmaliger Injektion 8—9 Std. erhalten. Es kann auf Grund der Färbbarkeit des Kongorot geschlossen werden, daß I im reticulären, proliferativen u. überhaupt im entzündlich veränderten Gewebe angereichert wird, so daß durch mehrtägige Injektionsbehandlung ganz im Gegensatz zu anderen Tuberkulostaticis eine lokale Kumulation erreicht werden kann. (Minerva med. [Torino] **44.** I. 1068—70. 25/4. 1953. Torino, Univ., Ist. di Clinica Medica Generale.) P. G. SCHEURLEN. 4611

E. G. Sita Lumsden und **R. J. Powell,** *Ototoxizität eines Gemisches von Streptomycin und Dihydrostreptomycin.* Vgl. der tox. Wrkg. von je 1 g/Tag *Streptomycin* (I) u. *Ambistryn* (II; SQUIBB & SONS) = Gemisch aus gleichen Teilen I + *Dihydro*-I an je 20 Fällen. Vestibuläre Störungen bei I in 12, geringere bei II in 5 Fällen, kein Gehörverlust durch I, in geringem Maß in 3 Fällen unter II-Therapie, die sich wieder besserten. Erscheinungen mit 1 g I/Tag treten offenbar nur bei älteren Patienten auf, die besser mit II behandelt werden; bei jüngeren Fällen ist bei Auftreten von Schwindel u. Ataxie unter I Übergang zur II-Therapie angezeigt. (Tubercle **34.** 324—30. Dez. 1953. Brompton Hosp. u. Rochford General Hosp.) DOSSMANN. 4611

Ju. N. Rybalskaja, *Die Behandlung der sympathischen Ophthalmie mit Antibioticis.* Ein Patient mit sympath. Ophthalmie erhielt innerhalb von 134 Tagen insgesamt 12400000 E. *Penicillin,* alle 4 Std. 100000 E. intramuskulär, 1000000 E. *Streptomycin,* 2 mal täglich 12500 E. subconjunctival u. 10 mal Milch intramuskulär. Außerdem wurde 2 mal die Gewebstherapie nach FILATOW angewandt. Das durch einen Metallsplitter verletzte rechte Auge ging verloren, das sympath. erkrankte linke Auge konnte jedoch durch die obige Therapie gerettet werden. (Вестник Офтальмологии [Nachr. Ophthalmol.] **33.** Nr. 1. 42. Jan./Febr. 1954. Stalinabad, Med. Inst., Augenklinik.) RENTZ. 4611

R. Wernsdörfer, *Penicillinbehandlung der Syphilis.* (Vgl. C. **1953.** 7858.) Übersichtsreferat. *Penicillin* (I)-Behandlung der Lues I u. II, I in der Schwangerschaft, bei angeborener Syphilis, Lues latens seropositiva, Lues III der Haut u. Knochen u. der cardiovasculären Lues, Neurolues, Nebenwirkungen bei der Luesbehandlung mit I, HERXHEIMERsche Rk. nach I, vorbeugende Syphilisbehandlung mit I u. Zusatz zum Spenderblut bei Transfusionen, I-Wrkg. auf *Spirochaeta pallida*, Serum-Rkk. bei I-Behandlung der Syphilis. — Literaturangaben. (Z. Haut- u. Geschlechtskrankh. **14**. 126—31. 15/2. 1953. Erlangen, Univ., Hautklinik.) K. MAIER. 4611

M. T. Tschuwalowa und **L. A. Rosenman,** *Antibiotica in der Bekämpfung der Diphtheriebacillenträgereigenschaft bei Diphtherie.* Maßgebend für die Pathogenese des Bacillenträgers sind allg. Zustand des Makroorganismus, Zustand der Nasopharynx u. Ernährung. Eine Beschleunigung wird durch Pinseln der Nasopharynx oder Inhalation mit *Sanazin* bzw. *Penicillin* + *Novocain* nicht erreicht; Morphologie, Toxigenität, Vermehrungsfähigkeit u. Resistenz gegen Antibiotica bleiben bei den ausgeschiedenen Diphtheriebakterien unbeeinflußt. (Педиатрия [Pädiatrie] **1953**. Nr. 6. 65—71. Nov./Dez. Klin. Botkin-Krankenhaus u. Zentr. Inst. für Ärztefortbldg., Lehrstuhl für Pädiatrie, Infekt. Abt.) R. K. MÜLLER. 4611

Gurbuxsh Singh, *Terramycin als therapeutisches Mittel gegen Mumps.* Bericht über 17 Mumpsfälle durch Ansteckung untereinander; 10 wurden mit *Terramycin* (I) behandelt, 7 liefen als Kontrollen ohne I. Verabreichung bei Kindern 125 mg 4 mal täglich bis zu 5 Tagen, bei Erwachsenen 500 mg 4 mal täglich. Die Erscheinungen gingen bereits nach 36—48 Std. völlig zurück; die Kontrollen brauchten 10—12 Tage bis zur Symptomfreiheit. Die schnelle Wrkg. von I u. die dadurch bedingte Verringerung der Ansteckungsgefahr wird herausgestellt. (Indian med. Gaz. **88**. 385—86. Juli 1953. Anvitsar, Med. Coll., Dep. of Clin. Med.) DOSSMANN. 4611

E. Gratzl und **W. Jaksch,** *Aureomycinblutserumspiegel-Bestimmungen bei Pferd, Rind und Hund.* Angabe von 38 Bestimmungen des *Aureomycin* (I)-Blutserumspiegels, aus denen geeignete Dosierungsschemen für die I-Verabreichung beim Pferd, Rind u. Hund abgeleitet werden u. Besprechung der tox. I-Wirkungen bei den Tieren. (Wiener tierärztl. Mschr. **41**. 73—88. Febr. 1954. Wien, Tierärztl. Hochschule, Med. Klinik.) DOSSMANN. 4611

J. Zinzius, *Nebenerscheinungen bei der Aureomycin-, Chloromycetin- und Terramycintherapie.* Nach Mitt. im Schrifttum kann es nach *Aureomycin*-Behandlung zu allerg. Haut- u. Schleimhauterscheinungen, Soorerkrankungen, Widerstandslosigkeit gegenüber Eiterkokken, sowie Anämien u. bei parenteraler Anwendung zu Phlebitiden kommen. Ferner werden Leberschädigungen bei massiver Dosierung beschrieben. Bei *Chloromycetin*-Therapie wird vor dem Auftreten plast. Anämien gewarnt, sowie vor Kreislaufkollapsen infolge plötzlichen Freiwerdens bakteriellen Endotoxins, Hautefflorescenzen u. ulcerösen Stomatitiden. Auch neurolog. u. psych. Störungen können auftreten. Bei beiden Antibioticis kann es zu Magen–Darm-Komplikationen kommen. (Hippokrates **24**. 187—90. 31/3. 211—14. 15/4. 243—46. 30/4. 1953. Bonn.) BROSEMANN. 4611

Loe Ping Kian, H. Smitskamp, Tan Hing Thay und **D. K. Wielenga,** *Chloromycetinbehandlung bei Salmonellainfektionen. Ergebnis bei 100 Patienten.* 77 Patienten mit Typhus, 23 mit Paratyphus A, B oder C erhielten *Chloromycetin* (I). Von 80 Patienten, die durchschnittlich in 10,2 Tagen 18,4 g I erhalten hatten, starben 9, 6 davon an Schockerkrankungen. 20 erhielten durchschnittlich in 17,8 Tagen 20 g I. Von diesen wurden alle gesund. (Doc. Med. Geogr. Trop. **5**. 141—50. Juni 1953. Dhakarta, Indonesien, Jang Deng Je Hosp., Koningin Ernina Hosp. Tjikini, Army Hosp., u. St. Catolics Hosp.) BROSEMANN. 4611

Phil R. Manning, Philip N. Jones und **Roy S. Bigham jr.,** *Klinische Untersuchungen mit Carbomycin.* Bericht über Erfahrungen mit *Carbomycin* = *Magnamycin* (I; CHARLES PFIZER & CO. INC., Brooklyn, N. Y.) bei 23 Infektionen durch β-hämolyt. Streptokokken. Rachenabstriche von 18 Patienten waren innerhalb 48 Std. negativ, 2 Versager, 1 Rückfall, Nebenwirkungen leichte Diarrhoe in 4 Fällen. I-Dosierung meist 500 mg 6stündlich, Gesamtmenge 4—18,5 g. 5 Fälle mit Gonorrhoe sprachen auf I nicht an. Verglichen mit *Penicillin* (II) ist das Ansprechen auf I langsamer, daher dürfte I nur bei II-resistenten Infektionen indiziert sein. (New England J. Med. **249**. 758—61. 5/11. 1953. Chaunte Air Force Base, Ill., U. S. Air Force Hosp.) DOSSMANN. 4611

I. Rawitsch, *Antibiotica bei Darminfektionen.* Übersichtsarbeit auf Grund der nichtsowjet. Literatur. — 79 Literaturangaben. (Антибиотики [Antibiotica] **7**. 16—30. 1954.) LEBTAG. 4611

J. Stanley White, *Neue Fortschritte in der Antibioticatherapie.* Indikation, Anwendungs- u. Wirkungsweise des *Chloromycetins* wird besprochen. (Calcutta med. J. **50**. 123—32. April 1953. London, Parke, Davis & Co. Ltd., European Branch, Dep. of Clin. Invest.) BROSEMANN. 4611

Bruce F. Chandler, *Therapeutische Reinigung durch Enzymwirkung.* Die Verwendung von Enzymen hat sich zur Entfernung von geronnenem Blut, Eiter oder nekrot. Material aus Wundgebieten u. dgl. als wirksam erwiesen. Zur Anwendung gelangen *Trypsin* (I) sowie die aus hämolyt. Streptokokken, vorwiegend solchen der LANCEFIELD-Gruppe *A*, zu erhaltenden Faktoren *Streptokinase* (II) u. *Streptodornase* (III). Das extracelluläre Enzym I hat keine direkte fibrinolyt. Wrkg., sondern wandelt einen in der Euglobulin-Serum-Fraktion als inakt. Vorstufe enthaltenen fibrinolyt. Faktor, „*Plasminogen*", in das wirksame Enzym „*Plasmin*" um, das das unlösl. Fibrin in lösl. Proteine u. größere Peptidfragmente abbaut. II ist eine *Desoxyribonuclease,* die *Desoxyribonucleinsäure* zu *Nucleotiden* u. *Nucleosiden* u. diese wiederum zu *Purin* u. *Pyridin*-Verbb. abbaut. II bewirkt derart eine Verflüssigung eitriger, fibrinöser u. blutiger Exsudate. Bei der Anwendung von I—III wurden nur vereinzelt Neben-Rkk. beobachtet. II u. III haben antigenen Charakter, so daß es zur Entw. von *Antistreptokinasen* u. *Antistreptodornasen* kommen kann. Die durch örtliche enzymat. Behandlung (67 Fälle) erzielten günstigen Resultate stimmen mit denen anderer Autoren überein u. sind nur in 9 Fällen (chron. tuberkulöser Pleuritis, Hydropneumothorax, Empyem) unbefriedigend. Die enzymat. Behandlung muß durch geeignete therapeut. Maßnahmen (z. B. Antibiotica) unterstützt werden. (U. S. Armed Forces med. J. **3.** 1209—18. Aug. 1952. Washington, Walter Reed Army Hosp.) K. MAIER. 4614

Kurt Sonntag, *Ist die klinische Wirkung der Streptokokkenenzyme, Streptokinase und Streptodornase bei purulenten Exsudaten vorwiegend ein banaler Reizeffekt?* Vf. kommt auf Grund seiner Verss. zu dem Schluß, daß die Verdünnung u. Klärung purulenter Exsudate bei Behandlung mit Streptokokkenenzymen nur zu einem gewissen Teil durch die Wirkungsweise dieser Enzyme in vitro bei Empyemeiter oder gereinigten Modellsubstanzen erklärt werden kann, daß aber diese Enzyme in den bisher vorliegenden Präpp. einen Pleurareiz setzen u. daß eine Reizung seröser Häute durch ganz andere u. sehr verschied. Substanzen den gleichen Effekt zur Folge hat. Unversehrte seröse Häute haben eine natürliche Fähigkeit, Eitermassen zu verdünnen u. zu klären; sie wird durch Reizmittel gesteigert. Ist bei einer chron. Eiterung diese Fähigkeit erloschen oder herabgesetzt, so kann ein entsprechend gewähltes u. dosiertes Reizmittel den Vorgang wieder für eine gewisse Zeit in Gang bringen. (Klin. Wschr. **31.** 423—26. 1/5. 1953. Bonn, Univ., Med. Klinik.) GOEBEL. 4614

Marie Harm, *Hyaluronidase in der Medizin.* Kurze Übersicht mit 42 Literaturangaben. (Dtsch.Gesundheitswes. **8.** 1585—90. 24/12. 1953. Dessau, VEB Serumwerke.) GIBIAN. 4614

G. O. Puntriano, *Harnsteine beim Vieh — ein neues Konzept ihrer Ätiologie und möglichen Vermeidung mittels Hyaluronidase.* In Anlehnung an die von BUTT u. Mitarbeiter (C. **1953.** 3759) entwickelten Vorstellungen u. Behandlungsmethoden in der Humanmedizin werden die Voraussetzungen der Harnsteinbldg. beim Vieh, bes. Schafen u. Rindern, diskutiert. Auch hier werden an Hand physikal. Harnunterss. mittels Ultramikroskop u. Oberflächenspannungsmessungen Anzeichen für die Steinbildungsbereitschaft gesehen, die durch *Hyaluronidase*-Injektionen (150—300 TRU/Tag) gemindert werden sollen. (J. Amer. veterin. med. Assoc. **124.** 55—62. Jan. 1954. Laramie, Wyo.) GIBIAN. 4614

William J. Engel, *Hyaluronidase als Hilfsmittel zur Beseitigung einer Paraphimose.* Beseitigung einer 2 Tage dauernden *Paraphimose* innerhalb 20 Min. mittels einer *Hyaluronidase*-Injektion. (Cleveland clin. Quart. **21.** 24—26. Jan. 1954. Cleveland, Clinic, O., Dep. of Urology.) GIBIAN. 4614

Motohiro Yasuhara, *Untersuchungen über die Reaktionsorte von Narkoticis, Hypnoticis und Analgeticis durch Erregungen auf den afferenten somatischen Nervenbahnen.* 1. Mitt. Die Wirkungen der verschied. Narkotica usw. (bei Kaninchen u. Katzen) auf die elektr. Rkk. (prim., sek. u. tert., nach DEMPSEY, 1943), die im Zentralnervensyst. (ZNS) durch Reizung der somat. Nerven ausgelöst werden, wurden untersucht mit dem Ergebnis, daß *Ae., Chloralhydrat, Urethan* u. *Myanesin* das ZNS weitgehend lähmen; Barbiturate, wie *Amyl, Dial, Luminal, Evipan* u. *Pentothal-Na,* wirken auf das Netzgewebe im Mittelhirn, *Morphin, Bromide* u. *Aminopyrin* auf die thalam. Kerne. — 7 Abbildungen. (Folia pharmacol. japon. **49.** 22—30. 20/3. 1953. Kyoto, Univ. [Orig.: japan.; Auszug: engl.]) SCHULER. 4627

Gisela Walter, *Klinische Versuche mit dem Kombinationspräparat Plexonal.* An 100 Patienten wurde das Kombinationspräp. *Plexonal* (I; Bestandteile: 45 (mg) Na-Diäthylbarbiturat, 1,5 Na-Phenyläthylbarbiturat, 25 Na-Allylisobutylbarbiturat, 0,08 Scopolaminhydrochlorid, 0,16 Dihydroergotaminmethansulfonat; SANDOZ) erprobt u. damit die bisherigen guten Ergebnisse anderer Autoren bestätigt: Gute Schlaftiefe, schnelle Wrkg. u. rasche Ausscheidung. Monatelange Gaben von I erzeugten keine der sonst üblichen Nebenerscheinungen. (Med. Klin. **48.** 1745—47. 20/11. 1953. Hamburg, St. Georg-Krankenhaus, Neurolog. Abt.) Goldhahn. 4627

Kirsten Nymgård, *Plexonalbehandlung der senilen Ruhe- und Schlaflosigkeit.* Nach Erfahrungen mit *Plexonal*-Behandlung bei 20 Patientinnen mit seniler psychomotor. Unruhe u. Schlaflosigkeit kann dieses als Mittel mit guter sedativer u. hypnot. Wrkg. u. guter individueller Dosierungsmöglichkeit empfohlen werden. Zus. von *Plexonal* (Sandoz): 0,015 (g) Phenyläthylbarbitursäure (Na-Salz), 0,045 Diäthylbarbitursäure (Na-Salz), 0,025 Allylisobutylbarbitursäure (Na-Salz), 0,00016 Dihydroergotaminmethansulfonat, 0,00008 Scopolaminhydrochlorid. (Ugeskr. Laeger **115.** 643—45. 23/4. 1953. St. Hans-Krankenhaus.) K. Kraft. 4627

W. Senne, *Therapeutische Erfahrungen mit dem neuen synthetischen Analgeticum Dromoran „Roche".* Gute Erfahrungen mit *Dromoran* = (—)-*3-Oxy-N-methylmorphinantartrat* bei 80 Patienten mit postoperativen Schmerzen, Koliken u. a.; keine Nebenerscheinungen, keine Suchtwirkung. (Die Medizinische **1953.** 323—24. 7/3. Essen-Borbeck, Evang. Krankenhaus.) P. G. Scheurlen. 4627

Carlos Salvatori Torres, *Über die Verwendung eines neuen Anästheticums mit postoperativer Wirkung bei Tonsillektomie.* Für die Tonsillektomie wurde bei 44 Fällen *Duranestin* [Zus.: 1,00 (g) Procain, 0,25 Procainhydrochlorid, 5 p-Aminobenzoesäurebutylester in 100 ml gelöst] verwendet, das verlängerte Wrkg. in der postoperativen Zeit besitzt. Keine Zwischenfälle wurden beobachtet. (Prensa méd. argent. **40.** 2227—29. 21/8. 1953. Argentinien, Vicente Lopez Hosp. Eva Perôn.) Gerber. 4627

J. Todd, *Verhinderung von Barbituratvergiftung.* Hinweis auf Barbiturat-Tabletten mit Zusatz von *Ipecacuanha-Alkaloiden* (I) = *Seconal.* I in Kombination mit *Chlordyne*-Präpp. dürfte sich zur Vermeidung der Suchtgefahr eignen. (Lancet **265.** 1100. 21/11. 1953. Littlemore, Hosp. near Oxford.) Dossmann. 4627

Heinz Löding, *Zur intramuskulären Pyrazolontherapie der Krankheiten des rheumatischen Formenkreises.* Intramuskuläre Applikation von *Solypron* [Johann A. Wülfing, Düsseldorf; Zus.: 15(%) Dimethylaminophenyldimethylpyrazolon, 15 Phenyldimethylpyrazolon, 1 Procainhydrochlorid] bewährten sich bei rheumat. Krankheiten ebenso wie bei anderen Schmerzzuständen, bes. auch bei prim. chron. Gelenkrheumatismus. Nebenwirkungen wurden nicht festgestellt. (68 Fälle.) (Med. Klin. **48.** 1747—49. 1953. 20/11. 1953. Eutin, Kreiskrankenhaus, Innere Abt.) Goldhahn. 4627

Gerhard Orzechowski, *Ganglienblocker.* In einem ausführlichen zusammenfassenden Bericht (104 Literaturhinweise) gibt Vf. einen Überblick über die wichtigsten zur Zeit verfügbaren ganglienblockierenden Mittel. Es werden angeführt: *Novocain, Tetraäthylammonium* (Tea), *Penta-* u. *Hexamethoniumbromid, Pendiomid* (*P*) = *N.N.N'.N'.3-Pentamethyl-N.N'-diäthyl-3-azapentylen-1.5-diammoniumdibromid, Gaplegin* = *Hexame hylen-bis-ä hyldime hylammoniumbromid,* ferner ein *Thiophanium*-Deriv. (Hoffmann-La Roche): *d-3.4-[1'.3'-Dibenzyl-2'-ketoimidazolidino]-1.2-trimethylenthiophanium-d-camphersulfonat* (in USA „*Arfonad*" genannt), *Padisal* = *N-[2'-Trimethylamino-2'-methyläthyl]-phenothiazin* (in Frankreich *Thiozinamium*" genannt), *Dibutoline* = *Dibutylurethan des Dimethyläthyl-β-oxyäthylammoniumsulfats* (Merck, USA), *Atropin, Buscopan, MTB 51 Banthin, Prantal.* (Therap. d. Gegenwart **92.** 421—25. Nov. 451—56. Dez. 1953. Schleswig-Stadtfeld, Landeskrankenhaus, Med. Abt.) Roderich König. 4628

Kirsten Nymgård, *Entspannungsbehandlung mit Glykresin bei psychogenen Spannungszuständen.* Behandlungsverss. an 50 psychiatr. Patienten mit *Glykresin* (*Glycerin-o-kresyläther*) bestätigten, daß dieses psychogene Muskelspannungen mindert oder aufhebt. Mit Hinsicht auf mögliche Überdosierung ist Vorsicht geboten. (Ugeskr. Laeger **115.** 641—43. 23/4. 1953. St. Hans-Krankenhaus.) K. Kraft. 4628

H. L. Chandler und **G. V. Mann,** *Heparinbehandlung von Patienten mit Angina pectoris. Ausbleiben des Einflusses auf den klinischen Verlauf oder auf die Serumlipoide.* Intravenöse Injektion von Heparin (100 mg/10 cm³) bringt keine Milderung bei Angina pectoris. Die Behandlung hat keine Wrkg. auf das Cholesterinserum oder auf das Serum bestimmter Lipoidproteine. Es bedingt auch nach längerer Gabe keine hämorrhag. Störungen. (New England J. Med. **249.** 1045—51. 24/12. 1953. Boston, Univ., Boston City Hosp., u. Harvard School of Public Health, Dep. of Nutrit.) W. Lorenz. 4630

R. Mangold, *Stoffwechsel und Kreislauf des menschlichen Gehirns.* Übersicht über die neuesten, bes. durch Anwendung der Stickoxydulmeth. gewonnenen Ergebnisse u. therapeut. Möglichkeiten der Beeinflussung der Gehirndurchblutung u. des Hirnstoffwechsels. — 117 Literaturangaben. (Schweiz. med. Wschr. **84.** 237—43. 20/2. 1954. Bern, Inselspital.) Jordan. 4630

T. Dalsgaard-Nielsen, *Prophylaktische Migränebehandlung mit einem neuen Versuchspräparat. β-[2-Diäthylaminoäthoxy]-naphthalin.* 30 Migränepatienten wurden prophylakt. mit einem neuen cardilatierenden Stoff *β-[2-Diäthylaminoäthoxy]-naphthalin* als Citrat in Tabletten zu 0,05 g 4 mal täglich mit folgendem Ergebnis behandelt: 14 zufriedenstellend, 13 unveränderlich, 3 vasodilatator. Kopfschmerzen. (Ugeskr. Laeger **115.** 1156—57. 23/7. 1953. Frederiksberg, Krankenhaus,) K. Kraft. 4630

William H. Rosenblatt, Thomas A. Haymond, Samuel Bellet und **George B. Koelle,** *Die Wirkung einzelner intravenöser und oraler Gaben von McN-181 (1.4-Bis-[1'.4'-benzodioxanylmethyl]-piperazin) auf den Blutdruck von Hypertonikern. McN-181 (1.4-Bis-[1'.4'-benzodioxanylmethyl]-piperazin)* (oder *Dibozan*) ist ein neuer Sympathicusblocker. Bei intravenösen Gaben von 23—94 mg oder oralen Dosen von 750—1050 mg wurde ein mehr oder minder starker Blutdruckabfall gesehen, der bis 5 Std. nach der Medikation anhielt u. bei langsamer intravenöser Applikation am stärksten war. Die individuelle Verträglichkeit ist unterschiedlich; die geringen Nebenwirkungen ermöglichen aber auch eine längere Behandlungsdauer. (Amer. J. med. Sci. **227.** 179—85. Febr. 1954. Philadelphia, Pa., Univ.) Jordan. 4630

H. Wild und **Ch. Stier,** *Klinische Erfahrungen mit Dihydroergotamin (DHE 45) unter besonderer Berücksichtigung der Therapie vasomotorischer Kopfschmerzen.* Anwendung des *DHE 45* (I) hauptsächlich bei migränebedingten Kopfschmerzen in Form von intramuskulären Injektionen von 1—2 mg oder als Tropfen. Günstige Wrkg. auch bei Blasenstörungen (Minderung des Sphinkterentonus) u. bei Herpes zoster. (Die Medizinische **1953.** 317—20. 7/3. Düsseldorf, II. Med. Klinik.)
P. G. Scheurlen. 4630

Heinzjürgen Meyer-Leddin, *Die Behandlung des Hochdrucks mit einem Reinalkaloid der Rauwolfia serpentina (Serpasil).* Es wird erneut die Wirksamkeit des Reinalkaloids *Serpasil* (I) der Rauwolfia serpentina betont. Allerdings werden für den Berichtsraum 36% Therapieversager registriert. I wirkt sedativ, drucksenkend u. bradycard u. kann auch über längere Zeit (bis zu 14 Monaten) gegeben werden. Wichtig erscheint die günstige Wrkg. auch bei malignen Hypertensionen. (Med. Klin. **49.** 295—98. 19/2. 1954. Bremerhaven, Städt. Krankenanstalten, Med. Klinik.) Jordan. 4630

Allan Weiss und **Frederick Steigmann,** *Gitalin in der Behandlung der Herzinsuffizienz. Klinische Untersuchung.* 49 Herzinsuffiziente (arteriosklerot., luische, rheumat. u. hypertensive Herzschäden) wurden mit *Gitalin* erfolgreich behandelt. 4—9,5 mg genügten zur vollen Digitalisierung innerhalb 2—3 Tagen. Etwa 0,5 mg wird als mittlere tägliche Erhaltungsdosis gefunden, die durchschnittliche therapeut. Dosis beträgt ca. $^1/_3$ der toxischen. Die therapeut. Breite ist relativ groß. Als Intoxikationszeichen werden die auch sonst von der Digitalis her bekannten Symptome beschrieben. (Amer. J. med. Sci. **227.** 188—92. Febr. 1954. Chicago, Ill., Dep. of Internat. Med. and Therapeut. and Card. Outpat. Clin. Cook County Hosp.) Jordan. 4630

Fritz Lange, *Zunahme der Überempfindlichkeit gegen Strophanthin.* Vf. diskutiert die möglichen Gründe für die Beobachtung, daß die heutzutage gebräuchlichen therapeut. Dosen von *Strophanthin* gegenüber früher wesentlich tiefer liegen. *Pancortex* oder *Ephynal* lassen eine gewisse Steigerung der Strophanthintoleranz erreichen. Bindende Erklärungen für diese Tatsache lassen sich nicht geben. (Dtsch. med. Wschr. **79.** 300—01. 19/2. 1954. Göppingen, Kreiskrankenhaus.) Jordan. 4630

W. Hoffmeister und **F. Krück,** *Über den Wirkungsmechanismus des Kaliumthiocyanats (Rhodankalium) als Erklärung des depressorischen Effektes beim Hochdruck. Rhodankalium* (I) erwies sich in vitro u. vivo als Hemmstoff für die Carboanhydrase. Unter dieser Wrkg. wird die H_2O-, Na- u. K-Diurese gesteigert u. der Blutdruck bei genuiner Hypertension gesenkt. So scheint der therapeut. Effekt von I am Blutdruck — wie der von anderen Therapeuticis — durch Na- u. K-Entzug mit Acidoseentw. begründet zu sein. (Klin. Wschr. **32.** 106—10. 1/2. 1954. Heidelberg, Univ., Med. Poliklinik.) Jordan. 4630

Alex Graf von Ingelheim, *Cardenion ein biologisches Cardiotonicum.* Bei 62 Patienten mit nervösen oder organ. Herzerkrankungen (Schädigungen der Coronarien, des Herzmuskels, der Mitralis oder des Reizleitungssyst.) wurde *Cardenion*, das *Convallaria, Crataegus, Khellin (5.8-Dimethoxy-2-methylfuranochromon)* u. *Rutin* enthält, verwendet. In einer Dosierung von 3mal täglich 20—50 Tropfen, bei nervösen Beschwerden von 3—4mal täglich 10 Tropfen erwies es sich als brauchbares Cardiotonicum. In 2 Fällen kam es zu Unverträglichkeit. (Hippokrates **24.** 190—92. 31/3. 1953. Geisenheim/Rh.) BROSEMANN. 4630

F. H. Smirk, *Ergebnisse der Hypertoniebehandlung mit Methonium. Erfahrungen an 250 Fällen, die periodisch bis zu 3½ Jahren behandelt wurden, einschließlich 28 Patienten mit maligner Hypertension.* Klin. Erfahrungsbericht über die *Methonium*-Therapie der Hypertension. Verschied. *Methonium*-Präpp. wurden verwendet, zuletzt bes. das *M. & B. 2050 A* gelöst in *20% ig. Polyvinylpyrrolidon*, das sich als das wirksamste erwies. Objektiv besserten sich unter dieser Behandlung vorhandene Papillenödeme, Retinaödeme, Exsudate u. Hämorrhagien der Netzhaut. Die meisten der Patienten (auch die mit maligner Hypertension) waren unter der Behandlung arbeitsfähig. Digitalis u. Salzbeschränkung waren weitestgehend entbehrlich. Patholog. Ekg-Befunde wurden aufgehoben, die röntgenolog. Herzsilhouette verkleinerte sich. *Methonium* ist auch oral voll wirksam. Eine genaue laufende Blutdruckkontrolle ist allerdings Voraussetzung. (Brit. med. J. **1954.** I. 717—23. 27/3. Otago, New Zealand, Univ., Dunedin.) JORDAN. 4630

M. Harington und **M. L. Rosenheim,** *Hexamethonium in der Behandlung der Hypertension.* Ausführlicher klin. Übersichtsbericht. Die drucksenkende Wrkg. von *Hexamethonium* wird erneut bestätigt. Die hypertensive Symptomatik wird gut beeinflußt, begleitet von gewissen günstigen Ekg-Veränderungen. Die Dyspnoe u. die Nierenleistung bessert sich. Die Indikation wird abgegrenzt, neue pharmakol. Gesichtspunkte ergeben sich nicht. Die subcutane Applikation sollte stets bevorzugt werden. (Lancet **266.** 7—13. 2/1. 1954. London, Univ.) JORDAN. 4630

H. Vetter, G. Grabner, F. Miczoch und **K. Steinbereithner,** *Herzkatheteruntersuchungen bei massiver Blutdrucksenkung durch Hexamethonium. Hexamethonium* senkt den peripheren Mitteldruck, den Pulmonalgefäßdruck, den venösen Füllungsdruck, das Minutenvol., den Gefäßwiderstand im großen u. kleinen Kreislauf, sowie die Herzarbeit u. vergrößert die arteriovenöse O_2-Differenz durch Verminderung der venösen O_2-Sättigung (Herzkatheterismus). (Klin. Wschr. **32.** 97—103. 1/2. 1954. Wien, II. Med. Universitätsklinik.) JORDAN. 4630

Poul Bechgaard, H. O. Bang, A. Levin Nielsen und **E. Tobiassen,** *Banthine in der Behandlung des Ulcus pepticum.* Überblick über die *Banthine* (I)-Therapie beim Ulcus pepticum u. Bericht über 168 Fälle. I hat symptomat. Wrkg. u. kann als Ergänzung der üblichen Ulcustherapie gelten; allein hat es aber keine deutlich curative Wirkung. (Amer. J. Digest. Diseases **21.** 38—41. Febr. 1954. Copenhagen. Dänemark.) K. BÖHM. 4645

Hemendra Nath Chatterjee, *Bekämpfung des Erbrechens bei Cholera und oraler Flüssigkeitsersatz.* Mit *Avomine* (I)-Tabletten zu 25 mg I, enthaltend 14 mg *Promethazinbase* u. 11 mg *8-Chlortheophyllin* in chem. Bindung, gelang es bei 186 leichten u. mittelschweren Cholerafällen das Erbrechen u. damit Dehydration u. Schock zu vermeiden, in 89% der Fälle genügten 1—3 Tabletten. Die durch I beeinflußte Diarrhoe wurde mit dem Pflanzensaft von Coleus aromaticus behandelt. Flüssigkeitszufuhr: NaCl 4 g, Glucose 25 g, W. ab 1000 ml, nur oral u. rectal. Heilung in allen Fällen ohne intravenöse Flüssigkeitsinfusion. (Lancet **265.** 1063. 21/11. 1953. Calcutta, Chittaranjan Hosp.) DOSSMANN. 4646

Je. A. Panferowa, *Eintägige Behandlung der Ascaridiasis mit Sankaphen.* Zur Behandlung der Ascaridiasis wird *Sankaphen* (I) (Zus. nicht angegeben) empfohlen. Erwachsene erhalten 20 Tabletten, Kinder so viel Tabletten, als sie Jahre zählen, in 2 Portionen im Laufe von ½—1 Std. per os. Am Abend vor der Kur u. am Abend des Behandlungstages Purgen oder ein salin. Laxans. Die Diät muß säurefrei sein. Nebenwirkungen waren selten (Xanthopie, Kopfschmerzen, Übelkeit). Die 1tägige I-Kur erwies sich gegenüber den üblichen 2tägigen als wesentlich effektvoller. (Медицинская Паразитология и Паразитарные Болезни [Med. Parasitol. parasit. Krankh.] **1953.** 549—51. Nov./Dez. Leningrad, Zentr. Städt. Malariastat.) RENTZ. 4649

H. Heinen und **H. Hesseler,** *Neue Wege der Wundbehandlung durch Chlorophyllin-Glutathion.* Empfehlung des *Chlorophyllin-Glutathions* bei torpiden Ulcera (Ulcus cruris, Ulcus diabeticorum u. a.), Handelspräp. *Cenat* der Fa. MADAUS-Köln. (Die Medizinische **1953.** 324—26. 7/3. Unna, Westf., Kath. Krankenhaus.) P. G. SCHEURLEN. 4660

N. F. Rybakow, *Ergebnisse der Psoriasisbehandlung mit ST-Salbe. Solidol T* (I) ist eine Emulsion von mit Kalkmilch verseiftem Rüb- oder Senföl mit 70% gereinigtem Mineralöl, verdickt mit Abietinsäuresalzen (Kolophonium). Die damit hergestellte *ST-Salbe* besteht aus 75,5 (Teilen) I, 20,0 H_3BO_3 u. 0,5 Menthol (Rest W.?). Sie hat sich bei Psoriasis (144 Patienten), bes. bei frischen Fällen u. bei Kindern bei 2 Einreibungen täglich, bewährt, reizt die Haut nicht u. gibt keinerlei Nebenerscheinungen. (Вестник Венерологии и Дерматологии [Nachr. Venerol. Dermatol.] **1953.** Nr. 6. 34–36. Nov./Dez. Zentr. Wiss. Forschungsinst. für Dermato-Venerol. des Gesundheitsminist. der UdSSR, Dermatol. Abt.) R. K. MÜLLER. 4661

Joseph Shilen, *Gewerbliche Vergiftungen durch Metalle und deren Verbindungen.* Allg. Übersicht. (Commonwealth Pennsylvania, Dep. Health, Bur. ind. Hyg. **1953.** 1–15. Juli.) FAHRNLAENDER. 4675

J. Zeldenrust, *Phosphorvergiftung.* Vf. beschreibt unter Anführung dreier eigener Fälle die diagnost. Schwierigkeiten, die bei der Vergiftung mit Phosphorlatwerge auftreten können. (Nederl. Tijdschr. Geneeskunde **98.** 417–23. 13/2. 1954. s'Gravenhage, Gerechtelijk Geneesk. Labor. van het Min. van Justitie.) PATZSCH. 4675

Niels Hjorth, *Nahrungsmittelvergiftung durch Senfgas enthaltenden Fischrogen. Ein Bericht über 5 Fälle.* Nach dem Genuß von *Senfgas* (I) enthaltendem Fischrogen traten bei 5 Personen gastroenterit. Symptome, Conjunctivitis, Brust- u. Halsschmerzen u. Erythema u. Ödeme im Gesicht auf. I stammte aus nach Kriegsende in der Ostsee versenktem Kriegsmaterial. (Acta med. scand. **147.** 237–45. 11/12. 1953. Copenhagen, Finsen Inst., Med. Dep.) KRUSEN. 4675

M. Ss. Ssofijew und **A. D. Ssemenichina,** *Die Wirkung von DDT-Präparaten auf Zecken der Familie Argasidae.* Bereits nach 5 Min. direktem Kontakt mit 5-bzw. 10% ig. *DDT*-Pulver werden sowohl die Larven der Zecke Argas persicus (Ap.) u. Aloeonasus canestrinii als auch die Nymphen der 1. Generation der Zecke Alectorobius tholozani (Ath.) im Laufe von 6 Tagen abgetötet. Auch die geschlechtsreifen Zecken werden mehr oder weniger rasch getötet. In Gefäßen mit einer Lößschicht von 15 cm, deren Oberfläche mit DDT (5–25 g /m²) behandelt wurde, starben die Nymphen des 4. Stadiums von Ath. u. die geschlechtsreifen Zecken im Laufe von 2–3 Monaten ab. Die satten Nymphen u. geschlechtsreifen Zecken sind widerstandsfähiger gegen DDT als die hungrigen. In Verss. mit geschlechtsreifen hungrigen Ap. erwiesen sich 1–5% ig. *Lauseto*-Lsgg. als sehr wirksam. (Медицинская Паразитология и Паразитарные Болезни [Med. Parasitol. parasit. Krankh.] **1953.** 536–38. Nov./Dez. Taschkent, Med. Inst., Lehrstuhl für Biol.) RENTZ. 4675

Harry Beckman, 1953—1954 year book of drug therapy. Chicago: Year Bk. Publishers. 1954. (538 S. m. Abb.) $ 6.00.

L. J. A. Lowenthal, Ed. The eczemas. London: E. & S. Livingstone. 1954. (276 S. m. Abb.) 35 s.

Caterina Viviano Rizzo, Nozioni di farmacologia. Ad uso delle scuole convitto infermiere professionali. Palermo: A. Vitale. 1953. (207 S.) L 1800.—.

F. Pharmazie. Desinfektion.

Walter Deckenbrock, *Das Internationale Arzneibuch.* Bericht über Zweck, geschichtliche Entw. u. jetzige Ausgestaltung der P. I. 1 mit ausführlichen Angaben über Gliederung, Nomenklatur, Auswahl der Präpp. u. Prüfungsverfahren. (Dtsch. Apotheker-Ztg. **93.** 674–76. 10/9. 1953. Lüdinghausen.) WALLIS. 4750

Otto Ritter, *Neue japanische Pharmakopöe. J. P. VI (Pharmacopoeia Japonica, Edition Sexta).* Kurzer Bericht über die Ausgestaltung der neuen japan. Pharmakopöe mit Angaben über Nomenklatur u. Schreibweise sowie Gliederung der einzelnen Artikel. (Dtsch. Apotheker-Ztg. **93.** 673. 10/9. 1953. Osaka.) WALLIS. 4750

H. W. Mayer, *Einfacher Gasentwickler für das Apothekenlaboratorium.* Bei Fehlen von Leuchtgas kann ein *Teclu*-Brenner durch einen mit Aceton beladenen Luftstrom betrieben werden. — Skizzierung u. Beschreibung der Apparatur. (Dtsch. Apotheker-Ztg. **93.** 680–81. 10/9. 1953. Furtwangen.) WALLIS. 4758

G. A. W. J. O. Paris, *Ein neuer Tubenfüllapparat.* Auf einem Stativ sind, durch Scharnier in 2 Hälften aufklappbar, 4 Rohre, entsprechend den n. Tubengrößen, angebracht. Die feststehende Hälfte wird mit der Creme oder Salbe gefüllt, die nach Zuklappen mit einem Stempel in die Tube gedrückt wird. Das Gerät (Abb.) hat den Vorteil, sich leicht reinigen zu lassen. (Arch. Pharmac. og Chem. **60** (**110**). 609–10. 8/8. 1953. Gouda, Holland.) R. K. MÜLLER. 4758

—, *Form und Bruttogewicht von Tabletten.* Der nord. Arzneibuchausschuß empfiehlt für die Formung von undragierten Tabletten die Verwendung runder Tablettenstempel (6—13,5, notfalls auch 15 mm Durchmesser). Für das Bruttogewicht wird eine Tabelle der bei verschied. Arzneimittelgeh. anzustrebenden Gewichte mitgeteilt. (Arch. Pharmac. og Chem. **60** (**110**). 995—96. 12/12. 1953. Dansk Tidsskr. Farmaci **28.** 19—20. Jan. 1954.) R. K. MÜLLER. 4766

Johannes Faber, *Über phenacetinhaltige Tabletten.* Um die durch die aerophilen Eigg. von *Phenacetin* (I) bedingte leichte Austrockenbarkeit I-haltiger Tabletten zu vermeiden, wird empfohlen, zunächst je 250 g I u. Acetylsalicylsäure mit 10 g 10%ig. Gelatinespiritus + 1 g Glycerin gut zu mischen, dann folgendes Gemisch (für Codeiphentabletten) zuzusetzen: 10 g Codeinphosphat + 87,5 g MgO + 50 g Kartoffelmehl + 2,5 g Mg-Stearat + 10 g Talkum. Das ganze Gemisch wird gesiebt u. dann komprimiert. (Arch. Pharmac. og Chem. **60** (**110**). 682—84. 5/9. 1953. Kopenhagen, Rigshospitalets apotek.) R. K. MÜLLER. 4766

V. Kettlitz und **G. Schoen,** *Die Silicone in der Pharmazie.* Übersicht über Geschichte, Chemie, Arten u. Toxikologie der Silicone. Schilderung ihrer verschied. Verwendungsmöglichkeiten für pharmazeut. u. medizin. Zwecke., bes. dermatolog. Zubereitungen. — 46 Literaturangaben. (Boll. chim. farmac. **91.** 359—70. Sept. 1952.) IPPEN. 4786

Johannes Faber, *Verwendung von Siliconemulsionen als schaumhindernde Mittel.* Dieselbe schaumverhütende Wrkg. wie mit 12 Tropfen Tween 85 wird in Vergleichsverss. mit 20%ig. *Siliconemulsion* (I) oder mit der halben Menge reinen Siliconöls erhalten. Auch bei stark zum Schäumen neigenden eingedampften Extrakten genügt eine Konz. $^1/_{20000}$ an I, um eine genügende Wrkg. zu erzielen. Bei Nachperkolat von Extr. fluid. glycyrrhizae wird auf 20 kg vor Herst. des Vakuums 1 g I zugegeben; nach Abdest. der Hauptmenge können ohne neue Zugabe von I weitere 20 Liter dest. werden. (Arch. Pharmac. og Chem. **60** (**110**). 1001—03. 12/12. 1953. Zürich, Univ., Pharmazeut. Inst.) R. K. MÜLLER. 4786

S. Casadio, *Zur Frage der Vaselineölemulsionen.* Krit. Stellungnahme zu einigen *Punkten der Arbeit von Sollazzo* (C. **1954.** 604). Vor allem betont Vf., daß auch die älteren Emulgatoren, wie Agar–Agar oder Traganth durchaus noch ihre Existenzberechtigung haben. Auch der Zusatz von Benzoesäure sei weiterhin berechtigt. Weiterhin wird die Verwendung von Alginaten diskutiert. Abschließend wird die Herst. sowie die Prüfung einiger Eigg. solcher Emulsionen kurz geschildert. (Boll. chim. farmac. **91.** 371—74. Sept. 1952.) IPPEN. 4786

M. Fors, *Konservierungsmittel in Spezialitäten für Injektion.* Von 606 Injektionspräpp. waren 147 (24,3%) mit Konservierungsmitteln versehen. In einer Tabelle sind diese Präpp. nach den verwendeten Zusätzen angeordnet, am häufigsten kommt p-Oxybenzoesäuremethylester (auch im Gemisch mit dem Propylester) vor. Da nur 21% der Präpp. die im Arzneibuch angegebenen Zusatzstoffe in der angegebenen Menge enthalten, erscheint eine Lockerung der Vorschriften angebracht. (Svensk farmac. Tidskr. **57.** 569—75. 20/10. 1953.) R. K. MÜLLER. 4786

E. Jean Anderson, *Einige ungewöhnliche Lösungen zur intravenösen Injektion.* Mitt. von Herstellungs- u. Sterilisierungsvorschriften, Eigg. u. Anwendungsart von *Elektrolytlsgg.* (zur Behebung des starken H_2O-Verlustes bei Diarrhöen der Kinder, zur Behandlung des diabet. Coma), von *Lsgg. zur parenteralen Ernährung* (auch solchen, die Fett in Emulsionsform enthalten) u. *Lsgg. von Na-p-Aminosalicylat.* (Chemist and Druggist **161.** 175—76. 13/2. 1954. Univ. Coll. Hosp., Sterilisation Dep.) SPITALER. 4790

N. Neruda, *Süßholzsaft bei Ulcera des Magens und Zwölffingerdarms.* Kurze Übersicht über die Wrkg. von *Succus liquiritiae* (I) beim Ulcus, die nur subjektiv als gut bezeichnet wird. Hinweis auf bedenkliche I-Nebenwirkungen, die von verschied. Seiten, aber ohne sicheren Beweis, auf den Geh. an *Glycyrrhizinsäure* zurückgeführt werden. Die entgegengesetzte Wrkg. verbietet den I-Zusatz zu Digitalispräpp.; in PAS u. anderen Salicylpräpp. ist I wegen der üblichen Verwendung zu großer Mengen abzulehnen. (Schweiz. Apotheker-Ztg. **92.** 155—57. 27/2. 1954.) DOSSMANN. 4790

A. Hersberger, *Über eine Inkompatibilität von Gantrisin und Zinkoxyd in Schüttelmixturen.* Wird *Gantrisin* (I) zusammen mit ZnO zu einer Schüttelmixtur verarbeitet, so bilden sich nach 1—2tägigem Stehen kleine Körnchen von einer Länge bis zu 600 μ u. einer Breite bis zu 240 μ, die aus einer krist. Zink–I-Verb. bestehen. Auch mit TiO_2 tritt diese Kristallbldg. ein. Es wird vorgeschlagen, an Stelle von ZnO *Bolus alba steril.* zur Herst. von I-Schüttelmixturen heranzuziehen. (Schweiz. Apotheker-Ztg. **91.** 849—50. 7/11. 1953. Basel, Bürgerspitalapotheke.) SPITALER. 4790

Marjorie L. Swartz und **Ralph W. Phillips,** *Untersuchung über Methoden der Amalgamherstellung mit besonderer Berücksichtigung des restlichen Quecksilbergehaltes der*

Füllungen. 1. Mitt. *Festigkeit, Konsistenz und Dimensionsänderungen.* Bei keiner der 4 untersuchten Methoden zur *Amalgam*-Herst. (manuell u. mechan.) war der *Hg*-Geh. zu hoch oder zu gering für die prakt. Anwendung. Es konnte keine Beziehung zwischen der Herstellungsart u. den physikal. Eigg. sowie dem restlichen Hg-Geh. der Füllungen gefunden werden. (J. Dental Res. **33**. 12–19. Febr. 1954. Indianapolis, Ind., Indiana Univ., School of Dent., Dep. of Dental Materials.) KLESSE 4798

P. Terp, *Procain. Literaturuntersuchung mit zwei experimentellen Beiträgen.* Überblick über die Entw., Analyse, pharmazeut.-chem. u. physiol. Eigenschaften. (Arch. Pharmac. og Chem. **60** (**110**). 671–77. 5/9. 1953.) R. K. MÜLLER. 4806

H. Häring, *Verarbeitung von Chloramphenicol in galenischen Präparaten.* Vorschriften zur Verarbeitung von *Chloramphenicol* (*Chloromycetin*) in Schüttelmixturen, Tabletten, Zäpfchen, Ohrentropfen, Augentropfen, Augensalbe u. als Öl/W.-Emulsionscreme. (Österr. Apotheker-Ztg. **8**. 201–13/3. 1954.) SPITALER. 4810

C. Trolle-Lassen, *Bacitracin. Eine Übersicht.* Herst. u. Isolierung; physikal. u. chem. Eigg.; Wirkungsbreite; Pharmakologie; klin. Anwendung; Pharmazie; Bestimmungsmethoden. — 36 Literaturhinweise. (Arch. Pharmac. og Chem. **61** (**111**). 1–7. 9/1. 1954.) R. K. MÜLLER. 4810

Roland Fischer, *p_H-Wert und Gewöhnung von Bakterien an quartäre Ammonium-Desinfektionsmittel.* Verss. zeigen, daß die bactericide Kraft von Desinfektionsmitteln aus kation. quartären NH_4-Verbb. beeinflußt wird durch den p_H-Wert. Dieser soll schwach alkal. oder neutral sein, da unter diesen Bedingungen die bactericide Wrkg. größer ist. Vf. nimmt an, daß ein schwach alkal. oder neutrales Medium auch die mögliche Entw. von Bakterien, die resistent gegenüber den NH_4-Verbb. sind, unterbindet. (Manufact. Chemist **24**. 195–96. Mai 1953.) BOYE. 4832

J. Colker und **R. Norman,** *Vorbereitung von Kanülen aus Polythenen zur Benutzung für intravenöse Transfusion.* Es werden 2 Methoden zur Vorbereitung der Kanülen (**I**) angegeben. Vff. benutzen die 2. Meth. (Autoklav, 104°, 30 Min.). Die Unterss. von 140 **I**-Röhren im Hinblick auf die Sterilität zeigten sich zufriedenstellend. Es ist möglich, daß die Alkalität des dest. W., die aus den Na-Glasröhren stammt, in denen die **I** sterilisiert werden, etwas störend auf die Sterilisation wirkt. Tox. Nebenprodd. scheinen nicht zu entstehen. Die Festigkeit der **I** wird nicht beeinflußt. Die Art der Sterilisation u. die Aufbewahrung der **I** in den mit W. gefüllten u. verschlossenen Glasröhren erlaubt einen jederzeitigen Gebrauch der **I**. (Pharmac. J. **172** ([4] **118**). 165–66. 27/2. 1954. Manchester, Booth Hall Hosp., Dep. of Pharmacy.) BOYE. 4832

H. Kaiser, *Pyrogenfreie, sterile Lösungen.* Es wurden 12 verschied. in der Apotheke hergestellte Stoffe (dest. W., Lsgg. von Traubenzucker, Citronensäure, Na-Citrat u. ein Stabilisator) auf Pyrogenfreiheit untersucht. Sämtliche Lsgg. waren einwandfrei, was auf die höchst sorgfältige Technik der Herst. (vollständig geschlossener Raum ohne Luftzug, UV-Bestrahlung u. weitere Vorsichtsmaßregeln) zurückgeführt wird. (Dtsch. Apotheker-Ztg. **92**. Nr. 24. Beibl. Krankenhaus-Apotheke **1952**. 10. Stuttgart, Katharinenhospital-Apotheke.) BOYE. 4832

J. S. Faber, *Komplexometrische Titration.* Die Grundzüge der Titration mit *Komplexon III* als Titrier-Fl. werden beschrieben u. an Bestimmungen von Ca in mehreren pharmazeut. Prodd. erprobt. Die in einer Zahlentafel wiedergegebenen Ergebnisse stimmen mit denen der klass., aber längere Zeit beanspruchenden Verff. gut überein. (Pharmac. Weekbl. **89**. 129–42. 27/2. 1954. Groningen, Rijksuniv., Pharmaceut. Labor.) WESLY. 4880

A. Engelund und **P. Terp,** *Pyrogenuntersuchungen in Arzneimitteln.* 1. Mitt. *Eine Übersicht über die neuere Literatur über Pyrogene.* Überblick: Bakteriologie; chem. u. physikal. Eigg.; Versuchsmethodik; Angriffspunkte der Pyrogene. — 43 Literaturzitate. (Arch. Pharmac. og Chem. **60** (**110**). 662–71. 5/9. 1953. Kopenhagen, Danmarks Apotekerforenings Kontrollabor.) R. K. MÜLLER. 4880

A. Engelund und **P. Terp,** *Pyrogenuntersuchungen in Arzneimitteln.* 2. Mitt. *Untersuchungen über die Versuchsmethodik bei der biologischen Prüfung auf pyrogene Stoffe.* (1. vgl. vorst. Ref.) In Testverss. an Kaninchen mit Pyrogen aus Pseudomonas aeruginosa ergibt sich, daß die vom dän. Arzneibuch vorgeschlagene Ruhepause von 2 Tagen zwischen Verss. mit demselben Versuchstier notwendig, aber auch genügend ist. Nach der Injektion wird jede halbe Std. die Temp. abgelesen, um die Höchsttemp. genau zu ermitteln u. aus der Differenz gegenüber der unmittelbar vor der Injektion genommenen Grundtemp. die Wrkg. der Injektion festzustellen. Wenn die Injektions-Fl. isoton. ist, braucht ihre Temp. nicht 37° zu sein. Für die Grundtemp. wird bei teilweise immobilisierten Tieren 39,207° gefunden, für freie Tiere 39,398° Mittelwerte). (Arch. Pharmac. og Chem. **61** (**111**). 42–58. 23/1. 1954.) R. K. MÜLLER. 4880

Günther Wendland, *Untersuchungsmethoden für pharmazeutische Präparate von Vitamin C.* Bei der Best. von Vitamin C (I) in pharmazeut. Präpp. gibt Vf. der relativ einfachen Bestimmungsmeth. mit Jod gegenüber der mit 2.6-Dichlorphenolindophenol nach TILLMANS in allen Fällen den Vorzug u. fordert ihre Einführung in das DAB. 6. Vitaminhaltige Mixturen, die außer I noch andere Vitamine u. Zucker enthalten, lassen sich mit Jod einwandfrei titrieren, desgleichen eisenhaltige I-Präparate. Bei Anwesenheit von Sulfiden oder Sulfiten kann deren Mitreagieren durch Einleiten von CO_2 vermieden werden. (Schweiz. Apotheker-Ztg. **91.** 865—66. 14/11. 1953. Hamburg, Krankenhaus-Apotheke Heidberg.) SPITALER. 4880

Orhan N. Yalçindag, *Differenzierung von Aureomycin und Terramycin durch Capillar-Dynamolyse.* Mitt. über Capillarbilder von *Aureomycin* u. *Terramycin* nach Entw. mit $AgNO_3$ u. $FeCl_3$ (4 Abbildungen) in der pharmazeut. Analyse. (Dtsch. Apotheker-Ztg. **93.** 678. 10/9. 1953. Eskischir, Zuckerfabrik-Krankenhausapotheke.) WALLIS. 4880

Soc. Marocaine de Produits Chimiques & Agricoles (S. O. M. A. C. I. A.), Soc. An., Marokko, *Suppositoriengrundmasse.* Sie besteht aus 65—84% hydriertem Fischleberöl, 5—20 Walrat, 1—10 Lecithin u. 0,1 Stabilisierungsmittel, bes. Gallussäurepropylester. (**F. P. 1 044 196** vom 26/10. 1951, ausg. 16/11. 1953. Marokkan. Prior. 10/8. 1951.) OPPERMANN. 4767

Lohmann K. G., Deutschland, *Imprägnieren von Bandagen mit Medikamenten.* Man imprägniert einen Träger (z. B. Gaze) mit einer pastenartigen M., die vorzugsweise aus Pankreasfermenten, getrockneter Galle, $NaHCO_3$, Penicillin, einem Lösungsm. u. einem Bindemittel besteht. — Z. B. stellt man aus 5 g Methylcellulose in 100 g sterilisiertem W. eine Paste her u. vermischt diese mit 15 g Pankreaspulver, 250000 Einheiten Penicillin u. 2 g getrockneter Galle. Die imprägnierte Gaze trocknet man bei 40° unter vermindertem Druck. (**F. P. 1 044 024** vom 20/10. 1951, ausg. 13/11. 1953. D. Prior. 21/10. 1950.) OPPERMANN. 4795

Schering Akt.-Ges., Berlin (Erfinder: **Max Dohrn †,** Berlin, und **Paul Diedrich,** Falkensee-Finkenkrug), *Sulfonamidderivate.* Acylierung von Kernamino- u. Sulfonamidgruppe mit verschied. Acylierungsmitteln geschieht nacheinander in derselben Lsg., zweckmäßig in Ggw. von HCl-bindenden Mitteln, indem zuerst die Kernaminogruppe durch einen Halogenkohlensäureester im Verhältnis 1 : 1 substituiert wird. — *4-Carbäthoxyaminobenzolsulfonacetylamid.* Man setzt Sulfanilsäureamid mit Chlorkohlensäureäthylester in Pyridin um u. erwärmt dann mit Acetylchlorid. — Analog: *4-Carbäthoxyaminobenzolsulfonfuroylamid,* F. 259°. (**D. B. P. 907 649** Kl. 12q vom 10/12. 1938, ausg. 29/3. 1954. **Zusatz zu D. R. P. 767 015; C. 1953. 9706.**) LANGER. 4807

VEB Schering Adlershof (Erfinder: **Rudolf Tschesche** und **Hermann Fox**), Berlin-Adlershof, *Herstellung von Abkömmlingen von Sulfonamiden* durch Rk. von Benzylidenverbb. der allg. Formel I mit den entsprechenden Sulfonsäuren oder ihren reaktionsfähigen Derivv., bes. Sulfonsäurehalogeniden u. durch anschließende Hydrolyse. Die Aminogruppe wird alsdann in die Sulfonamidgruppe übergeführt. — 2-Aminopyrimidin u. Salicylaldehyd liefern die Benzylidenverb. des 2-Aminopyrimidins, welches mit p-Acetylaminobenzolsulfochlorid in Pyridinlsg. bei 60° umgesetzt wird. Nach dem Erwärmen mit 10%ig. NaOH wird filtriert u. das Filtrat mit Essigsäure versetzt. Es scheidet sich *2-(p-Aminobenzolsulfonamido)-pyrimidin* aus. — *Therapeut.* Verwendung. (**D. P. [DDR] 1 419** Kl. 12p vom 30/9. 1941, ausg. 11/5. 1953.) M. F. MÜLLER. 4807

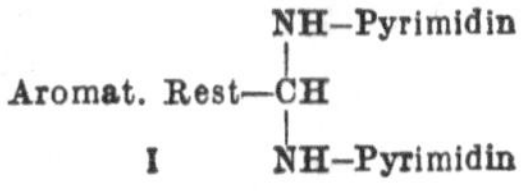

I

Schenley Industries, Inc., New York, N. Y., V. St. A., *Aromatische Thiosemicarbazone.* Man setzt aromat. Aldehyde in wss.-saurem Medium mit thiocyansaurem Hydrazin um. Dargestellt werden: die *Thiosemicarbazone* des *p-Oxybenzaldehyds,* F. 228 bis 233°, des *p-Acetylaminobenzaldehyds,* F. 235° (Zers.), des *p-Dimethylaminobenzaldehyds,* F. 211—214°, u. des *p-Nitrobenzaldehyds,* F. 254—255° (Zers.). — *Tuberkuloseheilmittel.* (**E. P. 706 574** vom 27/8. 1951, ausg. 31/3. 1954. A. Prior. 9/12. 1950.) BRÖSAMLE. 4807

Ciba Akt.-Ges., Basel, Schweiz, *Herstellung von Polyäthylenglykolestern* der allg. Formel $R \cdot O \cdot (CH_2 \cdot CH_2 \cdot O)_n \cdot CH_2 \cdot CH_2 \cdot O \cdot X$, worin R = H oder ein KW-stoffrest mit höchstens 6 C-Atomen, n = 4—50 u. X ein Carbonsäurerest, der mindestens einen isocycl. Ring enthält, ist. Ein Polyätheralkohol der allg. Formel $R \cdot O \cdot (CH_2 \cdot CH_2 \cdot O)_n \cdot CH_2 \cdot CH_2 \cdot OH$, worin R u. n die vorstehende Bedeutung haben, wird mit mindestens einer Verb. der allg. Formel $A \cdot CO \cdot Y$ verestert, worin A ein organ. Rest mit mindestens einem isocycl. Ring u. Y = OH, Oxyalkyl oder Halogen bedeuten. —

Als isocycl. Carbonsäuren werden die verschiedensten Aryl-, Aralkyl-, Cycloalkyl- u. Cycloalkyl-alkylcarbonsäuren verwendet, z. B. Benzoesäure, ihre Homologen u. Substitutionsprodd., Nitrobenzoesäuren, Aminobenzoesäuren, p-Aminosalicylsäure, Zimtsäuren, Diphenylessigsäuren, Diphenyloxyessigsäuren, Tropasäure oder Chaulmoograsäure. — 270 Gewichtsteile eines Gemisches von Hydrocarpussäure u. Chaulmoograsäure (erhalten durch Verseifen von Chaulmoograöl) vom mittleren Mol.-Gew. 270 werden mit einer Mischung von 360 Polyäthylenglykolmethyläther vom mittleren Mol.-Gew. 350 u. von 15 65%ig. H_2SO_4 unter Durchleiten eines N_2-Stromes auf 120° erhitzt, bis eine Probe in kaltem W. lösl. ist. Man gewinnt ein Gemisch aus den Estern der *Hydrocarpus-* u. *Chaulmoograsäure* von *Polyäthylenglykolmonomethyläther* (I) in Form eines hellgelben Öles. Es besitzt *tuberkulostat.* Eigg. u. ist für Warmblüter wenig toxisch. — Ester mit ähnlichen Eigg. werden erhalten, wenn an Stelle von **I** äquimol. Mengen von Polyäthylenglykolmonopropyl- bzw. -isopropyl- oder -butyl- bzw. -isobutyläther vom durchschnittlichen Mol.-Gew. 500—2200 verwendet werden. — β-Benzoylacrylsäure (**II**) u. Polyäthylenglykol (Mol.-Gew. 300) ergeben den Ester in Form eines hellbraunen Öles. — Ebenso wird **II** mit Polyäthylenglykolmonomethyläther (**III**) (Mol.-Gew. 350) verestert. Der erhaltene Ester zeigt in vitro eine starke tuberkulostat. Wrkg. u. besitzt für Warmblüter eine geringe Toxizität. — Aus p-Aminobenzoesäureäthylester u. **III** wird ein Ester erhalten, welcher in W. lösl. ist u. als *Lokalanästheticum* verwendet werden kann. — Der gleiche Ester kann auch durch katalyt. Hydrierung des p-Nitrobenzoylesters von **III** erhalten werden. — Nach dem gleichen Verf. wird der *p-Butylaminobenzoylester* von **III** hergestellt, ebenso der *Zimtsäureester* von **III**, der *Diphenylessigsäureester* von *Polyäthylenglykolmonoäthyläther*, welcher in W. klar lösl. ist u. *spasmolyt.* Eigg. besitzt. — In analoger Weise kann Phenylcyclohexylacetylchlorid mit Polyäthylenglykolmonohexyläther verestert werden. (**Oe. P. 177 413** vom 13/2. 1951, ausg. 25/1. 1954. Schwz. Prior. 15/2. 1950.)

M. F. MÜLLER. 4807

Heinrich Hopff und **Hermann Spaenig**, Ludwigshafen/Rh., *N-Oxoalkyl-p-aminosalicylsäuren* wirken *wachstumshemmend* auf *Tuberkelbacillen.* — *N-γ-Oxobutyl-p-aminosalicylsäure.* Aus p-Aminosalicylsäure u. Methylvinylketon, F. 164—165°. (**A. P. 2 655 532** vom 23/6. 1951, ausg. 13/10. 1953. D. Prior. 1/8. 1950.)

LANGER. 4807

Rheinpreussen Akt.-Ges. für Bergbau und Chemie, Homberg, *Herstellung von Alkaminestern N-monoalkylierter und N-monoalkyloxyalkylierter Aminooxybenzoesäuren* durch Veresterung der Säuren oder der niedermol. Alkylester derselben mit am N-Atom substituierten Aminoalkoholen in Ggw. von mit W. azeotrop destillierenden Zusatz-Fll., wie Bzl., Toluol, Xylol, CCl_4 oder Hexan. Gegebenenfalls werden die Säuren zunächst mit einem halogenierten Alkohol verestert u. die entstandenen Halogenalkylester werden mit einem Amin umgesetzt. — Eine Mischung von 20 g 4-n-Butylamino-2-oxybenzoesäure, 50 cm³ konz. H_2SO_4 u. 50 g Diäthylaminoäthanol wird auf dem Wasserbade erhitzt. Es entsteht dabei der *4-n-Butylamino-2-oxybenzoesäurediäthylaminoäthylester, Hydrochlorid*, F. 138°. — 4-β-Methoxyäthylamino-2-oxybenzoesäure u. Dimethylaminoäthanol in Toluol bilden bei 130—135° den *4-β-Methoxyäthylamino-2-oxybenzoesäuredimethylaminoäthylester, Pikrat*, F. 140°. — Weiter sind genannt der *4-Isopropylamino-2-oxybenzoesäurediäthylaminoäthylester, Pikrat*, F. 136°, u. der *4-n-Butylamino-2-oxybenzoesäurepiperidinoäthylester, Hydrochlorid*, F. 135°. Dieser wird erhalten aus 4-n-Butylamino-2-oxybenzoesäure (I) u. Äthylenchlorhydrin in Ggw. von konz. H_2SO_4, wobei als Zwischenprod. der Chloräthylester von I entsteht. Dieser wird mit Piperidin in Ggw. von Bzl. umgesetzt. — Analog wird der *4-β-Methoxyäthylamino-2-oxybenzoesäurediäthylaminoäthylester* hergestellt, *Pikrat*, F. 150°, ferner der *4-sek.-Butylamino-2-oxybenzoesäuredimethylaminoäthylester, Pikrat*, F. 154°. — 4-n-Propylamino-2-oxybenzoesäure wird mit Na-Isopropylat in den Isopropylester übergeführt, der mit 1-Chlor-2-diäthylaminoäthan den *4-n-Propylamino-2-oxybenzoesäurediäthylaminoäthylester* liefert, *Hydrochlorid*, F. 116°. Ebenso erhält man den *5-n-Butylamino-2-oxybenzoesäurediäthylaminoäthylester, Hydrochlorid*, aus Isopropylalkohol, F. 126°, ferner den *4-Isopropylamino-2-oxybenzoesäuredimethylaminoäthylester, Pikrat*, F. 151°, den *4-(β-Methoxyäthylamino)-2-oxybenzoesäurepiperidinoäthylester, Pikrat*, F. 140°. — 3 g des 4-n-Propylamino-2-oxybenzoesäureäthylesters werden mit 20 g Diäthylaminoäthylalkohol unter Zusatz von 0,1 g Na-Äthylat 20 Std. im Ölbad bei 110—120° erhitzt. Es bildet sich der *Diäthylaminoäthylester* der *4-n-Propylamino-2-oxybenzoesäure, Hydrochlorid*, F. 115°. — Man erhitzt ein Gemisch von 10 g 4-sek.-Butylamino-2-oxybenzoesäuremethylester, 100 g β-Diäthylaminoäthylalkohol u. 1 g Na-Methylat im Ölbad 24 Std. auf 120—125°. Es entsteht der *4-sek.-Butylamino-2-oxybenzoesäurediäthylaminoäthylester, Pikrat*, F. 143°. — Starke *lokalanästhet.* Wrkg., welche der Stärke des Cocains erheblich überlegen ist, bei wesentlich geringerer Giftigkeit gegenüber den bisher bekannten synthet. Anästhetica. (**Oe. P. 177 771** vom 18/1. 1952, ausg. 10/3. 1954. D. Prior. 29/1. 1951.) M. F. Müller. 4807

Ciba Akt.-Ges., Basel, Schweiz, *Herstellung neuer Furanverbindungen* der Formel **I**, worin R einen gesätt. oder ungesätt. Furyl-(2)-alkylrest bedeutet. Man alkyliert 2-Aralkylaminoalkylfurane in bekannter Weise. Als Methylierungsmittel verwendet man H·COOH u. CH_2O. — N-[Tetrahydrofuryl-(2)-methyl]-2'.3'.4'-trimethoxyphenyläthylamin liefert bei der Methylierung *2-[N-(2'.3'.4'-Trimethoxyphenyläthyl)-methylaminomethyl]-tetrahydrofuran*, Kp.$_{0,15}$ 140 bis 142°, *Hydrochlorid*, F. 113—114°. — N-[Furyl-(2)-methyl-3'.4'-methylendioxyphenyl]-äthylamin gibt dabei *2-[N-(3'.4'-Methylendioxyphenyläthyl)-methylaminomethyl]-furan*, Kp.$_{0,1}$ 130—131°. — N-Tetrahydrofuryl-(2)-methyl]-[3'.4'-methylendioxyphenyläthyl-amin gibt *2-[N-(3'.4'-Methylendioxyphenyläthyl)-methylaminomethyl]-tetrahydrofuran*, Kp.$_{0,15}$ 130—131°, *Hydrochlorid*, F. 138—139°, *Oxalat*, F. 139—140°. — Die neuen Furanverbb. zeigen eine spezif. Wrkg. gegenüber dem Herzrhythmus u. können als *Heilmittel* Verwendung finden. (**Oe. P. 175 565** vom 22/2. 1952, ausg. 25/7. 1953. Schwz. Prior. 22/3. 1951.) M. F. Müller. 4807

Aralkyl—N—R
|
Alkyl
I

Parke, Davis & Co., Detroit, V. St. A., *Δ^2-Oxazolinverbindungen* der Formeln **I** u. **II**, worin R H, Halogen, N, einen niedermol. Alkoxy- oder Phenylsubstituenten bedeutet. Dichloracetonitril (**IV**) wird unterhalb 100° mit einer Aminodiolverb. der Formel **III** umgesetzt. R wie oben. — Ein Gemisch aus 100 (g) DL-threo-1-p-Nitrophenyl-2-aminopropan-1.3-diol, 60 **IV** u. 1 Liter Methanol wird 6 Tage bei Zimmertemp. stehen gelassen. Es entsteht dabei *DL-threo-2-Dichlormethyl-4-p-nitrophenyloxymethyl-Δ^2-oxazolin*, F. 163—164°, u. *DL-threo-2-Dichlormethyl-4-oxymethyl-5-p-nitrophenyl-Δ^2-oxazolin*, F. 128—129°. — Analog erhält man aus DL-erythro-1-p-Nitrophenyl-2-aminopropan-1.3-diol u. **IV** das *DL-erythro-2-Dichlormethyl-4-p-nitrophenyloxy-methyl-Δ^2-oxazolin*, F. 167—168°. — Ein Gemisch aus 4,2 (g) D-(—)-threo-1-p-Nitrophenyl-2-aminopropan-1.3-diol, 2 cm³ **IV** u. 50 cm³ eines Methanol-W.-Gemisches im Verhältnis 2 : 3 wird 1 Std. unter Rückfluß erhitzt u. 12 Std. bei 25° stehengelassen. Es entsteht ein Gemisch der gewünschten isomeren Oxazoline, F. 100 bis 105°. Durch fraktionierte Kristallisation dieses Prod. erhält man *D-(—)-threo-2-Dichlormethyl-4-oxymethyl-5-p-nitrophenyl-Δ^2-oxazolin*, F. 135—136°, u. *D-(—)-threo-2-Dichlormethyl-4-p-nitrophenyloxymethyl-Δ^2-oxazolin*, F. 142°. — Analog entsteht aus DL-threo-1-(4'-Diphenyl)-2-aminopropan-1.3-diol u. **IV** das *DL-threo-2-Dichlormethyl-4-(4'-diphenylyl)-oxymethyl-Δ^2-oxazolin* u. daneben das *DL-threo-2-Dichlormethyl-4-oxy-methyl-5-(4'-diphenylyl)-Δ^2-oxazolin*. — *Therapeutica* u. *Zwischenprodd.* für andere therapeut. Verbindungen. (**Oe. P. 177 775** vom 14/8. 1952, ausg. 10/3. 1954. A. Prior. 1/3. 1952.) M. F. Müller. 4807

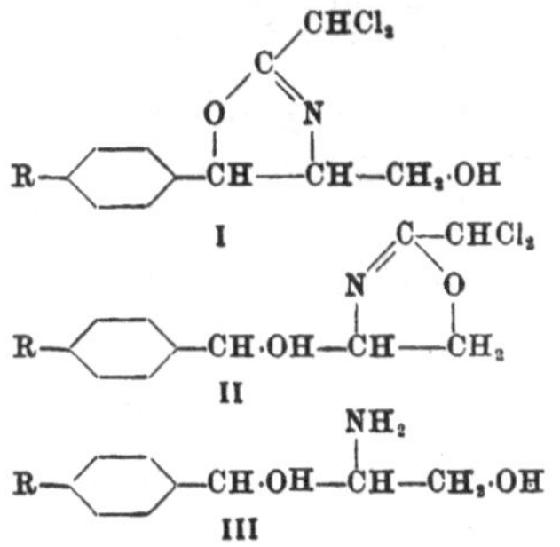

Cilag Akt.-Ges. (Erfinder: **Ernst Habicht**), Schaffhausen, Schweiz, *Herstellung neuer Amide der Pyridin-3.5-dicarbonsäure* von der allg. Formel **I**, in welcher R_1 u. R_2 Alkylreste sind oder worin R_1 u. R_2 zusammen einen Alkylenrest bedeuten, der mit beiden verfügbaren Wertigkeiten an das Amidstickstoffatom gebunden ist u. durch ein O- oder S-Atom oder durch >N-Alkylgruppe unterbrochen sein kann, dad. gek., daß man ein reaktives Deriv. der Pyridin-5-(bzw. 3)carbonsäureamid-3 (bzw. 5)-carbonsäure der Formel **II** mit einem Amin R_1—NH—R_2 (R_1 u. R_2 wie oben) umsetzt, oder die Carbonsäure **II** oder eines ihrer Salze mit einem Kohlensäurederiv. des Amins, z. B. Carbamylhalogenid, in Rk. bringt, — oder daß man ein reaktives Deriv. einer

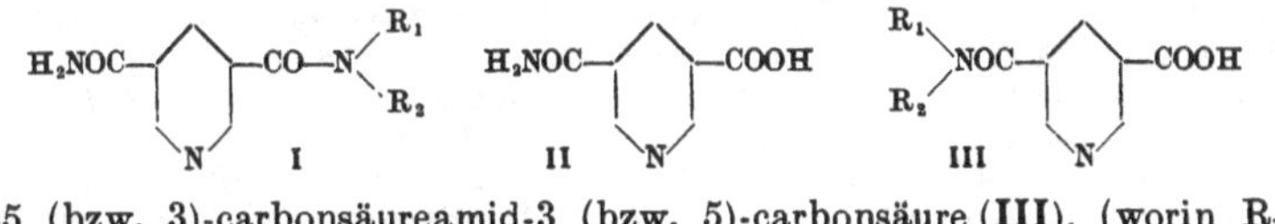

Pyridin-5 (bzw. 3)-carbonsäureamid-3 (bzw. 5)-carbonsäure (**III**), (worin R_1 u. R_2 wie oben), mit NH_3 bzw. eine Carbonsäure **III** oder eines ihrer Salze mit einem Carbaminsäurederiv., z. B. Carbaminsäurehalogenid, umsetzt. — Aus Pyridin-3-carbonsäuremethylester-5-carbonsäurediäthylamid u. konz. wss. NH_3 entsteht *Pyridin-3-carbonsäureamid-5-carbonsäurediäthylamid*, F. 139—141°. — Ebenso wird aus Pyridin-3.5-dicarbonsäuremonomethylester das *Pyridin-3.5-dicarbonsäuremonoamid*,

F. 272—273°, hergestellt. — Pyridin-3.5-dicarbonsäuremonoäthylester wird mit Thionylchlorid in das Esterchlorid übergeführt. Dieser wird in Bzl. gelöst u. mit einer Lsg. von 2-Methylpiperidin u. Pyridin in Bzl. versetzt. Es entsteht dabei das Pyridin-3-carbonsäureäthylester-5-carbonsäure-(2'-methylpiperidid), welches mit wss. NH_3-Lsg. übergeht in *Pyridin-3-carbonsäureamid-5-carbonsäure-(2'-methlpiperidid)*, F. 126,5—128°. — *Pharmakolog.* Eigg., *Analpetica.* (**Oe. P. 174 911** vom 8/5. 1951, ausg. 26/5. 1953. Schwz. Prior. 26/7. 1950.) M. F. Müller. 4807

Werner Heid, Heidelberg, *Herstellung von 4-(Pyridin-3'-carbonsäureamido- bzw. -alkylamido)-2.3-dimethyl-1-phenyl-5-pyrazolonen,* dad. gek., daß man Nicotinsäurehalogenide mit 4-Amino-1-phenyl-2.3-dimethyl-5-pyrazolon (**I**), das in der Aminogruppe monoalkyliert sein kann, in Ggw. von Pyridin umsetzt. — Man erhält z. B. aus Pyridin-3-carbonsäurechlorid u. **I** das *4-(Pyridin-3'-carbonsäureamido)-2.3-dimethyl-1-phenyl-5-pyrazolon,* F. 250°. — *Analgetica.* (**D. B. P. 897 407** Kl. 12p vom 6/2. 1951, ausg. 19/11. 1953.) Dersin. 4807

Sandoz Akt.-Ges., Basel, Schweiz, *Herstellung von neuen Benz-(cd)-indolinen* aus Naphthostyril oder seinen Derivv. durch Behandlung mit $LiAlH_4$, bes. in Ggw. eines Lösungsm., wie Äthylmorpholin. — 4-Piperidyl-(1')-naphthostyril wird in das *4-Piperidyl-(1')-benz(cd)indolin,* (Acetylverb. F. 131—132°) übergeführt. — Die Benz-(cd)indoline dienen zur Synth. von solchen Verbb., welcher der Lysergsäure, einem Baustein der natürlichen Mutterkornalkaloide, in Bau u. *therapeut.* Wrkg. ähnlich sind. (**Oe. P. 174 915** vom 25/10. 1951, ausg. 26/5. 1953. Schwz. Prior. 26/10. 1950.) M. F. Müller. 4807

Soc. des Usines Chimiques Rhône-Poulenc (Erfinder: **P. Charpentier**), Frankreich, *Herstellung von quaternären Derivaten des Phenothiazins* der allg. Formel **I**, worin

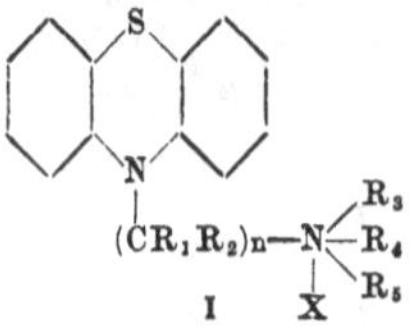

I

R_1 u. R_2 = H oder Alkylreste sind, R_3, R_4, R_5 sind KW-stoffreste, X = Halogen oder ein Säurerest, n = 2 u. höher. — Man läßt ein Alkylhalogenid oder einen Ester einwirken auf N-Dialkylaminoalkylphenothiazine. — 2,8 (g) [(Dimethylamino-2'-methyl-1')-äthyl-1']-N-phenothiazin löst man in 5,6 Bzl. u. fügt 2,8 Jodmethyl hinzu. Es entsteht das *Jodid* des *[(Phenothiazinyl-10')-2-propyl-1]-trimethylammoniums* (**II**), F. 206 bis 207°. Es ist in kaltem W. wenig löslich. — Das Methosulfat des [(Phenothiazinyl-10')-2-propyl-1]-trimethylammoniums, F. 149°, gibt mit Jodmethyl die Verb. **II**. — Die Prodd. besitzen eine *antidysneit.* u. *antihistamin.* Wirkung. (**F. P. 1 003 140** vom 9/12. 1946, ausg. 14/3. 1952.) M. F. Müller. 4807

Soc. des Usines Chimiques Rhône-Poulenc, Seine, Frankreich (Erfinder: **Paul Gaillot** und **Jean Baget**), *Herstellung von stabilen p-Melaminylphenylarsenonlösungen.* Man stabilisiert die Lsgg. eines Alkalisalzes des Kondensationsprod. von 2 Mol Thioglykolsäure mit 1 Mol p-Melaminylphenylarsenon durch Zusatz von Na-Thioglykolat (**I**) — Z. B. versetzt man eine 5,56%ig. Lsg. von 3 Kristallwasser enthaltendem Na-Salz obigen Kondensationsprod. mit 10 cm^3 einer 11,4%ig. **I**-Lsg., fällt das Gemisch in Ampullen u. sterilisiert es. — *Trypanocides* Mittel. (**F. P. 1 015 570** vom 1/7. 1948, ausg. 15/10. 1952.) Oppermann. 4807

Laboratoires Français de Chimiothérapie und **André Girard,** Seine, Frankreich, *Herstellung von N-Glucosid und N-Galaktosid der 4-Amino-2-oxybenzoesäure und ihrer Salze.* Man kondensiert mol. Mengen der freien Säure u. einer Aldose (Glucose, Galaktose) in Methanol oder A. in Ggw. einer Spur Mineralsäure oder besser NH_4Cl. Das N-Glucosid obiger Säure zers. sich oberhalb 100° unter Bräunung, die Ausbeute beträgt 85—90%. Sein Na-Salz bildet kleine weiße, in W. leicht lösl. Kristallkörner. Das N-Galaktosid besitzt ident. Eigenschaften. — Mittel gegen *Tuberkulose.* (**F. P. 1 015 573** vom 27/11. 1948, ausg. 15/10. 1952.) Oppermann. 4807

F. Hoffmann-La Roche & Co. Akt.-Ges., Basel, Schweiz, *Äther des (+)(—)-3-Oxy-N-methylmorphinans* u. Salze davon aus (+)(—)-3-Oxy-N-methylmorphinan (**I**) durch Behandlung mit einem für die Einführung von mehr als ein C-Atom enthaltenden Alkyl- oder Alkenylresten geeigneten Verätherungsmittel u. gewünschtenfalls durch anschließende Hydrierung. Zur Verätherung verwendet man eine Verbb. der allg. Formel $C_6H_5 \cdot N(R_1)(R_2)(R_3) \cdot OH$, worin R_1, R_2 u. R_3 gleiche oder verschied. niedere Alkyl- oder Alkenylreste sind, von denen einer mindestens 2 C-Atome enthält, z. B. Phenyltriäthylammoniumhydroxyd oder Phenyldimethylallylammoniumhydroxyd. — Phenylallyldimethylammoniumbromid wird in Methanol gelöst u. mit methylalkoh. KOH versetzt. Die vom ausgefallenen Salz filtrierte Lsg. wird mit **I** behandelt. Es entsteht das (+)(—)-3-Allyloxy-N-methylmorphinanhydrobromid, welches mit Pd-Kohle u. H_2 in Methanollsg. hydriert wird. Das isolierte Hydrierungsprod. wird

als *Tartrat* des (+)(—)-*3-Propyloxy-N-methylmorphinans*, F. 98—105°, gewonnen. — *Heilmittel.* (**Oe. P. 177 887** vom 29/9. 1952, ausg. 10/3. 1954. Schwz. Prior. 18/10. 1951.)
M. F. Müller. 4807

Luxema Soc. An., Luxemburg, *Herstellung eines asymetrischen Doppelsalzes der Camphersäure* (I). Man gibt zur Lsg. von 24,88 (g) krist. I in 150 cm³ absol. A. eine Lsg. von 39,16 wasserfreier Dihydrocodeinon(II)-Base in Chlf., erwärmt mäßig u. setzt dann 35,95 wasserfreie Atropin (III)-Base zu, entfernt nach 10 Min. langsamen Erwärmens auf höchstens 50—60° den A. bei 14 mm Hg u. erhält als Rückstand das II-III-*Doppelsalz von* I, F. 147°, mäßig lösl. in W., wenig in A., unlösl. in Äther. — *Analgeticum.* (**Schwz. P. 294 178** vom 17/6. 1948, ausg. 16/1. 1954. Belg. Prior. 17/6. 1947.)
Müller-Meiningen. 4807

Merck & Co., Inc., V. St. A. (Erfinder: **Norman George Brink** und **Frank James Wolf**), *Reinigung von Vitamin B_{12}.* Man erhält 95—100%ig. Vitamin B_{12} durch mehrfaches Extrahieren der vitaminhaltigen Substanz mit einem zwei Phasen bildenden Syst. von Lösungsmitteln (Benzylalkohol-W.). Hierbei gehen die Verunreinigungen im Verhältnis ca. 8 : 1 in W. u. Benzylalkohol über, das Vitamin B_{12} im Verhältnis 1 : 2,1. Anstatt obiger Lösungsmittel kann man auch Kresol–Toluol oder Kresol–CCl_4 verwenden. (**F. P. 1 045 602** vom 5/9. 1950, ausg. 30/11. 1953. A. Prior. 8/10. 1949.)
Oppermann. 4809

N. V. Organon, Holland, *Reinigung und Anreicherung des Vitamin-B_{12}-Komplexes.* Die Reinigung u. Anreicherung erfolgt durch Behandeln der wss. Lsg. des Vitamin B_{12}-Komplexes mit einer 10—25%ig. Lsg. von Phenol in einem unpolaren Lösungsm. (z. B. Chlf., CCl_4, Bzl.). Sie kann auch auf chromatograph. Weise unter Verwendung von feuchtem SiO_2-Gel u. obiger Phenol-Lsg. geschehen. (**F. P. 1 041 561** vom 19/6. 1950, ausg. 26/10. 1953. Holl.Prior. 24/6. 1949.)
Oppermann. 4809

N. V. Organon, Holland, *Reinigen von Vitamin-B_{12}-Konzentraten.* Man behandelt das fl. Vitaminkonzentrat mit einem oder mehreren Cyaniden (z. B. KCN, NaCN), HCN oder Cyanide oder HCN bildenden Substanzen bei n. Temp. u. einem p_H 5—7 u. trennt die Vitamine chromatograph. von den Verunreinigungen. Bes. vorteilhaft ist es, das Konzentrat gleichzeitig einer Proteolyse mittels Papain zu unterwerfen. (**F. P. 1 041 581** vom 29/12. 1950, ausg. 26/10. 1953. Holl. Prior. 5/1. 1950.)
Oppermann. 4809

N. V. Philips' Gloeilampenfabrieken, Holland, *Herstellung von 7-Dehydrocholesterin und Estern davon, sowie von Bestrahlungsprodukten des 7-Dehydrocholesterins* mit UV-Strahlen. — Man geht aus vom 7-Dehydrocholesterinacetat, welches ganz oder teilweise verseift wird unter Bldg. von 7-Dehydrocholesterin, welches durch Benzoylierung in den 7-Benzoesäureester übergeführt wird. Dieser Ester wird durch Kristallisation gereinigt u. daraus durch Verseifen das 7-Dehydrocholesterin (Provitamin D_3) in reiner Form gewonnen. (**F. P. 1 002 585** vom 12/1. 1948, ausg. 7/3. 1952. Holl. Prior. 14/1. 1947.)
M. F. Müller. 4809

Løvens Kemiske Fabrik ved. A. Kongsted, Dänemark, *Wiedergewinnung oder Konzentration von Antibiotica, insbesondere von Penicillin.* Man säuert die Penicillin enthaltenden Substrate oder Lsgg. durch Zusatz von 4,3 n $NaHSO_4$-Lsg. an (p_H 2,2) u. extrahiert sie mit einem organ. Lösungsm. (Amylacetat). Die Amylacetat-Lsg. extrahiert man mit einer Pufferlösung. Man kann diese Extraktionen gewünschtenfalls wiederholen. (**F. P. 1 038 127** vom 5/6. 1951, ausg. 25/9. 1953. Dän. Prior. 17/6. 1950.)
Oppermann. 4811

Parke, Davis & Co., übert. von: **G. W. Moersch** und **A. Ch. Moore,** V. St. A., *Herstellung von organischen Aminodiolen und Salzen davon,* bes. Umwandlung von (d,l)-cis-Aminodiolen in die entsprechenden (d,l)-trans-Aminodiole. Man geht dabei aus von einer (d,l)-cis-Verb. der allg. Formel I u. führt diese unter der Einw. von Thionylchlorid mit anschließender Hydrolyse in eine (d,l)-trans-Verb. II über. In den Formeln I u. II bedeuten Y H oder NO_2, R_1 u. R_2 sind gleich oder verschieden u. bedeuten H, Halogen oder einen niedermol. Alkyl- oder Alkoxyrest. R_3 ist H oder ein niedermol. Alkylrest. R_4 u. R_5 sind gleich oder verschieden u. bedeuten H oder niedermol., gegebenenfalls halogensubstituierte aliphat. Acylreste. X ist ein Halogen. — Die Einw. von Thionylchlorid erfolgt bei Tempp. unter 50° in An- oder Abwesenheit eines inerten organ. Lösungsm. z. B. Bzl., Toluol, Xylol, Chlf., CCl_4. Man verwendet dabei ca. 4—6 (Gewichtsteile) Thionylhalogenid auf 1 Amidodiolverb. bei einer Temp. von 20—35°. Die anschließende Hydrolyse erfolgt mit überschüssigem W. bei 60—110°. — 5 (g) (d,l)-cis-1-p-Nitro-

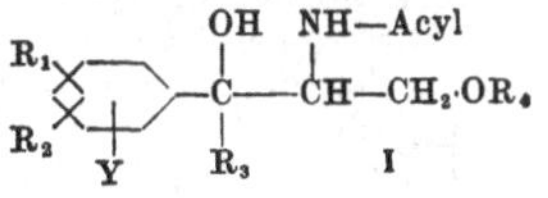

I

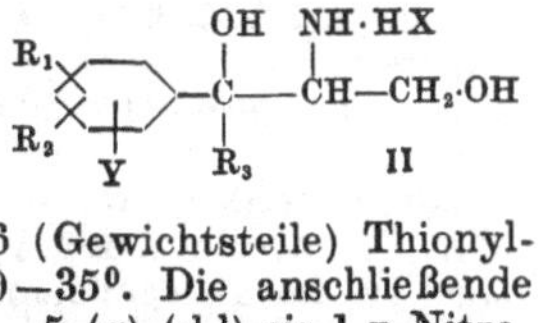

II

phenyl-2-acetamidopropan-1.3-diol, F. 189—193°, werden bei 25° in 15 cm³ $SOCl_2$ eingetragen. Dabei entwickelt sich HCl u. es bildet sich eine klare grüne Lsg. Nach 15 Min. Stehen werden 15 cm³ W. eingerührt u. auf dem Wasserbade erhitzt. Die mit Holzkohle entfärbte Lsg. wird mit konz. NH_3-Lsg. alkal. gemacht. Man erhält das *(d,l)-trans-1-p-Nitrophenyl-2-aminopropan-1.3-diol,* F. 130—132°, umkrist. 137—138°. — Dieselbe Verb. erhält man, wenn man vom (d,l)-cis-1-p-Nitrophenyl-2-acetamido-3-acetoxypropan-1-ol ausgeht u. dieses in der vorbeschriebenen Weise umsetzt. — Man kann auch von einem Gemisch von cis- u. trans-Verb. ausgehen. Dabei bleibt die trans-Verb. unverändert, so daß im Endprod. nur trans-Verb. erhalten wird. — (d,l)-cis-1-Phenyl-2-benzamidopropan-1.3-diol u. (d,l)-cis-1-Phenyl-2-chloracetamido-propan-1.3-diol sowie (d,l)-cis-1-Phenyl-2-acetamidopropan-1.3-diol geben bei der Behandlung mit Thionylchlorid u. gegebenenfalls Neutralisation das *(d,l)-trans-1-Phenyl-2-aminopropan-1.3-diol,* (*Hydrochlorid,* F. 178°). — Aus (d,l)-cis-1-o-Methyl-p-nitrophenyl-2-propionamidopropan-1.3-diol entsteht *(d,l)-trans-1-o-Methyl-p-nitrophenyl-2-aminopropan-1.3-diol.* — Ebenso erhält man aus (d,l)-cis-1-(3'.4'-Dimethylphenyl)-2-acetamido-3-benzoxypropan-1-ol das *(d,l)-trans-1-(3'.4'-Dimethylphenyl)-2-amino-propan-1.3-diol.* — Die nach dem Verf. erhaltenen (d,l)-trans-Aminodiolverbb. dienen als *Zwischenprodd.* zur Herst. von *antibiot.* wirksamen Verbindungen. — Vgl. D. B. P. 814 446; C. **1952.** 4690 u. D. B. P. 837 099; C. **1952.** 6257. (**F. P. 1 006 830** vom 25/11. 1949, ausg. 28/4. 1952. A. Prior. 21/12. 1948.) M. F. Müller. 4811

Parke, Davis & Co., Detroit, Mich., V. St. A., *α-Acylamido-β-acyloxypropiophenon-verbindungen* der allg. Formel **I,** worin R_1 u. R_2 dieselben oder verschied. Radikale sind, z. B. H, Halogen, niedere Alkyl- oder niedere Alkoxyreste. Man geht aus von einer α-Acylamido-β-oxypropiophenonverb. der Formel **II,** welche mit einem Acylhalogenid oder mit einem Acylanhydrid umgesetzt wird. Als Acylierungskatalysatoren werden dabei anorgan. Basen, aromat. Sulfonsäuren oder H_2SO_4 verwendet. — p-Nitro-α-acetamido-β-oxypropiophenon wird mit Essigsäureanhydrid in Ggw. einer geringen Menge H_2SO_4 bei 75° erhitzt. Es entsteht dabei *p-Nitro-α-acetamido-β-acetoxypropiophenon,* F. 129°. — In analoger Weise bildet die o-Methylverb. mit Benzoesäureanhydrid das *o-Methyl-p-nitro-acetamido-β-benzoxypropiophenon.* Die erhaltenen Prodd. dienen zur Synth. von Verbb. mit *antibiot.* Aktvität von besonderem Wert. Vgl. A. P. 2 515 239; C. **1951.** I. 3394 u. Oe. P. 173 454; C. **1953.** 8670. (**Oe. P. 177 769** vom 15/2. 1950, ausg. 10/3. 1954. A. Prior. 24/8. 1948.) M. F. Müller. 4811

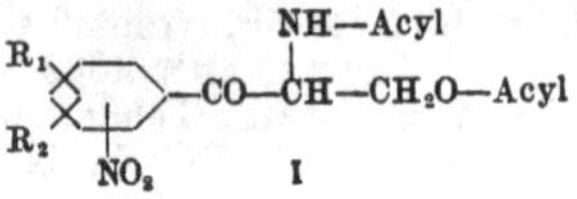

I

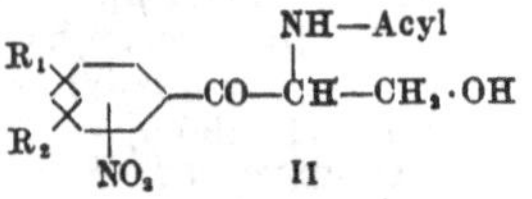

II

G. Analyse. Laboratorium.

Walter J. Rosicky, *Einrichtung zum Reinigen und zum Trocknen von Pipetten.* (Chemist-Analyst **42.** 103. Dez. 1953. Omaha, Neb., Allied Mills, Inc.) Moslé. 5014

C. J. van Nieuwenburg, *Die Mikroanalyse, ihre Gegenwart und Zukunft.* Vf. gibt einen allg. Überblick über den gegenwärtigen Stand der qualitativen u. quantitativen Mikroanalyse u. einen Ausblick auf ihre weitere Entwicklung. (Bull. Soc. chim. France, Mém. [5] **20.** C 63—C 65. Nov./Dez. 1953. Paris.) Fretzdorff. 5050

J. Gillis, *Ultramikrochemie.* Ähnlich wie die Mikrochemie hat sich die Ultramikrochemie aus einem zeitbedingten Bedürfnis heraus entwickelt, um nur 2 Anwendungsgebiete zu nennen: die Biochemie u. die Chemie der radioakt. Isotopen. Zu diesem Zweck wurden entsprechende Geräte entwickelt: der Mikromanipulator u. die Ultramikrowaage mit Quarzfaden. Ihre Anwendung fand sie einmal bei der analyt. Arbeit, deren Schwierigkeiten kurz besprochen werden, u. zum anderen bei der präparativen u. physikal.-chem. Arbeit. — 30 Literaturzitate. (Bull. Soc. chim. France, Mém. [5] **20.** C 91—C 94. Nov./Dez. 1953. Gand, Univ.) Fretzdorff. 5050

Donald E. Laskowski, Donald G. Grabar und **Walter C. McCrone,** *2.4.7-Trinitrofluorenon als Reagens für die Schmelzanalyse unter dem Mikroskop. Anwendung auf mehrkernige Aromaten und einige substituierte Benzole.* Zur schnellen Identifizierung kleiner Substanzmengen, wie sie z. B. bei der chromatograph. Trennung von Spuren erhalten werden, wenden Vff. eine gemischte Schmelzanalyse nach Kofler an. 2.4.7-Trinitrofluorenon (I) bildet mit mehrkernigen aromat. Verbb. Additionsverbb. u. wird in der angegebenen Meth. als Reagens auf diese Substanzen verwendet. Bei der Ausführung der Schmelzanalyse unter dem Mikroskop auf dem Kofler-Heiztisch erhält man 4 signifikante Schmelzpunkte: 1. F. der unbekannten Substanz, 2. F. der Additionsverb., 3. den F. des Eutektikums zwischen unbekannter Substanz u. Additionsverb., 4. F. des Eutektikums zwischen unbekannter Substanz u. Reagens. Die beschriebene Meth. wird auf 30 verschied. Substanzen angewendet. Sie läßt sich ohne weiteres auf andere Substanzgruppen ausdehnen, wenn andere Reagentien als **I**, z. B. Pikrinsäure, herangezogen werden. (Analytic. Chem. **25.** 1400—04. Sept. 1953 Chicago, Ill., Dep. of Chem. and Chem. Engng., Armour Res. Foundat., Illinois Inst. of Technol.) Fretzdorff. 5056

Charles Mader und **George Mader jr.**, *Verdampfungsfehler bei der chromatographischen Volumfraktionierung.* Die Verdampfung von Eluens bei der Verteilungschromatographie verursacht ungenaue u. nicht reproduzierbare Ergebnisse. Der auftretende Fehler variiert mit dem Dampfdruck des Eluens, der Temp., der Fließgeschwindigkeit u. anderen Veränderungen des Eluens. Am Beispiel er Verteilungschromatographie organ. Säuren mit Chlf., dem steigende Mengen Butanol zugefügt wurden, wird die Bedeutung dieses Fehlers aufgezeigt u. eine apparative Vorr. zu dessen Vermeidung beschrieben u. durch Skizzen u. ein Schaltschema erläutert. (Analytic. Chem. **25.** 1556—57. Okt. 1953. Stillwater, Okla., Oklahoma A. u. M. Coll.; Dewey, Agricult. Chem. Res.) Endrass. 5062

J. E. Hawley, Y. Rimsaite und **T. V. Lord,** *Bleiperlenverfahren zur spektrographischen Untersuchnng von Platinmetallen, Gold, Silber und Wismut in Sulfid- und Uranerzen.* Das Verf. besteht darin, eine Schmelzperle in Pb zu lösen; es entspricht der von Scobie (Trans. Canad. Inst. Mining Metallurgy Mining Soc. Nova Scotia **48.** [1945.] 309) vorgeschlagenen Arbeitsweise, bei der jedoch Ag statt Pb verwendet wird; anschließend findet die spektrograph. Auswertung statt. Beleganalysen beweisen die Genauigkeit des Verfahrens. (Canad. Mining metallurg. Bull. **46.** 67—74. Febr. 1953. Kingston, Can., Queen's Univ., Spectrograph. Labor.) Wesly. 5063

W. G. Schrenk, Carl F. Lentz und **B. L. Glendening,** *Bestimmung von Calcium unter Verwendung des Flammenphotometers als Anregungsquelle für den Spektrographen.* Der zum Beckman-Flammenphotometer gehörende Brenner wird in Verb. mit dem großen Bausch u. Lomb Littrow-Spektrographen als Anregungsquelle für die quantitative Best. von Ca in pflanzlichen Materialien beschrieben. Zur Analyse wird das Material getrocknet, verascht u. mit verd. HCl in Chlorid übergeführt. Das getrocknete Chlorid wird in einer 50 p.p.m. Sr als Chlorid enthaltenden Lsg. aufgelöst. Die Konz. an dem zu bestimmenden Ca soll im Bereich von 20—100 p.p.m. Ca liegen. Die fertigen Lsgg. werden noch mit Isopropylalkohol (**I**) verd. derart, daß 4 Teile Lsg. 1 Teil **I** enthalten. Der Zerstäuber wird betrieben mit Luft von 25 lbs./in^2, 40 in Wassersäule O_2 u. 6 cm^3 Wassersäule Naturgas. Linienkombinationen waren Ca 4226,7/Sr 4607,3 Å. Mittlere Fehlerstreuung ca. 4%. (Trans. Kansas Acad. Sci. **54.** 420—25. Sept. 1951. Manhattan, Kansas Agricult. Exp. Stat., Chem. Dep.) Werner. 5063

Charles E. White, Mary H. Fletcher und **Joe Parks,** *Bestimmung von Lithium in Gesteinen. Fluorometrisches Verfahren.* Das Verf. besteht in der Bldg. einer Lithium-Oxin-Verb. (**I**). In schwach alkal. Lsg. in redest. 95%ig. A. verursacht **I** eines Fluorescenz die vom p_H u. Wassergeh. abhängt, so daß diese genau eingestellt werden müssen. Dann wird mittels photoelektr. Fluorometers gemessen. Abtrennen aus dem Erz erfolgt auf nassem Wege oder durch Dest.; Entfernung von Na u. K durch A. oder Ae., doch völlige Entfernung nicht nötig. Störung durch Mg ist gegebenenfalls mit NaF zu beseitigen. — Verf. ermöglicht rasches Arbeiten u. eindeutige Werte. Weitere Anwendung: Herst. von Li-Eichlsgg. aus analysenreinen Salzen. (Analytic. Chem. **23.** 478—81. März 1951. College Park, Md., Bureau of Mines, Eastern Exp. Stat.) Olbrich. 5063

N. Howell Furman und **Ralph N. Adams,** *Coulometrische Titration von p-Methylaminophenylsulfat und Hydrochinon mittels Cerisalzes.* In einer Titrierzelle (Becherglas) befinden sich 2 mol. H_2SO_4 1 Pt–Ir-Indicatorelektrode nebst 1 gesätt. Pb-Amalgam/$PbSO_4$-Bezugselektrode sowie eine Pt–Ir-Generatoranode nebst einer abgeschirmten Pt-Kathode. Letztere sind in einen Stromkreis geschaltet, wie er von Cooke, Reilley u. Furman (C. **1952.** 6583) beschrieben wurde. Nach Zusatz von 18 ml gesätt. Ce^{3+}-Sulfatlsg. in 2 ml H_2SO_4 + 2 ml 85%ig. H_3PO_4 wird Ce^{3+} elektrolyt. oxydiert u. das Potential durch einen Kompensationsstrom auf Null gebracht. Dann wird Ce^{4+} durch Zusatz von Hydrochinon (**I**) oder p-Methylaminophenolsulfat (**II**) wieder zu Ce^{3+} red. u. dieses erneut unter Messung der erforderlichen Zeit bis zur Galvanometeranzeige Null anod. oxydiert. **I** wurde in Mengen von 1,3—288 γ u. **II** von 4,5—110 γ bestimmt. (Analytic. Chem. **25.** 1564—65. Okt. 1953. Princeton, N. J., Princeton Univ.) Fresenius. 5066

W. Donald Cooke, C. N. Reilley und **N. Howell Furman,** *Coulometrisches Titrationsverfahren mit empfindlichem Endpunkt.* Eine Indicatorelektrode u. eine polarograph. Bezugselektrode tauchen in eine schwefelsaure Lsg. von Ce(III)-Sulfat, aus der Ce^{4+} gebildet werden. Die Lsg. mit einem Potential von 0,71 V wird amperometr. bis zum Bezugspotential von 0,95 V titriert. Dann wird die unbekannte Fe(II)-Lsg. hinzugegeben, wodurch das Potential wieder sinkt, u. titriert, bis das Bezugspotential wieder erreicht ist, was am Aufhören des Diffusionsstromes erkannt wird. Das Verf. zeigt 10^{-9} g Fe^{2+} in 1 ml an u. ist unempfindlich gegen Verunreinigungen. (Analytic. Chem. **23.** 1662–65. Nov. 1951. Princeton, N. J., Univ.) H. PAULI. 5066

J. P. Phillips, *Eine apparative Zusammenstellung zur coulometrischen Bestimmung von Neutraläquivalenten.* 20 ml W. + 0,5 g KBr + 2 Tropfen Phenolphthalein-Lsg. werden unter Rühren mit Ag-Drahtanode u. Pt-Blechkathode bis zur Rotfärbung elektrolysiert. Anschließend wird eine alkoh. Lsg. der zu bestimmenden Säure (0,01 bis 0,05 mVal) hinzugegeben u. wieder mit Stoppuhr bis zur Rotfärbung elektrolysiert. Das Äquivalentgewicht der Säure ist: (1000)·(g Einwaage)·(Teilvol.) / (0,000176)·(Sek.)/(Gesamtvol.). (Chemist-Analyst **42.** 101. Dez. 1953. Louisville, Ky., Univ.) MOSLÉ. 5066

J. J. Lamond, *Einstellung von Titanochlorid und -sulfatlösungen.* Bei der Einstellung von $TiCl_3$ (**I**)- oder $Ti_2(SO_4)_3$ (**II**)-Lsgg. mit $K_2Cr_2O_7$-(**III**)-Lsg. stört die Ggw. von Fe (vgl. RODDEN, C. **1953.** 105). Vf. beschreibt einige Methoden, **I**- u. **II**-Lsgg. Fe-frei herzustellen: durch Kristallisation von $TiCl_3 \cdot 6\,H_2O$ beim Einleiten von HCl in der Kälte oder durch Extraktion von $Fe(CNS)_3$ aus $TiCl_4$-Lsg. mit Ae.–Amylalkohol (1 : 1) u. von durch möglichst klein gehaltenem NH_4CNS-Überschuß gebildeten $Ti(CNS_4)$ mit demselben Lösungsm., wonach die wss. Phase mit Zn-Amalgam red. wird. Ein indirekter Weg besteht darin, Ti^{3+} gegen Fe^{3+} zu titrieren, das durch Rk. einer bestimmten Menge **III** mit $Fe(NH_4)_2(SO_4)_2$ gebildet ist, wobei ein Fe^{2+}-Geh. in der Ti^{3+}-Lsg. nicht stört. (Analytica chim. Acta [Amsterdam] **8.** 217–21. März 1953. Bishopton, Renfrewshire, Scotland, Chem. Inspectorate, Ministry of Supply.) FRETZDORFF. 5066

A. A. Mousa, *Die Arsenelektrode als ein p_H-Indicator.* Hergestellt wird die Elektrode durch Sublimieren von metall. As im N_2-Strom auf eine Pt-Unterlage. Diese Elektrode kann für die elektrometr. Feststellung des p_H während der Säurebasen-Titration verwendet werden. Geeignet sind eine Anzahl von mono-, di- u. dreibas. Säuren, ganz bes. $HAsO_2$ (**I**), H_3AsO_4 (**II**), HCN (**III**), die die H-Elektrode u. die Chinhydronelektrode vergiften. Die mit der As-Elektrode bestimmten p_{Ka}'-Werte von **I, II, III**, HBO_2, Oxal-, Malon- u. Maleinsäure stimmen mit den bekannten Werten überein. Ebenso ist diese Elektrode zur p_H-Messung bei Fällungs-Rkk. geeignet. Als Beispiele werden die Ergebnisse bei Mg, Zn, Cd, Pb u. Al angegeben. (Analyst **76.** 96–103. Febr. 1951. Cambridge, Mass., Free School Lane, Dep. Phys. Chem.) J. FISCHER. 5066

Z. Štolcová, *Der Einfluß von Knochenkohle, Kieselgur und Silicagel auf die potentiometrische und konduktometrische Titration von Säuren und Basen.* Am Beispiel der Titration von 0,01 n Weinsäurelsg. mit 1 n NaOH-Lsg. in Ggw. von *Spodium, Kieselgur* u. *Kieselgel* (4 Diagramme) wird deren Einfl. auf die Titrationslsg. gezeigt. Die potentiometr. u. konduktometr. Titrationskurve ist nicht nur für die Art u. Qualität des Mittels charakterist., sie kann auch den Verlauf von Regenerationsprozessen u. den Grad der Erschöpfung wiedergeben. Die Kurven ergänzen die bisher verwendeten p_H- u. Leitfähigkeitsbestimmungen an Extrakten. Bei der Beurteilung des Kieselgurs genügt die Best. des p_H u. der spezif. Leitfähigkeit des Wasserauszugs u. Best. der Änderung dieser Werte durch eine bestimmte Menge von Kieselgur oder Entfärbungskohle in einer bekannten Säure- oder Basenlsg., um auf die Menge u. den Charakter von Verunreinigungen zu schließen. (Listy Cukrovarnické **67.** 207–09. 18/10. 1951. Výzk. ústav pro cukr, čokoládu a škrob.) ROTTER. 5066

Thomas L. Marple und **L. B. Rogers,** *Polarographische Studien an einer stationären amalgamierten Platinelektrode.* Die amalgamierte Pt-Elektrode vereinigt die wesentlichen Vorzüge der festen Elektrode mit denen der Tropfelektrode u. eignet sich bes. bei negativen Potentialen in nichtwss. Medien. Die Herst. erfolgt durch Abscheidung von Hg aus $Hg(NO_3)_2$ an Pt-Drahtmikroelektroden u. anschließend durch zweiminutige kathod. Polarisierung in gesätt. NaCl-Lösung. Unter den bekannten polarograph. Bedingungen werden die Halbstufenpotentiale u. Diffusiosströme von *Cd^{2+}, Zn^{2+}, Co^{2+}* u. *Dinitrobenzolen* in Abhängigkeit von der Polarisationsgeschwindigkeit (37–222 mV/Min.) u. der Konz., auch in gerührten Fll., untersucht. Für Cd^{2+} u. Zn^{2+} findet sich eine Positivierung des Halbstufenpotentials mit wachsender Polarisationsgeschwindigkeit u. ein Anwachsen der Maxima, während der Diffusionsstrom konstant bleibt. Weitere Messungen werden über die Reproduzierbarkeit von Diffusionsströmen u. Halbstufenpotentialen angestellt, wobei befriedigende Ergebnisse erhalten werden. (Analytic. Chem. **25**. 1351—54. Sept. 1953. Cambridge, Mass., M.I.T. Dep. of Chem. and Labor. for Nuclear Sci.) BERG. 5066

a) Elemente und anorganische Verbindungen.

Hobart H. Willard und **Lowell R. Perkins,** *Tetraphenylphosphoniumchlorid und Tetraphenylstiboniumchlorid als analytische Reagentien.* Die analyt. Rkk. von *Tetraphenylphosphonium* (I)-*Chlorid* u. *Tetraphenylstiboniumchlorid* (II) (Darst. vgl. C. **1948**. E. 392) schließen sich den bereits von WILLARD u. SMITH (Ind. Engng. Chem., analyt. Edit. **11**. [1939.] 186. 269. 305) beschriebenen Rkk. des *Tetraphenylarsoniumchlorids* (III) so eng an, daß hier zum Teil nur die notwendigen Variationen beschrieben werden. I-Chlorid fällt in Ggw. beträchtlicher Mengen NaCl quantitativ komplexe Chloride des Sn(IV), Cd u. Hg(II). Diese können nicht gravimetr. bestimmt werden, da mit NaCl-Lsg. ausgewaschen werden muß. Ein Überschuß von I wird potentiometr. mit J_2-Lsg. zurücktitriert, wobei sich $(C_6H_5)_4PJ_3$ bildet. I-Permanganat, I-Perrhenat, I-Perchlorat können gravimetr. u. titrimetr., I-Perjodat nur titrimetr. bestimmt werden. II kann wegen seiner geringen Löslichkeit nur begrenzte Anwendung zu gravimetr. Bestimmungen, z. B. von ClO_4^- u. MnO_4^-, finden. Es kann mit J_2 nicht potentiometr. titriert werden. Die Reihenfolge der Löslichkeiten I > III > II findet sich vielfach bei ihren Komplexen wieder. Letztere sind in $CHCl_3$ lösl. u. gut extrahierbar. Nach Ansicht der Vff. können Pt, Te, Tl u. Tc wie mit III auch mit I gefällt werden. Zu den l. c. beschriebenen störenden Ionen kommen einige weitere u. abweichendes Verh. hinzu. Alkalien, Erdalkalien, Al, Mn(II), Cr(III), Ni, Co, Zr, SO_4^{2-}, BO_2^-, PO_4^{3-}, CO_3^{2-}, Acetat, Tartrat, Citrat werden nicht gefällt u. stören nicht. MnO_4^-, ReO_4^-, JO_4^-, ClO_4^-, $S_2O_8^{2-}$, BF_4^-, CrO_4^{2-}, MoO_4^{2-}, WO_4^{2-}, SCN^-, J^-, Sn(IV), Cd, Zn, Pt, Fe(III), Au, Sb, Bi, Ti, Tl(III), Te(III) u. UO_2 werden ganz oder teilweise gefällt. Fällung von Sn kann durch Bitartrat, von Fe(III) durch Phosphat–H_3PO_4 u. von Ti durch HPO_3 verhindert werden. Störung der Titration mit J_2 durch Cu wird durch Citrat beseitigt. Die Anwendung von F^- als Komplexbildner ist wegen der geringen Löslichkeit seiner Salze mit I, II u. III begrenzt. Bei Ggw. von mehr als 50 mg I-Chlorid wird bei titrimetr. Bestimmungen empfohlen, NaCl erst nach Zugabe der 1. Hälfte der J_2-Lsg. zuzugeben. Am Endpunkt soll die Temp. 30° nicht übersteigen. Oxydierende Stoffe u. größere Mengen organ. Säuren ergeben zu kleine Werte. NO_3^- in neutraler Lsg. sowie mäßige Mengen HCl stören nicht. Die optimale Konz. an NaCl ist ca. 4-molar. Die potentiometr. Kurve ähnelt der beschriebenen (l. c.). Der durchschnittliche Fehler bei 2—100 mg I beträgt $\pm 0,07$ mg. Der Endpunkt der Titration kann in Ggw. von Stärke u. $CHCl_3$ zur Auflösung des Trijodids visuell bestimmt werden. NaCl ist dann auszuschließen. Die Genauigkeit ist geringer.

Versuche: Best. von *Hg* als $[(C_6H_5)_4P]_2HgCl_4$: Verschied. Voll. $Hg(NO_3)_2$-Lsg. (5,00 mg Hg/ml) werden mit entsprechenden Mengen einer gegen J_2 eingestellten I-Chlorid-Lsg. versetzt, auf 100 ml verd., 2—3 mol. an NaCl gemacht, zu der warmen Lsg. ein Überschuß von 10—20 ml 0,01 mol. I-Chlorid-Lsg. zugegeben u. unter gelegentlichem Rühren 5 Min., bei Mengen von 1 mg Hg bis zu 2 Std. stehen gelassen. Der Nd. wird bei ca. 20° abfiltriert, mit gesätt. NaCl-Lsg. gewaschen, u. der Überschuß an I im Filtrat potentiometr. titriert. Freie Säuren bis zur Konz. 1,0 mol. stören nicht, HNO_3 muß neutralisiert werden. — Best. von *Sn* als $[(C_6H_5)_4P]_2SnCl_6$: Sn(IV)-Eichlsg. (3,96 mg Sn/ml u. ca. 0,1 ml konz. HCl/ml Lsg.) aus Sn durch Lösen in konz. HCl u. Durchleiten eines Cl_2-Stromes. Die Titration erfolgt wie beim Hg bei 3,0 bis 3,5 mol. NaCl-Konz., Überschuß von nicht > 10 ml I-Chlorid-Lsg., 0,1—1,0 mol. HCl-Konz. u. Fällung ohne Erwärmen. — Best. von *Cd* als $[(C_6H_5)_4P]_2CdCl_4$: Der Nd. ist löslicher als der von Hg u. Sn. Cd-Eichlsg. (4,0 mg Cd/ml) aus Cd durch Auflösen in HNO_3, Neutralisieren der überschüssigen Säure mit NaOH u. Zugabe einiger ml HCl. Best. wie bei Sn; NaCl-Konz. 3,5—4,5 mol.; 30—40% Überschuß an I-Chlorid; Fällung in warmer Lsg.; Filtration bei Zimmertemp.; HCl-Konz. $\leq 0,7$ molar. — Für eine quantitative Best. von Zn ist der Nd. $[(C_6H_5)_4P]_2ZnCl_4$ zu löslich. — Best. von *ReO_4^-*: ReO_4^--Eichlsg. aus krist. $KReO_4$ in W. (7,63 mg ReO_4^-/ml). Best. wie von WILLARD u. SMITH (l. c.) beschrieben, die Konz. an NaCl muß jedoch bei der gravimetr. Meth. 2,5—3,0 mol., bei der titrimetr. nur 1,5 mol. sein. HCl-Konz. bis zu 3,0 mol. stört nicht. — Best. von *ClO_4^-* als *$(C_6H_5)_4PClO_4$* (IV): ClO_4^--Eichlsg. aus $KClO_4$ in W. (3,61 mg ClO_4^-/ml). Zu der an NaCl 2,0—3,0 mol. Lsg. des $KClO_4$ wird ein auf ca. 10 ml im Überschuß berechnetes Vol. ca. 0,01 mol. I-Chlorid-Lsg. gegeben, der

Nd. einige Min. kräftig gerührt, 2 Std. oder länger stehen gelassen, durch einen Filtertiegel filtriert, mehrmals mit Eiswasser gewaschen, bei 110° getrocknet u. als **IV** gewogen. Der Überschuß an **I** im Filtrat u. Waschwasser kann mit J_2 potentiometr. titriert werden. Ggw. von NaCl sowie Erhitzen der Lsg. vor der Fällung begünstigt Bldg. eines grobkristallinen Nd., der weniger an den Gefäßwänden haftet. HCl-Konzz. bis zu 2 mol. stören nicht. ClO_3^- stört sowohl die Fällung als auch die Titration. Zu seiner Entfernung wird zu der kalten, leicht sauren Lsg. das ca. 5fache Gewicht des ClO_3^- an $Na_2S_2O_5$ zugegeben, 30 Min. stehengelassen u. dann gekocht, bis der Geruch nach SO_2 verschwunden ist. Die Lsg. muß zum Schluß schwach sauer reagieren. Zu der heißen Lsg. wird unter kräftigem Rühren ein Überschuß an **I**-Chlorid-Lsg. gegeben u. weiter wie oben verfahren. Bis 500 mg ClO_3^- können nach dieser Meth. ohne Störung der nachfolgenden Best. entfernt werden. — Die Best. von *ClO_4^-* als $(C_6H_5)_4SbClO_4$ ist gravimetr. möglich, jedoch infolge der geringen Löslichkeit von **II** in 1,5—2,0 mol. NaCl-Lsg. prakt. kaum durchführbar, wenn die vorhandene Menge ClO_4^- nicht innerhalb 1 mg bekannt ist. — Best. von *JO_4^-* als $(C_6H_5)_4PJO_4$: JO_4^--Eichlsg. aus KJO_4 in W. (1,20 mg JO_4^-/ml). Zu der an NaCl 2,0 mol. kalten, leicht sauren Lsg. wird **I**-Chlorid-Lsg. im Überschuß zugegeben, der Nd. nach 2std. Stehen filtriert, mit gesätt. NaCl-Lsg. gewaschen u. Filtrat u. Wasch-Fl. wie oben titriert. Bei Erwärmung der Lsg. vor der Fällung sind die Ergebnisse stets zu niedrig, da 1—2 Tropfen konz. HCl im Überschuß vorhanden sein können. Alkal. Rk. gegen Methylrot aber macht die Ergebnisse ungenau. Die Störung durch JO_3^- in saurer Lsg. kann durch Sättigen mit $NaHCO_3$ beseitigt werden. — Best. von *MnO_4^-*: MnO_4^- bildet sehr wenig lösl., purpurne Salze $(C_6H_5)_4PMnO_4$ u. $(C_6H_5)_4SbMnO_4$. Gravimetr. können beide, titrimetr. nur das Phosphoniumsalz bestimmt werden. Eine direkte Titration war in keinem Falle möglich. MnO_4^--Eichlsg. (3,58 mg MnO_4^-/ml) gegen As_2O_3 eingestellt. Zu der heißen MnO_4^--Lsg., die 0,5—1,0 mol. an Neutralsalz (möglichst nicht Chlorid) ist, wird ein gemessener Überschuß an **I**-Chlorid-Lsg. zugegeben. Nach Abkühlung auf Zimmertemp. wird filtriert, mehrere Male mit W. gewaschen u. im Exsiccator ca. 2—3 Tage bis zur Gewichtskonstanz getrocknet. Zers. des trockenen Salzes bei 100°. Filtrat u. Waschwasser werden wie oben titriert. Bei Ggw. von NO_3^- wird die Lsg. vorher gegen Methylrot alkal. gemacht. H_2SO_4, H_3PO_4 u. HNO_3 bis zu 1,0 mol. Konzz. stören nicht, HCl red. MnO_4^-. Zur Best. von *Mn(II)* wird in Ggw. von 5—10 g HPO_3 mit Ba-Bismutat oxydiert u. der Überschuß an Bismutat abfiltriert. Das gleiche Verf. mit **II** in Ggw. von 0,1—0,8 mol. $NaNO_3$-Lsg. oder 0,1 bis 0,5 mol. Na_2SO_4-Lsg. ergibt für Mengen bis 18 mg MnO_4^- ähnliche Werte wie mit **I**. Dazu werden 10 ml 0,01 mol. **II**-Lsg., die in 1,5 mol. NaCl-Lsg. mit überschüssigem ClO_4^- als Perchlorat-Nd. gravimetr. eingestellt worden war, als Überschuß zugegeben. Zahlreiche Belegversuche. (Analytic. Chem. **25**. 1634—37. Nov. 1953. Ann Arbor, Mich., Univ. of Michigan.) Helmut Hofmann. 5106

H. Flaschka, *Mikrotitrationen mit Äthylendiamintetraessigsäure. 4. Mitt. Die Bestimmung des Natriums.* (3. vgl. C. **1953**. 4255.) Na wird als Na–Zn-Uranylacetat gefällt, der Nd. in $NH_4OH/(NH_4)_2CO_3$ gelöst u. das in der Lsg. enthaltene Zn komplexometr. mit Eriochromschwarz T bestimmt. Angabe von Beleganalysen guter Genauigkeit. (Mikrochem. verein. Mikrochim. Acta **39**. 391—95. 1952. Graz, A. Zankl Söhne, Lack- u. Farbenwerke.) Fretzdorff. G 274

Frank A. Vinci, *Analytische Chemie des Berylliums.* Es wird eine Zusammenfassung der Nachweis- u. Bestimmungsmethoden für Be gegeben. — 56 Literaturhinweise. (Analytic. Chem. **25**. 1580—85. Nov. 1953. Cleveland, O., Brush Beryllium Co.) Braasch. G 281

L. E. Klemm, *Tüpfelprobe auf Zink und Cadmium.* 1 Tropfen einer Lsg. von 10 g NH_4NO_3 + 5 ml konz. HCl in 100 ml W. läßt man 5—10 Sek. auf das zu untersuchende Material (Metallüberzüge) einwirken. Anschließend wird 1 Tropfen einer Lsg. aus 10 g Na_2S in 100 ml W. aufgetropft. Zn gibt einen weißen, Cd einen gelben, Sn einen braunen, Fe einen schwarzen Niederschlag. Die Lsgg. reagieren nicht mit Ni- u. Cr-Überzügen. (Chemist-Analyst **42**. 101—03. Dez. 1953. Cleveland, O., National Screw & Manufacturing Co.) Moslé. G 288

John E. Vance und **Richard E. Borup**, *Gravimetrische Bestimmungen für Zink und seine Trennung von einigen Elementen.* Vff. untersuchen mittels Mischung von stabilem Zn mit radioakt. ^{65}Zn die bekannten analyt. Fällungen für Zn, wobei sie die Aktivität der Lsg. bestimmten. Sie fanden eine Beziehung zwischen Zerfall in der Min. u. Gesamtgewicht u. konnten entscheiden, ob eine quantitative Trennung von anderen Elementen möglich ist. Vff. fanden im Verlauf ihrer Unterss., daß die Phosphatfällung mit kleineren Mengen an Reagens als angenommen ebenfalls quantitativ verläuft, wenn man bei $p_H \sim 6{,}5$ arbeitet. Die Fällungen als Zinkoxalat oder mit Anthranilsäure bzw. mit 8-Oxychinolin verlaufen ebenfalls quantitativ; u. eine Trennung des ZnS aus Sulfat–Bisulfat-Pufferlsgg. verläuft quantitativ, wenn das Minimalverhältnis des Zn zum Fe 1 : 4, zu Ni 1 : 2, zu Mn 1 : 8 u. zu Al 1 : 4 beträgt. Die Fehlergrenze liegt bei allen Verff. bei 0,1 mg. (Analytic. Chem. **25**. 610—15. April 1953. New York, N. Y., Univ.) ELCHLEPP. G 288

Claude L. Waring und **Henry Mela jr.**, *Methode zur Bestimmung kleiner Mengen Seltener Erden und Thorium in Phosphatmineralien.* Es wurden Unterss. über den Geh. an Seltenen Erden in den Phosphatmineralien von Florida u. West-USA durchgeführt u. hierfür folgende Meth. ausgearbeitet: Nach Entfernung von Fe durch Extraktion mit Ae. als $FeCl_3$ aus salzsaurer Lsg. wurden die Seltenen Erden u. Th durch doppelte Fällung mit Oxalat u. Ca als Trägersubstanz konzentriert. Die Seltenen Erden werden vom Ca durch Fällung mit NH_4OH in Ggw. einer bestimmten Menge Al als Trägersubstanz getrennt. Das Al dient auch als innerer Standard in der anschließenden spektrograph. Analyse. Die Fehlergrenze dieser Meth. ist bei 0,02 bis 2 mg von jeder der Seltenen Erden nicht größer als 10%. Es werden genaue Arbeitsvorschriften gegeben. (Analytic. Chem. **25**. 432—35. März 1953. Washington, D. C., US. Geological Survey.) BRAASCH. G 324

b) Organische Verbindungen.

J. Pomeranz, *Handhabung von viscosem Material zur Stickstoffbestimmung.* Die Substanzen werden in abgesprengten Reagensgläsern eingewogen u. mit dem Glas in den Kjeldahlkolben gebracht. (Chemist-Analyst **42**. 100. Dez. 1953. Haifa, Israel, Food Testing Labor.) MOSLÉ. 5352

M. F. Martin, *Mikrobestimmung von organisch gebundenem Stickstoff.* Es werden die verschied. Methoden zur Best. von organ. gebundenem N krit. besprochen. 1. Best. von aliphat. u. aromat. prim., sek., tert. Aminen, bes. die Meth. nach VAN SLYKE; 2. Best. von NO_2-Gruppen; 3. Best. des Gesamt-N nach KJELDAHL u. 4. Best. des Gesamt-N nach DUMAS-PREGL. Für die letzte Meth. wird eine etwas modifizierte App. u. Verbrennungstechnik eingehender beschrieben. (Bull. Soc. chim. France, Mém. [5] **20**. C 65—C 70. Nov./Dez. 1953. Vitry-sur-Seine, Soc. des Usines Chim. Rhône-Poulenc, Directions des Recherches Analyt.) FRETZDORFF. 5352

G. Ingram, *Die Mikrobestimmung von Stickstoff in organischen Verbindungen durch das Schnellverbrennungsverfahren.* Es wird eine neue Meth. der Schnellbest. von N in organ. Verbb. beschrieben, die bes. für solche Substanzen befriedigende Ergebnisse liefert, die nach der Meth. von PREGL-DUMAS nur schwer analysierbar sind. Die Probe wird im Pt-Schiffchen verdampft u. in einem schnellen Strom von O_2 u. CO_2 verbrannt, wobei ein bes. konstruiertes Verbrennungsrohr (BELCHER u. INGRAM, C. **1951**. I. 2482) verwendet wird. Die Verbrennungsgase werden über erhitztes Cu geleitet, wobei Stickoxyde zu N_2 red. u. überschüssiger O_2 entfernt wird, u. in einem Nitrometer über KOH-Lsg. aufgefangen. Eine Einzelbest. dauert ca. 20 Minuten. Ein Gerät zur kontinuierlichen Gewinnung blindwertfreien O_2 (elektrolyt.), sowie des zur Regeneration der Cu-Drahtfüllung erforderlichen H_2 u. ein Generator für CO_2 bilden Teile der beschriebenen Apparatur. Es hat sich gezeigt, daß die verwendeten Quarzrohre allmählich beim Erhitzen in CO_2-Atmosphäre u. Ggw. von Cu oder CuO porös werden u. hohe Blindwerte verursachen. Zahlreiche Belegversuche. (Mikrochim. Acta [Wien] **1953**. 131—47. 4/5. Mai 1953.) HELMUT HOFMANN. 5352

R. Belcher, A. J. Nutten und **W. I. Stephen**, *Eine neue Methode der Schwefelbestimmung in stickstoffhaltigen organischen Verbindungen.* Es wird eine neue Meth. zur Mikro- u. Semimikrobest. von S in N-haltigen organ. Verbb. beschrieben. Das nach den üblichen Verbrennungsmethoden gebildete Sulfat wird mit 0,3%ig. *4-Amino-4'-chlordiphenyl* in HCl-Lsg. bei einem p_H von 1—2 gefällt u. nach Lösen in warmem W. alkalimetr. gegen Phenolrot–Bromthymolblau (3 : 2 als Na-Salze in 0,04%ig. wss. Lsg.) titriert. Nitrate u. Halogenide stören nicht. Das Verf. ist rasch u. genau. Zahlreiche Belegversuche. (Mikrochim. Acta [Wien] **1953**. 51—57. März. Birmingham, Univ., Dep of Chemistry.) HELMUT HOFMANN. 5352

T. S. Ma und **John D. McKinley jr.**, *Die Bestimmung von Phosphor in organischen Verbindungen: Eine neue Mikromethode.* Die phosphorhaltige Substanz wird mit einem Gemisch von H_2SO_4/HNO_3 aufgeschlossen u. der P als gelbes NH_4-Phosphovanadomolybdat photometr. bestimmt. As in kleinen Mengen stört nicht, bei einem Verhältnis P : As = 1 : 1 entsteht ein positiver Fehler von 5%, der sich bei 5fachem As-Überschuß auf ca. 20% steigert. Folgende Eichlsgg. werden verwendet: $(NH_4)_2 \cdot HPO_4$ bzw. KH_2PO_4, P-Geh. 0,5 mg P/ml (Lsg. I); 2,35 g NH_4VO_3 u. 100 ml verd. H_2SO_4 (1 : 12) in 1 Liter Lsg. entsprechend 0,20%ig. Vanadat-(Lsg. II); 122 g

$(NH_4)_6Mo_7O_{24} \cdot 4H_2O$ in 880 ml H_2O entsprechend 10% ig. MoO_3 (Lsg. **III**). Die Farbentw. u. -intensität des Komplexes wird von der H_2SO_4-Konz. der Lsg. stark beeinflußt. 1,5 ml konz. H_2SO_4/100 ml erwiesen sich als optimal. Für den Bereich von 0,1—2,0 mg P/100 ml wird die Extinktion gegen die mg P/100 ml unter Verwendung der Wellenlänge **410** mμ als Eichkurve aufgetragen. Dazu werden aliquote Mengen Lsg. **I** in 100 ml-Kolben auf 65 ml verd., mit je 1,4 ml konz. H_2SO_4 versetzt, 10 ml Lsg. **II** zugegeben u. nach Durchschütteln u. Zugabe von 10 ml Lsg. **II** zugegeben u. nach Durchschütteln u. Zugabe von 10 ml Lsg. **III** nach 30 Min. colometriert. Von der organ. Substanz werden **3**—10 mg (entsprechend 0,2—1,5 mg P) in einem 10 ml-KLELDAHL-Kolben mit 1,5 ml konz. H_2SO_4 u. 4 Tropfen konz. HNO_3 unter gelindem Erwärmen aufgeschlossen, nach Abklingen der heftigen Anfangs-Rk. 2 Tropfen konz. HNO_3 zugefügt u. bis zur klaren Lsg. u. Entw. von SO_3 erhitzt. Nach Abkühlung wird auf 100 ml verd. u. die Best. unter den gleichen Bedingungen wie oben durchgeführt. Die Meth. ist schnell u. von gleicher Genauigkeit wie die gravimetrische. 19 Belegversuche. (Mikrochim. Acta [Wien] **1953**. **4**—13. Juni. New York, N. Y., Univ., Dep. of Chemistry.) HELMUT HOFMANN. 5352

Gunnar Gabrielson und **Olof Samuelson,** *Benutzung von Ionenaustauschern in der analytischen Chemie.* 19. Mitt. *Trennung von Aldehyden und Ketonen von organischen Säuren.* (18. vgl. C. **1954**. 2942.) Vff. untersuchen die stark bas. Anionenaustauscher *Amberlite IRA-400* u. *Dowex 2* in der Basen-, Chlorid- u. Bicarbonatform sowie die schwach alkal. Typen *Amberlite IT-4B* u. *Amberlite IR-45* in der Carbonatform auf ihre Eignung, *Formaldehyd* (**I**), *Acetaldehyd* (**II**), *Furfurol* (**III**), *Benzaldehyd* (**IV**), *Salicylaldehyd* (**V**), *Vanillin* (**VI**), *Crotonaldehyd* (**VII**), *Glyoxal* (**VIII**), *Aceton* (**IX**) u. *Methyläthylketon* (**X**) von organ. Säuren wie *Ameisensäure* (**XI**) u. *Essigsäure* (**XII**) zu trennen. Dazu werden 50 ml einer wss. Lsg. mit **4**,1 mol. der Verbb. durch eine mit Austauscher gefüllte Säule von 140 mm Länge u. 9,8 mm Durchmesser mit einer Geschwindigkeit von 2 ml/Min. gegeben u. mit 400 ml W. ausgewaschen. Die analyt. Best. geschieht allg. spektrophotometr. im UV, während **VIII** colorimetr. nach ARIYAMA, **I** mit der Chromotropsäuremeth. bestimmt wird. Aus den Austauschern in freier bas. Form bzw. Carbonatform lassen sich lediglich die Ketone **IX** u. **X** vollständig auswaschen, während die Aldehyde durch Polymerisation mehr oder weniger stark gebunden bleiben, wobei die Verbb. mit Phenolgruppen bes. festgehalten werden. Aus **VIII** dagegen bildet sich in einer Rk. nach CANNIZZARO *Glykolsäure*, die nach dem Auswaschen mit 1 mol. $NaHCO_3$-Lsg. nachgewiesen werden kann. Beim Durchgang durch stark bas. Austauscher in der Chloridform, durch Behandeln mit 400 ml n/1 NaCl u. 200 ml n/1 HCl erhalten, können **I**, **II**, **III**, **VII**, **IX** u. **X** fast oder ganz quantitativ wiedererhalten werden, während **VIII** u. die höhermol. Verbb. schwer auszuwaschen sind. Verwendet man die bas. Austauscher in der Bicarbonatform nach Durchgang von 400 ml 1 mol. $NaHCO_3$-Lsg., so lassen sich **I**—**IV** u. **VII**—**X** quantitativ mit 200 ml W. eluieren, wogegen **V** u. **VI** durch Rk. der Phenolgruppe gebunden werden, sich aber durch Zugabe von **XII** teilweise herauslösen lassen. Zur Vermeidung der CO_2-Entw. in Ggw. von **XI** u. **XII** muß das Verf. etwas modifiziert werden. Durch Nachwaschen des Austauschers mit 0,1 mol. Na_2CO_3-Lsg. können die Säuren entfernt u. nach Rückverwandlung durch Amberlite IR-120 in der Wasserstofform in freie Säuren mit 0,1 n NaOH titriert werden. Die quantitative Trennung wird an **I** + **XI**, **I** + **XII** u. **III** + **XII** durchgeführt. Die tabellar. mitgeteilten Ergebnisse zeigen die Brauchbarkeit der Methode. Auf Verbb. mit Phenolgruppen, wie **V** u. **VI**, ist das Verf. nicht anwendbar. (Acta chem. scand. **6**. 729—37. 1952. Göteborg, Chalmers Tekn. Högsk., Dep. of Engng. Chem.)

WEITBRECHT. 5363

Gunnar Gabrielson und **Olof Samuelson,** *Verwendung von Ionenaustauschern in der analytischen Chemie.* 20. Mitt. *Trennung der Ketone von Alkoholen.* (19. vgl. vorst. Ref.) Vff. untersuchen die Möglichkeit, an einem mit Bisulfit gesätt. Anionenaustauscher aus wss. Lsg., *A.* bzw. *Methanol* (**I**) von *Aceton* (**II**) oder *Methyläthylketon* (**III**) zu trennen. Dazu wird *Amberlite IRA-400* in einer Säule von 550 mm Länge u. 9,8 mm Durchmesser mit 500 ml 1 mol. $NaHSO_3$-Lsg. in die Bisulfitform übergeführt, dann werden wss. Lsgg. mit 0,5—5,08 g A. bzw. 0,5—5,2 g **I** u. 0,5 g **II** bzw. 0,61 g **III** mit einer Geschwindigkeit von 1,5—2,0 ml/Min. hindurchgegeben u. mit 2 mal 100 ml W. ausgewaschen. Während die Gehh. an A. u. **I** pyknometr. bestimmt werden, erfolgt die Gehaltsbest. von **II** nach der Salicylaldehydmeth. u. von **III** spektrophotometr. im UV oder nach THOMSON. Wie die tabellar. mitgeteilten Ergebnisse zeigen, lassen sich A. u. **I** quantitativ auswaschen, während von **II** $<$0,0005 g u. von **III** $<$0,003 g gefunden werden. Die anschließende Elution von **II** u. **III** kann mit 300 ml bzw. 200 ml W. bei 75° zu 99% oder mit 200 ml einer an $NaHCO_3$ 0,15 mol.

u. an Na_2CO_3 0,075 mol. wss. Lsg. zu 100% erfolgen. (Acta chem. scand. **6.** 738—43. 1952.) Weitbrecht. 5363

E. v. Schivizhoffen und **H. Danz,** *Benzoylgruppenbestimmung im Halbmikromaßstab.* Da die Destillationsmeth. der Benzoylbest. nach Vff. zu hohe Werte ergibt u. zu lange Zeit beansprucht, wird ein neues Verf. ausgearbeitet. Die Benzoesäure wird je nach Art der Probe verschieden ausgeführten Verseifung aus wss. H_2SO_4 mit Chlf. extrahiert u. in Chlf.-Dimethylformamid mit Na-Methylat gegen Thymolblau unter N_2 von Gelb u. Blau titriert. Die angegebenen Werte von benzoylierten Aminen stimmen gut mit der Theorie überein. (Z. analyt. Chem. **140.** 81—88. 1953. Offenbach/M., Farbwerke Hoechst Akt.-Ges., Werk Naphthol-Chemie, Analyt. Labor.) Richard Meier. 5364

J. V. Karabinos, A. T. Ballun und **R. L. McBeth,** *Die Bestimmung von Aldonsäuren in alkalischen Medien.* Beschreibung einer Meth. zur direkten Titration verschied. *Aldonsäuren* (**I**) mit eingestellter $CaCl_2$-Lsg. bei p_H 12,4. Etwa 1 Millimol des Aldonsäurelactons oder -salzes in 10 cm^3 3%ig. NaOH-Lsg. lösen u. die Mischung mit 0,106 mol. $CaCl_2$-Lsg. langsam bis zur deutlichen Trübung titrieren. Der Endpunkt ist erreicht, wenn die Trübung bestehen bleibt u. die Lsg. beim Stehen stärker opalescent wird. Der p_H-Wert (12,4) erführ während der Titration keine wesentliche Änderung. Einige **I** binden *Ca* in unterschiedlichem Molverhältnis (1,00—2,06 Mol Ca/Mol Aldonat). (Analytic. Chem. **25.** 1563. Okt. 1953. Joliet, Ill., Blockson Chem. Co., Res. Labors.) K. Maier. G 850

Matthew E. Dullaghan und **F. F. Nord,** *Die Bestimmung von Glycidsäureestern.* Der beschriebenen Meth. liegt die von G. Darzens (C. R. hebd. Acad. Sci. **150.** [1910.] 1243) erwähnte Rk. zwischen Glycidestern (**I**) u. wasserfreiem HJ zugrunde, die quantitativ verläuft, wobei sich Acrylester u. Jod bilden. Etwa 10—15 mg **I** werden in einem 125 ml-Erlenmeyer in 25—30 ml absol. Ae. gelöst u. ca. 5 Min. wird aus Tetralin u. J frischbereitete, mit Eis–NaCl gekühlte HJ unter lebhaftem Rühren eingeleitet, bis keine Jodausscheidung mehr erfolgt. Dann werden 8—9 ml 0,1 n $Na_2S_2O_3$-Lsg. u. etwas KJ zugegeben. Nach Entfärbung u. Abdampfen des Ae. wird das überschüssige $Na_2S_2O_3$ rücktitriert. Ein kürzeres Verf. verwendet analog HJ (D. 1,54; 57%). Es ist ungenauer u. liefert zu niedrige Werte. (Mikrochim. Acta [Wien] **1953.** 17—21. Juni. New York, N. Y., Fordham Univ., Dep. of Organic Chemistry and Enzymology.) Helmut Hofmann. G 850

P. S. Rao und **R. M. Beri,** *Analyse von Aminosäuren mittels Papierchromatographie (Horizontalwanderung).* Vff. konnten auf Grund der Ergebnisse eigener papierchromatograph. Unterss. nach der Rundfiltertechnik die Befunde Giris (Current Sci. **20.** [1951.] 295), wonach die R_F-Werte bei diesem Verf. nur leichte Abweichungen von denen der auf- oder absteigenden Technik zeigen, nicht bestätigen. Verss. mit mehreren Entwicklergemischen zeigen beträchtliche Unterschiede der Rundfilter-R_F-Werte von denen der Geradfiltertechnik. Es wird bemerkt, daß die mit 3 Komponentengemischen erhaltenen Werte in der Regel höher sind als die von 2 Komponentenentwicklern. (Proc. Indian Acad. Sci., Sect. A **36.** 370—74. Nov. 1952. Dehra Dun, India, Forest Res. Inst.) Endrass. G 950

Zacharias Dische, *Qualitative und quantitative colorimetrische Bestimmung von Heptosen.* Die Rkk. von *Heptosen* (**I**) mit Orcin + $FeCl_3$ in HCl bzw. Essigsäure, mit H_2SO_4 oder mit H_2SO_4 + Cystein sowie die Absorptionsspektren der auftretenden Farb-Rkk. werden beschrieben, weiterhin die Rkk. von **I** mit Diphenylamin in HCl sowie Carbazol u. H_2SO_4. Keto-**I** können von Aldo-**I** durch Rkk. mit Phloroglucin oder Orcin (Dische u. Schwarz, Mikrochim. Acta [Wien] **2.** [1937.] 13), einige Aldo-**I** bzw. Keto-**I** aber auch unter sich durch die verschied. Lichtabsorption ihrer Orcin-Rk. bei bestimmten Wellenlängen unterschieden werden. Die quantitative Best. von **I** in Ggw. anderer Zucker mittels der genannten Farb-Rkk. wird diskutiert. (J. biol. Chemistry **204.** 983—97. Okt. 1953. New York, N. Y., Columbia Univ., Coll. of Physicians and Surgeons.) Fresenius. G 3400

c) Bestandteile von Pflanzen und Tieren.

Dieter Krauter, *Methylglykol als Entwässerungsmittel für biologische Objekte.* Vergleichende Stückentwässerung mit *Glykolmonomethyläther* (**I**), Alkoholen u. Aceton ergaben geringste Schrumpfungen bei stufenloser Einw. von **I** (12—24 Std.), das durch Trocknen mit $CuSO_4$ oder Blaugel regeneriert wird. Übertragen entwässerter Objekte in Methylbenzoat oder Terpentinöl vor Einbetten in Paraffin u. Schneiden. Mit Xylol entparaffinierte Schnitte werden über **I** in W. gebracht, nach dem Färben wieder mit **I** entwässert usw. (Mikrokosmos **43.** 92—94. Jan. 1954. Stuttgart.) Blumrich. 5660

W. Karras, *Das Metachromgelb in der Spermienfärbetechnik.* Die Spermienkappenanfärbung mit Viktoriablau ist nur nach Vorfärben mit einer geeigneten Sorte *Metachromgelb* (I), wie sie MERCK liefert, kontrastreich genug. Testfärbungen mit Gentianaviolett zur Prüfung von I u. Färbungen mit Methylenblau–Carbolfuchsin zum Demonstrieren der Wirkungseigenart von I werden beschrieben. (Dtsch. tierärztl. Wschr. **60.** Nr. 39/40. Sonderbeilage **3.** 81–82. 15/10. 1953. Neumünster, Schl.-Holst. Landes-Tierschutzamt.) BLUMRICH. 5661

Gordon Nikiforuk und **Leo Sreebny,** *Demineralisation von hartem Gewebe durch organische chelatbildende Agentien bei neutralem* p_H. (Vgl. auch SREEBNY u. NIKIFORUK, C. **1952.** 2231.) Die Fähigkeit des *Na-Salzes* von *Äthylendiamintetraessigsäure* (I), mit Ca-Salzen auch bei neutralem p_H Komplexe zu bilden, wird benutzt, um harte Gewebe zu decalcifizieren, ohne daß durch Anwendung einer Säure das Protein denaturiert wird. Empfohlen wird die Verwendung der mit NaOH auf ein p_H von 7,4 gebrachten I oder des Na-Salzes von I, mit 0,5 mol. HCl neutralisiert, bei Zimmertemperatur. In I bzw. ihrem Na-Salz werden Knochen, Zähne usw. 7 mal so schnell wie in einer neutralen Lsg. von Mg-Citrat demineralisiert. (J. Dental Res. **32.** 859–67. Dez. 1953. Toronto, Can., Fac. of Dentistry, Div. of Dental Res., u. Chicago, Ill., Univ. of Illinois, Coll. of Dentistry, Dep. of Appl. Materia Med. and Therapeutics.) KLESSE. 5661

J. E. Varner, W. A. Bulen, Steve Vanecko und **R. C. Burrell,** *Die Bestimmung von Ammonium-, Amid-, Nitrit- und Nitrat-Stickstoff in Pflanzenextrakten.* Beschreibung einer Meth. zur quantitativen Best. von NH_4^+-, *Amid-*, NO_2^-- u. NO_3^--*N* in einer einzigen Probe pflanzlicher Extrakte. Zusätzlich wird jede Form von *N* als wss. $(NH_4)_2SO_4$-Lsg., die sich zur massenspektroskop. Best. von Isotopenverhältnissen eignet, erhalten. Der von Eiweiß befreite Extrakt wird mit Borat auf p_H 10 gepuffert u. NH_4^+-*N* im Vakuum bei 40° in einer Halbmikro-KJELDAHL-App. entfernt. Zur Abtrennung von *Amid-N* wird 40%ig. NaOH zugesetzt u. dieser bei 100° als NH_3 durch Dampfdest. abgetrennt. Nach Red. mit $FeSO_4$ wird NO_2^--*N*, nach Red. mit $FeSO_4$ in Ggw. von Ag_2SO_4 als Katalysator NO_3^--*N* als NH_3 entfernt. Ggw. reduzierender Zucker gibt zu niedrige NO_2^-- u. NO_3^--Werte. Durch Verwendung von Ionenaustauschharzen (*Dowex 1-* u. *50-*Mischung) ist diese Störung behebbar. Die alkal. Hydrolyse von *Glutamin* u. *Asparagin* wird durch *N*-haltige Verbb., die unter dieser Bedingung gleichfalls NH_3 geben, bes. durch Eiweiß, gestört. Ein wirksames Fällungsmittel für Pflanzeneiweiß ist 70%ig. Äthylalkohol. Bei geringen NO_3^--Mengen wird Nitrit gesondert colorimetr. u. nach Entfernung störender *Glucose* durch Oxydation mit alkal. Cupritartrat $NO_2^- + NO_3^-$ durch Dest. in Ggw. von $FeSO_4$ bestimmt. (Analytic. Chem. **25.** 1528–29. Okt. 1953. Columbus, O., State Univ., Agric. Biochem. Dep.) K. MAIER. 5664

L. Dontcheff, *Beitrag zur Technik der Dosisbestimmung von Radiokohlenstoff in der Biologie.* Vf. beschreibt eingehend eine App., in der die vollständige Oxydation organ. mit ^{14}C markierter Präpp. u. Überführung derselben in $Ba^{14}CO_3$ möglich ist. Die Oxydation wird dabei durch Kaliumpersulfat bewirkt. Für die Best. der Aktivität des Carbonats unter Berücksichtigung dessen Selbstabsorption wird eine einfache kleine App. vorgeschlagen. (Bull. Soc. Chim. biol. **35.** 685–90. 1953. Paris, Sorbonne, Labor. de Physiologie générale.) REUSSE. 5666

Judith Blass, Michel Macheboeuf und **Pierre Rebeyrotte,** *Anwendung der Elektrorheophorese zur Identifizierung verschiedener biologischer Amine im Gemisch mit Aminosäuren.* Durch Anwendung der Elektrorheophorese (MACHEBOEUF, REBEYROTTE u. BRUNERIE, Bull. Soc. Chim. Biol. **33.** [1951.] 1543; **35.** [1953.] 334) ist es möglich, in Hydrolysaten biol. Ursprungs gewisse biol. Amine, wie *Äthanolamin* oder *Glucosamin*, im Gemisch mit den *Aminosäuren* abzutrennen. In manchen Fällen kann die Elektrorheophorese als schnell durchführbare „2. Dimension“ nach eindimensionaler Papierchromatographie für ungenügend getrennte Aminosäuren von Wert sein. (Bull. Soc. Chim. biol. **35.** 953–57. 1953. Paris, Inst. Pasteur, Service de Chimie biologique.) NEHRING. 5666

Wilhelm R. Frisell, Lloyd A. Meech und **Cosmo G. Mackenzie,** *Vereinfachte photometrische Bestimmung von Serin und Formaldehyd.* Zur Best. von *Serin* (I) wird eine ca. 2–6 μ Mol I enthaltende Menge *Gewebeextrakt* nach Koagulation der Proteine durch Trichloressigsäure mit $NaJO_4$-Lsg. in schwach alkal. Medium versetzt. Hierbei entsteht durch Oxydation des β-C-Atoms von I Formaldehyd (II), welcher durch Farb-Rk. mit Chromotropsäure spektrophotometr. (570 mμ) bestimmt wird. Folgende Verbb. liefern bei $NaJO_4$-Einw. gleichfalls II u. stören daher die Best.: α-Aminoalkohole, α-Glykole, Glyoxal, Threonin u. die prim. Alkoholgruppe der Kohlenhydrate, während nachst. Verbb. die Best. nicht beeinträchtigen: Methionin, Betain, Cholin, Kreatin, Kreatinin, Homocystein, Homocystin, Diphosphopyridinnucleotid, Cytochrom c, Flavin-Adenindinucleotid, Cystein, Cystin, Harnstoff, A., Methanol, Ameisensäure, Guanidinessigsäure u. Methylamin. Da ursprünglich im Gewebeextrakt vorhandener **II** durch $NaJO_4$ nicht verändert wird, ist eine Differentialanalyse von **I** u. **II** möglich, bei der aliquote Mengen einmal mit u. einmal ohne vorangegangenen $NaJO_4$-Zusatz spektrophotometriert werden. Die Genauigkeit des Verf. beträgt 3%. (J. biol. Chemistry **217**. 709—16. April 1954. Denver, Colo., Univ. of Colorado, School of Med., Dep. of Biochem.) Moisar. 5666

d) Medizinische und toxikologische Analyse.

Th. Strengers und **M. M. Van der Kolk**, *Mikrobestimmung der Alkalireserve. Reagentien* (genaue Darst. vgl. Original): 1. frisch hergestellte 0,9% ig. NaCl-Lsg. (**I**), CO_2-frei; 2. 0,01 n HCl; 3. frisch hergestellte 0,01 n Oxalsäure-Lsg. (**II**); 4. 0,01 n NaOH, CO_2-frei; 5. 0,1% ig. Na-Bromthymolblaulsg.; 6. 0,1% ig. Na-Phenolrotlsg.; 7. Mischindicator (gleiche Teile 5 + 6); 8. Paraffinöl; 9. Caprylalkohol. *Einstellen von Titrierlsgg.*: 0,01 n NaOH wird täglich auf die 0,01 **II** eingestellt, indem 0,5 ml **II** mit 0,5 ml **I** u. 0,1 ml Mischindicator vermischt u. unter Einleiten von N_2, wie weiter unten beschrieben, titriert wird. Die 0,01 n HCl wird in derselben Weise auf die NaOH eingestellt. *Ausführung*: 1 ml unter Paraffinöl abgenommenes Heparinblut wird zentrifugiert u. das Plasma abpipettiert, das in bekannter Weise mit Alveolarluft ins Geichgewicht gebracht wird. In ein Gläschen (10×25 mm) werden 1,25 ml **I**, 2 Tropfen Paraffinöl, 0,1 ml Plasma u. 0,1 ml Mischindicator als Vergleichslsg. gebracht. In 2 Gläschen gleicher Abmessungen werden 0,5 ml 0,01 n HCl, 0,1 ml Plasma u. 1 Tropfen Caprylalkohol abpipettiert. Dann wird sofort CO_2-freier N_2 durchgeleitet. Nach 1 Min. werden 0,5 ml **I** u. 0,1 ml Mischindicator zugesetzt. Mit 0,01 n NaO (Mikrobürette) wird dann auf Farbgleichheit mit der Vergleichslsg. titriert. *Berechnung*: a (0,5) ml HCl werden durch b ml NaOH neutralisiert. Die Rücktitration erfordert c ml NaOH. Alkalireserve in mVal = (b—c)·a·10000. — Die titrimetr. Best. ist etwas weniger genau als die Meth. nach Van Slyke. Die Mikrometh. ist von Vorteil, wenn nur wenig Blut (z. B. bei Säuglingen) zur Verfügung steht. Beschreibung eines Blutsammlers aus Plexiglas mit Polythen-Capillare. (Nederl. Tijdschr. Geneeskunde **97**. 2152—54. 15/8. 1953. Amsterdam, OLV-Gasthuis, Clin.-chem. Labor.) Patzsch. 5727

Bernard Klein und **Milton Weissman**, *Ein neues Farbreagens zur Bestimmung von Hexosen. Bestimmung von Glucose im Blutserum.* Eine neue Farb-Rk. zum Nachw. u. zur Best. von *Hexosen* (**I**) in Ggw. von *Pentosen* (**II**) beruht auf der Einw. von 0,2% ig. *Chromotropsäure* (**III**)-Lsg. in 15 mol. H_2SO_4 auf **I**, wobei eine Violettfärbung entsteht. Die Rk. beruht auf der Umwandlung von **I** in *5-Oxymethylfurfural* u. Abspaltung der Methylolgruppe unter Bldg. von *Formaldehyd*, der mit **III** reagiert. Aus **II**, die Furfurol bilden, kann kein CH_2O entstehen. Die Disaccharide *Lactose*, *Maltose* u. *Saccharose* reagieren ebenfalls mit **III**. Die Farbintensität steigt mit der **I**-Konz. linear an, jedoch ist die CH_2O-Ausbeute, auf mol. Basis berechnet, nicht quantitativ, da die Rk. wahrscheinlich nur eine der Zersetzungsmöglichkeiten von **I** in starker Säure darstellt. Qualitativer **I**-Nachw.: 1 cm^3 Lsg. von 50—300 γ Substanz mit 5 cm^3 0,2% ig. **III**-Lsg. versetzen, wobei rasch, intensiver beim Erwärmen, Violettfärbung erfolgt. Quantitative Best.: Substanzlsg. wie vorst. behandeln, 30 Min. in sd. Wasserbad erhitzen, nach Abkühlen mit 9 mol. H_2SO_4 verd. u. Intensität bei 570 mμ im Vgl. mit einer Eichlsg., die analog behandelt wurde, spektrophotometr. bestimmen. *Glucose* (**IV**)-Best. im Blutserum: 5 cm^3 Reagens zu 1 cm^3 eines 1 : 10 verd., enteiweißten Serumfiltrats geben, 30 Min. erhitzen u. wie vorst. verfahren (Eichkurve mit Lsgg. von 0,050—0,30 mg **IV**/cm^3 aufstellen; Genauigkeit innerhalb 1% (Analytic. Chem. **25**. 771—74. Mai 1953. Bronx, N. Y., Veterans Admin. Hosp., Labor. Serv.) K. Maier. 5727

Sidney Pearson, Sidney Stern und **Thomas H. McGavack**, *Eine schnelle, genaue Methode zur Bestimmung des Gesamtcholesterins im Serum.* Zur Best. des *Gesamtcholesterins* werden 0,1 cm^3 Serum mit 0,1 cm^3 Eisessig, 0,5 cm^3 p-Toluolsulfonsäurelsg. (**I**) (12 g in 100 cm^3 Eisessig) u. 1,5 cm^3 Acetanhydrid der Reihe nach, ohne zu mischen, versetzt, nach Abkühlung 0,2 cm^3 konz. H_2SO_4 zufügt u. nach 20 Min. bei 550 mμ die Intensität gemessen; Standard mit 0,1 cm^3 Cholesterin (**II**)-Lsg. (200 mg/100 cm^3 Eisessig) u. 0,1 cm^3 W. an Stelle von Serum, sowie Lsg. zur Nullpunkteinstellung aus 0,1 cm^3 W. in gleicher Weise u. Leerwertlsg. durch Zusatz von 2,3 cm^3 **I** zu 0,1 cm^3 Serum herstellen. Dem Serum zugesetztes **II** u. *Cholesterylacetat* (**III**) wurden zu 99,2 ± 3,6% wiedergefunden; die durchschnittliche Abweichung von der nach

SCHOENHEIMER-SPERRY (J. biol. Chemistry **106**. [1934.] 745) gefundenen Werten betrug ±3,5%. Äquimol. Mengen **II** u. **III** gaben gleiche Farbintensitäten. (Analytic. Chem. **25**. 813–14. Mai 1953. New York, N. Y., Med. Coll., Metropolitan Hospital Res. Unit.) K. MAIER. 5728

Foster Del Snell and Cornelia Tyler Snell, Colorimetric methods of analysis; including some turbidimetric and nephelometric methods. 3rd ed. V. 1, Organic 1. New York: Van Nostrand. 1953. (614 S. m. Abb., Diagr.) $ 12.50.

H. Angewandte Chemie.

I. Allgemeine chemische Technologie.

Fritz Neumann, *Berechnung des Umlaufwärmeaustauschers.* Es wird schemat. ein Umlaufwärmeaustauscher dargestellt, der als Vorwärmer oder Kühler in der chem. Industrie verwendet werden kann. Für diesen werden die Gleichungen für die Temperaturvorgänge abgeleitet u. an Beispielen erläutert. (Chemie-Ing.-Techn. **25.** 587–90. Okt. 1953. Weidenau/Sieg, Bert. Müller.) MIETHING. 5814

H. A. Johnson, J. P. Hartnett und **W. J. Clabaugh,** *Wärmeübertragung an eine geschmolzene eutektische Blei–Wismut-Legierung in einem Rohr in turbulentem Fluß.* Die Versuchsapp. zur Best. des Wärmeübertragungskoeff. der geschmolzenen, eutekt. Pb–Bi-Legierung die in einem Stahlrohr mit Al-Mantel strömt, wird beschrieben, ebenso wie die Durchführung der Versuche. Die Resultate geben Tabellen u. Kurven wieder, müssen aber noch ergänzt werden. Die zu niedrigen NUSSELTschen Zahlen konnten nicht erklärt werden. (Trans. ASME **75.** 1191–98. Aug. 1953. Berkeley, Calif.) MIETHING. 5816

Emil Kirschbaum und **K. A. Wetjen,** *Wärmeübergang bei Filmkondensation strömenden, lufthaltigen Wasserdampfes am senkrechten Rohr.* Die Wärmeübertragung bei Filmkondensation von strömendem, lufthaltigem Wasserdampf wurde an einem Cu-Rohr von 30/38 mm Durchmesser u. 1455 mm Länge untersucht. Luftanwesenheit verschlechtert die Heizleistung, weil Kondensationstemp. erniedrigt u. die Wärmeübergangszahl erhöht wird. Gleichungen gestatten mit ±5% Genauigkeit die Vorausberechnung der Wärmeübergangszahl bei lufthaltigem Dampf. (Chemie-Ing.-Techn. **25.** 565–68. Okt. 1953. Karlsruhe, TH, Inst. für Apparatebau u. Verfahrenstechnik.) MIETHING. 5816

Bruno Waeser, *Ionenaustauscher.* Literaturübersicht u. Patentbericht. (Kolloid-Z. **131.** 41—46. April 1953.) P. ECKERT. 5826

Nevin K. Hiester, Russell C. Phillips, Earl F. Fields, Raymond K. Cohen und **Shirley B. Radding,** *Ionenaustausch von Spurenbestandteilen in einem Gegenstrom–Gleichgewichts-Stufenreaktor.* Es wird das Prinzip u. die Verfahrensweise einer als „Mixer-Settler" bezeichneten Anlage beschrieben, mit der es möglich ist, an einem Kationenaustauscher in der $H^{\cdot}$-Form Spurenbestandteile (z. B. Li- u. K-Ionen) in wss. Lsg. voneinander zu trennen. Voraussetzung ist eine Selektivität des Ionenaustauschers für eines der betreffenden Ionen. Die Anlage arbeitet in einer Vielzahl, mindestens jedoch zwei hintereinandergeschalteten Einheiten, von denen abwechselnd je eine zur Beladung des Ionenaustauschers, die andere zu dessen Regenerierung durch Säure dient. Die Spurenbestandteile enthaltende Lsg. fließt kontinuierlich über den Ionenaustauscher, welcher im Gegenstrom zu ihr ebenfalls kontinuierlich geführt wird, u. der sich mit einer der Spurenkomponenten anreichert. Der Austauscher wird laufend regeneriert u. gelangt, ebenso wie das Eluat, welches nun eine der Spuren angereichert enthält, zur nächsten Einheit. Die zum Verständnis der Arbeitsweise nötigen Formeln werden mathemat. abgeleitet u. erläutert. (Ind. Engng. Chem. **45.** 2402–12. Nov. 1953. Belmont, Calif., Stanford Res. Inst.; Stanford, William Wallace Co.) BÖHM. 5826

George F. Landgraf und **R. W. McGuire,** *Elektrischer Luftreiniger.* Es wird in großen Zügen das vom COTTREL-Verf. abgeleitete PENNEY-Verf. zur elektr. Reinigung der Luft von Staub u. Bakterien beschrieben u. die verschied. Anwendung für Industrie- u. Wohnbauten erörtert. (Iron Steel Engr. **30.** Nr. 10. 106–10. Okt. 1953. Pittsburgh, Pa., Trion Inc.) LEHWALD. 5850

W. Opitz, *Trockeneis, seine Eigenschaften, Vorteile und Anwendungsmöglichkeiten.* (Lebensmittel-Ind., Ausg. B **4.** 336–38. Dez. 1952.) P. ECKERT. 5858

F. Runge und **G. Adolphi,** *Vorschlag zur Destillation korrodierender Flüssigkeiten.* Vff. schlagen vor, bei der Dest. korrodierend wirkender Fll. (bes. bei kontinuierlichem Betrieb) geeignete höhersd. Hilfs-Fll. hinzuzusetzen, die den unteren Teil der Kolonne füllen u. dadurch die empfindlichen Heizsysteme schützen. An einigen Beispielen wird die Arbeitsweise demonstriert. (Chemiker-Ztg. **77.** 468—70. 20/7. 1953. Halle-Wittenberg u. Leuna-Werke, Inst. für Techn. Chem. der Martin-Luther-Univ.) GEISELER. 5864

Robert R. White, *Destillation von ternären Gemischen. Vollkommene Kolonnen — vollkommen verteilte Komponenten.* Vf. bringt die rechner. Ableitung der Fraktionierung eines ternären Gemisches, das aus 35 Mol-% einer Komponente a, 35 Mol-% einer Komponente b u. 30 Mol-% einer Komponente c betsteht mit relativen Verdampfbarkeiten von 2,0, 1,5 u. 1,0. Der Trennung liegt noch die Annahme zugrunde, daß 1 Mol-% der Komponente a im Bodenprod. u. 1 Mol-% c im Destillatprod. enthalten sind. Ableitungen u. graph. Darstellungen im Original. (Petroleum Processing **8.** 1026—31. Juli 1953. Dep. of Chem. and Metallurg. Engng. Univ. of Michigan.) K. O. MÜLLER. 5864

Kurt Guthmann, *Selbsttätige Feuchtigkeitsmeßgeräte insbesondere für Industriegase.* Beschrieben werden Geräte nach dem psychometr. Prinzip u. nach dem Taupunktprinzip. — Schrifttum. (Arch. techn. Messen **1953.** 223—26. Okt.) P. ECKERT. 5886

Frédéric Quenza, Seine, Frankreich (Erfinder: **Jean Peiffert**), *Herstellung von Dispersionen, insbesondere Mineralöl-Graphitdispersionen.* Man dispergiert die in der Fl. (z. B. Mineralöl, Bzn., A., dest. W.) anwesenden festen Teilchen (z. B. Graphit-, Metallteilchen) mittels eines zwischen zwei Elektroden übergehenden elektr. Stromes. — Vorrichtung. (**F. P. 1 039 158** vom 28/6. 1951, ausg. 5/10. 1953.) OPPERMANN. 5825

Badische Anilin- & Soda-Fabrik, Deutschland, *Trennung von Stoffgemischen mit verschiedenen Schmelzpunkten.* Die Stoffe werden in Zentrifugen bei Tempp., die dem F. der Bestandteile entsprechen, herausgeschleudert. Die Trennung kann bei steigender u. bei sinkender Temp. erfolgen. (**F. P. 1 029 374** vom 11/12. 1950, ausg. 4/3. 1953. D. Prior. 22/12. 1949.) HOLM. 5829

Vereinigte Deutsche Metallwerke Akt.-Ges. (Erfinder: **Friedrich Albert Friedel** und **Hermann von Forster**), Frankfurt/M., *Zum Filtrieren und Entkeimen von Flüssigkeiten und Gasen geeignetes Filtermaterial,* bestehend aus z. B. zu Filterkerzen verformten gesinterten Metallpulvern, wobei die Formlinge mit oligodynam. wirkenden Metallen, wie Ag, Au oder Cu, überzogen sind oder die Ausgangsmetallpulver bereits damit versetzt sind. (**D. B. P. 858 835** Kl. 12d vom 1/8. 1950, ausg. 8/12. 1952. Anmeldung bekanntgemacht 3/4. 1952.) DEMMLER. 5831

Farbenfabriken Bayer (Erfinder: **Georg Brinkmann**), Leverkusen, *Absorption von Sauerstoff* aus Gasen oder W. mittels einer wasserfeuchten Mischung von Aktivkohle (**I**), deren Oberfläche bas. Gruppen trägt, u. einem Metall (Zn, Fe), das unter Annahme negativer Ladung Ionen zu bilden vermag, bes. im Mischverhältnis von ca. 1—10 (Gewichtsteilen) **I** zu 1 Metall. Die Körnung der **I** (1,0—0,05 mm) soll doppelt so groß wie die des Metalls sein. (**D. B. P. 869 042** Kl. 12e vom 15/4. 1950, ausg. 2/3. 1953.) HEINSEN. 5849

Fernand Gauchard, Seine-et-Oise, Frankreich, *Staubfilter.* Die Filterscheiben bestehen aus perforierten Blechen, Sieben oder aus in Rahmen gespannten Drähten u. Streifen, vorzugsweise aus dielektr. Stoffen. Die gestapelten Filter sind zum Richtungswechsel der Gase gegeneinander versetzt. Durch Reibung u. Zusammenstoßen werden die Staubteilchen elektr. geladen u. ihre Kondensation gefördert. — Zeichnung. (**F. P. 1 034 885** vom 30/3. 1951, ausg. 15/4. 1953.) HOLM. 5851

Akt.-Ges. für Stickstoffdünger, Knapsack, *Entstauben von Gasen.* Gase, die aus Erdalkaliverbb. bestehenden Staub enthalten, z. B. die bei der CaC_2-Herst. im elektr. Ofen oder bei der Zers. von CaC_2 mit wenig W. anfallenden Gase werden in Füllkörpertürmen mit W. gewaschen, das einen kleinen Geh. von HCl oder anderen Säuren hat. (**E. P. 692 583** vom 5/10. 1950, ausg. 10/6. 1953. D. Prior. 10/10. 1949.) LÜTTGEN. 5851

Linde Air Products Co., New York, übert. von: **Russell Webster Houvener,** Kenmore, N. Y., V. St. A., *Rektifizieren von Gasgemischen.* Zur Entfernung höhersd. Verunreinigungen wird das wasserfreie Gasgemisch (**I**), z. B. *Luft,* vor dem Rektifizieren bei einem Druck von $>$150 lbs./sq.in. in einem „scrubber" mit einer Fl., z. B. verflüssigtem **I**, gewaschen, die durch Adsorbentien regeneriert wird. — Zeichnung. (**E. P. 673 492** vom 11/5. 1950, ausg. 4/6. 1952. A. Prior. 20/5. 1949.) LÜTTGEN. 5853

John B. Pierce Foundation, V. St. A. (Erfinder: **Ettore da Fano**), *Herstellung von Kühlflüssigkeiten, insbesondere für Autokühler.* Sie bestehen aus Tetra-(isopropylisobutyl)-orthosilicaten mit einem Verhältnis von Isobutyl : Isopropyl von mindestens

1 : 3 (bes. 1,5 : 2,5) u. besitzen einen hohen Kp. (über 190°), einen niedrigen E. (unter −70°) u. eine niedrige Viscosität. Man erhält sie durch Umsetzen von $SiCl_4$ mit dem entsprechenden Gemisch von Isopropyl- u. Isobutylalkohol, gegebenenfalls in Ggw. von Na oder Na-Alkoholat, oder man läßt Tetraisopropylorthosilicat in dem gewünschten Verhältnis mit Tetraisobutylorthosilicat reagieren. Diese Rk. verläuft bes. schnell in Ggw. von Spuren von Chlor–Si-Verbindungen. (**F. P. 1 036 626** vom 30/12. 1950, ausg. 9/9. 1953. A. Prior. 9/2. 1950.) OPPERMANN. 5859

Shell Refining & Marketing Co. Ltd., England (Erfinder: **Maximilian Caviet**), *Schaumverhütungsmittel.* Sie bestehen aus einer feinen Suspension in einer sich mit W. nicht mischenden organ. Fl. (Schwerbenzin, Leuchtöl) von ein oder mehreren organ. Verbb., die im Mol. mindestens 2 Gruppen von der allg. Formel RCONR′— enthalten, worin R ein aliphat. oder cycloaliphat. Radikal mit mindestens 10 C-Atomen u. R′ ein organ. Radikal oder H bedeuten (z. B. N.N′-Distearyläthylendiamid, N. N′-Distearylhexamethylendiamid). Die beiden RCONR′— -Gruppen können direkt oder durch ein mehrwertiges organ. Radikal miteinander verbunden sein. (**F. P. 1 018 772** vom 8/2. 1950, ausg. 13/1. 1953. E. Prior. 28/11. 1949.) OPPERMANN. 5865

Enfield Cables Ltd., Nicholas Kleen und **Charles Thomas William Sutton,** Enfield, England, *Herstellung einer radioaktiven gasförmigen Mischung.* Eine kleine Menge einer radioakt. flüchtigen Fl. wird bei einem Druck, bei dem sie verdampft, in ein geschlossenes Gefäß gebracht, das nun mit einem inerten Gas unter hohem Druck gefüllt wird, so daß die durch den Füllprozeß hervorgerufene Turbulenz ein homogenes radioakt. Gasgemisch erzeugt. (**E. P. 665 066** vom 26/10. 1949, ausg. 16/1. 1952.) DEMMLER. 5907

III. Elektrotechnik.

Norddeutsche Seekabelwerke Akt.-Ges. (Erfinder: **Wilhelm Kortsch**), Nordenham, *Kabel, insbesondere Seekabel.* Die ganz oder teilweise von Polyäthylen umschlossenen Hohlräume sind mit Polyalkoholen ausgefüllt. (**D. B. P. 893 358** Kl. 21c vom 1/9. 1951, ausg. 15/10. 1953.) KESSEL. 5957

Siemens-Schuckertwerke Akt.-Ges., Berlin und Erlangen (Erfinder: **Karl Stuckardt,** Hofgeismar, Bez. Kassel, und **Reinhold Reichmann** †, Berlin), *Herstellung von großflächigem, spaltbarem synthetischem Glimmer,* bes. für anorgan. *Isolierstoffe,* aus einem Schmelzfluß von K_2SiF_6, von Verbb. des Mg u./oder Ca u. des Al u. von SiO_2, in dem die 2- u. 3-wertigen Metalle in einem Molverhältnis von ca. 4 : 1 stehen. Der Mineralisator Fluor wird ausschließlich in Form von K_2SiF_6 eingebracht. (**D. B. P. 907 886** Kl. 12i vom 23/8. 1936, ausg. 29/3. 1954.) ZÜRN. 5957

Jacques Jules Bardet, Seine, Frankreich, *Verarbeiten von Glimmerbrei.* Man mischt ihn mit Kieselsäuresol u. formt zu Folien u. Platten, oder man imprägniert Formlinge aus dem Glimmerbrei mit dem Sol, wobei man auch alkoh. SiO_2-Sole verwenden kann. Zum Imprägnieren kann man auch teilweise verseifte Kieselsäureestersole nehmen. — Man behandelt 20 (Vol.) Äthylsilicat mit 4 einer 5%ig. HCl-Lsg., mischt stark u. verd. mit W. auf 300, gibt 5—10 g Glimmerbrei aus feinverteiltem Glimmer zu, streicht aus oder bringt auf eine Papiermaschine u. erhält eine Glimmerpapierfolie, die gegen höhere Tempp. unempfindlich ist. (**F. P. 964 359** vom 16/3. 1948, ausg. 11/8. 1950.) PANKOW. 5957

Société Ferrettite, Villers Saint-Paul, Oise, Frankreich, *Elektrisch isolierender Körper.* Für Steckkontakte usw. wird der isolierende Teil hergestellt, indem Asbest- oder Textilfasern mit Pulver von Marmor oder Schiefer u. mit Phenol- oder Harnstoff-Formaldehydharz vereinigt wird. Man mischt z. B. $^1/_3$ (Teile) langfaserigen Asbest u. $^2/_3$ Marmorpulver mit $^1/_4$ des Gesamtgewichts Harz in 75%ig. alkoh. Lsg. zu einer festen tonartigen Paste, formt diese in 15—30 Sek. bei Raumtemp. bis 40° u. 500 kg/cm² Druck, verfestigt die Formstücke durch langsam ansteigendes Erhitzen auf 60, 120 u. 190° am 1., 2. u. 3. Tag u. verarbeitet die festen Formstücke nach langsamer Abkühlung mechan. weiter. (**Schwz. P. 276 526** vom 17/7. 1948, ausg. 1/10. 1951. F. Prior. 28/8. 1947.) B. SCHMIDT. 5957

Charles Faust, Var, Frankreich, *Stromsammler.* Ein bes. schnell aufladbarer Sammler mit einer Kapazität von ca. 20 A-Std./kg entsteht, wenn als positive Elektroden verchromtes Cu oder Au, Pt, Pd, Rh oder Ru, als negative Elektroden Al u. als Elektrolyt ein (nichtexplosives) Gemisch von fl. oder gasförmigem H_2 oder He mit O_2 verwendet werden. — Zeichnungen von der baulichen Gestaltung eines solchen Sammlers. (**F. P. 1 035 191** vom 7/4. 1951, ausg. 18/8. 1953.) B. SCHMIDT. 5971

Bureau Technique Gautrat, S. à r. l., Les Lilas, übert. von: **Georg Neumann,** Paris, Frankreich, *Herstellung von gasdichten alkalischen Akkumulatoren.* In einem runden Metallgehäuse, welches einem gewissen Gasdruck widersteht, ist in der Mitte die positive Elektrode, bestehend aus einem perforierten, mit Ni-Oxyden u. Graphit gefüllten Stahlzylinder, angeordnet. Sie wird 3—4 mal mit Nylongewebe als Elektrolytträger umwickelt. Als negative Elektroden dienen perforierte, an der Gehäusewand anliegende Stahltaschen, in denen Cd- u./oder Fe-Pulver sich befindet. Zusätzlich wird der negativen Elektrode Cu zugegeben, z. B. in Form von amalgamiertem Cu-Pulver, von separaten Platten oder als Nd. auf den Stahltaschen. Die Kapazität der negativen Elektroden ist ca. 50% höher als die der positiven. Der Ladezustand der Elektroden beim Zusammenbau des Akkumulators ist derart, daß die negativen um ca. 25% mehr Ladung enthalten, als der der voll aufgeladenen positiven entspricht; die negativen enthalten also noch eine restliche Kapazität, die bei den späteren Ladungen die H_2-Entw. verzögert. (**A. P. 2 636 058** vom 18/11. 1950, ausg. 21/4. 1953. **Belg. P. 499 395** vom 15/11. 1950, ausg. 15/5. 1951. Beide F. Prior. 22/11. 1949.) LAASS. 5971

Robert Achille Antoine Jeannin, Paris, Frankreich, *Gasdicht verschlossener alkalischer Akkumulator.* Die Elektroden bestehen aus gesintertem Ni-Pulver u. werden in bekannter Weise mit den akt. Massen imprägniert. (**Schwz. P. 292 915** vom 16/10. 1950, ausg. 16/11. 1953. **Belg. P. 498 790** vom 19/10. 1950, ausg. 15/2. 1951. Beide F. Prior. 5/11. 1949.) LAASS. 5971

Stokes Molded Products, Inc., Webster, N. J., übert. von: **Edwin Ruthven Laning,** Langborne, Pa., V. St. A., *Preßmasse, besonders für Akkumulatorenkästen,* bestehend aus 200—290 (Teilen) Anthrazit-Kohlepulver (80 Maschen/Zoll), $> 1/_{10}$ dieser Menge Butadien–Styrol-Mischpolymerisat, 4—15 S, 41—53 Weichmacher, 1 Beschleuniger u. gegebenenfalls 7,5—10,5 Naturkautschuk. (**A. P. 2 638 456** vom 9/6. 1949, ausg. 12/5. 1953. **E. P. 697 246** vom 7/3. 1951, ausg. 16/9. 1953.) OVERBECK. 5971

National Lead Co., New York, N. Y., übert. von: **Joseph A. Orsino,** Mountain Lakes, N. J., V. St. A., *Verfahren zum Formieren von positiven Elektroden von Blei-Akkumulatoren.* Um die gepasteten Platten in H_2SO_4 höherer Konz. formieren zu können, werden diese vorher ca. 10 Sek. in eine 2—20%ig. wss. Lsg. von K_2O_2, Na_2O_2 oder mit Natronlauge versetztem H_2O_2 getaucht, wobei sich auf der Oberfläche der akt. M. PbO_2 bildet. (**A. P. 2 658 097** vom 7/6. 1952, ausg. 3/11. 1953.) LAASS. 5971

International Nickel Co., Inc., New York, N. Y., V. St. A., übert. von: **Harold W. G. Hignett** und **Paul Hersch,** Birmingham, England, *Herstellung von alkalischen Nickel–Eisen-Akkumulatoren.* Zur Verminderung der Selbstentladung von Akkumulatoren vom EDISON-Typ wird eine in den Elektrolyten tauchende Hilfselektrode aus amalgamiertem Zn über einen Widerstand mit der negativen Elektrode, die feinverteiltes, hoch akt. Fe enthält, verbunden. (**A. P. 2 653 180** vom 7/6. 1952, ausg. 22/9. 1953. E. Prior. 22/6. 1951.) LAASS. 5971

Telefunken Gesellschaft für drahtlose Telegraphie m. b. H. (Erfinder: **Anton Weber** und **Günther Herrmann**), Berlin, *Metallische Bauteile* für elektr. Entladungsgefäße bestehen aus Fe mit einem Legierungszusatz von 0,1—5 (%), bes. 1 Al. (**D. B. P. 893 234** Kl. 21g vom 28/5. 1938, ausg. 15/10. 1953.) KESSEL. 5975

Eitel-McCullough, Inc., San Bruno, übert. von: **Paul D. Williams,** Palo Alto, Calif., V. St. A., *Glühkathode.* Eine Litze aus verzwirnten thorierten W-Drähten enthält carburierte Teile, die die Achse der Litze wendelförmig umgeben. (**A. P. 2 625 666** vom 27/2. 1950, ausg. 13/1. 1953.) KESSEL. 5975

Siemens & Halske Akt.-Ges., Berlin und München (Erfinder: **Helmut Katz,** Erlangen), *Kathode für elektrische Entladungsgefäße,* bei der im Betrieb Emissionssubstanzen aus einem Emissionsstoffvorrat durch feine Öffnungen eines diesen bedeckenden Mantels zur Kathodenoberfläche hinwandern. Der Emissionsstoffvorrat besteht aus 2 Komponenten, von denen die eine *Ba* bevorzugt abgibt u. dadurch überwiegend die Emission im 1. Lebensdauerabschnitt übernimmt, während die 2. ihr Ba so langsam abgibt, daß sie dadurch die gesamte Lebensdauer der Kathode bestimmt. (**D. B. P. 895 478** Kl. 21g vom 20/11. 1951, ausg. 2/11. 1953.) KESSEL. 5975

Zeiss Ikon Akt.-Ges., Stuttgart (Erfinder: **Paul Görlich,** Dresden), *Sekundäremissionskathode.* Die an der Luft oxydierte Oberfläche einer auf ein Trägermetall aufgebrachten Alkali- oder Erdalkalimetallschicht wird in einer Edelgasglimmentladung red. u. sensibilisiert. (**D. B. P. 895 629** Kl. 21f vom 1/8. 1940, ausg. 5/11. 1953.) KESSEL. 5975

Lumalampan Aktiebolag, Stockholm, Schweden, *Herstellung eines Leuchtstoffes* für elektr. Entladungsröhren. Mischphosphate des Al u. der Metalle der 2. Gruppe des Period. Syst. werden unter Zusatz von 0,1—20% Ce_2O_3 als Aktivator zuerst oxydierend bei 1000—1250° u. dann reduzierend gesintert. (**Schwz. P. 277 025** vom 28/3. 1949, ausg. 1/11. 1951.) NEBELSIEK 5975

General Electric Co., New York, übert. von: **Howard W. Goodrick,** Greenfield, Wis., V. St. A., *Röntgenleuchtschirm.* Eine bei Röntgenbestrahlung in sichtbarem u. UV-Licht fluoreszierende Schicht (z. B. aus [Zn, Ca]S oder Ca-Wolframat) ist mit einer Schicht (z. B. einem Sn- oder Mn-haltigen Glas) hinterbettet, die bei UV-Bestrahlung im Sichtbaren fluoresziert. (**A. P. 2 623 181** vom 12/11. 1948, ausg. 23/12. 1952.) KESSEL. 5975

American Television, Inc., übert. von: **Ulises A. Sanabria, Warren G. Taylor** und **L. Browning,** Chicago, Ill., V. St. A., *Leuchtschirm für Kathodenstrahlröhren in Fernsehapparaten.* Auf einer Glasunterlage befindet sich eine der bekannten Leuchtschichten aus CdS, ZnS usw. mit den üblichen Aktivatoren, denen erfindungsgemäß 5—100 Gew.-% (bezogen auf den Leuchtstoff) eines undurchsichtigen, nichtlumineszierenden Stoffes, wie MnO_2, oder ein andres Metalloxyd oder Sulfid zugesetzt sind. Durch die Einlagerung dieser Stoffe zwischen die lumineszierenden Teilchen wird die Emission sek. Elektronen verhindert u. eine fast weiße Lumineszenz erzielt. (**A. P. 2 634 217** vom 19/5. 1949, ausg. 7/4. 1953.) KALIX. 5975

Comp. des Freins et Signaux Westinghouse, Paris, übert. von: **Roger Doucot,** Ivry, Frankreich, *Se-Trockengleichrichter.* Zwischen der Gegenelektrode u. ihrem Stromzuführungskontakt liegt eine Weichmetall-Zwischenschicht, z. B. aus Pb, die beiderseits mit demselben Metall verkleidet ist, aus dem die Gegenelektrode besteht. (**A. P. 2 554 979** vom 11/2. 1948, ausg. 29/5. 1951. F. Prior. 24/12. 1946.) KESSEL. 5977

Fansteel Metallurgical Corp., übert. von: **Rudolph J. Cepon,** North Chicago, Ill., V. St. A., *Se-Trockengleichrichter.* Eine Schicht von grauem krist. Se wird zur Bldg. einer Sperrschicht mit einer Zn- oder K-Permanganatlsg. behandelt. (**A. P. 2 655 626** vom 11/7. 1949, ausg. 13/10. 1953.) KESSEL. 5977

International Standard Electric Corp., New York, N. Y., V. St. A., übert. von: **Douglas Louis Ashton Driver,** London, England, *Se-Trockengleichrichter* und *-Photozellen.* Geschmolzenes Se wird in Luft durch Spinndüsen gepreßt, wobei sich eine leicht verfilzte Gespinstmasse bildet, die zu Bändern verarbeitet wird. Formstücke davon werden mit metall. Trägerplatten heiß zusammengepreßt. (**A. P. 2 565 483** vom 30/5. 1945, ausg. 28/8. 1951. E. Prior. 5/5. 1944.) KESSEL. 5977

Brush Development Co., Cleveland, O., V. St. A., *Verbinden von keramischen Stromwandlern.* Zwei Stromwandler, die nahezu vollständig aus gebranntem Ba-Titanat bestehen, werden wenigstens je an einer Oberfläche mit einem Bindemittel versehen, das aus 88—98 (%) Ba-Titanat u. 2—12 eines Gemisches aus Al-Silicat u. Na-Silicat zusammengesetzt ist. Die beiden Oberflächen werden zusammengelegt u. die Körper bei Tempp. von 1300—1400° gebrannt. Hierdurch werden die beiden Körper fest miteinander versintert. — Zeichnung. (**E. P. 695 856** vom 13/3. 1952, ausg. 19/8. 1953. A. Prior. 28/3. 1951.) REINHART. 5981

Siemens & Halske Akt.-Ges., Berlin und München (Erfinder: **Franz Zepliehal** und **Herbert Zahn,** Berlin), *Kondensator.* Als Imprägniermittel dient niedermol. *Isobutylen.* (**D. B. P. 893 381** Kl. 21g vom 19/10. 1944, ausg. 15/10. 1953.) KESSEL. 5983

C. Lorenz Akt.-Ges., Stuttgart (Erfinder: **Hermann Gönningen,** Berlin), *Stapel, oder Wickelkondensatoren* sind in gasdichten Gehäusen untergebracht, die mit einem elektronegativen Gas, z. B. CF_2Cl_2, bei >1 atü gefüllt sind. (**D. B. P. 893 556** Kl. 21g vom 13/2. 1944, ausg. 15/10. 1953.) KESSEL. 5983

Gas- och Koksverkens Ekonomiska Förening U. P. A., Stockholm, Schweden (Erfinder: **Å. I. Rosengren**), *Herstellung von Massen für selbstbrennende Elektroden.* Zerkleinerter Koks oder Anthrazit werden mit Pech zu Elektroden verarbeitet. Hierbei wird ein Hartpech mit einem Erweichungspunkt (I) von $>90°$ (KRAEMER-SARNOW) verwendet, das mit schweren Ölen verschnitten ist, die frei von Fraktionen sind, die bei direkter Dest. eines Peches mit einem I von ca. 50° zwischen 230 u. 300° destillieren. (**Schwed. P. 136 746** vom 25/11. 1948, ausg. 29/7. 1952.) JÜRGEN SCHMIDT. 5993

IV. Wasser. Abwasser.

John R. Baylis, *Überzüge auf Gußeisenrohren und die Korrosion.* Bericht über das Verh. von inneren Schutzüberzügen aus Kohlenteer im Wasserleitungssyst. Chicagos. Die auftretenden Korrosionen werden besprochen. Bes. ist die Knötchenbldg. zu beobachten. (J. Amer. Water Works Assoc. **45.** 807—31. Aug. 1953. Chicago.) SPINDLER. 6010

O. Thomann, *Die hygienische Beurteilung von Trinkwasser.* Vf. bespricht die verschied. zur hygien. Beurteilung von Trinkwasser herangezogenen Untersuchungsverf. u. mißt dabei der Ortsbesichtigung u. dem bakteriolog. Befund die größte Bedeutung bei. Für den entscheidenden Coli-Befund stellt er sowohl für Quell- als auch für Grundwasser die Forderung, daß in 20 cm^3 keine typ. Coli-Keime nachweisbar sein dürfen, wobei die Genauigkeit des Coli-Befundes, wie gezeigt wird, weitgehend von der Anzahl Gärröhrchen abhängt. Außer den Krankheiten, die durch Erreger aus der Salmonella-Gruppe verursacht werden, wird die Pathogenität der Keime der Species Escherichia coli erwähnt. (Mitt. Gebiete Lebensmittelunters. Hyg. [Bern] **43.** 236—59. 1952. Zürich, kantonales chem. Lab.) NIEMITZ. 6010

James A. Lee, *Eine einfache Methode zur Entfernung von Fluoriden aus Trinkwasser.* Das Verf., das die Entfernung von Fluoriden aus Trinkwasser bis zu einem Restgeh. von 0,0001% erlaubt, arbeitet in der Weise, daß das Rohwasser über Al-Gel geleitet wird, wobei die Fluoride adsorbiert oder absorbiert werden. Die Reaktivierung der beladenen Kontaktmasse erfolgt nach Rückspülung durch Auswaschung mit dünner Natronlauge, Spülung mit Reinwasser u. anschließende Neutralisierung des verbliebenen Alkali mit stark verd. H_2SO_4. Eine Beeinflussung des p_H-Wertes des W. tritt nicht ein. Die beschriebene Anlage ist für einen Durchsatz von 450 g $^0/_{00}$ gebaut. (Chem. Engng. **59.** Nr. 7. 211—400. Juli 1952.) BLAUHUT. 6020

W. Dienemann, *Hydrogeologische Bedeutung des Abwassers.* An Hand von Beispielen über die Gefährdung von Wasserentnahmestellen durch benachbarte Abwasseranlagen werden die hydrogeolog. Gesichtspunkte für die notwendige vorausschauende Planung besprochen. (Desinfekt. u. Gesundheitswes. **45.** 21. Okt./Nov. 1953. Hannover, Amt für Bodenforschung.) MÜHLMEISTER. 6036

Nuck, *Gefährdung der Bevölkerung durch gewerbliche Abwässer.* Vf. behandelt die belästigenden, ekelerregenden, brand- u. explosionsgefährlichen, gesundheitsschädlichen, mittelbar gefährdenden u. unverbesserbaren Abwässer nach Herkunft, Eigg. u. Behandlung. (Desinfekt. u. Gesundheitswes. **45.** 97—99. Okt./Nov. 1953. Hannover.) MÜHLMEISTER. 6036

Ernst Nolte, *Reinigung und Beseitigung der gewerblichen Abwässer.* Entstehung, Eigg., Wiederverwendung u. Reinigungsverff. der Abwässer von 22 wichtigen Industrien werden eingehend behandelt. Viele Abwässer sind noch auf die Ableitung in die Flüsse angewiesen; diesen Zustand zu verbessern ist vordringliche Aufgabe. (Desinfekt. u. Gesundheitswes. **45.** 102—12. Okt./Nov. 1953. Hildesheim.) MÜHLMEISTER. 6036

J. Boidin, *Die Gerbereiabwässer, ihre Schädlichkeit und die Möglichkeiten ihrer Reinigung.* Es werden zunächst die biolog. Verhältnisse in Flüssen, die keine Abwässer aufzunehmen haben, u. ihre Selbstreinigung beschrieben. Dann wird die Schädlichkeit der Abwässer der verschied. Arbeitsgänge der Lederherst. besprochen, wobei bes. auf die Bedeutung des biolog. Sauerstoffbedarfs im Vorfluter hingewiesen wird. Dann geht Vf. auf die andersgearteten Verhältnisse ein, die bestehen, wenn die Abwässer in das städt. Kanalnetz geleitet werden. Es folgt eine Besprechung der in Frankreich geltenden gesetzlichen Bestimmungen. Die Untersuchungsmethoden für Abwässer u. die Auswertung der Ergebnisse werden erläutert. Die Möglichkeiten der Abwasserreinigung werden beschrieben. — 2 Abbildungen. (Rev. techn. Ind. Cuir. **45.** Beilage zu Nr. 3. 1—16. 1953.) O. ENGEL. 6036

Heinz Bahr, *Zur Biologie der Abwasserreinigung.* An Hand des Saprobiensyst. von KOLKWITZ u. MARSSON werden die biol. Abbauvorgänge bei der natürlichen Selbstreinigung der Gewässer u. der künstlichen Abwasserreinigung nebeneinandergestellt u. besprochen. (Desinfekt. u. Gesundheitswes. **45.** 40—46. Okt./Nov. 1953. Braunschweig, Med. Unters.-Amt.) MÜHLMEISTER. 6038

Peter Doudoroff, Max Katz und **Clarence M. Tarzwell,** *Giftigkeit einiger organischer Insekticide für Fische.* Auf landwirtschaftliche Kulturen verstäubte Insekticide können durch Regen oder Drainage in Gewässer oder Grundwasser gelangen. Beschreibung der Durchführung u. Ergebnisse von Verss. über die Giftwrkg. von 2,5%ig. *Hexachlorhexahydrodimethanonaphthalin* (*Aldrin*; **I**), 20%ig. *Chlorcampher* (*Toxophen*; **II**) u. eines Gemisches (**III**) von 8%, darunter 3% γ-Isomeren von *Benzolhexachlorid* mit 5% DDT u. 40% *S*) in wss. Lsg. wie auch in wss. Bodenextrakten auf Goldfische u. junge Elritzen (Pimephales promelas). Tod in 10 Tagen bzw. Gleichgewichtsstörung in 24 Std. treten ein bei **II** bei 0,025 bzw. 0,125 mg/Liter, bei **I** bei 0,8 bzw. 2 mg/Liter u. bei **III** bei 3 bzw. 25 mg/Liter. (Sewage ind. Wastes **25.** 840—44. Juli 1953. Cincinnati, O., Environm. Health Center.) MÜHLMEISTER. 6038

F. Preuss, *Technik der mechanischen Abwasserklärung.* Mechan. Abwasserklärung u. -entschlammung ist Vorbedingung jeder Behandlung, Behelfskläranlagen u. die

Elemente der Entschlammung — Rechen, Sandfänge, Absetzanlagen —, Hilfsmittel u. Wartung werden im einzelnen besprochen. (Desinfekt. u. Gesundheitswes. **45.** 69—77. Okt./Nov. 1953. Osterode/Harz.) MÜHLMEISTER. 6040

Ernst Nolte, *Entkeimung des infektiösen Abwassers.* Pathogene Bakterien halten sich monatelang lebend im Flußlauf, solche enthaltendes Abwasser muß entkeimt werden. Beschreibung der Verff. mit Cl, Chlorkalk, Caporit (Ca-Hypochlorit) u. Na-Hypochloritlaugen. Bes. Maßnahmen bei Milzbrandgefahr. (Desinfekt. u. Gesundheitswes. **45.** 88—91. Okt./Nov. 1953. Hildesheim.) MÜHLMEISTER. 6042

Ernst Nolte, *Aerobe und anaerobe Vorgänge bei der Abwasserreinigung.* Exotherme aerobe oder endotherme anaerobe Zers. eines Abwassers ist abhängig von O_2-Geh. u. p_H, faulige Zers. bei p_H 7,8 u. höher, Oxydation bei p_H 6,0—8,4. Merkmale u. Anwendung, Hinweis auf bes. Verfahren. Aerobe Zers. reinigt bis zu 85—95%, faulige ist meist nur eine Vorbehandlung. (Desinfekt. u. Gesundheitswes. **45.** 86—87. Okt./Nov. 1953. Hildesheim.) MÜHLMEISTER. 6044

C. Jepson und **G. Greene,** *Entwässerung von Abwasserschlamm durch Koagulation und Vakuumfiltration.* 3. Mitt. *Versuche mit einem halbtechnischen Dorr-Oliver-Vakuumfilter unter Verwendung von chloriertem Eisensulfat als Koagulationsmittel.* (2. vgl. WISHART u. Mitarbeiter, J. Proc. Inst. Sewage Purificat. **1.** [1947.] 140). Vff. berichten über Schlammentwässerungsverss. mit einem halbtechn. DORR-OLIVER-Vakuumfilter u. unter Verwendung von $FeCl_3$ (**I**) bzw. von chloriertem $FeSO_4$ (**II**) als Koagulationsmittel. Untersucht wurden ausgefaulter Schlamm (**A**) u. belebter Schlamm (**B**), zum Teil durch Waschung vorbehandelt. **B** läßt sich bei einem Verbrauch an **II** von 19%, bezogen auf Feststoffgeh. des auf 83,5 bis rd. 90% Wassergeh. getrockneten gefilterten Schlammes, bei einer Feststoffausbeute von 3,6 kg/m² Filterfläche pro Std. trocknen. Vorherige Belüftung des Schlammes hat keinen Einfl. auf die Ausbeute, verringert jedoch den Fällungsmittelbedarf. **A** (gewaschen) läßt sich bis auf 72 bis rd. 76% Wassergeh. trocknen bei einem Bedarf an **II** von 13% u. einer Ausbeute von 6,5—8,4 kg/m²/h (Feststoffe pro Filterfläche u. Std.). Verglichen mit **I** hat **II** hauptsächlich 2 Nachteile: 1. wird mehr benötigt zur Erzielung des gleichen Effektes u. 2. ist die Filtergeschwindigkeit geringer. Trotzdem ist die Verwendung von **II** wegen des wesentlich billigeren Preises wirtschaftlicher. (J. Proc. Inst. Sewage Purificat. **1951.** 26—35.) NIEMITZ. 6048

Ib Nielsen, *Über die Anwendung der Komplexontitrationen bei der Wasseranalyse.* Die Best. der Gesamthärte des W. durch Titration mit *Komplexon III* (Dinatriumsalz der Äthylendiamintetraessigsäure) in Ggw. eines Ammoniakpuffers bei p_H 10 mit Eriochromschwarz T als Indicator gibt Werte, die mit den nach der K-Palmitat-Meth. erhaltenen gut übereinstimmen. Störende Schwermetallionen, wie Cu, Mn, Fe, Al, Co u. Ni, müssen vorher durch Komplexbindung oder Fällung entfernt werden. — Die Titration des Ca im W. mit *Komplexon III* mit Murexid als Indicator gestattet es, das Eindampfen größerer Wasserproben zu vermeiden. Für die Best. von SO_4 in W. ist die Komplexontitration nach MURINGER, NIPPLER u. INGOLS geeignet. (Brygmesteren **10.** 205—14. Aug. 1953.) BECKMANN. 6062

V. Anorganische Industrie.

Heinrich Müller, Euskirchen, *Vorrichtung zur Elektrolyse von Wasser unter hohem Druck.* Die Elektroden sind senkrecht stehende Fächerelektroden (**I**), deren untere Enden abgebogen u. gegeneinander gerichtet sind. Zwischen den senkrechten Teilen der **I** ist eine Trennwand angeordnet, die mit einer Kühleinrichtung (innere Rohrschlange für ein Kühlmittel) versehen ist. Der gegenseitige Abstand der **I** ist etwa doppelt so groß wie die Dicke der Trennwand. — Abbildung. (**D. B. P. 877 750** Kl. 12i vom 8/3. 1951, ausg. 26/5. 1953.) SCHREINER. H 240

Wisconsin Alumni Research Foundation, übert. von: **Farrington Daniels,** Madison, Wis., V. St. A., *Herstellung von Stickoxyden* aus Gemischen von N_2 u. O_2, bes. Luft. Das Gemisch wird unter Hindurchleiten durch eine Schicht von erhitztem feuerfestem Material (Pebbles; **I**) aufgeheizt. Anschließend wird in einer Reaktionszone die Umsetzung bei einer Temp.: (ca. 2000°) vollzogen, worauf das Reaktionsgemisch in einer weiteren Schicht von **I** abgekühlt wird. Die Stromrichtung wird vertauscht, wenn die 1. **I** abgekühlt ist u. die 2. **I** die erforderliche Temp. aufweist. — Abbildung. (**A. P. 2 657 116** vom 28/1. 1949, ausg. 27/10. 1953.) ZÜRN. H 243

Elektrochemische Werke München Akt.-Ges., Höllriegelskreuth (Erfinder: **Edelbert Kesting,** Pullach b. München), *Herstellung von Hydrazinhydrat* aus NH_3 u. NaOCl. Dem Bildungsgemisch oder den zu verdampfenden Lsgg. wird ein Alkali- oder Erdalkalihydroxyd zugesetzt. Man erhält dadurch beim Abtreiben des N_2H_4-Hydrats im 2. Verdampfer eine Konz. von z. B. 1,32% N_2H_4-Hydrat im Dampf bei geringerer Konz. in der Lösung. Es ist ferner möglich, in eisernen Apparaten zu destillieren. (**D. B. P. 901 171** Kl. 12i vom 22/1. 1943, ausg. 7/1. 1954. **Zusatz zu D. R. P. 767 249; C. 1952. 5635.**) ZÜRN. H 243

American Cyanamid Co., New York, N. Y., übert. von: **Nat H. Marsh,** Noroton Heights, Conn., V. St. A., *Gewinnung von wasserfreiem Triammoniumnitrilotrisulfat* durch Rk. von NH_3 u. SO_3 [im Verhältnis (1,4—1,6):1] in Ggw. eines inerten Gases, z. B. Luft, bes. bei n. Temperatur. Das gebildete, feste $N(SO_3 \cdot NH_4)_3$ zieht man am Fuße des Reaktionsgefäßes ab. (**A. P. 2 656 252** vom 2/6. 1951, ausg. 20/10. 1953.) NEBELSIEK. H 243

Soc. Bretonne de Produits Chimiques et Pharmaceutiques, Frankreich, *Jod aus Meersalzen.* Das in den Mutterlaugen von der Alginatherst. enthaltene NaJ wird mittels $CuSO_4$, $NaHSO_3$ u. H_2SO_4 als Cu_2J_2 gefällt u. in der Hitze in Ggw. oxydierender Gase zers., wobei die organ. Bestandteile durch Erhitzen beseitigt werden. Der durch Zentrifugieren auf ca. 45—50% Cu_2J_2 angereicherte Schlamm wird in Retorten geröstet u. das J_2 so gewonnen. — Zeichnung. (**F. P. 1 010 615** vom 18/9. 1948, ausg. 13/6. 1952.) WITTHOLZ. H 249

Roger Duprez und **François Robin,** Frankreich, *Schwefelcalciumlaugen* mit geringem Hyposulfitgehalt. Um bei der Herst. der Ca-Polysulfidlaugen die Bldg. von Hyposulfit möglichst niedrig zu halten, wird gemäß der Gleichung 3 CaO + 9 S → 2 CaS_4 + SO_3Ca Konz. u. Druck so gewählt, daß eine rasche u. vollständige Rk. eintritt. — 583 kg CaO werden in ca. 3000 Liter W. aufgeschlämmt, zu der Kalkmilch 1000 kg S gegeben u. in einem Rührautoklav erhitzt bis der Druck auf 1,5 atü gestiegen ist. Dann wird die Erhitzung unterbrochen u. weitergerührt. Der auf 3—3,5 atü angestiegene Druck wird auf 1 atü entspannt. Nach beendeter Rk. wird der Autoklavinhalt in eine Filterpresse, ein Vakuum- oder Drehfilter entleert. Der im Rückstand verbliebene S wird in üblicher Weise verarbeitet u. zurückgewonnen. (**F. P. 991 677** vom 26/4. 1944, ausg. 9/10. 1951.) WITTHOLZ. H 253

Julius Pintsch K. G. (Erfinder: **Karl Hassel**), Berlin, *Kontinuierliche Erzeugung von reinem CO* durch Vergasen von Kohle mit O_2 in einem Abstichgenerator (I). Ein abgekühlter Teilstrom des erzeugten CO wird in ständigem Kreislauf durch I geführt. Der Kühlgasstrom wird oberhalb der Verbrennungszone eingeleitet. (**D. R. P. 764 297** Kl. 24e vom 18/10. 1939, ausg. 8/2. 1954.) v. HUHN. H 260

Eugène Albert Prudhomme, Roquebrune-Cap-Martin, Frankreich, *MgO-Gewinnung* durch Zusatz von NH_4OH zu einer alkal. $MgSO_4$-Lsg., die ein p_H von 7,1—10, bes. 8, aufweist. Durch geringen Zusatz von MgO fällt $Mg(OH)_2$ aus; $(NH_4)_2SO_4$ bleibt in Lösung. (**Schwz. P. 294 684** vom 29/10. 1951, ausg. 1/2. 1954. F. Prior. 15/11. 1950.) NEBELSIEK. H 282

Shell Development Co., San Francisco, Calif., übert. von: **Knapel F. Schiermeier,** Alton, Ill., V. St. A., *Gewinnung von $CaSO_4$* aus Abfallschwefelsäure. Zwecks Neutralisation der H_2SO_4 setzt man CaO zu u. calciniert das Prod. im O_2-Strom bei $>900^0$, bes. $1000—1700^0$ F. Dabei verbrennen die Verunreinigungen u. ein an C u. KW-stoffen freies $CaSO_4$ wird gewonnen. (**A. P. 2 655 430** vom 18/5. 1948, ausg. 13/10. 1953.) NEBELSIEK. H 283

Vereinigte Aluminium-Werke Akt.-Ges., Bonn, und **Th. Goldschmidt Akt.-Ges.,** Essen (Erfinder: **Wilhelm Fulda** und **Wilhelm Wrigge,** Lautawerk, Lausitz). *Gewinnung von Tonerde* unter Erhitzen von bas. Aluminiumsulfit in Ggw. von W. oder Salzlsgg. auf $>100^0$ u. unter Druck. Dabei dest. man SO_2 in kürzester Zeit ab, bes. bei ca. 7 atü u. ca. 155^0. (**D. B. P. 906 219** Kl. 12m vom 11/1. 1939, ausg. 11/3. 1954.) NEBELSIEK. H 294

Jean Ch. Seailles, Frankreich, *Reinigen von Aluminatlösungen.* Um den schädlichen Einfl. von in Aluminatlsgg. enthaltenen gelösten Sulfaten zu beseitigen, wird diesen Lsgg. eine Verb., die mit den SO_4-Ionen einen unlösl. Nd. bildet, zugesetzt. In Betracht kommen $Ba(OH_2)$ oder Ba-Salze u. CaO. Bei Verwendung von Ba-Salzen werden noch wertvolle Nebenprodd. erhalten. (**F. P. 989 201** vom 14/2. 1944, ausg. 6/9. 1951.) WITTHOLZ. H 294

Socony-Vacuum Oil Co.; Inc., N. Y., übert. von: **William A. Stover,** Pitman, N. J., V. St. A., *Gewinnung von Chromsalzen,* z. B. Cr-Acetat, durch Red. eines Gemisches aus einem Alkalibichromat u. einer 1-bas. Festsäure mit bis zu 6 C-Atomen, z. B. CH_3COOH. Die Mischung wird unter Zusatz von Glykolsäure auf ca. 120^0 F erhitzt. Dann steigert man die Temp. bis auf ca. 230^0 F, bis die CO_2-Entw. aufhört. (**A. P. 2 650 239** vom 18/4. 1952, ausg. 25/8. 1953.) NEBELSIEK. H 335

Manganese Battery Corp., Riverdale, übert. von: **William Waitman Gullet**, College Park, Md., V. St. A., *MnO_2*, bes. zur Verwendung als Depolarisator. Man mischt synthet. MnO_2 mit 1—15 Gew.-% Graphit, verformt das Gemisch unter hohem Druck bei 400—650° F zu Kügelchen, läßt diese abkühlen u. siebt, um ein gleichmäßiges Prod zu erhalten. (**A. P. 2 655 456** vom 5/3. 1951, ausg. 13/10. 1953.) NEBELSIEK. H 350

Farbenfabriken Bayer, Leverkusen, *Herstellung von α-MnO_2* durch Behandeln von amorphem MnO_2 bei erhöhter Temp., z. B. 90—120°, mit einer mindestens 40 Gew.-%ig. Mineralsäure. (**Schwz. P. 294 685** vom 4/1. 1951, ausg. 1/2. 1954. D. Prior. 16/1. 1950.) NEBELSIEK. H 350

Victor Chemical Works, übert. von: **Willard H. Woodstock**, Crete, Ill., V. St. A., *Überführung von Ferrophosphor in eine säurelösliche Form* durch Rk. von ca. 2 (Mol) Fe_2P mit MnO_2, bes. mit Pyrolusit, bei erhöhter Temp., die z. B. auf 1160° steigt. Der entsprechende Klinker hat etwa die Zus. 9 $MnO \cdot 4FeO \cdot P_2O_5$. Das Prod. ist als Zusatz zu Futtermitteln, Düngemitteln u. Rostschutzmitteln geeignet. (**A. P. 2 657 992** vom 13/4. 1950, ausg. 3/11. 1953.) ZÜRN. H 354

Soc. Generale Metallurgique de Hoboken, übert. von: **Marcel de Merre**, Hoboken-les-Anvers, Belgien, *Trennung von Ni und Co* in Legierungen. Man erhitzt diese mit einer S-Suspension in verd. H_2SO_4 (p_H 1—5). Dabei beginnt man mit dem niedrigsten p_H-Wert u. steigert ihn während des Auflösens der Legierung. Ni fällt aus u. Co geht in Lösung. Ersteres wird abgetrennt. (**A. P. 2 651 562** vom 31/12. 1949, ausg. 8/9. 1953. E. Prior. 7/1. 1949.) NEBELSIEK. H 356

VI. Silicatchemie. Baustoffe.

P. F. Kirillenko, *Die Anwendung brikettierter Charge bei der Glasschmelze.* Nach Zugabe von 4,5% W. zum Sand wird die Charge nach Zusatz von MgO u. CaO bei 300 kg/cm² gepreßt. Zur Intensivierung des Schmelzens u. Läuterung werden 0,5% CaF_2 zugegeben. Die Schmelze erfolgt bei 1330—1340°. (Легкая Промышленность [Leichtind.] **11**. Nr. 2. 33—34. Febr. 1951.) LEBTAG. 6174

Helmut Hartmann und **Herbert Brand**, *Zur Kenntnis der mittleren spezifischen Wärmen einiger technisch wichtiger Glassorten.* 2. Mitt. *Die spezifischen Wärmen einiger Gläser von spezieller Zusammensetzung.* (1. vgl. C. **1953**. 5240.) Es wurden die mittleren spez. Wärmen für ein zinkhaltiges Glas, ein Bleiglas u. 2 Fe-haltige Gläser im Temperaturbereich von 100—1300° nach der Mischmeth. mit einem Einwurfcalorimeter gemessen. Abweichungen komplizierter zusammengesetzter Pb- u. Fe-haltiger Gläser vom n. Verlauf der mittleren spez. Wärme sind durch innerstrukturelle Umwandlungen bedingt. Fe(III)-haltige Gläser zeigen Paramagnetismus, der im Gebiet von 650° reversibel gegen O konvergiert. Dies ist durch den Übergang des Fe(III)-Ions in FeO_4-Ion bedingt. (Glastechn. Ber. **27**. 12—15. Jan. 1954.) THIENE. 6200

M. Vindreau, *Granit, Nephelin-Syenit und Cyanit; Rohstoffe von unmittelbarem Interesse für die Feinkeramik und für feuerfeste Massen.* In Frankreich u. seinen überseeischen Besitzungen finden sich reiche Lager an bisher nur für den Straßenbau genutzten Graniten, Syeniten u. Cyaniten, die bes. wegen ihres hohen Geh. an dunklem, Fe-reichem Glimmer für die Keramik als unbrauchbar angesehen wurden. Es wird gezeigt, daß man nach dem Vermahlen, Klassieren, magnet. Scheidung sowie einer Flotationsaufbereitung bei Versuchsbränden porzellanartige Massen von bemerkenswerter Temperaturwechselbeständigkeit sowie feuerfeste Steine herstellen kann. (Bull. Soc. franç. Céram. **1953**. Nr. 19. 36—40. April/Juni.) HENTSCHEL. 6208

A. E. Williams, *Feuerfester Beton, betriebliche Anwendung im Ofenbau.* Die Formstücke können ohne Vorbrennen eingebaut werden, sie schwinden nicht beim Trocknen u. können nach langsamen Anwärmen bis 600° (50° in der Stunde) bis zu Arbeitstempp. von 1600° verwendet werden. Verwendet wird nicht Portlandzement, der wegen des hohen CaO-Geh. in der Hitze zerrieselt, sondern ein Tonerdezement mit 38% CaO mit feuerfesten Zuschlagstoffen, wie Schamottebruch, Magnesit oder Chromerzsteinen. — Zahlentafel u. Schaubilder über die Abhängigkeit der Festigkeit von der Temp. u. dem Mischungsverhältnis. (Iron and Steel **24**. 160—62. Mai 1951.) KARL STEIN. 6218

M. I. Strelkow, *Anwendung des rechteckigen Koordinatensystems zur Berechnung von Portlandzement-Rohstoffgemischen.* Theoret. Begründung des vom Vf. (Цемент [Zement] **16**. Nr. 2. [1950.] 7) vorgeschlagenen rechteckigen Koordinatensyst. zur Berechnung der Rohstoffgemische von Portlandzementen, das auch bei Glaschargen anwendbar ist. (Журнал Прикладной Химии [J. angew. Chem.] **24**. 1246—56. Dez. 1951.) LEBTAG. 6222

Theodore White, *Die Beeinflussung der Thixotropie und Viscosität tonmineralhaltiger Rohstoffe und Massen durch Quebracho-Extrakt.* Nach Hinweis auf die dispergierenden Eigg. der Gerbstoffe u. Tannine werden die günstigen Wirkungen eines Quebracho-Extraktes für das Niederbringen von Ölbohrungen, bei der Herst. keram. Erzeugnisse nach dem Gießschlickerverf. u. bei der Verarbeitung des Zementrohschlammes besprochen. (Tonind.-Ztg. keram. Rdsch. **77.** 193—97. Juni **1953.** Harpenden, England.) HENTSCHEL. 6222

Édith Couillaud, *Über die Erhärtung der Zemente.* Es wurde gefunden, daß die Festigkeitszunahmen verschied. Zemente bei Temperaturerhöhungen verschieden groß sind. Die Endfestigkeiten werden kaum beeinflußt. Die Temperaturabhängigkeit eines jeden einzelnen Zementes ist nicht linear, sondern erreicht mit höheren Tempp. geringere Steigerungswerte, die aber je nach Zementmarke sich in der Höhe unterscheiden. (C. R. hebd. Séances Acad. Sci. **234.** 51—52. 2/1. 1952.) K. SEIDEL. 6222

M. Thuilleaux, *Einige neuere Erkenntnisse über den Gebrauch des Chlorcalciums beim Betonieren.* Inhaltlich ident. mit der C. **1952.** **4361** referierten Arbeit. (Rev. Matér. Construct. Trav. publ., Édit. C **1951.** **361**—65. **1952.** 29—32. Jan. 54—60. Febr.) K. SEIDEL. 6224

W. Czernin, *Die chemische und die physikalische Beeinflussung der Betoneigenschaften.* Ausführungen über das Bluten des Betons, die Wrkg. der Feinbestandteile des Zementes u. der Luftporenbildner. Darst. der Theorie der Erhärtung von zementgebundenen Massen auf physikal. Grundlage. (Schweiz. Arch. angew. Wiss. Techn. **19.** 192—97. Juni 1953. Wien, Forschungsinst. des Vereins österr. Zementfabrikanten.) K. SEIDEL. 6224

Jürgen Techel und **Günter Freyer,** *Sowjetischer Asbest.* Angaben über Fundorte, Förderung, Klassifizierung nach Faserlänge u. Struktur, analyt. u. röntgenograph. Unterss. von sowjet. Asbesten. Danach sollen diese in der Qualität den kanad. Asbesten nicht nachstehen. (Silikattechnik **4.** 403—09. Sept. 1953.) K. SEIDEL. 6234

L. G. Tubbs, *Die Bestimmung von löslichen Sulfaten in Ton.* Nach Extraktion der Sulfate mittels kochendem W., gegebenenfalls unter Zusatz von Gelatine (im Durchschnitt 1 Gewichtsteil Ton : 5 Gewichtsteile H_2O), wird der Sulfatgeh. turbidimetr. als $BaSO_4$-Suspension mit einem verhältnismäßig einfachen Meßgerät auf Vorschlag der BARIUM REDUCTION CORPORATION bestimmt. Die Turbidimeterablesungen, die bekannten Sulfationenkonzz. entsprechen, werden direkt auf zugehörige $BaCO_3$-Mengen geeicht. Die Meth. ist gut reproduzierbar. (Amer. ceram. Soc. Bull. **32.** 181—82. Mai 1953. South Charleston, Barium Red. Corp.) LINK. 6248

Raisaku Kiyoura und **Yoshitaka Ito,** *Messung der spezifischen Wärmen von feuerfesten Materialien bei hohen Temperaturen.* 1. Mitt. *Einzelheiten über das Calorimeter und Bestimmung des Wasserwertes.* Die Probe wird in einem im elektr. Ofen aufgehängten Pt-Tiegel auf die beabsichtigte Temp. aufgeheizt u. rasch durch ein Porzellanrohr in das unten unmittelbar angeschlossene *Cu-Calorimeter* befördert. Die Temperaturmessung erfolgt mit Cu-Konstantan-Thermoelementen (26 Verbundstellen) u. einem empfindlichen Reflexionsgalvanometer. Die Messungen können automat. oder halbautomat. erfolgen u. sind unter $\pm 0{,}5\%$ genau. Temperaturbereich 200 bis 1500^0. — 4 Skizzen u. Kurven. (J. ceram. Assoc., Japan [Yogyo Kyokai Shi] **61** (**8**). 369—72. 1953. Tokyo, Technol. Inst. [Orig.: japan.]) SCHULER. 6248

Erich Patschke, *Die zerstörungsfreie Festigkeitsprüfung von Beton mit dem Pendelrückprallgerät.* Es werden die mit verschied. Ausführungen von Pendelhämmern u. dem Federhammer durchgeführten Unterss. zur zerstörungsfreien Betonprüfung mit solchen, die mit dem Pendelrückprallgerät durchgeführt wurden, verglichen. Die Meßgenauigkeit soll beim Pendelrückprallgerät größer sein als bei den Kugelschlaggeräten. (Silikattechnik **4.** 410—12. Sept. 1953.) K. SEIDEL. 6252

Optische Werke C. A. Steinheil Söhne G. m. b. H. (Erfinder: **Walter Rollwagen**), München, *Erhöhung der Lichtdurchlässigkeit optischer Gläser.* Opt. Gläser, die bereits die Reflexionsverluste herabsetzende opt. dünnere Oberflächenschichten besitzen, werden der Einw. von Ultraschall oder von Kathoden- oder Ionenstrahlen ausgesetzt, um diese Schichten opt. noch dünner zu machen. (**D. B. P. 884 861** Kl. 32b vom 14/7. 1940, ausg. 30/7. 1953.) HANS HOFFMANN. 6201

American Cyanamid Co., übert. von: **R. L. Gilbert jr.,** New York, N. Y., V. St. A., *Mittel gegen das Beschlagen von Scheiben,* bestehend aus einem Netzmittel, zusammen mit einem hydrophilen Bindemittel. — Man verwendet z. B. einen oberflächenakt. Diester der Sulfobernsteinsäure zusammen mit einem in Alkali lösl. Casein oder mit

Tragantgummi. Vgl. A. P. 2 414 074; C. **1947**. 910. (**Can. P. 482458** vom 29/7. 1944, ausg. 15/4. 1952.) M. F. MÜLLER. 6201

Johnson, Matthey & Co. Ltd., London, England (Erfinder: **Frank Enoch Kerridge** und **Cyril Stanley Couper**), *Edelmetalldekormassen für Glas und keramische Gegenstände*. Pt-Pulver oder Gemische aus Pd- u. Au-Pulver werden mit einem Flußmittel, wie Blei- oder Bleialkaliborsilicat oder Bi_2O_3, einem festen sublimierbaren organ. Stoff, wie Oxanilid, Acetanilid oder Anthracen, u. der Lsg. eines natürlichen oder künstlichen harzartigen Stoffes, z. B. Nitrocellulose in Amyl- oder Äthyllactat oder Kolophonium in Terpentinöl, vermengt. Die Edelmetall-Fl. wird im Umdruckverf. oder unmittelbar auf die Glas- oder keram. Oberfläche aufgebracht u. bei Tempp. von 500—600° für Glas u. 650—800° für Keramik eingebrannt. Es entstehen Dekore mit dem Aussehen des Silbers, die aber nicht anlaufen. (**E. P. 641 205** vom 27/6. 1948, ausg. 9/8. 1950.) REINHART. 6203

Soc. An. des Manufactures des Glaces et Produits Chimiques de Saint-Gobains, Chauny & Cirey, Paris, Frankreich, *Brennen feuerfester Erzeugnisse*. Al-Silicaterzeugnisse, die Rohton enthalten, werden während des Erhitzens zunächst 50—100° über der Temp. gehalten, bei der erfahrungsgemäß das Konstitutionswasser abgeht, u. zwar ca. 10 Std. bei Brennkörpern, die eine Brennzeit von ca. 10 Tagen erfordern. Dadurch wird sämtliches W. langsam entfernt, ohne daß Risse in den Brennkörpern entstehen. (**E. P. 688 001** vom 23/4. 1951, ausg. 25/2. 1953. F. Prior. 26/4. 1950.) REINHART. 6219

Soc. An. des Manufactures des Glaces et Produits Chimiques de Saint-Gobin, Chauny & Cirey, Seine, Frankreich, *Herstellung feuerfester Steine für Glasschmelzwannen aus Ton*. Rohton wird während wenigstens 24 Std. bei einer Temp. behandelt, die 50—100° über der Temp. liegt, bei der das Kristallwasser des Tones ausgeschieden wird. Dann wird wie üblich geformt u. gebrannt. (**F. P. 1 016 782** vom 26/4. 1950, ausg. 20/11. 1952.) BEWERSDORF. 6219

Heinrich Koppers G. m. b. H., Essen (Erfinder: **Karl-Heinz Obst,** Düsseldorf-Oberkassel), *Körper aus Siliciumcarbid*. SiC-Körner werden mit einer dichten u. zusammenhängenden Schicht eines gegen Oxydation beständigen Schutzstoffes, wie organ. Kieselsäureester, der etwa auch mit Alkoholen verd. werden kann, überzogen. Die Menge des Schutzstoffes kann 0,25—10,0% betragen. Die Massen werden nach keram. Verff. geformt u. die Formlinge bei Tempp. von 1000—1500° verfestigt. Die trockenen Formlinge haben eine hohe Trockenfestigkeit, u. in den gebrannten Körpern ist das SiC gegen Oxydation geschützt. (**D. B. P. 898 267** Kl. 80b vom 28/9. 1951, ausg. 30/11. 1953.) REINHART. 6219

Philips Electrical Ltd., London, England, *Keramischer Isolator*. Rutil oder ein anderes Titanoxyd, das bis zu 1 (Gew.-%) bas. Verunreinigungen enthält, wird mit einem oder mehreren anderen Oxyden versetzt, die mit den Verunreinigungen Salze bilden, u. gesintert. — Z. B. wird ein Rutil mit 0,3 CaO, 0,4 BaO, 0,05 Sb_2O_3, Spuren Al_2O_3 u. SiO_2, 0,02 Fe_2O_3 u. 0,035 Na_2O u. K_2O mit 0,5 Al_2O_3 u. der Lsg. eines organ. Bindemittels versetzt, geformt u. gesintert. Der Zusatz von Al_2O_3 bindet die bas. Verunreinigungen u. senkt den Verlustfaktor der DK. auf ein Zehntel ihres Wertes ohne den Al_2O_3-Zusatz. (**E. P. 644 626** vom 31/12. 1947, ausg. 11/10. 1950. Holl. Prior. 17/5. 1937.) REINHART. 6221

Kurt Mahler, Hemmoor, Oste, *Herstellung von Zementrohschlamm aus blauem Ton*. Der grubenfeuchte Ton wird zunächst vollkommen oder teilweise getrocknet u. nach Zusatz von Kreide mit möglichst wenig W. aufgeschlämmt. (**D. R. P. 765 720** Kl. 80b vom 18/5. 1940, ausg. 8/2. 1954.) HANS HOFFMANN. 6223

Friedrich Erich Freitag, Freudental, Kr. Konstanz, *Erhöhung des elektrischen Widerstandes von zementhaltigen Körpern*. Den zementhaltigen Massen werden vor dem Verformen Stoffe zugesetzt, deren eine Komponente mit dem beim Abbinden des Zementes frei werdenden Kalk nichtlösl. oder schwerlösl. Verbb. bilden, deren andere Komponente jedoch bei dieser Rk. in gas- oder dampfförmigem Zustande frei wird. Als Zusätze kommen z. B. NH_4-Oxalat oder Verbb. von Alkoholen mit organ. Säuren in Frage. (**D. B. P. 905 472** Kl. 80b vom 10/9. 1950, ausg. 1/3. 1954.) HANS HOFFMANN. 6223

Philipp Albrecht (Erfinder: **Philipp Albrecht, Franz Pelikan, Gerhard Mix** und **Helmar Pelikan**), Marktredwitz, *Verbesserung von Schaumbeton*. Der gußfertigen Schaumbetonmasse werden kurz vor oder bei dem Vergießen feste, poröse, wasseraufsaugende Zuschlagstoffe (z. B. Bims, poröse Hochofenschlacke) in solcher Menge zugesetzt, daß das zum Abbinden nicht erforderliche W. aufgesaugt wird. Hierdurch soll bes. die Festigkeit der M. erhöht werden. (**D. B. P. 882 826** Kl. 80b vom 8/10. 1949, ausg. 13/7. 1953.) HANS HOFFMANN. 6225

Heinrich J. K. Schacht, Hamburg, *Betonveredlung.* Zum Anmachen der Betonmischung wird ein Reaktionsprod. verwendet, welches beim Vermischen von pulverisiertem Ton, Kreide u. Zement mit verd. Säuren, bes. H_2SO_4, unter Zusatz von W. entsteht. (**D. B. P. 885 372** Kl. 80b vom 1/10. 1943, ausg. 3/8. 1953.) HANS HOFFMANN. 6225

International Ytong Co. Aktiebolag, Stockholm, Schweden, *Herstellung von porigen Leichtbetonkörpern.* Zur Stabilisierung der in einer Schieferasche u. Kalk oder kalkhaltige Bindemittel enthaltenden Mörtelmischung erzeugten Gasblasen wird ein Gemisch aus Zucker u. Ätzkalk verwendet, das der Mörtelmasse zugesetzt wird, bevor das zur Gasblasenbldg. verwendete Al-Pulver beigemischt wird. (**E. P. 648 407** vom 30/1. 1948, ausg. 3/1. 1951.) HANS HOFFMANN. 6225

Sidney George Henderson, Winsford, Cheshire, England, *Verbessern von Zementmörteln.* Um die Festigkeit von abgebundenen Zementmörtelmassen zu erhöhen, wird dem Mörtel an Stelle eines Teiles des Anmachewassers ein Brei oder Schlicker zugesetzt, der aus feinverteiltem $CaSO_4$ u. dem gelatinösen Hydroxyd eines dreiwertigen Metalles besteht. Als Hydroxyd kommt bes. $Al(OH)_3$ oder $Fe(OH)_3$ in Frage. Der Schlicker wird hergestellt, indem $Ca(OH)_2$ mit dem Sulfat des betreffenden Metalles zur Rk. gebracht wird. (**E. P. 680 234** vom 12/1. 1950, ausg. 1/10. 1952.) HANS HOFFMANN. 6227

Vereinigte Korkindustrie Akt.-Ges., Mannheim (Erfinder: **Josef Sebastian Cammerer,** Tutzing, Obb.), *Herstellung eines feuchtigkeitsdurchlässigen Putzes.* Dieser besteht aus einem Bindemittel u. körnigen Zuschlagstoffen. Der Zuschlagstoff wird in einer Hauptkörnung mit einer Menge zwischen 70 u. 100% verwendet, bei der das Durchmesserverhältnis der Körner höchstens 1:5 beträgt, wobei Körner unter 0,2 mm prakt. fehlen, während die restlichen Körner von 0,2—0,8 mm einen Betrag von höchstens 30% ausmachen. (**D. B. P. 875 470** Kl. 80b vom 23/3. 1951, ausg. 4/5. 1953.) HANS HOFFMANN. 6227

Straßenbaustoffe G. m. b. H., Duisburg-Huckingen (Erfinder: **Willem Cornelis Petrus Smout,** Wittlar, Bez. Düsseldorf), *Herstellung von Schlackensteinen.* Um die Entstehung einer glasigen Zone an der Oberfläche von gegossenen Schlackensteinen zu verhindern, werden die Formbleche vor dem Guß mit feinstem Staub aus krist. Hochofenschlacke eingepudert. (**D. B. P. 885 371** Kl. 80a vom 25/4. 1950, ausg. 3/8. 1953.) HANS HOFFMANN. 6229

I. G. Farbenindustrie Akt.-Ges., Frankfurt/M. (Erfinder: **Hans Welsch,** Ludwigshafen/Rh.), *Wetterfestmachen von Bauteilen.* Es werden irreversible Dispersionen aus Wachsen oder Paraffinen verwendet, denen eine geringe Menge Kunstharz beigemischt ist. (**D. R. P. 752 429** Kl. 80b vom 31/7. 1938, ausg. 11/5. 1953.) HANS HOFFMANN. 6229

Richard Koch und **Dorothea Koch,** Berlin, *Herstellung eines mineralisierten Fasergrundstoffes für Kunststeinmassen.* Organ. Faserstoffe werden unter Einmischung von kieselsäurehaltigen, nicht bindefähigen Pulvern, wie Puzzolanen, Al- oder Mg-Silicaten, Ziegelmehl oder dgl., mechan. aufgelockert u. unter Zusatz von W. gequollen. Das Mischprod. kann sofort weiter auf Kunststeinmassen verarbeitet werden; es läßt sich aber auch zuerst trocknen. (**D. R. P. 752 430** Kl. 80b vom 9/3. 1940, ausg. 11/5. 1953.) HANS HOFFMANN. 6229

Willi Schmalstieg, Hannover, *Licht- und wetterbeständige Einfärbung von Natur- und Kunststeinen.* Die Steine werden mit einer Lsg. komplexer Schwermetallsalze (**I**), z. B. Kupferferrocyanid, in verd. wss. Alkalisilicat (**II**) behandelt. **I** soll in echter oder koll. Lsg. vorliegen. Als **II** wird eine Lsg. verwendet, die durch Verdünnen einer wss. Alkalisilicatlsg. von 28—30° Bé mit 20—80% W. erhalten wird. Zur Abtönung der Färbung können noch in W. lösl., lichtechte, alkalifeste u. gegen SO_2 beständige organ. Farbstoffe mitbenutzt werden. (**D. B. P. 878 623** Kl. 80b vom 28/2. 1950, ausg. 5/6. 1953.) HANS HOFFMANN. 6229

Societa Utensili-Smerigli-Abrasivi (Soc. p. Az.), Italien, *Herstellung weicher Schleifartikel.* Man befestigt das Schleifmittel mittels Kunstharzen, wie Polyvinylharzen, Polyvinylacetat (**I**) oder Vinylacetat–Vinylchlorid-Mischpolymerisat, auf der Unterlage u. überzieht mit einer Deckschicht dieser Art. Das mit Netzmittel getränkte Leinen wird in ein Bad aus 40—75 kg **I**-Emulsion mit 5% Dioctylphthalat u. 50—25 kg W. getaucht, getrocknet, mit einer Emulsion aus 25—50 kg **I**-Emulsion mit 15% Trikresylphosphat, 75—50 kg W., 1—10 kg Na_2SiF_6 überzogen, Schleifkörner aufgestreut u. eine Deckschicht aus 20—40 kg **I**-Emulsion mit 1—5% Trikresylphosphat, 80 bis

60 kg W. u. 1—5 kg Na_2SiF_6, Talkum oder Graphit aufgebracht. (**F. P. 1 015 354** vom 30/3. 1950, ausg. 16/9. 1952. It. Prior. 2/4. 1949.) PANKOW. 6239

Soc. An. Comp. Centrale des Émeris et Tous Abrasifs, Seine, Frankreich (Erfinder: **Pierre Maheu** und **Jean Soussaline**), *Herstellung poröser Schleifsteine.* In das anorgan. Bindemittel mischt man organ. Stoffe, die beim Erhitzen sich zers. u. die Poren zurücklassen; solche Stoffe sind etwa Koks, Holzkohle, Holz, Kork, Gelatine, Polystyrol, Naphthalin, Campher. (**F. P. 1 018 236** vom 22/5. 1950, ausg. 30/12. 1952.) PANKOW. 6239

VII. Agrikulturchemie. Schädlingsbekämpfung.

G. W. Leeper, *Über die Klassifikation von Böden.* Es wird die Forderung aufgestellt die Böden nach ihren tatsächlichen Eigg. zu klassifizieren u. nicht nach Theorien ihrer Entstehung. (J. Austral. Inst. agric. Sci. **18.** 77—80. Juni 1952.) A. JACOB. 6300

Erminio Giovannini, *Gehalt und Bedeutung der Humuskolloide im Boden.* 1. Mitt. *Über den Gehalt von Humuskolloiden in einigen lombardischen Böden.* 46 verschied. lombard. Böden wurden auf ihren Geh. an Humuskoll. untersucht. Die gefundenen Werte schwankten zwischen 4,50—26,0‰, der Geh. an organ. Substanz lag zwischen 20,0 u. 37,6‰. (Agric. ital. **53** ([N. S.] **8**). 93—97. April 1953. Mailand, Univ., Ist. di Industrie Agraria.) GRIMME. 6304

H. Franz, *Probleme des Humus- und Stickstoffhaushaltes der Böden.* Zusammenfassender Bericht über die Ergebnisse der neueren Unterss. auf dem Gebiete der Humuschemie u. Erörterung der Rolle, die biol. Prozesse im N-Kreislauf der Natur spielen, unter besonderem Hinweis auf die Symbionten niederer Tiere, welche zum Teil nur ein fakultatives N-Bindungsvermögen besitzen, das nicht in Erscheinung tritt, sobald reichlich N-haltige Nahrung vorhanden ist. Nach Arbeiten des Vf. besitzen offenbar auch die Darmsymbionten von Bodenkleintieren ein N-Fixierungsvermögen. (Zbl. ges. Forst- u. Holzwirtsch. [Wien] **72.** 22—30. 13/5. 1953.) WALTER SCHULTZE. 6304

W. P. Martin und **R. Q. Parks,** *Krilium und andere bodenverbessernde Chemikalien.* Erfahrungen mit bodenverbessernden Mitteln, Bericht über *Krilium.* (Trop. Agric. **30.** 25—26. Jan./März 1953.) WINIKER. 6304

I. Szladits, *Wechselwirkungen zwischen Boden und Antisepticis.* Zusammenfassender Überblick über das Verh. von Desinfektionsmitteln (Chlorpikrin, Methylbromid, Äthylendibromid, Äthylendichlorid, DD, CS_2, CH_2O) im Boden u. ihre Wrkg. auf denselben. — 38 Literaturhinweise. (Trop. Agric. **30.** 29—33. Jan./März 1953.) WINIKER. 6304

George Samuels und **Pablo Landrau jr.,** *Einfluß von Stickstoff, Calcium und Bor auf Knöllchenbildung, Ertrag und Proteingehalt von tropischem Kudzu.* Bei Düngungsverss. zu trop. Kudzu (Pueraria phaseoloides javanica) zeigte sich, daß durch N-Gabe die Knöllchenbldg. stark herabgesetzt wird. Bei einer CaO-Gabe bis zu p_H 5,1 stiegen Knöllchenbldg. u. Ertrag beträchtlich. CaO neben N verschlechterte die Knöllchenbldg. noch mehr. B-Gaben mit oder ohne CaO waren ohne Einfl. auf Ertrag u. Knöllchenbildung. Der Proteingeh. wurde durch die genannten Düngemittel nicht beeinflußt. (J. Agric. Univ. Puerto Rico **37.** 74—80. Jan. 1953. Rio Piedras, Univ. of Puerto Rico, Agric. Exp. Stat.) GRIMME. 6304

P. Landrau jr., G. Samuels und **P. Rodriguez,** *Einfluß von Düngemitteln, Spurenelementen und Boden-p_H auf Wachstum und Proteingehalt von tropischem Kudzu.* (Vgl. vorst. Ref.) Durch CaO (bis p_H 7,5) wurde bei trop. Kudzu in einigen Fällen stark der Ertrag gehemmt. N + P_2O_5 wirkten ebenfalls ertragssteigernd, nicht aber K_2O. Gaben von Borax u. MgO waren ohne größeren Einfl. auf Ertrag u. Proteingehalt. Der Einfl. von CaO u. N auf den Proteingeh. war unterschiedlich. (J. Agric. Univ. Puerto Rico **37.** 81—95. Jan. 1953.) GRIMME. 6304

K. H. S. Haasjes und **H. A. Sissingh,** *Ein Versuch zur Bestimmung der Eindringtiefe verschiedener Phosphate mit Hilfe von ^{32}P.* In einem Modellvers. wurde mit Hilfe von verschied. ^{32}P-haltigen Düngemitteln bestätigt, daß leichter wasserlösl. PO_4''' rascher in den Boden eindringt u. von Pflanzen assimiliert wird. Die Radioaktivität des Bodens wurde in 1—5 cm Bodentiefe in Abständen von 3, 11 u. 27 Tagen nach der Düngung gemessen. Die Verteilung der einzelnen Düngemittel im Boden wird in Schaubildern mitgeteilt. Superphosphat erwies sich dem Di- u. Tricalciumphosphat in der Eindringtiefe überlegen. Die Verteilung des ^{32}P im Blattwerk von Hafer, Bohnen, Roggen u. Kartoffeln wird in Schaubildern verglichen. (Netherl. J. agric. Sci. **1.** 15—26. Febr. 1953.) W. LORENZ. 6304

—, *Versuche mit steigenden Mengen Kalksalpeter für Öllein 1948—1951.* Der Samenertrag u. der Rohproteingeh. nimmt bei steigender Düngermenge bis 600 kg/ha zu, Korngewicht, Rohfettgeh. u. JZ. nehmen ab. Es wird empfohlen, 400—500 kg/ha nach Rüben zu geben, etwas mehr nach Korn u. etwa die Hälfte nach Klee. (Tidsskr. Planteavl **56**. 163—64. 1952.) R. K. MÜLLER. 6304

Andrew Duncan und **F. C. Stark,** *Der Einfluß von Kalium, Magnesium und Bor auf den Ertrag von Marylandsüßkartoffeln.* Es hat sich gezeigt, daß die Behandlung von Marylandsüßkartoffeln mit $Mg^{\cdot\cdot}$ u. $K^{\cdot}$ wohl die Größe der einzelnen Kartoffeln, aber nicht den Gesamtertrag beeinflußt; Bor war wirkungslos. (Trans. Peninsula horticult. Soc. **41**. 39—41. 1951. Maryland, Univ.) GOEBEL. 6304

Murari Prasad Guha, *Eine ungewöhnliche Kartoffelernte in Westbengalen.* Bericht über eine Rekordernte durch eine Düngung mit Ölkuchen, Ammonsulfat (95,06 lbs. N/acre), Superphosphat (82,04 lbs. P/acre) u. Chlorkalium (106,35 lbs. K/acre), die durch günstige Witterungsverhältnisse u. gute Bewässerung voll zur Geltung kam. (Sci. and Cult. **17**. 221—23. Nov. 1951.) WALTER SCHULTZE. 6304

J. R. Wheatley und **E. P. Brasher,** *Blattbesprühung mit Nährlösungen bei Tomaten, Limabohnen, Kartoffeln und Rippenmelonen.* Vff. berichten über mehrjährige Verss. zur Blattbesprühung von Nutzpflanzen mit Nährlsgg. (Dünger, Harnstoff, Mg, B). Tomaten auf ungedüngten Äckern zeigten besseres Wachstum, höhere Erträge u. dunklere Blattfärbung bei Besprühung mit lösl. Düngern; Limabohnen wurden überhaupt nicht beeinflußt; bei Kartoffeln wurde lediglich dunklere Blattfarbe, aber keine Ertragssteigerung erzielt. (Trans. Peninsula horticult Soc. **41**. 15—18. 1951. Delaware, Agric. Exp. Stat.) GOEBEL. 6304

F. C. Stark und **W. A. Matthews,** *Nährstoffbesprühung von Rippenmelonen und Tomaten.* Es wird eine Blattbesprühung bei Rippenmelonen (I) u. Tomaten (II) mit Fungiciden (Dithane, Zineb) u. Zusatz von Borax + $MgSO_4$ empfohlen; bei I wurde Steigerung der lösl. Fruchtanteile, bei II eine Ertragssteigerung beobachtet. (Trans. Peninsula horticult. Soc. **41**. 19—20. 1951. Univ. of Maryland.) GOEBEL. 6304

R. P. Thomas, *Die Verwendung von Sekundärelementen und Spurenelementen in Düngemitteln.* Vf. untersucht zunächst die Frage, ob der Boden an den Elementen S, Mg, Fe, Chlor u. Na verarmt, wenn er laufend mit den zur Zeit üblichen Handelsdüngern versorgt wird u. kommt anschließend auf die Bedeutung der Düngung mit Spurenelementen zu sprechen, unter Hinweis darauf, daß neueren Unterss. zufolge außer Mn, Cu, Zn, B u. Mo auch Sr u. Co das Pflanzenwachstum günstig zu beeinflussen scheinen. (Commerc. Fertilizer **86**. Nr. 5. 44—47. Mai 1953.) WALTER SCHULTZE. 6304

K. N. Lal und **M. S. Subba Rao,** *Die Bedeutung von Kupfer für die Ernteerträge.* Zusammenfassender Überblick. — 64 Literaturhinweise. (Trop. Agric. **30**. 76—82. April/Juni 1953. Benares, India, Benares Hindu Univ., Coll. of Agric., Plant Physiol. Labor.) WINIKER. 6304

J. A. Bonnet und **M. A. Lugo-López,** *Wirkung verschiedener Mengen Velvetbohnengründüngung auf den Maisertrag in Puerto Rico.* Durch Gründüngung mit Velvetbohnen (Stizolobium deeringianum) wurde bei genügendem CaO- u. K_2O-Geh. des Bodens der Maisertrag in einigen Fällen merklich gesteigert. (J. Agric. Univ. Puerto Rico **37**. 96—101. Jan. 1953. Rio Piedras, Univ. of Puerto Rico, Agric. Exp. Stat.) GRIMME. 6304

A. M. Smith, *Erhaltung der organischen Substanz im Boden.* Feldverss. ergaben, daß durch Untersaat von Rotklee (I) bzw. italien. Raygras (II) in Hafer- bzw. Gerstenstände die aus Pflanzenrückständen stammende organ. Substanz im Boden etwa verdoppelt u. der N-Geh. des Getreides erhöht wird. Die I-Rückstände haben den günstigsten Einfl. auf den Ertrag der Nachfrucht, während II-Rückstände nur dann ertragssteigernd wirken, wenn zusätzliche N-Düngung [1 cwt./acre $(NH_4)_2SO_4$] erfolgt. (Scott. Agric. **33**. 123—26. Winter 1953/54. Edinburgh, Chem. Dep. u. East of Scotland Coll. of Agric.) RANG. 6304

L. E. Scott, *Forschungsergebnisse und Bedeutung der Verwendung von Wuchsstoffen zur Ertragssteigerung.* Bericht über Verss. mit Wuchsstofflösungen. Bei Kartoffeln konnte mit Naphthylessigsäure die Keimung u. bei Tomaten konnte mit Maleinsäurehydrazid der vorzeitige Blütenumsatz vor dem Auspflanzen verhindert werden. (Trans. Peninsula horticult. Soc. **41**. 20—22. 1951. College Park, Md., Univ. of Maryland, Dep. of Horticult.) GOEBEL. 6304

L. J. Matthews, *Säureäquivalente der Unkrautbekämpfungsmittel. MCP, 2.4-D* und *2.4.5-T.* Durch die Vielzahl der im Handel befindlichen Unkrautbekämpfungsmittel ist es schwierig geworden, die Stärke der einzelnen Handelspräpp. zu vergleichen. Um dies für den Verbraucher zu ermöglichen, wird bei den Unkrautbekämpfungsmitteln auf Hormonbasis das Säureäquivalent angegeben. Die handelsübliche Form der Mittel sind ihre Na-Salze, Aminsalze u. Ester. Ihre Stärke richtet sich nach der vorhandenen Menge der zugrunde liegenden Stammsäure. So entspricht beispielsweise 2.4.5-T (I) einem Säureäquivalent von 100, ihr Triäthanolaminsalz 63% I, ihr Butylester 83% I u. ihr Butoxyäthanolester 71,9% I. (New Zealand J. Agric. **86**. 338. April 1953. Wellington, Dep. of Agric.) W. LORENZ. 6312

—, *Zersetzung von Hormonpräparaten (2.4-D und 4K-2M) im Boden.* In Verss. mit Gerste u. Wicke zeigte sich, daß die Wrkg. von 2.4-D (Na-Salz; I) u. 4 K-2M (II; 4-Chlor-2-methylphenoxyessigsäure) innerhalb kürzerer oder längerer Zeit nach dem Zusatz aufhört u. mit wiederholtem Zusatz immer kürzer anhält. Es gelingt, aus dem Boden 2 Bakterienarten zu erhalten, die in künstlichem Substrat I u. zum Teil auch II als Nährstoff verwenden, u., einem unbehandelten Boden zugesetzt, unter CO_2-Entw. entsprechend 70—80% des C von I bzw. II die Wrkg. von I u. II, auch bei größeren Mengen, aufheben. Bei Reinkulturen verschied. Bodenbakterien (u. a. Knöllchenbakterien) ist die Giftwrkg. von I u. II ziemlich gering; auf die Zers. der organ. Substanz (Luzernemehl; III) im Boden wirkt I (gemessen an der CO_2-Entw.) erst in großen Dosen hemmend; III-Zusatz fördert die Zers. von I. Eine schädliche Anreicherung von I oder II im Boden ist nach diesen Verss. nicht zu befürchten. (Tidsskr. Planteavl **56**. 173—74. 1952.) R. K. MÜLLER. 6312

H. Ingvard Petersen und **Anne Hammarlund**, *Versuche über die Zersetzungsgeschwindigkeit verschiedener Unkrautbekämpfungsmittel im Boden.* (Vgl. vorst. Ref.) In Keimungsverss. mit Gerste wird festgestellt, daß bei gekalktem Boden nach 5—6 Wochen *2.4-D* u. *4K-2M* (I) keine schädlichen Wirkungen mehr zeigen; in ungekalktem Boden verschwindet 2.4-D in 5—6 Wochen, I erst nach 10 Wochen. *DNOC* (Dinitro-o-kresol) wird in gekalktem Boden in 6—8 Wochen, in ungekalktem in 12 Wochen zers., bei DNBP (Dinitrobutylphenol) beginnt die Zers. erst nach 12 Wochen, in ungekalktem Boden noch später; ähnlich verhält sich *CMU* (Chlorphenyldimethylharnstoff). *TCA* (Trichloressigsäure) zeigt nur kurze u. schwache schädliche Wirkung. In allen Fällen folgt der Schädlichkeitsperiode eine kürzere oder längere Periode, während deren die Mittel wachstumsfördernd wirken. (Tidsskr. Planteavl **56**. 707—11. 1953.) R. K. MÜLLER. 6312

Arthur H. Thompson, *Neuere Entwicklungen bei der Verwendung von 2.4.5-T zur Bekämpfung des vorzeitigen Abfallens von Äpfeln.* Durch Besprühung mit konz. *2.4.5-T*-Lsg. konnte das vorzeitige Abfallen von Äpfeln bekämpft werden, 2.4.5-T kann zusammen mit DDD oder DDT u./oder Parathion gespritzt werden. (Trans. Peninsula horticult. Soc. **41**. 93—100. 1951. Kearneysville, W. Va., West Virginia Agric. Exp. Stat.) GOEBEL. 6312

—, *Versuche zur künstlichen Reifung von gelber Lupine durch Sprühen mit Chemikalien.* (Vorl. Mitt.) Durch die gegen Unkraut angewandten Spritzmittel (Hormonpräpp. *Supersinox*, *Dicotox*, *Herbatox*, $NaClO_3$-Lsg., *AIV-Säure*) wird die Keimung der Lupine gehemmt. Mit einem Mehrertrag ist nicht zu rechnen, aber in schlechten Erntejahren macht sich das Vermeiden der beim Mähdreschen störenden grünen Blätter günstig bemerkbar. Am besten wird erst gespritzt, wenn die Körner gut gezeichnet sind, 8—10 Tage später kann man dann ernten. (Tidsskr. Planteavl **56**. 147—48. 1952.) R. K. MÜLLER. 6312

G. R. W. Meadly, *Pflanzenspritzung mit hormonartigen Unkrautbekämpfungsmitteln.* Bericht über Erfolge bei der Unkrautbekämpfung mit *2.4-D* (Na- u. Aminsalz) u. *MCPA* (Na-Salz). (J. Agric. Western Australia [3] **2**. 293—97. Mai/Juni 1953.) GRIMME. 6312

—, *Unkrautbekämpfung in Spinnflachs mit chemischen Mitteln.* Die Faserlänge u. -stärke wird am günstigsten durch *Herbanit* (I, 25%ig. Dinitro-o-kresol als Na-Salz, 5 kg/ha in 1000 Liter) beeinflußt, gegenüber Unkraut ist *Dicotox* (II, 10%ig. *MCPA*-Präp. 5 Liter/ha) am wirksamsten. Ein Gemisch von 2,5 kg I u. 2,5 Liter II wirkt in beiden Richtungen günstig, noch besser ist die Kombination *Herbasol* (oder *Sevtox* = Dinitrobutylphenol) 1,7 Liter + II (0,8 Liter 30%ig.), jedoch mit Vorsicht zu benutzen wegen Gefahr für den Flachs selbst. Für die Praxis genügen 300—400 Liter/ha. Man spritzt zweckmäßig bei 4—8 cm Pflanzenhöhe. (Tidsskr. Planteavl **56**. 169—72. 1952. Kongens Lyngby, Statens Ukrudtforsøg.) R. K. MÜLLER. 6312

Ingvard Petersen, *Versuche zur Unkrautbekämpfung bei Küchenwurzeln.* 1. Mitt. *Gelbrüben, Sellerie, Kepazwiebeln und Porree.* Bei Möhren wird wirksamer Unkrautschutz mit *Shell Weedkiller W* (I) u. *Esso Weedkiller 35* (II) erzielt (17% Ertragsteigerung), am besten bei 10 Liter auf 100 m^2; Larven der Nacktfliege Psila rosae werden nicht angegriffen. — Auch bei Sellerie sind I u. II wirksam, im Keimblattstadium genügen 3 Liter/m². — Bei Kepazwiebeln wird das Unkraut durch Abbrennen oder I oder II vor dem Keimen, weniger durch *KOCN* bekämpft; *Dinitro-o-kresol* schadet oft den Pflanzen, auch bei Anwendung 1—2 Wochen vor dem Keimen. — KOCN wirkt bei Porree (nach dem Keimen), Lsgg. mit mehr als 1% können aber der Pflanze schaden. (Tidsskr. Planteavl **56.** 87—109. 1952. Borris, Hornum, Spangsbjerg, Forsogsstat.) R. K. MÜLLER. 6312

Edward K. Bender und **Francis C. Stark,** *Unkrautbekämpfungsversuche bei Erbsen.* Es werden 2 Methoden zur Unkrautbekämpfung bei Erbsen beschrieben, die jedoch beide nicht universell anwendbar sind. *Dow Selective Weedkiller* wurde bei günstigen Wetterbedingungen mit Erfolg angewandt u. kann nach Auskeimen der Erbsen benutzt werden. Granuliertes *Cyanamid* muß 4 Tage vor der Aussaat angewandt werden (300 lbs./acre). (Trans. Peninsula horticult. Soc. **41.** 47—49. 1951. Univ. of Maryland, Horticult. Dep.) GOEBEL. 6312

R. Agulhon und **M. Amphoux,** *Versuche mit Mehltaubekämpfungsmitteln 1952.* Bericht über Verss. mit *Bordeauxbrühe, Esso 406* u. *Dithane Z 78.* (Progr. agric. viticole **139 (70).** 206—13. 5/12. April. 233—35. 19/26. April 1953.) GRIMME. 6312

P. J. Anderson, *Tabakblauschimmelbekämpfung.* Die Blauschimmelkrankheit wird ausgelöst durch den Pilz Peronospora tabacina. Zu seiner Bekämpfung erwiesen sich *Ferbam* u. *Zineb* als wirkungsvoll. Die Behandlung erfolgt am besten bereits im Saatbett, aber auch Freilandspritzungen junger Kulturen versprechen noch guten Erfolg. (Connecticut agric. Exp. Stat., New Haven, Circ. **1952.** 3—12. Febr. New Haven, Conn., Agric. Cult. Stat.) GRIMME. 6312

F. L. Bailey, *Elsinoe fawcetti und Ascochyta corticola bei Citrus.* Elsinoe fawcetti wird durch Entfernung infizierter Früchte u. Triebe u. Spritzen der Bäume mit *Bordeauxbrühe* bekämpft. — Mit Ascochyta corticola infizierte Rindenflächen erhalten nach Abkratzen von Moos u. Schmutz mehrmaligen Anstrich mit geeigneter Desinfektionslösung. Das sich unter der abgelösten alten Rinde bildende Gewebe erhält Wundschutz durch mehrmaliges Auftragen von bituminösen Anstrichmitteln. (New Zealand J. Agric. **87.** 364—66. 15/10. 1953.) RANG. 6312

W. P. Cass Smith, H. L. Harvey und **W. R. Jamieson,** *Schwarzfleckenkrankheit (Anthraknose) von Weintrauben. Vorversuche mit neuen Fungiciden.* Erreger der Anthraknose ist der Pilz Usinoe ampelina. Bei seiner Bekämpfung wirkten Spritzungen mit Ziram, Thiram u. S. R. 406 besser als solche mit Bordeauxbrühe. (J. Agric. Western Australia [3] **2.** 357—60. Mai/Juni 1953.) GRIMME. 6312

W. P. Cass Smith, M. Hardie und **B. N. Lowe,** *Dörrfleckenkrankheit der Kartoffeln. Vorläufiger Bericht über neuere Spritzversuche.* Krankheitserreger ist der Pilz Alternaria solani. Erfolgreiche Bekämpfung durch *Zineb*-Sprays (2 lbs./100 Gall.) (J. Agric. Western Australia [3] **2.** 355—57. Mai/Juni 1953.) GRIMME. 6312

Castillo Graham, *Mit verdünnten und konzentrierten Sprays bei der Bekämpfung von Apfelwickler, rotgebändertem Blattroller und Apfelschorf und bezüglich der Fruchtreife erzielte Ergebnisse.* Vf. berichtet über Feldverss. mit kombinierten Insecticiden + Fungiciden; alle Schädlinge bis auf den Blattroller konnten ausreichend bekämpft werden. Verwendung von S-Präpp. verminderte den Fruchtansatz; mit S- u. Hg-Präpp. behandelte Anlagen brachten geringere Ernteerträge als mit S- u. Hg-freien Fungiciden behandelte. (Trans. Peninsula horticult. Soc. **41.** 133—36. 1951. Hancock, Md., Univ. of Maryland, Field Stat.) GOEBEL. 6312

L. W. Miller, *Die Wirkung neuer Fungicide auf die europäische rote Spinne in Apfelplantagen Tasmaniens.* Die Verwendung von *TMTD* (*Tetramethylthiuramdisulfid*; I) u. *SR 406* (*N-[Trichlormethylthio]-tetrahydrophthalimid*; II) statt des bisher üblichen Schwefels zur Bekämpfung der Schwarzfleckigkeit des Apfels, brachte gleichzeitig einen stärkeren Befall der Bäume durch die europäische rote Spinne (Paratetranychus pilosus). Der Befall war bei Verwendung von II auffallender. Die weitere Verwendung von I kann auch zur Ausbreitung der Byrobiamilbe (Byrobia praetiosa KOCH) führen, die gegen Schwefel sehr empfindlich ist. Es wird bei Verwendung von I u. II empfohlen, rechtzeitig mit Spritzungen zur Bekämpfung der Milben zu beginnen. (Tasmanian J. Agric. **24.** 209—12. Aug. 1953.) W. LORENZ. 6312

—, *Gewöhnliche Schädlinge und ihre Bekämpfung.* Es wird über die auf Tasmanien auftretenden gewöhnlichen Schädlinge, wie die Möhrenblattlaus (Cavariella aegopodii), Schnecken, Ohrwürmer, die Milbe Penthaleus major (DUGES) u. Halotydeus destructor (TUCKER) u. ihre Bekämpfung mit *DDT* bzw. *Parathion* berichtet. (Tasmanian J. Agric. **24.** 213—20. Aug. 1953.) W. LORENZ. 6312

L. A. Stearns, *Bekämpfung von Apfelmadenbefall.* Zur Bekämpfung von Apfelmaden (Rhagoletis pomonella) wurden Spritzungen mit *Bleiarsenat* ohne oder mit DDT-Zusatz erfolgreich durchgeführt. (Trans. Peninsula horticult. Soc. **41.** 118–23. 1951. Newark, Delaware Agric. Exp. Stat.) GOEBEL. 6312

L. G. Morrison, *Dasyneura mali Kieffer in Neuseeland.* Bei der Bekämpfung des Schädlings Dasyneura mali KIEFFER bewährten sich Stäube- u. Spritzmittel auf Basis DDT. (New Zealand J. Agric. **86.** 565–66. 15/6. 1953.) GRIMME. 6312

K. J. Wise, *Blattminierer in Neuseeland.* Zur Bekämpfung von Phytomyza atricornis Mg., Haplomyza chenopodi Watt, Agromyza clianthi Watt, Lithocolletis messaniella Zell., Gracillaria azaleella Brants. eignen sich Nicotinsulfat u. *DDT* (gegebenenfalls mit *HETP*-Zusatz zur Verstärkung der Haftwrkg.). (New Zealand J. Agric. **87.** 75–76. 15/7. 1953. Auckland, Plant Diseases Div., Dep. of Sci. and Ind. Res.) WINIKER. 6312

W. A. Connell, H. E. Milliron und **J. W. Heuberger,** *Bekämpfung von Liriomyza pusilla Meig. an Kartoffeln.* Die Bekämpfung von Liriomyza pusilla Meig., die mit *DDT* nicht gelang, war erfolgreich bei Anwendung von *Toxaphen* allein oder im Gemisch mit *DDT*. (Trans. Peninsula horticult. Soc. **41.** 137–38. 1951. Newark, Delaware Agric. Exp. Stat.) GOEBEL. 6312

P. N. Forte und **T. Greaves,** *Neue Insekticide zur Bekämpfung der argentinischen Ameise in Westaustralien.* Zur Bekämpfung der argentin. Ameise (Iridomyrmex humilis Mayr) in den Bauten bewährten sich Spritzungen von *DDT* mit u. ohne *Chlordan*-Zusatz. Die lebenden Insekten werden restlos abgetötet. Es empfiehlt sich, die Spritzungen nach einiger Zeit zu wiederholen zwecks Erfassung später geschlüpfter Tiere. *Dieldrin* u. *Aldrin* scheinen ebenfalls zur Bekämpfung des Schädlings geeignet zu sein. (J. Agric. Western Australia [3] **2.** 267–70. 271–73. 275–77. 279–80. März/April 1953. Canberra, Div. of Entomol.) GRIMME. 6312

L. A. Stearns, *Benzolhexachlorid, Parathion und Dieldrin bei der Pfirsichspritzung in Delaware im Jahr 1951. Benzolhexachlorid, Parathion* u. *Dieldrin* (**I**) zeigten ausreichende Wirksamkeit bei der Bekämpfung des *Pflaumenrüßlers*; die lang anhaltende Wrkg. von **I** brachte keinen Vorteil. Insekticidrückstände an Früchten nach 5wöchentlicher Anwendung betrugen nach 12 Wochen (Ernte) in keinem Fall mehr als 1,0 p.p.m. (Trans. Peninsula horticult. Soc. **41.** 105–13. 1951. Newark, Delaware Agric. Exp. Stat.) GOEBEL. 6312

Castillo Graham, *Bekämpfung von Pfirsichschädlingen mit verdünnten und konzentrierten Sprays. Dieldrin, Parathion, EPN 300* u. *Metacide*, zum Teil unter Zusatz von *DDT*, zeigten bei der Bekämpfung von Pfirsichschädlingen (Pfirsichrüßler, oriental. Obstmotte, Blattwickler) ausgezeichnete Wrkg.; zwischen Spritzung mit konz. (1,2 gals/Baum) oder verd. Lsg. (4 gals/Baum) wurde kein Unterschied in der Wrkg. beobachtet. *Systox* hatte keine ausreichende Wrkg. u. rief Veränderungen an Blättern u. Früchten hervor; Bodenbehandlung mit Systox war ohne jede Wrkg. auf die Insekten. (Trans. Peninsula horticult. Soc. **41.** 115–17. 1951. Hancock, Md., Univ. of Maryland, Field Stat.) GOEBEL. 6312

C. F. H. Jenkins, *Heteronychus sanctae-helenae Blanchard.* Der Schädling wurde mit *DDT*, *BHC* u. *Chlordan* (Bodenbehandlung oder Spritzung) erfolgreich bekämpft. (J. Agric. Western Australia [3] **2.** 349–52. Mai/Juni 1953.) GRIMME. 6312

L. P. Ditman, *Ergebnisse von Bekämpfungsversuchen des mexikanischen Bohnenkäfers.* Ausreichender Schutz von Bohnenpflanzen gegen den mexikan. Bohnenkäfer wurde erzielt mit $^3/_4$–1%ig. *Rotenon*-Stäubepulver (40 lbs./acre), *4049*-Emulsion (Phosphorsäureester, 50%ig., 80 gals/acre) u. *Dilan*-Emulsion (50%ig., 1½ pints/acre). Gegen Blattläuse u. Milben war *4049* wirksam. (Trans. Peninsula horticult. Soc. **41.** 52–55. 1951.) GOEBEL. 6312

Philip Granett, Donald P. Connola und **John V. Lembach,** *Laborversuche mit Allethrin bezüglich Stabilität, Rückstandswirkung und Toxizität.* Verss. an Larven von *Aedes aegypti L.*, Stubenfliegen, deutschen u. amerikan. Schaben. Allethrin (**I**) ist für diese Insekten ca. 0,5–0,8 mal so tox. wie Pyrethrin (**II**), jedoch beständiger als dieses gegenüber UV-Licht u. Wärmewirkung. Die Rückstandswrkg. des **I** ist größer als die des **II.** (J. econ. Entomol. **44.** 552–57. 1951. New Brunswick, N. J., Rutgers Univ.) LÜPNITZ. 6312

Herman F. Menke, *Toxizität einiger Insekticide gegenüber Nomia melanderi und Apis mellifera.* Gegenüber *Nomia melanderi* erwiesen sich im Freilandvers. als tox. 30 lbs./acre *TM-1*-Staub (ein Gemisch von 5% DDT u. 5% *Chlordan*) u. 30 lbs./acre *TM-2*-Staub (1%ig. *Tetraäthylpyrophosphat*). Im bestäubten Käfig wurden gefunden:

2%ig. *Parathion*-Staub (I) als mäßig tox. für Nomia melanderi u. sehr tox. für Apis mellifera, 2%ig. TM-2-Staub als sehr tox. für Nomia melanderi u. Apis mellifera. (J. econ. Entomol. **44**. 624–25. Aug. 1951. State Coll. of Washington.)

LÜPNITZ. 6312

W. L. Hill, J. H. Caro und **R. Kumagai,** *Bericht über freies Wasser in Düngemitteln. Wassergehalt von verschiedenartigen Düngemitteln, bestimmt nach den offiziellen Methoden.* Vff. untersuchen, wieweit die offiziellen Wasserbestimmungsmethoden allg. für die verschiedensten Typen von Düngemitteln anwendbar sind: Gewichtsabnahme in Luftstrom bei 60°; im Vakuum bei Raumtemp.; bei Erhitzen auf 100 u. 130°. Die Gewichtsabnahme wird gegen die Trocknungsdauer (0,5–20 Std.) graph. aufgetragen, diejenige Meth. wird als zuverlässig betrachtet, die in annehmbar kurzer Zeit bei möglichst vielen Substanzen zur Gewichtskonstanz führt. Keine der 4 Methoden ließ sich allg. für alle untersuchten 23 Substanzen anwenden, da deren Zus. zu verschieden ist (z. B. Ggw. oder Fehlen von Hydratwasser, freier H_3PO_4, pflanzlichen Zusatzstoffe usw.). Außerdem können bei 100 bzw. 130° schon Verluste an NH_3 (bei NH_4-Phosphaten) u. an Fluor (bei Superphosphaten) eintreten. (J. Assoc. off. agric. Chemists **34**. 641–53. 15/8. 1951. Beltsville, Md., Div. of Fertilizer and Agric. Lime.)

GRIMME. 6322

H. A. Davis, *Bericht über Stickstoff in Düngemitteln.* Bei vergleichenden Bestimmungen des Gesamt-N in nitratreichen Mischdüngern ergab die Meth. von SHUEY (Red. durch Devarda-Legierung, Abdest. des NH_3 u. KJELDAHL-Aufschluß des Rückstands) im allg. höhere Werte als die offizielle amerikanische. (J. Assoc. off. agric. Chemists **34**. 653–59. 15/8. 1951. Durham, N. H., Agric. Exp. Stat.) GRIMME. 6322

Gordon Hart und **N. J. Halbrook,** *Bericht über Schwefel in Mischdüngern.* Bei der offiziellen Meth. zur Best. von freiem Schwefel in Mischdüngern ergeben sich zu geringe Werte, wenn der S als Schwefelblüte vorliegt. Vollständig erfaßt wird der gesamte freie S durch Überführen in Thiosulfat mittels Na_2SO_3-Lsg. u. Titrieren mit KJ-Lösung. Hierzu wird die Düngerprobe zunächst 30 Min. mit Na_2HPO_4 gekocht, der Rückstand gewaschen u. mit Na_2SO_3-Lsg. gekocht. (J. Assoc. off. agric. Chemists **34**. **666**. 15/8. 1951. Tallahassee, Fla., Florida Agric. Dep.) GRIMME. 6322

O. W. Ford, *Bericht über Kali.* Zu der Best. von K in Düngemitteln ergaben die offizielle amerikan. Meth. u. die modifizierte PERRINsche Digestionsmeth. sowie die flammenphotometr. Best. auch in Ggw. von Mg u. Na-Verbb. gut übereinstimmende Werte. (J. Assoc. off. agric. Chemists **34**. 660–65. 15/8. 1951. Lafayette, Ind., Purdue Univ., Indiana Agric. Exp. Stat.) GRIMME. 6322

Frances L. Bonner und **Ernest A. Epps jr.,** *Stickstoffbestimmung in Calciumammoniumnitrat durch Formaldehydtitration.* Die Formaldehydtitrationsmeth. läßt sich bei Ggw. von viel Kalkstein neben Ammoniumnitrat nicht direkt anwenden. Folgende Vorbehandlung wird empfohlen: 1 g der Probe wird mit 20 cm³ 0,5 n HCl 5 Min. lang gekocht, nach dem Abkühlen mit 150 cm³ W. zu 2 Tropfen Methylrotindicator versetzt u. mit 0,5 n NaOH titriert. Die Übereinstimmung mit der Destillationsmeth. nach DEVARDA ist genügend gut. (J. Assoc. off. agric. Chemists **34**. 766. 15/8. 1951. Baton Rouge, La., Louisiana Agric. Exp. Stat.) GRIMME. 6322

T. C. Dunne und **G. H. Burvill,** *Bodenanalysen.* Es werden die Probenahmen u. Grenzen der Bodenanalysen zur Best. der mineral. Elemente, des Salzgeh. u. des p_H-Wertes besprochen. (J. Agric. Western Australia **2**. 639–40. Sept./Okt. 1953.)

W. LORENZ. 6324

G. D. Aitchison, *Vereinfachte Messungen der Bodentemperatur und Bodenfeuchtigkeit.* Beschreibung eines zum Feldgebrauch geeigneten App., der als Meßelemente einen „Thermistor" vom Halbleitertyp u. einen Gipsblock enthält. Mit diesem werden nach den Methoden der elektr. Leitfähigkeit Bodentemp. u. -feuchtigkeit an Hand von Eichkurven in einfacher u. genügend genauer Weise bestimmt. (Austral. J. appl. Sci. **4**. 418–26. Sept. 1953. Adelaide, C. S. I. R. O., Div. of Soils.) RANG. 6324

A. Mehlich, R. F. Reitemeier und **D. D. Mason,** *Bericht über austauschbares Kalium in Böden.* Unterss. über den Einfl. der Extraktionstechnik mit NH_4-Acetat (I) auf die Menge des austauschbaren K (II) in Böden (flammenphotometr. bestimmt) ergaben: a) Bei niedrigem bis mittlerem Geh. an **II** haben gewisse Änderungen wie die der Konz. u. des Vol. von **I** u. der Auslaugungsdauer u. -geschwindigkeit nur wenig Einfl. auf die extrahierte K-Menge. b) Bei hohem Geh. an **II** (1–1,5 Milliäquivalent) steigt die gefundene K-Menge mit der Kontaktdauer u. dem Vol. von **I**. c) Die Entfernung von organ. Substanz aus dem Bodenextrakt vor der photometr. Best. ist nicht gerechtfertigt. d) Zugabe von Mg-Acetat vor oder nach der Extraktion ist allg. unnötig.

(J. Assoc. off. agric. Chemists **34.** 589—95. 15/8. 1951. Raleigh, N. C., Agric. Exp. Stat., u. Beltsville, Md., Div. of Soil Management and Irrigat. and Biometrical Serv.) GRIMME. 6324

H. Y. Young und **W. A. Gortner,** *Mikrobestimmung von 3-[p-Chlorphenyl]-1.1-dimethylharnstoff im Pflanzengewebe.* Das Herbicid *3-[p-Chlorphenyl]-1.1-dimethylharnstoff* (**I**) kann in pflanzlichem Material durch colorimetr. Best. des bei der alkal. Hydrolyse abgespaltenen u. abdest. *p-Chloranilins* (**II**) ermittelt werden. Die Meth. ist sehr genau u. erfaßt Konzz. bis 0,001 mg-% in 300 g-Proben. — *Best.*: 300 g Ananasfruchtgewebehomogenat u. 150 cm^3 50%ig. NaOH (Zusatz von 3 Tropfen Octanol-(2) u. 1 Tropfen mineralölfreiem Antischaummittel) 1 Std. am Rückfluß erhitzen, dann ca. 44 cm^3 in 2 cm^3 6nHCl (ca. 7 cm^3/Min.) abdest., gleiche Menge nochmals in HCl abdest., jedem Destillat 1 cm^3 1%ig. $NaNO_2$-Lsg. u. nach 15 Min. 1 cm^3 10%ig. NH_4-Sulfamatlsg. zusetzen, nach 10 Min. 1 cm^3 2%ig. *N-Naphthyl-(1)-äthylendiamindihydrochlorid*-Lsg. zugeben u. nach Verdünnung auf 50 cm^3 Absorption messen (EVELYN-Colorimeter, Filter 565); Eichkurve durch Dest. von 100 γ **II** (90 cm^3 Destillat, 4 cm^3 6nHCl, ad 100 cm^3, 1 γ/cm^3) u. Verwendung aliquoter Mengen der Endlsg. aufstellen; Umrechnungsfaktor **II** → **I** 1,56. (Analytic. Chem. **25.** 800—02. Mai 1953. Honolulu, Pineapple Res. Inst. of Hawaii.) K. MAIER. 6328

Thomas H. Harris, *Bericht über Chlordan und Toxaphen.* Zur quantitativen Toxaphenbest. gibt es noch keine einwandfreie Methode. Zur Best. von Chlordan erwiesen sich die colorimetr. Methoden von DAVIDOW (rote Farb-Rk. mit Diäthanolamin u. methanol. KOH-Lsg.) u. von HARRIS (violette Lsg. beim Erhitzen mit Naphthalin, methanol. KOH u. trockenem Pyridin) als gleichwertig, jedoch noch nicht in allen Fällen als zuverlässig. (J. Assoc. off. agric. Chemists **34.** 672—74. 15/8. 1951. Beltsville, Md., Insekticide Div., Dep. of Agric.) GRIMME. 6328

Ruhrchemie Akt.-Ges., Oberhausen-Holten, *Verfahren und Vorrichtung zum Granulieren chemischer Stoffe, besonders von Düngemitteln,* aus ihren Schmelzen, wobei die M. aus den Bodenöffnungen eines Behälters ausfließt u. anschließend einen verhältnismäßig langen Fallweg in einem aufwärtsströmenden kühlenden Gasmedium zurücklegt, das durch seine Strömungsgeschwindigkeit die Fallgeschwindigkeit der geschmolzenen Stoffe gegebenenfalls weitgehend herabsetzt. Die dem geschmolzenen u. tropfenförmig aufgeteilten Material entgegenströmenden Gase bewegen sich an den Wandungen des Granulierbehälters mit höherer Geschwindigkeit als im mittleren Turmquerschnitt. Dabei wird gegebenenfalls die Geschwindigkeit der Gase bes. in denjenigen Behälterzonen noch erhöht, wo die Temp. so weit gesunken ist, daß bes. leicht ein Anbacken u. eine Verfestigung der schmelzfl. nach unten fallenden Tropfen eintritt. — Zeichnungen. (**Oe. P. 175 579** vom 25/5. 1951, ausg. 25/7. 1953. D. Priorr. 23/9. 1950 u. 15/1. 1951.) M. F. MÜLLER. 6273

Bergwerksgesellschaft Hibernia Akt.-Ges. Stickstoffwerk, Wanne-Eickel, *Herstellung lagerbeständiger Düngesalze,* bes. von Ca- u. NH_4NO_3-haltigen Salzen durch Überziehen der körnigen Salze mit Alkalisilicaten. Die Körner werden mit einer wss. 4—12% Lsg. von Alkalisilicaten behandelt, wobei die zur Anwendung kommenden Silicatmengen weniger als ca. 1%, berechnet auf die Menge der Düngesalze, betragen. Die Behandlung wird z. B. durch Benetzen mit der Alkalisilicatlsg. während des Granulierungsprozesses durchgeführt. (**Oe. P. 175 578** vom 23/12. 1950, ausg. 25/7. 1953. D. Prior. 27/12. 1949.) M. F. MÜLLER. 6285

Solvay & Co., übert. von: **Emile Leblon,** Brüssel, Belgien, *Stabile wässerige Lösungen von phenoxyessigsauren Salzen,* z. B. 2.4-dichlor- oder 2-methyl-4-chlorphenoxyessigsaurem Na, erhält man durch Verdünnen von konz. Lsgg. mit „hartem" W., unter Zusatz eines lösl. Alkalisalzes der Diglykolsäure. (**A. P. 2 651 568** vom 5/12. 1951, ausg. 8/9. 1953. Belg. Prior. 7/12. 1950.) MÜLLER-MEININGEN. 6313

Soc. de Produits Chimiques et de Synthèse (Soc. An.), Seine-et-Oise, Frankreich, *Herstellung von wässerigen Lösungen von fungiciden und antiseptischen organischen Quecksilberverbindungen.* Man läßt 25 g 3-Anhydromercuri-5-nitro-2-kresol (**I**), 31 g Triglykolamidsäure (**II**), 100 cm^3 dest. W. u. 110 cm^3 einer 192 g NaOH/Liter enthaltenden NaOH-Lsg. miteinander reagieren u. füllt, nachdem sich alles gelöst hat, mit dest. W. auf 250 g auf. Ganz ähnlich kann man solche Lsgg. durch Umsetzen von **I** mit dem Trinatriumsalz von **II** oder mit Äthylendiaminotetraessigsäure erhalten. (**F. P. 1 011799** vom 23/3. 1949, ausg. 26/6. 1952.) OPPERMANN. 6313

N. V. Organon, Oss, Holland, *Herstellung des neuen 1.2.3.4-Tetrahydrofluorenons,* dad. gek., daß man die 2-Phenyl-3.4.5.6-tetrahydrobenzoesäure oder ein funktionelles

Deriv. derselben von der Formel I mit einem Kondensationsmittel reagieren läßt, wobei unter Ringschluß das 1.2.3.4-Tetrahydrofluorenon gebildet wird. Es ist X eine OH-, Halogen- oder OR-Gruppe u. R eine niedere KW-stoffgruppe. Das 1.2.3.4-Tetrahydrofluorenon, F. 81—82°, besitzt stark *fungicide* Eigenschaften. — Zum Ringschluß befähigte Kondensationsmittel sind z. B. $AlCl_3$, $AlBr_3$, $SnCl_4$, Polyphosphorsäure u. HF. — Vorzugsweise geht man vom Säurechlorid aus u. benutzt wasserfreies $AlCl_3$ zum Ringschluß. (**Oe. P. 174903** vom 22/11. 1951, ausg. 26/5. 1953. Holl. Prior. 22/11. 1950.)

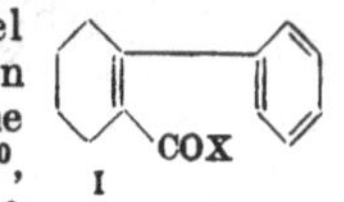

I

M. F. MÜLLER. 6313

Soc. l'Alimentation Équilibrée, Frankreich, *Schädlingsbekämpfungsmittel.* Terpineol wird mit gasförmiger HCl behandelt, bis ein Mol HCl je Mol Terpineol gebunden ist. Das Prod. wird in einem mit W. nicht mischbaren Lösungsm. aufgenommen u. mit Alkalilsg. gewaschen. Das Prod. stellt eine Mischung aus *Dipentendichlorhydrat, Dipentenmonochlorhydrat, Terpineolchlorhydrat* u. unverändertem Terpineol dar u. ist doppelt so wirksam wie Dipentenchlorhydrat. Es wirkt als *Kontaktgift* gegen Fliegen, Mücken u. dgl., ist ungiftig für Mensch u. Warmblüter u. von angenehmen balsam. Geruch. Die Lsg. des Prod. in PAe. kann in Räumen zerstäubt werden. (**F. P. 1 005 237** vom 23/6. 1947, ausg. 8/4. 1952.) WITTHOLZ. 6313

Farbenfabriken Bayer Akt.-Ges. (Erfinder: **Friedrich Povenz** und **Mathieu Quaedvlieg**), Leverkusen-Bayerwerk, *Hexachlorcyclohexan.* Die Chlorierung von Bzl. erfolgt nach D. B. P. 873 841 unter Einstrahlung von Licht in wss. Medium in Ggw. von Emulgatoren, wodurch die Bldg. des γ-Isomeren begünstigt wird. (**D. B. P. 903092** Kl. 12o vom 22/2. 1951, ausg. 1/2. 1954. **Zusatz zu D. B. P. 873841; C. 1953. 9286.**) KRAUSS. 6313

Paul Lecompte, Seine-et-Oise, Frankreich, *Extraktion von Gammexan.* Man behandelt techn. Hexachlorcyclohexan bei n. Temp. (19°) 15 Min. mit einer Schieferölfraktion (Kp. 120—150°) oder einer Ölfraktion aus dem Öl bituminöser Kalke (Kp. 120—150°) mit hohem S-Geh. u. scheidet aus der erhaltenen Lsg. durch Kristallisation oder Präzipitation mit A. 83—84%ig. Gammexan ab. Durch Behandlung dieses Prod. wie oben bei 60° erhält man 99%ig. Gammexan. (**F. P. 1 017 283** vom 22/4. 1950, ausg. 5/12. 1952.) OPPERMANN. 6313

Paul Lecompte, Seine-et-Oise, Frankreich, *Herstellung eines Lösungsmittels, insbesondere für Hexachlorcyclohexan.* Man dest. Schieferölfraktionen (Kp. 120—150°), bes. aber Ölfraktionen von bituminösen Kalken (Kp. 120—150°) mit hohem S-Geh. (z. B. 12% S), zweimal hintereinander u. dann noch einmal mit dem β-Isomeren des Hexachlorcyclohexans (I). Dieses Lösungsm. besitzt ein bes. großes selektives Lösungsvermögen für die I-Isomeren u. eine große Stabilität. (**F. P. 1016579** vom 21/4. 1950, ausg. 17/11. 1952.) OPPERMANN. 6313

American Cyanamid Co. (Erfinder: **Jack T. Cassaday, Erik I. Hoegberg** und **Bruce D. Gleissner**), V. St. A., *Herstellung von Phosphorsäureestern* der allg. Formel **I**, worin R_1 u. R_2 Alkyl, Aralkyl oder Aryl, R_3 u. R_4 H, Oxalkyl, Aryl oder Nitroaryl, X_1 u. X_2 S oder O u. m eine kleine Zahl bedeuten, werden durch Umsetzen von halogensubstituierten Amiden der Formel **II** (Z = Cl oder Br) mit Phosphaten der Formel **III** (Y = Alkalimetall) erhalten. — 41,6 (g) O.O-Diäthyldithionatriumphosphat, 18,7 Chloracetamid u. 250 cm³ Aceton werden gemischt u. 24 Std. bei 20° stehengelassen. Man trennt vom NaCl u. dest. im Vakuum das Aceton ab. Der krist. Rückstand ist *S-Carbamylmethyl-O.O-diäthyldithiophosphat* (Ausbeute 95%); aus CCl_4 farblose Kristalle, F. 57—58°. Weiter sind genannt: *O.O-Diäthyl-S-(N-phenylcarbamylmethyl)-dithiophosphat,* farblose Kristalle, F. 85—87°; *O.O-Diäthyl-S-(N-p-nitrophenylcarbamylmethyl)-dithiophosphat,* farblose Kristalle, F. 109—110°; *S-(2-Carbamyläthyl)-O.O-diäthyldithiophosphat,* braunes Öl, n_D^{25} 1,5230. *O.O-Diäthyl-S-(2-N-phenylcarbamyläthyl)-dithiophosphat,* gelbliches Öl, n_D^{25} 1,5468; *O.O-Diäthyl-S-(N-oxymethylcarbamylmethyl)-dithiophosphat,* fahlgelbes Öl, n_D^{25} 1,5372; *S-Carbamylmethyl-O.O-dimethyldithiophosphat,* farblose Kristalle, F. 60—62°; *O.O-Di-n-butyl-S-carbamylmethyldithiophosphat,* gelbliches Öl, n_D^{25} 1,5111; *S-Carbamylmethyl-O.O-diphenyldithiophosphat,* rötliches Öl, n_D^{25} 1,5988; *S-(N-Butylcarbamylmethyl)-O.O-diäthyldithiophosphat,* braunes Öl, n_D^{25} 1,5057; *Carbamylmethyldiäthylphosphat,* farbloses

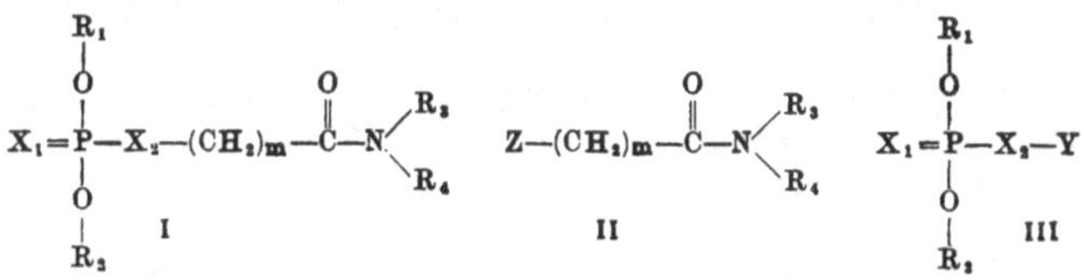

Öl, n_D^{25} 1,4280; *Carbamylmethyl-O.O-diäthylthiophosphat*, gelbliches Öl, n_D^{25} 1,4883; *O.O-Diäthyl-S-thiocarbamylmethyldithiophosphat*, farblose Kristalle, F. 46—47°. Diese Ester finden als *Schädlingsbekämpfungsmittel* allein oder im Gemisch mit Pb-Arseniat, Nicotin, Rotenon, Pyrethrum, DDT u. a. Verwendung. (**F. P. 979 746** vom 28/1. 1949, ausg. 2/5. 1951. A. Prior. 4/2. 1948.) WITTHOLZ. 6313

Otto Bayer und **Ernst Cauer,** Deutschland, *Schädlingsbekämpfungsmittel.* Als Wirkstoffe sind der Dimethylthiophosphorsäureester des 7-Oxy-4-methylcumarins, der Diäthylthiophosphorsäureester des 7-Oxycumarins, Dimethylthiophosphorsäureester der 6-Oxy-4-methylcumarins u. der entsprechende Diäthoxyester genannt, die in 0,25 % ig. wss. Emulsion oder mit inerten Trägerstoffen in 0,5 % ig. Konz. angewendet werden. (**F. P. 983 617** vom 23/3. 1949, ausg. 26/6. 1951.) WITTHOLZ. 6313

Allied Chemical & Dye Corp., übert. von: **Ernest F. Waller, George L. Walker** und **James F. Adams,** New York, N. Y., V. St. A., *Insekticid,* enthaltend als Wirkstoff die Nicotinfluorsilicate von Zn, Cu, Ni u. Co, zusammen mit netzbarem S u. einem inerten Trägerstoff. (**Can. P. 481 619** vom 9/1. 1946, ausg. 11/3. 1952. A. Prior. 30/3. 1945.) WITTHOLZ. 6313

Shell Development Co., übert. von: **R. C. Morris, E. C. Shokal** und **W. S. Thornhill,** San Francisco, Calif., V. St. A., *Insekticides Mittel,* bestehend aus einer Sulfolanverb. der allg. Formel I, worin X = O oder S ist. R_1 ist ein beliebiger organ. Rest. R_2 bis R_8 sind gleich H, ein Halogenatom oder ein organ. Rest. — Genannt ist z. B. der *n-Decyläther* des *3-Oxysulfolans.* — Diese Verbb. werden in Mineralölen gelöst, gegebenenfalls nach Zusatz von etwas Derrisharz, u. das Prod. wird als Spritzlsg. verwendet. Vgl. A. P. 2 439 345; C. **1949.** I. 1043, u. Can. P. 472 182; C. **1951.** II. 3517. (**Can. P. 478 980** vom 27/12. 1943, ausg. 27/11. 1951. A. Prior. 26/1. 1943.) M. F. MÜLLER. 6313

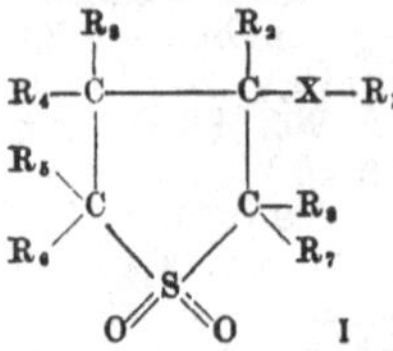
I

Gustav Stenkhoff, Leitfaden der Chemie für Landwirte. 15. Aufl., Hannover: Schaper. 1954. (VII + 164 S. m. 34 Abb.) DM 6.80.

VIII. Metallurgie. Metallographie. Metallverarbeitung.

Fritz Thümmler, *Über Zustände gesteigerter Aktivität bei festen Stoffen.* Im Anschluß an HEDVALL, HÜTTIG, FISCHBECK u. Mitarbeiter werden die grundlegenden Vorstellungen von der Bedeutung instabiler Zwischenzustände bei festen Stoffen u. ihre gesteigerte Aktivität im Zusammenhang mit technolog. Prozessen behandelt. Es werden die Darstellungsmethoden, wie schnelle Fällung aus konz. Lsgg. Gewinnung bei tiefer Temp., durch mechan. Kaltbearbeitung u. im Verlauf von Umwandlungsvorgängen behandelt. Auf die technolog. Anwendungsmöglichkeiten, bes. bei der Sinterung u. bei Katalysatorprozessen wird hingewiesen. — 45 Literaturhinweise. (Metallurgie u. Giessereitechn. **1.** 180—189. Juni 1951. Dresden.) O. WERNER. 6350

Gustav Speer, *Die Beziehungen der technischen Daten des Kupolofens zueinander und ihr Einfluß auf die Betriebsführung.* (Metallurgie u. Giessereitechn. **3.** 538—39. Dez. 1953. Leipzig.) HOCHSTEIN. 6370

Karl Kessels und **Helmut Kallenbach,** *Grundsätzliches zum Bau und Betrieb von Halbgasöfen.* Behandelt wird die Halbgasfeuerung bei Wärmöfen, bes. bei Knüppelstoßöfen. (Stahl u. Eisen **73.** 1590—96. 19/11. 1953. Düsseldorf u. Hückingen.) HOCHSTEIN. 6370

A. G. Metcalfe, *Faktoren, die die Festigkeit von Metallen bei hohen Temperaturen bewirken.* Der Art der Beeinflussung entsprechend werden die Faktoren in 3 Gruppen unterteilt: 1. Methoden, durch die die Erweichungstemp. der Metalle erhöht wird (Legieren mit anderen Metallen, z. B. kub. raumzentriertes Fe mit Cr oder Mo, Verwendung von Metallen mit hohem F. oder Sinterlegierungen). 2. Methoden, durch welche der Gleitwiderstand von Gitterebenen vergrößert wird (Schaffung einer zusätzlichen Phase in Form von Ausscheidungen — Carbide, Oxyde, Nitride — durch Einw. von Gasen oder nach einer pulvermetallurg. Meth.). 3. Verff. zur Erhöhung der Korngrenzenfestigkeit (Vervollständigung des Gitterwerkes, Verhinderung von Korngrenzenausscheidungen u. Kontrolle der Korngröße). — 48 Literaturhinweise. (Metal Treatment Drop Forging **16.** 235—46. Winter 1949/50.) H. SCHÖBERL. 6388

A. J. Anderson, *Die Gewinnung von schmiedbarem Eisenguß.* Übersicht über die zur Gewinnung von schmiedbarem Fe nötige Herst. von Gußmodellen, Gußkernen, Gußformen, Metallschmelzen, Roheisen u. die erforderlichen Zuschläge, sowie über die Einflüsse der chem. Zus. des schmiedbaren Eisens (C-, Si-, Mn-, S-Geh.) auf dessen

Eigenschaften. (Australas. Engr. **1950.** 69—75. 7/3. Sydney, Cockatoo Docks & Engng. Co. Pty. Ltd.) WESLY. 6390

P. E. Cavanagh, *Herstellung von Schwammeisen in Ziegeleiöfen.* In Kanada werden in koksbeheizten Öfen schichtenförmige Einsätze aus Fe-Erzen u. Kohle zu Schwammeisen reduziert. Bei Einsatz von reinen Eisenerzen, wie Magnetit, Hämatit, oder Zunder, wird ein reines Schwammeisen auf einfache Weise in Großfertigung erhalten, das keine anderen Metalle, z. B. Ni, Cr, Cu u. Ti, enthält. Bei Verwendung S-haltiger Kohle als Reduktionsmittel ist der Zusatz von Kalkstein zur Entfernung des S erforderlich. Ein Zusatz von feiner Holzkohle oder Na_2CO_3 zum Erz beschleunigt den Reduktionsprozeß. Angaben über die Schichtdicken der Erze u. das Verhältnis von Erz u. Reduktionsmittel. (J. Canad. ceram. Soc. **19.** 62—67. 1950.) FAHLENBRACH. 6394

H. S. Ayres, *Hochofenpraxis in Appleby-Frodingham.* Überblick über die Entw. seit 1929. (Iron Coal Trades Rev. **167.** 1463—69. 25/12. 1953. Appleby-Frodingham Steel Comp.) PAHL. 6400

N. A. Woronowa, *Überhitzung des Gußeisens im Vorherd des Kupolofens durch Einblasen von Sauerstoff.* Überhitzung um 70—80° führt, bes. bei dünnwandigem, Fein- u. Figurenguß, zu wesentlicher Verringerung des Gußausschusses. Auch für modifizierten Guß mit erhöhter Festigkeit ist Überhitzung erforderlich. Überhitzungen um 100—200° steigern den O_2-Verbrauch u. Abbrand der Beimengungen. (Литейное Производство [Gießereiwesen] **1951.** Nr. 9. 15—18. Sept.) VOLLENBRUCK. 6402

M. R. Gecht, *Erschmelzung von grauem Gußeisen unter Verwendung von Torfkoks.* Nach Änderung der Anordnung der Windformen (mehrreihig) war es möglich, graues Gußeisen mit der halben Menge Schmelzkoks zu erschmelzen u. die restliche Koksmenge dabei durch Torfkoks mit 35—40% Feuchtigkeitsgeh. zu ersetzen. Durch Vorwärmung des Gebläsewindes mit heißen Abgasen erreichte das fl. Eisen eine Überhitzung auf 1360—1400°. (Литейное Производство [Gießereiwesen] **1951.** Nr. 9. 23. Sept.) VOLLENBRUCK. 6402

W. K. Titow, *Der Einfluß der Vorhärtung auf die Graphitierung von weißem Gußeisen.* Die größte Graphitierungsgeschwindigkeit beim Glühen des weißen Gußeisens wird erreicht, wenn die vorherige Härtung bei möglichst hoher Temp. u. kleinster Haltedauer erfolgt. Die Härtung in Warmbädern bei über dem Martensitpunkt liegenden Tempp. haben die Graphitierung nicht beschleunigt. (Литейное Производство [Gießereiwesen] **1951.** Nr. 9. 19—22. Sept.) VOLLENBRUCK. 6402

A. G. Thomson, *Vermiculit in der Stahlindustrie.* Übersicht über Vork., Eigg. u. Anwendung von Vermiculit (F. 1350°; Sinterungstemp. 1238°) als feuerfester Überzug für Schmelz- u. Brennöfen, Heißwasserbereiter u. -behälter. (Brit. Steelmaker **20.** 64—65. Febr. 1954.) WESLY. 6408

W. N. Sserow, *Untersuchung der Abgase von Martinöfen und Wahl einer Methode zur Reinigung der Gase von Staub.* Es wird festgestellt, daß ein MARTIN-Ofen im Durchschnitt 35300 m³ Gas je Std. abgibt, wobei die mittlere SO_2-Konz. 0,321 g/m³, der Staubgeh. 0,426 g/m³ beträgt. Für die Entstaubungsanlage wird ein Wirkungsgrad von mindestens 92,8% verlangt, der nur mit einem Elektro- oder Schlauchfilter erreichbar ist. Vf. vertritt die Ansicht, daß die vorhandenen Apparate für Trocken- u. Naßreinigung den Sanitätsanforderungen nicht genügen oder aus techn. Gründen nicht anwendbar sind. (Гигиена и Санитария [Hyg. u. Sanitätswes.] **1953.** Nr. 7. 44—45. Juli. Wiss. Forschungsinst. für industr. u. sanit. Gasreinigung.) v. WILPERT. 6408

Kurt Guthmann, *Staubfragen in Stahlwerksbetrieben.* Der Sauerstoffzusatz in Konverter u. Stahlschmelzöfen bringt einen erheblichen Feinstaubauswurf mit sich. Nach vergleichenden Angaben über tatsächliche u. zulässige Staubgehh. in verschied. Industriegasen u. atmosphär. Luft werden gesetzliche Bestimmungen des Auslandes über den Staubauswurf u. Abhilfemaßnahmen behandelt. Ferner werden u. a. erörtert: Die über 1000° heißen Abgase müssen von der Feinreinigung auf 100—200° abgekühlt werden, z. B. durch Wassereinspritzen mit Düsen. Die im Abgas vorhandenen Mengen an CO müssen durch Verbrennen vor der Feinreinigung in CO_2 umgewandelt werden. (Stahl u. Eisen **73.** 1512—24. 5/11. 1953. Düsseldorf.) HABBEL. 6408

A. L. Sagjanski, *Über Besonderheiten der Desoxydationsprozesse beim Schmelzen von phosphorhaltigen Stählen.* Aus einer eingehend erörterten Bldg. einer Verb. der Art $[mMn \cdot nFe)]O$ oder $[mFe \cdot nMn]O$ u. auch aus der Bldg. von Fe- u. Mn-haltigen Salzen von H_3PO_4 muß geschlossen werden, daß sich im Verlauf der Entphosphorung die Verbb. $(FeMn)_3(PO_4)_2$ u. $(MnFe)_3(PO_4)_2$ u. nicht die Verbb. $(FeO)_3P_2O_5$ u. $(MnO)_3P_2O_5$ bilden. Offenbar wird der verhältnismäßig hohe P-Abbrand bei der Desoxydation des fl. Stahles durch Ferromangan im wesentlichen unter Bldg. von $(MnFe)_3(PO_4)_2$ gebunden. Diese Phosphate schwimmen schnell empor u. verbinden sich in der Schlacke zu den entsprechenden kalkhaltigen Phosphaten. (Доклады Академии Наук СССР [Ber. Akad. Wiss. UdSSR] [N. S.] **91.** 1369—72. 21/8. 1953.) HOCHSTEIN. 6408

Heinz Kornfeld, *Die Abhängigkeit des Steilabfalls der Alterungs-Kerbschlagzähigkeit von der chemischen Zusammensetzung bei unberuhigten Stählen.* (Vgl. C. **1953.** 3631.) An Alterungs-Kerbschlagzähigkeits-Temp.-Kurven von Proben aus den reinen Randzonen von Knüppeln aus unberuhigten Stählen (SIEMENS-MARTIN- u. Windfrischstahl) wird nachgewiesen, daß sich eine früher angegebene Formel für die mittlere Alterungs-Kerbschlagzähigkeit durch Einbeziehung der Prüftemp. als einer weiteren unabhängigen Veränderlichen neben Unreinheit u. Verformungsgrad erweitern läßt. Bestimmt wird die Häufigkeitsverteilung der Kerbschlagwerte bei verschied. Tempp.; die errechnete mittlere Alterungs-Kerbschlagzähigkeit wird mit den Erfahrungswerten verglichen. (Arch. Eisenhüttenwes. **24.** 469—74. Nov./Dez. 1953. Dortmund, Dortmund-Hörder Hüttenunion, Akt.-Ges.) HOCHSTEIN. 6408

Hermann M. Hiller, *Warmarbeitsstähle.* Die an Warmarbeitsstähle zu stellenden Anforderungen werden unterteilt nach Wärmebeanspruchungen u. mechan. Beanspruchungen. Es werden die Eigg. der Stähle u. die Verff. zur Prüfung erörtert. Bei den Möglichkeiten zur Verbesserung der Eigg. durch Legierungszusätze werden die Einflüsse von *C, Si, Mn, Cr, Ni, W, Mo, Co, Ti* u. *V* besprochen; eine Zusammenstellung der Zuss. u. Eigg. der wichtigsten Warmarbeitsstähle unter besonderer Berücksichtigung des in Deutschland wenig gebräuchlichen Warmarbeitsstahles auf Mo-Grundlage wird gegeben. Die Weiterentw. scheint in Richtung der höher Mo-haltigen Stähle mit weiteren Legierungsgehh. an W, V u. Co zu laufen. (Stahl u. Eisen **73.** 1565—74. 19/11. 1953. Geisweid.) HOCHSTEIN. 6410

Walter Eilender und **Heinrich Arend,** *Verfahren zur Erzielung von Zwischenstufengefüge in zylindrischen Teilen mittleren Durchmessers aus Chrom-Molybdän-Vergütungsstahl.* Die an Proben bis zu 80 mm Durchmesser aus Stahl mit 0,35 (%) C, 1,12 Cr u. 0,22 Mo durchgeführten Wärmebehandlung zur Erzielung eines Zwischenstufengefüges ließ die Notwendigkeit der genauen Kenntnis der Tauchzeiten beim Abschrecken der Probenoberfläche von Härtetemp. bis knapp zum Martensitpunkt in verschied. Kühlmitteln (Öl, W., 10%ig. NaOH) von Raumtemp. erkennen, bevor das Stück zum Temperaturausgleich in das Warmbad gelangt. Die Verss. ergaben, daß bei Proben mit bis zu 40 mm Durchmesser Abkühlungsgeschwindigkeiten erreicht werden wie bei n. Härtung. Bei größeren Durchmessern wird die Abschreckwrkg. zwar schwächer, ist jedoch größer als in Warmbädern. (Arch. Eisenhüttenwes. **25.** 85—87. Jan./Febr. 1954. Aachen u. Mülheim/Ruhr.) HOCHSTEIN. 6410

R. Schadinger, *Über den Verbrauch an Anodenkohle in der technischen Aluminiumelektrolyse.* Der Verbrauch an Anodenkohle bei der elektrolyt. Al-Gewinnung ist ca. 25—28% größer als der durch die rein elektrochem. Rk. erforderte. Dieser Mehrverbrauch ist teils auf atmosphär. Verbrennung der nicht eintauchenden Elektrode, teils auf mechan. Zerstäubung zurückzuführen. (Alluminio **21.** 252—56. Juni 1952. Bozen [Bolzano], Soc. Montecatini, Lab. Ric.) R. K. MÜLLER. 6446

E. Kretschmer, *Gußfehler beim Leichtmetallformguß.* Unterss. mit Umschmelz-Al-Legierungen in Abhängigkeit von der Schmelzbehandlung ergaben: Die Sollwerte der Festigkeit u. Dehnung wurden von allen, die der BRINELL-Härte prakt. von allen Legierungen erreicht. Bei der Unters. auf Lunkerneigung kam bes. der Einfl. des Gasgeh. der Schmelze zum Ausdruck. Es wurde bestätigt, daß die Veredlung des AlSi-Eutektikums mit dem Wachsen des Schwermetallgeh. schwieriger wird. Der beste Erfolg wurde mit der kombinierten Veredlung (mit 0,5% Salz u. 0,03% Na) erzielt. (Metallurgie u. Giessereitechn. **3.** 235—38. Juni 1953. Leipzig, VEB Metallgußwerk Leipzig.) APEL. 6446

S. I. Liu und **E. J. Ripling,** *Durch Wärmespannungen beeinflußte Fließ- und Brucheigentümlichkeiten der 24 S–T_4-Aluminiumlegierung.* Die Al-Legierung wurde einer Lösungsbehandlung von 45 Min. Dauer bei 495° mit nachfolgender Wasserabschrekkung unterworfen u. darauf bei Raumtemp. vier Tage lang gealtert. Von den so behandelten Proben wurden bei verschied. Tempp. die Spannungs-Dehnungs-Kurven aufgenommen. U. a. zeigte sich hierbei, daß eine auf Zug bei Raumtemp. vorgespannte Probe bei Prüfung bei —78° u. —196° eine niedrigere Fließ-Spannungs-Kurve aufwies, als wenn die Probe nur bei der niedrigen Temp. beansprucht worden wäre. Die bei Raumtemp. erzeugten Zugvorspannungen haben offenbar einen geringen Einfl. auf die Bruchspannung bei niedriger Temp., während bei Raumtemp. erzeugte Druckspannungen nur dann für die Bruchspannung schädlich sind, wenn eine große Druckvorspannung erzeugt worden ist. (J. Metals **5.** 66—68. Jan. 1953. Cleveland, O., Case Inst. of Technol.) HOCHSTEIN. 6446

R. H. Dyke, *Modifizieren von Aluminium-Silicium-Legierungen.* Nach einer Schilderung der Entw. u. Technik des Modifizierens werden die Verff. unter Verwendung von NaCl + NaF, NaF + NaCl + KF u. von metall. Na beschrieben u. miteinander verglichen. Verss. ergaben, daß der Verlauf der Modifizierung bei Verwendung von Salzgemischen u. von metall. Na verschieden ist. Während bei der Salzveredelung der Na-Geh. der Schmelze während des Verf. zunimmt, ist er bei der Na-Veredelung am größten, wenn alles Na in Lsg. gegangen ist, u. nimmt dann durch Oxydation u. Verflüchtigung ab. Der Na-Geh. ist bei der Verwendung von metall Na immer höher als bei der Salzveredelung. Die Aufnahme von H wächst aber mit dem Na-Geh., so daß bei der Na-Veredelung die Gefahr der Gasabsorption größer ist u. die Anwendung der Salzveredelung sicherer zum Erfolg führt. Abschließend werden einige Schnellunterss. zur Best. des Grads der Modifizierung angegeben. —Schrifttumsangaben. (Foundry Trade J. **94.** 91—96. 22/1. 1953. Marlbyrong, Australien, Defence Res. Labor.) APEL. 6446

R. H. Harrington, L. B. Barker, M. F. Sayre und **C. H. Holley,** *„Cond-Al", eine Aluminiumlegierung hoher Kriechfestigkeit und Leitfähigkeit. „Cond-Al"* ist eine Al-Legierung hoher Leitfähigkeit mit 0,43 (%) *Fe,* 0,32 *Mg* u. 0,10 *Si* bes. für Wicklungen von Turbogeneratoren. Es besitzt hohe Bruch-, Zug-, u. Kriechfestigkeit sowie hohe Rekristallisationstemp. u. ist durch Ausscheidungshärtung vergütbar. (Metal Progr. **63.** Nr. 5. 90—94. Mai 1953. Schenectady, N. Y., General Electric Co.) APEL. 6446

J. Herenguel, *Die Leichtmetallegierungen auf Aluminiumbasis und ihre industrielle Verwendung.* Vf. diskutiert die verschied. bin. u. tern. Al-Legierungen mit 0—12 (%) *Cu,* 0—15 *Si,* 0—12 *Mg,* 0—8 *Zn,* 0—1,5 *Mn,* 0—0,2 *Cr,* 0—2 *Pb* u. 0—2 *Ca* sowie *Reinst-Al* hinsichtlich der gieß- u. fertigungstechn., der mechan. u. Pigmenteigenschaften. (Doc. métallurg. **1952.** 41—47. April/Mai/Juni.) WEITBRECHT. 6446

D. Lenz, *Aluminium für dekorative Zwecke unter besonderer Berücksichtigung der hochreinen Werkstoffe.* Überblick über die Auswahl des Werkstoffs, die verschied. Verff. zur Oberflächenveredelung u. die bestgeeigneten Verbindeverfahren. — Schrifttumsangaben. (Aluminium **29.** 451—61. Nov. 1953. Singen/Hohentwiel.) APEL. 6446

Edward C. Miller, *Das Metall Zirkonium und seine Stellung im Atomenergiewesen.* Nach Besprechung der Isotopen des *U* u. *Th* u. der hohen Anforderungen, die an die Reaktoren, die Bau- u. Hilfsstoffe gestellt werden, wird auf 3 Arten von Reaktorentypen eingegangen, die eine künftige Verwendung der Atomkraft auf breiter Basis mit sich bringen wird, sowie auf die Probleme, die noch zu lösen sind. Dabei spielt die Entw. von Metallen hohen F., zu denen das Zr gehört, eine der wichtigsten Rollen. Es folgt schließlich eine Übersicht über die Entw. des Zr, seine Trennung von dem gewöhnlich in ihm enthaltenen *Hf* u. seine Raffination von Al, Ca, Cu, Pb, Fe, Si oder Mn. (Metal Progr. **63.** Nr. 5. 67—74. Mai 1953. Oak Ridge, Tenn., Nat. Labor.) APEL. 6448

W. Schirp, *Zerstörungsfreie Werkstoffprüfung von Stahlrohren und -stangen mit Hilfe elektroinduktiver Verfahren.* (Industrie-Anz. **75.** 3—5. 13/10. 1953. Gummersbach.) HOCHSTEIN. 6480

G. Bunge, H. Erbe und **C. M. von Meysenburg,** *Zur Beurteilung der Laufeigenschaften von Lagerwerkstoffen.* 1. Mitt. *Die Auswertung von Lagerlaufversuchen.* Die Beobachtung der Vorgänge im Lagerspalt mit Hilfe einfacher Stromdurchgangsmessungen als Indicator ergeben ein gutes Bild von den prakt. Verhältnissen beim Lagerbetrieb. Es wird die Resultierende aus dem Gegen- u. Nebeneinander der Reibungsveränderung, Temperatursteigerung, Änderung der Zähigkeit u. Dicke des Ölfilms, Größe der Belastung u. Geschwindigkeit der Gleitbewegung in ihrer prakt. Auswrkg. angezeigt. — Schrifttumsangaben. (Metall **7.** 15—24. Jan. 1953. Sigmaringendorf-Laucherthal bzw. Darmstadt.) HABBEL. 6480

Werner Lueg, *Prüfen und Überwachen der Arbeitsflächen von Hohlwerkzeugen, besonders von Reduziergesenken für die Schraubenherstellung und von Hartmetallziehholen.* Überblick über die bei Hohlwerkzeugen auftretenden Gebrauchsschäden, wie Verschleißspuren, Temperaturrisse u. Sprengrisse, in ihren verschied. Erscheinungsformen u. Entwicklungsstufen u. Beschreibung der Prüfgeräte zur Unters. dieser Schäden. (Stahl u. Eisen **73.** 621—29. 7/5. 1953. Düsseldorf. Max-Planck-Inst. für Eisenforschung.) HOCHSTEIN. 6480

Albert Septier, *Das Emissions-Elektronen-Mikroskop und seine Anwendung in der Metallurgie.* (Rev. Métallurgie **50.** 208—14. März 1953.) HOCHSTEIN. 6482

Erling Juul Nielsen, *Schnellpolieren metallographischer Schliffe aus Gußeisen.* Es wird ein Wechselpolierverf., bei dem zunächst elektrolyt. u. dann mechan. poliert wird, zum Polieren metallograph. Schliffe mit nichtmetall. Einschlüssen, auf die der elektrolyt. Vorgang keine Einw. hat, beschrieben. Das Verf. hat sich bes. bei *Grauguß* u. *Temperguß* mit Graphiteinschlüssen als geeignet erwiesen. Ebenso eignet es sich für die Gefügeunters. C-armer oder carbidhaltiger *Stähle* mit nichtmetall. Einschlüssen. (Arch. Eisenhüttenwes. **25.** 89—92. Jan./Febr. 1954. Kopenhagen.) HOCHSTEIN. 6482

E. C. Pearson, G. Marchand und **R. H. Hay,** *Ein elektrolytisches Ätzverfahren für Aluminium.* Zwei Elektrolyte werden beschrieben: 1. 70 (Vol.-%) H_3PO_4 (85% ig.), 2,5 dest. W., 26,5 Carbitol (Diäthylenglykol-Monoäthyläther) u. 1 HF (48% ig.); Temp. 20°; Anfangsspannung wenige V, die bis auf 50 V gesteigert wird. 2. 808 (ml) H_3PO_4 (85% ig.) 1,660 Carbitol, 320 HF, 1,012 dest. W., 128 (g) B_2O_3 u. 72 krist. Oxalsäure; Temp. 35°; Anfangsstromdichte 5 (A/sq.in.), die nach 30 Sek. auf 0,5 verringert wird. Beschrieben werden die Eigg. des Ätzfilms u. die sonstiger Ätzwirkungen für metallograph. Zwecke. — Schrifttumsübersicht. (Canad. Mining metallurg. Bull. **45.** 598—604. Okt. 1952. Kingston, Ontario, Can., Aluminium Laboratories Ltd.) MARKHOFF. 6482

Erich Folkhard, *Metallographische Untersuchung nichtmetallischer Einschlüsse in Stahl nach einem neuartigen Dünnschliffverfahren.* Aus Dünnschliffen des Probenwerkstoffs wird die Grundmasse herausgelöst, wobei die nichtmetall. Einschlüsse sowie C, der beim Carbidzerfall entsteht, zurückbleiben. Durch geeignete Verfahrenstechnik wird der Zusammenhalt der Einschlüsse gewahrt, so daß Aussagen über ihre räumliche Anordnung u. ihre Ausbldg. im Zusammenhang mit der Kristallstruktur gemacht werden können. Das Verf. wurde bei C-armen Si-reichen *Stählen* betriebsreif entwickelt. Hierbei wurde nachgewiesen, daß Korngrenzen ein bevorzugter Ort für Ausscheidungen nichtmetall Einschlüsse sind, die auch bei Tempp. um 900° möglich sind. Derartige feine Einschlüsse werden im metallograph. Schliff nicht wiedergegeben. (Arch. Eisenhüttenwes. **24.** 519—22. Nov./Dez. 1953. Genf, Schweiz.) HOCHSTEIN. 6482

J. J. Pierce, *Röntgenographische Prüfung von Aluminium- und Magnesiumgußstücken mittels Vergleichsaufnahmen.* (Machinery [New York] **58.** Nr. **4.** 157—59. Dez. 1951. Naval Ordnance Labor., White Oak, Md.) RUMPF. 6484

Max Komers, *Bau und Anwendungsmöglichkeit von Betatron-Geräten. Durchstrahlung dicker Stahlproben mit Betatrongeräten.* Durch Verss. an geschweißten Blechen mit künstlichen Fehlern in der Schweißung wurde erwiesen, daß das Betatron bes. für die Durchstrahlung von Stahlstücken mit einer Dicke über ca. 80 mm geeignet ist. An einem Retorballen werden die durch Ultraschallprüfung gefundenen Fehleranzeigen durch die Betatrondurchstrahlung genau bestimmt. (Stahl u. Eisen **73.** 713—21. 21/5. 1953. Mülheim/Ruhr.) HOCHSTEIN. 6484

K. J. B. Wolfe und **I. R. Robinson,** *Metallseigerungen in ferritischen Stählen. Eine Anwendung der Mikroradiographie.* Beschreibung der mikroradiograph. Technik u. der Best. von *Mn-* u. anderen Seigerungen in Konstruktions- u. Werkzeugstählen. Während die Seigerungen von Mn, Cr u. W sichtbar gemacht werden können, ist dies für Ni, Mo u. V bisher noch nicht gelungen. Mn-Seigerungen erscheinen dicht u. mit abgegrenzten Rändern; wenn sich im Stahl außerdem Cr, V oder W befindet, bestehen sie aus breiten, diffusen Bändern. Im allg. ist die Menge der Mn-Seigerungen proportional zum Mn-Geh. im Stahl; die Ggw. von Mo scheint jedoch die Mn-Seigerung zu unterdrücken. — 14 Literaturzitate. (Metal Treatment Drop Forging **16.** 209—18. 1949/50.) H. SCHÖBERL. 6484

Erich Siebel, *Die Warmformgebung von Metallen.* Überblick über die Bildsamkeit u. Formänderungsfestigkeit, die Grundgesetze des bildsamen Zustands, die Formänderungsarbeit u. Temperatursteigerung bei der Warmverformung, sowie die Anwendungsgebiete u. Wirkungsweise der Formgebungsverfahren. — Schrifttumsangaben. (Z. Metallkunde **45.** 1—7. Jan. 1954. Stuttgart, TH, Staatl. Materialprüfungsanst.) APEL. 6490

L. J. Hunt, *Das Formdrücken von nichtrostenden Stählen.* Prinzip u. prakt. Durchführung. (Sheet Metal Ind. **30.** 779—80. 783. Sept. 1953. Taw Mfg. Co., Ltd.) HOCHSTEIN. 6490

W. Rubisch, *Das Stangenpressen.* Überblick. (Fertigungstechnik **3.** 195—97. Juni 1953. Sömmerda/Thüringen.) HOCHSTEIN. 6490

F. Mass, *Das Kalt-Fließpressen.* Nach der Schilderung des Prinzips des Fließpressens, früher Kaltspritzen genannt, werden die grundsätzlichen Verff., nämlich das Gegenfließ- u. das Gleichfließverf. sowie Kombinationen beider beschrieben. Sodann wird auf die Auswahl des Werkstoffs eingegangen. Am günstigsten liegt *Weichblei,* es folgen *Sn*, *Rein-Al*, *Zn*, *Al-Legierungen* der Gattungen *AlMgSi* u. *AlCuMg* u. einige *Stähle*, bes. solche mit nicht mehr als 0,15% C. Schließlich werden die an den Ausgangsstücken vorzunehmenden Vorbereitungsarbeiten u. die zur Durchführung des Verf. verwendeten Pressen beschrieben. (Metall **7.** 689—92. Sept. 1953. Ettlingen, Baden.) APEL. 6490

—, *Das Warmtiefziehen von Stahl.* Übersicht über die Verff. in den USA u. die geeigneten Stahltypen. (Fonderia [Milano] **2.** 195—96. April 1953.) R. K. MÜLLER. 6490

William A. Snyder, *Gebündelte Elektroden für Metallbogenschweißung.* Die gebündelte Elektrode besteht aus 2 oder mehr Metallstäben, die voneinander isoliert sind, außer am Ende, wo der Elektrodenhalter sie gemeinsam umfaßt. (Welding J. **30.** Nr. 11. Welding Res. Council Engng. Foundat. 557 s—564 s. Nov. 1951. Seattle, Wash., Univ., Mechan. Engng.) WESLY. 6506

Camille De Rop und **Hans Schmidt-Bach,** *Die Automatenschweißung mit Netzmantelelektroden.* U. a. wird bei den Elektroden je nach der Art der Hüllenmasse zwischen erzsauren u. kalkbas. Typen unterschieden. Die Eigg. beider Typen werden beschrieben u. ihre Verwendung mit Beispielen aus dem Kessel-, Stahl- u. Schiffbau erörtert. (Schweissen u. Schneiden **5.** 315—18. Aug. 1953. Aachen.) HOCHSTEIN. 6506

F. Richter, *Legierte Elektroden mit unlegierten Kerndrähten.* Entwickelt werden Elektroden für Schweißgut mit hohem Geh. an Legierungsbestandteilen, die aus einem unlegierten Kerndraht bestehen u. bei dessen Verwendung die Legierungsbestandteile über die Hülle ins Schweißgut gelangen. Es sind die entwickelten Elektroden nach ihrer Zus. u. ihrem Verwendungszweck in Tabellen zusammengestellt. Das Prinzip der Auflegierung aus der Hülle wird auch für Elektroden mit Cu-, Cu-Legierungs- u. Ni-Kerndrähten empfohlen. Entwickelt wird noch die Herst. von Elektroden mit unlegierten, weichen Stahlkerndrähten, die ein ausgesprochenes Gußeisengefüge geben u. die für die elektr. Halbwarmschweißung von Gußeisen, z. B. zum Ausbessern von Gußlunkern, geeignet sind. — Schrifttumsangaben. (Schweisstechnik **3.** 257—64. Sept. 1953. Berlin.) HOCHSTEIN. 6506

P. Ss. Turkin, *Elektroden für die Auftragschweißung auf Gesenkflächen.* Für Auftragschweißungen auf Arbeitsflächen von Gesenken wird ein C-armer Schweißdraht der Marke 1 GOST (Allunions-Standard) 2246-43 verwendet. Der Graphitgeh. der Elektrodenumhüllung dient zur Aufkohlung. Es werden Elektroden gewählt, die bei prakt. annehmbaren Schwankungen des Gewichtskoeff. des Überzuges eine Aufschweißung sichern, die in der Zus. dem Stahl 5 ChGM entspricht. (Автогенное Дело [Autogene Ind.] **22.** Nr. 12. 13—16. Dez. 1951.) VOLLENBRUNK. 6506

—, *Schweißen von Blei in einem Lichtbogenprozeß unter inertem Schutzgas.* Verwendung des *Heliarc*-Brenners mit *Ar* zum Schweißen von Pb. (Materials and Methods **36.** Nr. 1. 97. Juli 1952.) WEITBRECHT. 6506

A. W. Bobrow und **R. W. Ditjatkowskaja,** *Korrosionsfeste Überzüge auf Kernstützen.* Als bester Korrosionsschutz erwies sich die Vernickelung. Nicht minder gute Erfolge ergab die Behandlung mit Phosphorsäure (I) oder mit kaust. Soda u. Glycerinzusatz. Beim Formguß von Stahlplatten war die Verschweißung der Kernstützen, die mit I behandelt wurden, am besten. (Литейное Производство [Gießereiwesen] **1951.** Nr. 9. 24. Sept.) VOLLENBRUCK. 6508

W. Eiserbeck, *Das Brenner-E .trosten.* Bei dem Verf. wird die hohe Temp. u. die reduzierende Wrkg. der Flammengase ausgenützt. Auf Grund der unterschiedlichen Wärmeausdehnungsverhältnisse platzen die Rostschichten ab; die feinen Rostreste in Vertiefungen u. Ecken werden zu metall. Fe reduziert. Zweckmäßig wird die Acetylen-O_2-Flamme benutzt. (Z. Schweisstechn. [Zürich] **42.** 202—05. Okt. 1952. Knapsack bei Köln.) MARKHOFF. 6512

Louis Beaujard, *Über das chemische Polieren von Eisen und weichem Stahl.* Als ein gutes Reagens zum chem. Polieren von Fe u. Stahl mit weniger als 0,05% C wird ein Gemisch von 30 Teilen HNO_3, 70 Teilen *HF* u. 300 Teilen *W.* vorgeschlagen. Die günstigste Badtemp. liegt bei 60°. Andere Säuren bewirkten das Auftreten von Korrosionserscheinungen, OH-Gruppen enthaltende Verbb. (Alkohole, Phenole) verzögern den Angriff, ohne jedoch die Qualität der Politur zu beeinflussen. (C. R. hebd. Séances Acad. Sci. **234.** 440—42. 21/1. 1952.) GOTTFRIED. 6512

G. Batta, L. Scheepers und **H. Bouillon,** *Das Dekapieren von 18-8 Stahl.* Untersucht wird der Stahl mit 18,39 (%) Cr, 8,35 Ni 0,48 Mn, 0,04 C, 0,41 Si, 0,006 S, 0,012 P, Spuren Mo. Beim Erhitzen des Stahles auf 1000° besteht das Oxyd innerhalb der ersten 2 Std. nur aus Fe_2O, danach ist Cr_2O_3 nachweisbar. Nach 6 Std. Erhitzen wird NiO nachgewiesen. Nach 10 Std. hat das Oxyd die folgende Zus.: Fe_2O_3 92,5 (%), NiO 3,5, Cr_2O_3 3,9. Der Glühverlust bei einer Glühung von 30 Min. bei 1150° wird zu 0,0133 g/cm bestimmt. Das sind ca. 2% für ein Blech von 0,8—0,9 mm Dicke. Diese Oxyde werden nur von HNO_3 oder Mischungen von HNO_3 mit wenig HCl angegriffen. Eine Temperaturerhöhung auf 40° beschleunigt den Beizvorgang. Für Bleche von 0,8—0,9 mm kann dabei mit einem Metallverlust von 3% an gelöstem Metall gerechnet werden. (Vgl. auch C. **1953.** 8972.) (Ind. chim. belge **17.** 471—77. 1952. Lüttich, Univ., Labor. Chim. Ind. Min.) J. FISCHER. 6512

D. Brownlie, *Durchgehende Bandeisenbeizung.* Übersicht über Bau u. Wirkungsweise neuzeitlicher Bandeisenbeizanlagen u. Verff. zur Behandlung von C- u. rostfreien Stählen vor dem Walzen. (Canad. Metals **13.** Nr. 3. 14. 53. März 1950.) WESLY. 6512

J. Datsko, *Säurebeizung von Gußeisen erhöht die Lebensdauer der Bearbeitungswerkzeuge.* Bericht über Vergleichsverss. an Grauguß mit entsandeter Gußhaut, nach dem Beizen mit 50%ig. Flußsäurelsg. u. am Kernwerkstoff. (Machinist **95.** 1002—03. 7/7. Amer. Machinist **95.** Nr. 12. 140. 11/6. 1951.) KATZ. 6512

I. N. Jukalow, *Einfluß der Technologie des Gusses und der Struktur des Gußeisens auf die Eigenschaften der Emaillierung.* Als gut emaillierbar wurde durch prakt. Verss. ein Gußeisen von folgender Zus. ermittelt: 3,3—3,5 (%) C, 0,50—0,60 Mn, 2,0—2,2 Si, bis 0,6 S, 0,12—0,25 P, 0,20—0,40 Cr u. 0,20—0,40 Ni. Bei perlit. Struktur weist das Cr- u. Ni-haltige Gußeisen während des Emaillierens geringstes Wachsen auf. Vermeidung von Blasenbldg. durch gleichmäßige Erwärmung u. möglichst gleich dicke Wandungen des Gußstückes. (Литейное Производство [Gießereiwesen] **1951.** Nr. 9. 6—9. Sept.) VOLLENBRUCK. 6528

D. Altenpohl, *Das Verhalten von Reinaluminium und Reinstaluminium in kochendem Wasser.* Die Oberfläche von Rein-Al u. Reinst-Al reagiert mit sd. W. unter Bldg. einer *Böhmit*-Schicht ($Al_2O_3 + 1\ H_2O$). In sd. dest. W. verläuft die Rk. durch Fehlen einer Pufferung lebhaft u. die farblosen Böhmitschichten erreichen innerhalb von 1—2 Std. Stärken von maximal ca. 0,6 μ. Nach 2—4 Std. Kochdauer setzen Alterungsvorgänge in der Schicht ein, die bewirken, daß das Böhmit sich in eine in Säuren schwerlösl. Modifikation umlagert, die gleichfalls bei einer Röntgenfeinstrukturaufnahme das Böhmitdiagramm zeigt. Beim Behandeln mit sd. Leitungswasser tritt mit zunehmenden Härtegrad des W. eine Grau- u. Schwarzfärbung auf. Dies ist auf Al-Partikel zurückzuführen, die in die Schicht eingebaut werden. Die dunkelgefärbten Böhmitschichten erreichen eine Schichtdicke von 2—4 μ. Sie sind ziemlich locker strukturiert u. in Säuren leicht löslich. Mit sinkendem Reinheitsgrad des Al nimmt die Dicke der Schicht ab. Dies ist auch bei Reinst-Al der Fall. Wenn auf Rein-Al zunächst eine farblose Böhmitschicht oder auch eine Eloxalschicht aufgebracht wird, bleibt die Brunnenwasserschwärzung bei der späteren Behandlung mit Leitungswasser aus. Geeignete Herst. zur Erzeugung farbloser Böhmitschicht wird beschrieben. — Abbildungen. Schrifttumsübersicht. (Aluminium **29.** 361—70. Sept. 1953. Singen/Hohentwiel.) MARKHOFF. 6538

Deutsche Gold- & Silberscheideanstalt vormals Roessler, Frankfurt/M. (Erfinder: **August Götte,** Aachen), *Schwimmaufbereitung von pechblendhaltigen Uranmineralien.* Die Flotation wird in Ggw. von *Cupferron* als Aktivator u. mit bekannten Sammlern vorzugsweise organ. Derivv. der geschwefelten CO_2 durchgeführt. (**D. R. P. 765 836** Kl. 1c vom 29/2. 1940, ausg. 25/1. 1954.) W. HAUSWALD. 6363

Deutsche Eisenwerke Akt.-Ges., Deutschland, *Herstellung von für den Hochofenbetrieb hochwertigem Sintergut.* Schlämmabfälle werden zusammen mit Erzen, Röstrückständen oder dgl. in einer Sinteranlage gesintert, wobei die in den Schlämmabfällen noch enthaltenen brennbaren Bestandteile als Brennstoff für die Sinterung dienen, während die nichtbrennbaren Bestandteile, wie bes. Al_2O_3 von den Erzen u. dgl. in dem Sintergut gebunden werden. (**F. P. 1 006 117** vom 18/11. 1947, ausg. 21/4. 1952.) HOCHSTEIN. 6379

Joachim Seibel und **Friedrich Winterhager,** Mettmann/Rhld. (Erfinder: **Friedrich Winterhager,** Mettmann, und **Ernst Brederhoff,** Velbert/Rhld.), *Raffinieren schmelzflüssiger Metalle, besonders Leichtmetalle.* Beim Raffinieren mittels durch die Schmelze hindurchgeleiteter Gase werden diese in entgegengesetzter Richtung durch die in einem geschlossenen Strom geführte Metallschmelze geleitet. Dabei kann die Strömungsgeschwindigkeit z. B. durch Veränderung des Auslaßquerschnitts eines den Metallstrom fassenden Schachtes geregelt, der Metallstrom im Schacht in Wirbelbewegung versetzt u. die Gase vor ihrem Einführen vorgewärmt werden. (**D. B. P. 900 391** Kl. 40a vom 25/1. 1951, ausg. 28/12. 1953.) APEL. 6381

Gebr. Hüttenes K. G., Düsseldorf-Heerdt (Erfinder: **Karl Hüttenes** und **Carl Hüttenes,** Düsseldorf-Oberkassel), *Herstellung von Kernen und Formen.* Das Bindemittel, bestehend aus unaufgeschlossener Stärke u. Aufschlußchemikalien, wird vor dem Mischen mit dem Sand mit so viel W. angerührt, wie zur Formbarkeit des Sandes notwendig ist, ohne daß ein Aufschließen der Stärke beim Rühren eintritt. Danach werden Bindemittel u. Sand gemischt u. zu Kernen verarbeitet. (**D. B. P. 884 070** Kl. 31c vom 10/4. 1942, ausg. 23/7. 1953. **Zusatz zu D. B. P. 879 150; C. 1954. 4024.**)
BÜLTMANN. 6383

Léon Margot, Paris, Frankreich, *Form zum Gießen von Metallen.* Die Gießform besteht im wesentlichen aus in W. lösl. Stoffen, welche einen höheren F. haben als das zu vergießende Metall u. nur eine geringe chem. Einw. auf das Gußstück ausüben. Nach dem Guß wird die Formmasse in heißem W. gelöst. Zweckmäßig werden Metallsalze verwendet, die geschmolzen u. dann durch Gießen verformt werden. — Z. B. eignet sich für den *Zn-Guß* eine Form aus $Ca(NO_3)_2$ u. für den *Al-Guß* eine solche aus K_2CO_3. Aber auch andere Stoffe sind verwendbar, wie $Al_2(SO_4)_3$, $BaCl_2$, $Ba(NO_3)_2$, $CaCl_2$, $CuSO_4$, $FeSO_4$, $FeCl_3$, $MgCl_2$, $MgSO_4$, $MnCl_2$, $Pb(CH_3 \cdot CO_2)_2$, $Pb(NO_3)_2$, KCl, $K_2Cr_2O_7$, KNO_3, K_2SO_4, $NaCH_3 \cdot CO_2$, Na_2CO_3, Na_2SO_4, $ZnSO_4$, Na_2SiO_3 usw. (**F. P. 980 710** vom 10/2. 1943, ausg. 17/5. 1951. **Schwz. P. 246 046** vom 7/2. 1944, ausg. 16/8. 1947. F. Prior. 10/2. 1943.) HANS HOFFMANN. 6383

Aluminum Co. of America, Pittsburgh, Pa., V. St. A., übert. von: **George Robert Gardner,** *Herstellung gasdurchlässiger Gipsformen für den Metallguß.* Gips wird in eine wss. Lsg. eines schaumbildenden sulfonierten KW-stoffes, z. B. des Na-Salzes eines Alkylarylsulfonates, wie Na-Alkylnaphthalinsulfonat, unter Umrühren eingetragen. Bei weiterem Umrühren unter Einblasen von Luft wird eine schaumige M. erhalten, die unter Zerstören der größeren Luftblasen durch Rühren homogenisiert wird, so daß nur noch feinverteilte Luftbläschen übrigbleiben. Diese Gipsmasse wird verformt u. zum Erhärten gebracht. Die so hergestellten Formen eignen sich bes. zum Gießen von *Al*, *Mg* u. ihren Legierungen. (**E. P. 696 169** vom 2/8. 1951, ausg. 26/8. 1953. A. Prior. 12/8. 1950.) HANS HOFFMANN. 6383

Siegfried Junghans, Schorndorf/Württ., *Spanloses Trennen von Gußblöcken beim Stranggießen.* Bei in den fl. Gießkopf in einer Durchlaufkokille eintauchender Gießdüse wird an der zu trennenden Stelle über einen Teil des Gußquerschnittes eine solche chem. Verb., z. B. Oxydschicht, auf der Gußoberfläche erzeugt, daß ein Wiederaufschmelzen oder Legieren mit dem erneut zufließenden Metall nicht möglich ist. Die Trennschicht kann durch Einführen von Luft, aber auch mittels eines elektr. Lichtbogens oder dgl. erzeugt werden. (**D. B. P. 900 263** Kl. 31c vom 25/12. 1937, ausg. 21/12. 1953.) HANS HOFFMANN. 6383

Siegfried Junghans, Schorndorf/Württ., *Gießen von Strängen.* Beim Gießen von Strängen, bes. aus *Leichtmetall,* wird zwecks Erzielung einer horizontalen Erstarrungsfront das dem Gießkopf entsprechende Metallvol. im wesentlichen bis an die Sollerstarrungsebene geheizt, dagegen ein erheblicher Teil des unterhalb dieser Ebene liegenden Metallvol. im wesentlichen bis an diese Ebene stark gekühlt. Zweckmäßig wird hierbei das über der Erstarrungsebene liegende Metallvol. allseits mit einer geheizten Fl., z. B. einer Salzlsg. oder fl. Metall, umgeben, die zwischen einer Heizquelle u. der Kokille umgepumpt wird. — Abbildungen. (**D. B. P. 902 303** Kl. 31c vom 15/2. 1945, ausg. 21/1. 1954.) HANS HOFFMANN. 6383

Fritz Bässler, Neckarsulm, *Metallgießverfahren.* Beim Strangguß von Metallen, bes. von *Leichtmetallen,* wird das fl. Metall von unten her der Gießstelle zugeführt u. das erstarrte Metall mit einer der Erstarrung entsprechenden Geschwindigkeit nach oben bewegt. Zur Erzeugung des Gießdruckes wird ein Gas verwendet, welches unter einem solchen Druck steht, wie er zur Überwindung der Schwerkraft u. zum laufenden Nachfüllen des fl. Metalles in die Gießform erforderlich ist. Zweckmäßig wird das fl. Metall in einem geschlossenen Tiegel unter Druck gesetzt, so daß es über in das Metall eintauchende Steigrohre mit düsenartigen Öffnungen an die Gießstelle geleitet wird. — Abbildungen. (**D. B. P. 903 137** Kl. 31c vom 12/12. 1948, ausg. 1/2. 1954.)
HANS HOFFMANN. 6383

Vereinigte Deutsche Metallwerke Akt.-Ges., Frankfurt/M.-Heddernheim, und **Stolberger Zink Akt.-Ges. für Bergbau und Hüttenbetrieb,** Aachen (Erfinder: **Bernhard Trautmann,** Köln-Marienburg), *Gießen von Walzplatten aus Metallen.* Zwecks Herst. von Walzplatten unter 12 mm Dicke wird das Metall in einem kipp- oder drehbaren Behälter oder Ofen niedergeschmolzen u. aus diesem direkt in Kokillen vergossen, welche an der Wandung des Behälters bzw. Ofens angebracht sind. Zweckmäßig bleibt das fl. Metall mit dem in die Kokille eingegossenen während der Dauer-

der Erstarrung in Verbindung. — Abbildungen. (**D. B. P. 901 105** Kl. 31 c vom 15/2. 1951, ausg. 7/1. 1954.) HANS HOFFMANN. 6383

Badische Anilin- & Soda-Fabrik Akt.-Ges., Ludwigshafen/Rh. (Erfinder: **Hans Scheuermann**, Ludwigshafen/Rh.-Oggersheim, und **Otto Burian**, Ludwigshafen/Rh.), *Herstellung von Kernsandmischungen für Gießereizwecke.* Als Bindemittel für den Formsand werden Kondensationsprodd. aus Harnstoff u. Formaldehyd (**II**) benutzt, denen als Härtungsmittel hydrolyt. aufspaltbare Metallsalze, z. B. $FeCl_3$, $Al_2(SO_4)_3$ oder $KAl(SO_4)_2$, zugesetzt sind. Zweckmäßig wird der Formsand zunächst mit dem Härtungsmittel u. anschließend mit einer wss. Lsg. von **II** vermischt. (**D. B. P. 902 301** Kl. 31c vom 9/7. 1949, ausg. 21/1. 1954.) HANS HOFFMANN. 6338

Ruhrgas Akt.-Ges., Deutschland, *Gleichzeitige Gewinnung von Metallen und Starkgas im Schachtofen.* Ein Gemisch von Erz, bes. von Eisenerz, u. stückigem Brennstoff wird unter einem Druck von 5—50 at im Schachtofen geschmolzen, in den O_2 u./oder Wasserdampf eingeblasen wird, gegebenenfalls zusätzlich auch noch CO_2. Zweckmäßig wird Wasserdampf, ganz oder teilweise, oberhalb der Schmelzzone eingeblasen. Vorzugsweise werden die Gase vor dem Einblasen vorgewärmt. (**F. P. 1 019 955** vom 17/5. 1950, ausg. 30/1. 1953. **E. P. 674 546** vom 17/5. 1950, ausg. 25/6. 1952. Beide D. Prior. 19/5. 1949.) HOCHSTEIN. 6391

Stora Kopparbergs Bergslags Aktiebolag, Falun, Schweden (Erfinder: **Bo Michael Sture Kalling**, Domnarvet), *Entkohlung von feinstückigem, kohlenstoffhaltigem Eisen.* Oberhalb eines ständig bewegten Gutes wird so viel O_2-haltiges Gas, z. B. Luft, zugeführt, daß sowohl eine Entkohlung bewirkt als auch mit dem Überschuß das aus dem Arbeitsgut entweichende CO-Gas verbrannt wird, wobei ein solches Gasverhältnis CO/CO_2 in der Reaktionszone eingehalten wird, daß eine nennenswerte Oxydation des Eisens vermieden wird. Zweckmäßig wird zur Beeinflussung der Zus. u. Temp. des Reaktionsgases in der Entkohlungszone ein Zusatzbrennstoff, z. B. Hochofengas, H_2, Kohlepulver oder Brennöl, in den Ofen eingeführt. — Abbildungen. (**D. B. P. 905 375** Kl. 18c vom 19/10. 1937, ausg. 1/3. 1954. Schwed. Priorr. 29/10. u. 21/12. 1936.) HOCHSTEIN. 6401

Stora Kopparbergs Bergslags Aktiebolag, Falun, und **Bo Michael Sture Kalling, Pehr Åke Christer Danielsson** und **Ottar Johan Lorens Dragge**, Domnarvet, Schweden, *Entschwefeln von Eisen und Eisenlegierungen.* Eisen oder Eisenlegierungen mit einem F. unter 1400° werden im geschmolzenen Zustande in einem Reaktionsgefäß mit feinkörnigen Oxyden der Erdalkalimetalle u. des Mg in nicht oxydierender Atmosphäre ohne äußere Wärmezufuhr innig vermischt, wobei die Temp. 1400° nicht überschreiten soll. Zweckmäßig wird in die Reaktionskammer ein Gemisch aus KW-stoffen mit NH_3 zur Schaffung einer nichtoxydierenden Atmosphäre eingeleitet. Das Entschwefelungsmittel kann aus CaO, gebranntem Dolomit oder dgl. bestehen u. soll eine Korngröße aufweisen, welche unter der des 30-Maschensiebes liegt. Als Reaktionsgefäß kann ein Drehrohrofen benutzt werden. — Abbildungen. (**E. P. 665 258** vom 29/12. 1949, ausg. 16/1. 1952.) HANS HOFFMANN. 6401

Neunkircher Eisenwerk Akt.-Ges. vormals Gebrüder Stumm, Saargebiet, *Vorfrischung von Thomas-Roheisen.* Zur Herst. eines Si-armen THOMAS-Roheisens, das sich zur Erzeugung eines N-armen Stahles bes. eignet, wird während des Abgießens des Roheisens aus dem Hochofen oder aus einem Mischer in eine Pfanne von allen Seiten gleichmäßig O_2 oder an O_2 angereicherte Luft in den strömenden Roheisenstrahl eingeblasen. — Abbildungen. (**F. P. 1 045 489** vom 26/11. 1951, ausg. 26/11. 1953. D. Prior. 30/4. 1951.) HOCHSTEIN. 6401

James Fernando Jordan, Huntington Park, Calif., V. St. A., *Kontinuierliches Kupolofen-Windfrisch-Verfahren.* Im koksgefeuertem Kupolofen wird bei einer Ofenbeschickung aus mindestens 50% Stahlschrott ein Gußeisen in Berührung mit einer bas. Schlacke erschmolzen, deren Verhältnis: % CaO zu % SiO_2 + % P_2O_5 größer als 1,0 ist. Dieses fl. Eisen wird in Berührung mit der vorzugsweise im Gegenstrom fließenden Kupolofenschlacke durch eine Reihe von längs des Metallstromes verteilten Luftstrahlen gefrischt, wobei die Kupolofenschlacke als die Feinungsschlacke des Windfrischverf. wirkt. Zweckmäßig wird die Schlacke vor dem Windfrischen vom Gußeisen getrennt u. im getrennten Zustande durch ein O_2-haltiges Gas entschwefelt. — Abbildung. (**A. P. 2 639 984** vom 7/8. 1952, ausg. 26/5. 1953.) HOCHSTEIN. 6403

Soc. Mancelle de Fonderie (S. à R. L.), Sarthe, Frankreich, *Herstellung von Gußeisen mit hohem Kohlenstoffgehalt.* Eisen–Kohlenstoff-Legierungen werden in Ggw. von C, z. B. in einem Graphittiegel, auf eine regelbare sehr hohe Temp. bis zu 3500° in einer hinsichtlich der Zus. genau regelbaren Atmosphäre erhitzt. Es werden Legierungen mit 4—4,20% C hergestellt. (**F. P. 1 040 075** vom 24/7. 1951, ausg. 13/10. 1953.) HOCHSTEIN. 6405

Spojené Ocelarny, Národní Podnik, Tschechoslowakei, *Stahlherstellung im basischen Siemens-Martin-Ofen.* Roheisen wird ohne oder mit P-haltigem Schrott eingeschmolzen, u. die P-haltigen Schlacken werden abgezogen. Darauf wird legierter Stahlschrott aufgegeben u. unter Selbstbldg. einer geringen Schlackenmenge, die eine Red. der in der Schlacke enthaltenen Legierungsmetalloxyde bewirkt, eingeschmolzen. (**F. P. 1 017 613** vom 5/5. 1950, ausg. 12/12. 1952.) HOCHSTEIN. 6409

Jean Daubersy, Belgien, *Windfrischverfahren.* Beim Frischen von Roheisen im Konverter wird dem Blaswind zur Regelung der Badtemp. Wasserdampf zugesetzt. Zweckmäßig wird ein Gemisch von Wasserdampf u. reinem O_2 eingeblasen u. der Wasserdampf auf 250° überhitzt. Der Dampfanteil soll ca. 50 Gew.-% des Gemisches betragen. (**F. P. 1 038 618** vom 13/3. 1951, ausg. 30/9. 1953. Belg. Prior. 13/3. 1950.) HOCHSTEIN. 6409

Centre National de Recherches Métallurgiques (A. S. B. L.), *Stahlherstellung im Windfrischverfahren.* Bei der Herst. von THOMAS-Stahl mit Frischen von P-haltigem Roheisen mit an O_2 angereichertem Wind wird die durch die Verbrennung der Roheisenbegleitelemente gewonnene Wärme zur Dissoziation eines Stoffes benutzt, von dem ein Bestandteil in die Schlacke u. ein anderer Bestandteil in das Gas übergeht, wodurch eine Verbesserung der Entphosphorung u. Entschwefelung u. eine Verminderung des N-Geh. im Stahl erreicht wird. Zweckmäßig wird mindestens ein Teil des normalerweise gebrauchten Kalkes durch ein einfaches Carbonat oder durch ein Gemisch von $CaCO_3$ u. Na_2CO_3 ersetzt. Vorzugsweise wird $CaCO_3$ mehrere Male zugesetzt. (**F. P. 1 031 537** vom 29/1. 1951, ausg. 24/6. 1953. Belg. Prior. 31/1. 1950.) HOCHSTEIN. 6409

Hüttenwerke Ruhrort-Meiderich Akt.-Ges., Deutschland, *Basisches Windfrischverfahren.* Zur Schlackenbldg. wird an Stelle eines Teiles von Ätzkalk Kalkstein verwendet, der vorzugsweise sofort u. nicht erst nach der ersten Hälfte der gesamten Blasdauer aufgegeben wird. Der Kalkstein wird zweckmäßig zwecks Beschleunigung des Verf. in kleinen Stücken von ca. 30 mm Durchmesser zugesetzt. Es kann ein THOMAS-Stahl mit etwa gleichen Eigg. wie die eines SIEMENS-MARTIN-Stahles erschmolzen werden. (**F. P. 1 034 336** vom 22/3. 1951, ausg. 22/7. 1953. D. Prior. 23/3. 1950.) HOCHSTEIN. 6409

August Thyssen-Hütte Akt.-Ges., Duisburg-Hamborn, **Dortmund-Hörder Hüttenunion Akt.-Ges.,** Dortmund, und **Hüttenwerke Phoenix Akt.-Ges.,** Duisburg-Ruhrort (Erfinder: **Karl Daeves** und **Werner Holtmann,** Düsseldorf), *Erzeugung von Stahl mit niedrigem N_2-Gehalt nach dem basischen Windfrischverfahren.* Durch Konverterform u. Düsenanordnung wird der Teil der Schmelze, der mittelbar durch Eisenoxyd gefrischt wird, möglichst groß im Verhältnis zu dem unmittelbar der Frischwrkg. des Luftstromes selbst ausgesetzten Teil. Zweckmäßig wird der Stahl in einem Konverter mit seitlicher Windzuführung erblasen, wobei der zum Frischen erforderliche Windstrom nur gegen die Oberfläche des Bades gerichtet wird. (**D. B. P. 904 543** Kl. 18b vom 14/12. 1941, ausg. 18/2. 1954.) HOCHSTEIN. 6409

Administration Séquestre des „Röchling'sche Eisen- und Stahlwerke G. m. b. H.", Saarbrücken, *Herstellung eines stickstoffarmen Stahles durch Windfrischen.* Bei der Stahlherst. im THOMAS-Konverter durch Windblasen unter Zusatz von kühlenden Mitteln, wie Eisenerz, CO_2 u. Wasserdampf, wird die Badtemp. vor Beendigung der Entkohlung derart erhöht, daß die Entphosphorung des Stahles durch den O_2-Anteil der Zusatzstoffe gewährleistet ist. Zweckmäßig wird die Erhöhung der Badtemp. durch Erhöhung der Temp. des Roheisens, des Kalkes u. der Luft sowie durch Entfernung der Luftfeuchtigkeit u. durch Erhöhung der Menge der vor der Überblasungsperiode verbrauchten Roheisenverunreinigungen erreicht. Vorzugsweise werden auch die in das Bad eingeführten Zusätze im überhitzten Zustande eingeführt. (**F. P. 1 043 141** vom 27/6. 1951, ausg. 6/11. 1953.) HOCHSTEIN. 6409

Société d'Électro-Chimie, d'Électro-Métallurgie et des Aciéries Électriques d'Ugine, Frankreich, *Schnelle Entschwefelung von Stahl.* Während des Abgießens des Stahlbades in die Gießpfanne wird der Stahl zum Zwecke einer schnellen Entkohlung mit der Schlacke umgerührt, die im wesentlichen aus 15—40 Gew.-% Kalk u. 60—85% Flußspat besteht. Die durch Schmelzen ihrer Bestandteile hergestellte Schlacke wird nach ihrem Festwerden zerkleinert u. im festen Zustand in den in die Gießpfanne fließenden Stahlstrahl eingeführt. Gegen Ende des Gießens wird Kalk oder ein anderer, vorzugsweise bas. feuerfester Stoff zur schnellen Erstarrung der auf dem Stahl schwimmenden Schlacke in der Gießpfanne umgerührt. (**F. P. 1 031 953** vom 1/2. 1951, ausg. 29/6. 1953.) HOCHSTEIN. 6409

Vanadium Corp. of America, New York, N. Y., V. St. A., übert. von: **Daniel Leonard Edlund,** *Zusatzmittel für Gußeisen oder Stahl* besteht auf 5—30 (%) *Mg*, 15 bis 40 *Si* u. 20–70 *Pb*. Auch kann das Mittel noch *Fe* u./oder *Mn* mit der Maßgabe enthalten, daß der Fe-Geh. 28 u. der Mn-Geh. 12 nicht überschreitet. Vorzugsweise wird das Mittel in Form einer gleichförmigen homogenen Legierung dem Eisen- oder Stahlbad zugesetzt. (**E. P. 697 508** vom 3/9. 1951, ausg. 23/9. 1953. **F. P. 1 048 452** vom 3/9. 1951, ausg. 22/12. 1953. Beide A. Prior. 7/9. 1950.) HOCHSTEIN. 6409

Rheinische Röhrenwerke Akt.-Ges., Deutschland, *Hitzebeständiger mit Kupfer und Nickel legierter Stahl.* Hitzebeständiger Stahl mit hoher Warmstreckgrenze bei 350° u. günstigem Warmstreckgrenzenverhältnis besteht aus 0,1–0,3 (%) *C*, 0,6–1 *Mn*, 0,6–1,2 *Cu*, 0,5–1,2 *Ni*, 0,3–0,5 *Si*, 0–0,3 *Mo*, 0–0,4 *Cr*, Spuren bis 0,06 *Ta/Nb*, Rest Eisen mit den üblichen Verunreinigungen an S u. P. Außerdem kann der Stahl an Stelle oder zusammen mit dem angegebenen Ta/Nb-Geh. noch *Zr*, *B* oder *Ti* einzeln oder zusammen bis zu einem Betrag von 0,06% enthalten. Zweckmäßig wird der Stahl einer unterhalb von 650° liegenden Stabilisierungsglühbehandlung unterworfen. (**F. P. 1 024 505** vom 12/9. 1950, ausg. 2/4. 1953. D. Priorr. 10/10. u. 28/10. 1949 sowie 14/1. u. 20/1. 1950.) HOCHSTEIN. 6411

Soc. An. des Hauts Fourneaux, Forges et Aciéries de Pompey, Frankreich, *Schweißbarer und tiefziehfähiger Manganstahl mit hoher Elastizitätsgrenze* enthält außer Eisen 0,08–0,18 (%) *C*, 1,10–2,00 *Mn*, 0,10–0,30 *Si*, 0,15–0,50 *Mo*, 0,02–0,10 *V*, 0,01–0,10 *Ti*, unter 0,03 *S* u. unter 0,03 *P*. Zweckmäßig wird der Stahl auf eine Temp. zwischen 850 u. 920° erhitzt u. dann schnell auf ca. 600° abgekühlt, während die nachfolgende Abkühlung bei Tempp. zwischen 600 u. 400° mindestens 10 mal langsamer verläuft. — Abbildungen. (**F. P. 1 027 468** vom 8/11. 1950, ausg. 12/5. 1953.) HOCHSTEIN. 6411

Bochumer Verein für Gußstahlfabrikation Akt.-Ges., Deutschland, *Herstellung von legierten Stählen mit verbesserter Schmiedbarkeit.* Dem Stahlbad werden im Elektroofen Legierungselemente, wie *Mn*, *Cr*, *W*, oder ihre Ferrolegierungen oder Schrott von den entsprechenden Legierungen zugesetzt, darauf wird O_2 in das Bad eingeblasen u. abschließend werden die Feinungsschlacken reduzierend behandelt. Die Feinungsschlacken werden zweckmäßig dem Bad vor dem O_2-Blasen ohne Reduktionsmittel zugesetzt. Vor dem Zusatz der Legierungsgehh. werden die unerwünschten Bestandteile des Bades, wie C, P u. dgl., durch Frischen entfernt. Bei der Herst. von Manganhartstahl wird vorzugsweise das Bad nach dem Einschmelzen mittels O_2 gefrischt, dann die in die Schlacke übergegangenen Legierungsbestandteile in gewünschtem Maße red. u. das Bad mit Al desoxydiert, wobei nicht mehr Al zugesetzt werden darf als gerade zur Desoxydation ausreicht. (**F. P. 1 036 942** vom 10/5. 1951, ausg. 14/9. 1953. D. Priorr. 10/6. 1950 u. 15/3. 1951.) HOCHSTEIN. 6411

Badische Anilin- & Soda-Fabrik Akt.Ges., Deutschland, *Hochdruckhohlkörper*, bes. für chem. Hochdruckverff., aus Legierungen, die schwer be- bzw. verarbeitbar sind, werden nach dem Schleudergußverf. hergestellt. Vorzugsweise werden hierfür *Stähle* mit 0,15 (%) *C*, 0,8 *Cr*, 0,5 *Mo* oder 0,10 *C*, 2 *Cr*, 0,5 *Mo*, 0,2 *V*, 1,5 *Si* oder 0,10 *C*, 18 *Cr*, 8 *Ni*, 2 *Mo*, die durch *Ti*, *Nb* oder *Ta* stabilisiert sind, verwendet. Auch können Legierungen mit 50 *Ni* u. 15 *Cr*, 30 *Mo* u. 5 *Fe* verwendet werden. (**F. P. 1 028 309** vom 23/11. 1950, ausg. 21/5. 1953.) HOCHSTEIN. 6411

Allgemeine Elektricitäts-Gesellschaft, Berlin-Grunewald (Erfinder: **Richard Schulze,** Berlin-Mariendorf), *Bleilegierungen* für Kabelmäntel bestehen aus 0,3 bis 2,5 (%) *Zn*, Rest *Pb*. Durch Zusatz von bis 0,1 *Al* kann die Härte wesentlich gesteigert werden. (**D. B. P. 891 749** Kl. 40b vom 14/9. 1940, ausg. 1/10. 1953.) GÖTZE. 6431

Crowley-Republic Steel Corp., Cleveland, übert. von: **Edward A. Beidler,** Columbus, O., V. St. A., *Reduktion von Nickelchlorid bei tiefen Temperaturen.* Bei der Red. von festem $NiCl_2$ mittels H_2 wird trockenes, von metall. Ni freies $NiCl_2$ mit einem H_2-haltigen Gas durch Erhitzen auf eine Temp. von 475–650° F (246–343° C) in Ggw. von mindestens ca. 0,1% metall. Ni als Katalysator zum Einleiten der Rk. zu Ni reduziert. An Stelle des Zusatzes von metall. Ni kann dieses in statu nascendi durch anfängliches Erhitzen des $NiCl_2$ auf über 650° F (343° C) verwendet werden. Als Beispiel wurden 2 Proben aus 10 g wasserfreiem $NiCl_2$, die eine Probe im Gemisch mit 16% feinverteiltem metall. Ni, die andere ohne Ni-Zusatz, in 2 gleichgroßen Porzellanschiffchen nebeneinander in einem Ofen im H_2-Strom 35 Std. auf ca. 500° F (260° C) erhitzt. Nach dem Abkühlen zeigte die mit dem metall. Ni als Ausgangsgemisch behandelte Probe vollkommene Red. mit einem Geh. von 99,3% metall. Ni, während die andere Probe fast nicht red. war. (**A. P. 2 642 356** vom 23/5. 1950, ausg. 16/6. 1953.) APEL. 6435

Union Carbide & Carbon Corp., übert. von: **Michael C. Carosella** und **John D. Mettler,** Niagara Falls, N. Y., V. St. A., *Elektrolytische Gewinnung von Chrom.*

Zur Herst. des Cr-Elektrolyten wird eine Cr–Fe-Legierung mit H_2SO_4 ausgelaugt u. das gelöste Cr als Cr–Ammonium-Alaun aus der Lsg. auskristallisiert. Die Alaunkristalle werden abfiltriert u. dann wieder in W. gelöst. Die Lsg. bildet den Elektrolyten. Die Mutterlauge wird wieder dem Auslaugeprozeß zugeführt. Ein Teil der Mutterlauge wird durch Zusatz von Alkali- oder Erdalkalihydroxyd auf einen p_H-Wert von 3,8 gebracht, wodurch bas. Cr-Sulfat ausfällt, das der zum Auslaugen bestimmten H_2SO_4 zugesetzt wird. Bei dem Verf. werden die Verunreinigungen, bes. Fe, zuverlässig von den Cr-Verbb. getrennt. — Nach A. P. 2 651 611 wird nach dem Auslaugen der Fe–Cr-Legierung mit H_2SO_4 bei 60—105° die Lauge unter nichtoxydierenden Bedingungen mit Alkali- u. Erdalkalicarbonat oder ähnlich bas. wirkenden Verbb. auf einen p_H-Wert von unterhalb 3,8 gebracht. Das hierbei ausfallende bas. Cr-Sulfat wird in H_2SO_4 gelöst u. die Lsg. nach Einengen u. Zusatz eines Leitsalzes als Katholyt verwendet. Als Anolyt wird eine Lsg. von H_2SO_4 u. CrO_3 verwendet, die mit einem Reduktionsmittel behandelt ist, um Cr^{III}-Ionen zu erzeugen. Außerdem wird in der Lsg. noch bas. Cr-Sulfat gelöst. Durch das Verf. werden von Verunreinigungen freie Elektrolyte erhalten. — Schemazeichnung. (**A. PP. 2 650 192** vom 7/6. 1951, ausg. 25/8. 1953 u. **2 651 611** vom 7/6. 1951, ausg. 8/9. 1953.) MARKHOFF. 6437

Superior Steel Corp., Pittsburgh, Pa., V. St. A., *Bimetall.* Als Plattierschicht für ein Grundmetall aus *Stahl* mit mindestens 0,3 (%) C u. einer Zwischenschicht aus Stahl mit nicht mehr als 0,15 C wird ein *nichtrostender Cr-Stahl* mit weniger als 0,2 C verwendet. Derartige Verbundmetalle sind tiefziehfähig. Nach dem Hauptpatent wird das Verbundmetall durch Heißwalzen hergestellt. (**E. PP. 666 847** vom 23/5. 1947, ausg. 20/2. 1952. A. Prior. 28/8. 1946, u. **680 801** [Zusatzpatent] vom 22/11. 1948, ausg. 15/10. 1952. A. Prior. 22/11. 1947.) VIER. 6479

Franz Rapatz und Johann Pengg, Thörl bei Aflenz, Steiermark, Österreich, *Herstellung von Metallkörpern.* Ein Metallgemisch, das wenigstens zum Teil aus Pulver besteht, wird zum Verschweißen erhitzt u. der so erhaltene Zwischenkörper durch Walzen, Schmieden, Widerstandserhitzung oder dgl. geformt u. einer Diffusionsglühung unterworfen. Anwendung des Verf. zur Herst. von verstählten Gegenständen (Werkzeugen), von plattierten Blechen, Bimetallen, Schweißdrähten u. anderen Verbundkörpern. — Zeichnungen. (**Schwz. P. 269 569** vom 17/3. 1948, ausg. 16/10. 1950.) HOLM. 6493

Schiess Akt.-Ges., Düsseldorf-Oberkassel, *Oberflächenbehandlung von Metallen und Metallegierungen, bei denen die erwärmten Werkstücke unter Einfluß vom Ultraschall mit chemisch aktiven Stoffen in Berührung gebracht werden.* Die chem. akt. Stoffe, z. B. bei *Stahl* Nitriergase, werden der Einw. von Ultraschall ausgesetzt. Das Reaktionsmittel wird mit einer solchen Frequenz u. einer solchen Intensität beschallt, daß die dem einzelnen Mol. durch die Ultraschallschwingung aufgezwungene Schwingungsamplitude größenordnungsmäßig gleich ist der freien Weglänge des Mol., die definiert ist als statist. Mittelwert der therm. Molekularbewegung. (**Schwz. P. 292 488** vom 10/3. 1951, ausg. 2/11. 1953. D. Prior. 25/5. 1950.) HOCHSTEIN. 6509

Hans Günter Hoeck, Düsseldorf-Oberkassel, *Säuregehalt von Beizbädern.* Zur einfachen u. schnellen Best. des Säuregeh. von Fll., bes. Beizbädern für Stahl, dienen leichtlösl. Tabletten, die einen Indicator, z. B. Methylorange, Methylrot oder Neutralrot, ein Neutralisierungsmittel, z. B. $CaCO_3$, u. gegebenenfalls lösungfördernde Stoffe, z. B. $NaHCO_3$ oder Weinsäure, enthalten u. in Gelatinehüllen eingebettet sein können. Es werden z. B. 10 cm^3 eines H_2SO_4-Bades auf das 100fache verd. u. in der Fl. nacheinander soviel Tabletten verrührt, daß der Farbumschlag des Indicators, z. B. bei Verwendung von Neutralrot bei p_H 7, eintritt. Der Geh. der Tabletten an Neutralisationsmittel ist so bemessen, daß die verbrauchte Tablettenzahl ein Maß für den Säuregeh. ist. (**Schwz. P. 280 876** vom 27/6. 1949, ausg. 16/5. 1952. D. Prior. 23/5. 1949.) B. SCHMIDT. 6513

Soc. de Produits Chimiques des Terres Rares, Paris, Frankreich, *Anodisches Glänzen von Gegenständen aus Aluminium.* Die Gegenstände werden nach dem (vorzugsweise elektrolyt.) Entfetten in eine Phosphorsäure–Chromsäure-Lsg. mit einem $p_H < 1$ getaucht, hierauf in einem Aluminat-Ionen enthaltenden Bad anod. behandelt (5 bis 10 Min. bei 70—90°, 8—20 V u. 4—10 A/dm^2), dann nochmals in das Chrom–Phosphorsäure-Bad getaucht u. schließlich in einem schwefelsauren Bad anod. bei 12 V behandelt. Der festhaftende glänzende Überzug ist gegen atmosphär. Feuchtigkeit beständig. (**Schwz. P. 280 488** vom 7/9. 1948, ausg. 1/5. 1952. F. Prior. 24/9. 1947.) HOLM. 6515

Othmar Ruthner, Wien, Österreich, *Herstellung von metallischen und metalloidischen Überzügen durch Abscheiden aus der gasförmigen Phase.* Um bei dem Verf. nach dem

Hauptpatent die Bldg. spröder intermetall. Verbb. an der Grenzfläche zwischen Grundmetall u. Überzugsschicht zu vermeiden u. vorhandene Spannungen auszugleichen, wird rasch aus der Temp. der Abscheidungs-Rk. abgekühlt u. dann in einem gesonderten Heizraum auf 100—500° wiedererwärmt. Es werden verformbare Verbundwerkstoffe mit guter Verschleiß- u. Korrosionsbeständigkeit erhalten. (**Oe. P. 173 253** vom 4/4. 1949, ausg. 10/12. 1952. **Zusatz zu Oe. P. 170 601; C. 1954. 4257.**) VIER. 6517

Dr. W. Kampschulte & Cie., Deutschland, *Verbesserung galvanischer Niederschläge.* Bei der galvan. Metallabscheidung wird eine starke Strömung des Elektrolyten von der Anode zur Kathode erzeugt. Das Ansetzen von H_2-Bläschen an der Kathode wird verhindert. — Abbildung. (**F. P. 1 032 921** vom 20/2. 1951, ausg. 7/7. 1953.) MARKHOFF. 6517

Research Corp., New York, N. Y., übert. von: **Norman Hackerman,** Austin, Tex., V. St. A., *Elektrolytische Abscheidung von Chromüberzügen.* Als Elektrolyt wird eine Lsg. von CrO_3 u. H_2SO_4 verwendet, die 14—16 (Teile) $In_2(SO_4)_3$ auf 100 CrO_3 enthält. Bei 2,5—4 V, 6—18 A/dm² u. 30° erhält man glänzende, rissefreie Cr-Überüge. (**A. P. 2 630 407** vom 18/12. 1950, ausg. 3/3. 1953.) MARKHOFF. 6519

United Chromium, Inc., New York, N. Y., übert. von: **Frank Passal,** Detroit, Mich., V. St. A., *Elektrolytisches Verchromungsbad* besteht aus einer CrO_3-Lsg. mit einem Zusatz von 3 (Gewichtsteilen) $SrSO_4$ u. 8 K_2SiF_6 auf 100 CrO_3. Die Zusatzstoffe sollen stets in solcher Menge in der Lsg. vorhanden sein, daß ein ungelöster Anteil in der Lsg. enthalten ist. Bei Absinken des Geh. der Lsg. an SO_4- u. SiF_6-Ionen gehen entsprechende Anteile der ungelösten Verbb. in Lösung. Solange ein ungelöster Bodensatz vorhanden ist, reguliert sich hierdurch der Geh. des Bades an den katalyt. wirkenden Anionen selbsttätig. — Diagramme. (**A. P. 2 640 021** vom 23/11. 1949, ausg. 26/5. 1953.) MARKHOFF. 6519

United Chromium, Inc., New York, N. Y., übert. von: **Jesse E. Stareck,** Birmingham, Mich., V. St. A., *Elektrolytisches Verchromungsbad* besteht aus einer Lsg. von 72—97 Gew.-% CrO_3, so viel $SrSO_4$ u. K_2SiF_6, daß ein sich nicht lösender Anteil in der Lsg. verbleibt, 0,21—5,3 (Gew.-%) einer lösl. nichtkatalyt. wirkenden Sr-Verb. u. 0,64—4,7 einer lösl nichtkatalyt. wirkenden K-Verbindung. — Beispiel: 70—90 (%) CrO_3, 5,5—15,5 $K_2Cr_2O_7$, 0,6—3,6 $SrCrO_4$, 2,5—7,5 K_2SiF_6 u. 1,4—3,4 $SrSO_4$ werden in so viel W. gelöst, daß sich Lsgg. mit 150—400 g/Liter CrO_3 ergeben. Der Geh. an katalyt. wirkenden Anionen reguliert sich bei solchen Bädern selbsttätig, da sich diese Anionen aus dem ungelösten Anteil ergänzen. — Diagramme. (**A. P. 2 640 022** vom 7/11. 1950, ausg. 26/5. 1953.) MARKHOFF. 6519

Soc. Zinc et Alliages, Frankreich, *Aufbringen von festhaftenden Chromüberzügen auf Zink und Zinklegierungen.* Die Zn-Oberfläche wird nach kathod. Entfetten in einer $NaOH$, Na_2CO_3 u. $NaCN$ enthaltenden Lsg. höchstens 20 Sek. in einem 200 bis 300 g/Liter $Na_2Cr_2O_7$ u. 6—9 cm³ H_2SO_4 von 66° Bé enthaltenden Bade behandelt. Auf die so passivierte Oberfläche wird dann unmittelbar elektrolyt. Cr niedergeschlagen. Der Nd. ist matt, aber korrosionsbeständig. (**F. P. 1 032 436** vom 14/2. 1951, ausg. 1/7. 1953.) MARKHOFF. 6519

Régie Nationale des Usines Renault, Frankreich, *Elektrolytisches Verchromen von Zink.* Die Zn-Gegenstände werden in einem Bade aus 100—500 (g) CrO_3, 1—5 H_2SO_4 u. 1 Liter W. mit Wechselstrom von ca. 5 V u. mit einer Stromdichte von 5—20 A/dm² kurze Zeit behandelt. Der Lsg. kann noch 20 g/Liter $B(OH)_3$ zugesetzt werden. Die so behandelte Zn-Oberfläche läßt sich ohne Anwendung von Zwischenschichten verchromen. Der Glanz der Zn-Oberfläche leidet durch die Vorbehandlung nicht. (**F. P. 1 040 397** vom 8/8. 1951, ausg. 14/10. 1953.) MARKHOFF. 6519

Udylite Corp., übert. von: **Henry Brown,** Detroit, Mich., V. St. A., *Bad zur elektrolytischen Abscheidung von glänzenden Niederschlägen von Nickel, Kobalt und deren Legierungen* besteht aus einer sauren Lsg. von Chloriden, Sulfaten oder Fluorboraten des abzuscheidenden Metalls, dem mindestens 0,005 g/Liter eines organ. Sulfinats zugesetzt ist. Die Lsg. soll außer dem Salz des abzuscheidenden Metalls noch mindestens ein anderes Salz des Ni oder Co in geringerer Menge enthalten. (**A. P. 2 654 703** vom 9/9. 1950, ausg. 6/10. 1953.) MARKHOFF. 6521

United States of America, übert. von: **Abner Brenner,** Chevy Chase, **Dwight E. Couch,** Hyattsville, Md., und **Eugenia K. Williams,** Charlottesville, Va., V. St. A., *Elektrolytische Erzeugung von Überzügen aus Legierungen des Nickels und Kobalts mit Phosphor.* Als Elektrolyt wird eine Lsg. von $NiSO_4$ oder $NiCl_2$, H_3PO_4 u. H_3PO_3 vom p_H-Wert 0,5—2,0 verwendet. Stromdichte 5—40 A/dm²; Temp. 75—95°. Die Überzüge enthalten ca. 15% P, sind hart u. gegen HCl widerstandsfähiger als Ni. — Diagramme. (**A. P. 2 643 221** vom 30/11. 1950, ausg. 23/6. 1953.) MARKHOFF. 6521

Braunschweiger Hüttenwerk G. m. b. H., Deutschland (Erfinder: **Karlheinz Mahlich**, Braunschweig), *Verzinnen von Lagerschalen und Büchsen. Cu-, Sn-* oder *Pb*-Legierungen werden in erwärmte (auf 40—250°) z. B. sd. Sn-Salzlsg. mit 30 (g/Liter) $SnCl_2$ u. 15 *Weinstein*, vorteilhaft mit Zusatz von *Zn*- oder Sn-Granalien, getaucht. Dauer 30 Min., Schichtstärke bis zu 5 μ. (**D. P.** [**DDR**] **1 994** Kl. 48b vom 6/5. 1950, ausg. 15/12. 1952 [Ausschließungspatent].) HOLM. 6525

National Steel Corp., übert. von: **Joseph S. Buser**, Marland Heights, W.-Va., V. St. A., *Elektrolytisches Verzinnen von Bändern.* Das Band wird durch einen Galvanisierbehälter geführt, in welchem das Bandmittel eines aus Sn-Salzen u. F-Ionen bestehenden Elektrolyten verzinnt wird. Danach wird das Band zwischen Spritzdüsen geführt, die die anhaftende Sn-Salzlsg. von dem Band entfernt. Als Spritz-Fl. wird eine saure Sn-salzfreie Fluoridlsg. verwendet, deren p_H-Wert so eingestellt ist, daß eine Hydrolyse der anhaftenden Sn-Salzlsg. verhindert wird. — Nach A. P. 2 648 625 folgen auf die Spritzdüsen Quetschwalzen, die die nach dem Abspritzen anhaftende Fl. abquetschen. Zum Schluß werden die Bänder mit W. gespült. Durch diese gründliche Spülung bleibt kein Rückstand auf der Sn-Oberfläche, der den Glanz des abgeschiedenen Sn beeinträchtigt. — Abbildungen. (**A. PP. 2 648 625** u. **2 648 626** beide vom 10/3. 1949, ausg. 11/8. 1953.) MARKHOFF. 6525

Stahl- und Walzwerke Rasselstein-Andernach Akt.-Ges., Deutschland, *Thermische Behandlung galvanisch verzinnter Bleche.* In einem 1. Arbeitsgang werden die Bleche auf eine Temp. erhitzt, die zwischen 120° u. dem F. des Sn liegt. Im 2. Arbeitsgang wird bis zum F. u. etwas darüber erhitzt. Die Erhitzung über den F. des Sn ist von erheblich geringerer Dauer als das Aufheizen. Die Sn-Schicht schm. glatt u. glänzend auf. — Abbildung. (**F. P. 1 047 627** vom 9/1. 1952, ausg. 15/12. 1953. D. Prior. 22/3. 1951.) MARKHOFF. 6525

Willi Machu, Moderne Galvanotechnik. Weinheim/Bergstr. Verl. Chemie. 1954. (569 S. mit 194 Abb. u. 81 Tab.) DM 35,80.

Paul Morisset, Chromage, technique et applications. Paris: Marval. 1952. (479 S. m. Abb.)

IX. Organische Industrie.

Soc. des Usines Chimiques Rhône-Poulenc, Paris, Frankreich, *Hydrierungskatalysatoren* erhält man durch Fällen eines Alkaliborhydrides mit Ni-, Co- oder Cu-Salzen. Der Nd. aus einer 10%ig. $NaBH_4$-Lsg. u. einer 5%ig. $NiCl_2$-Lsg. dient zum Hydrieren von Safrol in Äthylacetat-A. bei 18° zu *Dihydrosafrol* in quantitativer Ausbeute. Die Katalysatoren haben die gleiche Aktivität wie RANEY-Ni. Die Fällung kann auch in Ggw. eines Trägers, wie Infusorienerde, erfolgen. — Furfurol → *Furfurylalkohol.* — Streptomycin → *Dihydrostreptomycin.* (**Schwz. P. 295 387** vom 21/12. 1951, ausg. 1/3. 1954. F. Priorr. 29/12. 1950 u. 25/6. 1951.) KRAUSS. H 460

N. V. de Bataafsche Petroleum Mij., Den Haag, Holland (Erfinder: **Carlos Louis Gutzeit**, Emeryville, Calif., V. St. A.), *Dehydrierungskatalysator*, bestehend aus einer Mischung aus Fe- u./oder Co-Oxyd, einer kleineren Menge Cr-Oxyd u. Alkali- oder Erdalkaliverbb., die vorteilhaft auf 700—1000°, bes. 800—950°, u./oder mehrere Std. mit Wasserdampf auf 600—800° erhitzt wurde. — Ein Katalysator aus 70 (Teilen) Fe_2O_3, 30 Cr_2O_3, 1 Mol.-% $CuSO_4$ u. 0,5 Mol.-% KNO_3 dient zur Dehydrierung einer Buten-(1)- u. Buten-(2)-Fraktion zu *Butadien*; Ausbeute 74%. — Äthylbenzol → *Styrol.* — *Methylstyrol. Dimethylstyrol. Piperylen. Isopren.* (**D. B. P. 863 342** Kl. 12o vom 16/9. 1950, ausg. 15/1. 1953. A. Priorr. 4/1., 14/8. u. 18/9. 1944.) KRAUSS. H 460

N. V. de Bataafsche Petroleum Mij, Den Haag, Holland (Erfinder: **Richard Albert Foster** und **Charles George Laspe**, San Francisco, Calif., V. St. A.), *Trennung flüssiger Gemische geometrischer cis- und trans-stereoisomerer, geradkettiger organischer Verbindungen* erfolgt mit Harnstoff bei 0—75°. — 75 (Teile) eines Gemisches aus 25 Elaidin- u. 50 Ölsäure ergeben bei der Trennung mit methanol. Harnstoff u. Zerlegung der Komplexverb. bei 80° mit W. ein Prod. mit 51% Elaidinsäure. Ferner können getrennt werden: Ester, Amine, Amide, Alkohole u. Nitrile. (**D. B. P. 865 303** Kl. 12o vom 18/1. 1950, ausg. 2/2. 1953. A. Prior. 29/1. 1949.) KRAUSS. H 460

Badische Anilin- & Soda-Fabrik Akt.-Ges., Deutschland, *Herstellung von Alkylmagnesiumchloriden für die Grignard-Synthese* aus monohalogenierten aromat. oder gesätt. aliphat. KW-stoffen im Gemisch mit Carbonsäuren, Estern oder Nitrilen durch Rk. mit metall. Mg in Abwesenheit von W., bes. unter Ausschluß von Luftsauerstoff u. wesentlicher Mengen eines Lösungsm., bei 60—180°. — 5 g Mg-Späne werden mit Ae. übergossen u. mit 2 cm^3 Brommethyl versetzt. Dieses Gemisch wird in einen Stahlautoklaven eingefüllt u. dazu werden 1000 cm^3 trockner Ae., 95 g Mg-Späne u. nach dem Ersatz der Luft durch N_2 400 cm^3 fl. CH_3Cl gegeben. Danach wird die Temp. auf 86° u. der Druck auf 14 at gesteigert. Reaktionsdauer 15—20 Minuten. Es werden 90% des angewandten Mg in CH_3MgCl übergeführt. — In gleicher Weise wird mit C_2H_5Cl das C_2H_5MgCl erhalten. — Tert.-Butylchlorid bildet tert.-Butyl-Mg-chlorid. — Ein Gemisch aus 12 (g) Mg, 135 C_2H_5Cl u. 40 Diäthylketon u. ein wenig C_2H_5Br wird auf 80° erwärmt u. dabei 9 Std. im Autoklav gerührt. Das Reaktionsgemisch wird mit Eis u. verd. H_2SO_4 zersetzt. Es entsteht dabei Triäthylcarbinol. — In gleicher Weise entsteht mit Isopropylchlorid u. Diisopropylketon durch Zers. des gebildeten Isopropyl-Mg-chlorids das Triisopropylcarbinol. — Nach F. P. 1 001 521 wird das GRIGNARD-Reagens in einem Glaskolben mit aufgesetztem Kugelkühler u. zwischengeschaltetem SOXHLET, in welchem sich die Mg-Späne befinden, hergestellt. (**F. PP. 1 001 520** u. **1 001 521** vom 24/5. 1946, ausg. 25/2. 1952.) M. F. MÜLLER. H 470

Ruhrchemie Akt.-Ges., Deutschland, *Katalytische Umwandlung von CO und CO_2 in Methan.* Man beschickt eine sehr dichte, aus Ni, MgO u. Infusorienerde bestehende, in Kontaktrohre von 30 mm Durchmesser u. 5—10 m Höhe eingefüllte Katalysatormasse mit einem CO_2, CO u. H_2 enthaltenden Gasgemisch von 10—15 at. Die Katalysatormasse besitzt am Gaseintritt eine Temp. von 150—180°, am Gasaustritt von 180—300°. (**F. P. 1 012 207** vom 5/7. 1949, ausg. 7/7. 1952.) OPPERMANN. H 510

Henri Martin Guinot, Seine-et-Oise, Frankreich, *Herstellung von chlorhaltigen Methan- und Äthanderivaten, besonders von Methylenchlorid.* Man verestert kontinuierlich Methanol mit HCl in Ggw. von H_2SO_4, $ZnCl_2$ oder $MgCl_2$ u. setzt das gebildete Methylchlorid bei 300—350° in Ggw. von akt. Kohle, Knochenkohle oder Chloriden von Fe, Al, Sb oder Mo mit Cl_2 zu Methylenchlorid um. Aus Methylenchlorid gewinnt man durch weiteres Chlorieren Chlf. u. CCl_4. Das Verf. kann man auch zur Herst. von 1.1-Dichloräthan (aus A. u. HCl) u. von 1.1.1- u. 1.1.2-Trichloräthan (durch Chlorieren von 1.1-Dichloräthan) verwenden. — Vorrichtung. (**F. P. 1 017 384** vom 10/5. 1950, ausg. 9/12. 1952.) OPPERMANN. H 510

Houdry Process Corp., übert. von: **E. J. Houdry**, Wilmington, Del., V. St. A., *Gewinnung von Olefinen und Diolefinen* durch katalyt. Dehydrierung von niedermol. Paraffin- u. Olefin-KW-stoffen mit 4—5 C-Atomen, z. B. eines Gemisches von n-Butan u. n-Buten. Dabei wird die bei der Regenerierung des Katalysators freiwerdende Wärmemenge zum Aufheizen für die Dehydrierung ausgenutzt. — Zeichnung. (**Can.P. 475 678** vom 14/4. 1943, ausg. 31/7. 1951. A. Prior. 18/7. 1942.) M.F. MÜLLER. H 520

Badische Anilin- & Soda-Fabrik Akt.-Ges. (Erfinder: **Hans Ostermayer**, Ludwigshafen/Rh., und **Eugen Dorrer**, St. Gratien, Seine-et-Oise, Frankreich), *Chlorierte Äthylene* erhält man durch Behandeln von Chloräthanen mit 3—5 Cl-Atomen mit wss. Lsgg. oder Aufschlämmungen von Alkali- oder Erdalkalihydroxyden oder mit wss. NH_3, die zweckmäßig in das untere Ende eines turmartigen Gefäßes eingeführt werden, das mindestens auf den Kp. des entstehenden Chloräthylens erhitzt wurde, wobei dieses unter Kondensieren u. Rückführen der mitverdampften Ausgangsverb. am oberen Ende des Turmes gasförmig abgezogen u. für sich kondensiert wird; gleichzeitig werden fortlaufend die verbrauchten Alkali- oder Erdalkalilsgg. ebenfalls am oberen Turmende entfernt. — 1.1.2-Trichloräthan → *1.1-Dichloräthylen*, Kp. 30—34°. — 1.1.2.2-Tetrachloräthan → *Trichloräthylen.* — Pentachloräthan → *Tetrachloräthylen.* — Vorr., Zeichnung. (**D. B. P. 908 614** Kl. 12o vom 23/3. 1941, ausg. 8/4. 1954.) KRAUSS. H 520

Erich Schaeffer, Oise, Frankreich, *Herstellung von chlorhaltigen Äthylenverbindungen*, bes. Vinylchlorid u. Polychloräthylen. Man setzt Chloräthan in einem mehrstufigen Verf. mit Acetylen um. Hierbei verwendet man in den Stufen mit höherer Temp. (240—260°) einen die Polychloräthylenbldg. begünstigenden Katalysator (mit $BaCl_2$ imprägnierte akt. Kohle), in den Stufen mit niedrigerer Temp. (130—150°) einen die Vinylchloridbldg. begünstigenden Katalysator (mit $HgCl_2$ imprägnierte akt. Kohle). — Vorrichtung. (**F. P. 1 011 515** vom 23/2. 1949, ausg. 24/6. 1952.) OPPERMANN. H 520

Farbwerke Hoechst Akt.-Ges. vormals Meister Lucius & Brüning (Erfinder: **Hans Krekeler**), Frankfurt/M., *Verfahren zur Herstellung von Vinylchlorid* (**I**) aus Dichloräthanen bei hohen Tempp. unter erhöhtem Druck, dad. gek., daß man die Reaktionsgase nach der Umsetzung entspannt u. entweder einer Tieftemperaturdest. unterwirft oder den HCl mit einem Absorptionsmittel entfernt u. **I** durch Dest. vom nichtumgesetzten Dichloräthan abtrennt; Ausbeute 98%. (**D. B. P. 899 191** Kl. 12o vom 2/6. 1951, ausg. 10/12. 1953. Anmeldung bekanntgemacht 19/3. 1953. **Zusatz zu D. B. P. 857 957; C. 1953. 2190.**) KRAUSS. H 520

Heinz Grüß, Berlin-Wannsee, *Perfluoräthylen.* Perfluormethan, Fluorphosgen oder beliebige gesätt. Fluorkohlenstoffverbb. werden bei über 350°, bes. in Ggw. fluoridbildender Schwermetalle (Fe) als Katalysator, mit CO unter erhöhtem Druck red., wobei dem Reaktionsgemisch bes. kontinuierlich O_2 zugeführt wird u. die CO-Verbrennung die erforderliche Energie liefert. Das gebildete CO_2 wird dem umlaufenden Reaktionsgemisch mit Absorptionsmitteln entzogen. Die Wände des Reaktionsraumes bestehen zweckmäßig aus Ag, Cu, deren Legierungen oder Kohle. $2 CF_4 + 2 CO \rightarrow C_2F_4 + 2 COF_2$; $2 COF_2 + 2 CO \rightarrow C_2F_4 + 2 CO_2$. — Vorr., Zeichnung. (**D. B. P. 887 648** Kl. 12o vom 4/3. 1950, ausg. 1/2. 1954.) KRAUSS. H 520

Badische Anilin- & Soda-Fabrik Akt.-Ges., Deutschland, *Herstellung von Acetylen.* Die Herst. des C_2H_2 erfolgt durch unvollständige Verbrennung von KW-stoffen (Methan) bei einem Druck von 0,4 at. — Vorrichtung. (**F. P. 1 017 967** vom 17/5. 1950, ausg. 24/12. 1952.) OPPERMANN. H 530

Badische Anilin- & Soda-Fabrik Akt.-Ges., Deutschland, *Gewinnung von Acetylen aus einem Gasgemisch von C_2H_2 und CO_2* durch Auswaschen mit einem organ. Lösungsm., welches eine größere Lösefähigkeit für das Acetylen besitzt als für CO_2. Solche Lösungsmittel sind z. B. Butyrolacton oder Dimethylformamid. Das von dem Lösemittel aufgenommene C_2H_2 wird durch Erwärmen unter red. Druck unter Bedingungen frei gemacht, daß eine Polymerisation des C_2H_2 vermieden wird. (**F. P. 1 001 539** vom 27/5. 1941, ausg. 25/2. 1952.) M. F. MÜLLER. H 530

Ruhrchemie Akt.-Ges., Deutschland, *Extraktion von in Wasser unlöslichen Alkoholen.* Man extrahiert die höheren, in W. unlösl. Alkohole enthaltenden prim. Prodd. der CO-Hydrierung mit 15—30 Vol.-%) vorzugsweise 30 Vol.-%) W. enthaltenden Lsgg. von niederen Alkoholen (bes. A.) bei n. oder erhöhter Temperatur. Nach Abtrennung der aus KW-stoffen bestehenden Schicht von der wss. alkoh. Schicht entfernt man aus dieser durch Dest. teilweise den Alkohol. Den Destillationsrückstand verd. man sofort mit 0,5—2 Volumenteilen (vorzugsweise 1 Volumenteil) Wasser. Die obere Schicht enthält die höheren Alkohole, die man durch Dest. reinigt. Ein solches isoliertes Gemisch von höheren Alkoholen hatte folgende Konstanten: Mol.-Gew. 151, $D.^{20}$ 0,837, SZ. 3, VZ. 13, JZ. 3, Hydroxylzahl 370. (**F. P. 1 012 166** vom 22/6. 1949, ausg. 7/7. 1952.) OPPERMANN. H 560

Badische Anilin- & Soda-Fabrik Akt.-Ges., Deutschland, *Herstellung von Alkoholen aus Olefinen* durch Anlagerung von W. bei erhöhter Temp. unter Druck in Ggw. von Oxyden des W, Mo oder V, wobei bes. die niederen Oxyde verwendet werden, z. B. WO, WO_2, W_2O_5, W_4O_{11}, MoO_2, VO_2. Die Wirksamkeit der Katalysatoren wird durch Zusatz von Oxyden von Leichtmetallen, bes. von Zn u. Al, erhöht. Als Trägersubstanzen sind Bimsstein, Silicagel, akt. Kohle, akt. Entfärbungserden oder keram. Massen genannt. — Aus Propylen u. W. wird bei 225—250° u. einem Druck von 60—70 at *Isopropylalkohol* gebildet. (**F. P. 1 001 898** vom 28/6. 1946, ausg. 28/2. 1952.) M. F. MÜLLER. H 560

Badische Anilin- & Soda-Fabrik Akt.-Ges., Deutschland, *Herstellung von höhermolekularen Alkoholen durch katalytische Reduktion der entsprechenden höhermolekularen Fettsäuren* in Form ihrer Ester. Bevorzugt sind Fettsäuren mit 5—10 C-Atomen, wie sie z. B. bei der Paraffinoxydation gewonnen werden. Diese Fettsäuren werden z. B. mit den entsprechenden Fettalkoholen, welche auch 5—10 C-Atome enthalten, durch einfaches Erhitzen ohne Zusatz eines Katalysators verestert u. danach der katalyt. Red. unterworfen. (**F. P. 1 002 008** vom 12/7. 1946, ausg. 3/3. 1952.) M. F. MÜLLER. H 560

Standard Oil Development Co., V. St. A., *Abscheidung von Katalysatoren.* Zur Abscheidung des bei der Herst. von Aldehyden durch Umsetzung aus olefin. Verbb. mit CO u. H_2 in Form von Co-Carbonyl in Lsg. gehenden Co-Naphthenatkatalysators leitet man in das Reaktionsprod. Wasserdampf von 100—205° u. 0—14 at ein. Das in der unteren wss. Schicht suspendierte Co-Metall wird abfiltriert u. zur Herst. des ursprünglichen Katalysators wieder verwendet. — Vorrichtung. (**F. P. 1 018 055** vom 24/4. 1950, ausg. 26/12. 1952.) OPPERMANN. H 670

Distillers Co. Ltd., übert. von: **K. H. W. Tuerck** und **E. H. Britain,** Edinburgh, Schottland, *Entfernung von Acetaldehyd aus Gasgemischen,* welche im Gegenstrom mit wasserfreier Essigsäure in Berührung gebracht wird. Die Essigsäure enthält 0,01 bis 0,2 Gew.-% H_2SO_4 als Polymerisationsmittel, welche den Acetaldehyd in *Paraldehyd* überführt. Reaktionstemp. 15—20 bzw. 5—25°. (**Can. P. 483 386** vom 6/1. 1943, ausg. 20/5. 1952. E. Prior. 11/9. 1941.) M. F. MÜLLER. H 670

Soc. An. des Manufactures des Glaces et Produits Chimiques de Saint Gobain, Chauny & Cirey, Seine, Frankreich, *Herstellung von Chloracetalen.* Sie werden erhalten durch Erhitzen von Chloracetaldehyd (wasserfrei, als Halbhydrat oder in wss. Lsg.) mit einem Alkohol (A., n-Butanol, Allylalkohol, Glykol) in Ggw. eines Katalysators (HCl) u. eines wasserentfernenden Mittels (z. B. Bzl., symm. Dichloräthylen). — Z. B. erhitzt man ein Gemisch von 87,5 g Monochloracetaldehyd (1 Mol), 141 g 82%ig. Allylalkohol (2 Mol), 1 cm³ HCl (21° Bé) u. 100 cm³ Bzl. am Rückflußkühler unter Entfernung des Wassers. Es werden genannt: *Chloracetal*, $Kp._{15}$ 50 bis 52°; Ausbeute 70%; ein inneres *Glykolchloracetal* von der Formel I, $Kp._{12}$ 52°, $D.^{21,5}_{4}$ 1,227, $n_D^{21,5}$ 1,4488; Ausbeute 87%; *Allylchloracetal*, $Kp._{16}$ 80—82°, $D.^{17}_{4}$ 1,036, n_D^{19} 1,4525; Ausbeute 72%. (**F. P. 1 011 278** vom 7/1. 1949, ausg. 20/6. 1952.) OPPERMANN. H 670

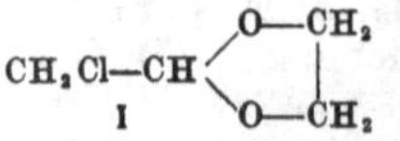

Badische Anilin- & Soda-Fabrik Akt.-Ges., Deutschland, *Herstellung von sauerstoffhaltigen organischen Verbindungen.* Man läßt olefin. u. acetylen. Verbb. (z. B. Äthylen, Butadien, Cyclohexen, Cyclooceten, Allylchlorid, Acetylen, Diacetylen, Butinol, Dihydrofuran) bei 60—200° u. 10—30 at mit CO in Ggw. komplexer Cyanide (bes. $K_2[Ni(CN)_3]$, $K_2[Ni(CN)_4]$ oder ammoniakal. $Ni(CN)_2$-Lsgg.) u. in Ggw. von W. oder bas. N-Verbb., die mindestens ein am N gebundenes H-Atom besitzen, reagieren. So hergestellte O-haltige Verbb. sind z. B.: *3.6-Octandion* ($Kp._{0,3}$ 60—65°, F. 35,5°), *Decantrion* ($Kp._{0,3}$ 120—125°, F. 81°), *Tetradecantetron* ($Kp._{0,4}$ 140—185°, F. 112°), *Propionsäure* (Kp. 142°), *Propionylpropionsäure* ($Kp._{0,4}$ 100—125°, F. 39,5°), *Undecantrion* ($Kp._{0,4}$ 120—130°), die *Verb.* $C_7H_{12}O_2N_2$ (F. 164°), die *Dicarbonsäure* $C_{12}H_{19}O_6N_3$ (F. 142°), *Tetrahydrofurancarbonsäure* ($Kp._{0,3}$ 85—88°). (**F. P. 1 017 593** vom 20/3. 1950, ausg. 12/12. 1952.) OPPERMANN. H 730

Établissements Fournier-Ferrier, Bouches-du-Rhône, Frankreich (Erfinder: **Schlenker**), *Trennung von festen und flüssigen Fettsäuren.* Man schm. Fettsäuren (z. B. von Palmöl, „Karitébutter", Talg), verrührt sie unter Kühlen zu einer halbfl., feine Kristalle enthaltenden M. u. vermischt diese mit einem stark abgekühlten Lösungsm. (z. B. A., Methanol). Dann trennt man die Lsg. der Fettsäuren mit niedrigem F. von den unlösl. gebliebenen mit hohem F. u. entfernt das Lösungsmittel. (**F. P. 1 011 574** vom 27/1. 1950, ausg. 24/6. 1952.) OPPERMANN. H 810

Usines de Melle, Deux-Sèvres, Frankreich (Erfinder: **Lino Rigon**), *Kontinuierliche Herstellung von niedrigen aliphatischen Anhydriden, besonders von Essigsäureanhydrid.* Man leitet 1—3 m³/Std. u. Liter Fl. Luft oder ein O_2-haltiges Gas bei 40—100° in eine Fl. ein, die aus einem Gemisch des dem Anhydrid entsprechenden Aldehyds (Acetaldehyd), der dem Anhydrid entsprechenden Säure (Essigsäure) u. des herzustellenden Anhydrids (Essigsäureanhydrid) selbst mit 75—90% eines chem. inerten, über 200° sd. Lösungsm. oder Lösungsmittelgemisches zum Auflösen des Anhydrids besteht, in Ggw. von Salzen obiger Säure als Katalysatoren (z. B. Cu-, Co-, Ag-, Ni-Acetat). Ein solches Reaktionsgemisch hat z. B. die Zus.: 80 kg Butylbenzoat, 16 kg Essigsäureanhydrid, 4 kg Essigsäure, in der man 500 g Co-, 100 g Cu- u. 50 g Ni-Acetat aufgelöst hat, u. 1,5 kg Acetaldehyd. Man erhält nach diesem Verf. bes. hohe Umsätze von Aldehyd in Anhydrid (bis zu 95%). — Vorrichtung. (**F. P. 1 012 344** vom 15/7. 1949, ausg. 8/7. 1952.) OPPERMANN. H 810

Usines de Melle, Deux-Sèvres, Frankreich, *Hydrolysieren von Methylacetat.* Man hydrolysiert das Methylacetat mit W. in Ggw. von H_2SO_4 als Katalysator bei höherem Druck u. höherer Temperatur. Das gebildete Gemisch von Methylacetat, Methylalkohol, Essigsäure u. W. dest. man in einer Kolonne u. entzieht den am Kolonnenkopf entweichenden Dämpfen von Methanol u. Methylacetat durch Waschen mit W. das *Methanol.* Die *Essigsäure* sammelt sich am Boden der Kolonne. — Vorrichtung. (**F. P. 1 016 795** vom 27/4. 1950, ausg. 21/11. 1952.) OPPERMANN. H 810

N. V. de Bataafsche Petroleum Mij., Holland (Erfinder: **Theodore F. Bradley, Albert C. Mueller** und **Edward C. Shokal**), *Fraktionierung von Fettsäuremonoestern, besonders Fettsäuremonoglyceriden.* Man behandelt das Gemisch der Monoglyceride bei 10—45° 10 Min. bis 5 Std. mit einer Lsg. von Harnstoff in einem einwertigen niederen Alkohol (z. B. A., Methylalkohol), wobei die Monoglyceride mit relativ niedriger JZ. mit dem Harnstoff krist. komplexe Verbb. bilden u. von den in Lsg. verbleibenden Monoglyceriden mit relativ hoher JZ. abgetrennt werden können. Durch Erhitzen der komplexen Verbb. auf 60—125°, vorzugsweise in Ggw. von A. oder W., werden die komplexen Verbb. zerstört u. die betreffenden Monoglyceride wiedergewonnen. Das Verf. kann auch zur Trennung von Mono- u. Diglyceriden sowie zur Fraktionierung von

Fettsäuremonoestern anderer Polyalkohole (z. B. Pentaerythrit, Sorbit, Glykol, Tri-, Hexamethylenglykol) verwendet werden. (**F. P. 1 038 607** vom 10/3. 1951, ausg. 30/9. 1953. A. Prior. 13/3. 1950.) Oppermann. H 810

Houillères du Bassin du Nord et du Pas de Calais, Nord, Frankreich (Erfinder: **Mennessiere Kapron**), *Herstellung von Dicarbonsäuren, besonders Bernstein- und Adipinsäure.* Zur Herst. von Adipinsäure oxydiert man Cyclohexan u. seine Derivv., zur Herst. von Bernsteinsäure Cyclohexadien u. seine Derivv. mit HNO_3 in Ggw. von H_2SO_4 u. V_2O_5 oder eines Oxyds oder Salzes von Mn oder Mo oder Gemischen dieser Verbindungen. Die Ausbeuten betragen bis 93%. (**F. P. 1 016088** vom 7/4. 1950, ausg. 31/10. 1952.) Oppermann. H 820

Colgate-Palmolive-Peet Co., Jersey City, übert. von: **Harold Dwaine Allen,** Glen Rock, N. J., und **Clarence Joseph Arrowsmith,** Brooklyn, N. Y., V. St. A., *Feste Oxyfettsäureester* (**I**) bestimmter Teilchengröße erhält man durch Gegenstromsprühkühlung der geschmolzenen **I** mit Luft u. dergleichen. — Vorr., Zeichnung. (**A. P. 2 633 604** vom 21/5. 1947, ausg. 7/4. 1953.) Müller-Meiningen. H 850

Union Carbide & Carbon Corp., übert. von: **Harry A. Stansbury jr.** und **Raymond McNamee,** Charleston, W. Va., V. St. A., *3-Äthoxypropionsäure-3-äthoxypropylester,* $C_2H_5O-CH_2-CH_2-COO-CH_2-CH_2-CH_2-OC_2H_5$ (**I**). Man tropft z. B. zur Mischung von 200 (g) Bzl. u. 21 Al-Isopropylat bei 25—35° innerhalb 15 Min. 102 3-Äthoxypropionaldehyd, rührt weitere 2 Std. bei 25°, tropft dann 40 konz. HCl in 200 cm^3 W. zu, wäscht abgeschiedenes Öl mit 100 cm^3 W. u. erhält durch Dest. 75 (= 74%) **I**; Kp. 1C5°; $D.^{20}{}_{20}$ 0,970; n_D^{30} 1,4177. — *Lösungsm.* für harzartige Prodd., bes. Nitrocellulose, Ausgangsprod. für den entsprechenden polymerisierbaren Acrylsäureester. (**A. P. 2 648 703** vom 27/9. 1951, ausg. 11/8. 1953.) Müller-Meiningen. H 850

Karl Klager, Monrovia, Calif., V. St. A., *5-Oxy-4.4-dinitrovaleriansäure* (**I**)-*Ester* erhält man durch Rk. niedermol. unsubstituierter Acrylsäure (**II**)-Alkylester mit Dinitroäthanol-Na (**III**) in wss. Lsg., indem man z. B. in 34,8 (g) **III** u. 100 cm^3 W. 17 **II**-Methylester innerhalb 5 Min. eintropft, unter Rühren innerhalb 1 Std. 12 $CH_3 \cdot COOH$ u. 12 W. zugibt u. weitere 6 Std. bei einer Temp. von nicht $>30°$ rührt, über Nacht stehenläßt, mit Ae. extrahiert, mit gesätt. NaCl-Lsg., wss. $NaHCO_3$ u. wieder NaCl wäscht u. nach Entfernen des Ae. 8,93 **I**-*Methylester,* Öl, n_D^{25} 1,4738, erhält; mit verd. HCl → *4.4-Dinitrovalerolacton,* $Kp._2$ 150—160°, F. 78—79° (aus Ae.). — **I**-*Äthylester,* n_D^{45} 1,4666; *Na-Salz,* F. 166° (Zers.). — **I**-*Butylester,* n 1,4625; *Na-Salz,* F. 190° (Zers.). — Zwischenprodd. u. stabilisierende Zusätze zu Sprengstoffen. (**A. P. 2 640 072** vom 21/12. 1951, ausg. 26/5. 1953.) Müller-Meiningen. H 850

Consolidated Mining & Smelting Co. of Canada Ltd., Montreal, Quebec, Can. *Guanidinsulfamat* erhält man gemäß: $CO(NH_2)_2 + 3\ SO_2 + 4\ NH_3 \rightarrow (H_2N)_2C(:NH) \cdot HSO_3NH_2 + (NH_4)_2SO_4 + S$ bei 220—360° u. einem NH_3-Druck von 200—1000 lbs./sq.in. (**E. P. 705 799** vom 16/5. 1952, ausg. 17/3. 1954. Can. Prior. 23/5. 1951.) Brösamle. H 880

Saargruben Akt.-Ges., Saargebiet, *Freimachen von Phenolen aus ihren Alkaliphenolatlösungen* durch Einleiten von CO_2 unter Druck. (**F. P. 1 002 449** vom 3/10. 1946, ausg. 6/3. 1952.) M. F. Müller. H 1060

Soc. An. des Matières Colorantes et Produits Chimiques Francolor, Seine, Frankreich (Erfinder: **Marcel Pieuchot**), *Regelung des Mischungsverhältnisses der Reaktionspartner bei katalytischen Reaktionen in der Gasphase,* bes. bei der katalyt. Oxydation von Naphthalin zu *Phthalsäureanhydrid* mittels Luft. Man verwendet einen Vergaser, der im wesentlichen nach Art der Venturidüse gebaut ist. — Vorrichtung. (**F. P. 1 012 094** vom 3/6. 1949, ausg. 3/7. 1952.) Oppermann. H 1220

E. I. du Pont de Nemours & Co., Wilmington, übert. von: **Jesse Edward Hughes,** Bridgeport, N. J., **Harold Steen Kemp,** Elsmere, und **Cyrus Pyle,** New Castle, Del., V. St. A., *Reingewinnung von Terephthalsäuredimethylester* aus seinen Gemischen, bes. mit dem Monoester, Xylol, Benzoesäuremethylester u. anderen niedrigsd. Verbb., durch mehrere aufeinanderfolgende Destillationen, die an Hand einer Zeichnung beschrieben werden. (**A. P. 2 646 393** vom 21/6. 1952, ausg. 21/7. 1953.) Müller-Meiningen. H 1220

E. I. du Pont de Nemours & Co., Wilmington, übert. von: **James E. Carnahan,** New Castle, Del., V. St. A., *Dicarbonsäurechloride* erhält man durch Rk. von 1 (Mol) Terephthal-, Isophthal-, Cinchomeron-, Adipinsäure oder deren Gemischen mit mindestens 2 $COCl_2$ bei mindestens 10, bes. 12—100 at u. 100—250° innerhalb 1—6 Stunden. — Herst. von *Terephthaloylchlorid,* $Kp._{11}$ 133—136°, F. 84,5°, u. *Adipylchlorid,* $Kp._9$ 114. (**A. P. 2 657 233** vom 14/3. 1952, ausg. 27/10. 1953.) Müller-Meiningen. H 1220

Olivier Gaudin, Seine, Frankreich, *Herstellung von Salzen organischer Säuren mit aliphatischen Aminen,* bes. von Salicylsäure u. Diäthylamin. Man neutralisiert die Säure mit der wss. Lsg. des Amins oder setzt das Na-Salz der Säure mit dem Hydrochlorid des Amins um oder läßt die Säure mit dem Amin in einem Lösungsm. gelöst reagieren. Zur Herst. des Diäthylaminsalicylats (I) erhitzt man 1300 (g) Salicylsäure u. 1000 Diäthylamin, gelöst in 2000 W., ca. 20 Min. auf 80°. Das I (F. 100—101°) diffundiert bes. rasch durch die menschlichen, tier. u. Pflanzenzellen. (**F. P. 1 015 575** vom 6/12. 1948, ausg. 15/10. 1952. A. Prior. 23/12. 1947.) OPPERMANN. H 1250

Koppers Co., Inc., übert. von: **George T. Johannesen,** Mount Lebanon, Pa., V. St. A., *Diphenylamin* (I). Man setzt Anilin mit einem Anilin–$AlCl_3$-Katalysator um, der aus im Kreislauf zurückgeführtem Anilin u. $AlCl_3$ entsteht, u. dest. bei einer $<270°$ liegenden Temp. Anilin u. ein Anilinhydrochlorid–I-Azeotrop ab. — 2 Zeichnungen. (**A. P. 2 656 389** vom 9/11. 1948, ausg. 20/10. 1953.) LANGER. H 1310

L. Givaudan & Cie. (Soc. An.), V. St. A. (Erfinder: **William Simon Gump** und **Edward Joseph Nikawitz**), *Herstellung von halogenhaltigen Aminen.* Man läßt Äther von der allg. Formel 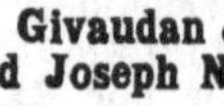 $—O—CH_2—CH_2X$, worin A Alkyl, Methoxyl oder H u. X Halogen bedeutet (z. B. 2-Chloräthyl-o-tolyläther, 2-Bromäthyl-o-isopropylphenyläther) mit 2-Alkylamino-, 2-Benzylamino- oder 2-(1-Naphthylmethyl)-aminoäthanol reagieren. Die gebildeten halogenhaltigen Amine verwandelt man durch Umsetzen mit Thionylchlorid oder Thionylbromid in Hydrochloride oder Hydrobromide. Man kann auch obige Äther mit 2-Aminoäthanol oder 1-Amino-2-propanol reagieren lassen u. setzt das entsprechende Prod. mit einem anderen Äther von obiger Formel um. Es werden folgende Verbb. genannt: *2-(N-phenoxyäthyl)-benzylaminoäthanol,* $Kp._6$ 207 bis 213°, n 1,5599; *1-(N-Phenoxyäthyl)-benzylamino-2-chloräthanhydrochlorid,* F. 105 bis 108°; *2-[Bis-(phenoxyäthyl)-amino] äthanol,* $Kp._5$ 245—250°, n^{20} 1,5548; *1-[Bis-(phenoxyäthyl)-amino]-2-chloräthanhydrochlorid,* F. 129—130°; *2-[Bis-(o-toloxyäthyl)-amino]-äthanol,* $Kp._3$ 223—243°; *1-[Bis-(o-toloxyäthyl)-amino-2-chloräthanhydrochlorid,* F. 139—142°; *2-[Bis-(p-toloxyäthyl)-amino]-äthanol,* $Kp._3$ 230—250°; *1-[Bis-(p-toloxyäthyl)-amino]-2-chloräthanhydrochlorid,* F. 147—150°; *2-(1-Naphthylmethyl)-aminoäthanol,* $Kp._4$ 194—205°, n 1,6195; *2-o-Toloxyäthanol,* $Kp._4$ 105—110°, n 1,5330; *2-Chloräthyl-o-tolyläther,* $Kp._4$ 90—95°, n 1,528; *2-[(o-Toloxyäthyl)-(1-naphthylmethyl)]-aminoäthanol,* $Kp._4$ 265—285°; *1-[(o-Toloxyäthyl)-(1-naphthylmethyl)]-amino-2-chloräthan,* F. 172,8—175,8° (korr.); *2-Bromäthyl-o-isopropylphenyläther,* $Kp._4$ 115—129°, n 1,5350; *2-(o-Isopropylphenoxyäthyl)-aminoäthanol,* $Kp._4$ 175—185°, n 1,5252; *2-(N-o-Isopropylphenoxyäthyl)-benzylaminoäthanol,* $Kp._4$ 225—240°; *1-(N-o-Isopropylphenoxyäthyl)-benzylamino-2-chloräthanhydrochlorid,* F. 127°; *2-(o-Äthylphenyloxyäthyl)-aminoäthanol,* $Kp._4$ 165—175°; *2-(N-o-Äthylphenoxyäthyl)-benzylaminoäthanol,* $Kp._4$ 220—235°; *1-(N-o-Äthylphenoxyäthyl)-benzylamino-2-chloräthanhydrochlorid,* F. 116—118°; *2-(N-o-Toloxyäthyl)-äthylaminoäthanol,* $Kp._4$ 166—170°, n 1,5200; *1-(N-o-Toloxyäthyl)-äthylamino-2-chloräthanhydrochlorid,* F. 125—127°; *2-(N-o-Toloxyäthyl)-benzylaminoäthanol,* $Kp._4$ 215—223°, n 1,5590; *1-(N-o-Toloxyäthyl)-benzylamino-2-chloräthanhydrochlorid,* F. 142,3—143,5° (korr.); *2-(o-Methoxyphenoxy)-äthanol,* $Kp._5$ 133—136°, n 1,5418; *2-Chloräthyl-o-methoxyphenyläther,* $Kp._4$ 123—129°, F. 41 bis 43°; *2-(N-o-Methoxyphenoxyäthyl)-benzylaminoäthanol,* $Kp._5$ 230—245°, n 1,5640; *1-(N-o-Methoxyphenoxyäthyl)-benzylamino-2-chloräthanhydrochlorid,* F. 127,3—129,5° (korr.); *2-Bromäthyl-o-methoxyphenyläther,* $Kp._4$ 120—130°; *2-(o-Methoxyphenoxyäthyl)-aminoäthanol,* $Kp._4$ 185—200°; *2-[(o-Methoxyphenoxyäthyl)-(o-toloxyäthyl)]-aminoäthanol,* $Kp._4$ 255—270°; *1-[(o-Methoxyphenoxyäthyl)-(o-toloxyäthyl)]-amino-2-chloräthanhydrochlorid,* F. 121—123°; *2-Bromäthyl-p-methoxyphenyläther,* $Kp._4$ 130—138°; *2-(p-Methoxyphenoxyäthyl)-aminoäthanol,* $Kp._4$ 193—200°; *2-(N-p-Methoxyphenoxyäthyl)-benzylaminoäthanol,* $Kp._4$ 246—250°, n 1,6195; *1-(N-p-Methoxyphenoxyäthyl)-benzylamino-2-chloräthanhydrochlorid,* F. 140—142°; *2-(N-o-Methoxyphenoxyäthyl)-äthylaminoäthanol,* $Kp._5$ 177—180°, n 1,5245; *1-(N-o-Methoxyphenoxyäthyl)-äthylamino-2-chloräthanhydrochlorid,* F. 125—128°; *1-Bis-(o-toloxyäthyl)-amino-2-propanol,* $Kp._5$ 229—249° (*Hydrochlorid,* F. 124—126°. *Nitrat,* F. 153—155°); *1-Bis-(o-toloxyäthyl)-amino-2-chlorpropanhydrochlorid,* F. 140—141,5° (korr.); *1-(N-o-Toloxyäthyl)-benzylamino-2-chloräthan,* bräunliches Öl (*Methansulfonat,* bräunliches, sehr viscoses Öl). (**F. P. 1 016 924** vom 16/5. 1949, ausg. 26/11. 1952. A. Prior. 2/6. 1948.) OPPERMANN. H 1320

Joseph Blumenfeld, Seine, Frankreich (Erfinder: **Ernst Bergmann** und **Michaelas Genas**), *Herstellung von β-Phenylserinen.* Man löst einen aromat. Aldehyd von der allg. Formel RCHO, worin R Phenyl oder ein substituiertes Phenyl bedeutet (z. B. Benzaldehyd, p-Nitrobenzaldehyd), u. einen Glykokollester (z. B. aminoessigsaures

Äthyl) in einem organ. Lösungsm. (z. B. A., Ae., Bzl., Dioxan) u. läßt das Gemisch etwa einen Tag lang reagieren. Das Reaktionsprod. hydrolysiert man kalt mit einer organ. (alkoh.) schwach wasserhaltigen HCl-Lsg. u. stellt aus dem gebildeten Äthylesterhydrochlorid durch Verseifen u. Ansäuern die freie Säure bzw. durch Behandeln des Hydrochlorids mit NH_4OH den entsprechenden Äthylester her. Als prim. Reaktionsprod. der Kondensation von p-Nitrobenzaldehyd mit Aminoessigsäureäthylester entsteht *2.5-Bis-[p-nitrophenyl]-oxazolidin-4-carbonsäureäthylester*, $C_{18}H_{17} \cdot O_7N_3$, F. 139°, Ausbeute 90%. Daraus *β-p-Nitrophenylserin*, $C_9H_{10}O_5N_2$, F. ca. 175° (Zers.); *Äthylester*, $C_{11}H_{14}O_5N_2$, F. 114°; *Hydrochlorid des Äthylesters*, $C_{11}H_{15}O_5N_2Cl$, F. 175°. (**F. P. 1 017 396** vom 10/5. 1950, ausg. 9/12. 1952.) Oppermann. H 1350

Farbwerke Hoechst Akt.-Ges. vormals Meister Lucius & Brüning (Erfinder: **Georg Kränzlein †, Willy Schumacher und Johannes Heyna**), Frankfurt/M., *Nitroarylvinylsulfone* erhält man durch Behandeln von Arylvinylsulfonen $CHX{=}CX{-}SO_2R$ (R = Aryl, beide X = H oder ein X = Halogen, das andere H) mit nitrierenden Mitteln. — Aus Phenylvinylsulfon mit 95 (Teilen) 100% ig. HNO_3 u. 220 konz. H_2SO_4 bei 5—10° → *Nitrophenylvinylsulfon*, F. 108—109° (vgl. D. B. P. 875 201). — 4-Methylphenylvinylsulfon → *Nitrotolylvinylsulfon*, F. 61°. — Bromvinylphenylsulfon (aus α.β-Dibromäthylphenylsulfon durch Abspaltung von HBr) → *Bromvinylnitrophenylsulfon*, aus CCl_4, F. 91—92°. — 4-Chlorphenylvinylsulfon, $Kp._2$ 128—129°, → *Nitrochlorphenylvinylsulfon*, F. 74—75°. — Zwischenprodukte. (**D. B. P. 889 147** Kl. 12o vom 30/1. 1942, ausg. 26/11. 1953. Anmeldung bekanntgemacht 26/6. 1952.) Krauss. H 1490

Food Machinery & Chemical Corp., San Jose, Calif., übert. von: **Philip L. Southwick**, Pittsburgh, Pa., V. St. A., *1-Naphthylessigsäure*, F. 127—129°, erhält man durch Rk. von äquimol. Mengen Naphthalin u. $ClCH_2COOH$ in Ggw. von ca. 0,1 Mol KBr bei 210—235° unter Rückfluß innerhalb 24 Stunden. (**A. P. 2 655 531** vom 4/11. 1950, ausg. 13/10. 1953.) Müller-Meiningen. H 2700

Consolidated Mining & Smelting Co. of Canada Ltd., Montreal, Quebec, Canada, *Melamin.* Man erhitzt ein Gemisch aus Harnstoff, NH_3 u. SO_2 unter Druck (200 bis 1000 lbs./sq.in.) auf mindestens 260°, bes. 300°. Die Rk. verläuft etwa nach der Gleichung: $6\,CO(NH_2)_2 + 9\,SO_2 + 12\,NH_3 \rightarrow 2\,C_3H_6N_6 + 6\,(NH_4)_2SO_4 + 3\,S$. (**E. P. 704 593** vom 16/5. 1952, ausg. 24/2. 1954. Can. Prior. 23/5. 1951.) Brösamle. H 3313

Soc. An. des Manufactures des Glaces et Produits Chimiques de Saint-Gobain, Chauny & Cirey, Seine, Frankreich, *Herstellung von Melamin.* Man zerstäubt geschmolzenes Cyanamid oder Dicyandiamid oder ein Gemisch von beiden in einen 200—250° heißen inerten Gasstrom (z. B. in wasserfreies NH_3-Gas). Zur Herabsetzung der Reaktionstemp. kann man obige Amide auch mit einem Lösungsm. (z. B. Glykol, Äthanolamin) gemischt in die Reaktionskammer einführen. — Vorrichtung. (**F. P. 1 012 593** vom 13/12. 1949, ausg. 15/7. 1952.) Oppermann. H 3313

Centre National de la Recherche Scientifique, Seine, Frankreich (Erfinder: **Buzas, Lederer** und **Potier**), *Substanzen aus den Nüssen von Calophylluminophyllum.* Die zerkleinerten Nüsse oder das aus den Nüssen abgepreßte Öl werden mit einem geeigneten Lösungsm. (z. B. A. oder PAe.) extrahiert. Nach teilweisem Verdampfen der Lösungsm. krist. ein ungesätt. Lacton aus. Es hat nach mehrmaligem Umkristallisieren aus einem geeigneten Lösungsm. einen F. von 158° u. etwa die Zus. $C_{25}H_{22}O_5$ u. ist zu einer Säure von der ungefähren Zus. $C_{25}H_{24}O_6$ (F. 182°) verseifbar. Der Methylester dieser Säure hat einen F. von 141°. Durch Behandlung der Ölkuchen u. Mutterlaugen mit einem Alkali (NaOH) erhält man ein Na-Salz, das nach dem Ansäuern eine aus Chlf. in gelben Prismen kristallisierende Substanz (F. 208°) ergibt. Diese Substanz bildet mit Diazomethan eine neutrale, citronengelbe, krist. Verb. (F. 152°). (**F. P. 1 016 515** vom 20/4. 1950, ausg. 14/11. 1952.) Oppermann. H 3950

X. Färberei. Organische Farbstoffe.

Kurt von Beckerath, *Über einige Versuche, die DIN-Farbenmeßweise in der Textilveredelungsindustrie nutzbringend anzuwenden.* Vf. bespricht die DIN-Farbenkarte als Hilfsmittel zur Kennzeichnung der Lichtart, ihren Wert zur Best. des Farbverbrauchs bei Serieneinfärbungen u. die Ergebnisse von Färbeverss. auf einen im Pulfrich-Photometer eingestellten Farbton aus der Farbenkarte, ohne daß dem Färber das Muster als solches vorlag. (Farbe **2.** 109—19. Nov. 1953. Krefeld.) Dossmann. 7000

—, *Neue Farbstoffe, Musterkarten und Textilhilfsmittel.* Prodd. der Comp. Française des Matières Colorantes-Francolor, Paris: *Sulfanolbraun 2 BSM* (Brun sulfanol 2 BSM). Schwefelfarbstoff von guter Lagerechtheit. — Prodd. der Farbenfabriken Bayer Akt.-Ges., Leverkusen: *Siriuslichtgelb GD* ist ein gut ätzbarer Gelbfarbstoff von guter Lichtechtheit u. von recht hoher Wasch-, W.- u. Schweißechtheit. — *Siriuslichtkhaki B* ist ein gut lichtechter neuer Siriusfarbstoff für Baumwolle u. andere vegetabil. Fasern sowie für Viscose- u. Kupferreyon u. für Zellwolle. — *Siriuslichttürkisblau FBL* u. *GL* sind einheitliche Siriusfarbstoffe von sehr guter Lichtechtheit. Geeignet für Vorhang- u. Dekorationsstoffe. — *Supraminblau FR* ist ein gut licht- u. naßechter saurer Wollfarbstoff von sehr gutem Egalisiervermögen in stark saurer Flotte. — *Cotolanchromrot 3BW*. Der neue Farbstoff besitzt eine sehr gute Lichtechtheit u. gute Naßechtheiten. — *Cotolanchromdunkelbraun TA* eignet sich bes. zur Herst. gedeckter Brauntöne. Die Naßechtheitseigg. können noch durch eine Nachbehandlung mit *Levogen*-Marken erheblich erhöht werden. — *Sustilan KB Plv. hochkonz.* u. *KB* flüssig. Verhindern die Bldg. von Stockflecken auf Wolle u. Halbwolle. — *Impranil CHW-Lösung, CHW fest* u. *Imprafix TH* dienen für die Ausrüstung von Geweben aus Baumwolle, regenerierter Cellulose, Perlon, Nylon u. Glasseidengeweben. Der aufgetragene Film ist wasserbeständig. Imprafix TH dient bes. zur Herst. eines Chintzeffektes. — Prodd. der J. R. Geigy Akt.-Ges., Basel: *Tinosol*-Farbstoffe. Musterkarte. Die Tinosolfarbstoffe sind wasserlösl., haltbare Estersalze der Leukoverbb. von Küpenfarbstoffen. Die Vorteile u. die Anwendungsmöglichkeiten der Farbstoffe werden besprochen (Zirkular Nr. 1215). — *Diphenylechtorange GRW* ergibt auf Baumwolle in direkter Färbung auf Baumwolle u. Kunstseide ohne Nachbehandlung sehr gute Wasserechtheit. Der Farbstoff besitzt ein hohes Ziehvermögen auf Baumwolle u. Viscose u. benötigt zum Färben wenig Salz (Zirkular Nr. 1213). — *Diphenylechtgrün BE, Diphenylechtbrillantgrün 5 GLT* sind lichtechte Direktfarbstoffe zum Färben von Baumwolle, Viscosereyon u. Zellwolle. Die Naßechtheiten sind recht gut (Zirkular Nr. 1217). — *Irgalanbraunviolett DL* ist geeignet zum Färben von Wolle, Seide u. Polyamidfasern (Zirkular Nr. 1216). — *Halbwollecht*-Farbstoffe. Neuauflage der Musterkarte Nr. 0958. Beschreibung der Vorteile u. der Anwendungsmöglichkeiten der Farbstoffe (Zirkular Nr. 0958a). — Prodd. der Dr. R. Maag Akt.-Ges., Chem. Fabrik, Dielsdorf-Zürich, *Afflamman extra*-Marken. Die Firma bringt in Gemeinschaft mit der Fa. Dr. Quehl & Co. GmbH, Speyer eine Reihe Hilfsmittel in den Handel auf dem Gebiet der Flammfest-, Wasserdicht- u. Fäulnissicherausrüstung. Angeführt werden die N- u. J-Marken. (SVF Fachorgan Textilveredlung **8.** 577—80. Dez. 1953.) P. Eckert. 7018

A. Schmitz, *Die Stückfärberei nach dem Acramin F-Verfahren.* Inhaltlich ident. mit der C. **1953.** 8461 referierten Arbeit. (SVF Fachorgan Textilveredlung **8.** 539—41. Dez. 1953.) P. Eckert. 7020

Charles L. Zimmermann, *Das Färben von Textilfasern bei hohen Temperaturen.* Vf. schildert die Geschichte der Hochtemperaturfärbung u. die Arbeitsweise von Laboratoriumsapparaten u. Färbemaschinen. Eine Wrkg. von Druck allein (3,5 kg/cm²) auf eine Wollfärbung bei 93° ist an mkr. Querschnittsbildern nicht nachzuweisen. An Querschnittsbildern von Acrylfaser X-51, Dacron, Orlon (Stapel u. kontinuierlich), Wolle, Nylon, Baumwolle, Viscose, Aralac, Acetatreyon, Seide wird das Eindringen der Farbstoffe nach 20 Min. langen Färbungen bei 99, 122 u. 143° in einem Smith-Drum-Hochtemperaturfärbeapp. demonstriert. Bei verschied. Färbungen wurde die Farbstärke in Abhängigkeit von der Färbetemp. durch Reflexionsmessungen am Gewebe bestimmt. Um Wolle mit einer 3%ig. Lsg. von Calcocid Wool Blue B conz. bei 143° ebenso stark zu färben wie bei 99°, genügt $^1/_{28}$ der Zeit. Die Reißfestigkeit von Wolle nach 50 Sek. langer Färbung bei 132° war unvermindert. Dies gilt auch für die anderen Fasern mit Ausnahme von Celluloseacetat, das stark geschädigt wird. (Amer. Dyestuff Reporter **42.** P627—34. 14/9. 1953. Bound Brook, N. J., American Cyanamid, Calco Chem. Div.) Zahn. 7020

A. M. Sserebrjakow, Je. L. Tschirikowa und **L. D. Donskaja,** *Die Anwendung von Monochromfarbstoffen in der Wollindustrie.* Es wurden 460 kg Wolle nach dem Einbadverf. mit Säuremonochrombraun S (I) u. 643 kg nach dem Zweibadverf. mit Säurechrombraun K gefärbt. Es werden die Rezepte für beide Verff. sowie die Durchführung dieser Verff. angegeben, daneben ein Rezept für die Einbadfärbung von Wollgewebe mit I. Die Unters. der gefärbten Wolle u. Gewebe zeigte die Überlegenheit des Einbadverf. gegenüber dem Zweibadverfahren. (Текстильная Промышленность [Textil-Ind.] **12.** Nr. 11. 37—39. Nov. 1952.) v. Wilpert. 7020

J. J. Jannarone, H. F. Clapham und **R. J. Thomas,** *Das Färben von Wolle bei hohen Temperaturen.* Es werden Untersuchungsergebnisse an Strick- u. Teppichgarnen mitgeteilt, die sowohl in Laboratoriums- als auch techn. Apparaten bei verschied. Tempp. gefärbt wurden. Hierbei wurde gefunden, daß gute Egalität, gute Durchfärbung, verkürzte Färbedauer die Hauptvorteile der Hochtemperaturfärbung sind. Als höchste Temp., bei welcher noch keine Schädigung der Wollfaser eintritt, wird 107° angegeben. Gefärbt wurde mit sauren, Chrom- u. neutralfärbenden Farbstoffen. (Amer. Dyestuff Reporter **42.** P666—71. 28/9. 1953. Wilmington, Del., E. I. du Pont de Nemours & Co., Techn. Labor., Organ. Chem. Dep.) H. G. FRÖHLICH. 7020

F. Weber und **F. Gasser,** *Untersuchung über die Färbung von Fasermischungen aus Polyamiden und Cellulose bzw. Cellulosehydrat.* Behandelt wird vorwiegend das Färben von Strümpfen. Es werden allg. Fehlermöglichkeiten angeführt u. deren Behebung besprochen. Ferner werden Färbevorschriften u. prakt. Hinweise gegeben, u. eine für die Strumpffärberei geeignete Anzahl bes. substantiver Farbstoffe wird angeführt. (SVF Fachorgan Textilveredlung **8.** 543—47. Dez. 1953.) P. ECKERT. 7020

R. Koch, *Das Färben von Polyacrylnitrilfasern unter besonderer Berücksichtigung des Cupro–Ionen-Verfahrens.* Allg. Ausführungen u. prakt. Hinweise. (SVF Fachorgan Textilveredlung **8.** 541—47. Dez. 1953.) P. ECKERT. 7020

R. Hünlich, *Neuentwicklungen der Mechanisierung im Film-, Sieb- oder Gazedruck.* Beschreibung der neuzeitlichen maschinellen Filmdruckverff. an Hand der Patentliteratur. (SVF Fachorgan Textilveredlung **8.** 568—70. Dez. 1953.) P. ECKERT. 7022

Lester H. Bailey und **Frank J. Rizzo,** *Einfluß der Vorbereitung und Färbemethode sowie des Finish auf die Farbe und Farbechtheit küpengefärbter Baumwolle.* Der Einfl. von folgenden Vorbereitungen u. Färbemethoden auf die Farbe u. Echtheiten von Baumwollsatin wurde geprüft: 2 Beuchmethoden (Druckbeuche, offenes Auskochen), Mercerisierung, Chlorbleiche, 4 Färbemethoden (Pad-Jig, Pad-Steam, Williams, Cont. Booster), Ausrüstungen mit 3 handelsüblichen, wasserabweisenden Verbindungen. Zur Standardfärbung wurde folgende Klotzformel eingehalten: 80 Teile Vat Olive R, 13 Olive Khaki 2 G, 3 Olive Green B, 16 Leim, 4 Dextrin, 1 Na-Tetraphosphat, 16 Hilfsmittel, Totalvol. 900 Liter. Bewertet wurden Anfangsreflexion der Proben, Wasch- u. Reib-, Salzwasser- u. Schweißechtheit sowohl nach der *AATCC*-Vorschrift visuelle Bewertung nach den verschied. Echtheitsproben sowie Reißfestigkeitsmessungen nach jeder Verarbeitungsstufe) als auch nach der QUARTERMASTER RESEARCH AND DEVELOPMENT LABORATORY-Methode. Hier wird quantitativ mit dem HUNTER-Reflektometer gearbeitet u. die Wetterechtheit mit u. ohne Schutz gegen Pilzbefall, unter Glas u. frei gemessen. Die wichtigsten Schlußfolgerungen der experimentell bes. umfangreichen Arbeit sind: Für die Farbechtheit ist die Druckbeuche, eine bestimmte optimale NaOH-Konz. beim Mercerisieren u. die Pad-Jig-Meth. günstig. Andere Ausrüstungsmethoden sowie bes. die Chlorbleiche, sind ungünstig. (Amer. Dyestuff Reporter **42.** P492—P516. 3/8. 1953. Philadelphia, Pa., Quartermaster Res. and Developm. Labor.) ZAHN. 7028

E. Braye, A. Schonne und **A. Bruylants,** *Die Synthese einiger Styrol- und Cyanostilbenfarbstoffe.* Der Mechanismus der Kondensation von Benzaldehyd mit Malonsäurenitril, Cyanessigsäure, Phenylessigsäurenitril u. einigen von deren Substitutionsprodd. im alkal. Medium wurde untersucht. Die nach der allg. Formel $RCH_2CN + O{=}CH{-}C_6H_5 \rightarrow R{-}C(CN){=}CH{-}C_6H_5$ verlaufende Rk. zeigt bei den einzelnen Nitrilen je nach der Natur des R— unterschiedliche Aktivität. Die leicht kondensierenden Nitrile bilden im alkal. Medium Carbeniate: $R{-}(CH{-}CN)^-$. Wird die Carbeniatbldg. durch die Art der Substituenten am R behindert, so erfolgt die Kondensation schwer oder gar nicht. Ein Vgl. der Absorptionsspektren der Nitrile (UV-Licht u. sichtbares Licht) im neutralen u. alkal. Medium zeigt die mehr oder weniger große Fähigkeit zur Ionisierung u. kann somit als Test für die Reaktionsaktivität eines bestimmten Nitrils dienen, der langwierige Verss. überflüssig macht. (Chim. et Ind. **68.** 351—56. Sept. 1952.) ROSSOW. 7064

Gebrüder Lohmann G. m. b. H. (Erfinder: **Ewald Neuhaus jr.**), Wuppertal, *Färben thermoplastischer Fasern und Gewebe,* dad. gek., daß die Farbflotte aus einer Lsg. oder Dispersion des Farbstoffes in Triäthylenglykol (**I**) besteht. Hierdurch wird der Bldg. stat. Elektrizität beim Trocknen entgegengewirkt. **I** wirkt zugleich als Appreturmittel. (**D.B.P. 906805** Kl. 8 m vom 1/1. 1952, ausg. 18/3. 1954.) v. SCHILLER. 7021

Comp. Française des Matières Colorantes, Paris, Frankreich, *N^1-Phenyl-1.4-diaminobenzol-N^4-sulfonsaures Natrium.* Man erhitzt 4-Nitrodiphenylamin mit $NaHSO_3$ u. Na_2SO_3 in A. im Autoklaven auf 130°. Dient zur Herst. von *Farbstoffen auf Fasern* u. anderen Gegenständen. (**Schwz. P. 294 696** vom 29/10. 1951, ausg. 1/2. 1954. F. Prior. 30/11. 1950.) LANGER. 7021

Farbenfabriken Bayer Akt.-Ges. (Erfinder: **Fritz Baumann** und **Berthold Bienert**), Leverkusen, *Phthalocyanine als Küpenfarbstoffe.* Das Kobaltphthalocyanin (**I**) als solches bzw. dessen Substitutionsprodd., in denen die Hydrophilität durch entsprechende Substituenten erhöht ist, können als Küpenfarbstoffe verwendet werden. Bes. eignet sich eine Mischung von 15—40 (Gew.-%) Sulfonsäuren, bes. I-Monosulfonsäure, mit 85—60 unsubstituiertem I. (**D. B. P. 908 132** Kl. 8 m vom 30/10. 1948, ausg. 1/4. 1954.) v. Schiller. 7021

Farbwerke Hoechst Akt.-Ges. vormals Meister Lucius & Brüning (Erfinder: **Hans Lotz, Kurt Scholl** und **Christian Ferdinand**), Frankfurt/M., *Bedrucken von Geweben aus Polyamidfasern* oder von Mischgeweben, die Polyamidfasern enthalten, dad. gek., daß als Verdickungsmittel eine wss. Lsg. von Polyvinylalkohol, der gegebenenfalls noch Acetylgruppen enthalten kann, verwendet wird. (**D. B. P. 906 214** Kl. 8 n vom 9/9. 1951, ausg. 11/3. 1954.) v. Schiller. 7023

Sun Chemical Corp., New York, N. Y., V. St. A., *Erhöhung der Echtheitseigenschaften von mit wasserlöslichen Farbstoffen gefärbten Textilien.* Man behandelt das gefärbte Material mit der wss. Lsg. eines CH_2O-Kondensationsprod., das durch Rk. eines Amins mit 12—18 C-Atomen, z. B. Octadecylamin, mit CH_2O u. anschließender Rk. des entstandenen Prod. mit einem Dialkylsulfat mit 2—4 C-Atomen im Mol., z. B. Diäthylsulfat, hergestellt wurde. (**E. P. 638 323** vom 18/11. 1947, ausg. 7/6. 1950. A. Prior. 30/4. 1947.) v. Schiller. 7029

J. R. Geigy Akt.-Ges., Basel, Schweiz, *Azofarbstoffe.* 1-(3'-Chlorphenyl)-5-pyrazolon-3-carbonsäure wird mit diazotiertem 6-Nitro-4-tert.-amyl-2-aminophenol oder 6-Nitro-4-octyl-2-aminophenol gekuppelt. Dunkelviolette, wasserlösl. Pulver, die Wolle in gelbbraunen Tönen färben, die beim Nachchromieren in blaustichiges Rot übergehen. (**Schwz. PP. 289 247** u. **289 248** vom 9/6. 1950, ausg. 16/6. 1953. **Zusätze zu Schwz. P. 284 076; C. 1953. 7408.**) Kalix. 7053

General Aniline & Film Corp., New York, N. Y., übert. von: **Curt G. Vogt**, Union, N. J., V. St. A., *Saure Anthrachinonfarbstoffe*, die tier. u. Nylonfasern in echten blauen bis grünblauen Tönen färben, werden erhalten durch Umsetzung von *1-Amino-4-bromanthrachinon-2-sulfonsäure* (I) mit Anthranilsäure (II)-sulfonamiden. — Man erhitzt z. B. 20,2 (Teile) I, 25 II-*5-sulfon-2'-carboxyphenylamid*, 30,2 $NaHCO_3$ u. 1,5 Cu_2Cl_2 in 500 W. 18 Std. unter Rühren auf 75°, fällt mit 60 konz. HCl, löst in W. u. salzt aus. — Ähnliche Farbstoffe analog aus I u. II-*5-sulfon-3'-carboxy-4'-oxyphenylamid* (metachromgefärbt grüner) oder II-*5-sulfon-2'-carboxyphenylmethylamid* oder II-*5-sulfonpiperidid* oder II-*5-sulfoncyclohexylamid* oder II-*5-sulfon-p-toluidid* oder II-*5-sulfondiäthylamid* oder II-*5-sulfoncarboxymethylamid* oder II-*5-sulfon-2'-sulfoäthylmethylamid.* (**A. P. 2 453 104** vom 21/6. 1946, ausg. 2/11. 1948. **Can. P. 476 716** vom 8/4. 1947, ausg. 4/9. 1951. A. Prior. 21/6. 1946.) Hoppe. 7059

Polymerisable Products Ltd., England (Erfinder: **Richard S. Wilder**), *Anthrachinonderivate* der nachst. allg. Formel, worin R H oder Alkyl, R_1 u. R_2 Alkyl, Aryl Aralkyl oder zusammen einen cycloaliphat. Rest, W H, NH_2, OH, eine Alkyl-, Aryl- oder Aralkylaminogruppe oder dieselbe Gruppe wie in 1-Stellung, X H, Halogen, SO_3H, Y H, OH, NH_2, SO_3H u. Z H oder OH bedeuten, zeichnen sich gegenüber bekannten Farbstoffen ähnlicher Zus., aber ohne tert. OH-Gruppe, u. a. durch größere Farbkraft u. Lichtechtheit aus.

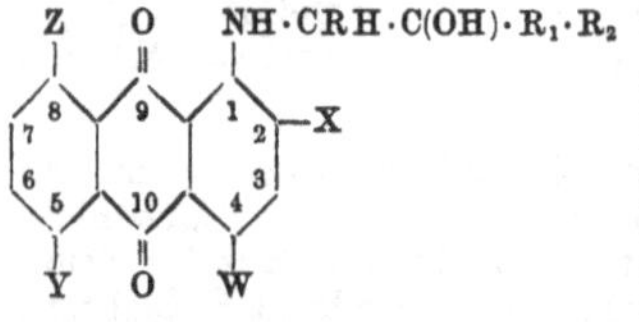

Sie werden durch Rk. von in 1- oder 1- u. 4-Stellung austauschfähige Substituenten enthaltenden Anthrachinonderivv. mit Oxyalkylaminen, wie 3-Amino-2-methyl-2-butanol (I), 2-Amino-3-methyl- oder -äthyl-3-pentanol, 2-Amino-3-methyl- oder 3.5-dimethyl-3-hexanol, 3-Amino-2-methyl-1-phenyl-2-butanol, 1-(1-Oxycyclohexyl)-äthylamin, erhalten. — Die Herst. folgender Farbstoffe ist beschrieben: Aus 1-Chlor- oder 1-Nitroanthrachinon oder Anthrachinon-1-sulfonsäure u. I *1-N-[(1.2-Dimethyl-2-oxypropyl)-amino]-anthrachinon,* auf Celluloseacetat (**A**) lebhaft rote Töne; aus Leukochinizarin, I u. Methylamin *1-Methylamino-4-[(1.2-dimethyl-2-oxypropyl)-amino]-anthrachinon,* auf **A** lebhaft blau; aus 1-Amino-4-bromanthrachinon-2-sulfonsäure u. I *1-Amino-4-[(1.2-dimethyl-2-oxypropyl)-amino]-anthrachinon-2-sulfonsäure,* auf Wolle blauviolett; aus Leuko-1.4-diaminoanthrachinon u. I *1.4-Di-([1.2-dimethyl-2-oxypropyl)-amino]-anthrachinon,* aus A. blaue Nadeln, lösl. in Ölen u. Wachsen. (**F. P. 974 250** vom 1/10. 1948, ausg. 20/2. 1951. A. Prior. 4/10. 1947.) Hoppe. 7059

General Aniline & Film Corp., V. St. A. (Erfinder: **John Joseph Hayden**), *Azofarbstoffe der Safraninreihe.* Man kuppelt eine Safraninmonodiazoverb. mit einem N-Oxyalkylarylamin der allg. Formel $ArNR_1R_2$, worin Ar einen Arylrest mit freier p-Stellung, R_1 Oxyalkyl u. R_2 H, Alkyl, Aralkyl oder Oxyalkyl bedeuten. Die Prodd. sind wert-

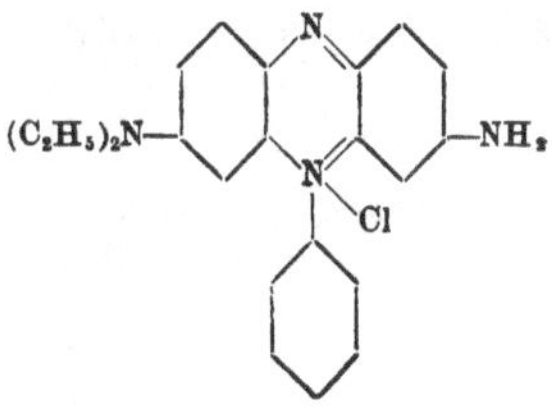

volle Farbstoffe für Leder, das in grünen bis schwarzen echten Tönen gefärbt wird, eignen sich aber auch für hektograph. Tinten u. zum Färben von Papier. — Die Herst. von Farbstoffen aus diazotiertem *Diäthylmethylenviolett RA* der nebenst. Formel u. folgenden Kupplungskomponenten ist beschrieben: *N-Di-(β-oxyäthyl)-anilin* oder *-m-toluidin, N-Äthyl-N-β-oxyäthylanilin, 3-(Di-β-oxyäthyl)-aminoacetanilid* oder *p-acetanisidid, N.N'-Tetra-β-oxyäthyl-m-phenylendiamin.* (**F. P. 974 841** vom 12/11. 1948, ausg. 26/2. 1951. A. Prior. 13/11. 1947.) Hoppe. 7063

Ciba Akt.-Ges., Basel, Schweiz, *Küpenfarbstoff.* Zu Schwz. P. 284 078; C. **1953.** 6980, ist nachzutragen: Zu analogen, wie nach dem Schwz. P. 284078 erhältlichen Farbstoffen gelangt man, wenn man die Carbazolierung von 1.1';4'.1'';4''.1'''-Tetraanthrimid mit $AlCl_3$ in Anwesenheit von α-Picolin oder eines techn. Gemisches aus β-u. γ-Picolin durchführt. (**Schwz. P. 293 001** vom 28/3. 1951, ausg. 1/12. 1953. **Zusatz zu Schwz. P. 284 078; C. 1953. 6980.**) Roick. 7069

E. I. du Pont de Nemours & Co., V. St. A. (Erfinder: **Clarence Forest Belcher** und **Lorraine Anne Mero**), *Benzanthronylaminothiophanthrachinone und Küpenfarbstoffe.* Die durch Kondensation von 6-Bz1-Dihalogenbenzanthronen mit 1 Mol α-Aminothiophanthrachinon (**I**) u. darauf mit 1 Mol α-Aminoanthrachinon (**II**) oder mit 2 Mol **I** erhältlichen Verbb. der allg. Formel **Z**, worin R einen Anthrachinonyl- oder Thiophanthrachinonylrest u. X H oder Halogen bedeuten, sind bes. als Zwischenprodd. für Küpenfarbstoffe wertvoll. — Man erhitzt 15 (Teile) 6-Bzl-Dibrombenzanthron, 8,85 5-Aminothiophanthrachinon, 5 Na_2CO_3, 0,5 CuCl in 180 Nitrobenzol 8 Std. auf 200—205° u. nach Zusatz von 8,6 **II** u. 5 Na_2CO_3 20 Std. rückfließend. *6-(1-Anthrachinonylamino)-Bz1-(5-thiophanthrachinonylamino)-benzanthron* (**III**), tiefviolette Nadeln. Analog erhält man *6-Bz1-Di-(5-thiophanthrachinonylamino)-benzanthron* (**IV**), *6-(1-Anthrachinonylamino)-Bz1-(8-thiophanthrachinonylamino)-benzanthron* (**V**) u. ähnliche Verbb. bei Verwendung von 2-Halogen-5- oder -8-aminothiophanthrachinonen. — Werden die Verbb. der Zus. **Z** der Alkalischmelze unterworfen, so erhält man Küpenfarbstoffe vom Typ Benzanthronylaminothiophanthrachinonacridin, die aus der Hydrosulfit- oder Na_2S-Küpe gefärbt werden können u. sich durch Farbstärke u. Echtheit auszeichnen. — In eine auf 150° erhitzte Schmelze aus 80 NaOH u. 34 W. trägt man 20 **III** ein, gibt tropfenweise 16 β-Methoxymethoxyäthanol zu, rührt 1 Std. bei 155 bis 160°, gießt in W. u. filtriert. *6-(1-Anthrachinonylamino)Bz1-(5-thiophanthrachinonylamino)-benzanthronacridin* färbt pflanzliche Fasern aus grüner Küpe in sehr lichtechten olivgrauen Tönen. In gleicher Weise erhält man aus **IV** u. **V** die entsprechenden, graue Farbtöne liefernden Acridine. (**F. PP. 974 906** u. **974 907** vom 15/11. 1948, ausg. 27/2. 1951. A. Prior. 15/11. 1947.) Hoppe. 7071

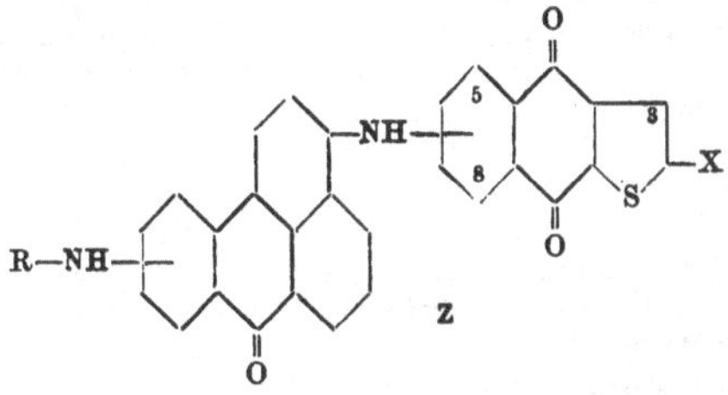

Z

XIa. Farben. Anstriche. Lacke. Naturharze.

B. Berruto, *Trocknungsbeschleuniger. Die Hexogene. Hexogene* (Co-, Pb-, Mn-, Ca-, Zn- u. Al-Salze der 2-Äthylhexansäure) haben als Katalysatoren der Lacktrocknung, bes. für Alkydallacke, folgende günstige Eigg.: Geringer Trockenrückstand, niedriges spezif. Gewicht, keine Verfärbungsneigung, schwacher Geruch. (Ind. Vernice — Lack- u. Farben-Chem. 7. 295—99. 1953.) Scheifele. 7096

R. E. Costantnil, *Die Polyurethane auf dem Lackgebiet.* Behandelt werden: Struktur, chem. u. physikal. Eigg. der Polyurethane hinschtlich ihrer Verwendung für Anstriche. (Ind Vernice — Lack- u. Farben-Chem. 7. 291—93. 1953.) Scheifele. 7069

Sergio Zaccarini, *Neue Verwendung von Harnstoffharzen.* Mit Butanol modifizierte Harnstoffharze eignen sich als Anstrichmittel für Keramiken. Sie werden mit Toluol verd. aufgetragen, bei 40—50° getrocknet u. bei 80—100° gehärtet. (Ind. Vernice — Lack- u. Farben-Chem. 6. 138—39. Juni 1952.) Steiner. 7106

G. Martini Lumaga, *Herstellung und Verwendung von Emaillen auf Grundlage der Siliconharze.* Zur Herst. von Emaillen sind die Siliconharze DC 801, 802, 803 u. 804 in verschied. Mischungen geeignet. Als Pigmente sind die üblichen anorgan.

Körperfarben, Monastralblau u. -grün, als Katalysatoren beim Härten Naphthenate u. Oktoate des Fe, Co, Mn u. Cu verwendbar. Die Emaillen sind hitze- u. chemikalienbeständig. (Ind. Vernice — Lack- u. Farben-Chem. **6.** 140—43. Juni 1952.)

STEINER. 7106

Herbert Hönel, *Neue Wege in der Anstrichtechnik.* Vgl. C. **1953.** 8214. (Ind. Vernice — Lack- u. Farben-Chem. **7.** 255—58. 283—86. 1953.) SCHEIFELE. 7106

Sherwin-Williams Co., Cleveland, O., übert. von: **Charles A. Coffey,** Elmhurst, **Russell T. Ryan** und **Lynwood N. Whitehill,** Chicago, Ill., V. St. A., *Organische Trockenmittel in Filmbildnern,* bes. *trocknenden Ölen,* bestehend aus metallfreien Phenolverbb., die mit einer Carbonylgruppe, wie —CHO, $-C(CH_3)=CH-COO-$ oder $-CO-C_2H_5$, p-substituiert sind. — Beispiele: p-Oxybenzaldehyd, Vanillin, p-Oxypropiophenon, β-Methylumbelliferon, p-Anisaldehyd. Ferner sind aber auch geeignet: 2-Oxy-3-methoxy- oder 2-Oxy-5-chlorbenzaldehyd, Piperonal, Salicylaldehyd, Benzaldehyd u. aliphat. Aldehyde, wie Octadecenyl-, 2-Äthylhexyl-, n-Decyl- oder 3.5.5-Trimethylhexylaldehyd oder Citronellal. (**A. P. 2 631 944** vom 2/3. 1950, ausg. 17/3. 1953.)

GRÄGER. 7097

Hans P. Kaufmann und **Josef Baltes,** Münster, *Herstellung von konjugiert-ungesättigten Fettsäureestern und Fettsäuren,* dad. gek., daß man isoliert-ungesätt. Fettsäuren in An- oder Abwesenheit inerter Lösungsmittel mit Mono- oder Dichlorharnstoffen behandelt u. aus den gebildeten, Cl-haltigen konjugiert-ungesätt. Verbb. gegebenenfalls HCl abspaltet. Als Ausgangsstoff verwendet man zweckmäßig die bei der Extraktion von Ölen mit Bzn. entstehende Lsg. (Miszella). — Aus raffiniertem Sojaöl + Dichlorharnstoff bei 60—80° → konjugierte Dienfettsäuren, Cl-Geh. 3 bis 8(%), JZ. 90—120. Das Öl zeigt trocknende Eigenschaften. — Leinöl → *trocknendes Öl* mit bis zu 25 konjugierten Dien- u. bis zu 10 Triensäuren, Cl-Geh. 5—10, JZ. 100 bis 150. — *Lackrohstoffe.* (**D. B. P. 905 976** Kl. 12o vom 9/10. 1951, ausg. 8/3. 1954. Anmeldung bekanntgemacht 9/4. 1953.) KRAUSS. 7097

Dow Chemical Co., Midland, Mich., V. St. A., *Modifizierte Alkydharze als Lackrohstoff.* Ein Gemisch aus 30—90 (Teilen) Fettsäuren von trocknenden Ölen u. 70 bis 10 Mischung **A** werden bei 120—300° polymerisiert u. dann mit einer größeren als zur Veresterung der COOH-Gruppen ausreichenden Menge Polyalkohol bei 200—240° verestert, worauf die noch freien OH-Gruppen bei 230—260° mit Phthalsäure (-anhydrid) umgesetzt werden. Mischung **A** besteht aus: 50—80(%) gegebenenfalls im Kern substituiertem Styrol u. 50—20 im Vinylrest α-methyliertem oder α-äthyliertem Styrol. Nach E. P. 697 144 verwendet man statt der Fettsäuren trocknende Öle. Geeignet sind Leinöl oder dehydratisiertes Ricinusöl bzw. deren Fettsäuren. (**E. PP. 679 143** u. **679 144** vom 27/3. 1950, ausg. 10/9. 1952. A. Prior. 28/4. 1949.)

MÖLLERING. 7097

Comp. Française Thomson-Houston, Frankreich (Erfinder: **John A. Loritsch** und **Patrick M. Dicerbo**), *Flüssige Kompositionen für Schutzüberzüge, besonders für elektrische Kabel, Motorenteile usw.,* bestehend aus Emulsionen von 5—30% sehr fein gepulvertem (10—100 μ) Polyvinylchlorid (**I**), Polyvinylacetat (**II**) oder Mischpolymerisaten von **I** u. einem Polyvinylester einer gesätt. einbas. aliphat. Säure, z. B. Essig-, Propion-, Buttersäure, in einer polymerisierbaren dispergierenden Fl., bestehend aus einem Gemisch von 15—45% eines ungesätt. Alkydharzes, z. B. Diäthylenglykol-, Cyclohexylglycerinmaleat (**III**), Tetraäthylenglykoldimethacrylat, u. 25 bis 45% einer Verb. mit 2 polymerisierbaren $H_2C=C$-Gruppen, z. B. Diallylphthalat (**IV**), Diallylsuccinat, Vinylacrylat, Divinylbenzol, u. Farbstoffen, Plastifizierungs-, Stabilisierungsmitteln, Sikkativen usw. — Man löst z. B. 76 (Teile) Chlorparaffin in 494 **IV**, gibt 296 **III**, 454 Di-(2-äthylhexyl)-tetrachlorphthalat, 488 gepulvertes **I**, **II**-Mischpolymerisat u. 4,2 tert.-Butylperbenzoat hinzu, verrührt u. vermahlt das Gemisch 72 Stunden. (**F. P. 986 096** vom 18/3. 1949, ausg. 26/7. 1951. A. Prior. 18/3. 1948.)

OPPERMANN. 7107

Arco Co., übert. von: **Eugene W. Kanning** und **Edward G. Hart,** Cleveland, O., V. St. A., *Lackbildende Zwischenpolymerisate.* Ein Gemisch aus 30—70(%) einer Monovinylverb., z. B. (auch chloriertes, fluoriertes, methoxyliertes) Styrol oder Methylstyrol, u. 70—30 Fettsäure des Leinöls oder dehydratisierten Ricinusöls wird durch Erhitzen auf 100—250° polymerisiert. (**A. P. 2 655 488** vom 2/6. 1947, ausg. 13/10. 1953.) MÖLLERING. 7107

Wasag-Chemie Akt.-Ges., Berlin (Erfinder: **Georg Hundhausen,** Berlin, **Fritz Hartmann,** Karlsruhe, und **Rudolf Kühnemann,** Schepsdorf, Lingen/Ems), *Streichfertige Decklacke.* Verwendet werden hochsd. hydrophile Lösungsmittel enthaltende Nitrocelluloselsgg., denen 5—25% W. zugesetzt sind, als klar auftrocknende streichfähige

Decklacke auf Untergründen aller Art, bes. Öl- bzw. Nitrocelluloseuntergründen. (**D. B. P. 905 660** Kl. 22h vom 30/5. 1941, ausg. 4/3. 1954.) GRÄGER. 7107

National Lead Co., New York (Erfinder: **Leonard M. Kebrich** und **Edwin P. Peterson**, Brooklyn), N. Y., V. St. A., *Überzugsmasse* aus einem vegetabil. trockenden Öl, wie Leinöl, das ein Pb-Salz einer aromat. Oxysäure, bes. einer Oxybenzoesäure, wie Acetylsalicyl- oder 3.5-Dijodoxybenzoesäure, enthält. Bes. erhöhen 5–10% n. oder bas. Pb-Salicylat die Wetterbeständigkeit. (**D. B. P. 905 659** Kl. 22h vom 31/3. 1951, ausg. 4/3. 1954. A. Prior. 14/7. 1943.) GRÄGER. 7107

Soc. An. Standard Française des Pétroles (Erfinder: **Lucien Hemmer** und **Jean Balvay**), Frankreich, *Rostschutzmittel*, bestehend aus einem Gemisch von Stoffen, die in Ölen lösl. u. in W. unlösl. sind u. die eine große Benetzungsfähigkeit für metall. Oberflächen haben, mit oberflächenakt. Stoffen (in bezug auf W.), die gleichzeitig in Öl genügend lösl. sind. Eine derartige Mischung setzt man in einer Menge von 1–20% a) geeigneten Fetten, wie Vaseline, Spindelöl (Rostschutzfette), oder b) *Anstrichmitteln* auf Basis von trocknenden Ölen, Bitumen oder Teer (Rostschutzfarben) zu. – Spindelöl + 5(%) Lanolin, + 10 Na-Sulfonaphthenat, + 2,5 Pb-Sulfonanphthenat. (**F. P. 1 006 374** vom 3/1. 1948, ausg. 22/4. 1952.) HEYNE. 7107

Land Hessen, vertreten durch den Minister für Arbeit, Landwirtschaft und Wirtschaft, Wiesbaden (Erfinder: **Eberhard Wurbs**, Darmstadt), *Rostschutzfarbe* mit einem Zusatz von oberflächenakt. wirksamen Pigmenten, die als Grundpigment Lignitkoks enthält. (**D. B. P. 905 874** Kl. 22g vom 14/8. 1942, ausg. 8/3. 1954.) GRÄGER. 7107

Établissements Henri Wackherr & Co. (S. à r. l.), Frankreich, *Herstellung von Farblacken* auf physikal. Wege mit Hilfe des hohen Absorptionsvermögens der trockenen, aus Alkali- u. Metallpolysilicaten gewonnenen SiO_2-Gele. – Man löst z. B. Alkaliblau 4B in einem Boraxbad u. versetzt mit Polysilicat. – Weitere 15 Beispiele. (**F. P. 992 700** vom 8/8. 1944, ausg. 22/10. 1951.) OPPERMANN. 7107

XIb. Plaste (Kunstharze. Plastische Massen).

A. D. Clarke, *Technik des Kalandrierens.* Übersicht u. Erörterung der gelösten u. noch zu lösenden Probleme bei der Herst. von Folien auf dem Kalander. (Ind. Plast. mod. **6**. Nr. 1. 43–45. Jan. Nr. 2. 26–28. Febr. 1954.) SCHÄFF. 7170

J. Brandenburger, *Prägung von Folien durch Hochfrequenz.* Beschreibung einer Meth. zur Vermeidung von unerwünschter Verformung (Wellung) der Folien. (Ind. Plast. mod. **5**. Nr. 9. 30. Nov. 1953.) SCHÄFF. 7170

E. Gaspar, *Die beim Spritzgußverfahren wesentlichen Faktoren.* Die Faktoren, die die Qualität der Spritzgußkörper u. die Leistung der Maschinen beeinflussen, wurden systemat. untersucht. (Ind. Plast. mod. **5**. Nr. 6. 54–58. Juni. Nr. 7. 35–38. Juli/Aug. Nr. 8. 43–49. Sept./Okt. 1953. Projectile & Engng. Co., Ltd.) SCHÄFF. 7170

M. Ezran, *Widerstandsfähigkeit von Kunststoffen gegenüber Abnützung.* 1. Mitt. *Allgemeine Gesetze der Abnützung.* Die Abnützung von Kunststoffen (durch Gleiten, Rollen u. Abrieb) wird erörtert u. mittels der App. von AMSLER (für Metalle) untersucht. Die Methoden zur Best. des Ausmaßes der Abnützung werden besprochen u. an Hand von Kurven die allg. Gesetzmäßigkeiten aufgezeigt. (Ind. Plast. mod. **4**. Nr. 9. 45. 47. 49. Nov. 1952.) SCHÄFF. 7170

M. Ezran, *Widerstandsfähigkeit von Kunststoffen gegenüber Abnützung.* 2. Mitt. *Untersuchung der Abnützung verschiedener Kunststoffe.* (1. vgl. vorst. Ref.) Durch die Differenzbest. der Durchmesser u. die Verwendung radioakt. Isotope, wurde die Abnützung verschied. Kunststoffe (Phenol–Formaldehyd-Harze, kombiniert mit Gewebe oder Holz, Nylon, Polymethacrylsäuremethylester u. Celluloseacetat) systemat. untersucht, um sie entsprechend ihrer Verschließfestigkeit einzuordnen. Bemerkenswerte mechan. Eigg. zeigten dabei die Schichtstoffe auf Phenoplastbasis u. Nylon. (Ind. Plast. mod. **5**. Nr. 1. 29–31. Jan. 1953.) SCHÄFF. 7170

—, *Ergebnisse der Versuche über die Widerstandsfähigkeit gegenüber Abnützung von Prüfkörpern aus Polyvinylchlorid und Polyvinylacetat.* Mit der AMSLER-App. (vgl. EZRAN, vorst. Reff.) wurden Proben von Polyvinylchlorid u. Polyvinylacetat auf ihre Verschleißfestigkeit untersucht. Zu weiche u. zu wenig elast. Proben können nach dieser Meth. nicht geprüft werden. Die starken Kräfte am Berührungspunkt der Kunststoffkalotten überschreiten örtlich die Elastizitätsgrenze u. rufen kleine Brüche hervor. (Ind. Plast. mod. **5**. Nr. 10. 31. Dez. 1953. Paris, Centre d'Étude des Mat. Plast.) SCHÄFF. 7172

Frazier Groff, *Styrolkunststoffe als neue Werkstoffe für die Industrie.* Inhaltlich ident. C. **1954.** 6599. (Austral. Plastics **8.** Nr. 88. 38—48. Nov. 1952. Union Carbide & Carbon Corp., Bakelite Co., Div.) SCHÄFF. 7172

B. W. Duke und **M. T. Gladstone,** *Oxydative Zersetzung von Äther- und Esterbindungen enthaltenden Weichmachern.* (Vgl. C. **1953.** 8216.) (Ind. Plast. mod. **6.** Nr. 1. 28. Jan. 1954.) SCHÄFF. 7172

C.-E. Henkart, *Einige Faktoren, die die Eigenschaften geschichteter Phenolharze bedingen.* Kurze Erörterung folgender wichtiger Faktoren bei der Herst. von Schichtstoffen aus Phenolharzen (mit Papier oder Baumwollgewebe): Imprägnierung der Füllstoffe durch die Harzlsg., Verdampfen des Lösungsm., Polykondensation u. Diffusion des Harzes. (Ind. Plast. mod. **6.** Nr. 1. 26—27. Jan. 1954. Charleroi, A. C. E. C., Labor. de Recherches Physiques.) SCHÄFF. 7204

Pierre Dubois, *Zweck, Prinzipien und Praxis der Prüfmethoden für Kunststoffe.* Hinweis auf die Bedeutung der Normung der Kunststoffprüfung. Es wird vorgeschlagen, Eigenschaftswerte von Kunststoffen sowohl unter trocken-warmen als auch unter feucht-warmen Bedingungen jeweils an einem Teil der Prüfkörper ein u. derselben Charge zu bestimmen. Diese extremen Werte sind für den Ingenieur u. die Betriebskontrolle wertvoller als die unter (definitionsgemäß) „n." Bedingungen erhaltenen Werte. Die Anwendung u. Auswertung dieses Vorschlags werden eingehend erörtert. (Ind. Plast. mod. **6.** Nr. 1. 33—35. Jan. Nr. 2. 31—33. Febr. 1954. Caen, Inst. Chim. u. Paris, Centre d'Étude des Mat. Plast.) SCHÄFF. 7210

Phillips Petroleum Co., übert. von: **Carl A. Uraneck,** Borger, Tex., und **Spencer H. Landes,** Stillwater, Okla., V. St. A., *Emulgiermittel für Emulsionspolymerisationen,* bestehend aus einem K-Abietat, das in wss. Lsg. bei $p_H > 7$ u. 40—100° mit 0,5—20 Millimol H_2O_2 vorbehandelt wurde. (**A. P. 2 630 426** vom 9/6. 1950, ausg. 3/3. 1953.) OVERBECK. 7171

Lonza Elektrizitätswerke und Chemische Fabriken Akt.-Ges. (Gampel), Basel, Schweiz (Erfinder: **G. Natta** und **P. Pino**), *Gemisch aus Bernstein-, Malein- und Fumarsäuredimethylester* u. etwas Acrylsäuremethylester erhält man durch Anlagerung von CO an Acetylen (**I**) im Verhältnis > 1, z. B. 2—5, u. bei > 50 at in Ggw. von Methanol u. einer **I** lösenden Fl., wobei **I** in der Gasphase einen geringen Partialdruck aufweisen soll. — *Kunststoffweichmacher.* (**Schwz. P. 291 730** vom 24/6. 1949, ausg. 1/10. 1953. **Zusatz zu Schwz. P. 285 125; C. 1954. 649.**) KRAUSS. 7171

Alexander Wacker Ges. für elektrochemische Industrie G. m. b. H., München, *Verwendung der wasserlöslichen Umsetzungsprodukte aus 1-Alkoxybutadien-Maleinsäure-Mischpolymerisaten und alkalisch reagierenden Stoffen als Dispergier-, Verdickungs- und Reinigungsmittel* für die Behandlung von Werkstoffen mit wss. Fll. oder Dispersionen. — In den Beispielen werden die Mischpolymerisate von 1-Methoxybutadien u. Maleinsäureanhydrid verwendet. Es wird damit z. B. eine cremeartige Paste hergestellt, welche als *Hautpflegemittel* verwendbar ist, eine pastenartige Dispersion, welche zum *Kaschieren von Geweben* geeignet ist, eine Dispersion zur Herst. wasserdichter Artikel. (**Oe. P. 175 000** vom 17/1. 1952, ausg. 26/5. 1953. D. Prior. 16/3. 1951.) M. F. MÜLLER. 7173

DEHYDAG Deutsche Hydrierwerke G. m. b. H., Düsseldorf (Erfinder: **Rudolf Endres,** Frankfurt/M.), *Lösungs- und Weichmachungsmittel* für *Polyvinylchlorid* u. Chlorkautschuk, bestehend aus freien, Cl-haltigen aliphat. Carbonsäuren mit wenigstens 4 C-Atomen, z. B. Capron-, Capryl-, Pelargon-, Caprinsäure, oder Fettsäuregemischen mit 4—7, 4—9 oder 7—9 C-Atomen, Kokosöl-, Spermöl- oder Alkoxyfettsäuren. (**D. B. P. 901 348** Kl. 39b vom 17/12. 1943, ausg. 11/1. 1954.) SALZMANN. 7173

Imperial Chemical Industries Ltd., London, England (Erfinder: **William Elliott Frew Gates**), *Antistatische Filme, Fäden* u. dgl. erhält man aus Polymerisaten äthylen. ungesätt. Verbb., z. B. *Polyvinylchlorid,* durch Einverleibung von 2—25% N-Alkoxymethylpolyamiden, z. B. *N-Methoxymethylpolyhexamethylenadipinamid* oder *-sebacinamid.* (**E. P. 692 929** vom 21/2. 1950, ausg. 17/6. 1953.) MÖLLERING. 7173

Dow Chemical Co., Midland, Mich., V. St. A., *Durch Hitze schrumpfbare Mischpolymerisate.* Ein Gemisch aus 35—70 (%) *Vinylidenchlorid* (**I**) u. 65—30 *Vinylchlorid* wird in wss. Emulsion mit üblichen Zusätzen polymerisiert, bis 10—60 des Gemisches in polymerer Form vorliegen, worauf man nach Druckerhöhung den **I**-Anteil auf 65 bis 95 erhöht u. auspolymerisiert, bis 80—90 des Ansatzes in polymerer Form vorliegen. — Das Prod. eignet sich zur Herst. von *Filmen* u. *Fäden.* (**E. P. 692 378** vom 9/3. 1951, ausg. 3/6. 1953. A. Prior. 12/4. 1950.) MÖLLERING. 7173

Monsanto Chemical Co., St. Louis, Mo., übert. von: **Costas H. Basdekis,** Springfield, und **Elwood F. Jackson,** Ludlow, Mass., V. St. A., *Entfernung von Aminen als Polymerisationsverzögerer aus ungesättigten Monomeren, polymerisierbaren Verbindungen* (Vinyl-, Divinyl-, Trivinylbenzole, -naphthaline, Vinyldiphenyl, Vinylester, Vinylketone, Vinyläther, Vinylhalogenide, Acroleine, Acrylsäureester, -nitrile, Vinylidenverbb., Diene, Triene) erfolgt durch Behandlung mit Kationenaustauscherharzen. — Dicyclohexylamin wird mit einem sulfonierten Styrol–Divinylbenzol-Mischpolymeren aus Styrol entfernt. Amylamin aus Methylacrylat mit einem sulfonierten Phenol–Formaldehyd-Harz. (**A. P. 2 609 387** vom 1/12. 1948, ausg. 2/9. 1952.) KRAUSS. 7173

Monsanto Chemical Co., St. Louis, übert. von: **William T. Nichols,** Kirkwood, Mo., V. St. A., *Polymerisationsverhinderungsmittel für Acrylsäurenitril* bei der Lagerung oder Dest., bestehend aus Hydrochinonmonobenzyläther. (**A. P. 2 614 119** vom 9/4. 1951, ausg. 14/10. 1952.) KRAUSS. 7173

Heinz Trenne, Deutschland, *Herstellung von Kunststoffen,* dad. gek., daß man Verb. mit $C=C$ oder $C\equiv C$-Bindungen mit organ. Verbb. reagieren läßt, die die Gruppe $\genfrac{}{}{0pt}{}{R}{R'}\!\!>C=O$ enthalten. R. u. R′ sind gesätt. oder ungesätt. Reste, z. B. Methyl, Phenyl, oder OH oder H. Man emulgiert z. B. 60 kg Styrol in W., löst in der Emulsion 20 kg Zimtsäure u. 15 kg Acetaldehyd u. läßt das Gemisch bei 80° reagieren, bis die Emulsion teilweise erstarrt u. sich abscheidet. (**F. P. 983 169** vom 15/3. 1949, ausg. 20/6. 1951.) OPPERMANN. 7173

Dow Chemical Co., Midland, Mich., V. St. A., *Hochpolymerisate aus α-Methylstyrol*(**I**). Man polymerisiert ein Gemisch aus metall. Na u. **I**, bis 20—35% **I** polymerisiert sind, worauf man Na abfiltriert u. das **I**-Polymerisat aus **I** abtrennt. Man verwendet 0,5—10% Na, bezogen auf **I**; nicht umgesetztes **I** wird in das Verf. zurückgegeben. (**E. P. 677 951** vom 15/9. 1950, ausg. 27/8. 1952. A. Prior. 31/10. 1949.) MÖLLERING. 7173

Petrolite Corp., Wilmington, Del., übert. von: **Melvin De Groote,** St. Louis, und **Bernhard Keiser,** Webster Groves, Mo., V. St. A., *Lösliche Harze.* Phenole, die einen KW-stoffrest von 4—14 C-Atomen, bes. einen Butyl-, Amyl- oder Nonylrest, enthalten u. mit einem Aldehyd mit <9 C-Atomen, bes. CH_2O, kondensiert sind, werden mit Äthylenoxyd (**I**) u. Propylenoxyd (**II**) oxyalkyliert. Dabei soll bei jedem der 3 Patente das Mengenverhältnis von Phenol–Aldehydharz, **I** u. **II** in einer bestimmten, in je einem Dreiecksdiagramm dargestellten Fläche liegen u. die Dreiecksspitzen je 100 (%) Harz, 100 **I** u. 100 **II** bedeuten. — Die Prodd. eignen sich als (säurebeständige) Netz-, Wasch- u. Emulgiermittel, als Insekticide, Germicide, als Flotierungsmittel u. zum Brechen von Mineralölemulsionen. (**A. PP. 2 629 704, 2 629 705** u. **2 629 706** vom 28/11. 1949, ausg. 24/2. 1953.) MÖLLERING. 7177

E. I. du Pont de Nemours & Co., Wilmington, übert. von: **Robert Neal MacDonald,** New Castle, Del., V. St. A., *Polymerisate von α-Aminocarbonsäure-N-carbonanhydriden* werden in bezug auf *Wasseraufnahmefähigkeit* u. *Anfärbbarkeit* durch Zusatz von *N-Alkylglycinen* modifiziert. — Polymerisate u. Mischpolymerisate der *N-Carbonanhydride* von *1-Leucin, 1-Aminocyclohexancarbonsäure, α-Aminoisocapronsäure, 2-Amino-4.6.6-trimethylheptansäure* u. *d.l-Alanin* unter Zusatz von *N-Methylglycin-N-carboanhydrid.* (**A. P. 2 592 446** vom 24/2. 1949, ausg. 8/4. 1952.) LANGER. 7181

E. I du Pont de Nemours & Co., Wilmington, übert. von: **Robert Neal MacDonald,** New Castle, Del., V. St. A., *Polymerisation von Aminocarbonsäure-N-carboanhydriden* mittels NH_3 oder Aminen als Polymerisationskatalysatoren. — Polymerisation der *N-Carboanhydride* von *1-Aminocyclohexancarbonsäure, α-Aminoisobuttersäure, dl-β-Phenylalanin* u. *2-Amino-4.6.6-trimethylheptansäure* mittels *Tetramethylendiamin, n-Butylamin, Diäthylamin, Anilin* oder NH_3. (**A. P. 2 592 447** vom 4/10. 1947, ausg. 8/4. 1952.) LANGER. 7181

Soc. An. des Manufactures des Glaces et Produits Chimiques de Saint Gobain, Chauny & Cirey, Seine, Frankreich, *Herstellung von Kunstharzen,* die auf Oberflächen aus Metall, Glas u. dgl. sehr gut haften. Man erhitzt Oxyphthalimidin (**I**) mit oder ohne einen sauren oder alkal. Katalysator für sich oder zusammen mit anderen Substanzen (Alkoholen, Estern. Aldehyden, bes. CH_2O) langsam auf 140—150°, z. B. 38 (g) **I**, 10 Formalin, 4 Butylphthalat u. 1—2 cm^3 H_2SO_4. (**F. P. 1 012 430** vom 31/8. 1949, ausg. 9/7. 1952.) OPPERMANN. 7181

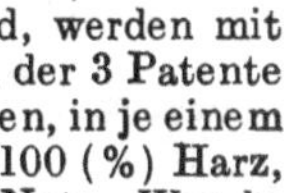

I

Badische Anilin- & Soda-Fabrik, Deutschland, *Herstellung von Organosiliciumverbindungen* durch Einw. von Si-Halogeniden auf mehrwertige Alkohole in Ggw. von organ. Lösungsmitteln. Als Ausgangsstoffe sind genannt $SiCl_4$, $SiHCl_3$, $SiBr_4$, $SiCl_3Br$ einerseits u. Äthylenglykol, Glycerin oder Butandiol anderseits. Als Lösungsmittel sind

genannt Bzl. u. Cyclohexan. Die erhaltenen Organosiliciumverbb. sind größtenteils in W. löslich. Nach dem Eindampfen der wss. Lsg. erhält man in W. unlösl. Massen, welche wie Glas durchsichtig sind. — Soweit in dem Reaktionsprod. noch freie OH-Gruppen enthalten sind, so können diese noch mit Säuren verestert oder mit Isocyanaten umgesetzt werden. (**F. P. 1 001 536** vom 27/5. 1946, ausg. 25/2. 1952.)
M. F. MÜLLER. 7189

Badische Anilin- & Soda-Fabrik, Deutschland, *Herstellung von Siliconen* durch Hydrolyse der Reaktionsprodd. von Si-Halogeniden mit Alkylenoxyden, welche wenigstens 2 Halogenatome an Silicium gebunden enthalten, u. durch gegebenenfalls anschließende Polymerisation zwecks Verwendung in der Kunststoffindustrie. — Das Reaktionsprod. von 2 Mol Äthylenoxyd u. 1 Mol $LiCl_4$ wird in Ae. gelöst u. bei 0° mit W. versetzt. Dabei entwickelt sich HCl. Man erhält ein fl. sirupöses Prod. von geringem Polymerisationsgrad, welches in organ. Lösungsmitteln lösl. ist. Mit steigender Polymerisation, bes. in der Wärme, entstehen feste Prodd., welche in Lösungsmitteln unlösl. sind. (**F. P. 1 002 015** vom 12/7. 1946, ausg. 3/3. 1952.) M. F. MÜLLER. 7189

British Thomson-Houston Co. Ltd., London, England, *Methylpolysiloxandiole.* Man läßt 1 (Teil) Borsäure mit 2,5—3,5 Tetramethyldisiloxandiol-(1.3) bei 25—35° reagieren. Man erhält eine dünne, stärkeartige Paste, die bei ca. 50—55° eine kittähnliche Konsistenz annimmt, die jedoch beim Sinken der Temp. wieder verschwindet. Auf Grund dieser Eig. wird das Reaktionsprod. zum Öffnen u. Schließen elektr. Kontakte verwendet. (**E. P. 705 639** vom 13/5. 1952, ausg. 17/3. 1954. A. Prior. 15/5. 1951.)
BRÖSAMLE. 7189

Soc. d'Applications des Procédés Industriels Nouveaux (S. A. P. I. N.), Seine, Frankreich, *Verleimen von Folien oder Platten aus Polyvinylharz mit einem Träger aus Sperrholz, Leder, Zement, Spinnstoff usw.* Man bedeckt den Träger mit einer Lsg. aus niedrigmol. Polyvinylchlorid oder Mischpolymerisaten von Vinylchlorid mit Vinylidenchlorid oder Vinylacetat in Aceton, Toluol, Xylol oder einem anderen geeigneten Lösungsm. (z. B. „Afcovyl C. T. 3.", gelöst in Trichloräthylen, „Geon 400 × 65", gelöst in einem 65/35-Gemisch von Toluol u. Aceton). Nach Verdunsten des Lösungsm. bedeckt man die Folie, Platte u. dgl. aus Polyvinylharz mit einer Lsg. von hochpolymerisiertem Vinylchlorid, gelöst in Cyclohexan, Tetrahydrofuran oder einem Gemisch von Bzl. u. CS_2 u. verleimt die Vinylharzfolie, -platte usw. mit dem Träger unter Anwendung von Druck. (**F. P. 1 040 310** vom 2/8. 1951, ausg. 14/10. 1953.) OPPERMANN. 7205

Michael Erlenbach und **Adolf Sieglitz,** Deutschland, *Verleimen von Holz, Glas, Metallen, Steinen, Karton oder plastischen Massen mit polymerisierbaren Verbindungen,* die einen harten u. zähen Film liefern, wie *Acrylsäureester* oder *-amide* oder *Vinylester,* wobei man zwecks Erhöhung der Viscosität des Leimes in den Monomeren noch Acetylcellulose, Polyvinylester, Polyacrylsäureester oder Polyvinylacetale lösen u. ferner auch Plastizierungsmittel, Pigmente oder Füllstoffe zusetzen kann, u. polymerisiert darauf bei Raumtemp. mit Hilfe eines „Redox"-Komplexes (I), d. h. eines Syst., welches durch Zusammenwirken der oxydierenden u. reduzierenden Faktoren die Polymerisation beschleunigt, wodurch die Polymerisationstemp. auf die Umgebungstemp. herabgesetzt wird. Der zu verwendende Leim soll mindestens den Peroxydkatalysator oder mindestens das Reduktionsmittel als **I** enthalten; man verwendet z. B. einen **I** aus Dibenzoylperoxyd u. Benzolsulfinsäure oder Benzoin — gegebenenfalls unter Zusatz eines weiteren Polymerisationsbeschleunigers, wie Pb-Naphthenat oder Fe-Acetylacetonat —, wobei man vorzugsweise die Lsg. einer der genannten Verbb. auf die eine u. die Lsg. der anderen auf die andere der zu verbindenden Flächen aufträgt u. darauf beide Flächen miteinander verpreßt. (**F. P. 994 220** vom 30/8. 1949, ausg. 14/11. 1951. D. Prior. 1/10. 1948.) RAETZ. 7205

XII. Kautschuk. Guttapercha. Balata.

Farbenfabriken Bayer Akt.-Ges. (Erfinder: **Fritz Schwerdtel**), Leverkusen, *Oxydativer Kautschukabbau* mittels Anthranyl-9-mercaptan. (**D. B. P. 908 298** Kl. 39b vom 28/6. 1942, ausg. 5/4. 1954, Anmeldung bekanntgemacht 6/8. 1953.) OVERBECK. 7223

Phillips Petroleum Co., Bartlesville, Okla., V. St. A., *Katalysator für die Herstellung von Hochpolymerisaten.* Man verwendet ein Redox-Syst., das durch Kochen (unter Ausschluß von Luft) einer wss. Lsg. von $Na_4P_2O_7$ (**I**), Ferripyrophosphat (**II**) u. einem reduzierenden Zucker, z. B. Glucose, Lävulose oder Sorbose, erhalten wird. Auf 100 (Teile) Monomere, wie Butadiene, sollen 0,1—0,35 **II**, 0,5—3 **I** u. 1—4 Zucker kommen. — *Kunstkautschuk.* (**E. P. 691 965** vom 12/5. 1949, ausg. 27/5. 1953.) MÖLLERING. 7225

Phillips Petroleum Co., Bartlesville, Okla., V. St. A., übert. von: **James Edward Troyan** und **Lawrence Rudolph Sperberg,** *Kunstkautschuk durch Emulsionspolymerisa-*

tion. Verwendet man als Emulgiermittel statt Fettsäureseifen Harzseifen, so erhält man nach der Koagulation mit Säuren ein Prod., bei dem die nunmehr enthaltenen Harzsäuren sich nicht so nachteilig im Kautschukprod. auswirken wie Fettsäuren. — Vergleichstabelle der Eigg. von Kautschuk mit Harz- u. mit Stearinsäuregehalt. (**E. P. 690 930** vom 22/11. 1949, ausg. 29/4. 1953. A. Prior. 28/12. 1948.) MÖLLERING 7225

David Libermann und **Laboratoires du Radiogene (S. à R. L.),** Frankreich, *Behandeln von vitaminreichen Ölen.* Zu E. P. 653 676; C. **1952.** 417 ist nachzutragen, daß man durch *Ra* aktiviertes Leinöl zu *künstlichem Kautschuk* polymerisiert. (**F. P. 1 004 199** vom 19/3. 1947, ausg. 26/3. 1952.) OPPERMANN. 7225

Phillips Petroleum Co., übert. von: **William T. Cooper,** Phillips, Tex., V. St. A., *Erweichungs- und Streckmittel für Natur- und Kunstkautschuk und deren Regenerate,* bestehend aus den <200° sd. Abfallölen von der bei 540—700° durchgeführten katalyt. Dehydrierung von C_4-KW-stoffen. — Vorrichtung. (**A. P. 2 625 528** vom 6/4. 1951, ausg. 13/1. 1953.) OVERBECK. 7227

United States Rubber Co., New York, N. Y., übert. von: **Ivan Mankovich,** Naugatuck, Conn., V. St. A., *Keton–Diarylamin-Kondensationsprodukte.* Aliphat. Ketone werden mit Diarylaminen u. einer als Katalysator wirkenden aliphat. Halogencarbonsäure oder einem Ester oder Amid hiervon kondensiert. — Man erhitzt *Diphenylamin* mit *Aceton* u. einer geringen Menge Dichloracetamid auf 240—250°. — *Antioxydantia für Kautschuk.* (**A. P. 2 657 236** vom 3/7. 1951, ausg. 27/10. 1953.) LANGER. 7227

Phillips Petroleum Co., übert. von: **William B. Reynolds,** Bartlesville, Okla., V. St. A., *Blähmittel für Schwammkautschuk,* bestehend aus einem Diazothioäther der Formel R—N=N—S—R′. R ist ein aromat. Rest, R′ ein aromat. Cycloalkyl- oder aliphat. Rest. (**A. P. 2 658 876** vom 20/5. 1948, ausg. 10/11. 1953.) OVERBECK. 7227

General Motors Corp., Detroit, Mich. (Erfinder: **Bailey Bennet** und **George H. McFadden,** Columbus, O., V. St. A., *Herstellen von Schwammgegenständen aus synthetischem Kautschuk.* Die verwendete Dispersion eines Butadien–Styrol-Mischpolymerisats erhält einen Zusatz von 10—50, bes. 50%, einer Polybutadiendispersion. (**D. B. P. 908 916** Kl. 39b vom 25/12. 1951, ausg. 12/4. 1954, Anmeldung. bekanntgemacht 27/8. 1953. A. Prior. 28/12. 1950.) OVERBECK. 7231

Broadstone Synthetics Ltd., Stockport, England (Erfinder: **Herbert Heaton** und **William Spensley Heaton**), *Kautschuküberzogene Bänder* erhält man durch Besprühen der fortlaufenden Bahn mit einer Emulsion von natürlichem oder künstlichem Kautschuk, worauf durch Einw. von Hitze Gelbldg. bewirkt u. durch Walzen gegebenenfalls gemustert wird. (**E. P. 698 251** vom 12/7. 1950, ausg. 14/10. 1953.) MÖLLERING. 7231

XIII. Ätherische Öle. Parfümerie. Kosmetik.

H. Ott, *Über die Bestimmung von Alkoholen in der Parfümerie. Eine praktische Methode der Abschätzung von tertiären Alkoholen.* Vf. beschreibt eine prakt. Meth. der Best. tert. Alkohole in der Parfümerie, die in der Acetylierung mittels Acetanhydrids in Pyridin besteht. Am Beispiel der Best. von *Linalool, Nerolidol, Dimethylbenzylcarbinol, Terpineol* u. *Methyläthyl-[phenyläthyl]-carbinol* zeigt sich, daß die Meth. gut reproduzierbare Ergebnisse liefert, die aber von denen der klass. Meth. der Formylierung (vgl. z. B. GLICHITSCH [1923.]) etwas abweichen. (Helv. chim. Acta **37.** 786—87. 30/4. 1954. Vernier-Genève, L. Givaudan & Cie. S. A., Labor. de chim. analyt.) J. ROTHE. 7292

Robert Maurin, Seine, Frankreich, *Chlorophyll enthaltende Schönheitsmittel.* Man setzt den Schönheitsmitteln (z. B. Masken, Cremen, Milchen) wasserlösl., alkohollösl. oder fettlösl. Chlorophyll zu. (**F. P. 1 037 999** vom 1/6. 1951, ausg. 24/9. 1953.) OPPERMANN. 7285

Raoul Hurlaux, Seine, Frankreich, und **Pierre Tempia-Caliera,** Schweiz, *Kosmetische Mittel,* z. B. Gesichtscreme, Haarwasser, Lippenrot, Zahnpaste, Seife. Sie enthalten mindestens ein adstringierend wirkendes Proteinat eines Schwermetalls (z. B. Fe, Zn) oder eines Erdalkalimetalls (z. B. Ca) u. mindestens ein Verdünnungsmittel, das als Träger für das Proteinat dient. Sie können außerdem ein Netz-, ein Antioxydations-, ein Reinigungsmittel, einen Farbstoff, einen Riechstoff, ein äther. Öl, ein antisept., ein bactericides Mittel u. /oder ein anderes geeignetes Prod. enthalten. Ein Lippenrot hat z. B. die Zus.: 20 (Gewichtsteile) Ceresin, 15 Bienenwachs, 6 Walrat, 20 Lanolin, 10 Kakaobutter, 10 Calciumproteinat, 5 Paraffinöl, 5 Ricinusöl, 14 Ozokerit, Farbstoff, Antioxydationsmittel u. Parfüm. (**F. P. 1 039 726** vom 6/7. 1951, ausg. 9/10. 1953. Schwz. Prior. 23/8. 1950.) OPPERMANN. 7285

Laboratoire des Établissements A. R. (Soc. à r. l.), Seine, Frankreich, *Herstellung von Haarwässern.* Sie enthalten als wesentliche Bestandteile reinen präcipitierten S, reines präcipitiertes $CaSO_4$ u. Bayrum. Die Zus. eines solchen Haarwassers ist z. B. 3,5 (g) S, 4 $CaSO_4$, 30 Bayrum, 1,5 NaCl u. Excipiens q. s. für 250 g. (**F. P. 1 040 266** vom 1/8. 1951, ausg. 14/10. 1953.) OPPERMANN. 7285

Marius Penna, Bouches-du-Rhône, Frankreich, *Haarmittel.* Man erhält es durch Maceration von Getreidekeimen mit Alkohol. (**F. P. 1 039 340** vom 4/7. 1951, ausg. 6/10. 1953.) OPPERMANN. 7285

Irène Mavroléo und **Paule Marie Thérèse de Lêtre,** Seine, Frankreich, *Herstellung von Haarcreme.* Sie besteht aus 1000 (g) Rindermark, 60 Lebertran, 80 Ricinusöl, 10 Leinöl, 30 S, 100 Terpentinöl, 300 Petroleum u. 70 Blütenöl. (**F. P. 1 021 806** vom 25/10. 1949, ausg. 24/2. 1953.) OPPERMANN. 7285

Robert Dehay, Seine, Frankreich, *Haarfärbemittel.* Sie enthalten Glycerin, 90%ig. A. u. Farbstoff, z. B. von der Zus. 50 (Gewichts-%) Glycerin, 45 A. u. 5 Farbstoff. (**F. P. 1 041 083** vom 4/8. 1951, ausg. 20/10. 1953.) OPPERMANN. 7285

Warner-Hudnut, Inc., V. St. A. (Erfinder: **Laurence Robert Basil Hervey**), *Mittel zum Ondulieren der Haare.* Sie bestehen aus wss. Lsgg., die ein Alkalimetallbisulfit ($NaHSO_3$, Na-Metabisulfit) u. auf das Keratin der Haare quellend wirkende Substanzen (z. B. Harnstoff, Formamid, Acetamid, Diäthylformamid, Äthanolformamid) enthalten. Eine solche Lsg. hat z. B. die Zus.: 9,6 (%) Na-Metabisulfit, 42,8 Harnstoff, 4,8 NH_4OH u. 42,8 Wasser. (**F. P. 1 039 222** vom 29/6. 1951, ausg. 6/10. 1953. A. Prior. 30/6. 1950.) OPPERMANN. 7285

—, British Standards Institution, Methods of testing essential oils. London: British Standards Institution. 1953. (24 S.) 4 s.

XIV. Zucker. Kohlenhydrate. Stärke.

Ilmari Poijärvi, *Melasseschnitzel.* Finn. Melasseschnitzel enthalten 10% W., 10,2% Rohprotein, 0,2% Rohfett, 62,0% N-freie Extraktstoffe (hauptsächlich Zucker), 11,7% Rohfaser u. 5,9% Mineralstoffe. (Karjatalous **29.** 659—62. 18/12. 1953.) BECKMANN. 7418

C. B. Venton, *Die Verwendung von aktivem Magnesium zum Klären von Rohrzuckersäften.* Die fabrikmäßige Reinigung von Zuckersäften mit MgO ist im Prinzip möglich u. in mancher Hinsicht vielleicht der Kalkscheidung überlegen. Jedoch enthalten die Überläufe aus den Abscheidern noch suspendierte Teilchen, so daß Extrafilter erforderlich sind. (Int. Sugar J. **55.** 213—15. Aug. 1953.) RUTKOWSKI. 7440

Wm. L. Owen, *Bakteriologisch reiner Zucker für Spezialindustrien.* Der raffinierte Zucker für die Konserven- u. Fruchtsaftindustrie soll frei von bakteriellen Keimen sein. Da mitunter Sporen von thermophilen Bakterien den Raffinierungsprozeß überleben, wurden für die einzelnen Industriezweige höchstzulässige Begrenzungen für den Geh. an bakteriellen Keimen aufgestellt. Ursachen u. Verhütung der Verunreinigungen durch Schimmel- u. Hefepilze, sowie thermophile Bakterien werden besprochen. (Sugar **48.** 52—55. 63. Aug. 1953. Wm. L. Owen Labors.) RUTKOWSKI. 7440

B. B. Gairola, *Trockenmahlfaktor, Prozent Kolloidwasser auf Faser und Java-Verhältnis.* Definition der in der Rohrzuckerherst. gebräuchlichen Begriffe Trockenmahlfaktor, Prozent Kolloidwasser auf Faser u. Java-Verhältnis u. Zusammenstellung der Formeln, die die Beziehungen zwischen diesen Faktoren angeben. (Sugar **48.** 40—42. Aug. 1953. Dalmiangar, India, Rohtas Industries Ltd.) RUTKOWSKI. 7488

Isidore Wetzler, Seine, Frankreich, *Stärkeprodukte zur Herstellung von Imprägnierungen, Appreturen usw.* Man versetzt die wss. Suspensionen von Stärke oder Mehl (z. B. Kartoffelstärke, Mais-, Maniokamehl) in Ggw. oder Abwesenheit eines Katalysators mit einer Mineralsäure (z. B. HCl) oder einer organ. Säure (z. B. Oxalsäure) oder einem Salz (z. B. Al-Sulfat) oder einem Alkali (z. B. NaOH) u. trocknet das Reaktionsprodukt. Man gießt z. B. auf eine Trockenvorr. eine Suspension, bestehend aus 50 (g) Kartoffelmehl u. 50 W., dem man 1 Oxalsäure zugesetzt hat. (**F. P. 1 042 024** vom 7/9. 1951, ausg. 28/10. 1953.) OPPERMANN. 7449

N. V. W. A. Scholten's Aardappelmeelfabrieken, Groningen, Holland, und **Soc. des Laboratoires de Recherches pour Applications Industrielles (Solar),** Corbeil, Frankreich, *Herstellung von Stärkeprodukten.* Man erhitzt Stärke mit einer begrenzten Menge W. bis über den Gelatinierungspunkt, bes. auf 100—180°, wobei gleichzeitig oder unmittelbar anschließend in einer Schicht von geringer Dicke (bes. 0,5—3 mm) getrocknet wird. Hierbei soll die körnige Struktur im wesentlichen zerstört werden, die zerkleinerte M. aber in kaltem W. nichtlösl., in warmem W. jedoch homogen verteilbar werden. (**N. P. 78 421** vom 27/12. 1947, ausg. 9/4. 1951.) JÜRGEN SCHMIDT. 7449

XV. Gärungsindustrie.

Evald Sandegren, *Beurteilung von Hopfen. Einige Betrachtungen zu neuen Forschungsergebnissen.* Zusammenfassender Vortrag über die Bitterstoffe in Hopfen u. Bier, die Verluste bei Ernte u. Trocknung, Qualitätsverschlechterung beim Lagern, Maßnahmen zur Verbesserung der Haltbarkeit u. die Beziehung zwischen Aromastoffen u. Lagerungsbeständigkeit. — 17 Literaturhinweise. (Svensk Bryggeritidskr. **69.** 67—78. Febr. 1954.) R. K. MÜLLER. 7540

B. Trolle, P. Gjertsen und **E.-A. Jensen,** *Der Proteinabbau bei der Maische.* Mittels zweier halbtechn. Brauverss. mit Pilsener Malz wurde der Einfl. einer kurzen Eiweißpause von 8 Min. u. einer langen Pause von 30 Min. jeweils bei 51° auf den N-Abbau geprüft. Hierbei wurden 10 zeitlich verschied. Proben während des Brauvorganges auf Extrakt, p_H, Gesamt-N, Amino-N, tanninfällbaren N u. trichloressigsäure-fällbaren N untersucht. Hierbei ergab sich, daß der Gesamt-N-Geh. während der Maischdauer zunahm mit Ausnahme des Gebietes von 51—65° infolge Fällung hochmol. Verbindungen. Ein engbegrenztes Temperaturoptimum der Proteolyse wurde nicht festgestellt. (Brygmesteren **10.** 65—79. März 1953. Kopenhagen, Carlsberg Bryggeriernes Forsogslaboratorium.) BORCHERS. 7544

M. Flanzy, J. Causeret, D. Hugot und **J. Guérillot,** *Einfluß der Schwefelung und der Schönung mit Kaliumferrocyanid auf die physiologische Wirkung eines Muscadetweines.* Die Verss. wurden mit Muscadetweißwein bei jungen weißen Ratten vorgenommen (3 ml Wein mit 10 Vol.-% A. täglich auf 100 g Gewicht während mehrerer Monate). Der Wein hatte keine ungünstige Wrkg.; dagegen war dies der Fall bei der Verabreichung einer W.–A.-Mischung mit dem gleichen A.-Gehalt. Beim Zusatz von 400 mg Kaliumpyrosulfit je Liter Wein wurden Wachstumsstörungen u. Leberschäden beobachtet, bes. wenn der Zusatz unmittelbar vor der Verabreichung des Weines erfolgte; dies ebenso, wenn der Wein zuvor mit $K_4Fe(CN)_6$ geschönt war (8 g/hl). (C. R. hebd. Séances Acad. Agric. France **40.** 143—46. 1954. Narbonne, Stat. Centrale de Rech. sur l'Oenologie et Labor. de Physiol. de la Nutrit.) KIELHÖFER. 7554

Otto Schenk, München, *Altern und Mischen von alkoholischen und nichtalkoholischen Flüssigkeiten,* dad. gek., daß diese im ruhenden oder fließenden Zustand der direkten Wrkg. des elektr. Stromes ausgesetzt werden. (**D. B. P. 906 209** Kl. 6d vom 25/9. 1951, ausg. 11/3. 1954.) KETTNER. 7517

Farbenfabriken Bayer Akt.-Ges., Leverkusen, *Magnesiumfreies Brauwasser durch Ionenaustausch* unter gleichzeitiger Beseitigung der Carbonathärte u. Erhaltung der bleibenden Härte des Rohwassers, dad. gek., daß man das Rohwasser mit Austauschmaterial in Berührung bringt, das mit H- u. mit Ca-Ionen beladen ist. Dabei kann ein Austauscher geringer bis mittlerer Säurestärke verwendet werden, der Ca- u. H-Ionen enthält. (**Schwz. P. 294 010** vom 3/11. 1944, ausg. 4/1. 1954. D. Prior. 7/2. 1944.) KETTNER. 7541

Enzymic Malt Co. Ltd., Ipswich, Suffolk (Erfinder: **Thomas Robert Dixon,** Royston, Hartfordshire), England, *Herstellen von Sauermalzen* durch Weichen von Grünmalz in Milchsäurelsgg., dad. gek., daß nach dem Weichen des 1. Teiles des Grünmalzes die gebrauchte Milchsäurelsg. mit einer Nähr-Fl. (Würze) wieder auf das ursprüngliche Vol. aufgefüllt, die erhaltene Fl. hierauf einer Milchsäuregärung unterworfen u. dann zum Weichen eines weiteren Teiles Grünmalz verwendet wird, wobei die Wiederverwendung der Milchsäurelsg. so oft wiederholt wird, bis sie biol. unbrauchbar geworden ist. (**D. B. P. 906 682** Kl. 6a vom 25/4. 1937, ausg. 15/3. 1954.) KETTNER. 7541

Wallerstein Co., Inc., V. St. A. (Erfinder: **Irwin Maddlin Stone**), *Stabilisieren von aus Malz hergestellten Getränken, insbesondere Bier.* Um das Bier vor schädlichen oxydierenden Einwirkungen, z. B. der Luft, zu schützen, setzt man ihm nach der Gärung reduzierend wirkende Substanzen zu (z. B. $NaHSO_3$, Na-Ascorbat, Na-Isoascorbat, Ascorbin-, Oxytetronsäure). Z. B. stellt man ein Gemisch von 31% $NaHSO_3$ u. 69% Na-Ascorbat her u. vermischt 44,1 mg davon mit 1 kg Bier. (**F. P. 1 038 647** vom 23/3. 1951, ausg. 30/9. 1953. A. Prior. 23/8. 1950.) OPPERMANN. 7551

XVI. Nahrungs-, Genuß- und Futtermittel.

A. G. Thomson, *Vernichtung von Bakterien mit UV-Strahlen.* Kurzer Überblick über die Verwendung von UV-Strahlen zur Vernichtung von Bakterien in Lebensmitteln. (Food **21.** 385. Okt. 1952.) WINIKER. 7634

W. E. Pearce und **E. Wheaton,** *Autosterilisation thermophiler Sporen in eingedosten Lebensmitteln.* Süßmais (cream style corn), Erbsen u. Hundefutter wurden nach Animpfen mit Sporen von 2 thermophilen Säurebildnern u. 1 thermophilen Anaerobier eingedost, sterilisiert u. bei 21° aufbewahrt. Von Zeit zu Zeit wurden Proben entnommen, bei 55° bebrütet u. auf Verdorbenheit geprüft. Die anfangs noch auswachsenden Sporen der thermophilen Säurebildner sind nach längerer Lagerung abgestorben, was bei den Sporen des thermophilen Anaerobiers nicht der Fall ist. (Food Res. **17.** 487—94. Nov./Dez. 1952. Maywood, Ill., American Can Comp.) FRESENIUS. 7634

Reese H. Vaughn, Irving H. Kreulevitch und **Walter A. Mercer,** *Verdorbenheit eingedoster Lebensmittel, verursacht durch die Bakteriengruppe Bacillus macerans-polymyxa.* Es wird eine Gruppe fakultativ aerober Sporenbildner beschrieben, die verwandt oder ident. mit B. polymyxa u. B. macerans ist. Die Kulturen spielen bei der unter Gasbldg. vor sich gehenden Zers. eingedoster Lebensmittel eine Rolle, weil sie unempfindlich gegen saures Medium u. gegen hohe Zuckerkonzz. sind. Die Sporen sind gegen Cl u. Hitze widerstandsfähig. Die Bakterien konnten nur durch bes. saubere Arbeitsbedingungen, die sich auch auf das Kühlwasser u. das gesamte Gerät erstreckten, unter Kontrolle gehalten werden. (Food Res. **17.** 560—70. Nov./Dez. 1952. Davis, Calif., Univ. of Calif., Div. of Food Technology.) FRESENIUS. 7634

Doyle C. Udy, *Der Einfluß von Bisulfit und Thioglykolsäure auf die Viscosität von Weizenkleber-Dispersionen.* Die Viscositäten stabilisierter Kleber-Dispersionen in verd. Essigsäure u. Na-Salicylat-Lsg. werden bei Protein-Konzz. von 1—5% bestimmt. Nach Zusatz von $NaHSO_3$ oder Thioglykolsäure sinken die Viscositäten ab, um — unabhängig von p_H oder Weizensorte — nach einigen Std. einen konstanten Endpunkt zu erreichen. (Cereal Chem. **30.** 288—301. Juli 1953. Washington, Western Wheat Quality Labor.) M. W. ROTHE. 7664

James W. Pence und **Angeline H. Elder,** *Die Albumin- und Globulin-Proteine des Weizens.* Die mit Phosphatpuffer (p_H 6,8) extrahierten u. durch Ammonsulfatfällung u. Dialyse gereinigten Albumine (I) werden elektrophoret. in 6 Einzelkomponenten getrennt. Gegenüber anderen Weizenproteinen ist I charakterisiert durch hohen Tryptophan- u. Aminostickstoff-Gehalt. Das osmot. bestimmte Mol.-Gew. von I lag in wss. Salzlsg. bei 28000, fiel jedoch bei Zusatz von Harnstoff oder Na-Salicylat auf 17000 ab. Für die Weizen-Globuline sind niederer Tryptophan- u. Aminostickstoff- sowie extrem hoher Arginin-Geh. charakteristisch. (Cereal Chem. **30.** 275—87. Juli 1953. Albany, Calif., Western Reg. Res. Labor.) M. W. ROTHE. 7664

James W. Pence, *Der ungefähre isoelektrische Punkt der Albumine des Weizenmehls.* Von 11 elektrophoret. getrennten Einzelkomponenten der Weizen-Albumine werden isoelektr. Punkt u. Beweglichkeit bestimmt. Die isoelektr. Punkte liegen zwischen p_H 4,5 u. p_H 8,7. (Cereal Chem. **30.** 328—33. Juli 1953. Albany, Calif., Western Reg. Res. Labor.) M. W. ROTHE. 7670

Saim Saracoglu, *Der Thiamin-Gehalt türkischer Weizen und daraus hergestellter „Bulgurs".* Der Thiamingeh. von 28 Mustern türk. Weizen lag zwischen 3,11 γ/g u. 5,04 γ/g. Die durch den Kochprozeß bei der Herst. von „Bulgur" bedingten Verluste an Thiamin betrugen 9—42% in Abhängigkeit von den in den verschied. Landesteilen üblichen Herstellungsmethoden. (Cereal Chem. **30.** 323—57. Juli 1953. Ankara, Türkei, Univ.) M. W. ROTHE. 7672

Elsie H. Dawson, Mary E. Kirkpatrick und **Edward W. Toepfer,** *Die beim Gefrieren von Elberta-Pfirsichen für den Hausgebrauch erforderliche Menge Ascorbinsäure.* Pfirsiche erleiden beim Gefrieren, Gefrierlagern u. Auftauen leicht Minderungen an Geschmack u. Farbe. Es wurde an Packungen von 0,577 Liter Gesamtinhalt der schützende Einfl. eines Ascorbinsäurezusatzes untersucht. Für eine Lagertemp. von —18° erwies sich Einlegen der Früchte in 40% ig. Siruplsg. u. Zusatz von 66 mg Ascorbinsäure am günstigsten. Beim Herrichten der Früchte mit Zucker trat Verlust von Aroma ein, zum sicheren Schutz waren hier über 200 mg Ascorbinsäure erforderlich. (Food Res. **17.** 433—37. Sept./Okt. 1952. Washington, D. C., U. S. Dep. of Agriculture, Agricultural Research Administration, Bureau of Human Nutrition and Home Economics.) ZOPFF. 7688

Juniata S. Hirsch, Alice D. Niles und **A. R. Kemmerer,** *Der Gehalt an essentiellen Aminosäuren bei verschiedenen Gemüsearten.* Mit Hilfe der mikrobiol. Meth. wurde der Aminosäuregeh. von frischen u. getrockneten Erbsen, Blumenkohl, Spinat, Kartoffeln, Bataten, Bohnen sowie frischen u. gerösteten Erdnüssen untersucht. Nach Hydrolyse mit 20% ig. HCl kamen Phenylalanin, Leucin, Valin, Arginin, Methionin, Threonin, Histidin, Lysin, Isoleucin u. Tryptophan zur Bestimmung. Zum Vgl. diente Ganzeiprotein. Frische u. getrocknete Gemüse zeigten nur geringe Unterschiede in der Zus. ihrer Proteine. Der Geh. an Leucin, Isoleucin u. Methionin war durchwegs gering. (Food Res. **17.** 442—47. Sept./Okt. 1952. Tucson, Ariz., Univ. of Arizona, Dep. of Nutrition.) ZOPFF. 7690

Hazel B. Suder und **Mary L. Dodds**, *Der Einfluß von Licht auf die Stabilität von Ascorbinsäure in Gemüseextrakten.* Mit Oxalsäure hergestellte Extrakte aus Bataten, irischen Kartoffeln (**I**), Salat (**II**), grünen Bohnen (**III**), Spargel u. Weißkohl (**IV**) wurden auf das natürliche p_H des Gemüses abgepuffert. Sie wurden dann nach Belichtung bzw. nach Halten im Dunkeln auf Ascorbinsäure (**V**) geprüft. Die Oxydation von **V** wurde in allen Extrakten durch Belichtung stark beschleunigt. Die Extrakte aus **I** u. **II** beschleunigten auch die Oxydation zugesetzter **V** im Dunkeln. Extrakte aus **III** u. **IV** wirkten bei Lichtausschluß oxydationshemmend. Bei **III** wurde am Licht nach einer kurzen Periode rascher Oxydation eine erhebliche Verlangsamung beobachtet. (Food Res. **17**. 511—17. Nov./Dez. 1952. Pennsylvania State College, School of Home Economics, u. Pennsylvania State Agricultural Exp. Station.) FRESENIUS. 7690

Howard Fox, *Lagerung gefrorener Citruskonzentrate.* Lagertempp. über 0° F führten proportional der Temperaturzunahme u. der Lagerzeit zu Korrosionserscheinungen der (verzinnten) Lagergefäße u. zu gleich stark einhergehenden Geschmacksbeeinträchtigungen. Die für enzymintakte Citrussäfte typ., durch feinste Schwebteilchen hervorgerufene Trübung (cloud), die photometr. gemessen werden kann, nimmt mit der durch unzweckmäßige Lagerung bedingten Qualitätsminderung solcher Prodd. ab. Möglicherweise kann daher der Trübungsgrad enzymintakter Fruchtsaftbereitungen als Gütekriterium herangezogen werden. (Food **21**. 17—18. Jan. 1952.)
M.-D. LAUBSCHAT. 7706

G. E. Underwood und **F. E. Deatherage**, *Die Stickstoffverbindungen des Kaffees.* Von den stickstoffhaltigen Inhaltsstoffen des Kaffees sind bis jetzt nur Coffein u. Trigonellin näher bekannt. Vff. bestimmten bei ungeröstetem u. geröstetem Kaffee Löslichkeit u. Natur der Proteine. Bei grünem columb. wie bei Santoskaffee betrug der Geh. an wasserlösl. Eiweißstoffen ca. 3%, ein gleicher Wert wurde mit 10%ig. NaCl-Lsg. erhalten. Höhere Werte von 4,0 bzw. 4,9% ergaben sich beim Auslaugen mit 1%ig. NaOH. Alkohollösl. Proteine, Globuline u. proteolyt. Enzyme fehlten. Beim Rösten des Kaffees ist ein Gewichtsverlust von ca. 17% festzustellen. Hierbei war der Anteil der mit W. u. verd. NaOH extrahierbaren Stickstoffverbb. stark erniedrigt, ein großer Teil davon entzog sich der Fällung mit Trichloressigsäure u. Phosphorwolframsäure. (Food Res. **17**. 419—24. Sept./Okt. 1952. Columbus, O., Ohio State Univ., Inst. of Nutrition and Food Technology, Dep. of Agricultural Biochemistry.) ZOPFF. 7720

G. E. Underwood und **F. E. Deatherage**, *Eine Untersuchung über die Aminosäuren in grünem und geröstetem Kaffee unter Anwendung einer neuen Methode zur Hydrolyse von Proteinen.* (Vgl. vorst. Ref.) Es wurden die im grünen u. gerösteten Santoskaffee vorkommenden freien u. am Aufbau der Eiweißkörper beteiligten Aminosäuren bestimmt. Zur Hydrolyse diente 6nHCl oder der aus sulfuriertem Polystyrol aufgebaute Austauscher *Dowex 50*. Die Trennung der einzelnen Aminosäuren erfolgte durch Chromatographie in verschied. p_H-Bereichen, die Charakterisierung durch Papierchromatographie. Im einzelnen wurden gefunden: Alanin, Asparaginsäure, Glutaminsäure, Glycin, Leucin, Phenylalanin, Serin, Threonin u. Valin. Im grünen Kaffee wurden ca. 8% Aminosäuren gefunden, von denen vor der Hydrolyse die Hälfte in Form wasserlösl. Verbb. vorlag. Beim gerösteten Kaffee betrug der extrahierbare Anteil nur noch den zehnten Teil. Der Geh. an einzelnen Aminosäuren war dabei nur wenig erniedrigt. (Food Res. **17**. 425—32. Sept./Okt. 1952.) ZOPFF. 7720

Osman Jones, *Das p_H in der fleichverarbeitenden Industrie.* Allg. Ausführungen, die Bedeutung des p_H für die Fleischverarbeitung betreffend. — 6 Literaturhinweise. (Food **21**. 4—5. Jan. 1952.) M.-D. LAUBSCHAT. 7750

R. H. Kirsch, **F. E. Berry**, **C. L. Baldwin** und **E. M. Foster**, *Die Bakteriologie von kühl gelagertem gehacktem Rindfleisch.* Der Keimgeh. in 20 Proben Hackfleisch (Camburger) bewegte sich zwischen 1,4 u. 95 Millionen/g. Wenn Proben im Kühlschrank bei 0—2° aufbewahrt wurden, war eine Verdorbenheit durch sauren Geruch erst nach 8—12 Tagen feststellbar bei einem Keimgeh. von 500 Millionen/g. Bei den Mikroorganismen handelte es sich um gramnegative, nichtsporenbildende Stämme, verschied. Arten der Familie der Micrococcaceae u. gelegentlich auch um Lactobacillen. Bei der Kühllagerung wuchsen bewegliche, nichtpigmentierte Arten von Pseudomonas am besten. Darunter waren in den ersten Tagen die Gelatine nicht verflüssigenden Arten am zahlreichsten, danach die Gelatine verflüssigenden Typen. (Food Res. **17**. 495—503. Nov./Dez. 1952. Madison, Wis., Univ. of Wisconsin, Dep. of Bacteriology.)
FRESENIUS. 7750

David W. Anderson jr. und **Carl R. Fellers**, *Das Vorkommen von Trimethylaminoxyd in Süßwasserfischen.* Micropterus dolomieu (**I**), Esox niger (**II**), Morone americana (**III**), Perca flavescens, Pomoxis nigro-maculatus (**IV**), Lepomis gibbosus (**V**),

Lepomis m. machrochirus (**VI**), Notemigonus c. crysoleucas u. Ameiurus sp. enthalten Mengen zwischen 0,6 u. 4,8mg% Trimethylamin-N. Dieser wurde in Zuchtforellen (Salmo trutta fario [**VII**]) im Alter von 2—5 Jahren in wechselnder Menge gefunden. Die Fische **I**—**VI** enthalten außerdem im Vgl. zu Seefischen geringe Mengen Trimethylaminoxyd (**VIII**). **VII** enthielt nach Fütterung mit einer **VIII** aus Hering enthaltenden Nahrung ebenfalls **VIII** in einer mit dem Alter zunehmenden Menge. Dafür dürfte ein exogener Ursprung gegeben sein. (Food Res. **17.** 472—74. Nov./Dez. 1952. Amherst, Mass., Univ. of Massachusetts, Dep. of Food Technology.) FRESENIUS. 7752

Matti Antila, *Über Oxydationsfehler der Milch und deren Verhütung.* Übersicht über die Entstehung oxydativ bedingter Geschmacksfehler der Milch u. über Maßnahmen zu deren Verhütung, bes. durch Zusatz bestimmter Antioxydantien. (Karjantoute **36.** 373—78. 24/7. 1953. Helsinki, Yliopiston maitotalouslaitos.) BECKMANN. 7756

A. Z. Hodson, *Die Rolle der Temperatur bei Aminosäureverlusten während längerer Aufbewahrung von Kondensmilch.* Kondensmilch wurde 2 Jahre lang bei 4°, Zimmertemp. u. 38° aufbewahrt. Nach dem 1. Jahr wurden nur im letzteren Fall merkliche Verluste an Tryptophan (**I**), Lysin (**II**), Histidin (**III**) u. Arginin (**IV**) festgestellt. Nach 2 Jahren waren nur bei 4° keine Verluste zu verzeichnen, bei Zimmertemp. waren leichte Abnahmen von **II** u. **III** eingetreten, bei 38° betrugen die Verluste bei **I** 12%, **II** 29%, **III** 29% u. **IV** 28%. Im Rattenwachstumsvers. erwies sich die Milch bei 4° derjenigen bei Zimmertemp. überlegen, u. diese war bei der 38° gelagerten Milch weit überlegen. Wichtiger noch sind die nachteiligen Veränderungen in Aussehen u. Geschmack, die das Feilbieten solcher Milch ausschließen. (Food Res. **17.** 467—71. Nov./Dez. 1953. Greenville, Ill., Pet Milk Comp.) FRESENIUS. 7756

Fred Hillig, S. W. Ahlmann und **R. C. Jordan,** *Wirkung der Neutralisation von Sahne bei der Herstellung von Butter auf wasserunlösliche Fettsäuren und Buttersäure.* Umfassende Verss. zeigten, daß die Neutralisation von Sahne keinen Einfl. auf den Geh. von wasserunlösl. Fettsäuren bzw. Buttersäure ausübt. (J. Assoc. off. agric. Chemists **34.** 720—25. 15/8. 1951. Washington, D. C., Food and Drug Administr.) GRIMME. 7758

David C. Cornwell, Richard Backderf, Christopher L. Wilson und **J. B. Brown,** *Der Gehalt des Butterfettes an trans-Octadecensäure.* Eingehende krit. Betrachtungen an Hand der Literatur über die geometr. Isomerie (cis- u. trans-Formen) der mono- u. polyolefinischen natürlichen Fettsäuren; eigene Verss. mit der Zielsetzung, im Butterfett zu ermitteln: 1. die trans-Fettsäuren, den Geh. an trans-Fettsäuren in Sommer- u. in Winterbutter, 2. den Einfl. der polyolefinischen auf die Best. der trans-monoolefinischen Fettsäuren. Die Unterss. erfolgten in der Weise, daß definierte Proben von Butterfett in üblicher Weise in die Methylester der Gesamtfettsäuren übergeführt u. dann der fraktionierten Dest. unterworfen wurden; einige Fraktionen wurden zusätzlich bei tiefer Temp. (bis —30°) aus Lsg. (Aceton, Pentan, Methanol) fraktioniert krist.; anschließend Ermittlung des Verh. im Infrarot (BECKMAN IR-2 Spektrophotometer; CS_2 als Lösungsm.); Auswertung s. Original; schematische Darst. des Ganges zur Abtrennung der trans-Octadecensäure aus der Fraktion der rohen Butterfettölsäure bzw. ihrer Methylester. Die krit. Auswertung der Ergebnisse unter besonderer Berücksichtigung der Fehlermöglichkeiten der Infrarotspektroskopie lehrt, daß in den 3 untersuchten Proben von Sommer- bzw. Winterbutterfett 9,5—9,7 bzw. 5% trans-Säuren enthalten sind, nämlich trans-Octadecen- u. -Octadecadiensäure; gegebenenfalls sind weiterhin geringe Mengen anderer polyolefinischer trans-Säuren anwesend. Etwa 14—20% der „Gesamtölsäure" des Butterfettes liegen in der trans-Form vor, letztere stellt wahrscheinlich ein Gemisch aus Vaccensäure-(11.12-trans-Octadecensäure) u. anderen trans-isomeren Säuren dar; Sommerbutterfett enthält 6—8%, Winterbuttfett 3,5% trans-Octadecensäure. (Arch. Biochem. Biophysics **46.** 364—75. Okt. 1953. Columbus, O., Ohio State Univ., Inst. of Nutrition and Food Technology, u. Dep. of Physiol. Chem. and Chem.) TÄUFEL. 7758

Artturi I. Virtanen, *Die Herstellung lagerungsfähiger Butter.* Das Auftreten von Geschmacksfehlern, wie öliger u. Fischgeschmack, bei der Kühlhauslagerung der Butter kann nur vermieden werden durch Einstellung eines p_H von mindestens 6,4—ca. 7,0 durch Zusatz von bas. Verbb. zum Salz, wie bas. Na-Phosphat u. Soda. Eine solche Mischung wird in Finnland unter dem Namen AIV-Salz verwendet. Beim Salzen der Butter u. beim Einkneten des Salzes ist besondere Sorgfalt erforderlich. (Karjantuote **37.** 73—77. 5/2. 1954.) BECKMANN. 7758

Kalevi Niemelä, *Über das Trocknen des Emmentaler Käses während der Lagerung und die dabei wirksamen physikalischen Faktoren.* Die Trockengeschwindigkeit von Emmentaler Käse wird unter gleichen Lagerungsbedingungen im wesentlichen von der physikal.-

chem. Struktur der Oberfläche beeinflußt. Der Geh. an Trockensubstanz u. NaCl ist ohne Einfl., wenn er sich in n. Grenzen hält. (Karjantuote **36.** 433—40. 21/8. 1953.)
BECKMANN. 7760

—, *Versuche mit Silage von Rübenkraut und Süßlupine 1944—1949.* Bei der Silage von Rübenkraut werden die besten Ergebnisse mit Feinzerkleinerung des Siliergutes u. Zusatz von AIV-Säure (4—4,5 Liter, verd. 1 : 5,5, auf 100 kg) erzielt. — Bis die untersten Hülsen volle Größe zu erreichen beginnen, braucht Süßlupine bei guter Berührung mit AIV-Säure u. guter Preßlage nicht feinzerteilt zu werden, später bewirkt Feinzerkleinerung bessere Qualität u. geringere Verluste. (Tidsskr. Planteavl **56.** 130—33. 1952.)
R. K. MÜLLER. 7782

G. N. Irvine und **J. A. Anderson,** *Unterschiede in den qualitätsbestimmenden Faktoren von Durumweizen und ein Test zur Vorausbestimmung der Qualität von Weizen und Grieß.* Für die Eignung von Durumweizen zur Teigwarenherst. sind Pigmentgeh. u. Lipoxydase-Aktivität maßgebend. Einfache Bestimmungsmethoden für diese Faktoren werden angegeben. (Cereal Chem. **30.** 334—42. Juli 1953. Winnipeg, Canada, Grain Res. Labor.)
ROTHE. 7796

Doris H. Tilden, *Bericht über Harnsäure in Fruchtprodukten.* Der Nachweis von Harnsäure (I) läßt sich papierchromatograph. mittels eines Hg-Harnsäurekomplexes durchführen. Unter Benutzung des vorliegenden Schrifttums hat Vf. Mikrobest. von I in 0,1 n H_2SO_4 u. in Fruchtsäften durchgeführt. Die erhaltenen Werte sind in Kurven mitgeteilt. (J. Assoc. off. agric. Chemists **34.** 498—505. 15/8. 1951. Washington, D. C., Food and Drug Administr.)
GRIMME. 7808

Matti Antila, *Die Bestimmung des Rahmfetts in Molkereien.* Verss. zur Best. des Fettgeh. in Rahm wurden nach der in Holland standardisierten Verdünnungsmeth. (A), nach der von HOSTETTLER modifizierten (B) u. nach der gewöhnlichen Becherbutyrometermeth. von GERBER-ROEDER sowie nach der Meth. von RÖSE-GOTTLIEB ausgeführt. Die Vor- u. Nachteile der Methoden werden ausführlich diskutiert. Für homogenisierten Rahm von niederem Fettgeh. ist A besser geeignet, für Rahm mit hohem Fettgeh. ist B zuverlässiger. (Karjantoute **36.** 605—09. 13/11. 1953. Helsinki, Yliopiston maitotalouslaitos.)
BECKMANN. 7856

Soc. An. Glaces et Crèmes Glacées Ch. Gervais (Erfinder: **Yves Lhermitte** und **Raoul Besson),** Frankreich, *Verfahren, um Lebensmittel oder andere Stoffe kurze Zeit bei einer bestimmten Temperatur zu halten.* Man umgibt das zu temperierende Gut in geeigneter Weise mit „eutekt. Platten". Diese werden hergestellt, indem man Platten aus feinporigem Material, z. B. Aktivkohle, Balsaholz (Korkholz) u. andere, mit der der gewünschten Temp. entsprechenden eutekt. Lsg. (I) unter Anwendung von Vakuum u. Druck imprägniert. Das fertig verpackte Gut wird dann im Kühlschrank oder in der Wärme aufbewahrt. Nach genügendem Verweilen kann es entnommen werden u. behält dann ca. 5 Std. die festgelegte Temp. bei. Anwendbar ist das Verf. für Tempp. von —30 bis +60°. (**F. P. 1 001 259** vom 5/4. 1946, ausg. 21/2. 1952.)
HEYNE. 7633

F. Hoffmann-La Roche & Co. Akt.-Ges., Basel, Schweiz, *Herstellung von neuen 2.3-Dihydropyran-2.4-dionen* der allg. Formel **I,** worin R ein Alkylrest ist, welcher für den Fall X = H mehr als ein C-Atom enthält. X ist H oder eine Gruppe COR′, worin R′ einen anderen Alkylrest als R darstellt. Man geht aus von Verbb. der allg. Formel **II,** welche mit ca. 90%ig. H_2SO_4 auf ca. 130° erhitzt werden unter Bldg. von **III** u. danach mit Säureanhydriden der allg. Formel $(R''-CO)_2$: O in einer Pyridinlsg. bei 160—180° umgesetzt werden. R′ ist ein anderer Alkylrest als R. — 5 (Gewichtsteile) einer der nachst. näher bezeichneten Dehydracetsäurehomologen werden mit 15 einer 90%ig. H_2SO_4 während 8 Min. im Ölbad auf 130° erhitzt. Das Reaktionsgemisch scheidet auf Eis ein rasch kristallin. erstarrendes Öl ab. Auf diese Weise erhält man a) aus 3-Propionyl-6-äthyl-2.3-dihydropyran-2.4-dion das *6-Äthyl-2.3-dihydropyran-2.4-dion,* F. 103,5°. — b) aus 3-Butyryl-6-propyl-2.3-dihydropyran-2.4-dion das *6-Propyl-2.3-dihydropyran-2.4-dion,* F. 94—95°. — c) aus 3-Isobutyryl-6-isopropyl-2.3-dihydropyran-2.4-dion das *6-Isopropyl-2.3-dihydropyran-2.4-dion,* F. 86°. — d) aus 3-Valeroyl-6-butyl-2.3-dihydropyran-2.4-dion das *6-Butyl-2.3-dihydropyran-2.4-dion,* F. 58,5°. — e) aus 3-Isovaleroyl-6-β-methylpropyl-2.3-dihydropyran-2.4-dion das *6-β-Methylpropyl-2.3-dihydropyran-2.4-dion,* F. 106—107°. — f) aus Caproyl-6-pentyl-2.3-dihydropyran-2.4-dion das *6-Pentyl-2.3-dihydropyran-2.4-dion,* F. 47—48°. — g) aus 3-Heptoyl-6-hexyl-2.3-di-

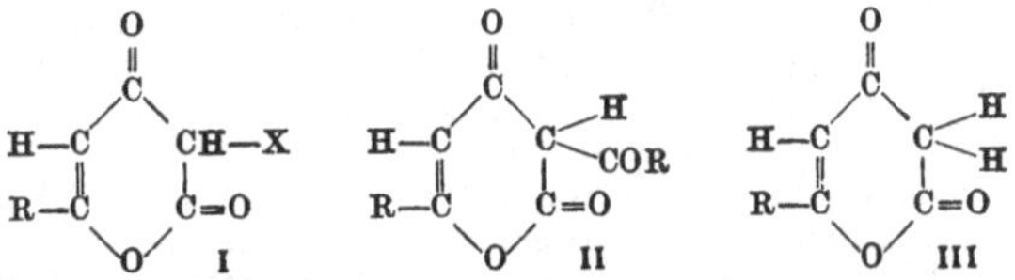
I II III

hydropyran-2.4-dion das *6-Hexyl-2.3-dihydropyran-2.4-dion*, F. 50—52°. — Triacetsäurelacton u. Propionsäureanhydrid werden in Ggw. einer geringen Menge vontrocknem Pyridin 2 Std. im Ölbad bei 163° erhitzt. Dabei entsteht 3-Propionyl-6-methyl-2.3-dihydropyran-2.4-dion, F. 101—102°. — Mit Buttersäureanhydrid entsteht in analoger Weise das 3-Butyryl-6-methyl-2.3-dihydropyran-2.4-dion, F. 57 bis 58°, u. mit Isobuttersäureanhydrid die entsprechende 3-Isobutyrylverb., $Kp._{12}$ 165 bis 170°. Die 3-Valerylverb. hat F. 73—74°. — Aus 6-Äthyl-2.3-dihydropyran-2.4-dion u. Isobuttersäureanhydrid entsteht das *3-Isobutyryl-6-äthyl-2.3-dihydropyran-2.4-dion*, $Kp._{12}$ 164—170°, u. aus 6-Propyl-2.3-dihydropyran-2.4-dion u. Essigsäureanhydrid das *3-Acetyl-6-propyl-2.3-dihydropyran-2.4-dion*, $Kp._{12}$ 160°. — Die neuen Prodd. wirken wachstumshemmend auf *Mikroorganismen* u. verhindern die Gärung von Fruchtsäften, Konserven u. anderen. — *Konservierungsmittel*. (**Oe. P. 174 907** vom 13/2. 1951, ausg. 26/5. 1953. Schwz. Prior. 6/3. 1950.) M. F. MÜLLER. 7635

André François Edouard Savary und **Paul Camille Desrue,** Frankreich, *Konservieren fester organischer Stoffe*, die als Pulver, Körner oder in ähnlicher Form vorliegen. Man ersetzt die natürliche Atmosphäre, welche das zu konservierende Material (I), z. B. Mehl, Körner oder andere Früchte, umgibt, durch eine künstliche, inerte oder antisept. Stoffe enthaltende, Atmosphäre, worauf man I in geeignete verschließbare Räume oder Behälter überführt. Das Verf. wird am besten kontinuierlich in einer besonderen App. durchgeführt, indem man I z. B. durch einen Turm rieseln läßt u. die Gase, z. B. SO_2-haltige Luft, im Gegenstrom entgegenführt. (**F. P. 1 001 304** vom 12/4. 1946, ausg. 22/2. 1952.) HEYNE. 7635

Karl Kremers, Deutschland, *Gewinnung von Hefealbuminen*. Als Ausgangsmaterial dient Hefe aus Sulfitablauge oder Holzzuckerschlempe. Die Hefe wird zur Zerstörung der Zellen zunächst einer Wärmebehandlung unterworfen. Man wäscht mit W., um Geschmacksstoffe zu entfernen, u. extrahiert mit A. zur Entfernung der Stoffe, welche die Schaumbldg. verhindern. Der Rückstand, der die Albumine enthält, wird mit ca. 4—6% NaOH unter Erwärmen in den koll. Zustand übergeführt. Nach Neutralisieren mit Essig- oder einer anderen Säure u. Trocknen erhält man ein Prod., das sich zu Schnee schlagen läßt u. bei der Bereitung von Speisen wie Hühnereiweiß verwendet werden kann. (**F. P. 1 007 731** vom 24/3. 1948, ausg. 9/5. 1952.) HEYNE. 7647

Winthrop Chemical Co., Inc., New York, N. Y., V. St. A., *Anreichern von Nahrungsmitteln*, bes. *Mehl*. Dem Mehl wird eine Mischung von 75—99 (%) Mais- oder Weizenstärke als Füllmittel, 0,25—10 Talkum, 0,1—5,0 $Ca_3(PO_4)_2$ u. 0,5—10 CaH_2PO_4 in Mengen von 15—120 g, berechnet auf 100 kg Mehl, zugesetzt. Die Mischung kann weiterhin Vitamine u. Fe-Verbb. enthalten. (**E. P. 635 193** vom 17/7. 1944, ausg. 5/4. 1950. A. Prior. 19/8. 1943.) KRANZ. 7671

Andreas Rügamer, Hamburg, *Gebäckherstellung*. Von Blutkörperchen durch Zentrifugieren befreites Blutplasma wird fein versprüht u. bei niedriger Temp. getrocknet. Das Prod. dient als *Eiweißaustauschstoff* zur Herst. von Feingebäck, zusammen mit Leguminosenmehl, Johannisbrotkernmehl u. den üblichen Feingebäckzutaten. (**D.R.P. 757 243** Kl. 2c vom 17/5. 1939, ausg. 29/3. 1954.) KRANZ. 7675

I. Ruckdeschel & Söhne K. G., Kulmbach (Erfinder: **Arnulf Sippel,** Freiburg), *Trockensauer*. Eine z. B. aus Roggenmehl u. Kleie bestehende Maische wird nach der Verzuckerung mit Sauerteigbakterien unter gleichzeitigem Zusatz von Abstumpfungsmitteln, z. B. $CaCO_3$, vergoren. Die Fl. wird mit Mehl gemischt u. getrocknet. Anschließend wird die gebundene Säure durch Zusatz einer stärkeren Säure, z. B. H_3PO_4 oder Weinsäure, wieder frei gemacht. (**D. B. P. 905 842** Kl. 2c vom 10/4. 1937, ausg. 8/3. 1954.) KRANZ. 7675

Atlas Powder Co., übert. von: **Peter Kass,** Wilmington, Del., V. St. A., *Backhilfsmittel*. Zwecks Verzögerung des Altbackenwerdens der Gebäckkrume werden dem Hefeteig höhere aliphat. Alkohole, z. B. Lauryl-, Myristyl-, Cetyl-, Stearyl- u. Oleylalkohol, in Mengen von 0,05—5,0, bes. 0,3—1,5%, zugesetzt. (**A. P. 2 657 143** vom 2/8. 1949, ausg. 27/10. 1953.) KRANZ. 7675

Mathieson Alkali Works, New York, N. Y., V. St. A., *Haltbarmachen von Sojaprodukten*. Sojamehl oder -flocken werden mit ClO_2 in Mischung mit einem inerten Gas, z. B. Luft, bei n. Temp. oder 50—60° behandelt. Die Wärmebehandlung kann auch im Anschluß an die ClO_2-Behandlung erfolgen. (**E. P. 641 557** vom 11/6. 1947, ausg. 16/8. 1950. A. Prior. 23/8. 1946.) KRANZ. 7685

Clinton Foods, Inc., New York, N. Y., übert. von: **Bronson C. Skinner,** Dunedin, Fla., V. St. A., *Pektingewinnung*. Zwecks Erleichterung der Pektinextraktion werden

Citrusfruchtschalen in einem auf- u. absteigenden Transportschneckensyst. kontinuierlich mit Dampf bei ca. 85° unter Verdrängung der Luft behandelt u. anschließend zur Entfernung von Zuckerstoffen gewaschen. Die Vorr. dient auch zum Blanchieren von Früchten. (**A. P. 2 654 734** vom 21/1. 1948, ausg. 6/10. 1953.) Kranz. 7703

General Foods Corp., New York, V. St. A., *Pektinpräparat*, das sich beim Mischen mit W. ohne Klumpenbldg. leicht dispergieren läßt. Calciumreichem unlösl. Ca-Pektinat wird durch Behandlung mit Säure, z. B. durch Waschen mit säurehaltigem A., das Ca teilweise entzogen. (**D. B. P. 905 699** Kl. 53k vom 28/8. 1935, ausg. 4/3. 1954. A. Prior. 28/8. 1934.) Kranz. 7703

General Foods Corp., New York, N. Y., übert. von: **Llewellyn Ray Ferguson**, Stamford, Conn., V. St. A., *Geliermittel* zum Ansatz von Gelees auf Gelatinebasis. Als Säurekomponente dient Adipinsäure (I). Das Mischungsverhältnis beträgt z. B. 30 (Teile) Zucker, 4 Gelatine u. 1 I. I kann zusammen mit Geschmacksstoffen in Tröpfchenform mit Gelatineüberzug in der Mischung verteilt werden. (**A. P. 2 657 996** vom 5/2. 1952, ausg. 3/11. 1953.) Kranz. 7709

Armour & Co. (Erfinder: **Robert H. Sifferd** und **Lindson P. Anderson**), Chicago, Ill., V. St. A., *Herstellung von Speisegelatine.* Man zerkleinert das möglichst fettfreie Rohmaterial, flasht es auf 212—320° F. u. trennt in einer Zentrifuge die Festteilchen ab. Die anfallende Fl. wird in einer 2. Zentrifuge in Fett, fetthaltige Gelatinelsg. (I) u. eine Dispersion feinster Fleischteilchen zerlegt, die I in einer 3. Zentrifuge vom Fett befreit u. in üblicher Weise zu fester Gelatine verarbeitet. — Zeichnung. (**E. P. 696 113** vom 17/10. 1951, ausg. 26/8. 1953.) Lüttgen. 7709

Soc. des Spécialités Chimiques S. O. S. P. E. C., Frankreich, *Gewinnung von Na-Alginat aus Seealgen,* Laminaria flexicaulis, unter gleichzeitiger Gewinnung von Jod. — Die Seealgen werden im vorgetrockneten Zustand mit ca. 25—30% Feuchtigkeitsgeh. nacheinander in einer Säure u. danach in weichem W. eingeweicht u. mit W. gewaschen. Der erhaltene Extrakt enthält 2—4 kg Jod im cbm. — Das gewaschene Material wird danach in feuchtem Zustande 48 Std. gelagert u. danach in einem Behälter 6 Std. mit einer alkal. Fl. übergossen u. stehengelassen. Dabei erhält man eine rohe Alginatlsg., welche auch noch andere Pflanzenbestandteile, wie Cellulose u. Chlorophyll, enthält. Diese Lsg. wird mit weichem W. verd., bis der Geh. 5‰ Rohalginat beträgt, u. danach wird kräftig gerührt u. dabei eine Emulsion gewonnen. Aus dieser werden die Cellulose u. das Chlorophyll durch Flotieren u. Filtrieren entfernt u. danach die Alginsäure durch Ansäuern abgetrennt. Sie wird in das Na-Salz übergeführt. (**F. P. 1 003 816** vom 28/2. 1947, ausg. 24/3. 1952.) M. F. Müller. 7709

Louis Elgus, Französisch Äquatorial-Afrika, *Beseitigung der Ranzidität von Butter und anderen Nahrungsfetten.* Man knetet das ranzige Fett usw. mit schwachem Eau de Javelle u. anschließend mit H_3PO_4. Man entfernt das überschüssige W. u. läßt die M. mehrere Tage stehen, wobei die den ranzigen Geschmack bedingende Butter- u. andere Säuren allmählich in die ursprünglichen Ester zurückverwandelt bzw. in andere Ester übergeführt werden. Einen Teil der Ester kann man, falls erforderlich, durch Behandeln mit Wasserdampf bei n. oder reduziertem Druck entfernen. (**F. P. 1 015 802** vom 25/4. 1945, ausg. 24/10. 1952.) Heyne. 7759

—, Kakaobohnen-Prüfung. 1952/1953. Zeichn. Johannes Danielsen-Steinert. Hamburg: Gordian. 1953. (XXIII + 33 S.) DM 15.—.

XVII. Fette. Seifen. Wasch- u. Reinigungsmittel. Wachse. Bohnermassen usw.

J. S. Aggarwal, *Die Fettindustrie und die sich davon ableitenden Industriezweige in Indien.* Überblicksbericht. Behandelt werden: Produktion Indiens an Ölfrüchten im Jahre 1951/52, Handel, Ölgewinnung in Indien (Pressung, Extraktion), Fabrikation von Vanaspati, Seifen- u. Glyceringewinnung, Fabrikation von Lack u. Firnis, wissenschaftliche Unterss. über Fette u. Öle. (Oléagineux **8**. 779—83. Nov. 1953. Poona, Nat. Chemical Labor. of India.) Täufel. 7870

E. Yamaguchi, A. Kumazawa und **Y. Kumada**, *Elektrolytisch hergestelltes Cu-haltiges Nickelhydroxyd als Katalysator für Ölhärtung.* Mit 0,2%ig. Na-Acetat-Lsg. + 1—2% CH_3OH + 0,5% CH_2O als Elektrolyt u. Cu- u. Ni-Blechen als Anoden wird unter gutem Rühren bei Zimmertemp., Einblasen von CO_2 zur Bldg. von $Ni(HCO_3)_2$ bei 2 A/dm² mit 60—100% Stromausbeute, nach Kochen, Absaugen u. Waschen ein gegenüber dem gewöhnlich durch Fällung gewonnenen aktivierter Katalysator für Ölhärtung gewonnen. Geprüft an 2 Proben gereinigten Waltrans, bei optimal 200°, H_2 unter atmosphär. Druck, u. 0,1% Ni-Cu-Katalysator (1 : 1). — 3 Diagramme.

(Waseda appl. chem. Soc. Bull. **21.** Nr. 1. 5—7. Okt. 1952. Waseda Univ. [Orig.: japan.]) SCHULER. 7880

M. Kantharay Urs, M. R. Sahasrabudhe, D. S. Bhatia und **C. P. Natarajan,** *Untersuchungen über das Verhalten von Senf- und Erdnußöl bei der Lagerung in galvanisierten Eisenbehältern.* Es werden Lagerverss. mit den beiden Ölen bei 26—28°, 37 u. 45—50° in verzinkten Eisenkannen durchgeführt (bis 36 Wochen); Prüfungen nach gewissen Lagerzeiten organolept., analyt. (Peroxydzahl, SZ.) sowie Ermittlung der Farbe (LOVIBOND) u. des Geh. an Zn. Es zeigt sich, daß der Geh. der Öle an Zn mit der Lagerzeit ansteigt (Ausfall der Seife mit anderen nichtfetten Bestandteilen beim Abkühlen). Bei Ölen in Glas- u. Zinnbehältern steigt die SZ. bei 37° etwas stärker an als bei denen im verzinkten Gefäß (Neutralisation durch Zn-Seifenbldg.), bei Zimmertemp. treten Unterschiede nicht hervor, ebenso nicht hinsichtlich der Peroxydzahl; letztere steigt aber bei erhöhter Temp. im verzinkten Behälter rascher an. Senföl in verzinkten Behältern zu lagern, ist nicht angezeigt, weil dabei H_2S in Erscheinung tritt; Erdnußöle erweisen sich nach der Aufbewahrung in verzinkten Gefäßen nach der Raffination als vollwertige Speiseöle. (Bull. centr. Food technol. Res. Inst., Mysore **3.** 17—18. Okt. 1953. Mysore, Central Food Technologia Res. Inst.) TÄUFEL. 7894

Lorenz Rasmusson, *Die Zusammensetzung von Natur-Knochenfett. Nach dem Bericht des technischen Forschungsrates in Schweden.* Vf. untersuchte die Fette aus Knochen von Rindern, Pferden, Schweinen u. Schafen auf die einzelnen Fettsäurekomponenten. Knochenfette enthalten im Gegensatz zu Körperfetten viel Palmitin- u. Stearinsäure. Um die Eigg. der aus Knochenfett hergestellten Prodd. zu verbessern, empfiehlt Vf. eine getrennte Verarbeitung der Knochen (Rind mit Schaf bzw. Schwein mit Pferd). Für Schmieröl sollen den Rinderknochen keine Pferdeknochen beigemischt werden; wegen des hohen Linosläuregeh. eignen sich Pferde- u. Schweineknochenfette nicht für Metallseifen; Pferdeknochen liefern jedoch ein dem vegetabil. Öl gleichzusetzendes Speiseöl. Auch für Toilettenseifen u. Textilöl ist eine separate Verarbeitung der Knochen geboten. (Seifen-Öle-Fette-Wachse **79.** 227. 29/4. 1953.) SEIFERT. 7896

G. N. Catravas, *Versuch zur Trennung der isomerisierten Fettsäureester durch Harnstoff. Vergleich der Resultate mit denjenigen, wie sie die chromatographische Arbeitsweise liefert.* Unter Heranziehung der hinsichtlich der verschied. Fettsäuren differenzierenden Adduktbldg. derselben mit Harnstoff werden Verss. zur Trennung polyolefin. Fettsäureester (Methylestergemisch des Leinöls) vor u. nach der Isomerisierung mit Nickel–Kieselgur-Katalysator ausgeführt. Die Kristallisation der Addukte erfolgt in üblicher Weise aus methanol. Lsg. unter mehrfacher Wiederholung; Kennzeichnung der Fraktionen nach Gewicht, Brechungsindex u. JZ. (WOBURN). Zum Vgl. werden die isomerisierten Ester an aktiviertem Al_2O_3 chromatographiert u. die Fraktionen wiederum durch Gewicht, Brechungsindex u. JZ. charakterisiert. Die nach den beiden Methoden gewonnenen Fraktionen werden auf ihr Verh. im UV-Licht geprüft u. der jeweilige Geh. an konjugiertem Dien u. Trien ermittelt. Die Resultate lehren, daß die Trennung der isomerisierten Methylester durch die fraktionierte Adduktbldg. mit Harnstoff möglich ist, wobei die Schärfe der Differenzierung durch Ermittlung der optimalen Bedingungen wesentlich gesteigert werden kann; in den Kurven der Lichtabsorption prägt sich das Mengenverhältnis zwischen konjugiertem Dien u. Trien deutlich aus. Es wird gefolgert, daß die konjugierten, als Dien vorliegenden Äthylenlückenbindungen bei den verschied. Fraktionen nicht den gleichen Charakter besitzen; die konjugierten Triene sind ebenfalls unterschiedlich, was sich dadurch erweist, daß der eine Teil mit Harnstoff leicht, der andere damit nur schwer krist.; es wird vermutet, daß mittels der Harnstoffadduktbldg. eine Trennung der verschied. konjugierten Diene u. Triene ausführbar ist. (Oléagineux **8.** 677—79. Okt. 1953. Bellevue [Seine], Labor. Chevreul.) TÄUFEL. 7908

H. Stüpel, *Hautreaktion und Hautschutz mit synthetischen Wasch- und Reinigungsmitteln.* Es wird an Hand des vorliegenden Schrifttums erläutert, welche Veränderungen der Hautchemismus durch die Behandlung der Haut mit Seife u. synthet. Wasch- u. Reinigungsmitteln erfährt, u. berichtet, welche Wirkungen die einzelnen Verbindungstypen u. bestimmte Prodd. auf u. in der Haut auslösen können. Schließlich werden die neuzeitlichen Hautschutzstoffe aufgeführt, die, in Seifen u. Waschmittel eingearbeitet, deren gegebenenfalls schädigende Wrkg. hemmen oder aufheben sollen (Lebendgerbung, Rückfettung oder Schutz durch hochmol. Kolloide). (Chemiker-Ztg. **77.** 714—18. 5/11. 755—58. 20/11. 782—86. 5/12. 1953. Hochdorf, Schweiz.) H. P. FIEDLER. 7912

H. Machemer, W. Griess und **H. Mugele,** *Über die Beurteilung der Oberflächenbeschaffenheit gewaschener Gewebe.* Eine Reihe von Methoden zur Prüfung des Schaumverh. von Waschflotten wurde untersucht. Die Ergebnisse wurden unter sich u. mit denen der Beurteilung von mit der Hand gewaschenen Mustern verglichen. Die Vorteile u. Nachteile der einzelnen Methoden wurden gegenübergestellt, u. es wurde so ermittelt, welche Methoden der Praxis am nächsten kommen. — Umfassendes Schrifttum. (Fette Seifen einschl. Anstrichmittel **54.** 766—80. Dez. 1952. Mannheim, Sunlicht Akt.-Ges., Untersuchungslabor.) P. ECKERT. 7912

Heinz Duewell, *Die Bestimmung von Cholesterin und Triterpenolen in der unverseifbaren Fraktion des Wollwachses.* Die beschriebene colorimetr. Meth. zur gleichzeitigen Best. von *Cholesterin* (**I**) u. den *Triterpenolen* (**II**) im Unverseifbaren des Wollwachses wertet die mit dem LIEBERMANN-BURCHARD-Reagens (konz. H_2SO_4 + Acetanhydrid [1 : 9]) erhaltene Färbung aus. Sie ist eine Modifikation der Meth. von LEDERER u. CHEN (Bull. Soc. Chim. biol. **27.** [1945.] 419) zur Best. des **I**. Die mit dem Reagens entwickelte Färbung wird bei 460 u. 620 mμ spektrophotometr. gemessen. Die **II** besitzen ein Absorptionsmaximum bei 458 mμ, **I** hat ein Absorptionsmaximum bei 620 mμ; die Absorption der **II** bei 460 mμ entspricht etwa der bei 458 mμ u. ist ca. 10 mal stärker als die des **I** bei 620 mμ. Auf die Auswertung durch Eichkurven wird wegen Notwendigkeit der Einhaltung der Temp. u. einer sehr genauen Zus. des Reagenses verzichtet; es werden für jede Best. **I**- bzw. **II**-Standardlsgg. (0,1596 g **I** bzw. 0,0504 g **II** pro 100 ml Chlf.) verwendet. Die kleinsten bestimmbaren Mengen sind ca. 60 γ **I** u. 30 γ **II**; der Analysenfehler beträgt $\pm 3\%$. (Analytic. Chem. **25.** 1548—50. Okt. 1953. Melbourne, Commonwealth Scientific and Ind. Res. Organization, Div. of Ind. Chem.) K. F. MÜLLER. 7944

Nederlandse Organisatie voor Toegepast-Natuurwetenschappelijk Onderzoek ten behoeve van de Voeding, Den Haag, Holland, *Verhindern des Umschlagens des Geruches von Ölen, Fetten und fetthaltigen Nahrungsmitteln.* Man setzt den Prodd. Tetraalkyl-, Tetraaryl- oder Tetraaralkylthiuramdisulfid in die n. Autoxydation nicht verhindernder Menge zu, z. B. 0,0005—0,005% *Tetramethyl-* oder *Tetraäthylthiuramdisulfid.* (**E. P. 693 768** vom 20/9. 1950, ausg. 8/7. 1953. Holl. Priorr. 31/10. u. 5/11. 1949.) LÜTTGEN. 7875

Sharples Corp., Philadelphia, Pa., V. St. A., *Raffination fetter Öle.* Man mischt die Öle (**I**) kontinuierlich mit der theoret. erforderlichen Menge wss. Alkalis (**II**) u. zentrifugiert nach 5 Sek. nicht überschreitendem Kontakt zwischen **I** u. **II** den gebildeten Seifenstock ab. — Zeichnung. (**E. P. 695 593** vom 17/4. 1951, ausg. 12/8. 1953. A. Prior. 18/4. 1950.) LÜTTGEN. 7875

Procter & Gamble Co. of Canada Ltd., übert. von: **E. W. Eckey,** Hamilton, Ontario, Can., *Umesterung von Glyceridfetten mit den Estern von Fettsäuren mit niedermolekularen einwertigen aliphatischen Alkoholen,* welche nicht mehr als 4 C-Atome im Mol. enthalten, bei so hohen Tempp., daß ein Teil des niedriger sd. einwertigen Alkoholesters aus dem Gemisch verdampft. Das verdampfte Estergemisch wird fraktioniert, worauf die weniger flüchtige Fraktion in das Reaktionsgemisch zurückgegeben wird, um mit den Glyceriden weiter zu reagieren. Die leichter sd. Fraktion wird abgetrennt. (**Can. P. 482 571** vom 25/2. 1943, ausg. 15/4. 1952. A. Prior. 30/10. 1942.) M. F. MÜLLER. 7877

Southern Cotton Oil Co., übert. von: **Harvey D. Royce,** Savannah, Ga., V. St. A., *Winterisieren von Ölen.* Man setzt den Ölen 0,1—0,2% Zr oder fettsaures Zr, bes. Zr-Stearat, zu. Der Zusatz wirkt gleichzeitig als *Antioxydans.* (**A. P. 2 646 356** vom 28/7. 1951, ausg. 21/7. 1953.) LÜTTGEN. 7879

Baker Castor Oil Co., übert. von: **I. M. Colbeth** und **J. S. F. Carter,** Jersey City, N. J., V. St. A., *Kontinuierliches Verfahren zur Extraktion von Ricinusöl aus Ricinussamen.* Die Samen werden in Ggw. eines flüchtigen aliphat. KW-stofflösungsm. zerkleinert. Danach werden die Proteinstoffe in eine nichtgelatinöse Form übergeführt u. die festen Stoffe von den fl. Anteilen in einem Vakuum-Drehfilter getrennt. Beim Abkühlen des gewonnenen fl. Anteils findet Schichtenbldg. statt. Die abgetrennte lösungsmittelreiche obere Schicht wird wieder zur Extraktion verwendet, u. die untere Schicht, welche mindestens 50% Ricinusöl enthält, wird aufgearbeitet. Dabei wird mit Wasserdampf dest. u. das Öl vom restlichen Lösungsm. getrennt. — Nach Can. P. 487 395 kann der Ausgangssamen zunächst ohne Lösungsmittelzusatz zerkleinert werden u. danach das flüchtige aliphat. KW-stofflösungsm. zugesetzt werden. — Zeichnungen. (**Can. PP. 487 394** vom 12/1. 1951 u. **487 395** vom 8/4. 1952, beide ausg. 21/10. 1952. A. Prior. 18/4. 1950.) M. F. MÜLLER. 7895

N. V. de Bataafsche Petroleum Mij., Den Haag, Holland (Erfinder: **Herbert Alfred Newey, Edward Charles Shokal** und **Theodore Franklin Bradley,** San Francisco, Calif., V. St. A.), *Verfahren zur Fraktionierung von Mischungen organischer Verbindungen* durch Behandlung mit Harnstoff (**I**), dad. gek., daß man eine Mischung geradkettiger polarer organ. Verbb. mit verschied. Sättigungsgrad mit I, bes. bei 0—75°, behandelt u. die krist. I-Addukte mit den verhältnismäßig gesättigteren Verbb. von den weniger gesätt. Verbb. abtrennt. — Getrennt werden z. B. durch Verseifen vegetabil. oder anderer fetter Öle erhaltenen Fettsäuremischungen, deren Ester u. Alkohole, z. B. Leinöl-, Sojabohnenöl-, dehydratisierte Ricinusölfettsäure, deren Methylester u. Alkohole u. Tallöl in Methylisobutylketon als Lösungsmittel. — Tabellen. (**D. B. P. 883 605** Kl. 12o vom 20/8. 1949, ausg. 20/7. 1953. Anmeldung bekanntgemacht 13/11. 1952. A. Prior. 21/8. 1948.) KRAUSS. 7895

F. S. Gibbs, Inc., Boston, übert. von: **Fred S. Gibbs,** Waban, Mass., V. St. A., *Abscheiden von Fettsäuren aus Abwässern.* Man setzt den Abwässern Erdalkalien, bes. $Ca(OH)_2$ oder Seewasser, zu, bringt die gebildete Erdalkaliseife durch Einleiten von Gasbläschen zur Agglomeration u. entfernt sie von der Oberfläche. — Zeichnung. (**A. P. 2 637 737** vom 19/3. 1949, ausg. 5/5. 1953.) LÜTTGEN. 7905

M. W. Kellogg Co., Jersey City, übert. von: **George H. Palmer,** Fanwood, N. J., V. St. A., *Hydrolyse von Fetten und Ölen.* Man hydrolysiert nur bis zu ca. 75%, zerlegt das Spaltprod. im Gegenstrom mit einem Lösungsm., dessen krit. Temp. $<450°$ F. liegt, z. B. C_3H_8, in einer Fraktionierzone u. führt den nicht hydrolysierten Teil in die Spaltanlage zurück. — Schema. (**A. P. 2 654 768** vom 12/3. 1952, ausg. 6/10. 1953.) LÜTTGEN. 7907

Märkische Seifen-Industrie, Witten, *Herstellung von Fettsäuren* durch O_2-Oxydation von bes. bei der CO-Hydrierung erhaltenen KW-stoffen vom Kp. 330—430° bei 115° in Ggw. von 2 Katalysatoren, wobei der eine eine nichtgasförmige, O_2-abgebende Verb. von der Art der Superoxyde, Persäuren oder ihrer Salze, z. B. BaO_2, Benzoylperoxyd, MnO_2, $KMnO_4$ u. dgl., ist, während der andere eine der ebenfalls bekannten, für solche Oxydationen verwendeten Verbb., wie Mn-Borat, -Stearat u. dgl., darstellt. (**D. R. P. 763 022** Kl. 12o vom 1/8. 1936, ausg. 15/2. 1954.) MÜLLER-MEININGEN. 7909

Sharples Corp., übert. von: **A. T. Scott** und **L. Sonder,** V. St. A., *Verfahren zur Herstellung von Seife* aus einem Fettstoff u. einem Verseifungsmittel, wobei zunächst eine Seifenphase u. eine wss. Phase erhalten wird. Das Gemisch der beiden Phasen wird in einer Zentrifuge voneinander getrennt. Die Seifenmasse, welche noch unverseifte Fettstoffanteile enthält, wird mit einer neuen Menge Verseifungsmittel versetzt u. einer weiteren Verseifung unterworfen. Die bei dieser zweiten Verseifung erhaltene Seife wird durch Waschen mit W. gereinigt u. zentrifugiert. Die dabei ablaufende Fl. wird zur ersten Verseifung in einer neuen Charge verwendet. — Zeichnung. (**F. P. 55 051** vom 16/11. 1945, ausg. 6/6. 1951. A. Prior. 4/11. 1941. **Zusatz zu F. P. 867 181; C. 1942. I. 2837.**) M. F. MÜLLER. 7911

Henkel & Cie. G. m. b. H. (Erfinder: **Ludwig Köhler** und **Ludwig Mannes**), Düsseldorf, *Herstellung geruchfreier Seifen* aus durch Oxydation von Paraffinen gewonnenen Fettsäuren, dad. gek., daß man den bei dem Destillat anfallenden Hauptlauf durch Dest. im Vakuum bei wenig $>200°$ von den niedrig sd. Anteilen befreit u. ohne weitere Dest. mit Alkali verseift. (**D. B. P. 907 110** Kl. 23d vom 27/11. 1941, ausg. 22/3. 1954.) LÜTTGEN. 7911

Maurice Barrat, Frankreich, *Wasch- und Reinigungsmittel,* bes. für Textilien, welche mit Fettstoffen verunreinigt sind, enthaltend als wirksames Agens das Na- oder Äthanolaminsalz einer sulfonierten Cyclohexancarbonsäure, ferner ein phosphorsaures Salz, ein cycl. Amin, das Sulfonat eines sek. Alkohols u. andere Zusätze, wie das Kondensationsprod. eines Epoxyds, wie Äthylenoxyd, mit einer aliphat. Verb., welche ein reaktionsfähiges H-Atom besitzt, Chinolin oder Stearinsäureanilid, Hexalin oder Methylhexalin, Tetrahydronaphthalin, mol. SiO_2 oder ein anderes Absorptionsmittel, wie Protein, Alginate, Bentonite, Methylcellulosen, pflanzliche oder tier. Produkte. (**F. P. 1 005 652** vom 2/9. 1947, ausg. 15/4. 1952.) M. F. MÜLLER. 7913

Henri Brunel, Frankreich, *Herstellung eines Reinigungsmittels* mit Seifeneigg. unter Verwendung von Na_2SO_3 oder $NaHSO_3$ mit Zusätzen von Reinigungs- u. Schaummitteln. — 15 (kg) Na_2CO_3, 15 Na_3PO_4 u. 15 Na_2SO_3 werden in 150 Liter W. gelöst. Dazu gibt man 15—25 kg eines Alkylnaphthalin-Na-Sulfonats (40%ig). Man erhält eine Fl., welche stark schäumt, eine gute Reinigungswrkg. besitzt u. auf die Haut nicht ätzend wirkt. — 20 (kg) Na_2SO_3 werden mit 0,5—1,0 feuchter Alginsäure zu einem gelatinösen Prod. verrührt. Man erhält einen Sirup von geeigneter Viscosität. — Seifenschnitzel werden mit 5% festem Na_2SO_3 gemischt — oder Seifenpaste wird mit 10% einer konz. Na_2SO_3-Lsg. verrührt. (**F. P. 1 007 944** vom 19/4. 1948, ausg. 12/5. 1952.) M. F. MÜLLER. 7913

Union Chimique Belge Soc. An., Belgien, *Reinigungsmittel für Fassaden,* bestehend aus einer Mischung von NH_4HF_2, einem Verdickungs- u. einem Emulgiermittel. Man macht die trockene M. mit W. zu einer Paste an u. läßt die Paste einige Zeit auf die zu reinigende Fläche einwirken. — 700 (Teile) NH_4HF_2, 100 Verdickungsmittel, 50 dibutylnaphthalinsulfonsaures Natrium. (**F. P. 1 025 212** vom 27/9. 1950, ausg. 13/4. 1953. Belg. Prior. 29/9. 1949.) HEYNE. 7917

Jacques Pisanté, Frankreich, *Putzmittel für Flächen aus Metall, Holz, Glas usw.* Es besteht aus 60—90% Trägersubstanz (z. B. Baumwolle, Wolle, Cellulose, Natur- oder Kunstseide), 2—10% Schleifmittel (z. B. SiO_2, krist. Tonerde, Fe-Oxyd) u. 5—15% eines polierenden Mittels (z. B. natürlichen oder synthet. Wachsen oder Harzen). (**F. P. 1 029 095** vom 5/12. 1950, ausg. 29/5. 1953.) OPPERMANN. 7917

Bernard Hachette und **Guy de Longevialle**, Seine, Frankreich (Erfinder: **Ernest A. Baum**), *Extraktion von Pflanzenwachs.* Man extrahiert die von den Fasern u. vom Fleisch befreiten, von Sisalabfällen oder Abfällen von Pflanzen oder gleichen Familie stammenden Cuticula mit einem hydrophilen (z. B. A.) oder einem hydrophoben (z. B. Trichloräthylen) Lösungsm. oder einem azeotrop. Gemisch von beiden bei ca. 60—80°. Das Wachs enthält eine gewisse Menge in gewissen hydrophilen Lösungsmitteln bei niedriger Temp. lösl. Farbstoff. Es ist daher vorteilhaft, um ein sehr klares u. reines Wachs zu gewinnen, zuerst eine Extraktion in der Kälte mit einem hydrophilen Lösungsm. vorzunehmen. Man erhält aus 1,8 t Cuticula ca. 190 bis 200 g Wachs. (**F. P. 1 037 246** vom 18/5. 1951, ausg. 15/9. 1953. E. Prior. 19/5. 1950.) OPPERMANN. 7925

Commonwealth Scientific & Industrial Research Organization, East Melbourne, übert. von: **Harold Herbert Hatt**, Kew, **Peter Hermann Alois Strasser**, Balwyn, und **William John Troyahn**, Gardiner, Victoria, Australien, *Raffinieren von Zuckerrohrwachs.* Man unterwirft das Wachs einer Vakuumdest. bei 250—325° u. bleicht den Rückstand mit Chromsäure u. H_2SO_4. (**A. P. 2 640 841** vom 17/4. 1951, ausg. 2/6. 1953. Aust. Prior. 7/2. 1950.) LÜTTGEN. 7925

XVIIIa. Holz. Cellulose. Zellstoff. Papier. Papierdruck. Celluloid. Linoleum.

Wilhelm Sandermann und **Manfred Lüthgens**, *Untersuchungen über Verfärbung von Hölzern.* Untersucht werden Holzverfärbungen unter Einfl. der Eisenkonz. u. des p_H-Wertes wss. Lsgg., durch Einw. des Lichtes, sowie Helligkeitsänderungen an lackierten Hölzern. Die Messung der Blau- bzw. Grauwerte erfolgte durch Photozelle u. LANGE-Multiflexgalvanometer. Bei Buche, Eiche, Limba u. Rüster wurde die Helligkeitsabnahme in Abhängigkeit von Zeit u. Temp. mit 0.1%ig. gepufferter Eisenlsg. (p_H 6,7) bestimmt. Eiche dunkelte am stärksten; ihr folgen Limba, Rüster u. Buche. Der Einfl. der Fe-Konz. auf die Farbtiefe bei Eiche ergab bei 0,0001% Fe eine deutliche Dunkelung, bei 0,001% eine grünstichige Graufärbung, bei 0,005% eine tiefe Blaufärbung. Der Einfl. der p_H-Werte bei einem Fe-Geh. von 0,01% ohne Pufferlsg. wurde mit dünnen Eichenfurnierstücken geprüft. Bei etwa p_H 4 nimmt die Helligkeit am stärksten, bei p_H 6 am geringsten ab (Ausflockung von $Fe[OH]_3$). Wenn dagegen gepufferte Lsgg. (p_H 1—11) verwendet werden, so tritt das Hauptmaximum der Helligkeitsabnahme bei den 13 untersuchten Holzarten mit 0,01% Fe bei etwa p_H 6,5, ein schwächeres Maximum bei etwa p_H 2—3 auf. Ohne Fe in der Fl. tritt Verdunkelung im alkal. Bereich auf, vermutlich durch Oxydation von Phenolverbindungen. Die stärksten Verdunkelungen in Ggw. von Fe zeigen gerbstoffreiche Hölzer. Ferner werden Verfärbungen in der Technik durch Leimsorten, eisenhaltiges W., eiserne Gefäße, Eisenstaub usw. besprochen. Infrarotlicht verursacht keine Verfärbung; dagegen nimmt die Helligkeit im UV-Licht in den ersten Tagen schnell, dann langsam ab, mit Ausnahme von Nußbaumholz, das stetig heller wird. Im UV-Licht vergilbt Phenolharzlack stark, Nitrocelluloselack deutlich, Diisocyanatlack gering. Harnstoff-Kunststofflack ist dagegen beständig. (Holz Roh- u. Werkstoff **11.** 435—440. Nov. 1953. Reinbeck, Bundesanst. für Forst- u. Holzwirtschaft, Abt. Holzchemie.) WERGIN. 7952

Hermann F. J. Wenzl, *Entwicklung und Stand der chemischen Holzforschung.* Vf. gibt einen Überblick über die beachtlichen Fortschritte der Forschung auf dem allg. Holzgebiet während der letzten zwei Jahrzehnte. Neben der Holzanatomie, Zellwandforschung u. Holzanalytik werden bes. die neueren Erkenntnisse zur Konst., zum Aufbau u. Reaktionsmechanismus der Cellulose, der Hemicellulose u. zu Fragen der Ligninforschung (Bindung des nativen Lignins, seine Isolierung, Struktur u. Biosynth.) erläutert. Schließlich bespricht Vf. neuere Ergebnisse der Unterss. der akzessor. Holzbestandteile (Phenole, Tanninn, Harzsäuren, Farbstoffe). (Chimia [Zürich] **8.** 31—48. 15/2. 1954. Luzern.) SEIFERT. 7952

J. B. Cartwright, D. W. Edwards und **M. J. McMullen,** *Holzsterilisierung mit Methylbromid.* Genauso wie als Bodensterilisator läßt sich Methylbromid auch zur Sterilisierung von Holz verwenden. Man behandelt hierbei das Holz unter Vakuum mit abgemessenen Mengen Methylbromid. Behandlungszeit 96 Std. lang mit 12 lbs./1.000 ft. Einzelheiten aus der Tabelle des Originals. (Nature [London] **172.** 552–53. 19/9. 1953. Sydney, Australien, Div. of Wood Technology, Forest Commission.) GRIMME. 7952

Günther Becker, *Untersuchungen über die Schutzwirkung von Pentachlorphenol gegen holzzerstörende Insekten.* Die Giftwerte für *Pentachlorphenol* (PCP) liegen bei Vakuum-Volltränkung mit $CHCl_3$-Lsgg. niedriger, als die Chloroformverdunstung verlangsamt wird. Zur vollständigen Abtötung von Hausbocklarven sind 4–5 kg PCP je m^3 Holz notwendig. Die Giftwerte von einigen PCP enthaltenden Grundierungsmitteln liegen niedriger als von PCP allein, durch zusätzliche Wrkg. der Trägerstoffe. PCP-Na hat 4–5mal höhere Giftwerte als PCP. Die starke Berührungs- u. Atmungsgiftwrkg. des PCP nimmt rasch ab; diese werden auch durch gewisse Trägerstoffe ungünstig beeinflußt. Die Fraßgiftwrkg. bleibt erhalten. Bei PCP-Na ist das Nachlassen der Schutzwrkg. noch ausgeprägter. Das ausländ. Schrifttum betont die schnelle Abnahme der Wirkung. Termiten gegenüber schützen 7–8 kg PCP je m^3 Holz bzw. 10 bis 15 kg PCP-Na. Schweres Steinkohlenteeröl ist jedoch wirkungsvoller. PCP besitzt aber eine ausgeprägte Abschreckwrkg.; in dieser Hinsicht schützen 1–1,5 kg PCP je m^3 Holz für ein Jahr. (Holz Roh- u. Werkstoff **10.** 341–52. Sept. 1952.) SEIFERT. 7952

T. Fujimura, *Untersuchungen über Pentosanacetat.* 4. Mitt. *Verseifungsgeschwindigkeit von Pentosanacetat.* Um das Verh. von *Pentosanen* (I) bei der Reifung von Celluloseacetat aus Holzzellstoff u. die unterschiedliche Reaktivität von Cellulose zu **I** u. klären, wurde der Einfl. von Zus. u. Temp. auf die Verseifungsgeschwindigkeit von Pentosanacetat im Syst. Essigsäure (**II**)–W.–H_2SO_4 (**III**) untersucht. Es handelt sich um eine reversible bimol. Rk., aber bei geringerem Wassergeh. ist die Geschwindigkeitskonstante (GSK) niedriger u. die Gleichgewichtkonstante höher, wahrscheinlich wegen der abnormen Aktivität von W. in **II. III** beschleunigt die Rk., aber ohne Einfl. auf das Gleichgewicht. Die geringere GSK bei längerer Reaktionszeit u. höherer Konz. von **III**, W. oder **I** ist vielleicht dem Säureverbrauch bei der Acetolyse oder durch labile Endgruppen zuzuschreiben. Die Aktivierungsenergie ist höher als bei Cellulose, vermutlich wegen des Fehlens prim. Alkoholgruppen. (J. Soc. Textile Cellulose Ind., Japan [Sen-i Gakkaishi] **9.** 160–63. April 1953. Kofu, Yamanashi Univ. [Orig.: japan.; Auszug: engl.].) SCHULER. 7970

Andries Voet und **Louis B. Suriani,** *Viscosität von Pigmentdispersionen.* Die Viscosität von Lösungsmittelträgern für Druckfarben, wie hitzebehandeltes Leinöl, Mineralöl, Harz/Mineralölfirnis, modifiziertes Maleinharz/Diäthylenglykolfirnis, mit verschied. Konzz. von Druckfarbendispersionen, wie Benzidingelb, Chromgelb, Bariumlithol ohne Harz, Bariumlithol mit Harz, Miloriblau, Monastralblau, Channel Schwarz Pulver, Channel Schwarz in Kügelchen, Ofenschwärze, metall. Fe, wurde mittels des Rotationsviscosmeters von BUCHDAHL untersucht u. der log der relativen plast. Viscosität U_R (Verhältnis der plast. Viscosität der Druckfarbendispersionen zu der des Lösungsm.) gegen φ (das Verhältnis des Pigmentvol. zum Lösungsmittelvol.) aufgetragen. Aus der Beziehung $U_R = e^{k\varphi}$, wo k eine charakterist. Konstante für das plast. Viscositätsverhalten des Pigmentträgerkomplexes bedeutet, erhält man $U_R = 1 + k\varphi$ bei kleinen Werten von φ, die Gleichung einer Geraden, aus deren Neigung k bestimmt werden kann, so daß sich dann die plast. Viscosität für jede andere Pigmentkonz. vorausberechnen läßt. (Amer. Ink Maker **30.** Nr. 5. 37–39. 67. Mai 1952. Borger, Tex., J. M. Huber Corp., Res. Dep.) DU MONT. 7988

Walter C. Granville, *Farbkontrolle beim Drucken.* Die meisten Druckfarben bestehen aus Fll. mit ähnlichen Refraktionsindex u. Farbpigmenten, die einen halbtransparenten Film darstellen, dessen Opazität durch Zumischung von Weißpigment (ZnO, TiO_2) etwas erhöht wird. Daher variiert die Farbe der Schicht mit der Dicke. Farbvgll. verschied. Farbansätze müssen daher unter Berücksichtigung der Schichtdicke angestellt werden, die im Vers. variiert wird. Zum Vgl. werden Spektrophotometer, Hunter Color and Colordifferencemeter, Hunter Reflectometer, Photovolt Reflectometer u. Interchemical Color Controller herangezogen. Die abgelesenen Werte verschied. Apparate sind nicht miteinander vergleichbar oder direkt in Beziehung zu bringen u. der visuellen Beobachtung unterlegen, da die Art der instrumentellen u. visuellen Beobachtung verschied. ist. Vorteilhaft u. billig erwies sich ein visueller Vgl. mit 943 standardisierten Farbplättchen (Durchmesser 2,5 cm) nach dem American.

Color Harmony Manual, die bei seitlicher Beleuchtung lotrecht betrachtet werden. Die Anzahl der Farbplättchen genügt, eine Vergrößerung des Plättchendurchmessers ist untunlich, um zu große (techn. nicht erreichbare) Genauigkeitsansprüche beim Kunden zu verhindern. Der Welch Densichron u. Photovolt Reflectometer wurde zur Best. der Schichtdicken benutzt. (Amer. Ink Maker **30.** Nr. 5. 32—36. 39. Mai 1952. Chicago, Ill., Container Corp. of America.) DU MONT. 7988

L. A. Kosarowitzki und **L. A. Galkina,** *Ein Verfahren zur Gewinnung von Standardabdrücken für die laboratoriumsmäßige Charakterisierung von Farben.* Es wird ein App. beschrieben (Russ. P. 73 076), der mit einer Farbwalze aus Gummi oder Gelatine-Glycerinmasse, die sich auf einer unter einem Winkel angelegten Papierunterlage bewegt, die Möglichkeit gibt, nach den erhaltenen Abdrücken die Eignung einer Farbe für ein bestimmtes Papier (Farbintensität, Lichtechtheit usw.) zu beurteilen. Schon bei einem Druck von 1—1,5 kg/cm^2 ist eine einwandfreie Berührung von Farbstoff u. Papier gewährleistet. (Полиграфическое Производство [Polygraph. Betrieb] **1953.** Nr. 4. 27—30. April.) AMBURGER. 7988

Olli Ant-Wuorinen, *Bestimmung der Carboxylgruppen in Cellulose.* Beispiele für die in C. **1952.** 2104 beschriebene Analysenmethode. (Paperi ja Puu B **33.** 174—81. 15/5. 1951.) ROSSOW. 8006

Badische Anilin- & Soda-Fabrik, Deutschland, *Herstellung von Holzkonservierungsprodukten* durch Nitrieren von geschwefelten aliphat., aromat. oder Naphthenkohlenwasserstoffen oder Gemischen davon, z. B. Bzl., Toluol, Xylol, Äthylbenzol, Diäthylbenzol, Naphthalin, hydriertes Naphthalin, Cyclohexan, Hexan, Octan, Decan, Hart- u. Weichparaffin, aliphat. u. naphthen. Benzine, Mittelöle. Als Nitrierungsmittel dient ein Gemisch von HNO_3 u. H_2SO_4. — Toluol wird mit 30 Gew.-% Schwefel bei 300° erhitzt, u. danach wird das durch Dest. gewonnene Schwefelungsprod. mit der doppelten Gewichtsmenge eines Gemisches aus gleichen Teilen HNO_3 u. konz. H_2SO_4 bei 80—120° nitriert. Eine 0,1—0,2%ig. Lsg. des Nitrierungsprod. dient zum Imprägnieren von Eichen- u. Buchenholz gegen Bodenparasiten. (**F. P. 1 004 387** vom 14/4. 1947, ausg. 28/3. 1952.) M. F. MÜLLER. 7953

Péchiney, Comp. de Produits Chimiques et Électrométallurgiques, Seine, und **Progil,** Rhône, Frankreich, *Konservieren von Holz.* Man imprägniert das Holz (Eisenbahnschwellen, Pfähle) mit Lsgg., bestehend aus Polychlorphenolaten (z. B. Na-Trichlorphenolat, Na-Pentachlorphenolat), natürlichem W. (z. B. von 20° französ. Härte) u. Salzen, die die Bldg. von Ndd. von Erdalkalisalzen u. unlösl. Chlorphenolen im Innern der Holzfasern anfangs verzögern (z. B. Na_3PO_4, Na-Trimetaphosphat, Na_2CO_3). Für eine bessere Kontrolle der Imprägnierung kann man obigen Lsgg. außerdem noch Farbstoffe (z. B. Indigotin N, Naphthalinblau, Naphtholgrün) zusetzen. (**F. P. 1 036 652** vom 25/1. 1951, ausg. 10/9. 1953.) OPPERMANN. 7953

Hilding O. V. Bergström und **Karl Gustaf Trobeck,** Stockholm, Schweden, *Aufarbeitung von Schwarzlauge.* Die Schwarzlauge (I) wird zweckmäßig bei erhöhter Temp., ohne daß eine wesentliche Verdunstung der I eintritt, mit einem O_2-haltigen Gas behandelt, bis die in der I enthaltenen S-Verbb. oxydiert sind, wobei Verluste an S während der anschließenden Eindampfung vermieden werden. (**Can. P. 481 587** vom 9/10. 1948, ausg. 11/3. 1952.) WITTHOLZ. 7961

Rayonier Inc., übert. von: **Kenneth Russel Gray** und **Hartzell Lance Crosby,** Shelton, Wash., V. St. A., *Rückgewinnung von Chemikalien aus Ablaugen von mit Natriumbisulfit aufgeschlossenem und mit Alkalien nachbehandeltem Zellstoff.* Das Ablaugengemisch wird verbrannt, die Schmelze in W. gelöst u. die hauptsächlich Na_2S u. Na_2CO_3 enthaltende Lsg. mit einem H-Ionenaustauscher behandelt, der COOH- oder phenol. OH-Gruppen enthält (synthet. Harze, bes. „Amberlite IRC-50"), wobei H_2S u. CO_2 entweichen. Das mit Na-Ionen beladene Harz wird mit SO_2-Lsg. regeneriert, wobei $NaHSO_3$-Lsg. für neue Kochungen anfällt. — Schema. (**A. P. 2 656 244** vom 15/7. 1950, ausg. 20/10. 1953.) G. VOGEL. 7963

Kurt Schwabe, Deutschland, *Herstellung von Cellulose,* dad. gek., daß man das Holz mit Ni-, Fe-, Mn-, Zn-, Cd- u. bes. Al-Bisulfitlauge aufschließt, die man durch Einw. von wss. H_2SO_3 auf Kaolin erhält. Durch Eindampfen der Ablauge u. Erhitzen ihres festen Rückstandes im Luftstrom auf 500° werden die organ. Substanzen verbrannt u. SO_2 u. Al_2O_3 wiedergewonnen. (**F. P. 998 905** vom 3/11. 1949, ausg. 24/1. 1952. D. Prior. 2/6. 1949.) OPPERMANN. 7965

Comercial Papelera Torras Soc. An., Spanien, *Wiedergewinnung des Ätznatrons und anderer alkalischer Salze aus den Ablaugen der Cellulosefabrikation.* Aus den durch Eindampfen stark angereicherten Ablaugen (320—350 g organ. Substanz je Liter) wird mittels der aus den Heizabgasen gewonnenen Kohlensäure der wesentliche Anteil an organ. Stoffen (Lignin, Kohlenhydrate, kohlensaure Salze, Natriumbicarbonat) niedergeschlagen u. durch Filtrierung abgeschieden. Der Filterkuchen wird unter Ausnutzung des Heizwertes der organ. Bestandteile verbrannt u. aus der Asche nahezu der Gesamtgeh. an Natriumcarbonat zurückgewonnen. (**F. P. 1 014 369** vom 11/1. 1950, ausg. 13/8. 1952.) GLAFEY. 7967

Inventa Akt.-Ges. für Forschung & Patentverwertung, Zürich, Schweiz, *Entfernen des wasserhaltigen, einen Kuchen bildenden Rückstandes aus einem Reaktionsgefäß* durch plötzliches Öffnen eines unten im Gefäß angebrachten Entleerungsverschlusses bei erhöhten Drucken u. Tempp., bes. aus Perkolatoren zum *Verzuckern cellulosehaltigen Materials* mittels verd. Säure, dad. gek., daß kurze Zeit vor dem Öffnen des Entleerungsverschlusses Dampf von oben in das Reaktionsgefäß gepreßt wird. Gegebenenfalls wird auch während des Entleerens von oben Dampf in das Gefäß gepreßt. (**Oe. P. 174 873** vom 6/7. 1951, ausg. 11/5. 1953. Schwz. Prior. 27/7. 1950.) M. F. MÜLLER. 7969

Celanese Corp. of America, New York, übert. von: **William B. Horback,** Irvington, **Egward J. Wickson,** South Orange, und **William J. Myles,** Summit, N. J., V. St. A., *Plastifizierte und stabilisierte niedrige Celluloseester.* 100 (Teile) Cellulosepropionat werden mit 15 Methoxyäthylstearat u. 0,5 p-Cyclohexylphenol verarbeitet. — Herst. von *Filmen* u. Formkörpern (Füllfederhaltern). (**A. PP. 2 617 738** u. **2 617 739** vom 10/11. 1949, ausg. 11/11. 1952.) SALZMANN. 7971

Eastman Kodak Co., übert. von: **Gordon D. Hiatt** und **Robert F. Williams,** Rochester, N. Y., V. St. A., *Stabilisieren von niedrigen Fettsäureestern der Cellulose* durch den Zusatz von 0,01—5% Al-, Ba- oder Mg-Formiat. Herst. von *Formkörpern* u. *Überzügen* mit hohem Weichmachergeh., die im Schmelzverf. aufgebracht werden. (**A. P. 2 614 941** vom 15/11. 1949, ausg. 21/10. 1952.) SALZMANN. 7971

Dehtochema Národní Podnik, Zdice, Tschechoslowakei, *Herstellung einer dem Papierbrei bei der Papiererzeugung zuzusetzenden Emulsion.* Ein öllösl., wasserunlösl., giftiges Salz, wie Cu-Oleat, wird in geschmolzenem Bitumen oder geschmolzenem Pech oder in dem Pech zuzusetzendem Kreosot oder in einer Schmelze von Kreosot u. Pech gelöst u. diese Lsg. in einer verd. wss. Lsg. von Ätzalkalien in Ggw. eines Proteins als Hilfsemulgator dispergiert. Als solcher kann Bentonit Verwendung finden. (**Oe. P. 175 456** vom 6/6. 1950, ausg. 10/7. 1953. E. Priorr. 2/12. 1943 u. 13/12. 1944.) GLAFEY. 7979

Stein Hall & Co., Inc. (Erfinder: **N. Frisch** und **F. Sweeney**), V. St. A., *Johannisbrotkernmehl als Leimungsmittel in der Papierfabrikation.* Die Bldg. von Klümpchen bei der Herst. der Leimlsg. läßt sich beheben, wenn dem W. ein Borat, z. B. Natriumtetra- oder -metaborat, sowie Zusätze mit saurem Charakter, z. B. Glyoxal, Methylglyoxal, Ammoniumchlorid, Citronensäure, Borsäure, Ammoniumsulfat, zugesetzt werden. Das günstigste Ergebnis wird erhalten, wenn die genannten Zusätze im Verhältnis Borat : saure Zusätze = 1:1 bis 3:1 mit den pulverisierten Leimstoffen in trockenem Zustande gemischt u. dann dem W. zugesetzt werden. — Beispiel: Johannisbrotkernmehl 85—90(%), Borate 5—10, saure Zusätze 2—6, Verhältnis von Borat: sauren Zusätzen 2:1. (**F. P. 1 002 774** vom 13/12. 1949, ausg. 10/3. 1952. A. Prior. 16/12. 1948.) GLAFEY. 7979

Robert Gair Comp., Inc., New York, N. Y., übert. von: **Joseph T. Loomer,** Waterford, Conn., V. St. A., *Druckpapier mit wasserunlöslichem Überzug.* Die Papieroberfläche wird mit der wss. Lsg. eines Aldehyds überzogen, geglättet, in noch feuchtem Zustand mit einer wss. Mineralsuspension, enthaltend ein Klebemittel, welches unter der Einw. des Aldehyds unlösl. wird, überzogen, u. in üblicher Weise kalandriert. (**A. P. 2 632 714** vom 4/4. 1950, ausg. 24/3. 1953.) ZIERHOLD. 7987

Dunlop Rubber Co. Ltd., London (Erfinder: **Wilfrid Henry Hogg,** Sutton Coldfield, Warwickshire, England, *Herstellung von Druckformen für den gleichzeitigen Druck mehrerer Farben,* z. B. auf Kautschuk, Vinylchlorid, Polyäthylen, Celluloseestern oder -äthern u. auf saugfähige Faserstoffe. Eine Mischung aus einem Gemisch von Butadien-Acrylsäurenitril-Mischpolymerisat u. Polyvinylchlorid, aus Stearinsäure oder Petroleumgel als Weichmacher, aus Kaolin als Füllstoff, einem fl. Lösungsm. mit hohem Kp., z. B. Cyclohexanon (**I**), u. dem gewünschten Farbstoff wird auf eine Dicke von 12—25 mm ausgewalzt u. die erforderlichen Formlinge werden ausgeschnitten, die dann verschiedenfarbig mustergerecht zum Aufbau der Druckform dienen. Zum

Drucken wird die Druckform oder die zu bedruckende Fläche mit einem Lösungsm., z. B. I, angefeuchtet. (**D. B. P. 904 657** Kl. 15k vom 8/9. 1951, ausg. 22/2. 1954. E. Prior. 9/9. 1950.) LAASS. 7989

XVIII b. Textilfasern.

R. H. Souther, *Innerbetriebliche Kontrolle zur Herabsetzung der Verunreinigung der Abwässer.* Allg. Darst. der bisherigen Arbeiten u. Bemühungen der *AATCC* zur innerbetrieblichen Kontrolle der Abwässer in der Textilindustrie. — 9 Literaturzitate. (Amer. Dyestuff Reporter **42.** P656—58. 28/9. 1953.) H. G. FRÖHLICH. 8022

J. B. Watson, *Moderne Textil-Schlichteverfahren.* Neben allg. Richtlinien betr. der Eigg. einer idealen Schlichtemischung werden Hinweise zur Herst. u. zum Verh. einzelner Garne (aus kurzen Fasern) gegeben. (Textile Weekly **53.** 28—31. 1/1. 1954. Manchester, Corn Products Co.) SCHÖNMANN. 8030

L. T. Muus, Ib Refn und **R. W. Asmussen,** *Untersuchungen über das Gleichgewicht in Bleichlösungen.* 2. Mitt. *Das Oxydationspotential von wässerigen HOCl-Lösungen.* (1. vgl. ASMUSSEN u. MUUS, Trans. Dan. Acad. techn. Sci. **1946.** Nr. 1. 3.) Die Unterss. weisen darauf hin, daß das Cl in wss. HOCl-Lsgg. als Reduktionsmittel wirkt, da deren Potentialhöhe größer ist (durch Absorption an der Pt-Elektrode) als die Gleichgewichtskonz. in der gesamten Lösung. Für $p_H < 8{,}4$ u. 25° wurde eine asymptot. Neigung von $1{,}09\ \frac{\text{mv.}}{\text{mv.}}\left(-0{,}0645\ \frac{\text{V}}{p_H\text{-unit}}\right)$ u. für $p_H > 8{,}4$ u. 25° eine solche von $1{,}64\ \frac{\text{mv.}}{\text{mv.}}$ $\left(-0{,}0970\ \frac{\text{V}}{p\text{H-unit}}\right)$ gefunden. Das Oxydationspotential für $C_{HOCl} + C_{ClO} = 1$ wurde bei p_H 6,5 mit 1339 ± 7 mv. (vs. N. H. E.) u. für p_H 9,5 mit 1113 ± 10 mv. (vs. N. H. E.) ermittelt. Die Aktivitätskonst. für $K_{(HOCl)}$ bei 25° beträgt $(3{,}2 \pm 0{,}4) \cdot 10^{-8}$. Die erhaltenen Ergebnisse sind ausführlich beschrieben. — 12 Abbildungen u. 5 Tabellen. (Trans. Dan. Acad. techn. Sci. **1951.** Nr. 14. 3—23. Danish Inst. for Text. Res.) H. G. FRÖHLICH. 8032

G. W. Bartlett, T. M. Smith und **H. A. Thompson,** *Reibungseigenschaften von Garnen und Stapelfasern nach Messungen mit der Haftungs-Gleitungs-Methode.* Es werden Instrumente beschrieben, mit denen man die Kräfte beim Haftungs-Gleitungs- („stick-slip") Verf. der Reibungsmessung zwischen Garnen aus kontinuierlichen Fäden sowie die Kräfte messen kann, die beim Verziehen u. Strecken von Stapelfasern auftreten. Eingehende Diskussion u. Anwendungsbeispiele. (Textile Res. J. **23.** 647—57. Sept. 1953. Kingsport, Tenn., Tennessee Eastman Co.) ZAHN. 8040

K. Miyasaka, *Untersuchung über die fibrilläre Struktur von Fasern.* 3. Mitt. *Über die Fibrillenstruktur von Cellulosefasern.* (2. vgl. J. Soc. Textile Cellulose Ind., Japan [Sen-i Gakkaishi] **8.** [1952.] 556.) Einzelfasern *natürlicher Cellulose* (**I**) u. *regenerierter Cellulose* (**II**) zeigen eine deutliche Fibrillierung, wenn sie in einem entsprechend gequollenen Zustand mechan. Einww. ausgesetzt werden. Alle Arten **II** zeigen fast gleiche, parallele, Fibrillierung entlang der Faserachse, die **I** eine spiralige u. netzähnliche um die Faserachse. Im allg. neigen Fasern bei verstärkter mechan. Beanspruchung zum Aufbrechen in kleinere, kürzere Fibrillen, aber bei gegebener Stärke der mechan. Wrkg. u. bestimmtem Quellzustand ist die Fibrillierung durch den Fasertyp bestimmt. Bei unmäßiger Quellung tritt bei mechan. Desintegrierung wahrscheinlich Fibrillierung ein, ist aber nicht sichtbar zu machen. — 9 Abbildungen. (J. Soc. Textile Cellulose Ind., Japan [Sen-i Gakkaishi] **9.** 60—63. Febr. 1953. Kyotachi Women Coll.) SCHULER. 8040

Helmut Wakeham und **William F. Gerrow jr.,** *Thermodynamik des Streckens von Cellulosefasern.* Best. der Energie- u. Entropiebeiträge bei der Dehnung von Baumwolle u. Viscosefasern um 1,7—4,8% ergaben einen negativen Temperaturkoeff. der Kraft bei konstanter Einspannungslänge, was eine Zunahme der Entropie bedeutet. Dies wird auf das Aufbrechen einer unbekannten Struktur in der Faser vor dem Einsetzen der Orientierung zurückgeführt. (Textile Res. J. **23.** 593—94. Aug. 1953. Princeton, N. J., Textile Res. Inst.) ZAHN. 8044

C. H. Arndt, *Kapselfäule von Baumwolle, nachgewiesene Pilze und p_H-Werte.* Die Prüfung der Baumwollernte in South Carolina 1952 auf mikrobiol. Schädigung, Kapselfäule („tight lock"), ergab das Vorliegen folgender Pilze: *Fusarium spp., Alternaria spp., Diplodia gossypina* u. *Colletrichum gossypii.* Der durchschnittliche p_H-Wert der pilzbefallenen Proben lag zwischen 7,9 u. 8,9. (Textile Res. J. **23.** 533—35. Aug. 1953. Clemson, S. C., Agricult. Exp. Stat.) ZAHN. 8044

F. Happey, T. P. MacRae und **G. J. Weston,** *Struktur der Wolle.* Der in NH_3 unlösl. Rückstand von mit Peressigsäure nach ALEXANDER u. EARLAND oxydierter Wolle sowie die lösl. Fraktion wurden als Filme röntgenograph. u. infrarotspektroskop. untersucht. Auf der Basis der starken Carbonylvalenzschwingung bei 1600—1700 cm^{-1} (in α-Protein 1656, in β-Proteinen 1630) wurde gefunden, daß die lösl. Fraktion nur die α-Frequenz (1656) ergibt, während die unlösl. Fraktion α- u. β-Frequenzen liefert. Bei 20° gewonnene Extrakte zeigen im Röntgenogramm den 4,65 Å-Reflex des β-Keratins in diffuser Ausbildung. Bei 30° dargestellte Extrakte geben besser ausgeprägte β-Keratinröntgenogramme. Im Gegensatz zu WOODS u. Mitarbeitern (Nature [London] **167.** [1951.] 408) wird abgeleitet, daß die Ggw. von β-Keratin in der unlösl. Fraktion ein echtes Phänomen ist u. nicht auf einer nachträglichen Umwandlung von α- in β-Keratin bei der Darst. beruht. (Nature [London] **172.** 673—74. 10/10. 1953. Bradford, Techn. Coll.) ZAHN. 8060

E. H. Mercer, *Modifizierung in der Oberfläche von Wollfasern durch chemische Behandlungen; eine elektronenmikroskopische Untersuchung.* Polystyrolhautabdrücke (2%ig. Polystyrollsg. in Bzl. bei 90—95°, Einpressen nach SWERDLOW u. SEEMAN) von unbehandelten u. folgendermaßen gegen das Filzen behandelten Wollfasern (I) wurden elektronenmkr. untersucht: 1% Cl_2 oder Br_2-Lsg., 1 u. 2 Min., p_H 2, 20°, Waschen mit 2%ig. $NaHSO_3$-Lsg., 2% $SOCl_2$-Lsg. in PAe., 20 Min., Waschen in 2%ig. $Na_2S_2O_3$-Lsg., Eintauchen in 7%ig. Lsg. von KOH in A. — Für den Angriff der Schuppendeckechrud Halogene, SO_2Cl_2 u. Alkali typ. Schäden werden beschrieben (Angriff an den Schuppenzellkanten, Verdopplung der Zellkanten). Ferner wurde I untersucht, welche mit H_2SO_4 carbonisiert wurde, wobei die Oberfläche kaum verändert wird. Auch mit einem Kunstharz überzogene I u. mit Trypsin behandelte I wurde eingehend morpholog. geprüft. (Austral. J. appl. Sci. **4.** 107—17. März 1953. Melbourne, Div. Ind. Chem.) ZAHN. 8060

R. Hopfer, *Über das Carbonisieren.* Nach einem kurzen Überblick über die geschichtliche Entw. des Carbonisierens geht Vf. auf die prakt. Durchführung des Verf. ein. In diesem Zusammenhang werden geeignete apparative Vorr. angeführt u. deren Arbeitsweise beschrieben. Bes. hingewiesen wird auf die Vorteile der neuzeitlichen Carbonisiermaschinen. — Abbildungen. (SVF Fachorgan Textilveredlung **8.** 555—59. Dez. 1953.) P. ECKERT. 8060

M. Nakanishi, *Die Feinstruktur von Seidenfibroin.* 3. Mitt. *Beziehung zwischen der Verschiedenheit der Mikrostruktur von Seidenfibroin verschiedener Rohseidesorten und deren Widerstand gegen Brüchigwerden.* (2. vgl. J. Soc. Textile Cellulose Ind., Japan [Sen-i Gakkaishi] **8.** [1952.] 616.) Die amorphen Bereiche von *Seidenfibroin* u. deren Widerstand gegen Brüchigwerden wurden verglichen. Die in Alkali lösl. Anteile der amorphen Bereiche (A_1 u. A_2) schwanken je nach Rohseidensorte. Der Anteil an A_1 steht in Beziehung zum Brüchigwerden. — 8 Tabellen. (J. Soc. Textile Cellulose Ind., Japan [Sen-i Gakkaishi] **9.** 57—60. Febr. 1953. Katakura Ltd., Labor.) SCHULER 8068.

W. W. Bowman, *Spinngefärbte Stapelfasern.* Die spinngefärbte Faser, d. h. die aus der gefärbten Viscose gesponnene Faser, hat die gleiche Echtheit wie die küpengefärbte Faser (licht-, schweiß-, waschecht, bügelfest, echt gegen Cl- u. Peroxydbleiche u. Kochen mit Soda); sie ist geeignet für Kleider- u. Polsterstoffe u. kann in Kombination mit vollsynthet. Fasern zu den verschied. Mustern verarbeitet werden. Das noch zu lösende Problem, welches mit diesem billigen Färbeverf. verbunden ist, ist die Beschmutzung bzw. die Sauberhaltung der Fabrikationsanlage. (Textile Age **18.** Nr. 1. 56—57. Jan. 1954.) SCHOENMANN. 8074

J. R. Whinfield, *Textilfasern: Variationen über bekannte Themen.* (Vgl. C. **1953.** 9354.) Allg. Darst. über die Entw. von künstlichen Textilfasern mit besonderer Berücksichtigung der Arbeiten von CAROTHERS u. Mitarbeiter, die die Entw. der vollsynthet. Fasern stark gefördert haben. (Chem. and Ind. **1953.** 226—29. 14/3. Welwyn, Herts, England, ICI Ltd., Terylen Council.) H. G. FRÖHLICH. 8080

Piero Tono, *Die synthetischen Fasern.* Übersicht. (Materie plast. **19.** 379—91. Sept./Okt. 1953.) HUNYAR. 8080

Harold W. Wolf und **Richard S. Rankl,** *Eine Kompressionsextraktionsmethode zum Extrahieren von Textilien.* Zur Extraktion von Streichgarn u. geschmälzter Ware wurde ein App. konstruiert, in welchem die Proben (10 g) während der Durchspülung mit dem Lösungsm. (50 cm^3 CCl_4) mit einem Kolben in einem Zylinder komprimiert werden. Der Extrakt fließt direkt in eine Wägedose aus Zinn. Vergleichsverss. an geschmälzter Ware, Streichgarn, trocken geschmälztem Kammzug u. Rohwolle mit der SOXHLET-Meth. u. Ae. als Lösungsm. ergaben eine ausreichende Übereinstimmung. (Amer. Dyestuff Reporter **42.** 617—20. 14/9. 1953. Forstmann Woolen Co.) ZAHN. 8108

Henry J. Rand, Cleveland, O., V. St. A., *Wärmedämmende metallisierte Gewebe* erhält man durch einseitiges Besprühen mit in einem Bindemittel verteilten Metallflittern. Es soll kein zusammenhängender Film erzeugt werden, so daß das Gewebe luftdurchlässig bleibt. — 90 (Teile) Mischpolymerisat aus 95(%) Vinylchlorid u. 5 -acetat werden mit 20 Dioctylphthalat in einem Gemisch von Lösungsmitteln, z. B. Cellosolve, u. Nichtlösungsmitteln, z. B. Bzn., verteilt, in einer Kugelmühle vermahlen, mit z. B. Al-Flocken versetzt u. für den Verbrauch verdünnt. — Ferner ist ein Gemisch aus 20 (Teilen) Äthylsilicon–Harz, 200 PAe. u. 25 Metallflocken angegeben. — Vorrichtung. (**A. P. 2 630 620** vom 29/9. 1952, ausg. 10/3. 1953.) MÖLLERING. 8033

Harry L. Snyder jr., Detroit, Mich., V. St. A., *Waschbeständige Textilversteifung.* Man imprägniert das Gut mit einem emulgierten Gemisch aus *Polyvinylacetat* (I) u. einem *Mischpolymerisat aus Styrol* (II) u. *Butadien* (III). Zweckmäßig ist ein Verhältnis von 16 (Teilen) I zu 5 II–III-Mischpolymerisat. — Tabelle über die Beständigkeit der erhaltenen Emulsionen bei wechselnden Mengen I u. II–III-Polymerisat. (**A. P. 2 629 702** vom 6/5. 1949, ausg. 24/2. 1953.) MÖLLERING. 8033

William Clark & Sons Ltd., Irland, *Knitterfestmachen und Stabilisieren von Textilien.* Man imprägniert sie mit einer Lsg. oder Suspension einer Substanz, die mit CH_2O unter Bldg. einer in W. unlösl. komplexen Verb. reagiert (z. B. Blutalbumin, Erdnußprotein, Sagostärke) u. mit einer einen Katalysator enthaltenden Lsg. oder Suspension eines in der Hitze harzbildenden Vorkondensats (z. B. Harnstoff–CH_2O-, Phenol–CH_2O-, Melamin–CH_2O-Vorkondensat). Die Protein- oder Stärkelsgg. oder -suspensionen können außerdem ein weichmachendes oder fettendes Mittel (z. B. Seife, sulfoniertes Ricinusöl) u. Glucose (Dextrin u. dgl.) enthalten. (**F. P. 1034798** vom 15/2. 1951, ausg. 31/7. 1953. E. Prior. 17/2. 1950.) OPPERMANN. 8037

Maurice Lhomme, Belgien, *Schutz von Kleidungsstücken gegen Abnutzung.* Die bes. beanspruchten Teile der Kleidungsstücke werden bei ihrer Herst. oder nach Fertigstellung mit einer Lsg. oder wss. Emulsion einer plast. M., wie plastifiziertem Polyvinylacetat, imprägniert oder überzogen, wobei man sie zur Vermeidung einer zu tiefen Imprägnierung vorher anfeuchten kann. (**F. P. 1028428** vom 27/11. 1950, ausg. 22/5. 1953. Belg. Prior. 14/11. 1950.) PANKOW. 8037

Établissements Maréchal (Soc. An.), Seine, Frankreich, *Herstellung von porösen Überzügen auf Geweben oder analogem Material.* Man bedeckt sie mit einem Butadien–Acrylnitril-Mischpolymerisat (I) oder mit I u. einem Polyvinylchloracetat (II), denen man ein quellendes Mittel zugesetzt hat. Sie können außerdem noch Plastifizierungsmittel, Füll- u. Farbstoffe enthalten. Die gleichzeitige Vulkanisation u. Quellung erfolgt bei 125—145° in einer Zeit von 15—45 Minuten. Eine solche Überzugsmasse hat z. B. die Zus.: 50 I, 24 II, 17,5 Dioctylphthalat, 3,35 ZnO, 0,5 Stearinsäure, 2—10 „Porophor“ oder ein analoges Quellmittel, 1,37 S, 0,67 Mercaptobenzothiazol u. 0,03 Diäthyldiphenylthiuramdisulfid. (**F. P. 1 037 254** vom 18/5. 1951, ausg. 15/9. 1953.) OPPERMANN. 8039

Joseph Boeglin, Bas-Rhin, Frankreich, *Schweißaufsaugende Gewebe.* Man vermischt die zur Herst. der Gewebe dienenden Spinn-Fll. (z. B. Viscose, Acetylcellulose) mit einem feinpulverisierten Absorptionsmittel (z. B. SiO_2-Gel, akt. Kohle). Man kann auch die Fäden oder fertigen Gewebe in wss. oder andere Suspensionen obiger Absorptionsmittel tauchen oder sie mit entsprechenden Appreturmassen behandeln. (**F. P. 1 041 355** vom 27/8. 1951, ausg. 22/10. 1953.) OPPERMANN. 8039

Armand Vaugué, Frankreich, *Gewinnung von Ginsterfasern,* dad. gek., daß man Ginsterstroh mit einer Lsg. von kaust. Alkali mit Zusatz von Fettsäuren in Form von Pflanzenölen, tier. Ölen, Fischölen, von Harzen, sulfonierten Ölen u. Fetten, Essigsäure behandelt. Eine solche Lsg. hat z. B. die Zus.: 10 Liter NaOH von 6° Bé, 15 g Coniferenharz, 10 g Pflanzenöl, 15 g Na_2CO_3. Zum Waschen des Ginsters wird der NaOH-Geh. der Lsg. derart erniedrigt, daß die Lsg. nur schwach alkal. reagiert. (**F. P. 966 855** vom 26/5. 1948, ausg. 20/10. 1950.) OPPERMANN. 8051

Zschimmer & Schwarz vormals Chemnitz, Brilon/Westf. (Erfinder: **Willy Weiss,** Hamburg, und **Albert Metzger**), *Walken von Wolle enthaltenden Geweben* erfolgt mit wss. Lsgg. von Kondensaten aus Eiweißabbauprodd. u. ω-Halogencarbonsäuren, z. B. dem Kondensat aus abgebauten Hornspänen u. Monochloressigsäure. (**D. B. P. 908 008** Kl. 8k vom 1/4. 1942, ausg. 1/4. 1954.) MÖLLERING. 8061

British Cellophane Ltd., übert. von: **William Berry, Charles Robert Oswin** und **Edward George Sanderson,** Bridgewater, England, *Feuchtigkeitsbeständiger Film.* Ein Cellulosehydrat- (bzw. Alginsäure-) Film wird durch ein 20° warmes, aus 10 (Teilen) Glycerin u. 1 koll., kationakt., teilkondensierten Harnstoffharz (vgl. E. P. 675 477; C. **1954.** 3815) u. 89 W. bestehendes Bad geführt, mit dem er 30 Sek. in Berührung kommt. Nach dem Abquetschen u. Trocknen (3 Min. bei 80—95°) wird er mit einem Nitrocelluloselack überzogen. Der Film ist gegen sd. W. (15 Min.) unempfindlich. (**E. P. 675 475** vom 14/10. 1948, ausg. 9/7. 1952.) SALZMANN. 8075

American Viscose Corp., Wilmington, Del., übert. von: **Ralph T. K. Cornwell**, Rosemont, Pa., V. St. A., *Klare, feuchtigkeitsbeständige Folien* für Verpackungszwecke u. dergleichen. *Filme* aus Cellulosehydrat, Cellulosederivv. oder Gelatine werden beiderseitig mit einem Lack aus Vinylidenchlorid–Vinylchlorid-Mischpolymerisat (oder Butadien–Styrol), einem Netzmittel, wie Di-2-äthylhexylsulfosuccinat (bzw. Dialkylester von Sulfophthalsäure, Trialkylester von Sulfotricarballylsäure, höhere Fettalkoholsulfonate, Alkalisalze von Alkylarylsulfonaten, Stearoylamid des Methyltaurins) u. Methyläthylketon überzogen, nachdem sie gegebenenfalls vorher mit einer Bindemittelschicht aus Harnstoff–CH_2O–Butanolätherharz, Alkydharz, Maleinsäure, Paraffin u. einer Mischung von Harzestersäure u. Rapsöl versehen worden sind. (**A. P. 2 639 241** vom 14/7. 1948, ausg. 19/5. 1953.) SALZMANN. 8075

Walter König, Oestrich/Rhld., *Herstellung von Folien oder Fäden aus Celluloselösungen.* Cellulose (Feuchtigkeitsgeh. 6—12%) wird zunächst mit 40—51%ig. H_2SO_4 bei 0° behandelt. Hierauf wird die Konz. der K_2SO_4 stufenweise auf 61,5, 63,5 u. 66% erhöht u. dann auf 61,5 mit W. reduziert. Die bei ca. 0° aufbewahrte Lsg. kann noch nach 9 Std. verarbeitet werden. (**D. B. P. 904 700** Kl. 39b vom 29/12. 1940, ausg. 22/2. 1954.) SALZMANN. 8075

American Viscose Corp., Philadelphia, Pa. (Erfinder: **George A. Richter jr.**, Springfield, und **Richard H. Braunlich**, Sconnelltown), V. St. A., *Cellulosehydratfäden aus Viscose.* Das Fällbad, das ein Dehydrierungsmittel (I), wie Na_2SO_4, u. Na-Phosphate enthält, wird während des Spinnprozesses auf p_H 1,5—10 gehalten. Der koagulierte Cellulosexanthogenatfaden wird nach der Streckung in ein Regenerationsbad geführt, das neben H_2SO_4 eine Gleichgewichtsmischung von **I** u. H_3PO_4 aufweist; mindestens ein Teil des sich während des Spinnprozesses (**II**) bildenden Regenerationsbadüberschusses wird dem Fällbad zugeführt u. aus diesem das während des **II** sich ansammelnde W. u. Na_2SO_4 durch Verdampfen bzw. Auskristallisieren entfernt. Die Behandlung der Fäden im 2. Bad, während der Nachbehandlung u. Trocknung erfolgt im entspannten Zustand. — Zeichnungen. (**D. B. P. 876 886** Kl. 29b vom 19/11. 1950, ausg. 18/5. 1953. A. Priorr. 19/11. 1949 u. 2/10. 1950.) SALZMANN. 8075

Celanese Corp. of America, New York, N. Y., V. St. A., *Schmälzmittel*, bes. für *Zellwolle* u. *Kunstseide*, bestehend aus einem Mineralöl, dem auf 50—70 (Teilen) 5—15 n-Dodecylphosphorsäureester, 10—30 Diäthanolaminäthylester der Laurinsäure, 1,5—4 Diäthylcyclohexylamin u. 1—4 Diamylphenol zugesetzt sind. Man kann auch ein Kondensat aus einem Alkanolamin u. z. B. Cocosfettsäure mit verwenden. (**E. P. 691 559** vom 20/12. 1950, ausg. 13/5. 1953. A. Prior. 21/12. 1949.) MÖLLERING. 8075

British Celanese Ltd., London, England (Erfinder: **Henry Ewing** und **John Surrage Blackmore**), *Polartige Gewebe durch Befasern.* Bei Verwendung von Celluloseacetat als Grundgewebe u. als Fasermasse verwendet man als Klebstoff ein *kautschukähnliches* Mischpolymerisat aus Butadien mit einem Geh. von mindestens 20% Acrylnitril, sowie Dimethylphthalat als Weichmachungsmittel. (**E. P. 697 739** vom 7/11. 1950, ausg. 30/9. 1953.) MÖLLERING. 8077

Antonio Ferretti, Mailand, Italien, *Fäden oder Fasern aus Casein* durch Verspinnen einer alkal. Lsg. in saure, salzhaltige Fällbäder, dad. gek., daß die bei $<25°$ gehärteten Fäden in einem eine höhere, vorzugsweise eine bei 70° liegende Temp. aufweisenden Härtungsbad aus 30—40 (g) CH_2O u. 250 NaCl/Liter nachbehandelt werden. (**D. B. P. 903 737** Kl. 29b vom 27/2. 1938, ausg. 8/2. 1954. It. Prior. 2/3. 1937.) SALZMANN. 8079

Courtaulds Ltd., Clement Henry Bamford, William Edward Hanby, Stephen Gerald Waley und **James Watson**, London, England, *Fädenbildende Polypeptide erhöhter Viscosität* erhält man durch Vakuumerhitzung auf 150—300° der nach E. P. 675 298 erhaltenen Mischpolymerisate. — Ein aus DL-β-Phenylanilin u. DL-Leucin erhaltenes Prod. wird im Vakuum 1 Std. auf 170° erhitzt. Die Viscosität ist von 5,85 auf 16,8 gestiegen. (**E. P. 697 332** vom 19/10. 1950, ausg. 23/9. 1953. **Zusatz zu E. P. 675 298**; **C. 1953. 9717.**) MÖLLERING. 8081

Calico Printers' Association Ltd., Manchester (Erfinder: **James Tennant Dickson**, Tranent), England, *Hochfeste biegsame Fäden aus hochpolymerisierten Polymethylendiphenoxyalkan-4.4'-dicarboxylaten* (hergestellt nach D. B. P. 838 828; C. **1953.** 311). Diese werden unmittelbar nach dem Polymerisationsprozeß aus der Schmelze oder nach

Wiederaufschmelzen versponnen u. kalt gezogen. (**D.B.P. 901 331** Kl. 29b vom 25/12. 1948, ausg. 11/1. 1954.) SALZMANN. 8081

Badische Anilin- & Soda-Fabrik Akt.-Ges. (Erfinder: **Hanns Ufer**), Ludwigshafen/Rh., *Erhöhung der Elastizität von einfädigen Polyamiden oder Polyurethanen.* Die gereckten Fäden oder Drähte werden unter geringer Spannung in sich verdrillt u. der entstandene Drall wird z. B. mit heißem W. oder Wasserdampf fixiert. (**D. B. P. 900 373** Kl. 29a vom 24/1. 1950, ausg. 28/12. 1953.) SALZMANN. 8081

American Viscose Corp., V. St. A. (Erfinder: **Howard M. Hoxie** und **Helen G. Sommar**), *Recken von Fäden aus Acrylnitrilpolymeren oder -mischpolymeren.* Die Lsgg. des Polymeren werden naß oder trocken versponnen, der Geh. an Lösungsm. wird durch Erhitzen, zweckmäßig in W. von 60—100° oder in anderen Nichtlösern (A., Isopropanol, Glycerin, Äthylenglykol), bis auf 0—1,5 Gew.-% entfernt, der Faden gegebenenfalls getrocknet u. heiß gereckt. Die Festigkeit der gereckten Fäden wird erhöht. (**F. P. 1 017 803** vom 16/3. 1950, ausg. 19/12. 1952. A. Prior. 25/3. 1949.) PANKOW. 8081

Industrial Rayon Corp., Cleveland, übert. von: **Herman A. Bruson,** Shaker Heights, O., V. St. A., *Mischpolymerisate,* aus deren Lsgg. sich leicht färbbare *Fäden* spinnen lassen, erhält man aus einem Gemisch aus 80 (%) Acrylnitril (I) u. 1—10 eines Aminoalkohol-Allyl-Äthers der Formel $CH_2=C(R)-CH_2-O-A-N(X)Y$, wobei R = H, oder CH_3-, A = (Oxy-) Alkylenrest u. X u. Y H, Alkyl-, Oxyalkyl-, Alkoxyalkyl-, Aminoalkyl-, Cycloalkyl-, Aralkyl- oder Arylrest ist. — 193 (Teile) I u. 7,7 γ-Morpholin-β-oxypropylallyläther werden in 1200 W. mit einem Geh. an 38 H_2SO_4, 3,5 $K_2S_2O_8$ u. 1,5 Na_2SO_3 in N_2-Atmosphäre eingerührt u. auf 55° erwärmt. Eine 20%ig. Lsg. des Prod. in Äthylencarbonat wird in ein Triäthylenglykolbad von 125° gesponnen u. dann in Tetraäthylenglykol von 140° auf das 8,5fache verstreckt. — Als Zusätze ferner geeignet sind γ-Piperidino-β-oxypropylallyläther u. γ-(N-Methylanilino)- oder γ-(Oxyäthylamino)-β-oxypropylallyläther. (**A. P. 2 631 995** vom 15/12. 1949, ausg. 17/3. 1953.) MÖLLERING. 8081

Badische Anilin- & Soda-Fabrik Akt.-Ges. (Erfinder: **Friedrich Lieseberg** und **Wilhelm Schneider**), Ludwigshafen/Rh., *Fäden, Haare oder Borsten aus Vinylpolymerisaten in wasserlöslichen organischen Lösungsmitteln.* Den Fäll- oder Nachstreckbädern, z. B. für eine Lsg. von Polyvinylchlorid in Tetrahydrofuran, setzt man die Oberflächenspannung herabsetzende Stoffe, z. B. ameisensaure Triäthanolaminomonostearinsäureester, zu. Gleiche Ergebnisse werden auch bei Polyacrylnitrilfäden erzielt. (**D. B. P. 903 261** Kl. 29b vom 18/10. 1951, ausg. 4/2. 1954.) SALZMANN. 8081

Owens-Corning Fiberglas Corp., übert. von: **Lawrence P. Biefeld,** Newark, N. J., V. St. A., *Färben von Glasfasern.* Glasfasern werden mit verd. Säuren mit Ausnahme von HF behandelt, welche in erster Linie die nicht SiO_2-haltigen Bestandteile des Glases lösen. Nach dem Waschen werden die entstandenen Poren der Fasern mit einem Farbstoff unter Anwendung eines Fixierungsmittels gefüllt. Zweckmäßig werden ca. 10%, bezogen auf das Fasergewicht, in Lsg. gebracht, jedenfalls aber nur Mengen, die unter 25% des Fasergewichts liegen. Als Lösungsm. kommt bes. verd. HNO_3 oder HCl in Frage. (**A. P. 2 582 919** vom 28/8. 1946, ausg. 15/1. 1952.) HANS HOFFMANN. 8083

Owens-Corning Fiberglas Corp., übert. von: **Jack H. Waggoner,** Newark, O., V. St. A., *Färben von Glasfasern.* Die Glasfasern werden mit einem färbenden Metalloxyd, wie Fe_2O_3, Cr_2O_3, NiO oder dgl., überzogen u. kurze Zeit (ca. 2 Sek.) dicht unter den F. des Glases erhitzt u. dann längere Zeit (ca. 5 Min.) bei ca. 600° F zwecks Verfestigung des Oxydbelages getempert. Die gefärbten Glasfasern können anschließend mit einem Polysiloxanleim behandelt werden. (**A. P. 2 593 818** vom 1/6. 1949, ausg. 22/4. 1952.) HANS HOFFMANN. 8083

Enrico Vigezzi, Lezioni di apprettatura. Prodotti applicati. Imbozzimatura. Rifinizione tessuti lana. cotone, seta, rajon. 2a ed. Firenze: Ed. Universitaria. 1953. (252 S. m. Abb.)

XIX. Brennstoffe. Erdöl. Mineralöle.

S. Fujii, *Über die chemische Struktur der Steinkohle.* Zusammenfassende Darst. der Arbeiten von FUCHS, GILLET, KREVELEN, GLENN, BIGGS u. WEILER, HOWARDS u. BONE. — 4 Abbildungen. (Waseda appl. chem. Soc. Bull. **21.** Nr. 1. 25—30. Okt. 1952. Waseda Univ. [Orig.: japan.]) SCHULER. 8126

Louis D. Friedman und **Corliss R. Kinney,** *Huminsäuren aus Kohle. Kontrollierte Oxydation von Kohlen und Kohlenstoff bei 150 bis 400°.* Bei der Oxydation von bitumenreichen Kohlen mit Luft bei 200° betrug die Ausbeute an alkalilösl. Säuren innerhalb 120—180 Std. bis zu 96,5%, die Ausbeute an huminsäureähnlichen Prodd. 80—85%.

Bei Tempp. über 200° erfolgte die Oxydation der Kohlen rascher, die Gesamtausbeute an Säuren war aber geringer. Lignitische u. bitumenarme Kohlen wurden unter ähnlichen Bedingungen ebenfalls leicht oxydiert, ergaben jedoch nur geringe Ausbeuten an sauren Produkten. Anthracit (I), Gas- u. Lampenruß sowie Graphit ließen sich erst bei 350—400° oxydieren. Die gebildeten Oxydationsprodd. waren nur in geringem Maße in Alkali löslich. Die Ähnlichkeit des Verh. von I, Gas- u. Lampenruß deutet auf die mehr graphitähnliche Struktur des I hin, die von TURNER u. ANDERSON durch röntgenograph. Unters. des I festgestellt wurde. — Bei der Oxydation der Kohlen bzw. des C wurden der Kohle bzw. dem C nur so viel Luft zugeführt, daß bei einer gegebenen Oxydationstemp. keine Temperaturerhöhung eintrat. (Ind. Engng. Chem. **42.** 2525—29. Dez. 1950. State College, Pa., Pennsylvania State Coll.) OPPERMANN. 8126

T. Ss. Kowalskaja, *Untersuchungen der Flotierbarkeit feiner Sorten langflammiger Kohlen. Donbass-Kohle* (unter 1 mm) wurde mit leicht-mittelschwerem Öl (F. 170 bis 280°) flotiert. Es wurde festgestellt, daß durch Anwendung eines Drückers, bes. $CaCl_2$, der Aschegeh. des Konzentrates vermindert wird, daß allerdings auch die Konzentratausbeute aus noch ungeklärten Gründen abnimmt. Aus den Ergebnissen wird geschlossen, daß die Flotation bei wenig metamorphosierten Kohlen anwendbar ist. (Уголь [Kohle] **26.** Nr. 5. 30—33. Mai 1951.) LEBTAG. 8134

—, *Forschung in der Gasindustrie.* Theorie der Kohlenverkokung auf Grund der Vorgänge in den Temperaturbereichen 20/300°, 300/550°, 550/1000°, oberhalb 1000°. — Zus. von Kohlenteer auf Grund der Ergebnisse der Standard-Destillation. Zus. von Pech. Korrosionsschutz von Gaswerksanlagen. (Coke and Gas **15.** 445—49. 456. Dez. 1953.) SCHUSTER. 8142

Harold G. Donnelly und **Donald I. Katz,** *Phasengleichgewichte im Kohlendioxyd-Methan-System.* Da CO_2 Bestandteil von *Naturgas* ist, das bei tiefen Tempp. verarbeitet werden soll, war es erforderlich, das Syst. CO_2–Methan zu untersuchen. Die Ggw. von festem CO_2 stört das Dampf–Fl.-Gleichgewicht bei niedriger Temperatur. Die experimentell ermittelten, graph. dargestellten Ergebnisse über die Dampf- u. Flüssigkeitsphase von Gemischen aus CO_2 u. CH_4 im tiefen Temperaturbereich gaben Aufschluß über die Konz. von CO_2, die die Trennung von Gasen bei tiefen Tempp. ermöglicht. (Ind. Engng. Chem. **46.** 511—17. März 1954. Ann Arbor, Mich., Univ. of Michigan.) K. O. MÜLLER. 8146

P. J. Bornhorst, *Gewinnung und Reinigung von Koksofenleichtöl.* Vf. macht kurze Angaben über die Bedingungen für eine gute Auswaschung des Bzl. aus dem Gas. Reinigung des Rohbenzols mit H_2SO_4. Ausführliche Angaben über die fraktionierte Dest. des gewaschenen Erzeugnisses, bes. der ununterbrochenen Fraktionierung. Zusammenstellung der gewinnbaren Erzeugnisse. (Int. chem. Engng. Process Ind. **31.** 323—26. Juli 1950.) ROSENDAHL. 8156

Erich Rammler, *Betrachtungen zur Frage der Stadtgaserzeugung aus aschereicher Braunkohle.* Für das LURGI-Druckvergasungsverf. zur Herst. von Stadtgas aus Braunkohle wurden Unterss. angestellt, um die Grenzen der Wirtschaftlichkeit bei Vergasung aschereicher Kohlen zu ermitteln, wobei auch die Veränderung der Förder-, Entaschungs- u. Trockenkohlenherstellungskosten Berücksichtigung fand. Höherer Aschegeh. bedingt neben geringerem Durchsatz Absinken des Heizwertes u. damit geringere Wärmeleistung des Generators, einen stark steigenden Dampfverbrauch — wegen geringerer Dampfzers. — sowie einen mäßig zunehmenden O_2-Bedarf infolge größerer Wärmeaufnahme der Vergasungsrückstände u. Abschwächung der exothermen CH_4-Bldg. wegen der kälteren Fahrweise bei aschereichem Brennstoff. Es ergibt sich, daß Braunkohle mit 35% Asche, bezogen auf Rohkohle im feuchten Zustand, noch als wirtschaftlich gelten kann. (Bergakademie, Freiberger Forschungsh., Ausg. A **1953.** Nr. 18. 3—22. Freiberg.) H. SCHÖBERL. 8156

F. G. Audas, *Wiedergewinnung von Schwefelwasserstoff auf trockenem Wege. Ein neues kontinuierlich arbeitendes Verfahren.* Zur Entfernung von H_2S aus Gasen (z. B. Kohlengas, Kokereigas, Wassergas) leitet man sie unter Zusatz von SO_2 über Stücke oder Granula von Tonerde (reinem Bauxit). Hierbei wird der H_2S gemäß der Gleichung $2\,H_2S + SO_2 \rightarrow 2\,H_2O + 3\,S$ zu S u. H_2O umgesetzt. Durch 30—60 Min. Erhitzen der mit S beladenen Tonerde auf ca. 500° wird diese regeneriert u. je nach dem O_2-Geh. der zirkulierenden Gase S oder SO_2 gewonnen. Für gewisse Gase (z. B. Generatorgas) eignet sich akt. Kohle mehr als Tonerde. Das Verf. eignet sich auch zum Entfernen von Bzl. aus den Gasen. (Chem. Age **64.** 877—80. 9/6. 1951.) OPPERMANN. 8172

Alfred Dierichs, *Entwicklungen bei der extraktiven Gewinnung von Phenolen aus Industrieabwässern.* Vf. behandelt die Entfernung von Phenolen aus Industrieabwässern durch Extraktion mit Butylacetat sowie die Gewinnung von techn. verwendbaren

Phenolen aus dem Extrakt. Die Gesetze, die die Verteilung der sauren Öle zwischen wss. u. organ. Phase in Abhängigkeit von der Konz. bestimmen, werden diskutiert. Anschließend werden apparative u. verfahrenstechn. Maßnahmen besprochen, die auf eine möglichst hohe Reinheit der erzeugten Phenole durch Vorreinigung der Phenolabwässer sowie auf Erreichung maximaler Estraktionseffekte hinzielen. (Bergakademie, Freiberger Forschungsh., Ausg. A **1952.** Nr. 14. 19—25.) GERHARD GÜNTHER. 8174

A. K. Sarkar, *Eine physiko-chemische Untersuchung der Einwirkung von Kalk auf Kohlenteere.* Versuchsbericht über die Wrkg. von Kalk auf verschied. Teerarten. Solche Gemische werden bei der Herst. von Brikettbindemitteln u. im Straßenbau verwendet. Unterschiede wurden mkr., ultramkr. u. elektronenmkr. festgestellt, auch die Destillationsrückstände verhalten sich verschieden. Teere, die mit Kalk behandelt oder gemischt sind, geben kein Pech, sondern ein poröses koksähnliches Material, das sich im Röntgendiagramm unterscheidet. Vf. gibt auf Grund der Versuchsergebnisse Erklärungen über das starke Anwachsen von Viscosität u. Bindekraft nach der Behandlung der Teere mittels Kalk. Mkr. Dünnschliffbilder, Röntgenaufnahmen u. Literaturhinweise. (Kolloid-Z. **132.** 24—30. Juli 1953. Leeds, England, Univ. of Leeds, Dep. of Cool and Fuel Ind.) K. O. MÜLLER. 8176

A. S. Harris, E. N. White und **D. McNeil,** *Die chemische Zusammensetzung hochsiedender Steinkohlenteerfraktionen.* 1. Mitt. *Ein Dampfdestillat aus einem Vertikalretortenweichpech.* Aus einem bei der Verarbeitung von Weichpech auf Hartpech durch Dest. im überhitzten Dampf erhaltenen Öl wurden die Neutralöle (52%) mit einem $Kp._{760}$ 380° chromatograph. über aktivierter Al_2O_3 (oberer u. unterer Teil) bzw. Silicagel (mittlerer Teil der Kolonne) in 13% Paraffinwachse, 35% fluorescierende Öle, 22% dunkle Öle u. 35% Feststoffe zerlegt. Von den aus den verschied. Fraktionen erhaltenen Bestandteilen wurden dabei *5.12-Dihydronaphthacen, 4-Methylpyren* u. *1.2.8-Trimethylphenanthren* aus Steinkohlenteer erstmals isoliert. — 19 Literaturhinweise. (J. appl. Chem. **3.** 443—51. Okt. 1953. Gomersal bei Leeds, England, Coal Tar Res. Assoc.) F. HEINRICH. 8176

S. Sakurai, *Neuere Entwicklung der erdölchemischen Industrie an Hand der Literatur.* Zusammenfassende Übersicht über Ausgangsstoffe (Synthesegas, Crackgase) u. Synthetica aus *Erdöl.* — 27 Literaturangaben. (Waseda appl. chem. Soc. Bull. **21.** Nr. 1. 40—43. Okt. 1952. [Orig.: japan.]) SCHULER. 8186

H. N. Dunning, H. J. Gustafson und **R. T. Johansen,** *Verdrängung von Erdöl von den Sandoberflächen mit Hilfe von Lösungen von Reinigungsmitteln auf Basis von Polyoxyäthylenanlagerungsprodukten.* Die Erkenntnis, daß die Menge des in einem erschöpften Erdölfeld verbleibenden Rohöles etwa die gleiche ist wie die gewonnene Erdölmenge, u. die Tatsache, daß Verss. des Herausflutens des Rohöles mit Hilfe von mit oberflächenakt. Stoffen versetzten W. erfolgreich waren, bilden die Grundlage der vorliegenden Versuche. Die Wrkg. des hydrophilen-lipophilen Gleichgewichtes auf das Verdrängen von Rohölen von der Oberfläche von Sanden mit Hilfe von Lsgg. von Waschmitteln wurde mit 4 Serien nichtion. Waschmittel auf Basis von Polyoxyäthylenanlagerungsprodd. untersucht. Jede dieser geprüften Serien zeigte ein Maximum der Ölverdrängung als Funktion des Äthylenoxydgehaltes. Diese Werte werden in Vgl. gesetzt mit den anderen bekannten Eigg. der Reinigungsmittel, wie Emulgierfähigkeit, Löslichkeit u. hydrophilem-lipophilem Gleichgewicht. Es wurde gefunden, daß die wirkungsvollsten wasserlösl. Stoffe jeder Serie in der Ölverdrängung gleichwertig sind u. 80—90% Öl von der Oberfläche von Sanden verdrängen. Ausführliche Versuchsergebnisse im Original. (Ind. Engng. Chem. **46.** 591—96. März 1954. Bartlesville, Okla., Bur. of Mines, Petroleum Exp. Stat., Surface Chem. Labor.) K. O. MÜLLER. 8190

H. J. Burns und **C. L. Corcuera,** *Entschwefelung von Gasolin aus Raffinerien.* Das gewonnene Gasolin wird nach dem „Cycloversion"-Verf. entschwefelt. Die Entschwefelung wird über Bauxit als Beschleuniger durchgeführt. Arbeitstemp. 800° F. Bei dieser Temp. werden wenig gasförmige Verbb. gebildet, so daß das die Kammer verlassende Umsetzungsgemisch restlos verflüssigt werden kann. Der Beschleuniger ist sehr lange wirksam. Die Entschwefelung wirkt sich so günstig aus, daß bereits ein Zusatz von 3 ml Tetraäthylblei je gal. zum gereinigten Gasolin die OZ. um 10 Strich steigert. (Petroleum Refiner **32.** Nr. 7. 118. Juli 1953. Bartlesville, Okla., Phil. Petrol. Comp., u. Petroleos Mexicanos.) ROSENDAHL. 8194

Vincent G. Fitzsimmons, Robert L. Merker und **Curtis R. Singleterry,** *Phthalocyaninschmierfette.* Es wurde gefunden, daß Phthalocyaninpigmente wirkungsvolle Gelierungsmittel für die Bldg. von Schmierfetten aus Erdöl- oder Syntheseschmiermitteln sind. Die erhaltenen Prodd. sind hinsichtlich Gefügeaufbau, Ausblutgeschwindigkeit u. Schmierfähigkeit ähnlich den handelsüblichen Schmierfetten. Darüber hinaus haben Phthalocyaninschmierfette (I) ausgeprägte Vorzüge, da sie ihre Fettstruktur noch in weitem Bereich bei Tempp. oberhalb 150° behalten. Gegenüber Alterung sind sie bei allen Tempp. weniger empfindlich. Sie lassen bei hohen Tempp. eine längere Betriebsdauer zu u. besitzen bei gewöhnlichen Tempp. eine bessere Lagerfähigkeit u. sind wasserabstoßend. Sie besitzen die Neigung, bei erhöhten Tempp. zu versteifen, statt weich zu werden. In Verbindung mit ihrer geringen Ausblutungsgeschwindigkeit u. dem Widerstand gegenüber Erweichen kann auf eine geringe Konsistenz hingearbeitet werden, was sich durch geringe Drehmomentanforderungen bei sehr tiefen Tempp. auswirkt, im Gegensatz zu den auf Seifengrundlage aufgebauten Schmierfetten, die ein gleiches Schmieröl enthalten. Das geschilderte Verh. der I zeigt, daß die hohe Temperaturgrenze für eine einwandfreie Schmierung von fettgeschmierten Kugellagern nunmehr nur noch von der therm. Stabilität der für die Herst. der Fette dienenden Öle u. der Metallurgie der Lager selbst abhängt. Bebilderter Versuchsbericht mit tabellar. u. graph. angeführten Ergebnissen. — Literaturhinweise. (Ind. Engng. Chem. **44.** 556—63. März 1952. Washington, D. C., Naval Res. Labor.) K. O. MÜLLER. 8220

A. Pollack, *Fette, Öle und Seifen in der modernen Ziehtechnik.* Die Wrkg. der beim Ziehen von Metallen benutzten Schmiermittel beruht darauf, daß sie zwischen den Metalloberflächen einen unzerreißbaren, den hohen Drucken u. Tempp. widerstehenden Film bilden. Sie werden teils in wasserunlösl. Form, teils als W./Öl-Emulsion (verd. als Öl/W.-Emulsion) verwendet. Zur Herst. von Ziehmitteln werden herangezogen: 1. Mineralöle hoher Viscosität, 2. pflanzliche u. tier. Fette u. Öle, 3. Seifen u. Emulgatoren, 4. Wachse u. Harze, 5. anorgan. Gleitmittel (Talkum, Borsäure, Ton, Bentonit, Graphit, MoS_2, MoO_3 u. a.). Sehr wirksam sind Stearinsäure, Stearate u. Wollfett. Emulsionen können auch für schwerste Zieharbeiten eingesetzt werden; Vf. bringt einige Vorschriften für diese. Emulsionen lassen sich leicht nach dem Ziehen entfernen, im Gegensatz zu den wasserunlösl. u. bes. den Graphit-haltigen Mitteln. Es wird noch die Zieherleichterung durch Phosphatieren („Ziehbonder") erwähnt. (Seifen-Oele-Fette-Wachse **79.** 225—26. 29/4. 1953. Kohden über Nidda.) SEIFERT. 8220

W. Presting und **K. Steinbach,** *Das thermische Verhalten der aliphatischen Bitumenanteile der Braunkohle; Ozokerit- und Paraffinbildung.* Das Verh. der Inhaltstoffe von Extraktbitumen der Braunkohle bei höherer therm. Beanspruchung wird experimentell untersucht. Den Hauptbestandteil des Bitumens bilden neben Fettalkoholen die Fettsäuren, die bereits bei verhältnismäßig niedrigen Tempp. zu höheren Ketonen (Montanon) decarboxyliert werden. Vff. haben erkannt, daß sich diese dann in zeitlicher u. temperaturmäßiger Folge in Isoparaffine (Ozokerit) u. Paraffine umwandeln. Hierbei entstehen gleichzeitig Olefine (aus Fetten, Wachsalkoholen oder aus KW-stoffen durch therm. Spaltung entstanden). Beschreibung der Versuchsdurchführung mit Ergebnissen in graph. u. tabellar. Form im Original. — Literaturhinweise. (Chem. Techn. **6.** 266—71. Mai 1954. Leipzig, Inst. für organ. chem. Ind., Mittl. aus Abt. Wachse u. Schmierstoffe.) K. O. MÜLLER. 8224

A. Sundgrén und **Veikko T. Rauhala,** *Die Wirkung des Erhitzens auf rohes Torfwachs.* Extrahieren des Bitumens (I) aus Torf mit Bzl./A. (1 : 9); Ausfällen des rohen Wachses (**II**) aus der alkoh. Lsg. von I bei —7°; in Lsg. bleiben Rohharze (**III**). Die Wärmebehandlung von **I, II** u. **III** an der Luft läßt ab 60° mit Erhöhung der Temp. das in A. Unlösliche auf Kosten von **II** — kaum von **III** — anwachsen. Wenn gereinigtes **II** in A. oder rohes **II** in N_2-Atmosphäre erhitzt wird, nicht so starkes Vermehren des Unlöslichen wie an der Luft. Unter N_2 beim Erhitzen geringe Erhöhung der VZ., konstante JZ., während OH-Zahl u. SZ. stärker absinken. Vff. diskutieren das Entstehen von Polyestern u. Kondensations-Polymerisations-Prodd. vorwiegend bis 100° (Wasserentw.), darüber ab 150° verstärkte Zers. (CO_2-Entw. vermehrt). (J. Amer. Oil Chemists' Soc. **29.** 611—13. Dez. 1952. Helsinki, State Inst. for Techn. Res., Peat Techn. Labor.) H. J. HAASE. 8226

Th. Temme, *Entwicklungstendenzen im bituminösen Makadam.* Vf. fordert, daß die zu entwickelnden Untersuchungsverff. für die Straßenbauforschung die Größe der Schwerspannung, die dem Widerstand des Straßenbelags gegen die Schubbeanspruchung durch den Verkehr entspricht, berücksichtigen sollen, u. gibt Anregungen für die Aufnahme von Teer- u. Bitumenmakadam in die DIN-Vorschriften. Sodann berichtet Vf., wie weit die Aufklärung der Zusammenhänge zwischen Benetzung u. Haftung als Folge von Veränderungen der Grenz- u. Oberflächenspannungen im Bindemittel durch Zusätze von Benetzungsmitteln vorangeschritten ist. (Straßen- u. Tiefbau, Strassenbau u. Strassenbaustoffe **7.** 285—90. Aug. 1953.) F. C. MÜLLER. 8236

André Point und **Andrée Buirod,** Haute-Savoie, Frankreich, *Herstellung fester Brennstoffe.* Man vermischt Sägemehl oder -späne mit ca. $^1/_3$ Teer oder Goudron u. gegebenenfalls zur Verlangsamung der Verbrennung mit etwas Kohlenstaub. (**F. P. 1 031 974** vom 2/2. 1951, ausg. 29/6. 1953.) PANKOW. 8137

Marcel Fliniaux, Gironde, Frankreich, *Herstellung von Kohlenpreßlingen.* Sägespäne u. andere Holzabfälle werden im Gemisch mit Asbestpulver, feuerfestem Ton, Kochsalz u. Pech zerkleinert, mit Wasserglas u. Teer in Preßformen gebracht u. in einer Pfanne bis zur Verflüssigung des Pechs erhitzt. (**F. P. 1 031 496** vom 29/1. 1951, ausg. 18/3. 1953.) HOLM. 8137

Germaine Louise Marie Rouet, Bouches-du-Rhône, Frankreich, *Thermische Zersetzung von Sägespänen, Rebholz, Öltrestern und dergleichen.* Man vermischt sie in Pulverform oder in kleinen Stücken mit einer geschmolzenen Metallmasse u. fängt die übergehenden Destillationsprodd. auf. Diese (Fll. u. Gase) werden als Brennstoffe verwendet. (**F. P. 1 038 070** vom 4/6. 1951, ausg. 24/9. 1953.) OPPERMANN. 8141

Erich Schulz, Bremen, *Erzeugung von hochwertigem Koks durch Verkoken einer Mischung von Einsatzkohle mit Koksgrus.* Die feinst gemahlene Einsatzkohle wird in die Randporen des Koksgruses eingebracht, u. hierauf wird das Gemenge verkokt. Das Einbringen geschieht durch Pressen zwischen glatten oder profilierten Walzen, oder durch Verreiben unter Druck, oder durch Anschwemmen auf hydraul. Wege, oder durch entgegengesetzte elektrostat. Aufladung der einzelnen Kohle- u. Koksteile, oder durch Kombination der einzelnen Mittel. — Zweckmäßig wird der Koksgrus vor dem Einbringen der feinst gemahlenen Einsatzkohle durch einen Zerkleinerungsvorgang zu Körnern mit kantenrauher Oberfläche u. mit offenen, weitgehend koksstaubfreien Randspuren aufbereitet. (**Oe. P. 174 889** vom 5/9. 1951, ausg. 11/5. 1953. D. Prior. 7/10. 1950.) M. F. MÜLLER. 8145

Standard Oil Development Co., Elizabeth, N. J., V. St. A., und **John Conrad Arnold,** London, *Kontinuierliche Gaserzeugung aus feinzerkleinerten kohlenstoffhaltigen Materialien (Kohle oder Koks).* Man führt diese Erzeugung in 2 Stufen derart durch, daß H_2 u. CO in einer von der CH_4-Synthesestufe getrennten Stufe gewonnen wird. Das Ausgangskohlematerial bringt man zusammen mit zugefügten Eisenoxydkatalysatoren in fluidisiertem Zustand in die 1. Stufe, in die H_2 u. CO unter Synthese-Bedingungen eingeleitet wird. Der C-Rückstand der 1. Stufe wird in fluidisiertem Zustand in der 2. Stufe mittels Dampf u. O_2 zu H_2 u. CO umgesetzt, das dann der 1. Stufe zugeführt wird. (**E. P. 665 781** vom 21/7. 1949, ausg. 30/1. 1952.) W. HAUSWALD. 8149

Standard Oil Development Co., Elizabeth, N. J., V. St. A., *Wassergaskatalysator.* Man mischt Fe_2O_3, CrO_3 u. W., verformt die Mischung zu Kügelchen u. erhitzt sie zwecks Umsetzung zu Cr_2O_3 auf 1000—1300° F ca. 8 Std. in Ggw. von Luft. Der Katalysator, der ca. 93 (%) Fe_2O_3 u. ca. 7 Cr_2O_3 enthält, dient zur Gewinnung eines H_2-reichen u. CO-armen Gases aus einer Gasmischung von CO, CO_2 u. H_2 in Ggw. von Dampf. (**E. P. 671 552** vom 13/1. 1950, ausg. 7/5. 1952. A. Prior. 27/10. 1949.) W. HAUSWALD. 8153

United Engineers & Constructors, Inc., Philadelphia, übert. von: **Gerald L. Eaton,** Lansdown, Pa., V. St. A., *Carburiertes Wassergas.* Bei dem abwechselnden Heißblasen u. Dampfen des Generators wird während der Dampfperiode vorerwärmtes Öl auf den Kopf der Brennstoffbeschickung des Generators aufgespritzt, das Gas dann im eigentlichen Carburator weiter carburiert, um schließlich durch einen mittels des Heißblasens hocherhitzten Überhitzer geführt u. von hier über einen Wäscher der Verwendungsstelle zugeleitet zu werden. Die Vorwärmung des Öles erfolgt in stufenweisem Wärmeaustausch während der Blaseperiode, unter einem Druck, bei welchem das Öl im wesentlichen fl. bleibt, u. bei einer solchen Temp., daß ein Teil verdampft, wenn der Druck red. wird. Das Öl gelangt erst in einen Wärmeaustauscher mit geringer Temp. u. dann in einen mit hoher Temp., indem es über einen Zwischenbehälter im Kreislauf während der Blaseperiode geführt wird. Während der Gasperiode wird das Öl aus dem Wärmeaustauscher mit der höchsten Temp. abgezogen, entspannt u. zum Kopf des Generators geleitet. (**A. P. 2 606 828** vom 13/11. 1947, ausg. 12/8. 1952.) W. HAUSWALD. 8159

Lummus Co., New York, übert. von: **August Henry Schutte,** Hastings on Hudson, N. Y., V. St. A., *Gasherstellung aus Öl.* Man führt vorerhitztes Schweröl in fl. oder teilweiser verdampfter Form in den Reaktionsraum, wo es auf einer kontinuierlich bewegten M. fester poröser Stoffe verteilt wird, die auf 1000—1500° F erhitzt wird. Die oben aus dem Ofen abziehenden Dämpfe (die Crackung wird bis zur Koksbldg. geführt), die leichtere KW-stoffe als C_3 enthalten, werden abgezogen u. die höhersd. aromat. Bestandteile u. Teer abgetrennt. Das Gas läßt man einen Abhitzekessel passieren u.

kühlt es dabei auf ca. 700° F ab. Das so vorgekühlte Gas dient dann noch zu Vorerhitzung der umzuwandelnden Ölbeschickung. (**A. P. 2 561 419** vom 12/12. 1945, ausg. 24/7. 1951.) W. HAUSWALD. 8161

North Thames Gas Board (Erfinder: **William Vivian Shannan** und **William Ernest Golding**), London, England, *Destillation von „Devil Liquor“* (Rückstand bei der Gaswasserdest.). Man leitet diesen nach Vorerhitzen auf 80—90° etwas oberhalb des Bodens in einen Destillationsturm u. führt am Boden Dampf ein. Das entweichende Destillat wird in einen Kondenser aus Gußeisen oder korrosionsfestem Stahl geleitet, in dem 40—45° herrschen. HCN u. H_2S werden bei dieser Temp. nicht kondensiert, sondern mit H_2SO_4 absorbiert. Das anfallende Kondensat zerfällt in eine wss. u. eine ölige Schicht. Die wss. läßt man fortlaufen, die ölige arbeitet man in 4 Fraktionen auf: bis zu 70° absorbiert die H_2SO_4, bei 70—85° entweichen Nitrile, bei 85—130° Pyridine u. bei $>$130° Anilin, Chinolin u. Benzonitril, die in bekannter Weise gewonnen werden. (**E. P. 699 453** vom 6/3. 1950, ausg. 11/11. 1953.) NEBELSIEK. 8165

F. J. Collin Akt.-Ges. zur Verwertung von Brennstoffen und Metallen (Erfinder: **Karl Bayerlein** und **Friedrich Strauß**), Dortmund, *Entfernung von Schwefelwasserstoff aus Gasen*, bes. aus NH_3- u. H_2S-haltigen Kohlendestillationsgasen, bei welchem einer nassen Vorwäsche ein Feinreiniger mit Fe_2O_3-haltiger Füllmasse nachgeschaltet ist, dad. gek., daß die Fe_2O_3-haltige Füllmasse beim Gasdurchgang mit einer im wesentlichen H_2S- u. CO_2-freien alkal Fl., bes. NH_3-Wasser, beaufschlagt wird. — Zeichnung. (**D. B. P. 907 569** Kl. 26d vom 7/12. 1951, ausg. 25/3. 1954. Anmeldung bekanntgemacht 28/5. 1953.) DEMMLER. 8173

Standard Oil Development Co., Elizabeth, N. J., V. St. A., *Ölschieferdestillation.* Bei der Dest. von ölhaltigen Mineralien, wie Ölschiefer, Ölsande, Teersande u. dgl., hält man diese Stoffe in fluidisiertem Zustande durch aufwärtsströmende Gase (Dampf, inerte Gase u./oder Luft) derart, daß 2 Brennstoffbetten gebildet werden, deren unterstem Bett (Temp. 854—1100° F) die frische Beschickung zugeführt wird (Korngröße: 55% von 0—20 μ). Das 2. Bett, das oberhalb des 1. Bettes ebenfalls auf einem Siebboden liegt, wird von den im Trägerstrom enthaltenen feinen Teilchen (0—20 μ) gebildet u. besitzt einen Überlauf, der das Feinmaterial zum großen Teil zum 1. Bett zurückleitet. Das aus dem 1. Bett unten abgezogene, abdest. Gut kann dann in ähnlicher Weise in einer fluidisierten Verbrennungszone verbrannt werden. (**E. P. 672 080** vom 9/5. 1950, ausg. 14/5. 1952. A. Prior. 21/6. 1949.) W. HAUSWALD. 8181

National Lead Co., New York, N. Y., übert. von: **Raymond W. Hoeppel**, Los Angeles, Calif., V. St. A., *Wässerige Bohrflüssigkeit.* Zu einer wss., schlammbeladenen Bohr-Fl. setzt man eine genügende Menge einer ausflockenden Schwermetallverb. (**I**) in Ggw. einer, keine Säure bildenden n. peptisierenden Verb. (**II**). **I** ist ein lösl. Schwermetallsalz, **II** ist eine lösl. Verb. von Chloriden, Sulfaten Acetaten, Nitraten von Al, Cd, Cr, Co, Cu, Fe, Pb, Mn, Hg, Ni, Zn, Sn oder eine unlösl. Verb. in Form von Hydroxyden, Carbonaten Boraten, Citraten, Tartraten, Oxalaten, Arsenaten, Stannaten, Oxychloriden, Oxyden, Fluoriden, Silicaten, Sulfiden oder dergleichen. **II** wirkt der Ausflockung entgegen. Beide (**I** u. **II**) wirken zusammen derart, daß **I** die Konsistenzkontrolle von **II** ausübt, um die Viscosität der Bohr-Fl. zu verringern. (**A. P. 2 605 221** vom 7/8. 1948, ausg. 29/7. 1952.) W. HAUSWALD. 8191

California Research Corp., übert. von: **M. M. Holm**, **L. F. Brooke** und **B. E. Berlenbach**, Wilmington, Del., V. St. A., *Entfernung der schwefelhaltigen Verunreinigungen aus schwefelhaltigen Kohlenwasserstoffölen* durch Extraktion mit fl. HF unter Vermeidung der Bldg. von freiem S während der Extraktion. Vor der Extraktion wird der in den Ölen gelöste freie Sauerstoff entfernt, u. die Extraktion wird unter Ausschluß von Luftsauerstoff ausgeführt. — Eine Abänderung des Verf. besteht darin, daß zur Abtrennung der aromat. u. der organ. Schwefelverbb. aus einer Erdölfraktion das KW-stoffgemisch mit fl. SO_2 extrahiert wird, wobei ein raffiniertes Öl erhalten wird, welches hauptsächlich aus paraffin. Verbb. mit einem geringen Geh. an organ. Schwefelverbb. besteht. Der SO_2-Extrakt enthält die aromat. Verbb. u. eine geringe Menge von organ. Schwefelverbindungen. Durch das raffinierte paraffin. KW-stofföl werden danach dampfförmige niedrigsd. KW-stoffe geleitet, um den darin gelösten O_2 u. die restliche SO_2 abzutreiben. Danach wird das so vorbehandelte KW-stofföl in der vorbeschriebenen Weise mit fl. HF unter Ausschluß von Luftsauerstoff raffiniert. Man erhält eine KW-stofffraktion, welche frei von organ. Schwefelverbb. ist, u. daneben ein Extraktöl, welches die organ. Schwefelverbb. enthält. (**Can. P. 475 647** vom 16/12. 1946, ausg. 31/7. 1951. A. Prior. 18/12. 1945.) M. F. MÜLLER. 8195

Anglo-Iranian Oil Co. Ltd., übert. von: **F. W. B. Porter** und **R. P. Northcott**, London, England, *Hydrokatalytische Entschwefelung von schwefel- und naphthenhaltigen* *aromatischen Extrakten von Kohlenwasserstoffölen oder katalytisch gespaltenen Naphthakohlenwasserstoffen* unter Verwendung eines Dehydrierungs–Hydrierungs-Katalysators aus Co-Molybdat auf einem Al_2O_3-Träger, wobei der zur hydrokatalyt. Behandlung notwendige H_2 bei der gleichzeitig stattfindenden Dehydrierung gebildet wird. Die Rk. findet bei 700—800° F u. bei einem Druck von 50—250 lbs./sq.in. statt. — Die Naphthene werden zu aromat. KW-stoffen dehydriert, u. die organ. Schwefelverbb. werden zu H_2S hydriert. Die bei der Rk. entstehenden H_2S- u. H_2-reichen Gasgemische werden von dem KW-stoffgemisch getrennt. Das H_2-reiche Gas wird in die Reaktionszone zur Erzeugung des notwendigen H_2-Druckes eingeleitet. Vgl. F. P. 968 479; C. **1951.** I. 2110. (**Can. PP. 482 971** vom 2/3. 1950 u. **482 972** vom 6/5. 1950, ausg. 6/5. 1952. E. Prior. 9/5. 1949.) M. F. MÜLLER. 8195

Gulf Research & Development Co., Pittsburgh, übert. von: **William A. Horne,** Oakmont, Pa., V. St. A., *Hydrierende Entschwefelung.* Man leitet die Erdöl-KW-stoffe u. ein H_2-haltiges Gas in einen Kontaktraum mit Katalysatoren der Fe-Gruppe oder deren Oxyden u. Mischungen davon. Der Durchgang findet bei einer anfänglichen Raumgeschwindigkeit (Vol. KW-stoff pro Std. pro Vol. Katalysator im Kontaktraum) statt, wobei die S-Verbb. mit dem Fe reagieren u. sich Metallsulfide bilden, dann vermindert man die Raumgeschwindigkeit unter die anfängliche, bis eine gewisse Menge Sulfide sich gebildet hat. Man regeneriert den Kontakt oxydativ, um seine ursprüngliche Wirksamkeit wiederherzustellen, u. läßt den Kreislauf von vorn beginnen. — Zeichnung. (**A. P. 2 647 857** vom 4/10. 1949, ausg. 4/8. 1953.) UNGER. 8195

Farbenfabriken Bayer Akt.-Ges. (Erfinder: **Theodor Goost**), Leverkusen, *Entfernung von Chlor aus chlorhaltigen, bei der Verseifung von sulfochlorierten Erdölen oder synthetischen Kohlenwasserstoffen anfallenden unverseifbaren Anteilen* durch Erhitzen mit N-haltigen Teerfraktionen, die z. B. Carbazol (**I**) oder dessen Derivv. (**II**) enthalten, oder durch Erhitzen mit **I** oder **II** selbst. (**D. B. P. 905 772** Kl. 23b vom 16/10. 1951, ausg. 4/3. 1954.) UNGER. 8195

„Shell" Refining & Marketing Co. Ltd., London, **Philip James Garner,** Wirral, und **Sidney Edgar Miles,** Mold, England, *Cracken von Paraffin.* Der beim Cracken von Paraffin (**I**) u. **I**-haltigen KW-stoffen bei 500—600° nicht verdampfbare Rückstand wird einer mehrstd. Hitzebehandlung, z. B. 4 Std. bei 390° bis $^1/_4$ Std. bei 450°, unterworfen, bei $<$500° geflasht u. bei 500—600° gecrackt. — Zeichnung. (**E. P. 686 000** vom 28/7. 1949, ausg. 14/1. 1953.) LÜTTGEN. 8197

Houdry Process Corp., Philadelphia (Erfinder: **David Benjamin Ardern,** Moylan), Pa., V. St. A., *Verfahren und Vorrichtung zum Transport fester Teilchen mittels Gasen.* Die sich durch eine Behandlungszone abwärts bewegenden Kontaktteilchen werden in mehrere Teilströme aufgeteilt durch senkrecht nebeneinander kreisförmig angeordnete Förderleitungen, deren obere Teile einen weiteren Querschnitt aufweisen u. sich nach außen allmählich exzentr. erweitern, u. mittels eines Fördergases in eine Abscheidungszone geleitet. Die Arbeitsweise erfordert bei geringerer Teilchenabnützung eine weniger sperrige Vorr. u. dient bes. für die *katalyt. Crackung von Erdöl.* — Zeichnungen. (**D. B. P. 904 174** Kl. 12g vom 12/9. 1951, ausg. 15/2. 1954. A. Prior. 13/9. 1950.) MATTHAES. 8197

Socony-Vacuum Oil Co., Inc., übert. von: **Eric V. Bergstrom,** Short Hills, N. J., V. St. A., *Thermisches Spalten von Kohlenwasserstoffen,* dad. gek., daß fl. oder gasförmige KW-stoffe, z. B. Rohöl, Gasöl, Propan, im Kontakt mit einer granulierten, hocherhitzten, feuerfesten Substanz, z. B. gekörntem geschmolzenem Al_2O_3, ½ Sek. u. weniger auf 1500—2400° F erhitzt werden. — Vorrichtung. (**A. P. 2 503 188** vom 27/3. 1946, ausg. 4/4. 1950.) OPPERMANN. 8197

Socony-Vacuum Oil Co., Inc., übert von: **George L. Johnson,** New York, **John Happel,** Brooklyn, und **James W. McKee,** New York, N. Y., V. St. A., *Thermisches Spalten von Kohlenwasserstoffen,* dad. gek., daß die KW-stoffe, z. B. Rohöl, Propan, Äthan, im Kontakt mit einer hocherhitzten, feuerfesten Substanz in Ggw. von Wasserdampf weniger als 1 Sek. auf 1500—1700° F erhitzt werden. — Vorrichtung. (**A. P. 2 503 202** vom 27/3. 1946, ausg. 4/4. 1950.) OPPERMANN. 8197

N. V. de Bataafsche Petroleum Mij., Haag, Holland, *Crackverfahren.* Man crackt hochsd., stark paraffinhaltige KW-stoffe in der Dampfphase bei $>$500° in einer 10 Sek. nicht übersteigenden Zeit, so daß nicht $>$40% gecrackt werden, dest. die an α-Alkenen reiche Fraktion ab u. crackt den Rückstand katalyt. zu *Gasolin* u. *Gasöl.* (**E. P. 688 592** vom 4/4. 1951, ausg. 11/3. 1953. Holl. Prior. 6/4. 1950.) LÜTTGEN. 8197

Standard Oil Development Co., V. St. A. (Erfinder: **Keith P. Lanneau** und **Elphege M. Charlet**), *Spalten von Mineralölen, insbesondere zur Herstellung von Leicht-*

und Schwerbenzin. Man bringt Mineralöle (z. B. Gasöl), um sie von den Aromaten möglichst zu befreien, in Kontakt mit SiO_2-Gel bei 10—65° u. beliebigem Druck. Die so behandelten Öle spaltet man bei 426—538° u. Drucken, die bis zu 35 at u. auch mehr betragen können, mittels Katalysatoren (z. B. akt. Erden, Katalysatoren aus SiO_2, Al_2O_3, MgO u./oder Boroxyd) nach Art der Fließkatalyse. — Vorrichtung. (**F. P. 1 040 692** vom 14/4. 1951, ausg. 16/10. 1953. A. Prior. 3/8. 1950.) OPPERMANN. 8197

Socony-Vacuum Oil Co., Inc., New York, N. Y. (Erfinder: **John Walter Payne,** Woodbury, N. J.), V. St. A., *Herstellung kieselsäurehaltiger Gelkörner.* Es wird ein gelbildendes Hydrosol eines anorgan. Oxydes hergestellt, wobei die zur Bldg. desselben erforderlichen Lsgg. gemischt, gekühlt (z. B. auf 10°) u. so eingestellt werden, daß das gebildete Hydrosol einen p_H-Wert von 7,5—9 hat u. das erhaltene Hydrosol in ein fl. oder gasförmiges, mit W. u. dem Sol nicht mischbares Medium eingetropft wird, worin es bis zur Gelbldg. verbleibt. — Z. B. wird Na-Silicat mit einer schwefelsauren Al-Sulfatlsg. vermischt u. in ein Mineralöl eingetropft. Durch die Abkühlung der Lsg. bei der Hydrosolherst. u. die Einstellung auf p_H 7,5—9 werden wasserärmere Gelkörner erhalten, die sich leichter trocknen lassen. Die Prodd. dienen als *Katalysatoren,* bes. zur Umwandlung schwerer Öle in Bzn., u. als Adsorbens. (**D. B. P. 901 049** Kl. 12g vom 2/8. 1951, ausg. 7/1. 1954. **Zusatz zu D. B. P. 896 189; C. 1954. 4921.**) MATTHAES. 8197

Houdry Process Corp., Wilmington, Del., übert. von: **James E. Evans,** Wallingford, Pa., V. St. A., *Regenerieren von Kontaktmassen,* dad. gek., daß man die KW-stoffhaltigen Ndd. derart verbrennt, daß der sich bildende Wasserdampf keine die Aktivität des Katalysators schädigende Konz. erreicht. — Vorrichtung. (**A. P. 2 500 938** vom 1/10. 1946, ausg. 21/3. 1950.) OPPERMANN. 8197

Standard Oil Development Co., Del., übert. von: **Roger W. Richardson, Julius P. Bilisoly** und **Marnell A. Segura,** Baton Rouge, La., V. St. A., *Reaktivierung von Katalysatoren.* Die bei der katalyt. Umwandlung oder *Crackung von KW-stoffen* gebrauchten Katalysatoren, die ca. 12% Al_2O_3 enthalten, z. B. SiO_2–Al_2O_3–MgO-Katalysatoren, werden zu ihrer Reaktivierung mit F- u. B-haltigen Verbb. nacheinander oder mit einem Gemisch derselben, z. B. einem Gemisch von 3 (Mol) HF u. 1 Borsäure, behandelt, wobei die Behandlung in der Regel ohne Unterbrechung des katalyt. Prozesses erfolgt. Die Verbb. können als feste Stoffe, Fll., Lsgg. oder Gase dem Katalysator zugesetzt werden oder bei der Dämpfung des Katalysators dem Dampf beigemischt oder beim Abbrennen der C-haltigen Ndd. auf dem Katalysator der Verbrennungsluft zugemischt werden. (**A. P. 2 636 845** vom 8/9. 1949, ausg. 28/4. 1953.) MATTHAES. 8197

Houdry Process Corp., Wilmington, Del., übert. von: **Rophie E. Bland,** New York, V. St. A., *Schutz der Wandungen Fließbettkatalysatoren enthaltender Reaktoren.* Bei der kontinuierlichen Umwandlung von KW-stoffen, z. B. der *Crackung von Gasolin* unter Regenerierung des zwischen Umwandlungs- u. Regenerierzone umlaufenden Katalysators, wird die Kesselwandung durch schmale horizontale Borde geschützt, in deren Bereich die Katalysatormasse in Ruhe verbleibt. — Zeichnungen. (**A. P. 2 639 215** vom 11/10. 1947, ausg. 19/5. 1953.) MATTHAES. 8197

Standard Oil Development Co., übert. von: **Charles S. Lynch,** Plainfield, N. J., V. St. A., *Synthesegasherstellung* aus KW-stoffgasen. Um ein Verhältnis von H_2: CO von 0,5—3 im Synthesegas zu erzielen, wird das Ausgangsgas, z. B. CH_4, C_2H_6, C_3H_8, C_2H_4, C_3H_6, mittels CO_2 in Ggw. eines Mg-Katalysators bei 1400—1800° F, gegebenenfalls in Ggw. einer kleinen Dampfmenge, konvertiert. (**A. P. 2 593 584** vom 1/12. 1948, ausg. 22/4. 1952.) W. HAUSWALD. 8201

Standard Oil Development Co., übert. von: **Eugene S. Corner,** Roselle, **Robert V. J. McGee,** Union, und **Charles S. Lynch,** Plainfield, N. J., V. St. A., *Synthesegasherstellung aus gasförmigen Kohlenwasserstoffen,* wie CH_4, bei mindestens 1600° F. Als O_2-Träger dient eine Mischung, die neben einer kleineren Menge von Oxyden von Fe, Ni, Co, Mn, Cr, W, in der Hauptsache TiO_2 enthält, u. zwar mehr als 90%. Der restliche Anteil setzt sich aus 8 (Teilen) Fe_2O_3, 1 NiO_2 u. 1 Cr_2O_3 zusammen. (**A. P. 2 607 668** vom 12/8. 1947, ausg. 19/8. 1952.) W. HAUSWALD. 8201

Standard Oil Development Co., übert. von: **Eugene S. Corner,** Roselle, und **Charles S. Lynch,** Plainfield, N. J., V. St. A., *Synthesegasherstellung aus gasförmigen Kohlenwasserstoffen.* Die Umsetzung solcher KW-stoffe wie CH_4 erfolgt bei wenigstens 1600° F mittels eines O_2-Trägers, der aus einer Mischung von Eisen- u. Manganoxyd u. gegebenenfalls Chromoxyd besteht. Diese Mischung, die man durch Fällung aus entsprechenden wss. Lsgg. gewinnen kann, befindet sich im Reaktionsraum in einem flüssigkeitsähnlichen Zustand. (**A. P. 2 607 669** vom 12/8. 1947, ausg. 19/8. 1952.) W. HAUSWALD. 8201

Texaco Development Corp., New York, N. Y., V. St. A., *Synthesegasherstellung* aus hochsd. KW-stoffen. Letztere werden bei einer Temp. von 1600—2600° F mit freiem O_2 einer Teilverbrennung unterworfen, wobei das stöchiometr. Verhältnis so gewählt wird, daß eine vollständige Konvertierung zu H_2 u. CO stattfindet. Der nebenbei gebildete feste C wird aus den Gasen entfernt u. in einer nachfolgenden getrennten Stufe mit Dampf u. reinem O_2 (Verhältnis O : C wie 1,05 : 1,35) umgesetzt, wobei eine Temp. von 2000—2400° F gehalten u. weiteres Synthesegas gewonnen wird. (**E. P. 672 165** vom 21/7. 1950, ausg. 14/5. 1952. A. Prior. 23/7. 1949.) W. HAUSWALD. 8201

Ruhrchemie Akt.-Ges., Oberhausen-Holten, und **Lurgi Ges. für Wärmetechnik m. b. H.**, Frankfurt/M., *Katalytische Kohlenoxydhydrierung unter Verwendung von aus schwefelsauren Lösungen gefällten Eisenkatalysatoren.* Man verwendet Katalysatoren, bei deren Fällung ca. 10—50%, bes. 25—35% des vorhandenen Eisens in die dreiwertige Form übergeführt worden sind, während die Auswaschung des erhaltenen Nd. unter Verwendung von Ionenaustauschern, bes. von leichtlösl. NH_3-Verbb., erfolgt. Während der Auswaschung, Vortrocknung u. Trocknung wird eine Weiteroxydation des restlichen zweiwertigen Eisens zu dreiwertigem Eisen unter reichlicher Luftzufuhr derart durchgeführt, daß zum Schluß über 70%, bes. über 80%, des Gesamteisens als dreiwertiges Eisen vorhanden sind. Es werden z. B. Waschwässer mit einem Geh. an Ionenaustauschern von 0,2—20,0%, bes. 0,2—2,0%, verwendet. Zur Erzielung einer möglichst hohen Ausbeute an sauerstoffhaltigen Verbb. enthalten die Katalysatoren 2—15%, bes. 4—12%, Alkali, bezogen auf Fe in Form von Hydroxyd, Oxyd, Carbonat bzw. von Salzen flüchtiger oder zersetzlicher Säuren. Dagegen verwendet man zur Erzielung von möglichst hohen Anteilen an *KW-stoffen* im Syntheseprod. zur Imprägnierung des Katalysators Alkalisalze nichtflüchtiger Säuren, z. B. von Borsäure, Phosphorsäure, Kieselsäure oder Wolframsäure, wobei der Säureanteil über 1 Gew.-%, bezogen auf Eisen, bes. über 10%, beträgt u. die Alkalimengen 1—10 Gew.-% betragen. — Ein hoher Geh. an KW-stoffen in den Syntheseprodd. wird außerdem erreicht durch Anwendung von Katalysatoren, mit einem Geh. von weniger als 50%, bes. weniger als 30%, an freiem Eisen. (**Oe. P. 175 879** vom 11/4. 1952, ausg. 25/8. 1953. D. Prior. 16/4. 1951.) M. F. MÜLLER. 8201

Wiener Stadtwerke, Wien, Österreich (Erfinder: **A. Joklik** und **R. Keck**), *Verfahren und Vorrichtung zur Synthesegaserzeugung aus Kohlenwasserstoffen, besonders aus methanhaltigen Gasen.* Zur Beseitigung der Rußbldg., die bei Verwendung einer über dem Luft-O_2-Geh. liegenden O_2-Konz. auftreten kann, wird in an sich bekannter Weise dem zu spaltenden Gas KW-stoffspaltgas bzw. Synthesegas im Kreislauf zugemischt u. außerdem die Umsetzung mit kalten, nicht künstlich befeuchteten Ausgangsgasen ohne Vorverbrennung in einem einzigen Arbeitsgang mit Hilfe der gebräuchlichen Kontakte durchführt. Zur Vermeidung eines Zündrückschlages bei einer Störung in der Gaszufuhr wird die Strömungsgeschwindigkeit des Oxydationsmittels in der Zuführungsleitung zum Spaltofen größer gehalten als die höchstmögliche Zündgeschwindigkeit des Gas-Oxydationsmittel-Gemisches. — Zeichnung. (**Oe. P. 174 598** vom 13/10. 1951, ausg. 10/4. 1953.) M. F. MÜLLER. 8201

Ruhrchemie Akt.-Ges., Oberhausen-Holten, und **Lurgi Ges. für Wärmetechnik m. b. H.,** Frankfurt/M., *Erhöhung der Kornfestigkeit von Eisen enthaltenden Fällungskatalysatoren für die katalytische Kohlenoxyhydrierung.* Dem aus Lsgg. gefällten Katalysatoranteil wird Eisenpulver zugesetzt, welches auf mechan., chem. oder physikal. Wege gewonnen worden ist. Dabei wird aus dem Fällungsansatz ein der als Eisenpulver zuzusetzenden Menge äquivalenter Anteil an Eisensalz herausgelassen. Das Eisenpulver kann Aktivatoren, wie Cr, Mn, Ti, Wo, Alkalien oder Erdalkalien, enthalten. Das Eisenpulver besitzt eine Korngröße zwischen 10—250 μ, bes. zwischen 40 u. 80 μ. (**Oe. P. 175 557** vom 4/1. 1952, ausg. 25/7. 1953. D. Prior. 8/1. 1951.) M. F. MÜLLER. 8201

Petrocarbon Ltd., London, England, *Aromatisieren von flüssigen Kohlenwasserstoffen,* welche in einem Bereich von 50—400° sd. u. zur Gänze oder hauptsächlich aus nichtaromat. Verbb. bestehen, wobei das verdampfte KW-stoffausgangsmaterial, das eine angemessene Menge eines Agens, z. B. Wasserdampf oder CO_2, enthält, um den während der Umwandlung abgeschiedenen Kohlenstoff unter den herrschenden Temperatur- u. Druckbedingungen zu oxydieren, durch ein aus einem Crackabschnitt u. einem Aromatisierungsabschnitt bestehendes Reaktionsgefäß geleitet wird. Dabei wird bei einer Temp. zwischen 600 u. 850° u. bei einem Druck von 1—10 at mit einer Raumgeschwindigkeit zwischen 0,05—2,0 Liter fl. Ausgangsmaterial je Std. u. je Liter des Reaktionsvol. gearbeitet. Der erste oder Crackungsabschnitt des Reaktionsgefäßes ist mit nichtabsorbierenden Stücken eines nichtmetall. Materials gefüllt, welches bei

Tempp. von 1000° feuerfest ist. Der anschließende zweite oder Aromatisierungsabschnitt des Reaktionsgefäßes enthält kein Füllmaterial. — Die nichtabsorbierenden Stücke bestehen aus einem glasartigen keram. Material, z. B. Hartporzellan. (**Oe. P. 175 002** vom 26/7. 1950, ausg. 26/5. 1953. E. Prior. 26/7. 1949.)
M. F. MÜLLER. 8201

Standard Oil Development Co., übert. von: **Barney R. Strickland**, Westfield, N. J., V. St. A., *Farbstabile Benzinmischung.* Man setzt einem mit $Pb(C_2H_5)_4$ gebleiten Bzn. geringe Mengen N.N'-Di-sek.-butyl-p-phenylendiamin u. Cyclohexylamin zu. (**A. P. 2 608 476** vom 26/1. 1949, ausg. 26/8. 1952.) DERSIN. 8205

Standard Oil Development Co., Del., übert. von: **Kenneth G. Morris**, Cranford, und **Raymond A. Van Sweringen jr.**, Roselle Park, N. J., V. St. A., *Treibstoff für Strahltriebwerke*, bestehend aus einem fl., niedrigsd., wenigstens 50 (Vol.-%) aromat. KW-stoffe enthaltenden KW-stoffgemisch u. 0,1—5 Cumolhydroperoxyd. Dadurch soll das Absetzen von C an der Turbine verhindert werden. (**A. P. 2 609 279** vom 26/11. 1949, ausg. 2/9. 1952.) DERSIN. 8205

Shell Development Co., übert. von: **Ernest L. Walters**, San Francisco, Calif., V. St. A., *Stabilisierung aromatischer Amine*, bes. solcher, die als *Antiklopfmittel* Verwendung finden, wie *Xylidin*, durch Zusatz geringer Mengen von *8-Oxychinolin* u. eines Polyalkylphenols, wie *2.4-Dimethyl-6-tert.-butylphenol* oder *2.4-Di-tert.-butyl-6-methylphenol.* (**A. P. 2 637 636** vom 10/4. 1944, ausg. 5/5. 1953.) LANGER. 8209

Phillips Petroleum Co., übert. von: **Harold M. Trimble, Leo A. McRexnolds** und **Bill Mitacek**, Bartlesville, Okla., V. St. A., *Verbesserung der Octanzahl von gebleitem Benzin* durch Zusatz von 1—20 Vol.-% Monoisopropylamin. (**A. P. 2 653 862** vom 3/3. 1949, ausg. 29/9. 1953.) DERSIN. 8209

Socony-Vacuum Oil Co., Inc., übert. von: **Alfred P. Kozalcik** und **Edwin M. Nygaard**, Woodbury, N. J., V. St. A., *Indium–Acetylacetonat* erhält man durch Zugabe von Acetylaceton zur wss. Lsg. von $InCl_3$ u. einer aliphat. Oxypolycarbonsäure, wie Wein-, Citronen- oder Äpfelsäure, die mit Alkalihydroxyd, -carbonat oder NH_3 alkal. gemacht wurde. — *Zusatz* zu fl. *Brenn-* u. *Schmierstoffen.* (**A. P. 2 654 796** vom 7/5. 1951, ausg. 6/10. 1953.) MÜLLER-MEININGEN. 8211

Badische Anilin- & Soda-Fabrik, Ludwigshafen/Rh., *Ausführung katalytischer Reaktionen, besonders zur Verbesserung von Kohlenwasserstoffölen*, in Ggw. von Tonerde, die mit einer oder mit mehreren Schwermetallverbb., bes. von Metallen der 5., 6. oder 8. Gruppe des Period. Syst., versehen ist. Man geht von einer akt. Tonerde aus, die durch Fällung aus Al-Salz- oder Aluminatlsgg., peptisierendes Behandeln des Nd. u. durch Trocknung erhalten wurde. Man fällt die Tonerde z. B. aus Alkalialuminatlsg. mittels Säure bis zu einem p_H-Wert unter 7, wäscht das Alkali heraus, worauf der Nd. mit Säure, z. B. mit 2% HNO_3, zu einem Teig oder Schlamm peptisiert wird. Er wird danach geformt, getrocknet u. durch vorsichtiges Erhitzen auf 450—500° aktiviert. — Die erhaltenen Katalysatoren sind bes. wirksam, wenn sie auf 100 (Teile) Tonerde ca. 5—40 eines Oxyds oder Sulfids von W, Mo, Cr oder V u. 0,5—10 eines Oxyds oder Sulfids eines Metalls der Eisengruppe, bes. Ni oder Co, enthalten. — Vorteilhaft wird eine Tonerde verwendet, welche durch Ausfällen von Tonerdehydrat aus einer Al-Salzlsg. oberhalb 80° u. bei einem p_H-Wert zwischen 7 u. 10 erhalten wurde. Man verwendet z. B. eine Tonerde, welche durch Erhitzen von einem Tonerdehydrat erhalten wurde, das aus $Al_2(SO_4)_3$ oder $Al_2(SO_3)_3$ hergestellt u. mit NH_3-Lsg. bei mindestens 80° nachbehandelt wurde. Die Tonerde wird vorteilhaft während oder nach ihrer Herst. mit einer kleinen Menge (bis zu 30%) Kieselsäure oder eines in W. nichtlösl. Silicats versehen. — Ein so gewonnenes Tonerdehydrat wird in Form von kleinen vorgetrockneten Würfeln langsam getrocknet u. bei 400—500° calciniert. Die Stücke werden danach mit 5%ig. NH_3-Lsg. gewaschen u. 6 Std. bei 450° erhitzt, worauf sie in eine ammoniakal. Lsg. von MoO_3 eingetaucht werden, wobei ca. 12% MoO_3 absorbiert werden. Es wird bei 140° getrocknet u. das Prod. in eine $NiCO_3$-Lsg. (essigsaure Lsg.) getaucht. Nun wird die M. 6—8 Std. in einem H_2S-Strom bei 400° erhitzt. Der erhaltene Katalysator enthält 12% MoS_3 u. 4% NiS. — Nach einer anderen Ausführungsform wird die Tonerde mit einer ammoniakal. Wolframsäurelsg. u. $NiSO_4$-Lsg. getränkt u. wie beschrieben weiterbehandelt. — Aus Al-Nitrat u. NH_3-Lsg. wird ein Al-Hydroxyd hergestellt, welches mit einem SiO_2-Gel zusammengebracht u. danach mit NH_4-Molybdatlsg. u. Ni-Acetatlsg. imprägniert wird. Der erhaltene Katalysator besteht aus akt. Al_2O_3 mit 20 (%) SiO_2, 10 MoO_3 u. 3 NiO. Er wird z. B. zur *Hydrierung von paraffinhaltigen Mineralöldestillationsrückständen* verwendet, wobei ca. 20% eines *Dieselöles* (Kp. > 280°) erhalten werden neben einem Reinparaffin, welches bes. zur Oxydation geeignet ist. — Vgl. D. B. PP. 801 395; C. **1951.** II. 878; 814 293; C. **1952.** 626; 801 511; C. **1951.** II. 1187; 807 419; C. **1951.** II. 2545; 816 115; 828 237; C. **1952.** 7871; 814 138; C. **1952.** 1062. (**F. P. 1 010 243** vom 31/1. 1950, ausg. 9/6. 1952. D. Priorr. 30/3., 8/4., 23/4., 18/5. u. 9/6. 1949.) M. F. MÜLLER. 8213

Shell Development Co., San Francisco, Calif., übert. von: **Everett B. Glendenning**, Cranford, N. J., **Calmy Wies**, New York, N. Y., und **John B. R. Caron**, North Plainfield, N. J., V. St. A., *Heizöl.* Um die Klumpenbldg. zu verhindern, setzt man schweren KW-stoffölen 0,0025—0,05 (%) öllösl. Erdalkalisalze von hochmol. Mineralölsulfonsäuren oder Alkylphenylsulfonsäuren u. 0,0015—0,005 des öllösl. Ca-Salzes eines Octylphenolformaldehydkondensationsprod. zu. (**A. P. 2 639 227** vom 2/9. 1950, ausg. 19/5. 1953.) DERSIN. 8217

Socony-Vacuum Oil Co., Inc., New York, N. Y., übert. von: **Earl C. Daigle**, Beaumont, Tex., V. St. A., *Reinigung und Farbstabilisierung von Heizölen.* Man mischt Öle mit Kp. 300—700° F mit 2—25% Polyäthylenglykol (I) mit Mol.-Gew. 600—4000 in der Wärme u. läßt absitzen. Es bildet sich eine Ölraffinatschicht u. eine I-Schicht, die die Verunreingungen gelöst u. suspendiert enthält. (**A. P. 2 650 187** vom 15/11. 1950, ausg. 25/8. 1953.) DERSIN. 8217

Karl Herbert Wiontzek, Die Suche nach Erdöl. Zeichn. v. Martin Schwemer. Heidelberg u. Mainz: Hüthig u. Dreyer. 1952. (46 S.) = ABC des Erdöls. Bd. 2 = Die Shell-Bücherei. DM 4.80.

Karl Herbert Wiontzek, Erdöl bohren und fördern. Zeichn. v. Martin Schwemer. Heidelberg u. Mainz: Hüthig u. Dreyer. 1952. (59 S.) = ABC des Erdöls. Bd. 3 = Die Shell-Bücherei. DM 4.80.

XXII. Leim. Klebstoffe usw.

K. S. Meakin, *Ein neues Verfahren der Metallverbindung.* Das REDUX-Verf. macht sich die Adhäsion zwischen verschied. Oberflächen zunutze. Es werden hierbei eine Lsg., die Phenolformaldehyd enthält, u. ein Polyvinylharz in Pulverform verwandt. Die erforderliche Benetzung erfolgt durch einen Überzug der Metalloberflächen mit der Lsg., worauf das Pulver nach Erwärmung in der harzartigen Fl. aufgelöst wird. Die endgültige Verb. der beiden Metalle geschieht unter einem Druck von 3,5—14 at u. einer Temp. von 140—180°. Das Verf. beschränkt sich nicht auf das Verkleben zweier Metalle, sondern kann auch zum Verkleben von Metall mit Holz, Gummi oder Kunststoff verwandt werden. (Metal Treatment Drop Forging **16.** 225—28. 230. Winter 1949/50.) SCHÖBERL. 8388

Pierre Jules Dupire, Nord, Frankreich, *Neutralisieren von Leimen.* Man neutralisiert die in bas. Medium aus Stärke gebildeten Leime mit irgendeinem Metallsalz, das aber kein Alkali- oder Erdalkalisalz ist. Gewisse gelbildende Hydroxyde [$Al(OH)_3$, $Fe(OH)_3$] verbessern die Viscosität der Leime u. können auch als Pigmente zum Färben der Leime dienen. (**F. P. 1 041 957** vom 10/9. 1951, ausg. 28/10. 1953.) OPPERMANN. 8385

Carl Nachtigall, Schkölen, *Heiß härtbarer Leim*, bestehend aus einem Glutenleim, dem Perchlorsäure oder Toluolsulfonsäure oder deren Salze u., gegebenenfalls nach vorheriger Trocknung u. Wiederauflösung, CH_2O zugesetzt ist. (**D. R. P. 754 929** Kl. 22i vom 19/7. 1938, ausg. 5/4. 1954.) LÜTTGEN. 8385

Soc. Centrale de Recherches et d'Applications Techniques, Seine, Frankreich (Erfinder: **M. Dubien** und **P. Vacelet**), *Herstellung von Silicatleimen.* Sie bestehen aus Gemischen von Na-Silicatlsg. u. 1—20% Na-Salz eines Celluloseesters u. können außerdem noch Füllstoffe (z. B. Talk, Ruß, $BaSO_4$, vegetabil. Fasern) u. oberflächenakt. Substanzen (z. B. „Teepol") enthalten. Die Zus. eines solchen Leimes ist z. B. 90 Na-Silicatlsg. (von 35—37° Bé), 8 Na-Salz der Carboxymethylcellulose u. 2 Talkpulver. (**F. P. 1 042 018** vom 7/9. 1951, ausg. 28/10. 1953.) OPPERMANN. 8389

E. I. du Pont de Nemours & Co., V. St. A. (Erfinder: **Paul Swithin Pinkney, John Lloyd Evans** und **Dominic Donald Micucci**), *In verdünnten Alkalien dispergierbare und in der Wärme schmelzbare Klebstoffe zum Einbinden von Büchern, Katalogen, Broschüren.* Die Klebstoffe bestehen aus 1 Teil eines Mischpolymerisats von 90—98 Teilen Vinylacetat u. 2—10 Teilen Crotonsäure, aus ½—2 Teilen die Eigg. des Polymerisats modifizierenden Substanzen (z. B. Dixylylsulfon, Tolylxylylsulfon, chloriertem Diphenyl mit 42—60% Cl) u. mindestens ca. 10% Plastifizierungsmittel. (**F. P. 1 036 600** vom 5/12. 1950, ausg. 9/12. 1953. A. Prior. 8/12. 1949.) OPPERMANN. 8389

Scholl Mfg. Co., Inc., Chicago, Ill., V. St. A., *Klebband.* Als Klebstoffbelag wird eine Lsg. eines kautschukähnlichen Polyvinylalkyläthers (I) in durch Erwärmen verflüssigtem, harzähnlichem I verwendet, z. B. Polyvinylisobutyläther oder Polyvinyläthyläther. (**E. P. 693 915** vom 14/4. 1950, ausg. 8/7. 1953. Schwz. Prior. 7/5. 1949.) LÜTTGEN. 8389

Mid-States Gummed Paper Co., Chicago, übert. von: **Robert E. Vetter,** Western Springs, Ill., V. St. A., *Klebband.* Als Klebbelag wird eine Mischung benutzt, die nicht klebrig ist, durch Hitze für eine längere Zeit bei n. Temp. aktiviert wird u. aus einem säurefreien KW-stoffharz u. mindestens der gleichen Menge Monoäthanolamin, Äthylendiamin, Sebacinsäure u. dimerisierter Ölsäure im Mol-Verhältnis 70—100: 30—0:95—50:5—50 besteht. (**A. P. 2 653 881** vom 28/12. 1950, ausg. 29/9. 1953.) LÜTTGEN. 8389

XXIV. Photographie.

D. M. Neale, *Die Anwendung von Elektronenröhren in der Photographie.* Vf. gibt eine umfassende Zusammenstellung über die Verwendung von Elektronenröhren u. photoelektr. Zellen bei der Herst. u. Verarbeitung photograph. Materialien. — 29 Literaturhinweise. (Photographic J., Sect. B **92.** 49—51. März/April 1952. Ilford Ltd., Phys. Labor.) W. GÜNTHER. 8590

Robert N. Wolfe und Francis H. Milligan, *Über die relative photographische Wirksamkeit gewisser Lichtquellen.* Vff. beschreiben die theoret. u. prakt. Grundlagen zur Best. der relativen photograph. Wirksamkeit von Lichtquellen für photograph. Materialien. Die photograph. Empfindlichkeit wird hierbei definitionsgemäß nach AMERICAN STANDARD Z 38.2.1-1947 bestimmt. In einer Tabelle sind die Werte für Wolframlampen verschied. Farbtempp., Blitzlichtlampen, Fluorescenzlicht, Hg-Lampen mit einem Dampfdruck zwischen 0,0003 u. 75 at u. Argonlicht für unsensibilisierte, orthochromat. u. panchromat. Emulsionen zusammengestellt. — 23 Literaturangaben. (J. opt. Soc. America **43.** 791—97. Sept. 1953. Rochester, N. Y., Eastman Kodak Co., Res. Labor.) W. GÜNTHER. 8590

E. Klein, *Die neuen Arbeiten von Mitchell über die Entstehung des latenten Bildes in Silberhalogenidkristallen.* Vf. gibt einen Überblick über die Arbeiten von MITCHELL über die Entstehung des latenten Bildes in Halogensilberkristallen. Ausgehend von der Herst. der Einkristalle (hochgetemperte ohne Substruktur u. ungetemperte bzw. niedriggetemperte mit Substruktur) werden Belichtungs- u. Entwicklungsverss. an unsensibilisierten u. sensibilisierten Kristallen beschrieben. Als Modell für Reduktionssensibilisierung erfolgt Sensibilisierung mit *Ag.* Die durch aufgedampftes *Au* sensibilisierten Kristalle zeigen die gleichen Ergebnisse wie die mit Ag sensibilisierten. Als Sulfide, die ohne Zers. bei relativ niedriger Temp. sublimieren u. sich für Hochvakuumverdampfung eignen, werden Th_2S, As_4S_4, As_4S_6 u. Sb_2S_3 als Sensibilisatoren für Halogensilber verwendet. Weiterhin werden Verss. mit Gelatinefilmen auf Einkristallen beschrieben. — Es wird gezeigt, daß der physikal. Zustand der Einkristalle für Bldg. u. Lage des latenten Bildes von ausschlaggebender Bedeutung ist. Ein n. AgBr-Einkristall besitzt eine Substruktur, die auf Mikrokristalle zurückgeht. Die Begrenzungen sind mit ihren Ecken, Kanten u. strukturellen Fehlern der Sitz der Empfindlichkeitszentren. Sie stellen je nach ihrer Raumladung die Fallen für Elektronen u. Defektelektronen dar. Ag, Au oder Sulfide wirken im Gegensatz zu früheren Vorstellungen als Defektelektronenfänger, also als Bromacceptor. Dem Sensibilisator wird die Funktion eines Kondensationskeimes für diffundierende Ag-Atome zugeschrieben. Das latente Bild besteht aus Ag-Atomgruppen, die eine bestimmte krit. Größe überschreiten müssen, um als Entwicklungskeim wirken zu können. Das Innenkornbild hat seinen Sitz auf den inneren Oberflächen. — Um die Ergebnisse von MITCHELL auf techn. hergestellte Halogensilberemulsionen übertragen zu können, muß erst noch nachgewiesen werden, ob auch das Emulsionskorn eine Substruktur besitzt. Die analoge Wrkg. von AgBr-Lösungsmitteln bzw. -Oxydationsmitteln deuten darauf hin, daß der Einkristall u. seine Sensibilisierung ein gutes Modell für das Emulsionskorn ist. — 9 Literaturangaben. (Photogr. Korresp. **90.** 52—58. 1954. Leverkusen, Agfa Akt.-Ges. für Photofabrikation, Wiss. photograph. Labor.) W. GÜNTHER. 8494

Herausgeber u. verantwortlich für den Inhalt: Prof. Dr. Maximilian Pflücke, Berlin NW 7, Schiffbauerdamm 19, Fernsprecher: 42 55 71. Redaktion: Chefredakteure Dr. Eugen Klever und Prof. Dr. Maximilian Pflücke. Verlag: Akademie-Verlag GmbH, Berlin W 8, Mohrenstraße 39 (Fernsprecher 20 03 86, Postscheckkonto Berlin 350 21), u. Verlag Chemie GmbH, Weinheim/Bergstraße (Postscheckkonto Frankfurt/M. 145314 u. Berlin [West] 7430, Fernsprecher: Weinheim 2017). Bestell- u. Verlags-Nr dieses Heftes: 1007/125/32. Das Chemische Zentralblatt erscheint wöchentlich.
Satz u. Druck: VEB Leipziger Druckhaus, Leipzig, III/18/203. VIII. 54.
Veröffentlicht unter der Lizenznummer 1212 des Amtes für Literatur und Verlagswesen der Deutschen Demokratischen Republik.
Printed in Germany. DDR.

Fortsetzung s. umstehend

Kolibri 360 GmbH
Ferdinand-Jühlke-Straße 7
99095 Erfurt, Deutschland
produktsicherheit@kolibri360.de